图书在版编目（CIP）数据

非暴力沟通的觉醒 /（法）托马斯·德·昂桑布尔著；曹淑娟译. 北京：生活书店出版有限公司，2018.6
ISBN 978-7-80768-036-9

Ⅰ.①非… Ⅱ.①托… ②曹… Ⅲ.①幸福－通俗读物 Ⅳ.①B82-49

中国版本图书馆CIP数据核字(2018)第040181号

译　审　郑园园
策　划　李　娟
责任编辑　李方晴
助理编辑　邵含笑
封面设计　视觉共振设计工作室
版式设计　申亚文化
责任印制　常宁强
出版发行　生活書店出版有限公司
（北京市东城区美术馆东街22号）
图　字　01-2017-4874
邮　编　100010
经　销　新华书店
印　刷　河北鹏润印刷有限公司
版　次　2019年3月北京第1版
2019年3月北京第1次印刷
开　本　880毫米×1230毫米　1/32　印张10
字　数　183千字
印　数　00,001-10,000册
定　价　52.00元
（印装查询：010-64052066；邮购查询：010-84010542）

書知

非暴力沟通的觉醒

ÊTRE HEUREUX, CE N'EST PAS NÉCESSAIREMENT CONFORTABLE

Thomas d'Ansembourg

[法] 托马斯・德・昂桑布尔 著 曹淑娟 译 郑园园 译审

生活・讀書・新知 三联书店 生活書店出版有限公司

献给我的妻子瓦莱丽

献给我们的孩子卡米耶、安娜、朱莉娅

献给那些彼此相爱的人，他们携手抓住机会，努力品尝生活的真滋味

献给我的兄弟让

献给所有正在痛苦着

无法享受真正的生活

或难以找到生活的意义的孩子们、年轻人和成年人

满怀爱和尊重

致读者

我在这本书里列举的案例都是真实经历。为了更好地说明问题又不至于太烦琐，我对它们进行了概括，只保留了能说明咨询者意识转变的主要内容，当然我也修改了相关人员的个人信息。因此，某些例子缩减成了十句左右的交谈，然而与此对应的却是至少十来个月的工作。将它们概括到这种程度，我希望让读者注意到引起意识转变的契机，而这个过程通常是循序渐进的。

所以，这些极其简短的叙述说明了意识从诞生到成熟的整个过程。这个过程需要时间，有自己的节奏，也有中止的时刻和收获的季节。读者若未真正接触过这样的工作，可能会产生一种印象，认为以这样的方式处理与生命有关的难题很神奇。实际上，没有任何奇迹，即使某些打开心结的过程真的令人惊奇。

这完全就像您着手建一个新菜园：需要拔除杂草、翻地、播种、照料嫩芽，并等待收获的季节。某一天您会收获蔬菜和水果：想象一下您在黑土地上看到第一颗变红、变熟的草莓！这的确令人惊奇，却肯定算不上神奇。整个生命进程都需要辛苦努力，咨询者们都亲身经历了这个过程，除此之外，别无奇迹。

因此，这本书给出的所有案例都证明了这项工作饱含爱与合作，而合作的对象就是我们每个人心中都有的对健康的内在生命的渴望。

真主必定不变更任何民众的情况，直到他们变更自己的情况。

——《古兰经》(第13章第11节)

我们不能用与制造问题相同水平的思维来解决问题。

——阿尔伯特·爱因斯坦

懂得自嘲的人是幸福的：

他们从未停止过自娱自乐。

——约瑟夫·福利埃[1]

1 约瑟夫·福利埃（Joseph Folliet，1903—1972），法国里昂天主教大学社会学教授、记者、演讲人、随笔作家、诗人。

序

有些人可以从零开始，成就令人难以置信的事情，因为他们坚持自己的梦想。但是这并不意味着他们在这个过程中生活得很舒服！

——达维德·杜耶[1]

几年前，当我写作《醒醒吧，老好人！》(*Cessez d'être gentil, soyez vrai!*) 的时候，我发现真实地面对自己、他人和生活，并不一定总是令人舒服的事情。与此同时，我也发现真实地面对自己、他人和生活，可以让我们内心深处获得安适，这让我与自我、与他人、与生活的关系不断深入，并越来越有活力。这一切让我产生了极大的兴致去探索这件表面上看起来矛盾的事情：幸福来得不一定舒服。

我正是通过观察自己面对各种类型的不舒服、冲突、内部和外部压力时的表现，同时陪伴许多人克服他们面临的这些困难，才得以更清晰地识别出让我们不自觉地落入陷阱的各种思维习惯和行为习惯。这些习惯自

1 达维德·杜耶（David Douillet，1969— ），法国柔道运动员，世界冠军。

成体系，阻止我们不断追求幸福。我把它们称为阻碍幸福的陷阱，通常我们意识不到它们的存在。

因此，我将这本书看作是《醒醒吧，老好人！》的续篇。当然，这两本书也可以分开阅读。在接下来的章节中，我的确经常参照马歇尔·卢森堡[1]理论中的非暴力沟通法[CNV（communication non violente），我习惯将其称为有意识的非暴力沟通]，因为这种方法可以锻炼、刺激我们的思维，从而让我们更好地面对自己、他人和生活，或让我们的意识保持清醒。这种方法是一架梯子。无论梯子是什么样的，它的意义在于帮助我们看得更高、更远，让我们更上一层楼、翻过高墙并越过岩壁。

无论是在我的私人生活中，还是在作为倾听者、陪伴者（大家称之为“治疗师”）或培训师的工作中，我的脑海里常常浮现这样的画面：我们有时候感觉到被禁锢和被封闭，甚至窒息，就像一条鱼缸里的鱼，在鱼缸内作为装饰品的小山洞和沉船之间转着圈地来回游。其实我们忘记了我们的鱼缸就安放在大海深处，任何时候我们都可以往上游一点儿，提升我们的意识，跨过鱼缸的玻璃壁，离开山洞和沉船这个封闭的循环，跟许多其

---

1 马歇尔 · 卢森堡（Marshall Rosenberg，1934—2015），临床心理学博士，国际非暴力沟通中心创始人。我强烈推荐阅读他的著作《非暴力沟通：一门慈悲的语言》（*Nonviolent Communication: A Language of Compassion*）。（此书已译成中文，书名为《非暴力沟通》，于2015年由华夏出版社出版。——编者注）

他鱼一起自由自在地徜徉在广阔的大海里；这仅取决于我们自己。如果说这场冒险布满了不舒服，但是作为回报，它带来的却是极深的安适！

将这部作品交到您手里的同时，我敞开了自己的心扉，释放了自己。我乐于分享我的分析和我的经历——这些都是我探索如何克服心理的条件反射所结的果实，但这样做不见得非常舒服。坦诚地讲，我有点儿害怕触及关于幸福的禁忌话题，害怕触碰被禁止的幸福，不敢指出阻碍幸福的陷阱，不敢承认我们内心有着强烈的冲动，害怕被当成一个温和的幻想者而被人拒绝，甚至可能会害怕承认虽然自己有各种恐惧，但仍然觉得幸福！

与此同时，我上千次地核对过我建议您去了解的那些陷阱的机制。我没有别的奢望，只是想说：以前，我经常沉溺于自己的“小鱼缸内”，但是我有意识地花大量的时间游向大海，以此来学习如何找到自己的幸福。因此，我认为那些帮助我在生活的海洋里游泳并让我更幸福的方法，对大家也是有所助益的。

祝您游得愉快！

目 录

第一章

错觉、事实和阻碍幸福的陷阱

Illusion, réalité et pièges antibonheur

人都是盲目的，
可见的事物使人丧失了判断力。

——都主教安托万
（Métropolite Antoine De Souroge, 1914—2003）

人一生中，无论在生理上还是心理上，总会遭遇各种不舒服；而错以为世上存在幸福完美的生活，会让我们更加痛苦。事实上，相信幸福来得“非常舒服”，“各方面都很顺利的时候”，幸福就会到来，这些想法都是陷阱，很多人深陷其中不能自拔。

这种错觉会导致以下三种态度，我们往往会采取其中的一种：一种是绝望地等待雨后天晴，忽略当下的幸福；另一种是认为想是没有用的，因而放弃所有的等待，听天由命；还有一种是认为不幸福是无能的表现，是失误，甚至是错误，“我们必须要”获得幸福，为此还要精心炮制某种快乐，而这种快乐却掺杂着负罪感，成为一种包袱，将我们置于巨大的压力之下。于是，我们只好自我麻痹：“应该获得幸福，但是向往又有什么用呢？因为我们永远也不会幸福，或要等待很久很久才会幸福……”听到这些话语，我们会不知所措，不知作何反应。

事实上，在我看来，生活带给我们大多数人的是不同比例的痛苦与欢乐，其中既有慌乱不堪的时期，也有信心满满的阶段；既有死亡，也有新生。同样地，在不同的阶段，我们会度过令人赞叹的美好时光，也会经历痛苦而迷茫的灰暗时期，一切都是交替进行的。如果我们愿意的话，还能美美地享受交替过程中的惬意时光，长久地沉浸其中。

尽管如此，我越来越清晰地认识到，许多人不但不能充分地享受欢乐的时刻，而且只会执拗于满是痛苦、慌乱、气恼或冲突的过往。甚至当生活给予我们的欢乐比想象中更多的时候，人们仍会对曾经的痛苦不能释怀。我想这并不是因为人们喜欢受虐，而是因为无知，确切地说，是因为不了解生活运转的两个原则，同时，未意识到各种阻碍我们获得幸福的陷阱。

生活运转的两个原则

我所说的原则，指的是对现象进行系统观察后总结出来的运行准则，也就是生活法则。它就像重力的发现一样，来自于持久的观察。

这两个原则不是新鲜事物，它们早已渗透到许多传统之中。然而我花费了将近45年才意识到这一点。首先我需要将这些原则从生活经历中提取出来，这个过程往往很痛苦，然后才能运用它们指导生活。因此，这些原则并不是夸夸其谈的理论，而是有迹可循的事实、一种可实际遵循的生活方式，可应用于生活的每个时刻中，引领我们前进。

现在，这些原则没有抵制或者试图阻拦我的生活，而是伴随着我的生活，极大地帮助了我。

交替

生活运转的第一个原则是：生活中，交替并不是偶然之事，它是生活本身的组成部分，是生活的结构。

我用交替来表达人尽皆知的生命循环，这种循环是有规律的，并有着不同的节奏：衰败的季节，一切都会倒塌或者垮掉；等待的季节，一切都在冬眠或者成熟；诞生的季节，一切都在发芽和生长；开花的季节，一切都在长大并怒放。

虽然秋天并不总是让人愉悦，但是大家会坦然接受它的到来。我们都知道秋天会带来改变，而接下来的冬天会对维系生命的必要元素进行修复、储备，然后春天、夏天接踵而至，季节的循环由此得以延续。

一段苛求的爱情关系能让我们在几分钟之内就历经四季，

最后将我们抛到看似漫长的秋季中，我们在此一点点地脱去遮蔽自我的覆盖层，以寻回让我们生根的原始力量。亲人的死亡会使我们立即置身于最冰冷的冬季中，在获得新生力量之前，我们要在此冬眠很久很久。一段极度消沉的时间也会是一次真正重生的机会。如果我们对一些东西产生依赖，比如酒精、游戏或者性，我们很可能只有切实深入依赖的本源，才能找到自己的生命力，获得摆脱依赖的能力。

从这个意义上来说，交替是生活的一个构成要素，既不是意外，也不是巧合。诗人赖内・马利亚・里尔克（Rainer Maria Rilke）曾用优美的诗句描述对此生命节奏的接纳："四季越过田野，我安之若素。"某个时期，在深深的孤寂中，为了激励自己，我也会补充道："在忧伤的冬季，我无眠，却平静从容……"那个冬季虽然漫长，却让我的生活焕然一新，现在我是多么感激那段时光啊！对我来说，生活越来越像待解的字谜。

> 如果我不满意发生在我身上的一切，
> 并不代表这一切都是不幸的事！

为了欢迎交替的到来，我们需要摆脱或者避开许多陷阱，这样做不一定舒服。

表象之外：开放的当下

生活运转的第二个原则是：我们需要拨开幽暗的云雾和拦阻我们的荆棘，在表象之外，抓住具体事件，去理解和诠释——这样才能找到我们的幸福，其中包括各种美好和愉悦。

陪伴一位病人，或陪伴临终的人度过生命的最后时光，这类行为会点亮我们的生活，让我们另眼看世界。即使当我们遭遇经济困难或情感挫折，当我们面前的一切摇摇欲坠或轰然倒塌的时候，我们仍然能迸发出惊人的自信，这种自信虽然来得很不舒服，却是必要又有益健康的。

只要心中点燃了改变之火，我们也能从事原本完全不能胜任的工作。我们可能会筋疲力尽，因为要养孩子、谋生、修缮房屋、管理家庭等，但我们也可以在这个过程中体会到活着、健康、有人陪伴等的美好。我们会发现，生活中不只有孩子、工作和房子，还有除此之外的很多东西。

或许我们的生活条件有时候并不舒适，但生活本身并不能简化为这些条件。“当下”所囊括的，并不只有我们正在做的，它的含义更为宽广，包含我们的一切：生命本身、我们的思想与意识，以及我们在每一件事上努力体尝到的生命的意义。

因此，所谓的“超越今生”（au-delà）在我看来，指向的并不是时空概念上“死后”的“另一个世界”。此时此地，我们活着的当下、正在经历的一切，其背后就是“超越今生”。

当下是开放的，通向宁静与永恒，尽管日常生活有时令人疲惫不堪。[1]

虽然困难重重，但为了让我们的意识保持这种觉醒的状态，我们需要摆脱或者避开许多陷阱，这样做也不一定舒服。

> 当下是一份礼物。您想要开放的当下还是封闭的当下？

当我在生活中应用这两个原则，即满怀信心地迎接交替的到来，真实地活在开放的当下的时候，即使会经历一些困难时期，我也已经开始越发频繁地发自内心地感觉到越来越幸福。(注意！我有时候也做不到：旧习还是很顽固的！)

同样地，经过长期的观察，我发现周围那些幸福的人都是以这种或那种方式，有意识或无意识地将这些原则运用到生活中的。我希望这本书能够厘清这些原则，从而让它们更好地指导我们的日常生活；我也希望这本书对那些有意愿将这些原则切实应用到日常生活中的人有所帮助。这样，大家将会品味到更加轻松、透彻、丰富，尤其是更加幸福的生活，尽管生活之路布满不舒适、改变和危机！

1　在《醒醒吧，老好人！》一书中，我列举了一个老农的故事。故事中，这位老农自信满满地面对生活（即生活在开放的当下），对所有的可能性都持开放态度；而村民们却焦躁不安，痛苦地被生活囚禁（即生活在封闭的当下）。

未意识到的阻碍幸福的陷阱

在这本书中，我致力于揭示由文化和教育而生成的一些陷阱。这些阻碍幸福的陷阱，因为我们没有意识到，所以显得更强大、更具束缚性。然而，我们要逃脱一个陷阱，前提是需要意识到自己已经落入这个陷阱中，之后要了解陷阱是如何布下的。

逃出陷阱的步骤

第一步：意识到我们所经历的并不一定是客观事实，或许我们只是被囚禁在对事实的主观看法中。这一点看起来天真，却是最根本的。我每天会遇到一些人（我曾经也属于这类人），他们坚持自己对事实的看法，从来没想过可能还存在着另一种看法，他们不断地咒骂被囚禁在这样的现实中，并将原因归咎于他人。他们把自己锁在笼子里并攥紧了口袋里的钥匙，有时候甚至把钥匙扔得远远的，以确保自己永远不能重获自由，却还对此抱怨不止！

想象一下，您出生在金色的监狱里，并在那里长大。有人跟您说："您生活的空间就在这四面墙内、天花板下，天窗透进来的微光就是日光。"那么在整个一生中，您会相信这些都是事实，在"知足常乐"这个道德信条的指引下，您会心满意足。然而，有可能会出现一些迹象，告诉您世上还存在着别的空间、其他的前景、另外的光明、别样的人类活动。

这本书的受众，是那些能够透过“监狱”，察觉到秋风吹打着周围的屋顶，能从关着的门底下钻进来的穿堂风里，闻到夏日的芬芳，听到从其他院子里传来的歌声，还能捕捉到封闭的天窗外的流星的人，以及那些为了追寻未知的自由而要离开已经熟悉的壁垒，并愿意为此承受各种不舒服的人。

第二步：明白陷阱如何启动或如何运转，以便能及时阻止它的运行。如果不了解陷阱的运行机制，我们几乎就只能被动地承受，并无计可施。为了阐明我的观点，在接下来的章节中，我会着力于揭示各种陷阱的运行机制（我曾经长期被困其中，现在因为习惯，也不时地受制于它们）。然后，我会提出逃脱陷阱的各种过程。之所以称之为“过程”，是因为对于逃脱陷阱，既不存在神奇的窍门，也没有什么奇迹般的秘诀。个人的任何改变都意味着一番努力，也就是说，每个人都需要在某一段时间内根据自己的节奏，把握合适的时机，一步一步地小心前行，而这种努力通常是需要个人独自完成的，所以也并不会舒服！

意识到陷阱的存在和它的威力，我们才有机会自由地选择是逃脱陷阱还是待在里面，毕竟待在里面附带的好处也具有足够的诱惑力。“附带的好处”指的是行为、信念或想法背后隐藏着的好处。这些好处之所以被称为“附带的”，是因为在大家的理解中，它们并不是最主要的，也不是显而易见的。被工作搞得精疲力竭的人和为家庭付出过多的父母都是典型的例子：他们已经疲惫不堪、厌烦至极，却不做任何改变。他们已经落入了陷阱中，无意中获得的附带的好处，就是认为自己非常有价值，是不可或缺的：如果他们什么都不干了或少干那么一点点，不就一无是处了嘛！这就是“做”的陷阱：在我们所做的事当中，而不是在我们的存在中找到我们的身份。在这方面我不做任何评判，只想指出这种态度经常是不适感的根源。意识到以上这些，我们就可以选择是要走出陷阱还是待在里面。

因此，在接下来的章节里，我们会探索思想或行为方面的各类陷阱。在此之前，我们先快速地回顾一下马歇尔·卢森堡博士总结的非暴力沟通过程的四个步骤。

非暴力沟通的基础要素

在《醒醒吧，老好人！》中，我详细地展示了非暴力沟通的理念及它的实际运用（既关乎自我表达，也涉及聆听他人）；同时，我也列举了许多实例来加以说明。在此，我想对其做一个简单的概述，从而帮助读者更好地阅读本书。

中性观察（O[1]）：只观察不评判

当观察到一种情景、听到一段谈话、得知一种思想时，我们很难做到不立即评判和解读。正因如此，我们很少接触到客观事实。我们接触到的都是我们所认为的事实或我们所担心的事实。所以，以我们自己的方式开启与他人的对话或去接触事实，会导致许多误会和暴力。我们要做的就是努力去掉主观、偏见和多余的情绪。

例如：

（评判）“你又迟到啦……”

（中性观察）“我记得我们约的是晚上8点见，现在8点半了。”

感觉（S）：只感觉不解读

我们经常弄混感觉和需求，而且会不由自主地使用带有攻击性的语言，让他人不能心平气和地作答。

例如：

（含有解读性的感觉）“我真的感到被你利用了，你背叛了我。”

（不含解读性的感觉）“我感到忧伤、灰心。”

1　此后出现的O、S、B、D/A，依次代表observation neutre（中性观察）、sentiment（感觉）、besoin（需求）、demande ou action（请求或行动）。下文不再重复注释。——编者注

需求（B）：区分我们的渴望、愿望、请求和行动策略等最基本的需求

我们很少意识到下面的事实：我们每个人都有需求；每个人的需求不同；清楚地把需求表达出来比攻击他人更恰当；他人并不是唯一能满足我们的需求的人；满足需求的办法并非只有一种。

例如：

（不清楚自己的需求）“你迫切需要改变，需要学习礼貌待人！”

（清楚自己的需求）“请尊重我的时间安排，我要安排好我们的工作才能安心，因此我需要确定你能否按照我们说好的那样做。如果你那边真的有什么变动，我也需要明白到底发生了什么。”

请求或行动（D/A）：提出一个具体的、积极的、可实现的、可协商的请求或采取一项行动，使我们的需求更明确

当我们没有表达出来自己的需求，或表达出来了但没有就此提出明确的请求的时候，我们也总是希望别人能明白我们的期许。即使我们自己没有采取任何行动、没做任何努力，也会经常抱怨自己的需求没有得到满足。

例如：

（没有表达出来的请求）“……”（这种情况下，对方不大可

能做出让我们舒服的反应，也不会给出满足我们需求的答复。）

（明确的请求）“就我的需求而言，你能告诉我你的感受和反应吗？”（这种态度有利于开启不带攻击性的、不具强迫性的对话。）

在非暴力沟通中，我们会区分请求（D）和需求（B），或辨别请求（D）和为满足需求所采取的行动（A）。大家的基本需求是共通的：从温饱到归属感，从认同到自由，无论我们如何生活，无论这些需求是否得到了满足，每个人都不乏这些需求。而我们的请求却是变化着的，取决于环境、对话者，以及我们当时的渴望和愿望。

因此，虽然我们总是需要爱，但不会请求所有人来爱我们、给予我们拥抱，有时候我们甚至特别渴望独处。同样地，对于“爱”这个需求来说，我们可以请求接近（进行交流或被温柔以待）或请求远离（希望独自一人或退出）。虽然我们需要吃饭，但并不是总想吃饭，当我们想吃的时候，可以选择鸡肉或巧克力蛋糕。

所有人都有相同的基本需求，却肯定不会总以相同的请求或行动表达出来。所以，非暴力沟通建议我们在考虑处理请求或行动之前，首先要找到大家共同的需求。生活中的许多暴力源于我们急于解决问题，希望尽快找到解决办法，而没有拿出时间好好研究一下到底是哪些需求出了问题。

非暴力沟通识别出的四个沟通陷阱

现在，我希望快速回顾一下非暴力沟通识别出的四个沟通陷阱，它们存在于我们的沟通习惯中。这方面，我在《醒醒吧，老好人！》中阐释过，在本书中也会回顾一下。实际上，这四个陷阱般的习惯，会导致我们尽管怀揣好意，但不受控制地变得暴力，进而阻止我们获得幸福。

第一个陷阱：评判（肯定的或否定的）

评判会将我们限定在对事实的中断、静态的看法中。然而，事实总在变化，是动态的。带着评判，我们所接触到的事实就失掉了其客观性，变成了想当然的事实，可能与客观事实存在着很大的出入，这就是痛苦的根源。当然了，通常说来，评判他人、口无遮拦地指责他人比反躬自省要舒服得多。

在非暴力沟通培训的一个工作坊中，当我们正在研究非暴力沟通过程的第一点，也就是中性观察（O），即只观察不评判时，作为实践，我要求参与者说出令人不舒服的一个情景或一些事件，不附加任何评判。让娜讲了一下个人情况："我女儿14岁了，她很消极。"所有的参与者都笑了，她却不明白为什么。一位女士为她做出了解释："刚才你并没有说出客观事实，只是对你女儿做了评判并给出了自己的解读。"让娜回应道："没有啊！我发誓事实就是这样：我女儿很消极！"她需要一段时间才能意识到，这样说实际上就是做出了评判。当时她并没有领会到这一点，因此我建议她说出让她产生这种评价性想法的客观事件。最后她说："实际上，两个月以来，我女儿每次从学校回来都会说'学校真烦人……我受够了，一群笨蛋'。"

"让娜，当你听到女儿这么说的时候，有什么感觉？"

"我很生气。不管怎么样，都得积极。她没有意识到跟别人比起来，她是多么幸运！因此，我打发她到房间里去做作业。但是整个晚上她还是不停地发牢骚，不再来厨房帮我。我都不知道怎么办才好了……"

"因此，你感到生气（S），因为你希望看到她更热情、更幸福的样子（B：需要分享幸福），是这样吧？"

"对，但不只是生气，我还很伤心，也为未来担忧。"

"伤心和担忧（S）是因为你希望你女儿能度过这个时期并找到更多的生活乐趣（B：需要相信他人的能力）？"

"是这样，我怕她变得消沉。"

"你除了需要她更热情、更幸福，并确认她有能力走出目前的状态外，你不需要去了解她吗？你了解她为什么这么说、这么做吗？"

"嗯，有道理。（让娜笑了，她意识到自己从来没有主动去了解女儿。）我很愿意去了解。"

"那你准备怎样去了解她呢？你会怎么说、怎么做呢？"

“我不知道……（她犹豫了），可能去问她……（她又笑了，她发现自己从来没想过这是多么简单的一件事）”

工作坊分期进行，中间间隔一周。第二阶段让娜回来时，她神采飞扬。

“我采取行动了！当女儿从学校回来，像平时一样跟我说‘学校搞得我筋疲力尽。这次是数学老师的问题。他们真讨厌！’时，我忍住了，没有打发她回房间，同时，试图去了解她。我坐在餐桌边，离她很近，问她学校里是不是发生了让她特别难过的事情，而且这件事情让她在很长时间内都特别抓狂。她坐下来跟我解释了很长时间，说她一提问题，同学们就会嘲笑她，她受不了了。她还跟我说她上课跟不上，而且感到孤单，没有人理解她。另外，数学老师也不愿意停下课来解释一下她提的问题。在整整半小时内，她把一切都倒给我了。之后她一脸轻松，对我说：‘妈妈，谢谢你。现在我要回房间写作业去了。’令人欣喜的是，晚上将近7点钟的时候，她竟然跑到厨房来问我需不需要帮忙！”

时机、分寸和温柔的态度

评论

① 当让娜评价她女儿时，她脱离了自己的内心（当时，她

的需求是了解自己的女儿，即便她不喜欢女儿的态度），她也脱离了她女儿的内心（女儿需要有人倾听，需要有人认可她的反抗，分享她的生活，不要附带任何批评、反驳、评论，甚至不需要给出建议）。由于这种关系中互相需要的部分没有被接纳和被尊重，所以两人的关系不愉快，而且还造成了伤害。停下来、坐下来，彼此坦诚地说出自己的苦恼，这些都不一定舒服。

② 让娜愿意直面自己的内心之后，才能对女儿敞开心扉、耐心倾听。当然，一开始，倾听自己内心的声音对她来说很不舒服。在工作坊进行期间，随着越来越深入的学习，她才意识到自己从来没想过、没问过女儿在哪里遇到了问题，而且她也总是禁止自己去抱怨："在我们家，大家彼此之间不会撒娇，也不能互相吐苦水！"所以，她不能直面女儿的痛苦，认为这种痛苦只是任性的抱怨。工作坊一点点让她认识到，表达出问题所在，并不一定代表着任性的抱怨。

③ 女儿随后之所以跑到母亲身边想帮忙，也不奇怪：我想说，这是机械性的，就像流体力学里的机械性。母亲的付出得到了回报。您试着从小姑娘的角度设想一下：您对学校里发生的事情愤愤不平，您感觉孤独、受排挤，已经忍受不了了，整个人灰心丧气。回到家里，母亲训斥您，让您回房间，还跟您说："积极一点儿，你被惯坏了，你不知道自己有多幸运！"好吧，您本来是想帮帮母亲的忙，但听了这样一番话，您赌气将自己关在房间里，使小性子任凭她喊破喉咙叫您吃饭……如

果您回到家里，母亲愿意陪您坐一会儿，平静、耐心地听您讲不如意的事情，真正地关心您，而不是一下子就着急忙慌地想着去解决问题，您的反应肯定也会不同。您感觉到面对自己的困境，有人理解您、接纳您，跟您站在一边。您已经感觉到不那么孤单了。餐桌恢复了温馨、和睦的气氛，因为有人让您敞开了心扉。接下来您会怎么做呢？作业完成后，您来到餐桌前，那里温馨、和睦，让您心情舒畅。这下您明白我说的流体力学的机械性了吧？

④ 当然，一切不会一直这么顺利。假如情况不太顺利，小姑娘可能会觉得母亲新的态度很可疑，于是将自己封闭得更紧，并随口说出噎人的话："哦，没事！反正你也不懂，我说了也没用！"所以，需要把握好时机，掌握好分寸，用温柔的态度来一点点接近对方。

第二个陷阱：信念（正面的或负面的）

我们的信念多数时候也会不知不觉地将我们限制在对事实的看法中，而我们眼中的事实不一定是客观的、真实的。信念经常导致痛苦的结果，它代表了一种保护机制。例如，如果一个姑娘被一个男人侵犯或背叛，她会自我保护很长时间，认为她生命中遇到的所有男人都带有攻击性或靠不住。她中了信念的圈套，这很可能会妨碍她获得一段持久的、放松的、充满温情与信任的爱情关系。如果她意识不到是信念导致的痛苦启动了自我保护机制，她就会长时间沉浸在痛苦中。而想要从中觉醒从来都不会是舒服的，因为需要重提还没放下的往事，重温痛苦的过往。

在我的公寓里，曾有一个叫尚塔尔的房客，她的租约要到期了。我想翻修这套公寓用作他途，因此我跟她说待租约结束后，不再续约了。我当面跟她说明了这件事，又书面确认了自己的意图，以符合法律规范。尚塔尔挣钱不少，生活很惬意，另找房子住对她来说在物质上没有任何困难；我这方面，因为要还这套房子的房贷，所以房租的稳定性对我来说非常重要。然而，尚塔尔在租期届满前六个月停止了支付房租——实践非暴力沟通的好机会来了！

因此，我听她诉说，对她表示同情，并发自内心地理解她因为离开这座房子而感到忧伤，但与此同时，我也跟她说需要遵守租约，履行各自的权利和义务。我还告诉她我需要按时还银行贷款以获得安全感。我履行了我的义务，我希望她能履行她的义务：付房租，合同结束后离开房子。

打了几通电话依然无果，我很气愤。我去见她，明明白白地表达了我的不满，同时我又强调我所做的一切只是要求她履行合同，并不是针对她本人。她也火了，吼道："您就是冲着我来的！您肯定怨恨我。您太过分了。你们男人都一样，我已经被男人攻击得太多了！"她的气愤让我清晰地认识到：因为她以前经常（或自认为经常）被男人伤害，所以我一旦违背她的意愿，她就把我看成具有攻击性的人。她混淆了意见不合与暴力、坚定地表达自己与攻击性之间的区别。她这种信念（即“因为男人都是有攻击性的，所以我不能相信他们”）和其他任何信念一样，可悲的地方在于她所害怕的东西是她自己臆造出来的。

> “我们害怕的东西是我们自己创造出来的。”

（我不认识这句话的作者，但我觉得它令人醍醐灌顶，我向作者致敬。）

我感觉到也承认因为自己很脆弱，所以有时会控制不住自己而具有很强的攻击性，甚至很暴力。我曾经耐心地等待了好几个月，用了大量的时间向房客尚塔尔解释，让她明白我所说的、所做的一切都是自然而然且合理合法的，然而我却遭受了当头一棒，简而言之就是歇斯底里的暴怒——请允许我做出这个小小的评判。（练习立即解析这种评判：我所说的歇斯底里指的是我不确信尚塔尔在生气的时候是否还保持清醒，也就是说，我不确信她有能力一方面关注自身，关注自己真正的深度需求——自信、自重、自尊、内在安全感、自立，另一方面倾听他人、尊重他人。因此，我简单地称之为歇斯底里；同时，我也知道我所做的这个评判表明自己需要冷静。也就是说即使我们气愤不已，我们也应该清楚地意识到自己在干什么。）

因此，当我察觉到自己难以被人理解、受人尊重，进而变得具有攻击性时，我就意识到了此时付诸行动是有风险的。相应地，如果我们都不理智，几句话之后大家互相残杀，也就不足为奇了。事实上，我自己需要付出更多的努力和同理心来保持清醒和友好，去理解她的痛苦，摆正自己的位置，做到既不是可怜她，又不是反过来胁迫她。最终，考虑到我们的谈话会引起情感上的冲突，我提议跟她的律师沟通，她很开心，明白这样做对双方都有好处。跟她的律师交流后，我最终更平和地解决了这件事情。

评论

① 根据尚塔尔对我说的那些话，我判断出她困在自己对男人的某些信念中。只有跟她谈过才能验证我的判断；尽管我很有兴趣去了解，但我也知道在这种情况下，去了解是不可能的。然而，对现实情况进行分析之后，我更加理解她，也不再因为相互之间不能直接愉快地沟通而气恼，我也接受了自己并不是跟所有人都能融洽相处这个事实。

② 如果说要实现与他人融洽相处，首先需要与自我融洽相处，那么持续不断地培养并保持内心的平和确实是必要的。这次冲突又一次让我有机会去认识自己，给多少有些痛苦的我带来了更多的平和。我更加意识到自己仍然沉迷于希望被理解和被尊重的需求中。之所以说沉迷，是因为当我的需求没有

得到满足时，由此产生的挫败感或愤怒居然如此强烈，甚至强烈到让自己变得带有攻击性的地步！这让我看到我仍然依赖外部条件——即获得别人的理解和尊重才会感到幸福。现在我明白了，即使没有得到他人的理解和尊重，我也希望内心能够平和。注意：我并不打算放弃被人理解和尊重这个自我需求，只是不再依赖他人。谢谢尚塔尔！

③ 揪出一个未意识到的信念体系，最好的方法之一就是情景重复。如果某种情景令您不开心、厌烦或激起您的反抗，而您又经常处于这种情景中，那就说明您可能陷入了某种信念的陷阱中。请坐下来虚心地、认真地观察一下自己，思考一下自己正在重演什么。虽然我并不确切地知道尚塔尔经常重演何种情景，但只要稍加想象，我就能更多地超越我们的意见不合而去理解尚塔尔。然而，无论怎样，我都知道了我经常重演的情景是什么，以及这种情景所对应的信念是什么，比如："别人不理解我，我很不幸；只有被人完全理解，我才能幸福。"这或许也是我写这本书的原因：为了确信别人能更好地理解我……事实却是，仅仅是把书写出来，让我能够更好地了解自己，我就已经非常开心了。我发现通过书写本身，清理过去的伤口，收获的是价值连城的快乐。

第三个陷阱：二元思维

二元思维是一种思维习惯。它让我们把一些概念、想法、价值观、需求和感觉进行切割、分离，甚至全部对立起来，而不是通过补充或尝试理解的思维模式（conscience complémentaire）把它们凝聚起来，或让它们共存、互相协助。二元思维显著的特点就是用“要么……，要么……”和“或者……，或者……”来表达对立或区分，以及过于简单化的推论。例如：

◎ **对立或区分**：要么你关心自己（也就是说你忘记了我、忽略了我），要么你爱我（所以你要百分百地照顾我、忽略自己）；要么我不放心孩子们，所以我控制一切，要么我相信生活的安排，所以什么都不管；我们要么是体力劳动者，要么是知识分子（以此类推，要么是乡下人，要么是城里人；要么是同性恋，要么是异性恋；要么是艺术家，要么是科学家；要么是理性的人，要么是天马行空的人，等等）。

◎ **过于简单化的推论**：我的腿残废了，所以我的生命也完蛋了；伴侣离开了我，所以我以后的日子将会很不幸；因为父亲快去世了，我很悲伤，所以和孩子们在一起时，我也不能开心；因为我必须养活自己，所以我不能做自己喜欢的事情。

二元思维表达出来，给人的感觉是分裂、压力、冷漠、限制、封闭和毫无出路。尽管它不是立即致命的，却让人觉得世界就只是药剂师的小房间，在这个封闭的空间内，所有的现实都被分开，被装到真空盒子里，搁在架子上的某个地方。

补充或尝试理解的思维模式表现出来就是“……和……”“……但与此同时……”“目前……”。例如，之前的例子通过补充的思维模式表达出来就是：

我因为腿残废了而产生了愤愤不平的感觉，但与此同时，我需要重拾信心，坚信自己有能力战胜这场考验并改变自己的生活。

我因为即将失去父亲而感到非常痛苦，但与此同时，和孩子们在一起，我又是那么快乐并满怀感激之情！

一方面，我为你关心自己而感到开心；另一方面，我很担心，不确定在你眼中我是否很重要，我希望能感受到你一直重视我们的关系。

在孩子的事情上，我需要确保一切都是安全的，所以我采取种种具体的措施；我做我能做的，剩下的部分，我相信生活会有最好的安排。

在我感兴趣的某个方面，我是脑力劳动者；在我喜欢的另一个领域，我是体力劳动者。

在职业工程师中间，我是顶尖的数学家；在业余的戏剧组里，我是一个充满热情的喜剧演员。

补充或尝试理解的思维模式会带给人一种和谐、有前景、有潜力、开放、自由和丰富的印象。这种印象会使人产生舒适的感觉，让我们像是徜徉在生活的水流里，又像是进入了绿树成荫、繁花锦簇的花园，视野非常开阔。

第四个陷阱：不负责任的言语

这里指的是看起来好像很负责任又很庄重的习惯性措辞，如“必须”“你应该”“我们没得选”“一直都是这么做的”，而它们表达的却是让对方屈服、顺从于自我之外的东西。这种措辞表达的并不是以负责任的态度赞同某种价值或理想，而是不容许反思、强迫对方。它是受害者[1]或是奴隶的言语。在这种意识的作用下，一切都变得沉重、窘迫、痛苦，没有前景也没有自由。

任何“必须”背后真正要表达的其实是“我想要”或“我确实希望”，这些真实的意愿让我们与生活重新连接起来，即使去理清它们既不容易也令人不舒服，但只有直面它们，我们才会更加轻松、更加开放。我们不可能总是做自己真正喜欢的事，但我们需要意识到，我们所做的都源自自己的选择，我们是自由的。直面这个事实不见得令人舒服、满意，但却是内心安适的源泉。我在后面讲到义务和爱的时候，还会把这个观念展开来谈。

1　我所说的受害者并不是指普通意义上的凶杀案或意外事故的受害者，它针对的是情感或心理状况。这类受害者抱怨一切，但从没看到自己也应该对事实负有责任，也没有看到这一切是他们自己的选择。我非常希望读者可以阅读居伊·科尔诺（Guy Corneau）的《他人的受害者，自己的刽子手》（*Victime des antres, bourreau de soi-memê*）。在这本书中，作者非常深入地阐释了“受害者”这个概念并劝说我们离开受害者的位置，变成生活的积极参与者和创造者。此外，您也可以参照本书附录里介绍的独白，即“受害者的独白”。

第二章

“我接种了疫苗，对幸福免疫”

《Je suis vacciné contre le bonheur》

当我沮丧的时候，
沮丧的原因都是深层次的、本质性的、基本的。
当然我也有幸福的时候，但是幸福的原因是如此微不足道、如此细小，以致令我沮丧。
——让－雅克 · 桑贝（Jean-Jacques Sempé）

本章节中，我希望大家了解两个陷阱，它们来源于我们童年以来所接种的双重矛盾信息。这些信息就像疫苗一样阻碍我们获得幸福，或妨碍我们获得长久的幸福。所谓“双重矛盾信息”是指个人服从对立或自相矛盾的两个指令，因而服从其中一个就违抗了另一个。这种情况也被称为“双重束缚”“双重羁绊”和“双重限制”。

“双重束缚”这个概念是格雷戈里·贝特森（Gregory Bateson）和美国旧金山的研究者们立足于系统分析[1]的研究成果于1956年提出的。简要地说，系统分析是社会心理学的治疗方法，它将个人重新置于熟悉的环境及他所属的各种系统中：家庭、夫

1 有许多作家和作品专注于系统分析。我强烈推荐贝特森和沃茨拉维克（Watzlacawick）的著作，而且我希望所有过夫妻生活、家庭生活或同居生活、属于某个工作团体或社团的人，都对这种方法中的一些概念有所了解，以便能够更清楚地理解关系，从而更好地处理关系。

妻、社会或职业系统。个人不再被看作困难、障碍或疾病的唯一当事人。个人问题被视为某个系统运转不良的标志。这个系统是由个人组成的群体，大家在其中互相影响，形成了情感体系。一个系统中，活跃的部分是沟通网，在这个网中所有的交叉点都是相互作用的。系统的整个组织架构是动态的，随时都在发生变化。

维持一个系统的基本定律是稳态（homéostasie），即保持在特定的限度内。换句话说，系统内部的变化只有在不损害整个系统的平衡和延续性的情况下才被容许。

至此，对您那退了休的上校爷爷的一些反应，您可能就会更加理解了。还是在您上中学的时候，有一次您穿着皱巴巴的迷你裙，顶着一头淡紫色的爆炸头，戴着鼻环去参加他的生日宴，还把您那走颓废路线的小男友介绍给他。您的小男友裤子吊在屁股的一半上，留着鲍勃·马利（Bob Marley）那样的脏辫子……可怜的爷爷！你们一下子就超出了他在家庭系统内对变动的耐受限度。他气得被鸡肉泥里的骨头噎到了，还打发您快去换衣服！

要知道，爷爷生气并不是针对您：他只是害怕自己苦心经营的、长久生活在其中的体系受到损害。当然，从此以后，随着时间的推移、分寸的把握和温情的积累，您自然而然就被“驯服”了。现在让我们回到贝特森所谓的矛盾指令和双重束缚。

贝特森认为双重束缚是引发一些疾病的原因。双重束缚是患有精神分裂症的孩子与父母之间常用的交流模式。我在电影《闪亮的风采》（*Shine*）里发现了一个令人震惊的例子：主人公的父亲童年时就梦想着成为音乐家，而他的爷爷却故意弄坏了父亲的小提琴，导致后者梦想破灭，所以父亲把所有的希望都寄托在了儿子身上，希望儿子能帮自己圆梦。父亲时时督促儿子勤学苦练，鼓励他成为一个伟大的钢琴家，并支持他参加各种比赛以赢得奖学金、顺利完成学业。儿子最终赢得了梦寐以求的奖学金，非常自豪，因为他终于可以到国外一所著名的音乐学院继续深造了。不料这时父亲却发怒了："我为你付出了那么多，不管怎样，你现在都不能离开我。你忘恩负义！你不能丢下你父亲一个人。"儿子大脑短路了，住进了精神病院。

双重矛盾信息或双重束缚是："去吧，我支持你，我会永远支持你成为一个伟大的音乐家，你会替我实现梦想……但最重要的是，你得待在家里，不要离开我，不要丢下我一个人。"我们可以想象一下父亲的这种态度背后令人叹息的动机："我不是那个唯一错过音乐家生涯的人！"接下来，我们分析一下双重矛盾信息导致的两个陷阱。

第一个双重矛盾信息：第一剂分两次注射（两个指令）的疫苗

“我来见您是因为我认为自己接种了对幸福免疫的疫苗。”这是我在第一阶段的疗程中曾对我的心理分析师说的第一句话。此后，在我陪伴病人、当培训师期间，以及在社会交往和家庭生活中，我遇到过几百人，他们认识到自己陷入了不能获得长久幸福的陷阱中。这种无能为力是他们所受的“良好教育”不自觉地灌输给他们的。观察到这种现象的大量存在后，我萌生了了解并拆解这个陷阱的念头。

对我来说，这是一剂分两次注射的疫苗，它不会让病人完全失去知觉，却会让病人瘫痪！它的成分表述如下：

◎ 第一次注射（指令）：“我们不是来玩乐的。”

◎ 第二次注射（指令）：“还是要知足常乐啊。”

许多人被这种双重指令搞得几近分裂，他们一方面阻碍自己获得长久的舒适，一方面又因为不能幸福而怀有负罪感！有时候，由此产生的难以承受的压力让许多人试图逃避。他们把精力分散到上千个活动中，沉溺在社会接受度或高或低的瘾头里（整天看电视或外出、过度购买奢侈品或无限度地网购、疯狂工作或社交、滥用药物、纵欲过度、酒精和毒品成瘾），甚至拿“义务”和“必须”来逃避责任（“这是我作为父母的义务……”“作为老板，我必须……”），或陷入重度抑郁中。

我们是怎么接种上这种疫苗的呢？让我们研究一下每个注射过程（接受指令的过程），以便于更清楚地了解这个问题。

第一个指令：“我们不是来玩乐的。”（禁止幸福）

您回忆一下自己曾经穿篮球鞋、短裤或穿轻便凉鞋、短裙的儿童时期。我想知道您有没有听过上述指令或类似以下的说法：“生活不是节日也不是游戏”，“应该努力学习，不虚度年华”，“勤劳苦干的人才能有收获”，“必须为了活着而战”，“哪有时间玩啊”，“不能满足于已有的成绩”……

注意！我并不是说这些话的人，他们的本意是要禁止我们幸福；同时，我真心地认为他们都是为了我们好。只是当我们还是孩子、青少年或青年的时候，我们在内心深处会自动把这种指令解读成“禁止”。现在让我感兴趣的是这个解读的过程，因为这是造成伤害的原因。

若从重视做而不是存在[1]的角度定义幸福，这样的幸福确实该被禁止，因为“不做”跟自我放弃、放任自流差不多，

---

1 法语的l'être，近来学界为了与法语的existance区分开来，也会译为“存有”，作者在这里指的就是作为人本身的集成概念，下文加着重号的存在，原文都是l'être；除了“存在”，根据语境，也会译为“所是的”“本心”“人本身固有的价值”。——译审注

“你要是不小心、不专注、不努力、不优秀，就不可能幸福！”这种观点还专注于一切通过努力和辛劳的付出，以及才华的施展而获得的成就，由此，幸福是“自满”“自得”的同义词，就算不会导致自恋或自我中心，也会让人无法享受当下：“你不能因为有了点儿成绩就沾沾自喜，因为还有好多事情需要去完成。”“你不能因为自己过上了舒适的生活就开心不已，因为还有那么多人生活在不幸之中。”“如果你意识不到这个世界存在的问题，就不可能幸福。”

感觉和价值的混淆，通常以负罪感的形式显现出来——就这样，破坏了本该欢欣雀跃的时刻。在我看来，这种负罪感之所以一直都在，主要是由于人们误读了基督的旨意。不幸的是，这种误读大量出现在植根于犹太基督教传统[1]的教育当中，其中包括宗教教育和非宗教教育。这种解读落入了二元思维方式设下的陷阱：“既然基督劝我们关注的事超越了人与人的关系、个体的差异，以及尘世间的忧虑，所以我们今生的生活并不重要。让我们警惕、蔑视这凡尘的生活，满心期待永生吧！”

因此，从这种观点看，想要在这个世界上得到幸福快乐这个想法很可能代表着物质主义、逃避或盲目。在某些知识圈、文化圈或政治圈，尤其是在20世纪60年代（我想到了萨特），甚至直到今天，这种观点也是真实存在的：幸福的人要么愚蠢

1　犹太基督教传统（tradition judéo-chrétienne）为法语专有名词，是基督教初期的一个理论，主张向基督教徒传授犹太教教义。——译者注

要么自私，或者既愚蠢又自私！想想布尔维尔[1]，这个出色的演员经常极其用心地演一些“快乐的傻瓜”。稍微夸张一点儿的表述就是：要么我们很聪明，因此过度活跃、蛮横无理，甚至心眼儿很坏，忧虑重重，睡不好；要么我们很开心，那么必然自私或愚蠢，头脑不清醒，过于天真，永远不现实，但我们会睡得很好……看看，二元思维简直无处不在。

这种思维习惯导致我们害怕获得幸福、表露幸福：“如果我表现出来自己很幸福的话，人们会怎么说我呢？我会受嫉妒、受排挤……最好还是给自己找一个小小的不幸去发挥、去宣传，这样就跟大家一样了，也不会打扰到任何人了！”我遇到过很多这样的人，他们把幸福藏在心里，不敢把幸福表现出来，怕自己显得愚蠢、自私或不切实际。

> 隐藏自己的快乐。

以前有一段时间我每周日都去做弥撒，那时我非常敬重一位神父。当我们单独聊天的时候，他表现出来的发自内心的、简单的快乐让我很是喜欢；他的细心和布道时的智慧同样令我赞叹。他表现快乐的方式与他举行祭礼和讲道时截然不同，当时我对此感到奇怪。他在讲道时声音更低沉，态度严肃，更确

1 布尔维尔（Bourvil，原名Andril Raimbourg，1917—1970），法国著名笑星。——编者注

切地说是严厉。某一天我给他指出了这些，他回答道：“我确实非常开心、非常幸福。我热爱生活，热爱神父这个职业。我从中获得了无限的快乐。但是，对于大部分人来说，生活太艰难了，他们不会理解这些。如果我把快乐表现出来，很可能就跟他们疏远了，我不能冒这个险。”

他的忠虑很触动我，同时，我也诧异地发现，这个真诚的人为了不打扰到其他人而削减了自己的快乐。我从中看到了二元思维的陷阱，就像他表达的那样：“如果我表现出了幸福，大部分人就会认为自己被丢弃了，所以我要把快乐隐藏起来！”而我本来更愿意听到：“我跟大家心连心，对他们的痛苦感同身受，我拜访他们、倾听他们、关注他们。我坚持展现出真实的自己并跟他们分享我的喜悦。”福音书上不也是这么说吗？——“人点灯，不放在斗底下，是放在灯台上，就照亮一家的人。”（《圣经·马太福音》第5章第15节——译审注）

在工作和生活中，我发现快乐是那么具有感染力、富有启发性！我能想象到这位智慧又慷慨的神父很可能下意识地不想展现出简单、幼稚或者自私。我们不也是和这位神父一样吗？因为害怕他人的目光，所以经常隐藏内心的快乐，把灯放到斗底下。

我们来自我检视一番：您敢毫无顾忌地大笑吗？您敢随意任性、自由自在地跳舞吗？当您走在路上，遇到一些人，看到一些事，感到非常幸福的时候，您的脸上会流露出来吗？

下一次，疯狂地跳舞，欣喜若狂地跳吧！开怀大笑吧！见到人、遇到事时，饱含温情地微笑吧！当然，别人可能会盯着您看，认为您喝得醉醺醺，吃了安非他命，吞了摇头丸或刚从精神病院出来；但您需要克服别人的眼光给您带来的不舒服……

无论如何，我喜欢跳舞。还记得在15年前的一场晚会上，我尽情地挥舞，跳得酣畅淋漓，一些好心的朋友劝我最好不要再喝了，因为我得走很长的路才能到家。事实上，为了控制鼻窦炎发作，我已经吃了抗生素，而且确实也害怕开车时昏昏沉沉，所以当天晚上无论是红酒还是白酒，我都一口没沾。由此我明白了，自己很快乐并把这种快乐强烈地表现出来，往往令人生疑。

非常快乐令人害怕吗？举个例子，如果你和某个人在大街上大声争吵，还扯来扯去，甚至动手打架，你会发现大部分行人会远离你们，像没看见一样。大家认为吵架很正常啊！现在，如果你们疯狂地亲吻或在公共长椅上长时间地拥抱，人们会投来异样的目光，这种目光里包含着不赞成，甚至暗含想让治安警察过来看看的意思……幸福，是令人反感的！

与他人谈起自己的冲突、烦恼、疾病，以及毫无希望但又无法逃避的事情，大家会认真地听您倾诉。但如果谈起您对一切的热爱、从生活中不断获得的自信、内心深处的快乐，大家会认为您加入了某个邪教！这些可都是我的亲身经历。

我们不难看到，这些是前面提到的稳态原则的表现：这些态度并不是针对您，仅仅是系统害怕改变、想咬牙继续的反应。因此您只需记得自己的存在并不是为了确认系统的稳固，而是为了快乐地做自己；而快乐和真实正是这个经常忧伤又混乱的世界所需要的礼物。

支付账单……

有时候，害怕过早或过晚地支付账单，都会阻碍我们幸福或让我们无法表现出已有的幸福，好像某个地方有一位“计算快乐和幸福的大会计师”，为了让我们埋单，他不断地计算着、估量着我们的消费！

顽固的、悲剧性的信念又出现了。然而，如果我们用心地好好看看那些幸福的人是如何生活的，我们就能发现他们内心确实很幸福，而且会越来越持久地获得幸福（我说的不是那种表面上开心的人，他们把不舒服隐藏在友好的面具下；也不是为了讨人欢心而掩饰自己的悲伤甚至绝望的这种态度）。我想到了一些名人，比如特蕾莎修女、以马内利修女（瞧，我们想起来的这些人几乎都成了某种象征，他们的相同之处在于都有伟大的精神追求，这种追求超越了宗派、隔阂，是非常开放的）。我也想到了一些没那么有名的人。如果我们仔细看看的话，周围确实有很多这样的人，他们虽然名气不大，但很幸福。但是大部分时候，一些东西阻碍了我们看到这些事实，那就是我们的信念本身：它将我们封闭在并不是事实的想法中，不让我们看到真实的一切。

我相信人们感受幸福的能力是不断提升的：不管怎样，我们感受到的幸福越多，我们感受幸福的能力就越强。这不是一个理论概念，相反，对我来说，这是我今生在这世上最美妙的经验。我也深信每个人都有灵魂，它以超越我们生活时空的形态存在，灵魂是不灭的。享受幸福、流露出内心的幸福是灵魂的天性。如果这种天性在生活中磨灭了，那么在我看来，这代表着我们一开始出发就走错了方向。

15世纪，印度的苏非派诗人卡比尔（Kabir）认为知识的唯一来源就是与上帝合一（上帝在不同信仰中有不同的称呼，此处暂且用上帝代表统治一切的最高的神）。针对以上问题，他超越了宗教教义和宗教习俗，给我们以下劝诫：

> 我的朋友，在你有生之年，盼望上主的临在，
> 在你有生之年，尽情体验！
> 在你有生之年，思考……探索……
> 所谓的“得救”，就在你有生之年。
>
> 若在你有生之年，未挣脱束缚，
> 又怎能寄望于死后的世界？
> 弃掉腐烂的躯壳，灵魂即获安宁，

岂是如此？痴人说梦啊！

此时若寻得，彼时即能享受；

此时若未寻得，彼时只能彷徨于地府阴曹。

此时若与神圣联结，今生，您将心满意足、喜上眉梢。

沐浴在真理中吧！结识教导真理的上主吧！相信上主的回应吧！

卡比尔对你说：寻找上主的时候，最重要的是要有迫切的态度。看看我吧，彻底被这种态度俘获了。

第二个指令：“还是要知足常乐啊。”（必须幸福）

首先，“知足常乐”被认为是一种良好的道德品质，而且合乎逻辑。“在地球上，总是有很多比你更不幸的人，所以你很幸福了！”以这种逻辑看来，幸福并不是感觉问题，而是一种义务：无论发生了什么，都必须幸福，这个义务同感觉一样敏锐和隐秘，成为一种内心的状态，被条条框框所左右！因此，以这种立足于“我所有的”而不是“我所是的”的逻辑看来，负罪感又一次毒害了我们的信念体系：“那么多人什么都没有，你还敢不知足常乐？！”

多少人在这种负罪感的控制下不能好好清理自己的内心，

然而，这是多好的找回舒适的机会啊！他们经常骗自己说“一切都好”，实际上他们的内心在呼喊：“什么都不好！”后面的章节中，我们会探索如何将负罪感变为责任感。

至此我们会发现，这个“良好的道德品质”忽略了交替原则。以让娜的例子来说，她觉得女儿“应该”积极：这就忽略了女儿当时经历的痛苦；因为这种痛苦被禁止表达出来，所以变得更严重。尽管当时的情况并不令人舒服，但意识到并表达出自己的痛苦，才给了她女儿重新获得幸福的机会。由此看来，让娜强加给女儿的必须幸福、积极向上的义务，成了女儿获得幸福、变得积极的障碍。

继“良好的道德品质”之后，还有对积极思维司空见惯的片面诠释（“生活一直很美好，一切都很顺利。从来都没有问题，凡事都有解决办法……”），这种诠释让人产生负罪感，进而迫使人做更多（“我没达到这个高度，其他人已经成功了。我必须更努力”）；此外，这种想法也忽略了交替原则。把积极思维奉为圣旨的人太理想主义了。实际上，生活并不总是美好的，一切也不总是顺利的，问题总是需要花大量时间去解决，我们也需要为此承受很多痛苦。我们最好了解这一点——明白交替原则，否则就会为遇到最小的陷阱而灰心丧气。

最后，现在的某些流派将世界上不同宗教和精神传统里的一些概念混杂在一起，从道教到土著人经验，从苏非派教义到印度智慧，好像是提供了一条通往内心幸福的捷径。事实上，他们把幸福看作显而易见的事情，立即就能达到，完全不需要经过这些传统要求的、所有通向悟道之路必经的阶段。这种看法让人觉得幸福是一种社会义务，而这种“必须的”义务竟然变成了不容错过的最新流行趋势。

我有机会遇到几个跟随这些流派的人。尽管我理解他们的迫切心理，但仍觉得这种迫切是在走捷径（许多机会都证明我的感受是对的），他们希望不需要经过必需的转变和个人修炼之路，直达佛祖才有的顿悟。如果实现不了的话，他们通常会感到心碎、些许羞耻，甚至还会产生负罪感。生活，自有其大智慧，会向他们展示在各个阶段上缓慢行走并深入体会是省不掉的一个过程——而这并不令人舒服。

有时候，这些人遭到现实的迎头一击后过来治疗。感情破裂、离婚、丧事、疾病、被解雇或遭遇车祸让他们认识到幸福不是一种概念，而是一种思想体系，而这种体系的扎根、成长不是依靠理性思维，而是依靠从现实经验中获得的认知。然而，他们谈话里提及的那些美好的概念（包括幸福的概念）并不是他们亲手用一块一块石头铺设出来的，还没构成稳定的基础，在此之上，他们还不能牢固地在建立起生活之所来安置他们的习惯，点燃明亮又持久的炉火。这些概念就像烟花，令他们在黑夜里着迷、开心，但很快就消失了。幸运的是，带着理想和更多的现实感重新开始总也不晚！

就像鲍里斯·西瑞尼克（Boris Cyrulnik）提到的那样：“我

们可以建造幸福，同样也可以建造不幸。建造幸福的过程就像搭脚手架，一层层搭上去，每一层都很重要，但这个过程是动态的。”[1]

当然了，在我们现在的消费社会中，一切物品和服务都唾手可得，广告也吹嘘这种便利并声称必须幸福。实际上，身处点一下鼠标就能买到一切的时代，怎么敢不幸福呢！这个社会带给人的错觉就是它能满足我们所有的需要，因此容不下“我们可以不幸福”的观点。在消费社会的理念中，不幸、悲痛、困难、不舒适都是不存在的。必须幸福！只是我们也知道，在现实生活中事实并非如此。

令人瘫痪、让人痛苦的双重指令/两次注射

现在，只需要把这两个指令联合起来：

①“我们不是来玩乐的（或你不应该幸福），因为其他人也不玩，况且还有那么多事情进展不顺利。无论如何，还有许多事情需要去做。”

②“你还是必须要幸福，因为你很幸运地‘拥有’更多的健康、金钱、关系、财富、物质上或情感上的安全感……而且一切都很顺利，涅槃就在眼前。”

---

1 《幸福的钥匙》（“Les clés du bonheur”），《新观察家》（*Le Nouvel Observateur*）2002年1月刊，第3—9页。

在这种情况下，我们就像拿了把剪刀或钳子，剪碎或夹碎了我们的生命冲动；同时，在许多人的心里建立起来的并不是对自己、对生活的信心，而是犹豫，甚至是害怕——害怕存在、害怕活着、害怕成为自己、害怕完全占据属于自己的位置。

这种双重指令，既让人痛苦，又令人瘫痪，仿佛写入我们生命的硬盘里最基本的启动程序就是禁止性的启动程序。用这个理论再去看电影《闪亮的风采》，就能明白是什么让主人公得了精神分裂症。

这种双重指令的悲剧是，一方面它的本意是好的（“我说这些是为了你好”），另一方面通常我们不会意识到它隐含的信息，所以它能够非常高效地、偷偷地在我们毫无知觉的情况下渗透进我们的意识里。因此，编码是无意识的，它设下的陷阱很完美：无法辨识、隐藏得极好、经久耐用。

我以前接触过，现在也接触到很多人，他们未察觉到这种双重语言，并且生活在这个陷阱里不自知，还有很多人精神上已经意识到了，但仍未找到改变自己生活方式的具体方法。

我是如何断定这些人掉进了这个陷阱里的呢？因为他们跟我说过！一些人无意间谈到：“您知道，我们没得选。生活就是这个样子的。如果我们要生存下去的话，必须得接受重击……”还有一些人有意地谈到这个话题：“我难以幸福。我很难停下不去做，我总是疲于奔命，几乎无法享受生活。我仿佛被上了发条，仅仅是为了做而做，为了结果而不停运转。我怎么可能停下来喘口气呢？”

我们的精力就这样浪费在管理这种压力、试图解决内心永不停歇的冲突和化解内心的争吵上了！这些精力本应该用来思考，用在换种方式生活、关注当下、快乐地发展创造力和想象力上。

特别是，不管在我们的个人生活中，还是在团体、社会中，我们总是花大量精力先预估最差的结果，并做出相应的准备，而不是预备去迎接最好的；我们总是担心潜在的威胁，进行自我保护，却不是加深自己对周遭的人或事的信任感！虽然我现在在教大家这些事，但我自己也还在努力学习中。

第二个双重矛盾信息：第二剂分两次注射的强化疫苗

上文提到的第一剂分两次注射的疫苗，本该是“禁忌药”，却难以避免，加上人们对其知之甚少，很多人受到了伤害。第一个双重信息本来就够摧毁人的了，现在还有第二个双重信息——正像第二剂强化疫苗一样，进一步加重了悲剧性的效果，使痛苦和瘫痪加速到来。它的组成表述如下：

◎ 第一次注射（指令）：“应该成为最好的！”（成绩和成功都是必须的）

◎ 第二次注射（指令）：“不应该自认为是最好的。”（成绩和成功都是被禁止的）

为了了解得更清楚，让我们再研究一下这两个指令。

第一个指令：“应该成为最好的！”（成绩和成功都是必须的）

“成为完美的人！”是各类个人发展方法中特别推崇的一种理念。在我们还是孩子的时候，我们就潜移默化地接受了这样的思想，大人们并没有真的这样说，他们的本意也许亦并非如此。要是他们真的这样清晰地表述出来，我们应该会更容易做出回应，对此提出质疑、异议或置之不理，并会对自己更加有信心。

因此，更确切地说，这种指令表述的是：一旦我们取得成功，也“不能满足于已有的成绩”。如此，我们既没有时间享受成功，当然也没有时间休息。在其他情况下，我们也会用令人扫兴的句子将其表述出来：“还能做得更好！”——不谈取得的成绩，对于完成的事情、付出的努力，没有给予任何肯定和赞扬。

然而，永无止境地追求本质上就不可能达到的完美，永不满足于在自己不喜欢并超出能力范围的领域取得的成绩，这样的生活多让人精力衰竭、疲惫不堪啊！这个指令让我们设立一个目标，似乎借由冲劲儿就能达到某种状态，就会获得快乐；但实际上我们很难够到这个目标，所以我们持续地活在挫折中，仿佛喝了毒药一样，其中一个后果就是形成竞争思维和比较意识：成为最优秀的，抢占最有利的位置，跑得更快，更受人喜欢或更被认可，赚更多的钱，开得更快，占有市场最大份额，爬上最高的职位……不管是男人、女人、情侣还是家庭，多少人的生活都在这种战斗般的不断奔跑中被磨碎、摧垮了！

这种情况从我们在学校的时候就开始了：跑步要占据最有利的位置、获得最好的成绩，数学、体育、钢琴都如此。它会伴随我们一生，在职业生活、夫妻生活、家庭生活和社会生活中，情况还会愈演愈烈。“事事都应该拿第一，否则你什么都不是！”成为我们这些不断奔跑的马拉松运动员的座右铭，而我们的生活也变得就像要一步步遵循的程序一样：出生、长大上学、成功、继续深造、成功、结婚、生孩子、成功、变老、偶尔住院、继续活着、最后死去！程序完成，无可指摘。生活就像是需要去“做”的一段路程。

所有的阶段我们都去做了，这样做的好处就是能获得普遍意义上的社会的认可……但是难道我们不可以按照我们所是的，为了我们内心深处不断增长并令我们光芒四射的满足感而活着吗？

我想起了帕特丽夏，她以前经常跟14岁的儿子争吵。她抱怨儿子难相处又懒惰，因为他没有取得最高的分数，也没有读她希望他读的那么多书，还中断了网球课，把时间用在足球和听音乐上。在交谈中，我试图了解她真正希望儿子怎么样，他儿子看起来很开心、很自在，只是因为母亲不怎么让他打篮球而有点儿忧虑。经过两次治疗后，她回答我说：“我想让他成为最优秀的人！”话音刚落，她发现自己如此苛刻，也笑了。

她儿子镇定自若地回答道：“唉，妈妈，我不需要成为最优秀的人。我只需要感觉舒服、幸福、放松，只要有朋友，学习上慢慢进步就可以了。你呢，你可以继续紧绷着弦、筋疲力尽地去争取事事第一、时时第一。而这不是我要做的事情，我希望你明白！”

评论：

① 帕特丽夏听到儿子的回答后，肯定感觉不舒服，然而这有利于她意识到自己内心深处存在着不安全感。她只是自我感觉完美：着装适宜、发型完美、消息灵通、跟得上时代潮流、一切都井井有条……而她自己的生活连同亲人的生活都被她搞得疲惫不堪。她的安全感并不源于内心深处的安宁，而是源于对外部世界一贯的、执拗的、令人极度紧张的掌控。她在潜意识中有如下的指令编码：“如果我想被人喜爱、受到赞赏和认可，就必须完美。母亲完美，孩子必须完美。所以我儿子必须是最棒的。”

② 帕特丽夏的“好心好意”蒙蔽住了她自己的眼睛。她看不见在自己的态度中，下意识地隐藏着某种意图：她认为

自己在爱儿子，实际上却是在间接地满足自己的安全感和自尊——安全感和自尊两者是息息相关的。当然，由于她并没有觉察到自己隐藏的动机，她所做的只会进一步强化潜意识里的这个运行机制，而不是从中跳脱出来。为什么呢？建立在系统分析基础上的两个原则给出了答案。第一个原则：如果我现在做以前经常做的事情，收获还会跟以前一样。这个原则的结果就是第二个原则：如果我总是做同样的事情，做得越多，同等的收获也会越多。在此情境下，当帕特丽夏控制并斥责儿子的时候，后者会抗议并逃避。儿子越抗议、越逃避，她就越控制、越斥责！于是，小冲突每天都上演。

有时候，这种现象会严重到导致其中一方逃跑，或令其疲惫不堪。只有揭示出显明隐藏的动机——即隐藏在表面需要后的真正需要，我们才能逃脱陷阱。拆掉这个信念的陷阱，摆脱这种看待事物的二元思维（要么我是完美的，所以大家都会喜欢我；要么我就是这个样子，因此大家会否定我），虽然会让帕特丽夏不舒服，但却是极其有益的！

第二个指令："不应该自认为是最好的。"（成绩和成功都是被禁止的）

我们听到过："不要冲在最前面，让其他人领先。不要高估自己。”然后我们把它内化为：“待在后面，怀疑自己。”这句话的本意很可能是劝我们谦虚。真正的谦虚是我特别欣赏的品质，它让我们保持警惕、有自省的能力，而不是否定自己。真正的谦虚对我们是有益的。

然而这个指令隐藏的危机在于，准确来说，它会造成接受此观念的人对自己的完全否定，这在很多人身上已经应验了。谁从没有对自己说过或从没有听到过这些杀伤力极强的话语呢？

> “因为我不是最好的，所以我一无是处。”
>
> “即使我取得了最好的成绩，我还能做得更好，所以我不应该为已有的成绩而高兴，也不应该满足于仅仅完成剩下的那些事情。”
>
> “我所做的、所经历的，本身都不重要；重要的是事情按照原计划进行了。”
>
> “我的意见会妨碍别人而且也毫无价值，所以最好让他们先发言。他们知道得更多、做得更好，他们更优秀。”
>
> “陈述、表达都可能暴露出自己不是最好的。所以，我还是躲在后面吧。”
>
> “取得成就、获得成功都会令他人不安；然而，不应该扰人不安。”
>
> “是的，我不敢。如果我敢的话，别人会怎么说我呢？！”
>
> “是的，但即使我敢，我也做不到。尝试有什么用呢？

我没有这个能力，不值得去想。”

“大家不会接受真实的我。他们会再一次批评我。没有人爱我。”

这些简短的话语，透露出严重的不自信，值得引起重视：句子里包含着太多的判断、信念，或封闭的、过于简单的推论。

除了我在从事心理治疗陪伴工作中获得的经验外，我搜集到的其他信息也表明，超过80%的心理治疗方面的咨询最终都与自尊有关。我之所以说“最终”，是因为前来咨询的人很少一开始就会有这样的请求：“我来找您，是因为我需要学习爱自己、重视自己、尊重自己、给自己信心。”人们来咨询，是因为他们活得很艰辛，需要面对各种问题：丧事、分离、车祸、疾病、依赖症或相互依赖症、情侣关系或亲子关系紧张、工作或学习中遇到困难、暴怒或胆小压抑（或两者兼有）、扰乱心神的性幻想或乱七八糟的梦……

大部分情况下，在我的陪伴工作中，自尊问题或早或晚总会出现：“我绝望地等待着**别人**给我那个位置，难道我得**自己**给自己吗？我绝望地等待着**他人**给予我无条件的认可或尊重，难道我得**自己**给自己吗？我爱真实的**自己**吗？就是那个在路上、在建造中，甚至还在施工中的自己。我要继续等待自己变得完美或成功后，再开始爱自己吗？”

我曾经也接受过治疗，因为我自认为对幸福免疫。几年之后，当我开始感觉到自己展现出热情、友好的新面貌，这种新面貌的基础并不是幸福，而是自尊，也就是说，当我意识到并相信自己有能力跨越所有的困难、有能力去开心时，我就决定离开心理医生了。现在，我自信地生活着，无论发生什么，都能回到自己的内心深处——那是我汲取安适的地方，是给我安全感、让我得以与自己和平共处的隐秘之处。

我着实震惊地看到，对于大部分前来咨询的人来说（我也相信，对于那些默默受苦的、不来咨询的人来说，情况是一样的，但他们更加意识不到），内心的伤痛与恰如其分的自尊有关。如果我们不理这个伤痛，冒的风险就是我们会不由自主地陷入各种类型的依赖和不一定明显但痛苦的补偿心理中，比如过于重视别人的看法、不能容忍或经不起一点点批评、不能忍受孤独，或相反地，不能过集体生活、患上强迫症，导致不合时宜地狂买东西，或重复一次次的爱情冒险。

在《醒醒吧，老好人！》中，我提及过类似的带有普遍性和悲剧性的依赖："如果我不能带给自己恰如其分的认可，我的一生可能都会用在绝望地在自我之外找寻不合适的、过分的认可上。"

每天为恰如其分的自尊而努力，就意味着要发展重新质疑自己和正视缺陷的能力，而这样做是不舒服的！

令人瘫痪、让人痛苦的双重指令/注射（回顾）

现在，只需要把这两个指令——这种双重矛盾的语言结合起来：

①“应该成为最好的！”

②“不应该自认为是最好的。”

这样，我们又一次拿起了剪刀或钳子，剪碎或夹碎了我们的生命冲动。这种双重指令，使既让人痛苦，又令人瘫痪的禁止性启动程序成了我们生命硬盘上最基本的启动程序。这个禁止性启动程序经常会导致我们想做却不敢做，希望做却缺乏行动力，等待却不去改变，忍受现状却不采取行动。

同样地，因为本意是好的（“是为了你好……”），所以这个双重指令便不自觉地渗透进我们的意识里。由于这种好意和矛盾的信息，陷阱被遮蔽起来了，变得不可见，因此成为一个完美陷阱。

解码双重矛盾信息：离开二元思维

我在《醒醒吧，老好人！》里介绍的非暴力沟通方法能极大地帮助我们走出手足搐搦，避免双重矛盾信息每天带给我们的撕裂。具体说来，就是我们要专注于倾听双重矛盾信息真正要表达的感觉（S）、价值或需求（B），尽力去察觉隐藏在话语里的好意。

我建议你们用下面的方法去解码（注意，这是解码技术，不是我们日常生活中的表达方式），而这些需要被解码的信息都来自我们在童年时期对我们影响很大的人。

分两次注射的疫苗

第一个双重矛盾信息（“我们不是来玩乐的，还是要知足常乐啊。”）可以被翻译为：“我作为你的父母（你的老师、你的导师），出于对你的保护和关心（B），所以很担心、很忧虑（S）。生活并不总是好玩的，所以我很可能会简单直接地告诉你，我们不是来享福的，不是来玩乐的（D/A），因为我也没学过‘生活并不总是好玩的’和‘我们不是来享福的，不是来玩乐的’之间存在的微妙差别。

“实际上，我想跟你说：我自己受了那么多苦（S），所以我特别希望你能少受点儿罪（B：免于受苦），但是我不知道该怎么做，因此我希望至少能避免你承受失望的痛苦，所以一上来就告诉你最差的局面和最糟糕的结局。我诚心地相信：这样，无论如何，到时候若出现一丝希望，你就会获得最大的益处。

“但是，因为人生总会经历一些快乐的时刻，这让我很开心、很安心（S），而且我需要相信快乐的存在（B：需要信赖、相信），因此我同样会简单地告诉你还是要幸福（D/A）。

“实际上，如果我当时能意识到自己所说的话带来的影响，或我拥有更强的表达能力，我希望跟你说，尽管生活充满了艰辛，但真正的挑战就是要试着去幸福。”

回想一下我的父母、亲人和老师，我真心相信他们更喜欢上述那种类型的表达方式，而不是使用令人质疑的指令。现在，我清楚地知道自己作为孩子时更喜欢听到什么，并能找到非二元的表达方式，以补充说明那些笨拙的双重矛盾指令真正要传达的价值或需求。

因此，今天当我挣脱了这种双重束缚，便更加坚持用以身作则的方式面对我的孩子，而不是单纯地用话语去阐明我所谓的“生命的两个意义”。是的，生命有两个意义：

① 我们存在，是为了试图找到内心深处极度的满足。它体现在我们与自己、他人、生活、宇宙或者神（不管您怎么称呼这位神）温和又热烈的共融（communion）中。这就是生命的意义、内涵：这才是生命的目的。这种内心深处极度的满足代表了我们的基本需求（或基本价值）和作为人的生命冲动（les élans de vie）。

② 生命中会有接二连三的冲突、压力、破裂、心碎、放弃、悲哀，正如也会有快乐、欣喜、感恩、温情、节庆、平和。这也是生命的意义，是它的方向、过程、必经之路：生命

要经历这些。作为人，我们会经历所有的感觉，无论是令人愉快的还是不愉快的。

我多想从孩提时代就能听到和明白这些［comprendre（明白），源自拉丁语*comprendere*，意为做自己、领会自己］，让自己一下子就能发现这个找寻了好多年的游戏规则。

生命的两个意义

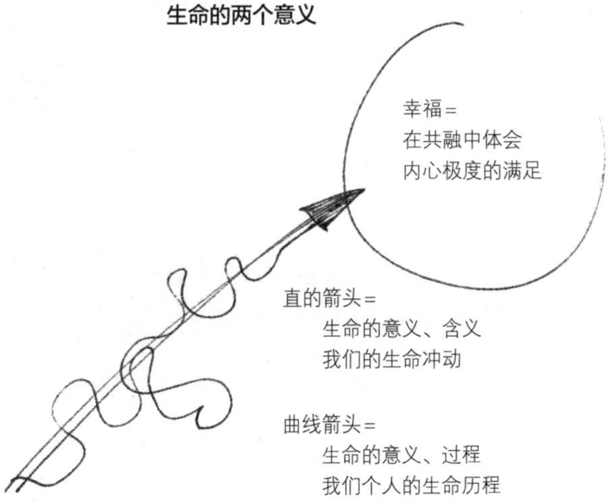

双重信息的强化

第二个双重矛盾信息（“你应该成为最好的，但是不应该自认为是最好的”）可以被翻译为：“我作为你的父母（你的老师、你的导师），害怕你成为沾沾自喜的、以自我为中心的人（S），我需要激发你的警惕心和自省的能力（B），因此我简单直接地跟你说：不应该自认为是最好的。但是，我又怕你一生只会漫不经心、碌碌无为（S），所以我跟你说：应该成为最好的，我需要鼓励你去超越自己，让你有对美的品位、对卓越的追求（B）。

“如果当时我有足够清晰的认识并能用更精确的语言表达，我想跟你说，我们的存在是为了探索、发现并分享我们身上最好的部分。每个人都拥有一笔财富。希望你能找到自己的这笔财富并慷慨地与人分享，同时保持开放的心态，认真接纳他人身上的优点，拥有时刻学习和反省的态度。寻找美、真理、卓越，同时接受自己的软弱、脆弱和缺陷，也接受他人的这些特点；在自己的位置上快乐地过活：每个人都有一个位置，否则你我都不会存在。记着，你为了不打扰到别人而没有去坐的那个位置会永远空着。为你周围的每个人在自己的位置上各得其所而开心吧。”

我多想在孩提时便听到这些。现在，我听从诗人泰戈尔在《新月集》里写下的诗句，希望自己，也希望他人过上这种生活：

> “来，坐在无垠的胸膛上，我的孩子。”

第三章

好人教育的几个陷阱

Quelques pièges de l'éducation à la gentillesse

我们不建造幸福，
而是去摧毁阻碍幸福的障碍。
——克里斯蒂安·布瓦龙（Christian Boiron）

在本章中，我会继续阐述与友善相关的五种条件反射[1]，它们构成了一个整体，我不想把它们分开，所以这个章节的内容特别多。在《醒醒吧，老好人！》的“如果……我就爱你”这部分中，我把某些条件反射描述成运转机制，它们会导致我们对自己、对他人暴力相向。接下来，我将努力解释这五种条件反射，还有我近些年在实践中发现的其他更明显的条件反射，并揭示它们是如何让我们陷入与幸福绝缘的陷阱中的。

进入主题之前，我想详细说明以下两点：首先，我描述这些陷阱，目的是提供了解陷阱的方法，这样，根据自己的意愿，您可以自由选择是逃脱出来还是待在里面；其次，我希望您能以儿童的心理去解读这些论述，而不是从家长或教育者的

1 条件反射理论是巴甫洛夫的高级神经活动学说的核心内容，指在一定条件下，外界刺激与有机体反应之间建立起来的暂时神经联系。——译审注

角度去剖析。实际上，我不是批评持以下态度的人（父母、老师或教育工作者），多数时候，他们都是全心全意地按照他们认为最好的方式去教育孩子们，而我则希望每个人的意愿和行为方式都得到尊重。

当我们还是孩子的时候，会经常听到这些话："乖，整理一下你的房间"，"乖，到厨房帮我一下"，"乖，在学校考高分啊"，"乖，要去奶奶家了，穿上那件漂亮的衬衫"。这都是我们作为孩子时听到的。然而，这些话语进入孩子的心里，在孩子那个小小的情感—心理—感觉硬盘上就会被编码成另外一种情景，那就是："如果你收拾房间，我就爱你"，"如果我要你帮忙的时候你来了，我就爱你"，"如果你穿上我想让你穿的衣服，我就爱你"。

再次强调，在这里我并不是认为这些人确实跟我们说过"如果……我就爱你"，或他们想这么说。我只是说出我们听到并编码出来的内容，我感兴趣的就是编码内容，因为正是它们，造成了伤害。

当作为小男孩儿或小女孩儿的我们有如下感受时，我们的内心是何种状态呢？——"我嘛，我不需要整理房间，我喜欢乱糟糟，这表明我自己已经是青少年了，并不意味着成年后我不喜欢整齐。我需要大家相信我有能力去改变……""因为我很乖，所以妈妈老是叫我去厨房帮忙，而爸爸也让我帮他干花园里的活儿。我觉得很累。我需要公平和回报，而且我希望他们也能叫我的哥哥和姐姐们去做。”“我在学校考不到高分，因为我对数学一窍不通，也没人告诉我这门课的意义所在，没人告诉我学习它如何能让我更幸福、更负责任地生活。人们对我说：‘你没得选，课程就是这么安排的，就这样！’但是，这并不是负责任的回答啊！”

当作为孩子的我们有上述感受时，心里会产生怎样的涟漪呢？难道我们会因此相信别人能够倾听、理解并尊重我们的差异和身份，并敢于表达心里的真实想法吗？

（我并不是主张让孩子们随心所欲，您只需回忆一下非暴力沟通的一个基本原则就能相信我所说的了：我们的需求更需要被认可而不是被满足；换句话说，认可他人的需求，并不一定代表着我们准备好了去满足他们的需求。即使别人的需求跟我们的不同，但认识到他人的需求，就代表着认同了他人的身份和差异。当我们停止做老好人，就意味着认同以下这个理念：满足他人的需求并不意味着放弃自己的需求，重要的是一起找到一个令双方都满意的解决方案，既不需要控制，也不需要制服。）

在大部分时间里，我们不堪重负，因为要友好，不要打扰到别人，害怕被抛弃、被辞退或失去爱。爱和情感上的安全感都是孩子的第一需求。我遇到过一些经常挨打的孩子，或者说是父母专制行为下的牺牲品，他们总是找各种理由替父母开脱以尽力维系这种情感联系。例如，他们会说：“是的，但是我父亲在工作上遇到了大麻烦。他老板讨厌死了……所以他朝我发火、打我是很正常的，应该这样！”“是的，但是我母亲一个人生活已经很不幸了，她需要一些温情！我是她唯一的亲人，所以她这样对待我也很正常。”

对于这些孩子来说，他们需要很长的时间才能意识到并接受自己也会对父母不满，会生父母的气。他们需要很长的时间才能走出二元思维：“如果我对父母发火，就是犯了大忌，因为我们应该一直爱自己的父母，而且我也担心父母不再爱我了。”然后尝试用第三种补充的方式去理解：“我对父母发火不影响我爱他们和他们爱我。”当然，他们只有把这种火气真实地表达出来，才能清理好伤口并让它愈合。

幸运的是，我们并不都是父母专制或暴力的牺牲品。然而，我们经常会陷入盲目的忠诚里去，害怕一旦意见不合，就会失去爱。

不一致并不代表失去爱。

这样，我们学会的，不是聆听、理解和管理我们的挫败感，而是闭口不谈，甚至把它压抑到潜意识之中；我们学会的，不是以爱为动机，而是因被迫的义务去做事；不是因为快乐，而是因害怕失去才给予；在团体中，不是因热爱而贡献，而是因害怕被孤立才去工作；不是责任感使然，而是因负罪感才去努力。

我们就像拧紧锅盖的高压锅，让火在下面肆意地燃烧，直到爆炸！而这就是对“有条件的爱”的条件反射，及其表现出来的暴力机制。

现在，让我们来观察一下这些条件反射如何启动“阻碍幸福”的机制，看看这些错综复杂的齿轮如何给幸福设下陷阱。

第一个陷阱：我们学的更多的是如何做而不是如何存在

> 人之所以为人，是因为他们不会满足于活得舒服，他会持续不断地追问自己——如何成为我所是的？此时此刻如何成为自己？
>
> ——瓦茨拉夫·哈韦尔（Vaclav Havel）

“整理房间，穿上漂亮的裙子，来厨房帮忙，做运动，在学校好好学习……”为了得到爱，我们学着做了那么多事情！在我看来，这个陷阱是所有陷阱里最强大、最有约束力的。让我们落入陷阱的原因有二：一是安全感的缺失，二是社会给我们传达的观念就是得不停做事、有所成就、服务他人和社会。

安全感的缺失

> 如果你做事、行动、应答、与我一致、“表现良好”……
> 我就爱你。

“以做好一切为目标的奔跑”就这样开始了。

您的心里难道没有深深印刻着这样的信念吗？被爱是因为自己所做的一切（慷慨给予、行为高尚、取得好的结果、获得好成绩、和颜悦色……）而不是因为自己这个人本身。难道您不这么认为吗？自己如果没有时刻准备着去“做”一件事情，就很可能会受责备、被抛弃，或者会生活在羞愧中。为了取悦所有人、不让任何人不高兴，进而以做好一切为目标去奔跑，难道不令人疲惫不堪吗？

夫妻之间、家庭当中和工作过程中出现的许多疲惫感、忧虑、负罪感和抑郁，从根源上来看都是安全感的缺失所致。我经历过也听到过几百次这样的话：“尽管父母和老师对我很好也很爱我，但在我心里，并没感觉到他们是因为我这个人而爱我、毫无条件地爱我。我不由自主地告诉自己必须做很多事情才能得到爱。因此，我不断地去做一件又一件事，以获得爱、接纳、认可，找到自己的位置。从更深的角度来看，如果我愿意仔细地审视一下自己的话，其实我也无法给自己这样的认同或给自己一个位置，更不用说毫无条件地爱自己了；只有一天花10小时工作、3小时照顾爱人和孩子，晚上还得在夜大继续学习，坚持体育锻炼以保持身体强健，学习英语和吉他，阅读报纸和新出的书，了解亲人的情况，长期从事一项社会活动或公益活动……"

要确认自己是否缺乏安全感，就想想这个问题："如果我真觉得自己有十足的安全感，完全确定自己是被爱的，不管我有怎样灰暗的缺点、闪亮的优点，我就是坚定地爱着这样的自己，那么为什么我无法放慢速度，少做一些，单单为着我所是的而欢喜呢？"

不要立刻回答。几天后或几周后您自会有答案。

社会要求我们有成果

我们当中大多数人都有过这样的经历吧？某一天发现自己快乐地沉浸在沉思式的遐想中，追踪着一只雄蜂，经由教室的窗户飞到院子里的栗子树上，想象着轻飘飘地在自由又充满香气的天空中任意飞翔是多么神奇又惬意的事情。我们当中大多数人都有过这样的经历吧？当安安静静、绞尽脑汁地思考着如何破解放在红色羊毛毯上的蓝色格子的迷宫棋，或辨认石板路面图案里的面孔或人时，突然被一声"不要闲在那儿，干点儿事"惊醒。

这就是第一个陷阱之所以那么强大的另一个原因：在西方

文化中，人的存在就是为了有所成就、服务他人与社会，除此之外的其他任何生命价值都没有一席之地，也不会被认可。

一个人每天工作10小时、一周工作6天，马不停蹄地从一个会议赶赴另一场会面，即使不幸福，给人的印象也是负责任。一个人一周工作4天而不是5天，腾出时间来照顾孩子或整理菜园，很可能被认为多少会有点儿不务正业、幼稚……一位母亲或父亲不工作，在家照顾孩子、打理家务，会被认为什么都没干（上帝知道他们有几千件具体的小事要安排、要做，他们贡献巨大）！

这样看起来，我便更明白社会的整套运行法则：为了行动、成果和组织，人性、人际关系皆可抛。以下的人群谁更被尊重、收入更高呢？银行家还是幼儿园老师？商务律师还是校外教育工作者？公司老板还是教师？政治人物还是护士？（当然，我并不是说银行家、律师或老板没有承担相应的社会角色。）

哪些部门会享受财政预算优先权，从而拥有充足的物质资源和人力资源，能够确保以最佳的方式运转呢？托儿所、学校、青年活动中心、退休老人之家、医院、慈善协会，还是办公室、大企业、公共工程、商业或工作区？人们在哪些领域会投入更多的人力物力，进行更多的研究呢？是维持和平的工具还是战争武器？

在北美商务圈，人们经常问“你赚多少钱？”这个问题，以此来衡量值不值得合作，这种带有讽刺意味的行为方式表明人类已经沦落到只看重实用性和利润的地步，内心的状态已经无关紧要了。这种情形导致许多人玩世不恭，带来许多悲剧，其原因在于人们习惯通过“做”来换取爱、获得安全感，并以此来体现自己的价值。

请正确地理解我的话：并不是说小学老师、护士、教育工作者和从事其他工作的人应该比银行家、律师或老板挣得多且更受重视。我只是希望大家都能被平等地对待！社会并不缺乏资源，只是我们需要重新审视应当优先考虑的需求是什么。

在我看来，如何选择优先的需求与我们的文化习惯紧密相连。在我们的文化中，只有行动、努力、表现和结果才能让我们更受重视。教育经常将关注点放在我们自身之外的东西上，而不去引导我们关注内在。长期以来，把时间用在维护关系、享受亲人的陪伴、欣赏大自然、沉浸在多姿多彩的梦想里、冥想、内省或放空，这一切都被认为是无所事事（“万恶之源”）、懒惰甚至是不适应社会的表现：“你是一个温和的幻想家、冥想者，然而生活是一场残酷的战斗。你再这样下去，就永远都不会成功。要生存就必须战斗！”

就这样，我们在成长的过程中学习的大部分都是如何“为了生存而战斗”，令我们诧异的是，当我们进入社会，这个世界存在的战斗和战士比我们想象的还要多！“种瓜得瓜，种豆得豆。”因此，我唯一的建议就是播种其他的东西。

注意！我并不是在说什么都不需要做，做自己就好！我的意思是，一方面，我们肯定需要做许多事情，因为如果不朝着自己希望的方向前进，就有极大的风险被我们不想做的事情占据，或原地踏步。换言之，如果我们不在园子里种花、种菜，园子就很可能被荆棘和灌木丛占领！再说，我们在做事的过程中也常常会收获诸多快乐。但另一方面，我也强调只专注于行动，会错过身边唾手可得的、带来内心安适、满足和幸福的宝藏。我们急着赶路，却忽略了我们要寻找的宝藏就在脚下。

> 我们埋头前行，浑然不知我们要寻找的宝藏就在脚下。

造成这种结果的根本原因在于我们学得更多的是走路，径直往前走，而不是寻找宝藏！宝藏，到底是什么呢？问问您周遭的人吧，不要随口一问，不然您会得到平淡无奇的答案！要在充满信任和友爱的氛围中，将话题自然而然地引向这个问题。

根据我的观察及每一次与人相遇得出的经验，我发现：深究我们每个行为的动机，无论我们做什么，寻找的难道不都是与“宇宙万物”、与“世间万有”（le Tout）共融的极深的满足感吗？您工作，难道不是为了满足让自己和亲友获得物质上的保障，对一个群体产生归属感，获得成就感，培养自己的责任感，贡献自己的力量来改变并发展所在群体等需求吗？您在做这些事情上获得极深的满足感，并不意味着您所从事的工作本身让您开心。

您结婚、生子，难道不是为了满足自己的安全感，获得信任和亲密感，享受付出和收获，分享温情和柔情，共同成长和进步，在与他人的冲突中认识自己，为了人类的传承和延续吗？您在做这些事情上获得极深的满足感，并不代表不需要遵守日程安排、不去购物、不去支付账单、不去处理任何家庭事务。

同时，我建议您以下面的例子进行更深入的思考。您每天已经疲于奔命了，但还是会不断地给自己增加新的任务，这难道不是为了在工作或社交生活中，让自己或周围的人更舒适吗？难道不是为了显示自己是有用的人或肯定自己的价值吗？还是为了避免面对痛苦或直视人的终极存在问题？您在做这些事情上获得极深的满足感，并不代表您对上述这些问题有答案，也不代表您对这些方式很满意。

我们极少能一直清晰地意识到：无论我们干什么，无论我们的理由是什么——不管这理由听上去是多么为了别人好，我们要寻找的一直都是内心深处的安适。读到这些您可能会很震惊，准备把书扔得远远的；您会认为处于您目前的状况根本没有选择的余地，在某些情况下也毫无内心深处的满足感可言。我并不想说服任何人。

然而，我看到十年来跟我一起研究这个主题的几百人中，包括已婚的、单身的、父母、孩子、护士、校外教育工作者、行政助手、公司老总、监狱里的神甫、守林人、政治人物、慈善协会的管理者、银行家、律师、大学老师、快餐店服务员、托儿所阿姨、国际猎头公司的经理……他们中的所有人都证实了自己真正要找的、自己的真实需求，就是内心的平和、心灵深处的满足；他们所做的一切，他们的要求、行动、行为方式或者策略，最终都是为了获得平和与满足。

我们当中的大多数人，只知道自己想要的是与“万有”共融的极深的满足感，却不知道去哪儿找、什么时候找、以什么样的方式找。尽管并非自愿，但我们确实如同一个有名的笑话里讲到的大晚上在路灯下找东西的那个人一样。——一个行人问他在干什么，他回答道：“我在找钥匙。”之后行人和他一起找，然后第二个行人也加入了他们的行列，还有第三个、第四个……在路灯下，大家转来转去，所有人都焦躁不安、忙忙叨叨，直到有一个人问：“您确定钥匙就丢在这儿了？”“没有啊，但至少在这儿我们能看清楚，不是吗？”

像他一样，我们多数时候也会去显眼的地方，即明亮的地方：我们会去“做应该做的”，比如工作、赚钱、养孩子、节省开支、消费……我们精干又负责任，但我们很少能找到自己希望找到的东西！实际上，这有点儿像我们在自说自话：“我之所以在那儿找，是因为路灯固定在那里，光线照亮的半圆形空间很清晰，并在石板路上界定出了清楚的范围，找起来很容易。这样我就有了正当的托词，可以在这儿从容地、心安理得地找了。”

在这个比喻中，路灯就是我们在潜意识的茫茫黑夜里的意识层面；光线照亮的半圆形空间就是我们知道或以为知道的关于世界和我们自身的一切；石板路上的光圈，就是我们的习惯、我们经常走的路［“经常走的路”这个比喻，参考了斯科特·派克（Scott Peck）的著作《少有人走的路：心智成熟的旅程》（*Le chemin le moins fréquenté: apprendre à vivre avec la vie*）的书名］，以及我们的美好意愿——我们知道，有时好心也会办坏事。

我们要找的东西（丢在草丛、灌木丛中或旁边的排水沟里的钥匙）就在那儿等待着。我们要找的东西总是在那儿等着我们，在我们所见、所做、所知和不断重复的日常所组成的封闭圈子之外。

如果我们停止在路灯下寻找，我们将会面临各种无法回避的不舒服，尤其是：

◎ 承认我们把所有的时间都用在了不尽如人意的、毫无意义的事情上，这是不舒服的事情。我们通常更喜欢继续在路灯下焦头烂额地寻找。

◎ 动手寻找并认为这样做很好的那些人会批评和否定我们，这是不舒服的事情。为了显得乖巧、不让他们失望，我们通常会继续在路灯下认真地找。

如果我们决定在可能丢了钥匙的地方寻找，同样会面临各种不舒服：

◎ 我们在草地里、灌木丛或排水沟里冒险，这不一定舒服。除了很难找到之外，我们可能还会遇到一些不舒服：湿湿的草、刺、狗屎、盯着我们钱包的混混、失足跌进排水沟里的危险……全是陷阱！我们情愿待在路灯下。

◎ 发现由于光线阴暗，配备的工具也不全，所以我们需要寻求帮助。敲门去借照明灯或让人家帮忙照着路，这是不舒服的事情。我们通常更喜欢宣称自己一个人就能处理好这些事情。

在丢了钥匙的地方努力寻找之后，如果我们还是找不到，那么我们要做的就是确认我们真正需要的并不是找回钥匙［这只是一个请求或行动、策略（D/A）］；我们真正需要的是能进到家里，回到充满平和和安全感的内心，承认除了那些让我们上瘾的方式之外，可能还有其他通向内心平和的途径。

例如，如果我们幸运地拥有一个需要用花来装饰的阳台或需要耕种的花园，就可以种上天竺葵，“因为必须这么做……如果我不做，就没有人去做了”。于是我们去做，我们担负起职责，履行我们的职责。然而，我们种这些天竺葵也可以是“因为我喜欢照看周围那些有生命又流露着芬芳的东西，我喜欢为世界创造美、保持美”；于是我们活出本心，我们融入生活，我们生气勃勃。

我们之所以将天竺葵种在阳台上、带进生活中，原则上是为了获得内心深处的满足和安适。但是在第一种态度中，我们与这些花做“斗争”，与安适背道而驰，这样对我们来说，生活就是战斗。在第二种态度中，我们与这些天竺葵“和谐相处”，从而获得内心深处的安适，这样对我们来说，生活就是合作。

“有道理，但是您想想，并不是所有的事情都和种天竺葵一样有趣。此外，还有很多人什么花都不种！”这当然没错。不过，我建议您把这种双重态度用到所有事情上，无论事情本身如何。去拿餐具，这可能不是一件令人振奋的事情……洗餐具时想着“必须洗餐具，必须收拾厨房，我没得选，如果我不干，就没人去干了”，这时，查看一下自己内心的状态；然后，下次有意识地洗餐具，也就是说，清楚地认识到自己劳动的价值：“我清洗餐具是因为我喜欢干净整洁，况且我也知道天上不会掉馅饼——周围的环境是自己打造出来的，也是自己选择的生活的一部分。我选择住在一个干净的地方，其结果就是需要洗餐具。”这时再查看一下自己内心的状态：即使可能不一定很舒服（清洗餐具对您来说并不怎么激动人心），却有机会让您更幸福，因为您更清楚地意识到这是自己的选择。

第一种态度造成的不良后果就是，它可能让您对自己说：“只要完成这些：① 清洗餐具；② 收拾房屋；③ 整理好文件、记好账；④ 把孩子的房间重新粉刷一下；⑤ 看望一下远方上了年纪的姑妈；⑥读完房间里桌子上待读的那十本书；⑦坚持每天运动1小时；⑧精通电脑；⑨上完英语课；⑩做完治疗；⑪办完离婚手续；⑫顿悟……内心就会平和了。”

我们可以焦躁不安地不断做上150年，内心异常迷茫、极度缺乏满足感，一件接一件地去做所有事（还经常同时做两件事），总是希望下一件事情能带给我们更多的满足感，而对于事情本身和它带来的价值的满足感，也不是从我们作为人的存在本身的价值里获得的；其实，只有存在本身是持续不变且超越生活表象的。

跑轮里的仓鼠

您知道仓鼠的主人给仓鼠玩的跑轮是什么吗？那是一种能够在水平轴上转动的圆柱形笼子。仓鼠钻到里面，一开始玩得很欢，因为可以让跑轮随着自己的步调转动。可是没多久，运动就加速了，笼子转得越来越快，以至于仓鼠跟不上节奏，在里面踉跄、打滚儿。于是，仓鼠被操控了，变成了自己逗自己玩的玩具，而这个悲剧则是它自己酿成的！

我作为已经摆脱了或尽力摆脱对于事情和做事节奏的屈从，并试图重新夺回一点儿生活掌控权的仓鼠，来写这本书。实际上，我曾经经常是、现在有时候也还是那只仓鼠，一开始只是为了让自己开心而参与跑轮运动，结果却是自己被愚弄。

当然了，我曾经陷在“做”的陷阱中，同时也接种了分两次注射的疫苗：在心里，我不能想象自己能被别人爱，甚至自己爱自己，除非在工作中（每天工作10—12小时），在运动方面（下班后，夜里即使下雨也会坚持跑步），在脑力劳动方面（阅读、报告会、演出），甚至在志愿者工作中（把晚上、周末、假期都贡献给社会活动）都能“表现良好”。

在这种使人高速运转的生活中，几乎没有时间和空间能让我们舒服地待着。我曾经本质上就是一个乖巧的好少年，学过只有自己做了、努力过，才配持有良好的自我感觉。然而我注意到那时自己总是带着忧伤的气质，那种感觉就像怀念自己熟悉但却远离了的东西一样。我跟许多不同的人做了那么多有趣的事情，内心深处却总是苦涩、忧伤和孤独。

这时，分两次注射的疫苗创造了奇迹！我只需要回忆起“我们不是来玩乐的”，就会安心了，认为自己还是很不错的，生活就是这样，充满了苦涩、忧伤和孤独。在我快要放弃的时候，第二个指令出现了：“是的，但是你应该为自己所拥有的一切、自己有机会做的一切而感到开心。不要待在那儿唉声叹气了，行动起来吧！”于是，我重新踏上了征途，绝望地去别处寻找满足感，丝毫不知自己正在逃离它。接着，还有第二剂分两次注射的疫苗填满接种的表格：我一直确信自己如果不是最好的，或者在别人的印象中不是最好的，自己就得不到别人的爱，所以必须在所有的事情上都实现自我超越，可这样只会让我处在不对任何事情满足的状态。

悲剧的跑轮转啊转，就这样转一生。它越转，自我意识越没有机会破土发芽。

疲于奔命

15年前，在我做律师及后来做法律顾问期间，我依次跟两个人共事了好多年，他俩的个性和行为都极为相似。他们都属于我们所谓的工作狂，每天工作12—15小时，每个周末都工作，只有在筋疲力尽、实在受不了的时候才休三天假。即使休假时，他们也没有就此远离手提电脑、电话和传真机；他们几乎立马就要病倒了，却又急匆匆地回到办公室恢复了一贯的工作节奏。他们都希望自己成为业内翘楚。他们坦言自己的梦想就是手头阔绰、在职场上被认可、过上安逸的生活。他们可以为实现梦想牺牲一切，都没时间建立一段持久的、能滋养他们的关系。

尽管我很难理解他们的这种生活选择，但我也坚持不去评价他们。而且，我一直非常敬重他们的聪明、工作能力、意愿和决心；我也一直感激他们，跟他们共事期间，我在他们身上学到了很多。

几年前，我听说他俩在地球两端相继去世，还不到50岁就被突如其来的癌症夺走了生命。听到消息的时候，我感触很深，但说实话，我并不惊讶。感触很深是因为尽管他们一生都干劲儿十足，在工作中富有闯劲儿和创新精神，获得了成功，可我真的无法确定他们活着的时候非常幸福。我更怕他们一生都粗暴地对待自己：在他们的计划表里，没有温柔、温情、放弃、信赖，他们也没有品尝过内心的平和与安适的滋味，更不可能仅仅待着，什么也不做！

我忍不住把他们的经历当作接受了第一剂分两次注射的疫苗和第二剂分两次注射的强化疫苗的典型例子（这些全是我自己的诠释，我怀念和他们的友情，也试图更深地理解他们）：我们不是来玩乐的，需要勤奋工作、成为最好的，但我要表现出幸福的样子，不管怎样，当我名利双收时，就一定会幸福。

在合作的这些年中，我的脑海里经常会浮现杂技团的手技演员在一个竿子上转碟子的画面。这项表演的目的在于成功地同时转动尽可能多的碟子。碟子越多，就越扣人心弦！而且，越来越多的碟子既让观众高度紧张，又对他们产生不可抗拒的吸引力：能加到多少个呢？毫无疑问，会有一个临界点：在某个时刻，只要增加一个碟子就会破坏整体的平衡，一切都倒塌了。

手技演员把碟子从一个竿子转到另一个竿子，努力保持每个碟子都在旋转，连观众都看得入迷并跟着紧张起来，这与生活中高度紧张的状态很像。维持这种状态需要付出代价，为了保持场面的热络，手技演员不能停下来：不能打碎碟子，也不能慢下来（把盘子一个一个抽掉就会慢下来）。然而，怎样才能不打碎碟子并吸引注意力呢？怎么才能在不疲于奔命的情况下拥有更好的生活呢？

在场（présence）：破除两剂疫苗的诅咒

不断忙碌的习惯让我们难以面对自己、他人和生活。据我了解，跑轮里的仓鼠习惯于跌倒后重新站起来并跑得更起劲儿。它似乎对自己很严格，认为跌倒是因为自己很没用、毫无能力；重新站起来后，它发誓下次一定会成功、会有出色的表现，而不是承认自己已经烦透了这个游戏，或接受在地球上很可能还有更令其内心满足的游戏这个事实。

您看看这个陷阱：在第一剂分两次注射的疫苗和第二剂强化疫苗的联合作用下，这只不幸的仓鼠，无论性别如何，没有太多反抗就接受了被跑轮戏弄的不舒服，甚至离不开这个游戏！然而，如果要开始质疑这个游戏和输赢本身，那会令其更加不舒服的！虽然跑轮似乎一直在戏弄仓鼠，它却发展出强大的灵活性，以保持跑轮的平衡；这些跑轮代表了职场、家庭和社会场所中禁锢我们的一切：对于习惯的尊重、传统、作为父亲或母亲本应严厉的观念、我们的年龄、就业市场的稳定，以及其他任何真实的理由——但这理由显然只是部分真实，它掩盖了真正的理由："我有权利避免两剂疫苗带来的不幸吗？我可以自己决定是否幸福，并接受让自己不舒服的代价吗？"

不舒服，首先是基于不管别人怎么看自己，也不管自己怎么看自己，都要停止奔跑。然后，就是感受想继续、想做其他事情和想什么都不做这几种意愿之间的张力和撕扯。不舒服有时候也表现在虽然什么也听不到，却还要在怀疑和相信之间等待着，就像守夜人等待晨曦一样，既想睡觉又怕错过黎明。

不舒服，其次是基于需要顶住习惯的压力和他人的劝告。虽然他们提出劝告是出于善意，但这些劝告通常代表了他们自己对改变、新事物和未知的恐惧。

我建议您进行一项小小的练习，体验一下这种不舒服：试着听一个人谈论他挂心的事，您只需要带着同理心待在那儿，而不是逼自己必须做点儿什么，有进一步的表示，去反对、解决，有“突出的表现”。任由自己在场，只是倾听，并且不要自认为必须得做出反应、做出好的样子或留下好印象……这经常是令人不适的。

接受这种不舒服，感受在场的简单快乐吧！这不是一下子就能做到的！需要不断地接受这种不舒服，然后继续尝试。就这样修建您的花园吧：不去拔苗助长。

慢慢地，不舒服的感觉就会退去，只剩下在场的安适。跟您交谈的那个人，将非常开心您只是安安静静地倾听，既不做评价也不提建议，之后他很可能就会对自己的困难有了更清晰的认识，他可能会对您说：“感谢你为我所做的一切！”然而，您什么都没做，只是安于待在那儿；而您，也会为此感到满足的。

“幸福在草地上，快点儿跑到那儿，它要溜走了！”

有些父亲或母亲，他们那么和善，总是为了家庭忙着做“所有应该做的”，以至于忘记了要跟家人待在一起。他们不明白为什么大家会责备自己，为了别人，自己可是竭尽全力做了所有的事情啊！这样的父亲或母亲，您难道不熟悉吗？

我听到很多对夫妻跟我说，为了两人的关系能够更好地发展，他们宁愿过极其简单的物质生活。如果丈夫或妻子一心扑在工作上或各种活动上，每天工作12小时，每周工作7天，那么就像保尔·福尔（Paul Fort）所说的那样，去跟他或她说“幸福在草地上”，只需要去那儿品味，不然它就溜走了！

而醉心工作的这一方可能会说：“我拼死拼活都是为了你好，而且我们不是来玩的，我们没有时间！”还是这套熟悉的说辞。有多少次当我们明白过来的时候，当配偶觉醒了的时候，已经太晚了——幸福已经溜走了！

有一些女主人，尤其是母亲或祖母，她们慷慨热情地招待聚在一起用餐的家人或朋友，还一直操心是否服务周到，所以从餐厅跑到客厅又到餐桌，不断巡视一切是否顺利，最终她们也没能跟大家坐在一起好好吃顿饭。您不认识这样的人吗？然后，她们唉声叹气：“这种家庭聚会，简直能累死人。我一直在跑，没见到一个人！”算不上悲惨却很滑稽的是，宾客们、孩子或亲戚，总是说同样的话：“好可惜，我们好想跟妈妈或祖母在一起啊，但是我们没逮住她——她一直在跑！”这就跟构成圆圈形状的咬尾蛇一样：为了找到内心深处的满足感，反而无限恶性循环地避开了能带来满足的事物。

“避开幸福是因为害怕它逃走”

就像简·柏金（Jane Birkin）唱的那样，我们避开幸福是因为害怕它逃走！

“自我破坏大师”版本1：煞费苦心且头脑不清的人

一些人就像专门进行自我破坏的大师，怀有最美好的意愿，有意或无意地安排好一切，生怕错过了从内心的平和与从容中收获的幸福和活在当下的快乐。

我碰到过一些忙得不可开交、精疲力竭、累到极限、惊慌失措的妻子和母亲。她们也想放手，放下一部分做母亲的职责。可是她们把生活安排得太满，没有一点儿属于自己的时间，没有任何喘息的机会，还指责全世界或生活本身让她们如此疲惫不堪，她们没看到正是自己握着改变现状的钥匙。

我也遇到过一些忙得焦头烂额、很少在家的丈夫和父亲。周末他们也会安排诸多活动，要么跟朋友聚会，要么忙于各类事务，几乎没留出时间给自己或跟家人在一起。

多数时候，这种“安排”都是无意识的。那些有所觉醒、发现自己处于陷阱中、前来咨询以求寻找出路的人，通常会以令人动容的方式来表明他们为什么如此安排：如果不是把事情做得面面俱到、达到最好的效果就不会被人爱，这种恐惧深深烙刻在他们的内心，以至于他们长时间把做——包括行动、计划、达到目标、变得完美、表现得完美，当作存在的唯一方式，哪怕他们为此疲惫不堪，最终发现这样的生活简直是地狱。这时，分两次注射的疫苗便负责地让他们想起一方面要赚钱养活自己、用自己的血汗来养活家人，另一方面不能“挑三拣四”，也不能同情甚至怜悯自己的命运。此外，“不应该抱怨”！

“自我破坏大师”版本2：拒绝安适

我过去经常发现自己在破坏自我的安适，而且因为自己无力享受幸福、接受持久的安适，也会破坏亲人们的幸福。那时我对幸福的容忍限度极低，甚至无法忍受哪怕是短暂的舒适期，总是希望尽快重返不安。

我的这种自我破坏能力在我跟妻子瓦莱丽交往的初期就非常明显。此前，我单身了好多年，自我保护意识强烈，极度害怕迷失在需要“做好人”才能维系的关系中。为了跟她保持稳定而持久的关系，我在自己身上找到了足够的自尊和自信（我早就建立了对瓦莱丽的尊重和信任；我欠缺的，是自尊和自信）。

因此，我们决定结婚、生孩子，甚至立即搬到一起生活（瓦莱丽那时候在荷兰工作），我们那么幸福，在一起那么舒服：在这段关系中，我俩温柔地对待彼此，并保持着各自的独立性，且互相尊重。真是好极了！“太棒了！美好得都不真实了！不过早晚得失望！最好现在就失望，免得到时从太高的地方摔下来跌得太狠……”这种熟悉的、古老的声音在我脑海中回响，我当时深受其影响。因此，我经常找一些无聊的借口来跟瓦莱丽争执、吵架，试图重新找回我所熟悉的那种紧张、意见不合，以及不被理解、不被接纳、无处安身带来的孤独感。

在内心深处，我又回到了带有自我保护意识的单身状态，所有熟悉的、古老的声音响彻其间：“你看看，我们早就跟你说过幸福不会长久。你现在清楚了，那就不要奢望了……”

有一天，我带瓦莱丽去一家我很喜欢的饭店庆祝她的生日。她不知道这个地方，但我知道她这个室内装饰达人会喜欢这家饭店的装饰风格。一切都很顺利，她很开心，饭菜很美味，谈话很愉快。之后，我还是不由自主地谈到了导致了我们意见不合的为数不多的话题之一，目的好像是为了说：“你看，我们不能相爱，因为我们并没有在所有问题上达成一致。”

回想一下，乖巧的男孩女孩们，我们经常认为“不一致”就是“不爱”。为了防止自己迷失在舒适里，我们尽可能地不让自己沉浸其中，就像确保自己不会去冒险。我重新打开了记录我们分歧的档案，它能让我重新变回原来的我：通过反抗、争论、论证、孤单感来证明自己的存在。我继续要着这个小伎俩，直到瓦莱丽打断我说："别说了！你在搞破坏！"这句金玉良言促使我立即察觉到"我们不是来玩乐的"这个疫苗还在我身上发挥着巨大的作用。我发现幸福需要去适应，我得驯服自己，并处理好情感上的压力；我也发现我们能多么快地远离不熟悉却令人愉悦的感觉（融洽、温情、内心的安适）而回到熟悉却令人讨厌的感觉中（争执、张力、孤独），其实都是因为不习惯而内心不自由。

评论

① 幸福跟别的感受一样，是一种需要缓解的压力。这是早些年居伊·科尔诺[1]让我明白的。我向他吐露尽管有各式各样难以忍受的困难要克服，我却感觉越来越幸福，且这种感觉产生的频率和强度都越来越高，但我惊讶地发现这样很累，有时候甚至觉得这样生活很辛苦！他回答我说："你可能觉得很累，一方面是因为在我们这个社会幸福仍是某种禁忌，所以首先你要克服自己给自己的阻力，其次是你所生活的环境和遇到的人或明或暗地给你的阻力；另一方面，舒服的感觉和不舒服的感觉一样会给人带来压力，也就是说人体需要适应这种正

1　居伊·科尔诺（Guy Corneau），荣格人格分析心理学家，其作品《父不父，子不子》（*Père manquant, fils manqué*）、《斗争中的爱》（*L'amour en guerre*）、《心灵治愈》（*La guérison du cœur*）、《他人的受害者，自己的刽子手》（*Victime des autres, bourreau de soi-même*）等被翻译成多国语言。我很荣幸地与他共事了十多年。

面信息，就像需要适应负面信息一样。这就能解释你为什么累了，尤其在你的生活中，当舒服的感觉、不舒服的感觉同时出现在你身上的时候。”我的情况正是如此。

他的解释启发了我：在童年时期，我并没有学习怎样缓解不舒服的感觉带来的压力（诸如生气、说出自己的忧伤、走出悲伤、承认无能为力等），也没有学习怎样活在强烈的幸福感中，同时因为害怕受伤，自己还不自觉地排斥这种幸福，更不必说让舒服的感觉和不舒服的感觉共存在自己身上了。

② 我们需要允许自己幸福，需要给自己这个自由。禁止幸福在潜意识中经常占据上风，面对这种情形，我们需要善意地鼓励自己一再允许自己获得幸福，以便不断地拆除二元思维的陷阱：“我可以允许自己幸福，不用担心由此变得自私或冷漠；我可以沉醉于舒适中而不会丧失气力和决心；我可以长久地沉浸在温柔和柔情中而不会丧失愤怒和行动的能力；我可以完完全全活在当下，而不必担心未来。”这是我们每日的必修课。

③ 幸福，也意味着保持警惕。我们的潜意识有一种异乎寻常的能力，就像控制木偶一样控制着我们；同时，我们的大脑有强大的编码能力，在这种情况下，对于那些不会自然而然地拥抱幸福的人（我是其中之一）来说，我们需要非常警惕，一直保持在场——活在当下。举例来说，您发现有时候自己的心情会突然改变，但不明白为什么。您发现某个时刻自己

暴躁、恼怒、烦人、恼火、担忧或失望，然而几秒钟之前，一切都很正常。小心啊！您很可能对出现在自己脑海中的一种想法、一幅图像、一个印象做出了反应，就像电影院里放映的图像能不知不觉地进入大脑一样，它会在您没有意识到的情况下将信息传递给您。

这种潜意识的思维和图像经常来自阻碍我们幸福的两剂疫苗、一些信念或让人产生负罪感的指令，或一个还未在表面上发作的潜在问题。因此尽管一切都很好，您放松又自信，但您的大脑还会给您发送一条消息，虽然消息停留在无意识的门槛上没有进入意识中，却让您深受其扰。这条消息就是您硬盘里的声音，例如："不要高兴过头了，还有很多事情要做。而且，不要自认为已经达到了目标，你还没取得过任何成功。你不能放松下来，想想办公室里、家里、花园里所有要干的活儿。大家早晚会吵架，这是一定的，那么做好战斗的准备吧。"或者："我母亲很不幸，我必须多照顾她。我太胖了，我很灰心。我应该琢磨一下两个人在一起生活的意义和作用。我的发小儿去世了，我也需要思考一下死亡和生命的意义了……"

克里斯蒂安·布瓦龙在他的著作《幸福的源泉存在于我们的大脑里》一书中分析了这一现象，[1]我对他的分析方式很感兴趣。他把这些信息称为"病理性的自动化思维"（pensée

1　参见克里斯蒂安·布瓦龙（Christian Boiron），《幸福的源泉存在于我们的大脑里》（*La source du bonheur est dans notre cerveau*），Albin Michel出版社，1998年。

automatique)。这些思维是自动产生的，因为它们都是条件反射，没有经过理性思考。它们是病理性的，因为它们制造了痛苦。

他提出："应该刻意去区分智性思维（pensée intelligente）和自动化思维。智性思维是有弹性的、复杂的、细腻的，能够开放地接纳更丰富的思想或与之相左的思想，它把无条件的、轻松的乐观主义感受扩散开来；自动化思维却是僵硬的，不能忍受矛盾，它很简单，甚至会将事情过于简化，不怎么细腻，它表现出来就是一目了然的强烈感受，给我们的印象就是没有其他选择了。"

因此要挖出这些自动化思维，然后经过理性的扫描并进行意识层面的解码，以便不被这种思维控制、摆布，同时找回改变的能力，这一切都需要高度警觉。对我来说，这种警觉是健康生活的一部分：为了尊重自己、亲人，还有所有跟我接触的人，我会经常清理自己的意识，除掉里面寄生、堵塞或生锈的东西，就像我有意识地经常洗澡、洗衣服或给咖啡壶除水垢一样。保持警觉不总是舒服的——就我个人而言，我并不情愿做这项工作，但是我知道我需要去做。

④ 一起走出陷阱。在上面我提到的自己的例子中，瓦莱丽对我说的"别说了！你在搞破坏！"，就像是暗号。我已经给了她打开陷阱的钥匙，更确切地说，是备份钥匙。实际上，我当然可以保留自己的行动权（留着我自己的钥匙），但我知道自己还会经常陷入陷阱中，甚至对此毫无察觉，同时在工作

中我也会经常遇到这个陷阱；因此，我愿意把这个备份钥匙交给跟我一起生活的人。

对我来说，跟另外一个人说出我们经常陷入的陷阱，有两个好处。首先，我们团结起来，就更有能力逃出陷阱。我认为，比起不求生活得更好或坚决地维持惯性生活、不愿改变的人，两个力求生活得更好的人在一起头脑会更清晰！其次，我们也给对方机会更好地一起去生活：例如，如果对方看到的不是我们具有攻击性或防御心理，而是我们陷入了陷阱，这会让他试图去照顾和理解，而不是极具攻击性地去反击或逃避；反过来说，如果我们看到对方陷入了陷阱，也会对他更宽容。

> 承认自己不喜欢生活中的某件事，并不一定就是在抱怨，而是决定重新出发，做必要的改变。

让我们回到上文提到的表达："我们不能抱怨！"在这种精神指导下，说出某件事不称心，这种行为会让人产生疑惑：大家会认为这个人在抱怨，很消极。您会注意到一种奇怪的现象：如果您说了生活中无关紧要的事情，比如您说自己不喜欢海也不喜欢古典音乐，更喜欢山或爵士乐，人们会耐心地倾听，而且为了更好地理解您，很可能会问您为什么喜欢山或爵士乐，为什么不喜欢海和古典音乐。与之相反，如果您触及了生活中很重要的话题，比如您说："我不再喜欢自己的工作，也厌倦了这儿的城市生活；我更愿意去做一些更有创造性、更合乎本性的事情，我希望住在乡下，按自己的节奏生活。"您很可能会听到："不要抱怨啦！你现在这样已经很幸运了，换其他人，还不知道会多高兴呢……"

看看这个陷阱：谈论山或音乐，经常被认为是在进行交谈，这是舒服的事情，最重要的是，这样不会打扰别人；我们只是简单谈论要做的事。可一旦涉及更重要的话题，尤其是触及"存在"和意义时，大家便都难以启齿、深入讨论，也害怕开口问这方面的问题。

请注意，如果您谈论山或音乐，同时，并不是将它们作为无关紧要的事情，而是作为您最重要的事情说出来，可能会收到同样的反应。比如您说："我发现自己酷爱爵士乐或山，它们真是令人陶醉啊！几个月以来，我感觉一听到这个音乐或一想到要去攀岩，整个人就异常激动，我想完全投入其中。我打算去学校听课并换工作。"别人的第一反应很可能就是这样的："你是疯了还是怎么了？放弃工作和稳定的生活就是为了去酒吧里胡乱弹琴或沿着羚羊才走的路长途跋涉！"而不是："啊！你真是热情高涨啊！快跟我说说究竟是什么让你那么着迷！"

存在的强度[1]让我们害怕。

我们害怕存在的强度，然而我们欠缺的也正是它。[2]很奇怪，就算我们不把存在的强度放到生活的中心位置，潜意识里也一直在追求它，有时还像仓鼠一样来回奔跑，试图去靠近它，内心却总无法满足。就这样，我们发现自己无论在工作、社会、家庭、运动还是人际关系上都用力过猛。我将其描述为病理性躁动（agitatite[3]），即一种有组织的亢奋状态，让人产生类似于“存在的强度”的感觉，而实际上，这些状态并不会让人的内心深处得到滋养和满足。

就算我们愿意把存在的强度放到生活的中心位置，一开始我们也会害怕。实际上，我们害怕的正是我们自己的存在强度。在我看来，我们每个人都害怕在存在强度中迷失、消融，而这一切都是因为我们不习惯合作，不习惯在归属感中保持合一、聚焦、始终如一和内心的强大。

实际上，我们学的是不要冒险、不要打扰别人、不要制造太多的噪音、要警惕自己的冲动和热情。然而为生活激动不已、

---

1 存在的强度（intensité de l'être），哲学专有名词，法国哲学家德勒兹曾多方诠释这一概念。他认为，生命是一种充满强度的运动。学界多将此概念译为“强度存在”，但这里按照作者的脉络，虽引用哲学专有名词，但有自己要表达的意思。——译审注

2 此处参考了卡尔·荣格（Carl Jung）的“人类缺乏的，正是强度”（Ce qui manque à l'homme,c'est l'intensité）这一观点。

3 “agitatite”系作者自造词，由法语的“agitation”和后缀“-ite”构成。“agitation”有晃动、动荡、烦躁、骚乱之意，后缀“-ite”的一个意思是炎症。——译审注

为有生命的东西心跳、体验自己的冲动，这些我们都未曾学过。

让我们回忆一下节选自《奇迹课程》（*A Course in Miracles*）的一篇文章。当纳尔逊·曼德拉（Nelson Mandela）被任命为总统时曾说：“令我们害怕的并不是我们的黑暗，而是我们的光芒：我们的能力无可估量……我们若缩手缩脚，这对世界不会有帮助。”正是这位在监狱里度过了27年的人提醒我们，只有实践才会给我们带来信念的力量。

这种仁慈又慷慨的能力让我们害怕，因为我们仍在“老好人”的条件反射中。通常的情况是，我们还没开始尝试，就已经撤退了，重新找回了原来的存在方式：用平常习惯的、更安全的方式去做。

说到这里，我想起了安娜-弗朗索瓦丝，她60来岁，来我这儿治疗过四五次。她抱怨在夫妻生活中自己感觉到很受束缚，因为她总是想取悦对方。经过几次治疗后，她发现自己从没有不自由过，她拥有完全的、令人激动的自由，但她却自己主动选择用抛弃自由的方式经营关系，直到发现自己忍受不下去了。她发现自己可以在尊重丈夫的同时，自由地改变经营关系的方式。

安娜-弗朗索瓦丝很快就把这些发现告诉了她的丈夫，并在日常的习惯中开始注意做自由的选择。她很快便经历了难以置信的改变，而且看到自己的丈夫为此而开心，同时也变得更加自由，她觉得这一切太出人意料，所以在第五次治疗之前她给我打电话说："我非常感激您为我做的一切，只是进展得太快了。我请求您中断一下对我的治疗，我希望能安安静静地接纳这些变化。"

评论

① 60多年来，安娜-弗朗索瓦丝极度害怕倾听和关注自己的内心：害怕关系破裂，害怕特立独行、做与大环境不一样的事，所以自然长期觉得不自由。这样做尽管不舒服，却有好处，至少她找到了自己的位置和安全感。

② 现在，当她愿意听从自己的内心，因此也愿意面对真实的自己时，虽然她还是过去那个自己，但她却诧异地发现此时自己竟拥有了改变生活的能力。她想从容地适应自己的能力——存在的能力。她同时也意识到自己可以用其他方式获得安全感、融入感，并找到自己的位置。

③ 她感谢我——"您为我做的一切。"除了在场听她说，邀请她倾听自己，也就是倾听自己内心真正的需求外，我没有为她做任何事情。我想对她说的就是："要敢于做真实的自己，不要担心这样会吓到别人或会妨碍他人做真实的自己。"她感到自己被倾听、被接纳、被认可，并被赋予权利去按照自己所希望的来改变。

④ 并不是所有来咨询的夫妻经过几次治疗后就能获得自己所希望的改变，大部分都不是！安娜-弗朗索瓦丝、她丈夫

及他俩的夫妻关系，对于发现问题和进行改变是缺一不可的“金三角”。

⑤ 想象一下，如果安娜－弗朗索瓦丝和她丈夫从孩童时期开始，学的就不是让他人高兴，而是以倾听他人还有自己的内心这种方式存在着，如果他们学过清楚地了解并好好利用自己的能力，他们的痛苦就会少很多，生活品质也会提高很多吧！

其他人也会因为害怕面对自己的存在强度，进而害怕面对他人的存在强度。所以在前进的道路中，我们经常处在这样的情况中：在自己的生活中不断向前冲，有时不得不忧伤地放下维持至今的友情，或放弃与惧怕存在强度的人来往。

对做这个陷阱的反思建议

◎ 如果我们朝着自尊和对自己无条件的爱的方向前进，我们就会越来越懂得如何找出自己最迫切的需求，也会抓住自己更喜欢的生活节奏。

◎ 我们越是做自己喜欢的事情，或越来越意识到、想到自己做这做那的原因，那么就算我们可能并不喜欢这件事本身，或任务很艰巨且带来的益处并不多，我们仍然会越来越觉得轻松、感恩，连我们周围的人都会越来越感受到安适。

◎ 我们越是尊重自己的选择和节奏，就越会开放地尊重他人的选择和节奏，我们周围的人也会因此对我们充满感激。

◎ 做一件事时，我们的“在场”度越高，就会做得越好；我们越高兴，就会越少地需要做很多事情。这多么令人放松，而且我们的生活质量也会提高很多！

◎ 我们可以问问自己下面这个问题，这很有用，对我来说它有自我清理（autonettoyant）的效果：“我是继续在自己的生活中放入越来越多需要做的事情，还是在要做的事情中添加越来越多的生活呢？”

第二个陷阱：我们的安全感和信心并不源于我们自身，而是源于他人的看法

当我走的道路艰辛又坎坷时，当其他人不理解我要去哪里或为什么我要去那儿时，并不代表我错了。

——安妮·莱维－莫雷勒（Anne Levy-Morelle）

他人的看法和个体的脆弱

“如果……我就爱你”通常让我们对他人的看法产生条件

反射式的依赖。我们无意识地养成这样的惯性思维：被爱是因为我们的行动、能力、表现，而并不是因为我们本身，所以因为害怕他人的评价、批评、否定，我们的许多态度都被格式化了，我们不会愉快地表达我们的个性和创造力："如果我这样说、那样想，如果我这么穿衣、那么弄头发，如果我敢做这个也敢干那个，大家会怎么看我呢？"

说起来，就算我们自己不奉行这样的信条，我们身边也多得是用尽一生向这些标准靠拢的人：极力讨好别人，不计代价地避免让别人不高兴，一切事情都做得中规中矩……许多这样的人都诧异于自己总是在寻找、期待，却总是不幸福。他们怎么能幸福呢？如果他们所有的期待都来自外界，他们的内心怎么能感到深层的满足呢？

不能让所有人都高兴，这必定会带来不舒服的感觉；但是我认为如果无法接受这种不舒服，是不可能幸福的。当然了，我并不是劝大家故意让人不愉快！我只是建议对他人表达尊重和重视时，不要忽略了自己的意愿。毫无疑问，很多"老好人"认为如果我们不按他人的意思行事或不做他们认为对的事情，就是对他人缺乏尊重。他们无意间混淆了需求和请求，混淆了可商量的请求和强求，他们一直处于二元思维中。

我们经常会遇到这种态度的口吻："你说你尊重我同时咱们也应该互相尊重，但你并没有做我要求的事情，你真是心口不一！"这时，建议你这样回答："我尊重你，但我不同意你的要求。如果为了满足你被尊重的需求，我只能做你决定好的事，而没有其他可能，你的态度就成了强求，在这种情况下，我需要的尊重和自由都没有得到满足。我们怎样才可以做到互相尊重，避免屈从和强求呢？我们怎样才可以做到接受意见不一致带来的不舒服，而不把这种不一致看成是一种攻击呢？”

实际上，如果我们不忠实于跟我们有关系的第一个人，即我们自己——隐藏在表象后面的那个真正的“我”，在我看来，我们就不能体会到忠实于生命、忠实于生活所带来的安全感和愉悦感。

电影《加布里埃尔的梦想》（*Le Rêve de Gabriel*）讲述了比利时人加布里埃尔·德·阿勒（Gabriel de Halleux）的故事。1950年他离开了比利时，离开了舒适的家，跟妻子和十个孩子率先在阿根廷巴塔哥尼亚深处一个偏僻的地方定居下来，在那里，一切都需要他们徒手从零开始：修建道路和房子，牧养羊群，耕种农作物。这部电影的导演安妮·莱维-莫雷勒（Anne Levy-Morelle）在影片问世时称：“从加布里埃尔身上，我学到了两样东西：第一，当我感到厌烦时，就说明我并不在自己该走的路上，这警告我要去改变；第二，当我走的道路艰辛又坎坷时，当其他人不理解我要去哪里或为什么我要去那儿时，并不代表我错了。”

我喜欢她提到的这两点，因为它们精准地概括了我的想法。有那么多人厌烦自己的生活却还能长期地忍受下去，没有想着去寻找正确的道路。毫无疑问，这是第一次注射的疫苗奏效了（“我们不是来玩乐的”），另外，这也是因为害怕他人的看法，担心别人不理解。

关于这一点，我有一些思考：

① 如果我们期待让所有人都开心，需要确保不会让任何人不愉快，我们就很可能像乖巧的小男孩儿、懂事的小女孩儿一样生活——他们很听话，非常能忍耐他们所厌烦的生活，甚至都不敢说出来。

② 自我尊重，并不是随心所欲，也不是为所欲为。尊重自己，是倾听自己、理解自己、满足自己的愿望和欲望背后真正的需求。尊重自己，也是接受许多的不舒服：尊重自己最迫切的需求，接受因此而来的不舒服；选择自我尊重而放弃其他选项，接受因此而来的不舒服；发表与别人不一样的意见，接受因此而来的不舒服。

③ 尊重他人，完全是同一回事：并不是做他人想要的一切，也不是满足他人所有的欲望。尊重他人，是倾听他人、理解他人、让他人愿望和欲望背后真正的需求被满足。尊重他人，也是接受许多的不舒服：满足他人最迫切的需求，我接受因此而来的不舒服；他人选择自我尊重而放弃其他选项，我接受因此而来的不舒服；他人发表与我不一样的意见，我接受因此而来的不舒服。

④ 倾听自己的冲动并跟随着它，学习自爱、自信，然后

坚决又满怀善意地改变自己需要改变的、放手需要放手的，同时尽力去尊重他人、尊重自己，这样会打乱一切，您也会处处感到不舒服，我知道这不是一个轻松愉快的过程。

痛苦期

在这里，我必须说明在个人发展（développement personnel）和自我认识的过程中，大家通常会经历的一个典型阶段：所谓的痛苦期（我借用了马歇尔·卢森堡的说法）。我做这些解释是因为这个阶段会带来很多不理解和痛苦，而让我们自己或在我们周围陪伴的亲人们做好清晰的心理准备，则可以帮助我们更好地渡过这个阶段。

开始进行自我认识的人会经历这个阶段：突然认识到长期以来因为他人的看法或为了取悦他人而忽视了自己、压垮了自己；发现自己的需求都是合理的，而且这些年来因为不知道这些而承受了大量的痛苦。此时，当事人通常会采取以下态度：大部分时候以苛刻的方式单方面要求满足自己的需求，而没注意到，甚至不尊重他人的合理需求；粗暴地破坏或中止自己与他人的关系，却丝毫没意识到这一点。他如此盲目，以至于经常认为别人的答复很暴力，实际上，别人只是要求他尊重自己的需求而已。

以前我经常见到一些人经过几次治疗或一期非暴力沟通培

训后，态度不知不觉地变得比以前更暴力！很矛盾吧！现在，我把痛苦期看作个人发展过程中寻找平衡点的必经阶段：长时间被压抑、被忽视的自我，现在终于爆发了，展现了它的侵略性。因此，只要靠着一点儿运气和不懈的努力，它迟早会恢复理性和平和。

我知道有时候破坏或中止与他人的关系是保全自己的唯一方式。然而我觉得，我们不见得一定要这样做，也可以换种方式来改变这些关系，用另一种眼光来看待、处理它们，即使最后在某个特定时刻我们可能仍会在彼此尊重的前提下，带着善意跟对方分道扬镳。但是，改变的工作一般来说都是不舒服的，因为它让我们质疑很多事，在很多情况下，抛开一切反而来得更容易些。不过，抛开一切的危险在于什么也学不到，不会获得任何经验教训，因此以后还会上演同样的剧码。

走出陷阱及个人改变的过程

自信和自尊当然不是通过宣布而产生的。它们不只是想法或者决定，更是日常实践。

> 清醒是离阳光最近的痛苦。
>
> ——勒内 · 沙尔（René Char）

我建议遵循以下步骤来重塑自信和自尊：

① 看到陷阱，也就是说清晰地表达出自己内心感觉不好的地方，例如："实际上，我对自己没信心。如果有人说话声音比我大，如果其他人在家里有威信、社会地位高或权力大，我立马就会放弃表达自己的真实感受。"

② 区分感受（S）和需求（B），它们可能会混在一起，难以区分："我对这个态度很满意（S），因为这样我就获得了安宁（B：自我保护的需求）；但我又对它不满意，甚至极度厌烦，因为我需要做自己，需要活在人群中，不再躲藏（B）。"

③ 弄清楚自己在基本需求方面的优先事项。例如，为了达到这个目的，经常对自己说："我确实有以下这些需求：自信、相信自己拥有自我改变的能力，即便我已经习惯了不这么想，也习惯了气馁，甚至习惯了每次尝试都以失败告终；相信自己能幸福；在夫妻关系、家庭、工作和社会生活等方面一直有归属感和融入感。"

④ 带着无限的善意向最迫切的需求迈出第一步，这一步可能充满迟疑，又不怎么令人满意："只要我的想法跟其他人不同，我就要表达出来。当我不同意时，就要鼓起勇气用不带胁迫性的口吻清晰又从容地说出'不'，我这样做只是为了表达不一致。如果我做不到，我会认同自己所经历的痛苦和困难，而不去评判、惩罚自己！"在这一点上，我们要小心避免

陷入二元思维："要么我听从自己、尊重自己，要么我听从他人、打压自己。"尽力进入补充思维："我听从自己、尊重自己，同时我听从他人、尊重他人。"

⑤ 从容地庆祝已经完成的微小的行动、微小的改变，而且像吃维生素一样从中获取营养。永远不要忘记自己才是自己最好的搭档。如果一开始您不自我鼓励的话，您之后怎么能听到他人对自己的鼓励呢？例如，跟自己说："我很开心能跟父亲或经理说因为某个我很在意的原因，所以我不同意他的观点。我很惊讶地发现他回答了一句：'啊，真的？'好像需要消化我不同于以往的这个反应似的，然而我并没有被生吃也没有被活埋。我要庆祝一下自己的大胆和决心，而且我会用这种方式继续自我鼓励。"

最后一步看起来很幼稚，却很关键。婴幼儿需要支持与鼓励以帮助自己健康成长，尤其帮助自己勇敢地去尝试在成人看来很简单，但对他们来说却很新鲜的事（如坐直、走路、骑自行车、游泳等）；同理，我们那些刚刚"出生"的需求同样需要善意的鼓励。如果一个孩子要别人扶着他骑自行车或犹豫着要不要自己一个人下水，没有人会认为这个孩子一无是处或无能。

为了能长大，我认为有时候我们需要变回那个犹豫不决、牙牙学语的小孩儿，这样才能真正开始学习一些新的东西。这是不舒服的！人的本性多半喜欢舒服地待在习惯里，坚信没有需要改变的。比如，人们拒绝打开学习的大门，宁愿对自己说："学习这个有什么用呢？在我这个年纪，不会有什么改变了。无论如何，我永远都做不到！"人不愿意继续待在生活这所学校里学习，更不敢换个活法！

> 我们经常把自己对安全感的需求建立在控制上而不是信心上。

我观察到那些对自己不太有把握的人（意思就是他们对自己的信心没有牢固地在心里扎下根）经常掌控自己和亲人的生活。他们希望其他人按照他们决定好了的模式生活。再一次进行说明：安全感作为一个基本需求，如果我们不把它建立在自己身上、建立在内心、建立在对自己和对生活极深的信心上，我们很可能就会将它置于外在的掌控和规划上。帕特丽夏想让自己的儿子成为最优秀的人，她的例子已经清晰地说明了这一点。

这些人很少会发自内心地幸福，这当然是有原因的！他们过于依赖自己的环境。而环境必然不会一直与他们的规划保持一致，也不会总在他们的掌控之中，被他们的意愿所左右。

索朗热50来岁，是三个孩子的母亲，她的情况很普遍，具有启发性。在一次咨询中，她跟我说："我是家庭的支柱；没有我，一切都会崩塌，这是一定的！我丈夫因为工作原因，出去的次数越来越多，而孩子越来越难养，幸好我一直都在。我必须承担一切：帮孩子规划时间和每个人的活动，给他们选衣服，监督他们的外出和会面，安排周末和假期。我没有给自己留一点儿时间。尽管我对他们关怀备至，他们却变得令人讨厌。我丈夫也不帮帮我！我怎样才能改变他们呢？”

在此，我们可以观察到，索朗热的行为完全符合了在帕特丽夏事件中所确认的系统分析的两个原则。丈夫越躲避在工作中，孩子越是反抗，母亲就越加强控制；母亲越加强控制，丈夫就越逃避，孩子就越反抗——可怕的陷阱！

索朗热只有意识到自己难以相信自己（上面提到的走出陷阱的第一步：看到陷阱），意识到自己一直认为所谓的完美好妈妈就是要把每件事做好（第二剂强化疫苗的第一次注射：必须完美），意识到自己从未问过是否感到幸福（对幸福免疫的第一剂疫苗：我们不是来玩乐的），才能开始建立对自己和生活的信心：“不管别人怎么看，即使家里乱七八糟，孩子比我所希望的还要吵闹，我也需要爱自己；即使一切并不总是如我所愿，我也要相信生活有自己的节奏、别人也有生活的智慧；我希望一方面学习信任自己、遵从自己的直觉，另一方面学习对他人的意见持开放态度，并善意地对自己进行反思。”这就是走出陷阱的第四步：索朗热远离了二元思维（要么屈服于他人的生活方式，要么我行我素），并接受了补充思维（我想相信自己，尊重自己；也想保持开放的姿态，聆听别人”）。

几个月之后，索朗热已经没那么紧张了。她跟我坦白：“我以前习惯于控制：谁干什么，每个人几点钟出去、几点钟回来；现在我差不多已经可以放手了。简单又坚定地正视我的需求，同时又向别人表达我的理解，使得我比以前更加懂得倾听、更加自信了。然后，我发现丈夫按时回家的时候越来越多，周末也有了更多的空闲时间。跟孩子相处起来也更容易了。我现在能明白自己从前给别人带来了多大的压力。我没有改变他们，改变的，是我自己。当初我来找您的时候，这一切对我们来说都非常困难。说到底，是我没看到自己的问题。

“我相信，如果是我自己，我不可能承认自己控制欲那么强，也不会承认这种态度源自恐惧。我不可能接受自己内心深处非常害怕生活，害怕生活里的不可预见之处，非常害怕新事物、差异和未知数！为了克服自己的恐惧，而不是自动地压抑它，也不是想都不想地否定它，我们需要定期谈话，以便我能从中获得安全感。如果没有外界的帮助，我定会忍受不了意识的觉醒在我内心深处带来的满满的不舒服，那种不舒服感不时地让我完全失去平衡。请您想想，我来咨询本是为了改变我的家人，后来却发现是我需要改变！多令人惊慌失措啊！但是结果却那么出人意料！”

评论：

① 索朗热之所以能在短短几个月内很快意识到自己应该

去做一些必要的改变，首先是因为她的谦逊，尤其体现在以下四方面：

◎ 接受自己出于一片好意并不代表自己的态度是正确的；

◎ 接受自己做了超常的努力并不意味着这些努力是恰当的；

◎ 不再被动地等待自己所有的努力都得到认可；

◎ 愿意改变自己的存在方式而不去等待着他人改变。

谦逊在今天已经不流行了。然而它却是个人不断改变的钥匙。如果我们一直处于自己的行为习惯中，不去质疑它们，我们就会封闭在自负里，认为只有一个正确答案，并且这个正确答案只掌握在我们自己手里。

索朗热，虽是出于好心，却没意识到所谓的全能，是她一厢情愿的：自认为有能力去弥补孩子父亲缺席造成的空缺，自认为能英勇地扛起一切。就这样，她把自己置于压力之下，无意间也给周围的人带来了压力。她要做的，就是接受对世界、对他人来说自己“并非全能”，并要找到自己真正的能力所在。

我需要接受自己并非全能。

在陪伴许多人经历个人发展的过程中，我无数次见证了：意识到自己并非全能并接受这个事实，这样会释放一个人，让他获得自由，也是医治病症的良方，不管前来就诊之人的身份是什么：配偶、父母、孩子、医生、干部、政治人物、商界女性……

对我们中的大部分人来说，除了妨碍幸福的第一剂疫苗和第二剂加强版的组合外，让我们产生必须全能的错觉的，还有做的陷阱，以及在意别人的眼光带来的不安全感。这一方面是为了取悦他人，为了保证自己能很好地融入家庭、社会或工作中；另一方面是为了取悦自己，证明自己存在的价值："我尽我所能地做好，非常努力也牺牲了很多，这就是我的存在价值。"

在此，我想有必要强调一下"牺牲"的含义，我认为它经常被错误地理解。"牺牲"这个词来源于拉丁语*sacrificare*，真正的意思是"做神圣的事情，使……神圣"。但我们今天大都理解错了：如果我放弃了某些需求而去优先选择另一些，我们就会认为为此我放弃的那些需求便被牺牲了。例如，如果我为了照顾孩子而放弃了艺术家的身份或旅行的生活，那么我就让放弃的这部分（也就是艺术家的身份或旅行的生活）成为一种牺牲。我每天为其做出牺牲，每天重复选择它；仿佛我的这种"牺牲"，是为了避免孩子"被荼毒"，保护生活不被破坏。

② 多亏了索朗热的勇气和力量，她才能那么快地觉醒。她省察自己，就需要接受自己的脆弱（"我筋疲力尽，我害怕，

我没信心”），以及自己拥有改变的能力（“从今以后我需要对生活充满信心并相信自己内心的力量。我越是往内心深处扎根，从那里散发出来的某种东西就越会更多地影响我周围的人。我接受自己对于世界和他人‘并非全能’，我也接受自己完全有能力改变自己”）。

③ 索朗热做所有的事情都出于善意，所以她没有看到陷阱。不过别忘了“好心也会办坏事”。她自认为是好妻子、好母亲，将一切都打理得非常好：“而且，我没有给自己留一点儿时间。”她这么说，就像是要证明自己是多么无私。又是一只仓鼠式的“老好人”，在跑轮里转啊转！直到自己被疾病、抑郁、过劳纠缠，厌倦了紧张或破碎的感情生活，她才会谦卑地花时间来重新考虑自己的选择。

④ 愿意接受改变带来的不舒服，直面他人的目光和评价（“你变了，你不再像以前一样了……”），克服自己的害怕等因素带来的不舒服，索朗热才能找回更多的安适——看哪，她周围的人也因此获得了更多的安适。

第三个陷阱：我们学过，差异具有威胁性

只有理解了不愿被分开的需求有多强烈，我们才能明白对差异的恐惧、对远离群体哪怕只有几步的恐

惧带来的影响有多大。

——埃里克·弗洛姆（Erik Fromm）

差异被视为一种威胁

当我们还是乖巧的小男孩儿、小女孩儿时，我们没有学着把差异当作同盟、朋友、搭档去相处。差异经常被当作危险、对立面和敌人。我们当中有谁从孩提时期直到后来的青少年时期都能这样想？——“我父母或老师对政治问题或对社会问题的看法，以及他们对权力、金钱和财产的观念，我不赞同。我看待这些问题的角度跟他们的不一样。在自由、身份、尊重他人，还有信仰及生命的意义这些问题上，我跟父母或老师的意见也不一致！”谁又能向父母和老师说出这些话来，并信心满满地认为他们能倾听、理解和尊重这些差异呢？

在我看来，大部分时间我们都被“做老好人”压得喘不过气来：不能打扰别人，为了避免在学校里被罚课后留校，在家被罚不能吃甜点、被禁足或取消零花钱，或是为了避免蔑视的眼神和被排挤，我们不能冒任何险。

十年以来，我曾在演讲会上向成千上万的人问过这些问题，我发现绝大多数人都认同他们从童年起就养成了这个习惯：为了不麻烦别人，为了不让自己形单影只或被孤立，抑或为了维持和睦，至少是为了获得好感，绝不将差异表现出来。

这种习惯至少会带来两种结果：

◎ 第一种结果就是我们认为差异具有威胁性，所以试图将自己的差异扼杀在摇篮中：“如果我想得跟别人不一样，说得不一样，做得也不一样，大家还会爱我吗？”由此导致的结果就是很难幸福：我们深陷在对自己的看法中。换句话说，我们用父母和老师对我们的看法看待自己。我们不是用自己的眼光来看自己，而是用教育烙印在我们身上的看法看待自己。

◎ 第二种结果就是我们很难接受他人的差异。原因就不必说了！如果从孩提时期我们就试图掩盖自己的差异、自己的见解、想象力、或奔放或克制的情感、敏锐、脆弱或能力，当某一天有人表现出他的想象力、奔放或脆弱、敏锐或克制，甚至才能时，我们在心里会对他指指点点，认为他扰人不安，甚至具有威胁性。我们会请求他保持沉默、回家去或回到正常的秩序中，我们很难接受他本来的样子。

如果您觉得有趣，您可以检验一下自己是否有足够的能力听一个人在您非常在意的主题上表达与您不同的见解，而不去打断、反驳或制止他。如果您能坚持1分多钟而不怒气冲冲地说“是，但是……我，我认为……”那么真是棒极了！1分钟，就已经不得了了！依我的经验来看，在大部分对话中，如果在与我们相关的主题上对方的立场与我们的不同，那么我们听别人说话的时间不会超过30秒。

实际上，我们对差异的宽容很快就会到达极限。除了孩提时期榜样们的话语（“应该接受彼此的差异”“每个人都有尊重自己和尊重自己的想法的权利”）之外，我们很少在实践中真正感受到差异是获得成长和变化的基本构成要素，因此我们应该欢迎差异。我们并没有把差异当作某种基础成分，更别说当作某种源头或应该抓住的机会；正因如此，我们很难幸福。

对于许多人来说，接受差异和尊重他人只是一个美好的想法，很难在日常生活中得到实践。如果我们期待一生都不用面对差异，那么迎接我们的就只有不幸了。

在接下来的篇章中，我会给您介绍一些例子来说明上面提到的两种结果。下面是第一个例子。

马丁娜和她的丈夫

马丁娜对丈夫很恼火，因为他从花园回来不脱靴子就直接进屋了。她觉得这样会把屋子弄得脏乱不堪。

“我既生气又失望，因为我需要井井有条和干净整洁。而且我不明白他怎么就不理解呢！不要穿靴子进屋是原则！”

“你是不是也来理解一下你丈夫呢？是什么让他觉得穿着靴子进屋也没什么不合适的呢？当你把不穿靴子进屋看成是显而易见的事情并把它说出来的时候，你是不是也需要了解一下丈夫为何会如此呢？”

“不穿靴子进屋，在我看来这是明摆着的事！我觉得这很好理解呀！但是我接受你的提议：这样做能帮我更好地了解我丈夫。”

“如果你愿意的话，请站在他的角度思考一下，当他在园子里劳作完穿着靴子回来时，他有什么感受和需要。”

“他感觉特别放松，很幸福，也很满足。他那么开心，肯定是忘了靴子的事。”

“那么，这让你怎么看待你丈夫呢？”

“我喜欢他艺术、随和的一面。实际上，我根本不在意他穿着靴子进屋。当我跟他说‘不能穿靴子进屋’时，并不是我在说，而是我妈妈在说。”

“回忆起这些，你有什么感受呢？”

（很激动）“我很震惊，因为我意识到为了让妈妈高兴，我强迫自己、限制自己。我本来无拘无束、无忧无虑，而我妈妈有条不紊、追求完美。我活到现在很克制，不断维护‘好妻子’‘好主妇’的形象，却忽略了自己。因为我接受不了自己，所以也就不会接受我丈夫。这是牢笼！而且因为我自认为做得很好，所以这简直是金色的牢笼啊！”

评论

① 马丁娜一上来就在困扰她的情况中辨别出了第一层次的需求：井井有条和干净整洁。但是她只是停留在这第一层次上。如果她不能超越的话，就会落入陷阱中；她的生活就像她亲人的生活一样，的确会变成一个牢笼，甚至成为地狱。当然了，比之大骂"你是个自私鬼，你从来不考虑别人！"，跟她丈夫说"我需要井井有条和干净整洁（B)，你同意脱掉靴子吗（D/A）？"就已经证明她意识到了问题，并用了负责任的态度。最重要的是，她指出的是自己的问题，而不是毫不客气地指责他人。就算马丁娜指出的问题是事实，也只能说明这是事实的一方面，而不是事实的全部。

② 真正的事实是：马丁娜辨认出了自己内心长期隐藏的痛苦及深层需求，居伊·科尔诺称这些深层需求为生命的冲动[1]——很美的说法。

马丁娜之所以坚持自己对干净整洁的需求，是因为她处于补偿系统中。为了让自己不被妈妈嫌弃，她将自己关在自己制造的笼子里。对于她来说，困难在于要意识到这么多年以来保护她、服务于她的东西现在已经妨碍她、奴役她了。

1　我强烈推荐居伊 · 科尔诺的《他人的受害者，自己的刽子手》（*Victime des autres, bourreau de soi-même*）。在这本书里，作者以极具启发性的方式研究了会掩盖我们生命冲动的各个层次的需求，也探究了阻碍我们找到自己的生命冲动和获得幸福的各种陷阱和条件反射。

③ 马丁娜封闭在自己的信念里就像被关闭在看不见的牢笼里一样。下面，我们可以看看她深陷其中而不自知的那个信念陷阱是如何建立起来的，以及如何破解它。

通过正视她丈夫的差异而不是做出评价，通过了解他所喜欢的生活，感知隐藏在丈夫表面之下或她不喜欢的行为背后，他本身美好又充满活力的地方，马丁娜才能更有人情味：首先是对她丈夫，然后是对她自己。

在这个层面上，我们不会再纠结于错误在谁、谁有道理，什么是正确的或不正确的，应该或不应该做什么……我们显然触及了本质——某天让这两个人相互靠近的东西，即他们生命的核心。正是这些，让“自我”害怕：“自我”用尽全力维护自己小小的认同感，那是它所熟悉的孤立、不幸和限制。自我很害怕生命的冲动，害怕靠近、打开并释放自己的东西，因为它会在生命的冲动中使自己失去主动权。

因此，当马丁娜在心里说“我不在乎靴子，我喜欢我丈夫的无拘无束；此外，我也如此，我现在希望更快乐、更自由地生活！”时，她的整个自我喊道：“救命啊！这样我们会无法掌控。拿起你的主权，起来辩论，自己去判断，才不要除去类别、标签、成见和信念的栅栏，正是这些东西让我们跟别人不一样，把我们跟别人区分开来，并让我安心。这就是我——你的自我！”

④ 显然，马丁娜的情况也阐释了镜子效应这个著名的现

象：马丁娜不喜欢她丈夫身上的那部分正是她的自我和她本身不喜欢自己的那点，然而这点正是她真正的自己或真实的内心所梦想获得的。镜子效应确实给我们上了谦逊的一课：我们无法接受的别人身上的某部分，正是我们不愿接受的自己身上的那部分，不是吗？我们从别人身上看到的哪些东西是不愿在自己身上看到的？

当我还是青少年时，在我生活的阿登地区的乡村里，夏天会有童子军营篝火晚会，这经常令我极度恼火。我自己并不是童子军，但是某个过路的童子军队伍却邀请我和街角的年轻人一起参加他们在夏天里的最后一场晚会：兄弟般的分享、敞开心扉的交流、每个人的创造力都得以施展的场地、齐声合唱、在满天星斗照耀下的篝火边的简单快乐……所有这些都让我生气。我感觉恼怒、不自在、焦躁不安，我急着想找回自己喜欢离群索居生活的印记。自我对自己呼喊：“救命啊！你会迷失在这个团体中。活着就必须战斗、抵抗、反抗。”我觉得这种聚会很可笑、很幼稚。

我经过很长时间才明白，自己拒绝的正是自己极度缺乏的东西。我内心深处真实的自己不断给我打气：“去坦诚交流、真心分享，相信每个人的创造力，也相信自己的创造力；去融入这个充满灵感和活力的快乐团体！”正是这种冲动让我在几十年之后选择了现在的职业和生活。

信念陷阱的建造和崩塌

下面将介绍马丁娜对自己、对生活或对他人的信念陷阱是如何被建造起来的，以及该怎样破解它。这纯粹是我个人的诠释。我用马丁娜的例子，试着把整个理论解释清楚。

① 笼子的建造："我妈妈有条不紊、追求完美。我喜欢随性和艺术的那部分个性不会受欢迎。我太害怕妈妈生气了，害怕她对我发火或抛弃我。于是我便压抑自己，让自己有条不紊、成为完美主义者。我变得很乖，这样我才会获得她的爱和认可，才能融入家庭。

② 笼子的加固："进展非常顺利，这样我就能融入学校和社会。作为一个乖巧的、有条不紊的、完美的小姑娘，我处处赢得了认可和赞赏。我甚至不知道自己还有无忧无虑的一面。而且，别人的无忧无虑和随心所欲让我恼火。这就是证据！"

③ 笼子的局限："没错，但并不是所有人都欣赏这样的我！孩子们或反抗或逃离，丈夫或沉默不语或埋头在园艺里，并伴随着一些自我封闭的其他迹象，这显然是我暂时不愿看到的。"

④ 关闭在笼子里："这变得越来越让我难以忍受，没有人明白我对秩序和整洁的需求。他们都自私又冷漠。我感觉很孤独、不被理解、不被尊重。最终，我可能变得挑剔、苛求，或

者可能经常给自己很大的压力而变得低落，抑或我可能得带着我的笼子离开丈夫和这个家。”

⑤ 意识到封闭：“有东西卡住了，我很想看看这到底跟我及我的存在方式有没有关系。在我对干净整洁的神圣不可侵犯的需求背后，我开始看到自己真正的需求，那就是做自己，敢于按自己想要的方式生活，在内心重新将母亲礼貌又坚决地置于她应有的位置上，并将其他人的看法放在一边，重新找回属于自己的自由。”

昨天救我的，今天会杀我。

⑥ 感谢笼子：这一步很难。对于马丁娜来说，她需要做到真诚地对笼子说：“笼子，谢谢你，当我还是小鸟儿、害怕猫的时候，你服务于我、保护了我。你救了我的命，我很感激你。现在我长大了，翅膀也硬了，我觉得你的空间太狭小了，我感到闷，我需要穿过门去自由飞翔。如果我害怕，我可能会不时地飞回来，栖息在铁条后面那熟悉又令我安心的栖木上。但是现在我知道门已经开了，大开着，我可以自由地出入了。”

实际上，对于马丁娜来说，她需要做到有意识地接受：“昨天救我的，今天会杀我。”请您再次当心，因为长期以来我们从中获益，而且看不出来这是个陷阱，所以陷阱一直存在着。感谢，也就是心怀感激地接受封闭也有它有益的一面，是走出封闭所必须的关键的一步。我并没有说这样做很简单、很舒服。我说的是，如果打算开始过平静的生活，这是必不可少的一步。

感谢笼子所提供的又好又忠诚的服务之所以很困难，是因为意识到笼子的存在会紧接着滋生反抗情绪："我怎么会把自己封闭在这玩意儿里呢？我真是一无是处！"

如果这个反抗的时刻是合理的必经阶段，那么我们就需要经由哀悼的过程来渡过它。关键在于不要去想如果早知道的话，我们本应该更早地埋葬自己那么希望避开的这所有的痛苦。此外，我们还需要发自内心地去完全接受，那时候因为我们不了解，所以我们那样做或那样反应都是合情合理的。

经过哀悼，我们就接受了过去，释放了我们的内心和为自己负责的能力，这能力一直等着我们，虽然被压抑，却一直都在。如果我们一直与自己的一部分处在斗争中或小冲突中，我们就不能获得内心的平和。由于意识的作祟，告别这种状态通常是一个持续一生的过程，需要我们经常留意它们。我们还会再回到这个主题。

在基督教传统中，我们将这个阶段称为宽恕自己。

就我个人而言，我更愿意称之为和解：我们不再是分裂的部分，而是与经历过分裂的自我完全和解，我们接受了这个部分，忍耐它，也为它痛苦，但现在与它和好了。

换句话说，我们从善意的角度去理解分裂的部分：我们要无条件地爱它。这不容易也不舒服，然而这确实是幸福的关键。

⑦ 让冲动清晰起来：马丁娜剩下要做的就是让她内心深处的冲动一点点地浮现出来并变得清晰。现在她意识到门已经打开了，知道哪些冲动带着她、指引她，她只需要感受到自己想去哪儿。这种倾听同样包含着不舒服的成分，主要是因为需要克服所有的恐惧，而这些恐惧发作时会像疯狂的狗群一样狂吠。她只有召集并克服所有的恐惧，才能走出恐惧。

现在我给您推荐一个克服恐惧的对话练习。

通过自我的两部分之间的内部对话来克服恐惧。

下面就是马丁娜可以做的练习，这项练习帮助她倾听恐惧要告诉她的真正需求，也能让她害怕改变的那部分和感受到希望改变的另一部分进行对话。我试图让马丁娜明白：她心里有恐惧，但也不是只有恐惧；她也有信心，还有对改变的憧憬。这种对话首先能让我们远离二元思维（“我害怕所以我不改变”，或者“我想改变，所以如果紧紧跟着我、粘着我的恐惧没妨碍到我，我就当它们不存在”），这样就可以进入补充思维中了（“我害怕但同时我也希望改变”）。

马丁娜有改变的冲动的部分	马丁娜害怕改变的部分
我想生活得更有信心、更轻松、更加无忧无虑。	恐惧1号：你是不是疯了?！你的朋友、家人……大家会怎么看待你呢?你是那么有条理，是大家欣赏的一位女性！
我听到你了，恐惧1号，你很慌乱（S），因为你看重我对家庭和社会的融入，而且你想确保我不是孤单的、被孤立的（B）。	恐惧1号：对，人们会孤立你，不会再重视你，你会很不幸。
因此，你确实很担心（S），你希望确保我继续好好地融入社会，保持跟他人良好的友谊关系，并能轻松愉快地交流（B）?	恐惧1号：当然了，现在这些属于你，因为你是好人、有条理，是好妻子、好主妇。如果你太随性，你会失掉一切！
好吧，恐惧1号，你希望确保我可以更轻松地生活，不那么在意他人的目光，更加随意一些，我也不会因此而忽略伴侣、孩子、家庭。是这样吧?	恐惧1号：当然了，直到现在我都感觉无法兼顾全部。我多么希望相信这一切都可以实现！
恐惧1号，谢谢你宝贵的提醒。现在，如果你信任我，我会很幸福的。我不需要你了，你可以退出了。	恐惧2号：是的，但是你很清楚自己做不到！你给自己的压力太大了！你在做梦呢，姑娘！唉，你以为你是谁呢?
那么，恐惧2号，你确实很难相信我有足够的能力和活力去做这些改变（B：需要相信自己的能力和活力），不是吗?	恐惧2号：当然了。45年来，你抑制自己的精力、热情和想象力；要一下子完全放开自己，太危险了！
你担心我无法温和地过渡到目前吸引我的新生活方式，你极度忧虑（S），担心我不能一步步地适应新环境，怕我失去理智或轻言放弃（B：保证和平过渡，确保与自己的关系），是这样吗?	恐惧2号：是的。我怕你精力分散，怕你就像孩子玩的气球一样，旋转着飞走还发出“噗噗”的声音——很快就泄了气并落下来；也怕你坚持不下去。
好吧，恐惧2号，你大概想确保我在选择改变前经过了深思熟虑，我清楚地知道做出这个选择的原因和动力；同时，这个改变会成为我的一个真正的成长阶段，而不是一时的冲动。我理解得对吗?	恐惧2号：完全正确，你很了解我，谢谢。我要退出了：我想警告你的事，你现在已经开始警惕了。现在，我承认我总是习惯性地以某种消极的方式来表达提醒，例如，我跟你说：“你永远都做不到。”你帮我意识到，在这种拙劣的表达背后，我真正想说的是：“小心点儿，慢慢来，找到你真正的力量和你所憧憬的，加油干吧！”

这种类型的心理对话可能需要几周甚至几个月。在我做个人发展陪伴的过程中，遇到有人需要10个月，某些时候甚至会持续15个月！您会惊叹："要这么久！"是的，确实需要这些时间来让恐惧和冲动对话，去挖掘恐惧真正要提醒的，去驯服我们内心这个最忠实的朋友，尽管它的表达笨拙且粗暴。

在我看来，尝试面对恐惧并与之和平相处有两个好处。首先，许多恐惧会在我们得到提醒后消失：它们已经完成了自己的职责，即保护我们而不是压抑我们。只有在意识层面进行对话，才能让我们听到恰当的提醒并采用它们，而不会因为恐惧而压抑自己，使内心瘫痪。其次，经常去面对我们内心出现的恐惧，能一点点地让我们在最大程度上不再恐惧自己会害怕。下面是另一个例子，从中可以看到前面提到的习惯性地把差异视为一种威胁所带来的两种后果。

阿伊莎和她的女儿

在咨询过程中，有一位摩洛哥籍的妈妈阿伊莎，抱怨她15岁的女儿"穿着露脐装和紧身牛仔裤"就跑到街上去了。

"我觉得这样很不合适，也不得体。在我们那个年代，大家都互相尊重。"

"你感到很忧伤也很担心（S），因为你希望你女儿能自重并能受到尊重（B）？"

“我当然很担心，担心别人不会尊重她，也担心她不尊重习俗和传统。”

“习俗和传统能满足你哪方面的需求呢？”

“归属感。我需要在社会阶层和出身方面都获得归属感。”

“我明白。归属感确实是基本的需求。阿伊莎，现在，你方便试着去了解你女儿决定这么穿时她的处境吗？她的需求是什么？”

（阿伊莎深吸一口气后又叹气，好像慢慢开始明白过来）“显然，我女儿也需要归属感。她也希望融入自己的社会圈子，融入学校、城市生活，并和现在的伙伴打成一片。我也想尊重她。为此我需要接受现实，那就是现在的圈子已经跟我那个年代的圈子不同了，相应的习俗也不复存在，所以只剩下在害怕的我了！”

“阿伊莎，你当然爱你的女儿，你希望她在自己的圈子里有归属感，希望她能融入这个时代。与此同时，你害怕她会落入坏人‘大灰狼’之手。这是你的感受吧？（她叹了口气表示同意）你可以尝试对她说类似的话吗：‘女儿，当我看到你穿着这些出去的时候（O），一方面我很高兴，因为你活得很自由，你属于年轻的一代。我带你来到这个世界，是希望你能自由自在、生气勃勃；另一方面我又很恐慌，因为有凶恶的坏人‘大灰狼’，我的意思是你会被某些人觊觎，会处于你无法应对的危险境地。我希望看到你穿得舒适，同时不掩盖你心里的安适，也希望你尊重自己。这就是我的出发点。你觉得怎么样？’”

“我当然想跟她这么说。我希望能分清‘自由’和‘安全’这两种价值，而不是把它们对立起来。我想让她保持警觉，而不是去压抑她。我认为这种极具尊重又善意的提醒会让她引起注意，而不会让她感到窒息。”

评论

① 形式上分离的东西，内在却是集中在一起的。阿伊莎不喜欢她女儿的穿着是因为这不符合她的标准。接受服装风尚的变迁对她来说是不舒服的。然而，意识到女儿和自己尽管行为举止差别很大，但都是为了满足同样的需求，这令她安心，让她变得通情达理。首先，安心是因为她确信女儿并没有住在另一个星球上，不是不通人性的外星人，而是和她有着同样需求的普通人。然后，变得通情达理是因为她明白了传统是为归属感和人类的延续服务的，而不是人类要服务于传统的延续。

② 从阿伊莎和她女儿的态度里可以看出来，除了归属感，她们很可能还有其他需求，但这不是这里要讨论的主题。令人感兴趣的是，意识到同样的需求（此处指归属感、融入感）却可以有不同的表达方式：传统服装或时尚造型。因此，我们可以在表达上选择更好的方式，或尝试在需求上达成一致。

③ 阿伊莎陷入了二元思维的陷阱中（“我不能任其发展而

不做出反应，因此我必须制止她”）。她只有认识到自己既想尊重女儿又想保护女儿，既想给女儿自由又希望女儿平安，才能逃脱陷阱。这样，她会找到处理这种状况和自我定位的方法，而不会因此让关系变得僵硬或限制女儿。

差异是进化和成长的组成部分，并非偶然之事。

因为有性别差异才有繁衍；因为树上的果子和地上的人高度不一样，才发明了长竿和梯子；因为夜幕会降临，而人类需要继续活动，为解决这样的冲突，才发明了煤油灯，之后才有了电灯……

因为我看到的世界和我内心所经历的有差异，所以我才写了这本书。如果当时我一直知道怎样幸福地生活或怎样重新获得幸福，如果我看到周围所有的人都具备获得幸福或重新变得幸福的工具，我就不需要写这本书了。（我梦想着这本书能帮助读者制造出长竿来采摘树上的果实，制造出梯子以便于在合适的季节修剪树木；我也梦想着它能帮助读者制造出一盏煤油灯，让快乐的光线照亮内心，即使在漆黑的暗夜中也能照亮心灵。）

因为有时候我们对自由、美丽、流畅和雅致有强烈的需求，而在时空当中我们自身又受一些具体的限制，这两者间存在差异，我们才谱写了变奏曲、清唱剧或一些小调，雕刻了一些展示力量或和谐的奇迹，画出或跳出了我们身上所有的梦想和美。

艺术家不正是在他的艺术里找到了逃离陷阱的美好路径吗？！“我的肉与骨发沉，但我的内心有雅致的轻盈，因此我跳舞。这块石头粗糙无生气，但我的内心有纯美线条的直觉，因此我雕刻。木制的乐器、僵硬的手指、空白的谱纸，而我的内心听到了天使的歌唱、感受到了节庆的热闹，因此我谱曲。”

但是，如果我们跳舞、雕刻、谱曲，最后的结果是美好而令人高兴的，则过程中可能要经过许多不舒服：错误的舞步、敲击、音符，脚步、刻刀或声音也会出现偏差！有完全快乐的时刻，当然也会有厌烦、厌恶的时刻！快乐或痛苦，不是非此即彼的情绪，通常经过痛苦后才能迎来快乐。

您一定已经看出我非常喜欢用比喻了！然而，在日常生活中，差异无处不在，有时普通得令人乏味：“我丈夫打呼噜。他早睡早起，我晚睡晚起。我喜欢出去，喜欢交朋友；他喜欢待在家里，不喜欢见人。我喜欢杂乱无章和随性的生活；他井井有条，就像博物馆馆长，或19世纪英式学校的学监一样。”这种情况下，我们应该怎么做呢？大体上来说，我建议这样：

① 经常交流和互相倾听：每天都需要这样做。这看起来很容易，但我敢向您保证在日常生活中并不容易做到。彼此指

出差异，说出自己在生活中很难用同理心面对这些差异，是让差异变得更容易被接受的好方法。我很震惊地看到很多友好的夫妻为了不打扰到对方，硬是把失望吞了回去，因此他们变得像随时准备爆炸的高压锅一样，殊不知互相交流这些差异会让双方感觉大家是一个整体。

② 明确说出您的需求：如果伴侣的鼾声让您睡不着，而且这种状况已经让您吃不消了，那就停止嘟嘟囔囔，也不要气呼呼地回到床上粗鲁地把被子拉到自己那边。明确地问他是否愿意去别处睡，或者您自己去别处睡。勉为其难地保持友好的方式，最后只会让我们真的变得具有攻击性。

③ 改变需要改变的：尽管有鼾声，但是为了睡着，您除了可以离开房间，也可以戴上耳塞或和伴侣一起去咨询专家。记住：如果您不喜欢这个事物，那就去改变它；如果您改变不了它，那就喜欢上它。

④ 放手需要放手的：您的伴侣不陪您出去，这让您很难过、很失望。您感觉孤单，那就哭吧——为您无法拥有一个符合期待的理想伴侣而哭泣。所谓的理想伴侣跟您刚好有相同的喜好，步调一致，节奏一致！告别无法企及的理想伴侣吧，您的伴侣只是有血有肉的凡人，不是想象中的完人。

您会对我说："这样啊！为了做好人，我还得继续沉默！我本以为您会劝我不要再这样了，要做真实的自己呢！"当然了，要真实地表现自己，接受并表达自己对分享、改变、亲密和默契的需求；真实地去倾听、接受他人，并让他人表达自己对安宁、平和、亲密和清静的需求。您要求别人尊重您的需求，那么您也需要尊重别人的需求。

经常被忽视的基本的需求：接受。

如果互相倾听后，经过协商，仍然不能找到一个好的解决办法，无法让双方的需求都被满足、让双方都满意，那么很可能是因为还有一个应该正视、发展却被忽视了的需求：接受。接受是我们的基本需求：我们受到时间、精力、可用资源和能力的限制，必须得接受有时连我们也不愿面对的、无法改变的事实。

实际上，您有这些选择：

◎ 脱离不再适合您的这种关系；

◎ 继续待在这种关系中，根据您的意愿，保持热吵或冷战的状态，每天为不喜欢的事情争吵，不再关注任何让自己高兴的事情；

◎ 继续待在这种关系中，保持平和与开放的状态。

您会对我说这是劝您屈从或压抑自己。显然，我并没有劝任何人屈从，更别说压抑自己了。我一心希望帮助大家更有自主意识地去生活。我想做的，其实是劝您接受一个事实：我们不能拥有一切；劝您不要陷入二元思维模式："我的伴侣在生活中有这里或那里跟我的品位不同，我是多么孤独又不幸啊。"要逃离这个陷阱，我的一个建议就是告诉自己："虽然我和伴侣品位不一样，为此我感到很伤心（S），因为我特别需要分享和默契（D）；但我仍然感到满足（S），因为我一直接纳、尊重真实的他。而且，我也需要在生活中自立，在两个人的关系中保持独立（B）。"

> 屈从和接受的区别在哪儿?
> 屈从带来苦涩，
> 接受最终会迎来快乐。

内心深处快乐与否暗示着您是否告别了过去而接受了现实，或您是否还停留在对过去的屈从中不能自已。

> 我害怕冲突。

害怕差异意味着害怕冲突。在冲突中，双方都会互相刺激、看到彼此的本性。而我们期待的难道不是对方跟我们一样：想法统一、价值观相同、步调节奏一致吗?

长期以来，我个人非常喜欢辩论（反对、争辩、说服……），在辩论中，我脆弱的自尊通过对立找到支撑点；可是长期以来，我却一直避免冲突。与人真正的冲突让我害怕，我付出大量的精力试图避免冲突，甚至隔岸观火。事实上，我一直对不愿看到的争执采取超然的态度，认为它们没有用，也不是最重要的，还很俗。

生活很快让我明白不可能没有冲突，因为每个人是那么的不同，即使在一个家庭里，大家的差异也很大。我花费了好些时间才认识到，与其煞费苦心地避免冲突，不如把精力用来直面冲突；这样反而让我更加容易度过冲突期，深入到冲突中并尝试脱身，甚至可以接受不一致就是生活的组成部分。当我把所有的精力都用在避免冲突上时，很显然，我不快乐，也经常感觉到孤独，因为我不太敢跟其他人相处，只要关系中出现一丁点儿张力的迹象，我立马就逃开了。

现在我发现好多人跟我吐露心声说他们站在生活的门槛上不敢进去，因为他们害怕打扰到别人，害怕生活得精彩时会经历冲突。他们并没有进入生活：他们置身事外。他们跟我以前一样，梦想着人与人之间能完美地和谐相处，一点点争论就能惊吓到他们，或让他们很沮丧。他们对“和睦”上瘾，把生活变得很不幸。

因此，现在在我看来，冲突并不是生活中的偶然之事，而是生活的一个组成部分。

冲突并不是偶然的，而是生活的组成部分。

大多数情况下，冲突意味着必须进行一些调整，必须得迎接改变。大家都经历过，知道许多冲突都源自对改变的抵抗。我们为什么害怕改变呢？因为即使改变后的结果会让我们舒服，但它本身却是令人不舒服的。例如，要为了去度假，就得进行组织、做计划、预订旅宿餐厅、舟车劳顿。

同样地，假设目前公寓对您来说已经太小了，那么您就有必要搬到稍微大一点儿的房子，而搬家则需要做许多事，需要精力，需要放弃自己的某些习惯。离开旧生活、过上新生活，包含了对旧生活的告别，没人对这一刻做好了准备。

在与自我的关系中，我们不喜欢感受到自我的各个部分之间存在冲突。我们经常试图避开这些紧张的关系，途径就是抑制它们，并投入很多精力尽力保持“高压锅盖”不动，然而它却随时会爆炸。

在与他人的关系中也一样，通常的情况是我们更乐意看到自己的伴侣或孩子要么一成不变，要么变成我们所希望的样子，而不喜欢他正在变成的样子。对一对情侣来说，当其中一个人发生变化时，冲突的产生经常是因为一方害怕自己迷失在改变中，而另一方害怕窒息在现状里。注意：这两个不同的恐惧揭示了我们共同的需求，即安全感、继续存活下去。冲突表明，为了让双方能够同步，改变已经势在必行；我们不仅不能拒绝或否认改变，还得全心地去关注冲突。

青少年子女和父母之间出现冲突，其实也是改变的信号：每个人都需要调整自己的角色。就算这个过程是非常有益处的，却也极少是舒服的。青少年学习建立自我形象、找到自己的位置，父母学习完善自我、重新定位自我。处理冲突，双方都被引导着去表达、去改变或放手生活中的一些组成部分。这对双方来说都要经过分娩的阵痛：每个人与自己、与他人相处的新方式要诞生了。

最后，在同一个地球上、村子里、小区里或大楼里共同生活，能把他人的差异看作生活的组成部分而真正地去接受，这不总是令人舒服的事情。谁没经历过邻里之间的争吵、骨肉相残的斗争、企业里或学校里的权力之争呢？！即使修道院里的修道士也经历过这种不舒服。

实际上，我给修道士这个群体做过很多非暴力沟通的培训，我发现隐世和身体的修行有时候很难让生活变得更好。一个修道院的修女负责人向我吐露道："去爱跟自己相似的人很容易。但是当他人跟自己不同时，让我去爱他好难啊！有时候我想将自己的看法强加给他，然而我们都知道应该集体共同做决定。尝试超越与自我的冲突并彼此相安无事，是一项艰难的工作。"我曾向往过修道院安宁的隐修生活（一念之间），听她这么一说，我清楚地意识到，安宁和爱，在哪儿都一样，都需要经营：它们向来不会从天而降，就算在修道院也不行！我们需要经历冲突，超越它们，才能生根发芽，而这样并不一定舒服。

皮埃尔和他的儿子

皮埃尔和他儿子格雷戈里前些日子来咨询过我，他们的事例也很能说明问题。皮埃尔是位50岁的商务人士，因为他17岁的儿子格雷戈里拒绝参加几个月之后的中学毕业考试，所以他很担忧。

“真是令人难以置信啊！他具备了成功的一切条件。他聪慧、敏锐、有条理，只是因为厌烦了还要再努力几个月，就放弃了一切！太浪费了！”

“您感到很震惊、很灰心（S），因为您了解儿子的优点，您希望他能好好利用这些优点（B）？”

“当然了！他那么优秀，可他现在这么做会毁了一切的。”

“另外您感到很担忧（S），因为您不能确信他是否意识到了离开学校的决定将带来的所有后果（B）。这是您的感受吧？”

“就是这样。我想他是一拍脑门决定的，他会痛苦、会后悔的。但是他不听我的！”

“因此，您确实感到很忧心（S），因为您希望相信他清楚地意识到了他的决定会带来什么后果，并会去承担这个后果（B）。我理解得对吧？”

“对，是这样。我想信任他，想确信他知道自己要去哪儿。”

“我们把您的这些话告诉他，问问他的感受，您觉得这样没问题吧？”

（皮埃尔有点儿信心不足，好像他已经知道了格雷戈里的反应一样）“嗯，没问题。”

“格雷戈里，你父亲说他感到很灰心（S）。他知道你的优点，他特别提到你聪慧、敏锐、条理清晰，他希望你能够充分利用自身的这些优点（B）。你想中止学业，他感到很担忧（S）。他希望知道你是否真的想清楚了离开学校的决定将带来的后果，你是否已经做好了承担这些后果的准备（B）。听到这些，你有什么感觉？”

“我很开心，您都想象不到！我也感到如释重负！您知道吗？这是他第一次以自己的方式告诉我他爱我。他认识到我聪明、感受力强又有条理，这让我感觉特别好！我不知道是不是因为您在那儿听的缘故，但他一般不会说出这些。他跟我说：‘你真笨，还是个自私鬼，你只想着自己那小小的自由，你永远都不会成功，我们累死累活都白干了。’今天我听到他在关心我的事情，我感觉到他爱我。然后，听到他努力去信任我，我实在松了一口气。这正是几个月以来我的请求。我希望他明白我跟他不一样，我不希望好好学习仅仅是为了继续他的事业，让工作搞得筋疲力尽！我呢，我想立即工作，自己养活自己。可能我只有17岁，但我知道自己想要安宁的生活、简单的工作，比如做点儿小买卖，未来也希望妻子、孩子都在身边。

他25年来就像疯了一样不停地干活儿。他买了辆大宝马，拥有了超级现代的办公室，营业额也令人难以置信。但是他失去了家庭生活和我对他的尊重。我们活在世上不是为了赚钱、忙事业，而是要好好地、幸福地跟家人、朋友在一起。当然，我确实希望他对我有信心，相信我并不会因为跟他看待问题的角度不一样就不幸福、对自己的选择不负责任——哪怕我只是在街角开一家小商店。”（格雷戈里神情坚定、神采飞扬，好像说出了很长时间以来早该说出的心声。）

“所以啊，格雷戈里，你很幸福（S），因为你实实在在地感受到了父亲的爱和他对你的品质的认可（B）。你也感到如释重负，因为你听到你们有共同的需求：你需要的是获得他的信赖；他需要的是，即使你们的生活计划不一样，也能这样信赖你（B）。”

“是的，好极了！这下，爸爸，你不会怀疑我们有同样的需求了吧？”

（皮埃尔）“你说的这些话让我印象深刻。我喜欢你的决心和清醒。虽然我的汽车和新办公室遭到了你猛烈的批评，但是我承认你让我感到震惊。我从来没有这么清楚地听到你的这个决心：要按自己的方式生活、相信自己、相信自己的价值；还有你的需求：希望我能接受你的选择与我的不同。你以前通常只会说我是反动的资本家，认为我选择的生活毫无意义。这样一来，我就不愿意听你说。从我的角度来说，我有点儿相信对我来说好的东西对你肯定也有益。现在，我听到了你的想法。即使对我来说确实很难接受你去做小买卖，因为你有能力去管理一个大企业，但是除了希望你继承我的事业外，我更希望你做一个幸福的、受欢迎的、自由的，并以你自己的方式去承担责任的人。”

评论

① 从第一回咨询就能明显地看出来，这位父亲和儿子尽管想法不一致，但互相了解并爱着对方。两人都很和善，所以情急之下更容易随口说出一些伤人的话，甚至语气特别生硬，而不会分享自己内心真实的想法。

② 起初，父亲很难跟开口儿子说：“我害怕，因为我爱你、在意你、一心想让你有作为，想让你幸福。”而是跟他说：“这样你不会成功！”但是因为儿子并不想达到父亲所认为的“成功”，所以这种对话就变成了各说各的，毫无交集！

③ 儿子很难开口跟父亲说：“我需要按我的方式生活，这对我来说意味着我的很多选择会跟你的不同。”而是跟他说：“你是个反动的资本家，你的职业毫无意义！”因为父亲出生于普通家庭，从零开始拼命往上爬才拥有了今天的一切，所以他很难接受这些话！

④ 只有当他们开始向彼此坦诚地说出自己真实的感情和需求时，他们才开始互相理解。互相理解不代表意见一致，而

是互相接受对方的差异。

⑤ 现在离开学校显然不是格雷戈里的真实需求（B），而只是为了表达希望得到父亲的理解和尊重这个真实的需求所采取的行动（D/A）、实施的行为。而且他意识到，要打理即使很小的买卖都最好学习一些会计和管理知识来更好地武装自己，所以他最终完成了学业。

⑥ 这是个普遍规律：如果父亲强制儿子学习，儿子会放弃学习；如果父亲接受儿子有选择的自由，并给自己定好位（即提醒儿子注意他的选择会造成的后果），儿子就会继续学业。当皮埃尔不接受格雷戈里与自己不同，家庭里就会出现小争执，家庭气氛当然就很差了。当他接受了自己与儿子的差异时，即使儿子的选择令他不舒服，但是幸福会重新回来。这种情况表明了生活的另一个规律（也就是生活运转的原则）：我们越是想紧紧抓住某个东西、某个计划，结果往往越是适得其反。当我们愿意放弃这种掌控时，通常就会得到我们真正想要的。

第四个陷阱：乖巧的男孩、女孩们，我们没有学过如何说出“不”，也不懂如何回应别人的“不”

我试图在你面前表现得真实。真实，你可明白？
不是配得爱的自己，而是直接、真实的自己。

仿佛第一次完全赤露敞开在神的心里，他认得我，我对他说：

“主啊，这是我心里的铜块，在前行的石板路上叮当作响，如同丢给乞丐的铜板那样卑微、寒酸……

“但现在，它们不再停留在那里，开始熔化在一起，或许某天可以铸成一座钟：在你认为合适的时刻，它会成形，你就可以拿走为你所用。

“主啊，请在我心里放下这样的信心，帮助我相信，这些目前未经打磨的金属块之间有着神圣的‘血缘关系’。

“它们准备好了，被熔化、融合在一起，或许可以铸成一座有灵魂的青铜雕像，不再叮当作响地吵闹，而成为献给你的天籁之音，在你明亮、美妙的天空中，飘荡在天使和鸟儿之间。”

——赖内·马利亚·里尔克

我们习惯于相信我们被爱是因为自己所做的事情，而不是因为我们这个人本身。因此，我们养成了习惯：即使想的是“不”，但说出来的却是“是”，而且还习惯于通过做更多的事情来交换，以获得钟爱或认可。

从我们感觉到“不”的那天起，我们就没学如何说出“不”，更没学如何用不带攻击性的口吻镇定地将它表述出来。因此，我们积攒了太多违心的“是”，最后我们就像压力到了极限的高压锅一样，要么爆炸，无论对谁都当面说出带有攻击性的“不”；要么内部破裂，陷入筋疲力尽、倦怠或抑郁中；要么就以受害者的立场发出哀怨的唠叨，自认为被所有人欺负，而自己没有任何责任（详见附录“受害者的独白”）。

我们感觉很不幸！一开始，因为我们没能及时对着对的人说出“不”，我们接受婆婆的邀请，帮朋友搬家，代同事工作、承受因此带来的超负荷工作……做这一切，不是出于甘心，而是义务；不是出于真心，而是习惯于做“老好人”，进而违心地把事情做了。然后，我们只能非常具有攻击性地大爆发，把积攒的挫折感发泄在不对的人——替罪羊身上。最后，我们还冷酷无情地对自己进行终极审判，抑或不断地把自己抓回到那个不幸的怪圈循环中。

学习以肯定而不是带有攻击性的方式说“不”

学习说“不”，这是令人不舒服的事情。要做到以肯定的方式而不是带有攻击性的方式说“不”，首先要了解他人的需求，并且不要认为自己必须要满足他人的需求。当然，我们会因为高兴、出于生命的冲动和爱去满足他人，但是必须要意识到，原则上，他人应对自己的需求负全责。

其次要听从自己的内心，辨认出自己的需求，并从中找出优先的需求——也就是让我们说出“是”或“不”的背后，内心那些真实的需求。要做到这一步就需要给自己留出足够的时间和空间。正是这一点吓到了很多人！实际上，做、行动、回答“时刻准备着”、跑来跑去以试图赢得或保留别人的赞同，这一切经常无意识地成为一种避免跟真实的自己相处和避免直面自己的方式。在社会和家庭方面，逃避而不是遇见真实的自己通常被视为“正确”的行为方式，而且常常被冠以负责任或关心他人，甚至慈悲的美名。

逃避自己或遇见自己。

一位在我看来极为宽厚的朋友最近告诉我她终于能说出“不”了，她感到由衷地满意，而长期以来她都是个“老好人”，甚至像个傻瓜一样：

“我管理着一个组织，其中一个负责人给我打电话倾诉，说工作量的增加已经让他承受不了了。在那之前，我为了让别人高兴，同时更为了证明自己是一个善良的好姑娘，我都是尽力承担所有的事务。但是这一次，我首先查看了自己的感受，其次我确实是没有时间，所以我对他说：‘你感觉承受不了了，你需要帮助？’然后他回答我：‘对呀，当然了！’我继续说：‘我明白你需要帮助，但我自己现在也因为各种家庭事务而焦头烂额，我希望把所有的注意力、情感和精力都用在处理这些事情上，这是我首先要做的。我建议你找……帮忙。’令我十分惊讶的是，他这样回答我：‘哦，那好吧！你说的对，我去问问他们或想想其他办法。’你看，这比我担心的要简单多了，我感觉特别舒服！作为对什么事都说“是”的“老好人”，我已经无数次吃亏上当了！我需要更尊重自己一些，我发现我可以这样做，同时也不会失掉他人的尊重。相反，这会让大家之间的关系更清楚、更简单！”

实际上，这里涉及的并不是学习说“不”，而更多的是学习不再自我逃避或不再逃避真实的关系。在《醒醒吧，老好人！》中，我已经详尽地阐释了这个观点。在这里，我简单地提一下，我们可以靠近他人，关注需要做的事情，同时关注自己和自己的内心；当然，我们也可以靠近他人，关注需要做的事情，同时设法自我逃避、忽略自己。

当我们关照别人而忽略自己的时候，这种行为可以说是会互相抵消的：归根结底，这样世上就再也没有尊重和生活品质可言；因为忽略了自己，我们就会不由自主地忽略宇宙中的一切。当我们逃避自己却试图跟他人维持关系时，这种行为同样会互相抵消：世上不再有遇见和在场。我们虽然不情愿，但会不由自主地逃避世界并与之分离，甚至我们会认为这样更容易与别人相处。如果我们真为世上的逃避、忽略、混乱、分离感到惋惜，我们可以通过行动来改变这种状态，每个人都可以为改变这种情形做出贡献。

> 如果我关照他人而忽略了自己，那么我会继续忽略一切，而不是关照一切。

为世界变得有秩序做出个人的贡献

耶稣曾宣告过："你们的话，是就说是，不是就说不是；你既如温水，不冷也不热，所以我必从我口中把你吐出去。"[1]这就是清晰明了的声明，不是吗？！对我来说，这种个人的清晰表述服务于集体意识，因此有助于创造一个更有秩序的世界。

要更好地理解这个概念，我建议您把全世界看成一个生态系统：我对系统的一部分所做的，会影响到整体，这个影响还不是一时的，会一直持续下去。这并不是充满诗意的幻想，而是源自科学的临床观察。系统分析研究和近期的代际分析研究[analyse transgénérationnelle，我特别想到的是伯特·海宁格（Bert Helliger）的家庭系统排列方法]显示，那些家族隐秘事件，例如曾祖母所经历过的乱伦、姑婆的意外怀孕、祖父在战争期间的通敌，以及承载着家族禁忌的、不可言说的创伤等，会对整个家庭系统产生极大的影响。此间，有时候会有一个人无意识地充当家庭系统里所有的代际压力中熔断的保险丝、爆破点。

个人情绪在集体记忆中会形成标记并造成影响。因此，我

1 《圣经·马太福音》第5章第37节、《圣经·启示录》第3章第16节。——译审注

越来越倾向于相信，适用于一个家庭或群体的论点同样适用于一个民族，甚至也可能适用于全世界的集体意识——唯一一个大生态系统。我深信，接受不舒服并去清理我们个人的记忆、搅动我们的个人意识，同样也是在清理集体记忆和集体意识。

在我看来，遍布在世界各地的修道院同样也依赖全球生态系统——类似于物理实验中的U型管。即使修道院不问世事，但其中的修士、修女们通过冥想、自我克制、参与所在的集体，亦为全世界拥有更多的和平、简单和共融做出了贡献。

您觉得这些很难理解？其实并不难：如果我们把一滴热水滴到一池凉水中，我们所有人都会一致认为，虽然温度升高得非常非常少，甚至感觉不到，但从理论上来讲池子里的水温确实升高了。不断加入更多的热水滴，最后冷水池一定会变成热水池。这个类比不仅富有诗意，还具有数学的严密性！只要意识到这件事，就足以让我愿意成为一滴热水，即使我需要投身的，是冰冷的世界海洋。我知道，现在越来越多的人决定不再等待海洋自己变热，而是让自己成为一滴热水。

世界充满混乱，但我深信我们每个人都有能力和自主权，可以选择让它变得更混乱或变得有秩序。就好比花茶包，泡好之后不仅会让茶壶充满香气，也会让所在的房间弥漫着它的香气。奇怪的是，我们意识到自己有这个能力后，反而感到害怕，就像自由比约束更让我们害怕一样。

因此，成功摆脱无意识的操控而有意识地说出“不”，意味着不舒服：认识到自己的矛盾，承认自己的无能，在艰难的选择间摇摆不定甚至令人感觉撕裂。承担自己的“不”所带来的后果跟承担自己的“是”的后果一样，都是自己的自由选择，自己要对此负全责。这就是我心目中最大的快乐的源泉之一：对自己生活的驾驭。我从来没有见过不用穿过各种不舒服就可以轻松驾驭自己生活的人。

我很喜欢瓦茨拉夫·哈韦尔的理论，他认为：遭遇障碍、萎靡、极权主义非人性的荒谬对待，才会形成生命的冲动。他呼吁：“我们所有人都需要明白，改变自己就是为改变世界做出贡献。这个命题意味着：无论是谁都可以撼动这个世界。这很稀奇，也令人难以置信，但又是合理的，因为如果我不决定这样做，你或他、我们所有人都不会决定走这条路，那么我们赖以生存的这个世界，我们参与建设、应当负起责任的这个世界，就永远都不会动起来。我们每个人都应该从自己做起。如果都等着其他人开始，我们就会一直等下去。”[1]

欢迎他人的“不”

当我们能逐渐更自在地按照自己的意愿说出“不”之后，我们可能还需要在面对他人的“不”的时候，能更自如地表示

1　让·皮克（Jean Pick），《瓦茨拉夫·哈韦尔：无权力者的权利》（*Vaclav Havel, la force des sans-pouvoirs*），Michalon出版社，2000年。

欢迎。生活不会让我们避开这种不舒服：并不是所有人都会在任何时刻说“是”，而且生活确实经常令人不舒服！

作为“好人”，我们有可能要经常受下面这种态度的支配，也就是说，要么一旦他人说出“不”，我们就放弃自己的真实想法来顺从他的期待；要么把“不”看作否定或人身攻击，会通过反击或至少也会通过激烈的辩论来进行对抗。

当他人对我们说“不”的时候，我们很少会作如下反应：平静地倾听他的需求，然后提出我们自己的需求，并尽力找到对双方都公平的解决办法。倾听他人并寻找解决办法，这并不总是令人舒服的事情：需要时间，需要我们放弃一直坚持的东西，需要我们放手。

我们倾向于选择舒服，宁愿像冲锋枪大肆扫射般地争论：“我有理，因为……（一整串的理由），你错了，因为……（一整串的理由）”；就像在战场一样，不断扫射的目的是通过武力让对方放弃当时的立场。或者，我们会选择在话语上让步，这样比较舒服，我们说“好吧，好吧，你有理。我不坚持了，我不会再对你做任何要求”，临阵脱逃以求和睦。正如您所看到的那样，这些关系都好像时刻处于备战状态。在这两种情况下，我们都很不幸福，因为我们具有攻击性，也很被动。

然而，固守在和平领域内，带着内心的力量和坚定，用协商的态度说出“不”并接受别人说“不”，这样的生活完全是另一回事！就像我之前说的那样，我相信，当我们试图解决冲突，总会幸福得多，即使我们并不是总能解决问题，但总比一直维持在冲突状态中好。

奥古斯丁50来岁，是一位非常优秀的高级经理，一个人生活。他的案例就很好地印证了上文的论点。找我咨询的时候，他因为不能如愿地经常见到他24岁的女儿和26岁的儿子而觉得自己非常不幸。实际上，他的孩子经常对他的请求说“不”。他评判他们自私、冷漠，甚至忘恩负义。

根据这些评论，我跟他一起研究了意识层面的情感和需求。几次之后，奥古斯丁感到自己对事实本身、对他身上真正发生的一切有了较清晰的认识，不再对他的孩子的品格进行主观论断。他更好地明白并接受了真正属于他、归他管的是什么——就是他自己的需求。这样，他就可以更多地去了解孩子们心里在想什么。我问他：“假设您站在一个年轻姑娘和一个年轻小伙儿的立场上，如果他们的父亲为了见到他们、为了跟他们交谈，所以经常给他们打电话，您有什么感觉呢？”他思考了一下，深吸了一口气，回答道：“我想应该会被激怒。是的，相当愤怒。我会需要父亲把‘生活的球’丢还给我，让我过一点儿自己的生活，更希望他把注意力放在自己的生活上！”

我问他意识到这些后他的感觉是什么，他回答：“我很震惊，我以前只关注自己，没有考虑他们。我给了他们太多的压力。我需要跟他们保持牢固的关系，同时，我需要有人陪伴、有人关爱，并找到生活的意义。但我把这两者搞混了。”

奥古斯丁改变了态度。他减少了打电话的次数；他不时地给孩子们打电话了解他们的近况，不再催促他们来看他。几个星期之后，是孩子们主动跟他联系：“爸爸，咱们好久没见了，咱们一起吃个饭吧。”

评论

① 孩子们的“不”促使奥古斯丁有意识地清点自己的需求并停止把责任归咎于他们。他研究孩子们的“不”，而不是抗拒这些“不”，由此他找到了自己该负的责任：他接受自己不能改变他的孩子们，但是他可以改变自己跟孩子们相处的方式。

② 在负起责任的同时，他解放了自己也解放了孩子们。他需要关爱，于是他就把所有压力都转移到孩子们身上以获得满足，这样他也就为自己筑起了一个牢笼：孩子们越来越躲着他，他越来越孤单。他意识到自己真正需要的是更丰富的情感生活后，便敞开了心扉，把时间更多地用在满足自己真正的需求上。在我们分别之际，他遇到了一位伴侣，重新找回了与孩子们之间开心又明快的关系。

三个关键概念：动机、和平领域和关系的持续效应

奥古斯丁的例子引导我们快速地将三个在此各有含义的概念弄清楚，尽管它们可能超出了这部分的主题（学习说“不”

和听“不”）。

动机

如果我们的动机是从他人那儿得到满足或是让他人去做某一件事，那么非暴力沟通提出的情感机制、需求机制就失去了意义，而且在这种情况下，多数时候它也不会有效。如果我们的动机是进入他人的内心（对他人抱有同理心），同时不会切断我们与自己内心的联系（诚实或坦率），也就是说即使我们跟他人的意见不一致，也要与他人真正地建立关系，那么这种情感和需求运作机制就会帮助我们弄清楚问题的关键并找到满意的解决方案。这不是一个愿望，而是实实在在的事实。

我经常听到有人说：“如果所有人都愿意合作的话，非暴力沟通就很有用，否则根本行不通！”当然了，如果这些人以为找到了一种可以让他人“乖乖地合作”的工具，那么幸好它对这些人无效！我们没必要等着他人主动合作才去建立关系。

注意，仅有达成默契、互相尊重、互相理解的愿望是无法强制达到目的的。许多其他的品质也是必需的，尤其是耐心、坚持、勇气和敢于表达自己的脆弱……愿望并不是充分条件，它只是必要条件。

和平领域

要保持在和平领域中，我们必须很努力、很小心，避免因为害怕、疲惫、厌倦、自我毁坏而启动“战争机器”——胁迫、批评、分裂、遗弃、主动或被动的负罪感。关于这一点，我有时候会听到有人批评：“非暴力沟通，不是发自内心的，它只是格式化的语言。”当然，我理解这种惊讶或不舒服的感受，因为非暴力沟通的某些表达法并不是平常惯用的，在聆听和表达中我们会保持警惕，所以不舒服的感受只是警惕的表现。只要稍加训练（即后文中，我们在处理第五个陷阱时提到的第三个阶段的学习），我们就可以在保持格式的同时，超越这些格式化。我在此强调的重点是要注意保持健康的关系。

另外，互相谩骂、指责、发牢骚、抱怨或替自己辩护、互说坏话，通过胁迫—屈服的方式来解决冲突，以怒制怒或逃避、不回应对方的愤怒，有人认为所有这些都是自发反应。这我是完全不同意的！在我看来，这不是自发的，只是从小到大的环境给我们设置了这样的习惯性反应，我甚至可以用“巴甫洛夫条件反射”来称呼它。我建议来发掘另一种自发性，养成另一些习惯，做出另一些类型的反应。一个好战的民族或人，在战场上都能遵守战争的规则，那我们为什么就不能遵守和平的规则呢？

关系的持续效应

如果我们有正确的动机并严格遵守和平纪律，那么有播种就会有收获，我们就会收获关系里的持续效应。可能不会立竿见影，从播种到收获需要几个星期，甚至几个月；但是，至少可以肯定我们会有所收获。如果您在正确的时候种上小红萝卜或西葫芦（动机：“我希望获得小红萝卜或西葫芦，正如我希望跟其他人有真实的关系一样”），您经常照料它们，给它们浇水、除草除虫、检查日照（也就是停留在和平领域，遵守规定或纪律），您就会收获小红萝卜或西葫芦（这是持续性的结果和效果）。

马歇尔·卢森堡强调非暴力沟通各个阶段之间的衔接，所以他把非暴力沟通的方法称为过程。这并不是沟通技巧，而是一种存在方式、一种共生的方式。对于我们中的许多人来说，这并不是在我们的存在方式中加入某样东西，如同箱子里多了一件工具或书橱里多了一本书，而是促使我们改变自己的存在方式。

我建议用我跟女儿们相处过程中的一个事例来解释这三个概念，因为跟她们在一起的时间比较久，我才有机会检验我是否在经营关系的持续效应。当然，您会说她们还太年轻，要看到结果还得等十几年，等到她们长成青少年后……我在此确实没有打算写一部把非暴力沟通应用到教育领域的论著——我真心希望以后能有机会深入讨论这个话题。即便我提到了一些可能会让家长们感兴趣的点，但我的意图不是为了说明如何教育孩子，而是为了更好地说明在说出“不”或接受别人说“不”

时，如何和平地处理关系，建立长期共存的关系。

几天前，我带着女儿卡米耶（5岁）和安娜（4岁）在公园里散步。安娜出门时就要求带上她的小自行车。她在林荫道上快乐地骑着，我牵着卡米耶的手慢慢走。在某个时刻，卡米耶想骑自行车了，她请求安娜借给她自行车，但是安娜拒绝了。卡米耶坚持要骑，安娜也坚持不给，最后卡米耶号啕大哭。我一下子就陷入了经典的俗套剧情中："安娜，生活中应该学着分享！立马从车上下来，把车借给你姐姐！"安娜坚决地拒绝了，不过她哭了，她一边哭一边把车子骑得尽可能远。我立即意识到这样处理并没有抓住问题的关键。我深吸了一口气，又回到了重点：我的需求是让每个人都了解自己、尊重自己。

"安娜，你骑自行车骑得那么开心（S），所以你想再骑一会儿对吧（B）？"

"是啊，爸爸。骑车很有意思，而且这是我的自行车！"她一边说一边抽泣。

"你想说既然是你的自行车，所以你希望自己决定要不要把它借出去，是这样吧（B：自由选择的需求）？"

"是的，必须问我。"

"你希望卡米耶怎么问你借呢（D/A：你希望她怎样开口请求）？"

安娜高兴起来，做出一副调皮的样子，我平常经常建议她俩用某个固定的表达方式互相请求而不是互相抢夺，所以她假装用卡米耶的口气说道："安娜，请问你愿不愿意借给我你的自行车？"

我转向卡米耶，带着疑问的神情，想看看她是否愿意提出这个"神奇"的问题。

"安娜，你愿意借给我你的自行车吗？"卡米耶问道，同时，她自己也被事情的发展给逗乐了。

安娜没有丝毫犹豫，笑着把自行车借给了她。

评论

① 像您看到的那样，我还不能完全脱离惯常使用的"权威"和"强制"模式进行沟通："必须，就这样，你没得选……"

② 但出于某些原因，我警觉了起来。首先，多数情况下，这种传统的处理方式并没有效果，最终甚至适得其反：要的是融洽，结果却争吵得更厉害；要的是分享，导致的却是双方各自封闭在自己的角落。再者，这种处理方式偶尔在短期内会奏效，但它带来的完全不是我想要的高质量的人际关系。无论如何，我都不希望我的孩子们为了显得友善，为了让别人开心，为了获得奖赏或者因为害怕受到训斥而去服从、去行事[人类的历史，尤其是近代史，充斥着暴行，行暴的人学习的就是服从，他们甚至做最残忍的事情，只为了让同辈认可他们是好人并获得奖赏（甚至是在天堂的奖赏），或为了逃避训斥]！我个人希望能从容地分享（有时这样做所需要的时间比我们预期

的更多），并共建美好幸福的生活环境。

③ 在传统处理方式中（“不，我不给你自行车”—“不，你必须分享”），到底是哪里出了问题？是每个人都坚持自己的立场，只有恐惧或疲惫才能迫使他们放弃，而不是因为爱或自己的意愿。

④ 现在我知道了，在任何“不”后面都有一个“是”。因此当安娜宣告“不”的时候，我一上来就探寻她会对什么说“是”。她在谈话一开始的时候就给我提供了这个信息：“……而且这是我的自行车！”在我小女儿这句简短的话当中，我首先听出了她感到很快乐，因为她能掌握局面，甚至还能控制姐姐高兴与否。这并不能说明她很坏或自私，这是种快乐，我能理解。安娜真正想说的或许是：“这次，是我，拥有自行车；是我，可以让姐姐等一会儿。这样，我也可以保证自己在家里的地位。”接着，我明白了她需要被认可：自行车是她的，她有支配的自由。最后，我了解了她对自由的需求——在我们的生活中这一点往往在很大程度上被忽视了：安娜跟我一样，跟我们当中的任何人一样，讨厌被强迫，喜欢自己选择慷慨大方。她想说的应该是：“是的，我喜欢自由，自在地选择慷慨大方。”因此，我首先指出了她的需求（自由做决定），然后指出了她的要求（她姐姐郑重地向她提出请求）。

⑤ 在处理这件事的过程中，我真正主动地倾听了“不”背后的“是”，其效果是双重的：让人满意，结果也非常好。

a)我和安娜一起弄清楚了她想要的是什么，而不纠缠于她不想要的。这帮助我们更好地满足了她的需求，而不是在她不想要的东西上闹别扭。

b)我给予她的关注证明了在我眼中她很重要，我对她的需求和对她姐姐的需求同样在意。这样，让她说“不”的其中一个理由就不再成立了（“并不是因为我是妹妹我就得委屈自己！我希望有平等的地位”）。

我们在生活中听到的、说出来或没说出来的“不”，实际上都只是为了表明我们的身份和差异而已！就像我们通过对立、矛盾来证明自己的存在一样。这也是在青春期大家通常会经历的个人发展的一个阶段：在与他人的共处和合作中找到自我肯定之前，通过与他人对立来证明自己。不幸的是，即使我们上了年纪，仍会或多或少地紧抓住自己青春期的这个心理，继续在矛盾中感受自己的存在并活着。

> 从“我反对，所以我存在”，
> 到“我存在，所以我与之共处”。

要知道，比起和谐和融洽，我们通常更习惯于矛盾和争斗，后者会让我们更兴奋、更有强烈的感受，让我们感到与自己的关系更紧密。

⑥ 除了上述两个让人欢喜的结果，还有一个无价的持续

效应，就是大家感到幸福，关系中有互相尊重和理解、信赖和安全感。这种互相倾听的态度，超过了语言和原则，证明就算意见不一致，我们仍可以自由地做不同于他人的、独一无二的人，还有就是通过倾听自己的内心，我们可以遇见自己。虽然这不一定舒服，但却是极其重要的。这样高质量的相处带来了关系的圆满。可以说，我在此尝到了有质量的、深深的幸福，这种幸福，跟我以前在矛盾、对立、引诱、否定他人或自我鞭笞中寻找的模糊不清的强度和兴奋感是完全不同的。

⑦ 以前，我会尽力去做，保证她俩能轮流使用自行车。我关注的点是自行车，认为这样既关注了卡米耶，同时又教育了安娜。我竟然忽略了有生命连接的存在，即关系，而我们经常粗暴地对待关系。

“关系”有自己的生命进程

就像人一样，关系也会经历出生、活着、茁壮成长……的阶段。但是如果我们不照顾它，它就会痛苦甚至死亡。让人惊讶的是，作为乖巧的男孩、女孩的我们是那么尽心尽力地照料生活中物质方面的事情（房子、车子、花园、衣服、电话、工作……），尽管离了这些，无论怎样我们还有可能活下去；而我们经常忘了生命中还有非物质的东西，离了它我们不可能活下去，那就是关系。

回想一下本书开头讲到的天竺葵的例子：我们可以背离本心而行，也可以顺从本心而行。我们可以为了让事情顺利进行而做（像上面提到的例子一样，用这样或那样的方式把自行车从一个人手中传到另一个人手中），或者真正地活在一起（培养、维持、改变关系）。我们只需要在内心深处给自己提问：我们在寻找什么？仅仅处理自行车的问题（做）而忽略甚至扼杀关系，还是把自行车的交换当作一种表达，洞悉我们真正在寻找的是内心深处的满足，是存在与自我、与他人、与生活的关系中的自己呢？

> 关系是有生命的存在，它可以长大、停滞、受苦、怒放、改变、死亡或活着。

我们会将问题不大的车送去保养，电脑有一点儿报警就让人检查，手机稍微发出嘟嘟声就去充电，而我们却经常让人际关系自行运转，不去调整，不经常做保养，不充电或不换电池！我们还惊讶于它竟然无法正常运转、频繁地出故障或变得虚假。

那么多情侣和家庭成员，他们都只是生活在各自的身边，却没有活在一起！那么多公司、工作团体中，每个人都活在“死了”的关系网中！看看吧，这就是习惯编织成的陷阱：我们习惯按照做的价值去活着，而不是按照人固有的价值去活着。

我们用胁迫或屈从来避免关系的断裂，不敢说“不”或接受他人说“不”，就这样，我们让关系这个“活生生”的存在变得麻木，把它变成了没有生命的东西。大家彼此之间客客气气，相互之间的关系索然无味，深陷于机械运行的状态。然而，我确实相信健康又有活力的关系能在很大程度上给我们带来内心的幸福感。保持关系的健康与活力，意味着我们要逃脱或者再次逃脱陷阱——这个陷阱就是要我们无法用清晰、友好的方式说出“不”或接受别人的“不”。

为了深入阐述关系的持续效应，我会继续以我两个女儿的例子为基础展开讨论。这次我们假设发生了下面的情况——实际生活中显然会发生：安娜不把自行车给卡米耶，对话继续。我介入，说明我自己的需求，我可能会这样说：

“安娜，我真的明白：你坚持要自由地决定是否借自行车、什么时候借。我坚持尊重你的自由，但我也坚持分享和交换，我觉得这样的话生活会更舒服（B）。你怎么想（D/A）？”

“我同意，但是不是现在。等我骑到那儿，然后再给她。”

很可能在100米远的地方，她确实会把自行车让给姐姐。我多次验证了这个规律：当我不紧不慢地接纳孩子们的价值观（或需求：此处指自由和自由选择的需求），并清晰而非强制性地表达我的价值观时（此处指分享和交换），经过一小段时间的心理整合后，她们也接受了这些价值并参与其中。这段整合时间让她们得以显示她们是自由的，或者可以表明无论如何都要按照她们的节奏来，因此是必要的。再说一次，如果我希望孩子们能尊重我的节奏，我就需要尊重她们的节奏，而这并不代表放弃我的立场。

继续在我跟我女儿的关系里探究持续效应的问题。有时可能会发生这种情况：她们的争吵打扰了我。例如，在家里，她们因为一个玩具，从客厅吵到她们的游戏区，我会严肃地表明自己的底线："姑娘们，不要吵了！我很累、很生气（S）。我需要大家保持公共区域的安静，我现在不希望再在这里听到喊叫声（B）。我建议你们去自己的房间，在那里，你们想怎么吵就怎么吵。你们觉得怎么样（D/A）？"

评论

① 显然，我不会总介入孩子们的争执中。争执并不是偶然之事，它是变化和生活的组成部分。在上面的情况中，我只是劝说她们意识到自己的态度，并为之负责任。她们可以自由地争吵，但是在公共区域争吵会带来一个结果，就是不能满足我对安静的需求。因此，为了互相尊重彼此的选择，我劝说她们换个地方，有时候也可能是我决定自己换个地方。

② 在我指明了自己的底线之后（"我累了，我需要安静，我要求你们去别的地方玩"），她们继续争吵的情况确实很少见。就算她们继续吵闹，通常也只会在她们的游戏区嘟嘟囔囔，然后很快就会和好。为什么？这时，关系的持续效应就显

现了。因为我们互相谈过很多，也尝试着尽量给彼此留点儿余地，协商着解决我们之间的小冲突，所以我相信我们完全感受得到在一起的温暖（一起待在同一个房间里）。我同样相信，当我清楚地指出自己的底线，并给出实际的解决方案时，就像在这个例子里我所做的那样（“你们同意去别的地方玩吗？”），我的女儿们知道那意味着什么。

◎当我很坚决时，就说明已经到了我此刻的忍耐限度。我的限度不是固定的，但是很清晰。我观察到很多父母对同样的事情重复了不下十遍，再重复一遍就要爆发了。这让人筋疲力尽而且收效甚微。他们认为已经很清楚了，因为他们表达过自己的需求，然而他们并没有以可商量的语气来核实对方是不是清楚地明白了自己的需求并同意这个请求。

◎我的坚决并不是针对她们，而是为了我们大家，通过人人互相尊重，让我们的家庭生态系统得以保持持久的安适。

◎我与她们意见不一致不代表我不爱她们，这只是一种方式，当时用来重申互相尊重的需要。在我看来，我们的这种相处模式让她们的自我得到了极大的尊重，所以她们不需要通过执拗的反抗或持续的赌气来要求确认自我的身份。

◎ 我的请求（“你们同意去别的地方玩吗？”）在任何时候都不代表着惩罚或者威胁，这只是我们各自想要行使自由的权利所产生的冲突带来的结果，换言之，她们有争吵的自由，而我有安静的自由。

③ 有可能女儿们回答我：“不，我们不同意去别的地方玩，我们想在你身边玩。”那么，我就会这样回答，例如：“你们玩的时候我喜欢待在你们身边，我看书的时候也希望你们喜欢待在我身边。我们应该怎么办呢？你们可以继续在这儿玩，而我呢，也可以在这儿安安静静地读书，怎么样？”这样，我和她们就站在了同一阵营里，我们共同寻找让每个人都满意的解决方案，彼此都不需要屈从或控制对方。根据我的经验，通过这种开放式的对话，我们最终会在某个共同点上相遇。这样，既维护了彼此间的尊重又达到了默契，让人极其愉快。

④ 因此，她们很可能很快就重归于好，而不是到另一个房间里继续争吵。我愿意简单地相信，她们这样做是因为想待在公共区域、享受在一起的温暖，也就是说是出于生命的冲动和对家庭的委身，而不是因为害怕。

⑤ 如果不管怎样争吵都在继续，则通常是其他因素导致的，尤其是累和饿。至少据我观察是这样的。若这些因素带来了关系中的张力，就算试图用手段让她们顺从，也不会解决任何问题。

⑥ 以下是我最常听到的反驳："还是应该给孩子、同事、职员、顾客，给所有人设定界限……"我在《醒醒吧，老好人！》里谈到过这个问题，在我带领的培训中也经常有人问。我们在非暴力沟通工作坊研究一个具体案例时，多数时候，我们会发现人们做不到给他人设定界限，因为他自己都没法给自己设定界限，不敢说"停，对我来说，已经够了！"，不敢坚定地说"不"，清晰地说出自己的感觉和需求，同时倾听并尊重他人的感觉和需求。这些人下意识地害怕不一致就是不爱，怕其他人将他们表达界限看作一种否定，或因此而不再爱他们、尊重或欢迎他们。给自己设定界限之所以那么困难，通常是因为安全感的缺失，这在第二章已经提到过。我很清楚他们的难处，我说这些话，是希望鼓励他们去改变，而不是批评他们。

问题就出在这里：相较于给他人设定界限，告诉他应该做什么，学习真正地去认识自己、尊重自己并给自己的存在方式设定界限更加令人不舒服，但却有效得多！当这些人把精力更多地用在建立自尊和内心的安全感上时，他们就能够更早、更清晰地给自己定位，同时敢于倾听、接受他人的反对或意见上的不一致，而不会陷入愈演愈烈的争执中。

从一直保持"老好人"的态度，到不堪重负，再到恶性的爆发，在这个态度的转变中，我们需要学会：温柔可以与坚定并行，弹性建立在决心之上。例如，我经常在饭店里、沙滩上、家庭聚会中见到，某个父亲或母亲任凭孩子做一些实际上令人很恼火的事情，一段时间之内他们不会管，但是某一刻会突然爆发，这种方式对那个孩子来说很恐怖，对周围的其他孩子来说很具有威胁性，对于在场的所有人来说都相当不舒服！在每个场所，包括办公室、工地、车间、协会、公司、学校、医院、行政机关、军队、教堂，我见过几百人内心被压抑的“不”啃食着，时刻都会在抑郁中崩溃或暴怒。我见过两个“老好人”之间的“战争”，他们可以是夫妻、合伙人、商业伙伴、同事，他们长期以来要保持自己的高压锅盖关得严严实实的，所以疲惫不堪，最终悲惨地做了坏人。

啊！更经常、更坚定地说出“不”的确不舒服，但比起当事人也不愿见到的争吵甚至动手，或全面的崩溃，至少没那么惨。

回归内心、保持警醒和日常生活中的责任心

我也希望女儿们在表达她们的感觉和需求时，可以自在地跟我说“停”。因此，有时候会出现这种情况：我送她们去学校，走路走得稍快了一些，她们中的一个就会明确地给我指出：“爸爸，停一停！你走得太快，我跟不上了。我需要走得慢一点儿。”又补充道：“要知道，我们没那么着急啊！”她的反应至少有两次让我回归到自己的内心：

① 我是正在急着做好该做的（送女儿们去学校，然后快速地回到办公室工作……），而不是在她们上学的路上陪伴她们吧？

② 我怎么会如此匆忙？这个时刻，需要再多加点儿什么才能完美吗？在这条从家到学校的路上行走得如此匆忙、让人紧张又能带给我什么呢？我难道不是为了内心的满足而正在做自己选择做的事情吗？如果我回归内心，刻意放慢脚步，就会发现：每天早上两只手都牵着一个兴高采烈、笑容灿烂的小女孩儿，内心难道不会感到幸福、十分满足吗？我竟然还对自己讲这种陈词滥调："你快点儿，办公室里还有那么多事情要做！有一堆电话和邮件要处理……快跑，快跑！"

我送孩子去学校这个简单的行为，从存在的角度来看，基于我跟女儿们的关系和我使用时间的方式，我可以处在张力中；抑或，我进入她们的内心，我们彼此互相尊重。再一次，我得做出选择：我可以把我的节奏强加给她们，或放弃大步走路的快乐而屈服于她们的节奏，我也可以跟她们商量以找到让大家都满意的节奏。种瓜得瓜，种豆得豆，所以如果我在张力中面对关系，那么该关系就会倾向于保持在这种运转模式中，由此会引起强烈的反弹，令人痛苦。假设我强行（以抱、拖等强迫的方式）按我的节奏带女儿们去学校，她们之后在吃饭、洗澡、睡觉、选衣服、选饭菜或进行其他我建议的活动时，就会大肆反抗。但，如果我进入她们的内心，处于彼此互相尊重的关系中，接下来很有可能收获的是合作和处理冲突的温和的态度。要知道有那么多的冲突是我们避不开的，但是我们可以用更温和的方式处理它们。

这就是关系的持续效应。我希望你们能意识到并不是沟通技巧建立了关系。关系是建立在我们长期的相处方式之上。

你竟然跟我说“不”，你不是好人！

即使我们越来越有能力不再违心地说“是”，而坦荡地说出“不”，并且越来越能够尊重别人，在不放弃自己需求的前提下对别人保持同理心，我们也无力阻止某些跟我们对话的人把我们的“不”当成针对他个人的胁迫或否定。我们习惯于把他人的“不”看成对我们的否定，不是吗？（读了这一章后，您的这个习惯应该就可以改掉了吧！）

> 自私的人，是不会考虑“自我”的人。
>
> ——欧仁 · 拉比什（Eugène Labiche）

您很可能遇到过一些人，如果您没按照他们希望的时间、方式去做事，简单来说就是不按他们的计划行事，他们就会感到不被尊重。他们的态度会给人一种印象，即他们预期您会放弃自己的需求以示友好并让他们开心。套用欧仁·拉比什的话，他们大概会认为："一个坏人、一个攻击性的人，就是不按我的意愿行事的人。"他们的痛苦其实源自极度缺乏安全感和被严重忽视的自尊，他们无法用同理心来对待别人，关于这点，我在《醒醒吧，老好人！》里提过，他们的自我形象让他们将自己视为被遗弃的、不被尊重的。

让他们做自己，不去胁迫或否定他们，同时坚定地要他们尊重您，还要对他们的痛苦表达同情之意，这不是件让人舒服的事！

你很好，你很坏……

我的女儿们开始去幼儿园了，在那儿她们学到了两个词：好和坏，而这两个词并不存在于我们家的词汇里（在我们家，我们通过表达感觉和需求来取代这种笨拙的、封闭的、带来分裂的评价）。依照这个新的习惯，事情很可能会发展成这样：如果我对她们说"是"，我就很好；如果我说的是"不"，我就很坏。如果我很好，我就会得到一个吻作为奖励；如果我很坏，我会受到打手心或赌气这样的惩罚。很简单，不是吗？

从幼儿园开始就编入我们内心的二元价值体系，整个系统都处于奖赏或惩罚这两个极端，架构稳固、长期有效：惩罚那些被诠释出来的坏人、恶人、卑劣的人，奖励那些被诠释出来的好人、善良的人、高尚的人。这种极其流行的惩罚—奖励制度糟糕的地方在于：人们会下意识地、条件反射地因外部因素而非内在动力去做事；内在动力包括对给予、贡献、创作、爱的渴望，而外部因素是指希望取悦别人、获得奖赏、归属感或认同感，抑或害怕被指责、被否定和失去爱。

这样看起来，尽管惩罚—奖励制度的本意确实是为了鼓励和激发责任感，却无意间使人失去了责任心，并让内心对生命毫无憧憬可言。（大家可以参阅《醒醒吧，老好人！》里与“惩治”和“惩罚”的区别有关的内容。希望大家对鼓励和奖励进行区别，并仔细思考：鼓励让人自立，而奖励会导致依赖。）

“你很好，你很坏……”这种分裂性质的二元表达方式，不是我的孩子们发明的，它们从幼儿园的语言习惯中流传出来，而这种语言习惯只不过是集体意识的表现形式，集体意识包括了家庭意识和社会意识。这种集体意识活跃于评价、贴标签、分类和分裂的二元思维里，它们的表达方式通常以“如果你整理你的房间，那么你很乖；如果不整理，你就很淘气”开始，发展到“如果你服从，那么你很好；如果不服从，你就很坏”。如果我们对此没有多多留意，最后的结局就是：“如果你对事物的看法跟我保持一致，那么你是好人，因此我会奖励你、接受你；如果你不这样做，你就是坏人，我会惩罚你、否定你或消灭你。”

最近的新闻里有很多谋杀事件，近一点儿的就发生在我们身边的学校里（我们仍然笼罩在青少年校园枪击事件的阴影中），远一点儿的则在整个世界舞台上（战争和屠杀），它们证实了这种善恶二元论的处罚思维会带来多么恐怖的后果。我认为，不管拿枪扫射、造成悲剧的是青少年还是成年人，多数时候他们代表的是整个国家的集体意识。如果我们希望那些涉及冲突的人被另一种意识引导，并以此来解决所有冲突（学校、家庭里的，民族、宗教、政治、经济等方面的），那就必须改变集体意识，这就意味着得先改变我们的个人意识。

> 从幼儿园开始，我们就需要学习向内心支取力量和相互理解，而不是依靠威胁、强迫和报复来尊重自己并获得他人的尊重。

学习不屈从也不带胁迫性地说出“不”并接受他人的“不”，学习听从自己的内心并尊重自己，以便于不带着评判和二元思维来更好地倾听、尊重他人：如果我们愿意，这些我们作为公民完全可以做的事，可以从幼儿园开始一直持续到整个学习生涯，将其付诸行动很容易。我知道在一些学校，父母和老师之间已经开始合作，着意于推行这些理念。（世界上有许多学校根据马歇尔·卢森堡的建议，采纳了非暴力沟通原则，并取得了令人欢欣鼓舞的成绩。）

我有一位朋友，她是人际关系的调节员、教练、培训师，对创造和平的方式和方法很感兴趣。她给我讲了她在马来西亚的见闻：将近50年来，从幼儿园开始，人们就通过游戏和练习的形式积极地学习包容、欢迎差异。马来西亚是个多元文化、多元宗教的国家：中国文化、印度文化，伊斯兰教、基督教；他们意识到，要想让具有如此不同的文化背景和宗教信仰的人和平共处，就需要学习实实在在地创造和平，而不仅仅是祈求和平。

我写的这些，看上去有些矛盾，但只要您认同并去实践，我真心认为更早地学习说出“不”、接受别人的“不”，既不去胁迫他人也不屈从于他人，我们就能创造一个更加和平的生活环境。当然了，实现这些的前提是：我们内心有足够的安全感和自尊让我们不再那么关注他人的看法；我们接受差异并对意见不一致持开放态度，这在解决冲突的过程中帮助我们尊重、相信他人。要在这些方面下功夫从来都不是一件令人舒服的事情。然而，这却是创造内心安适、平和及外部和平世界的关键。

第五个陷阱：我们没学过要好好地面对自己的感受，更没学过以令人满意的方式表达它们

我有那么多关于爱的言语，响彻心间，但又病态地

把它们隐藏起来，就像其他人一样，爱在心头口难开。

——阿兰·苏雄（Alain Souchon）

我们学习过怎么做事、怎么跑步，却没学过怎么跟我们的感受共存。无论我们感觉舒服还是不舒服，我们都很少真正地倾听自己的感觉，很少任凭它们停留在我们内心，更不懂得如何驾驭它们，让它们为我所用。当我们还是乖男孩、乖女孩的时候，学习的通常是摆脱自己的情绪，无论如何都不能太相信自己的感受，以避免"感情用事"，然而，这样做，却恰恰是让情绪掌控了我们！

记住：我们掌控不了情绪就会被情绪所掌控。我遇到过很多这样的人，他们既无法理解自己，也做不到让别人理解自己，无法控制内心搅乱、压垮、撕裂或掏空他们的东西，因而痛苦不已。

然而，学习永远都不嫌晚。证据就是：我带领的培训的参与者，大部分人年龄介于30—60岁，但也经常有70岁甚至75岁的人！比较多的是祖母，有时候也有祖父，他们随时准备好学习并反思自己的行为习惯。他们心胸开阔、谦逊，快乐地认为自己还在路上，我每每见到他们都会惊叹不已。我感激他们，用他们激励着自己永远不要武断地认为自己的观念、经验不会错，要保持一颗年轻的心——换言之，就是要保持开放、热情和好奇心。

要想驾驭自己的感受，甚至超越这些感受，体验内心深处不受情绪控制的极度安适（因此不再受多少会变化的情绪的摆布），就需要清楚地了解这些感受，也就是愿意同它们进行艰难甚至是直截了当的斗争，就像里尔克在“第四个陷阱”的讽刺短诗里所建议的那样。驾驭，不是否定、压抑、控制，而是有能力明智地使用它们。为了驾驭感受和情绪，就需要对其进行深入的了解，这就要求我们养成注意它们、了解它们的习惯。

> 驾驭自己的感受和情绪，并不代表压抑它们，而是意味着能够清楚地了解它们，以便于有意识地让它们为我所用。

您想想，不经常有意识地进行练习，就能掌握一项运动、一门外语、一门乐器或驾驶技术吗？当然了，现在如果您长时间地从事一项运动，流利地说一门外语或您已是一位老司机了，您做这一切都会是无意识的：滑雪时从斜坡上冲下来或策马奔腾时，您不需要有意识地思考每个动作和每个衔接；您有时思考和做梦都会用您熟练的外语；开车时您会不自觉地松开离合往前开。总之，不断的训练让您不知不觉间拥有了那些能力，也就是说现在您不用思考就能做出来！经过学习之后达到某一个结果，这就是在神经语言程序（PNL）里清晰描述的概念。

由此，对于任何的学习来说，都要经历几个阶段。既然掌握一门知识或技巧（外语、体育项目、工具或机器、厨艺、园艺、信息技术、认识自己、人际关系等）是让人非常开心的事，但学习过程又不总是令人舒服的，那么我认为有必要再提一下学习的几个阶段。下面就简单说明学习的四个阶段。

学习的阶段（基于神经语言程序学）

根据神经语言程序学的理论，学习包含四个阶段：

阶段1. 不知道自己不知道：在这个阶段，我们自认为掌握了一个事物，但实际上我们对其并不了解。例如，一个孩子骑上爸爸的摩托，嘴里发出“嗡嗡”声，便会真的认为自己就是驾驶员；少年在心里默唱英语歌，认为这样就是掌握了英语。

阶段2. 知道自己不知道：在这个阶段，真正开始学习之前，我们发现了自己的程度远远不够。例如，孩子长成青少年后，他们发现自己必须真正地学习骑摩托，并明白了发出“嗡嗡”声跟会骑摩托的差别有多大；开始上英语课之后，他会发现用另一门语言造句并组织话语需要下一番功夫。

阶段3. 知道自己知道：在这个阶段，我们已经知道了使用技巧的要点，但不管是哪种技巧或能力，我们仍然需要全神贯注地思考和投入才能实践出来。例如，年轻的摩托手需要经过思考才能从一档加速到二档，才能打左转向灯表示要走这个方向或解读每个交通信号牌；少年需要先把要说的英语句子想好，并在心里检查每个词是否用得对，才能表达出来。

阶段4. 不知道自己知道（即完成阶段）：我们不再需要每一步都经过考虑才去做。例如，摩托手可以很自如地穿梭在车流中，一边唱着最新的流行歌曲，一边在脑子里计划一天的行程；少年变成了大学生，在学校的论文答辩委员会面前成功地用英语为自己的社会政治学论文进行了答辩！

在认识自我和认识关系的学习阶段，除非灵光乍现般地顿悟了——我希望我们都可以如此幸运，否则我们避不开这些阶段。不管您选择哪条学习之路（无论是大家一起学还是自学，最常见的规划就是学习个人发展和人际关系发展、心理治疗和精神研究），我们都会不断循环地经历这些阶段。每一个循环结束时，我们肯定能品味到快乐的果实：自己在无意识间变得更自在了（换句话说，拥有了更多技能）。如果我们不把自己封闭在“认为自己什么都知道的自负”中，并对学习新鲜事物和不同的东西持开放态度，生活就会给我们提供一个又一个探索的机会，让我们从不具备能力逐渐发展到可以驾驭一生。

这种不断循环的变化，会带来长期的效果，让我们内心深处越来越安适，但同时，改变的过程是极不舒服的：我们会一直在路上，仿佛朝圣者一般。我很欢喜朝圣者的形象，他们带着许多传统文化元素：系着腰带，手持拐杖，试图不断追问。试问在教育系统、政治体制、宗教、文化和习俗已经固定成形且自认为拥有问题的答案的当下，我们作为个体，是否还能保持清醒、警觉？是否还有余地勇敢地进行个人探索和改变呢？

重新回到感受和情绪的学习。不管舒服还是不舒服，有一件事是确定的：要驾驭它们，必须得经历一些不舒服。这样才能进入不被情绪控制的存在状态，即内心的平和——既不否定情绪也不压抑情绪，而是接受、消化和疏导情绪。

在接下来的篇章中，我会探究生活中令人不舒服的两种情绪，它们是最难被接受、被使用的，即愤怒和恐惧。当然，有许多感受，尤其是孤独、灰心、慌乱和无能为力，也值得我们去观察，但这些不是本书的主题。本书的目的是邀请我们去接受一些不舒服，以达到内心最大程度的安适。因此，我们不会面面俱到地盘点所有的不舒服。

倾听令人不舒服的感受，并使用它们实现自我转变——愤怒

> 不管是谁都能发火，这很容易。
> 难的是向对的人，把握分寸，
> 在合适的时刻，有恰当的理由并以正确的方式发怒。
>
> ——亚里士多德

我很少遇到有人可以自在地面对自己或他人的愤怒。回想

一下，当我们还是乖巧的男孩、女孩时，为了不打扰别人，为了避免被否定或失去爱，大部分时候我们要么会压制自己的怒火，要么会爆发出极具攻击性的愤怒，过后懊悔不已。这样的愤怒带来的主要益处是促进肾上腺素的排放，让人能稍微发泄一下，但是代价就是让人产生深深的负罪感——因为觉得自己做了坏事，还做得过头了，而且之后要修复破碎的关系将非常困难。

善意的愤怒……

被抑制的愤怒会破坏夫妻、家庭、公司和工作团队之间的和平甚至活力，而且会使整个关系恶化。相反，如果表达出愤怒，当然，是恰如其分地说出来，也就是以负责、肯定而不是攻击性的方式有意识地表达出来，我经常看到，关系会因此重新充满了和平与活力，甚至会比以前更加紧密。

我们可以学着去面对清晰、坚定又有着良好动机的愤怒，并原封不动地将它们表达出来。然而，这就要求我们进行自我探索：竭力去了解发生在自己身上的真相，而不是粗暴地指责对方。

有一对找我咨询的夫妻，他们的情况恰好阐明了这个概念。是女士先爆发的。

“需要他的时候他从来都不在，他只关注事业，不管我和孩子！”

“您很生气（S），因为为了孩子和您自己，您需要别人的帮助和合作（B），是这样吗？”

“是的，我受够了在家做任何事情都是我自己一个人，当初我可没有选择嫁给一个影子。”

“因为您爱您的伴侣，所以您感觉孤单和忧伤（S），您希望跟他相处的时间更多些，希望一起做一些事情（B），不是吗？”

“的确如此！我那么喜欢和他一起做事，哪怕只是一起去超市购物！两个人一起，生活会更加有意思，但是我想他可能不明白这些。”

（我转向她丈夫）“先生，您的妻子特别喜欢有您陪伴在她身边，喜欢跟您在一起，哪怕是做一些简单的事情，比如去超市购物，所以她感觉到孤单、忧伤。听到这些，您有什么感觉呢？”

“我很感动。确实是这样。当她跟我说‘你从来都不在，你只关心你的工作’时，我很难将其理解成她想对我说‘我爱你，我想跟你在一起’，因此我也很气愤，因为我拼命工作，为她和孩子做了那么多，但是并没有得到认可。而当我回答她‘你以为我为了你们累死累活地工作我很开心啊’时，实际上我想说自己需要在物质上获得安全感，但我表达得很糟糕。我希望能对她说：‘我需要通过工作获得物质上的安全感，同时，我很感激你，因为在我们的关系中，你给予了我情感上的安全感。所以，我会花时间和你在一起。’”

评论

① 先生明确地表达出了他的双重需求——他实践了逃出陷阱的第四步：找出最迫切的需求，并把这两个需求放在同等重要的位置上，而不是非此即彼。

② 他之所以敞开心扉表达自己的需求，是因为女士以肯定又不带攻击性的方式表达了她自己的需求（对话是在协商过程中进行的，所以女士接受了一点儿帮助才得以如此表达）。其实只要女士表现出攻击性，先生就会缄默了。当女士把自己的想法说清楚时，同样，先生也会进一步讲明自己的想法。

③ 是女士的愤怒让他们的关系重拾了活力，也就是说让他们的生活重新运转了起来，否则生活很可能会陷入瘫痪状态，而且不会有任何转机。

④ 对于女士来说，承认自己需要帮助和陪伴，并不一定舒服。她需要清除第一剂疫苗和第二剂加强疫苗留在她心里的毒素：我们不是来玩乐的，而且我必须做一个有责任感的完美妻子。

⑤ 对于先生来说，他长期依赖那两剂疫苗，即：我的生活很艰难，原本就是这样；我必须做一个负责任的模范父亲。原本他还可勉强度日，但现在必须离开这个舒适圈。他必须一点点抛开物质上的不安全感所带来的恐惧和做的习惯，以便更加充满信心地活在这世上。

⑥ 对于这两个人来说，要实现共同成长，就需要每个人都改变自己的存在方式，并接受由此带来的不舒服。

下面我们来解读两个版本的愤怒，包括经典版和非暴力刻意版。

◎ 经典版（非言语性的表达：表情具有攻击性、语气强硬、身体姿势带着蔑视）：“当你生气的时候我很紧张，你承受不了别人的反对，你被宠坏了。我受够了你的孩子气！”

◎ 非暴力刻意版（非言语性的表达：语气响亮又肯定、直视对方、必要时需要提高嗓门）：“当我们没有达成一致，你一言不发地离开房间摔门而去（O），我感到很生气、伤心又孤单（S），因为我非常珍视我们的关系，即使我们的观点不一致，我也希望知道你的看法（B）。我还希望我们双方在关系中能有足够的安全感，这样，我们在意见一致和不一致时，关系都有交集（B）。我们能重新谈一谈吗？现在还是一会儿之后（D）？”

要按照第二个建议那样表达自己的愤怒，就必须好好练习，也就是说慢慢观察而不评断（O）、分清各种感受（S）和愤怒背后的需求（B），并提出清晰的请求（D）。这需要我们回到意识层面，负起自己的责任，这很少会令人舒服。它需要我们从“你让我生气，因为你……”的表述转变成“我生气，因为我……”。指责他人比承担自己应负的责任，从短期来看，更容易一些。

当我们需要表达但词穷了的时候，或者因为不被理解而疲惫不堪时，我们所有人都有采取行动的潜在能力。

练习表达愤怒

我在《醒醒吧，老好人！》里讲过如何倾听愤怒和辨别我们未满足的需求，在此就不再重复了。这里我的建议是：我们得注意三个向度，才能更细致地去练习表达愤怒。

> 我们所经历的那些不舒服的感觉（愤怒、害怕、忧伤、孤单等）告诉我们，对某些事情我们需要更明确地提出“请求”，我们需要“改变”自己或学会“放手”。

◎什么事情需要我们更明确地提出请求？我们的许多愤怒都源于我们自认为事情已经很清晰了，但别人无论如何都不理解或不按着做。然而，我们很少去确认别人是否准确地理解了我们的想法或准备好了按照我们的想法去做。我们总认为：我们做出请求后，他人肯定能准确地领会我们的意图并会满足我们的期待。同样地，我们经常在无意识当中盼望着他人能满足我们没说出来的期待，因为我们自认为这些期待是显而易见的。因此，有多少误会产生于这种令人叹息的组合：一方表达得不清晰，另一方听得不明白。产生这种结果，经常是因为我们没有注意到他人与自己是不同的。所以，恰当的做法就是确认对方是不是明白了，以及他是否同意我们的请求。记住：他人就是他人。这句话不是毫无意义的词语重复，而是劝大家要保持开放的态度并善待他人。他人想的跟我们想的肯定不一样，必然不会按我们希望的节奏来生活，可能也不会在同一时刻跟我们有一样的优先次序……这一切会导致一些摩擦，但是也给我们传递了一些信息。我们的愤怒会让我们学习更肯定、更明确、更自信地表达自己。我们的愤怒会带我们回到自己的内心，去审视自己为什么很难接纳真实的他人——而非自己想象中的他人，抑或帮助我们接纳真实的自己——而不是我们梦想中的自己。倾听愤怒，我们最终可以更好地认识自己。在马丁娜的例子里（当她丈夫穿着靴子进屋的时候，她感觉很生气），负责任地倾听自己的愤怒让她接受了自己。她并没有请求她丈夫去做什么，而是改变了自己：找到真正的自己。

他人就是他人。

◎ 我们的做事方式和存在方式有哪些地方需要改变？

重述一下，我们的许多愤怒都代表着我们一直维持的行为习惯不再奏效了，已经不恰当了，甚至很不合时宜了。还是举马丁娜的例子，她希望大家认可她是一个称职的家庭主妇，她在面对母亲、家庭生活时，这种期待是非常必要的；但面对丈夫和真实的自己时，就没那么好了。通过倾听自己的内心，她意识到真正刺激她、使她愤怒的并不是她丈夫穿着靴子进屋，而是因为她害怕他人的眼光，尤其是她母亲的看法，所以她自己不敢安心地生活。正是因为她接受了倾听愤怒所带来的不舒服，而不是继续抱怨她丈夫，她才愿意承认：如果希望更幸福，她就必须改变自己的存在方式，所以她才能切实地从根本上提高生活质量。她当然也可以决定不这么做，但意识的觉醒让她可以更加自由地选择真正对自己好的方式。

◎我们有什么需要放手的？我们应该放弃什么？总之，许多愤怒都是因为我们希望抓牢我们已经拥有的、了解的、经历的一切，或者我们想拥有或想经历的一切。我们很难放手、开始新的一页，很难放弃、做选择，并接受自己的选择带来的后果。因此，对于马丁娜来说，比起精疲力竭地扮演自己心目中的角色，让她放弃做一个乖巧的好女孩更难；比起改变带来的好处，保持原来的态度带来的附属好处要多得多。在皮埃尔和他儿子格雷戈里的案例中，父亲皮埃尔的愤怒一部分源于他很难放弃自己的计划，即停止让儿子继续自己的事业。对索朗热来说，她成功地意识到了在愤怒和筋疲力尽的背后，她必须不再去控制他人，并放弃自认为“不可或缺”的想法。负责任地倾听自己的愤怒之后，她从一开始抱怨丈夫和孩子到后来开始积极行动，她摆脱了痛苦的现状，改变了自己的生活和家庭生活。

倾听愤怒，逃脱陷阱

当我们学到合理利用愤怒的时候，您就会看到愤怒是多么有益的事情。实际上，它象征着我们热血沸腾、生命力旺盛，它要求我们能听到这种生命力，并恰到好处地对其加以运用。

就我个人来说，正是愤怒让我振作并让我继续前行。在我从事律师这个职业的时候，经历过一个极其烦躁的时期，很多次当我疲惫不堪地从办公室回家时，都感觉怒气冲冲，生气自己选择了这种生活，生气自己没有能力去改变，而长时间以来，我极力通过各种娱乐活动去抑制、压制或者避开自己的怒气。记得一天晚上我把公文包扔到床上，声嘶力竭地叫喊：“必须改变！我要烦死了！”并且像唱歌剧一样，展开双臂。这个动作及喊叫的力量令我震惊：我是那么和善的一个人，竟会这样嘶吼？！愤怒的力量让我从萎靡不振中振作起来。那天晚上，我终于不再抵抗这种愤怒，它给我提供了彻底觉醒的机会：我想改变我的生活。我当时还不知道朝哪个方向改变，也不知道如何改变，但是我的选择和需求已经变得明晰。

因为我倾听了自己的愤怒并任其用力地摇醒我，我才完全意识到陷阱的存在并开始计划逃离。马丁娜倾听了自己的愤怒，才计划逃离要做和善的好女孩这个陷阱。对皮埃尔和格雷戈里来说，这种倾听让他们结束了无休止的争吵。至于索朗热，她则开启了个人和家庭的改变之旅。

> 如果面向对的人，我们能更早地以负责任、真实而又充满善意的方式表达出我们的愤怒，我们就会经历更多的平和与幸福。

世界一方面充满了未被表达出来的愤怒，它阻塞、妨碍了生活中必要的转变，另一方面又充满了爆炸性的愤怒，它摧毁、践踏了生活。您愿意跟我走进这个看上去有些矛盾的情绪吗？我由衷地相信，如果我们彼此间能更清晰、更经常、更沉着地表达愤怒，并刻意地以非暴力的方式进行表述，而不是将愤怒压抑在高压锅里直到爆炸或时刻准备爆炸，那么我们会生活得更加和平，而且不管各自的生活怎样，我们对生命都会有更多的尊重。

注意，相较于压住愤怒、推迟表达，我们若能及时地表达（换句话说，若及时倒空我们情绪的瓶子，瓶子就不会被累积的情绪装得满满的——一点点情绪的波动都能引起大爆发），就能够表达得更清晰、更沉着，语气听起来会更坚定，而且肯定会更亲切。就像亚里士多德在讽刺诗中的建议：向对的人，把握分寸，在合适的时刻，有恰当的理由并以正确的方式发怒。

无论愤怒出现在哪种关系中（夫妻、家庭、工作、社会），遵循所有的要点来表达愤怒、表达不同的意见，这显然不总是让人舒适的事情。虽然我们要为此付出代价，但只有这样关系才能持久、有活力并滋养我们。

透过愤怒，接受力量和活力

> 我来到世界不是带来和平，而是带来刀剑。
>
> ——《圣经·马太福音》第10章第34节

这句令人惊讶的宣言竟出自非暴力的先驱耶稣之口！我用了很长时间才明白这句话的含义。我想耶稣真正想说的是："不要满足于奉承、守旧、令人厌烦的所谓的和谐。这种和谐只是麻醉剂，让我们沉溺于被习惯僵化了的、表面化的关系。它是糖衣炮弹，是彻底放弃！远离这种伪和谐；说出愤怒吧！改变吧！振作起来吧！表现出您的创意吧！识破它的伎俩！揉碎它吧！放手吧！"我确实认为耶稣在邀请我们更有力量、更有活力、更对自己负责地去生活。

有时候会发生这样的事情：充满活力、用力生活的人被那些不这样生活的人认为太暴力或具有侵略性。我认为这里又涉及前文提到的对强度或暴力的害怕，此外还涉及普遍的概念混淆：人们把有力的表达和暴力、坚定的语气和攻击性混为一谈。

> 有力的表达并不是暴力。

有多少人认为生气或坚持自己跟别人不一致的意见，就必定是暴力的行为！当我在工作坊解释说正是多亏了非暴力沟通，我才能学习和愤怒共处时，某些参与者反应道："什么？！你教非暴力，但你仍然会生气？"如果有什么会让我身处其中还坚持尊重别人，我要说那就是愤怒了（我时刻留心着不能让愤怒擦枪走火、变成攻击行为，因而会更留意让自己尊重别人）。然而，尊重他人并不妨碍表达自己的愤怒和不一致的意见，若有必要，这样的表达可以很有力。当然，要接受这种强烈的表达让人很不舒服。把它看作暴力从而否定、贬低它会更容易一些，难的是接受由它而来的质问并进行自我检讨。

这说明：善意的、能带来改变的、有建设性的和负责任的愤怒不被大家所熟知，而它却和坚定地说"不"的能力共同构成了非暴力力量的关键。

> 敢于及时地表达出自己的愤怒和不一致的意见是非暴力的关键之一。

如果没有几千个“好人”（他们接受的教育和惩罚—奖励制度让他们陷入“如果……我就爱你”的陷阱中，形成了条件反射）不约而同地寻找认同感和归属感，丧失良知以求奖励，那么您认为纳粹主义还能实施众所周知的可耻暴行吗？

如果能更早地、刻意地、更有建设性地用促成改变的方式表达出个人或集体的愤怒，而不是隐忍着，像随时准备着爆炸或延时爆炸的炸弹一样，还会有惨烈的爆发场面吗？战争和杀戮，以及在学校或其他地方发生的流血事件还有可能发生吗？这种愤怒表达的难道不是主体对认同、公平、思想，或对行为的自由、共同分享、意义、神圣事物的尊重和爱的迫切需求吗？

我脑海中经常想起乔治·贝纳诺斯（Georges Bernanos）的一段话，这段话几乎可以算是预言了：“长久以来，我一直认为，如果有一天，人类的破坏方法越来越厉害，最终导致整个人类的灭绝，那么残暴不会是导致灭绝的原因，残暴激发的愤怒更不是，甚至连残暴引起的报复行为也不是……真正的原因是顺从、现代人缺失的责任感，以及对最小的政府法令奴隶般卑躬屈膝的接受。那些令人憎恶的暴行——我们过去参与过、现在也在参与——的成因，并不是因为世界范围内有越来越多的叛乱者和反抗者，而是因为有越来越多的顺从者和服从者。”

我们避不开愤怒，若寄希望于一生中都不会感到愤怒也不会赶上他人的愤怒，在我看来只是空想。因此为了个人的和平也为了世界的和平，我坚持认为从幼儿园开始，就得学习好好处理愤怒，学习说出自己不一样的看法，接受他人与自己意见不一致，这非常重要；此外我也坚持认为我们得学习如何表达和倾听我们自己和他人的所有感受。

此外，我也致力于推广这个学习课程，希望得到公众领域的重视，让它与教导说、读、写一样，成为基本的需要。希望有一天大家会在学校里看到这套课程并习以为常，从而我们每个人的思维模式都被改变，继而集体意识也被改变了。到那时我们还会想，我们怎么没有更早地把学习表达愤怒列入全民教育基本课程呢！

倾听恐惧带来的不舒服并使用它们实现自我转变

在生活中，我们也避不开恐惧。它介入我们的个人经历（我们的文化），也介入人性（即人的天性），是生活的组成部分，并不是偶尔出现的。很多人会在您面前硬说他们什么都不怕。让他们说去吧，只要您不被影响、进而去压抑自己的愤怒就好。我们每个人都会害怕那么多东西，最好承认恐惧的存在，从而更好地面对它并与它携手前进，而不是毫无知觉地被它控制。

我在《醒醒吧，老好人！》里列出了不同种类的恐惧，此外还兴致勃勃地读过居伊·科尔诺的著作《他人的受害者，自己的刽子手》里关于恐惧的那些章节。我在此列出三种不同类型的恐惧之间的区别，在居伊·科尔诺的书中，他邀请我们通过倾听超越我们基本需求的生命冲动来战胜这些恐惧：状况恐惧（la peur circonstancielle）、基本恐惧（la peur essentielle）、存在恐惧（la peur existentielle）。

长期以来，我只区分了两种恐惧：状况恐惧（跟我们所受的教育、生活与文化的关系、风险、危险、时间等因素有关）和存在恐惧（无论我们所受的教育和社会文化背景怎样，这个恐惧都只与人类固有的存在状态有关）。但是，为了更细致地了解，我很乐意采纳他的分类；当然，我是用自己的方式去评论的。这些都只是为了让您更好地理解以上分类，所以不是死的概念。这种分类对我很有用，它启发了我，也启发了很多其他人（至少这是我观察到的）；但就像其他任何一种分类一样，它有局限性，况且我自己也很难准确地给某些恐惧分类。如果这个分类能让您更加了解自己，那是最好；不然，就当它不存在也完全没关系！

◎ 状况恐惧（我称之为反应恐惧）是对一个明确的状况的反应：害怕轰隆隆的雷声或者汪汪叫的狗，害怕老了会失明或者在山里迷路。

◎ 基本恐惧同样是反应性的，在我看来，它的不同之处在于引起这种反应的状况并不一定是明确的。它说明我们某一层次的需求未得到满足，而这些需求跟我们个人的社会经验和教育经历息息相关，而且通常由童年时期未被满足的需求构成：害怕被抛弃、被否定、被控制或受压制，害怕不被爱或太受宠，害怕孤单或人群，害怕缺少什么东西，害怕物质上或情感上的不稳定，害怕自己没有位置或过于重要，害怕不被认可或不被理解……由此我们可以看到我们本身的复杂性或所受的个人创伤；从心理层面理解这些基本恐惧，能帮助我们整合它们、克服它们、超越它们或更好地与它们生活在一起。

◎ 存在恐惧显示了另一层次的需求，与我们所受的教育、我们的本性、我们的个人文化经历相比，这种恐惧更多地与人固有的本性相关（尽管上述因素经常缠绕在一起，很难分清楚）。在这个层次上，“生命的冲动”这个概念比“需求”这个词在我看来能更好地阐释我们存在的固有本质。这里的冲动，指的是我们内心深处真正的渴求，超越我们外在的存在。我们有意无意地用一生去关注第一个层次的需求，而忽略了位于另一个层次上的深层冲动。我一直处于这样的状态，直到35岁左右。外面看起来，我拥有“生存所必需的一切”，可真正的我正在枯萎甚至死去，带着“老好人”的样子慢慢死去。只要真正的我们——内心深处的存在渐渐死去，那么我们的社会、职业、家庭角色必然无法发挥得出色，因为我们受到了束缚、变得沉重，内心深处的自我放弃压在我们心头，让我们心痛并处于被分裂的状态中。（仔细想想：当您读书或看电影的时候，放弃或分离的场景会让您格外动容吧？如果是这样的话，难道不是因为这些场景直接触及了您一天天进行的这种自我放弃吗？）

我建议您将这个层次称作“生命的冲动”，跟哲学家贝格松（Bergson）派系里的居伊·科尔诺所命名的一样，或者称作“深层需求”或“存在需求”。在我看来，找到生命的意义，在我们身处的宇宙中找到归属感并为之做出贡献；找到并发挥我们自己的创造渴望，无论这渴望长什么样；无论环境几何，都生气勃勃地全然投入；敢于成为独一无二的人而无须担心成为众矢之的，这些都是深层需求（或冲动）。

为了尝试更好地理解这个层次上的冲动或深层需求，我们可以试着为这些恐惧命名，它们在陪伴治疗中经常突然出现，但在日常生活中，甚至在治疗中却极少被命名，下面我与您分享一下我采用的研究方法和工作方式。这些方法也被我越来越多的同事采纳。

假设：人类在追寻圆满

对“圆满”[1]的追寻或追忆，一开始只是我在陪谈工作中的

---

1 法文版中，“Plénitude”（圆满）一词采用了首字母大写的形式，根据上下文语境，特指哲学、宗教中的一种圆满状态，以及人类的终极追求。——译审注

一个假设，即我工作的基础论点，因为它符合我内心的憧憬和我所追寻的生命意义，然后我采用它当作我研究的轴心，原因很简单，因为它行得通。我的意思是，对于一些人来说，走出伤痛、从过去中释放、重新找回创造性、发现生命的意义和冲动非常困难，而这个假设理论能让这些人的生命产生重大的翻转。我自己就亲身经历过，而仅仅停留在对我们所遇到的困难进行仔细的分析，从技术层面理解该如何解决这些困难，我们就不会深入、持久地改变。只有更深地进入在我们内心推动我们不断向前的爱——生命本源的爱，我们才能进行深入又持久的自我改变。

因此，我担心如果心理学仅止步于该学科内部，注定要原地打转！对内心的理解，只有在追寻生命意义和爱的前提下，让生命的冲动激励甚至激荡自己，心理学才能真正帮助我们实现内心深刻的改变。

> 只有更深地进入在我们内心推动我们不断向前的爱——生命本源的爱，我们才能进行深入又持久的自我改变。

这就解释了为什么这些年来一些艺术治疗工作坊会取得成功并且卓有成效。这类工作坊把心理治疗、发挥人的创造性、处理人与自己及与他人或自然的关系结合在一起。比如，有舞蹈、戏剧、即兴诗、绘画艺术治疗工作坊，还有通过唱歌、骑马、待在大自然中进行治疗的工作坊，以及许多其他类型的工作坊。我自己或跟其他培训师一起带领这种类型的培训已经很多年了，每次都会赞叹不已：这些活动能够激起我们生命的冲动，撼动我们对自己原有的认知，加速我们对自己心理的了解，并让这种了解变得尤为丰富，以至于让我们对生命和内在生命的爱都有了最大程度的开放和理解。只要您愿意，这种理解还可以扩展到对心灵、存在及对人更全面的认识上。

在这类工作坊进行期间，参加者会感受到不再那么受困于未得到满足的需求（被认可、归属感、身份、找到自己位置、获得理解和爱等需求），会更沉浸于生命的冲动、活着的美好，以及他们自己真正喜爱做的事情中。

您会问我：这和存在恐惧有什么关系？确切地说，在这类工作坊中，我们会直面这些存在恐惧，并与之交锋。仅仅在两天的培训后，一个人在没受到丝毫强迫的情况下，便乐意站在其他大约15个参与者面前唱歌、即兴写诗、跳舞，与大家一起编舞或合唱，整整一小时一动不动地躺在马背上或大晚上去森林，所有这些活动都能让我们面对压抑的感受，推开一道道闸门，让生命之水涌入并滋润内心。生命之水一直都是我们存在的一部分，只不过，被拦在了堤坝后面。

就这样，我们真正经历过了，而不只是在理智上知道。我们以前或许很害怕一个人上台唱歌，但现在，我们可以这样做，甚至丝毫都没去注意自己是否会害怕，正是因为我们比自己想象的更有能力实现自我改变，我们对该团体比我们自己想象的更有归属感，我们可以相信团队不会评断而总是善意地支持着我们；也因为与害怕改变相比，敢于面对自己会体验到更多的快乐。我们发现真正的生命，即我们真正想要的，我们整个内心都为之颤抖的，我们的生命冲动，超越了我们的习惯和信念，带我们进入无限量的潜能里面。

如果我们本来对马丝毫不感兴趣，甚至会怕它，但现在却能在森林边的广袤草原上单独与马待一小时，跟它心灵相通，那就说明我们战胜了恐惧、消除了对马的成见，这时我们会发现我们的确有彼此共融、找到圆满的能力，并顺理成章地互相尊重。我们甚至有能力去改变与那些我们不感兴趣的、让我们害怕的人的相处方式了。

我回到上面提到的初始假设，现在它已经变成了我研究的核心轴线，帮助我了解自己、理解他人，并在他人愿意尝试更了解自己时陪伴他们。这个假设是这样的：作为人，我们丢失了（而且在追寻）与“万有”“圆满”或“永恒的爱”（l'Amour infini）深入而持久的共融；“万有”“圆满”或“永恒的爱”的指向是一样的，只不过不同时代的诗人、画家、哲学家、神秘主义者、智者、每个宗教的信众所用的称呼不一样而已。

不管我们是不是信徒，在出生之前，我们都在母亲肚子里待过，那是我们每个人都有的相同经历：母腹中，我们都曾归属于“万有”“圆满”或“永恒的爱”。这个生命经历给我们带来的是融合、相通、无条件的支持、合而为一的感受、意义和安全感，以及仿佛在摇篮里一般的柔情与温暖，没有我、你、我们的区分，也没有空间和时间的限制。

按照我们的直觉、冲动或信心，我们（即我们的存在）在进入妈妈肚子之前（还处于灵魂状态），与宇宙或神（随您怎么称呼[1]）共融时，就知道“万有—圆满—永恒的爱”了。这种状态同样为我们带来融合、相通、无条件的支持、合而为一的感受、意义和安全感，让我们处于生命整全的、畅通无阻的温情中，不受制于肉体的有限性。

在母腹时，通过分娩，我们从一种状态到了另一种状态。还是灵魂时，灵魂进入人类胎儿中然后经过分娩，就经历了两种状态的转变。在这两种情况下（而且第二种情况可能更突出，因为在这个假设里，会产生连续两次的状态转变），意识极有可能脱离“相通—融合——体”状态而进入“分离—分裂—孤独”中。

我想恐惧会随之出现，我体验过这些恐惧，很多我遇到过

1　为了尊重每个人对生命渴望的不同，我极其谨慎地避免使用“上帝”这个词。已经有太多借上帝之名的战争、分裂、抛弃了啊！如果人类今天还以上帝的名义重则自相残杀、轻则缺乏对彼此的尊重和爱，那么在我看来，要以“永恒的爱”之名实现幸福就更不可能了！无论是通过卖淫来寻找生命意义或用毒品来追寻“绝对”的孩子，还是犹太金融家、遵从不可知论的法律教授、信基督教的商人、思想自由的工程师、20岁时戴上面纱的年轻漂亮的修女、开车时祈祷的夜班出租车司机，抑或直接跟上帝对话的骑骆驼的柏柏尔人，在我遇到的大部分人中，我在他们身上都看到了对于“无穷”和“绝对”的渴求，尽管表现方式不尽相同，称呼也多种多样。人类的称呼本质上是有限的、相对的，所以我坚持把它们统称为“冲动”，而不是用某个有限的、相对的词去描述它们。也正因如此，我尽可能地以最广阔、最开放的方式参考并使用“一切”“永恒的爱”“圆满”“上帝”这些说法。

的人也体验过。若您对这些恐惧毫无兴趣，或您一点儿也不同意我这个观点，读到这些您甚至会感觉很恼火或很怀疑，我都非常理解。我不认为我说的是真理，只是希望告诉您我的研究结果，因为我觉得这些结果非常有趣且极富说服力。

下面就是我从自己、从他人的经历中反复观察后总结出的一些恐惧：害怕孤独、害怕分离（与“圆满”或“万有”分离），害怕被抛弃（不再被“万有”支持，不能融入“圆满”），害怕个体化（我们的内心惴惴不安：“如果我个体化了，我还会跟‘万有’有关系吗？这‘万有’持有我和其他任何生命体之间的‘亲缘关系’啊！”），害怕淹没、消融在宇宙中（我们的存在思忖着：“等我进入时空的限制后，我还能持守一体、集中、热切、在场吗？”），并且害怕失去灵魂的圆满（我们内心深处焦躁不安：“如果我进入具体的、物质的、可见的世界，那里一切看来都是分离、分隔、分裂的，我还会保留存在的强度，即融入“万有”、归属于宇宙、随着一切生命体的脉搏跳动吗？”）

正是因为我经历过这些恐惧，而且我又有机会重温这些恐惧，所以我对它们才更加熟悉。正是因为我更加熟悉了它们，因此我对它们没那么恐惧了，所以我现在在别人遇到这些恐惧的时候，才可以耐心地倾听他们。以前，我惊慌失措、拔腿逃跑，不知道拿这样的存在焦虑怎么办！现在，我认识到一旦驯服了这些存在焦虑，我们的意识和对存在的信心便都能到达另一个阶段。

一旦意识到恐惧是生活的一个组成部分而不是偶然之事，我们就能把用在试图消除恐惧的精力，更有效地加以利用，让自己不再因为害怕而害怕。怎么做呢？嗯，我们经常对不知道的事情产生恐惧。因此，如果我们去熟悉这些恐惧，我们从此就不会那么害怕它们了！这不是开玩笑，而是实践的结果。恐惧引起我们的注意，让我们小心行事，而不是让我们失去行动力、意志消沉。恐惧是我们的看门狗，是我们的哨兵。如果我们害怕自己的看门狗或哨兵，那么我们就不再是自己家的主人，失去了我们的领地，也就不再拥有内心世界，于是，恐惧占领了我们的地盘并盘踞在此。

那么怎么熟悉恐惧呢？把处于警戒状态的哨兵叫过来："来，坐下，告诉我，我各种恐惧的哨兵，你要跟我说什么，要告诉我关于我自己、关于生活的什么事，我洗耳恭听。"当然，这样迎接恐惧让人害怕，而且特别令人不舒服。我们那么喜欢安全、安心。我们经常否认我们的恐惧或忽略它们，这会引起什么后果呢？哨兵不再声嘶力竭地叫喊以引起我们注意，待在我们家里的不再是一个活生生的存在，它不再从房间里出来跟我们说话，说完后自觉地退下。只要我们不面对他，他就会像鬼魂一样，在不知不觉中纠缠我们、占领我们，让我们无法安心。因此，我们不再与它同住，而是还未意识到，就被它占领了。我在这里说到的关于恐惧的一切，适用于任何其他让我们不舒服的感受，如果不把它们当成自己的家庭成员，尽力与之和谐共处，我们就很有可能被它们占领。

居伊·科尔诺用盾牌或网做了形象的比喻：恐惧形成了一个盾牌或封闭的保护网。这个比喻跟我描写信念时使用的笼子的比喻相契合。笼子同样也可以用来描述恐惧：笼子既可保护又可囚禁。

然而，恐惧促使我们超越对物质的依赖、对安全感和保护的需求（即我们第一层次的需求），重新找回我们的生命冲动和对生活的信心；让我们抛开现实条件，重拾找到属于宇宙并从中找到自己位置的快乐（即我们的深层需求）。

通过补偿来自我安慰还是成长？

珍妮慌慌张张地来问诊，泪眼婆娑。她刚刚得知自己怀孕了，而她之前一点儿都没有预料到，也根本没打算要孩子。下面我简要地把问诊的经过总结一下。

“我今年30岁，但感觉自己还是个孩子。因此，我怎么可能欢迎这个孩子呢？况且，我自己一个人生活！当然，我有男朋友，但是我们没打算长久地在一起。我的家人离我很远，很多年以前我就已经移居国外了。我怎么办呢？我从事时尚行业，自己经营生意，养活自己都很困难。好惨啊！（她痛哭、暴怒、愤愤不平、自怜、惊慌失措。我首先听她倾诉了一番，其间，她既表露了惊慌，同时也缓解了惊慌。然后，她稍事冷静下来。）

“您说您很害怕迎接这个孩子的到来，因为您觉得自己还是个孩子？”

“是的，我还是个孩子。我犹豫不决、冒冒失失，我不能被牵连进去，我太害怕了！我把生活当成游戏，并没有参与其中。例如，我崇尚绿色饮食，可是某天晚上跟朋友一起玩时我竟然喝了半瓶威士忌！我很不认真，然而生孩子毕竟是一件严肃的事情。”

“当您这么描述自己的时候，您有什么感觉？”

“我感到对自己不满意！30年一眨眼就过去了，我似乎一直在奔跑，非常累；我非常希望生活能稳定、平静一些，但是我好害怕实现不了……您懂的……（她吸了口气，停了一会儿）您知道吗，我父亲不爱我，他更喜欢我妹妹。我妹妹端庄、善良而且听话。而我更像个叛逆的、让人摸不着头脑的野孩子。父亲经常跟我说：‘你将来会一事无成的！’出于反抗心理，我好好学习并根据自己的爱好选择进入了时尚行业。但是现在，我意识到自己经常自我打击，会反复对自己讲‘有什么用呢？你永远成功不了’。职业方面，我只有一些从未实践过的小计划；感情方面，也是一团糟啊！”

“现在您害怕是因为您还不能确信自己有足够的能力来改变并按照自己的意愿进行转变吗？”

“是这样，我想改变自己的生活，但我对自己没信心，我不敢相信自己、指望自己。我也希望像您说的那样，可以相信自己有改变的能力。但是这就是场赌博！（珍妮停下来，待在那儿发愣、默不作声，眼睛盯着地毯。有两三次她用力地呼吸，然后，大概8分钟过后，我看到她盯着地毯高兴地笑了起来）不，等等！您知道我想表达什么或在我心里什么变得清晰了吗？我对自己说：‘珍妮，你什么时候会相信自己呢？你什么时候会踹自己屁股一脚把自己踢进真正的生活中，而不是只在生活的表面奔跑呢？你总是不相信自己，那好吧，你的这个孩子，他相信你！是他来踹你的屁股，跟你说不要着急，停止奔跑，对自己更温柔、更宽厚些，跟自己还有父亲重归于好，给自己位置，在生活中更好地安置自己……’”

评论

① 上文是对这个案例非常简洁的总结，并没有说到在处理珍妮跟她父亲的关系的过程中我们所做的一切，也没有提到告别。珍妮愤怒了、反抗了；然后放弃了该放弃的，放手了该放手的；最后终于接受了她的父亲。笼统地说，重新把他父亲（或母亲）放到合适的位置上，并满怀善意又坚决地归还属于他们的东西，这听上去很好，但是一项需要花费时间的工作。

② 珍妮通过描述她的生活方式，意识到带着补偿心理行事所导致的前后不一致：为了给自己成功、“表现良好”的幻觉，所以做很多事情；为了不冒失败的险，所以不投入；为了给自己展现一个好形象，所以严格遵循饮食制度；为了释放压

力和缓解紧张情绪，经常甚至过度地饮酒！当然了，在所有补偿行为中，珍妮无意识间寻找的正是内心深处的满足。然而，虽然这些补偿可以让她缓解压力、减轻痛苦、躲避她真正的追问，但也会让她处于循环不断的痛苦中。补偿和节食药的原理一样：不会让人完全吃饱，但能减轻饥饿的痛苦。我们可以这样度过一生：从一个补偿到另一个补偿，从一种节食药到另一种节食药，从来不曾在合适的地方获得营养，饥饿也不曾真正地得到缓解。这也告诉我们如果过上更滋润、更有品质的生活，我们就需要质疑补偿机制并丢掉它们。如果珍妮没有抓住机会同恐惧做斗争进而让自己成长，她可能很长时间内还会是个小孩儿，只会一直忙碌、停留在生活表面随波逐流而不深入其内，以此来补偿她的焦虑。

我们的补偿机制是一种节食药，永远不会让我们满足。

③ 面对恐惧、倾听恐惧和发现恐惧的症状（“我总是在忙碌，停留在生活表面随波逐流而不深入其内”），是不舒服的，可只有接受这样的不舒服，珍妮才有机会发现她生命历程中，情感—心理上出现问题的症结所在（“父亲不爱我，他说我将来会一事无成的”）。通过讨论这个内心独白，她才能把它看作编码，而不是事实。因此，她说“是我父亲跟我说的我不会成功”时，她把属于父亲的东西还给了他。她说出了曾经把自

己关闭在里面的“笼子”的名字。只有像这样发现了笼子的存在，她才能赋予自己离开笼子的自由。

把属于她父亲的东西还给他。

① 珍妮在没有稳定关系、稳定收入的情况下迎接这个孩子的到来，她很害怕，这是她表现出来的“状况恐惧”。但在这种恐惧背后则是她的基本恐惧，即不敢相信自己，也不认为自己能成功，无法信赖自己，更害怕进入跟孩子注定会持续的关系中。而这个基本恐惧背后，还有存在恐惧：害怕不用事情填满的生活，无法单单享受生命的圆满；害怕不做任何事，无法仅因自己固有的价值而享受存在的强度；害怕不赶去一个个聚会就无法体会在场的快乐；害怕不需要强制自己或自我克制就能经历内心的和谐；害怕沉醉于无需酒精麻痹就能享受到的生活的温暖中。

在这些意识的觉醒中，珍妮的心理活动是这样的：“说到底，若我的生命中没有童年这部分，我在世上有自己的位置吗？我可以认为我在这里并不是偶然，从而敢于占据这个位置并真正地扎根下来吗？我可以认为自己属于充满善意、有凝聚力、大家相互支持的世界吗？除了我所经历的混乱，我的生命在这个世界上还是有意义的吗？”因此，珍妮在接受了跟恐惧共处的不舒服之后发现，她之所以会这样恐惧，一方面是出于情感—心理因素，但除此之外，也确实出于存在恐惧，就是这样的恐惧让她止步不前，无法深入地投入生活，或好好地站在自己应有的位置上。这样，她自由了，因为她听从了自己的生命冲动，想通了："毫无疑问，我还清晰地记得父亲这么对待我，记得听到过这些话，但是这并不代表他不爱我。在我看来，他可能仅仅是拙于表达，仅仅是因为他害怕我太过与众不同，很担心我。而这也并不代表我得活在过去；现在，生命在我自己手里，我的渴求就是信赖、相信生命的意义，并相信它本身给我的支持——如果我愿意聆听、更多地体验内心的圆满，好让我的内心有更多的和平、温情、在场。"

负起自己的责任

一般来说，只有理解了心理—情感问题，并且超越之（例如，对于珍妮来说，就是理清她父亲、妹妹和她之间的家庭关系、被拒绝的感受、身份认定和归属感的问题、她的反抗和自我限制、如何安排生活和一个关键的问题："我曾经被爱过，对吗？"），认识到我们的恐惧都跟人的本性有关（例如，对于珍妮来说，她的恐惧就是不认为可以为自己而活，也感觉不到生活的善意），跟童年的经历、教育、家庭无关，我们才能抓住需要我们去面对的，我们才有可能真正获得自由和责任感。这样，我们的想法才会从"我的历史要为我的生活和现在的困难负责任”，转变为“今天，我要为如何看待我的过去负责任，也为我现在所做的事情负责任”。

于连，一位60来岁的商务人士，出身于富裕的中产阶级家庭。妻子的离开令他惊慌失措，所以他来问诊。他原本希望经历了长期的危机后，能跟妻子保持对话，但她的妻子却离开了，在他看来她不可能回来了。在我们的交流中，所有的恐惧都在于连身上依次显现。

> ◎ 状况恐惧：“我怕她出事，当然也怕她跟其他人在一起。”
>
> ◎ 基本恐惧：“我怕孤身一人，63岁的我一个人住在这个大房子里该怎么办呢？我害怕别人的目光，朋友们会怎么说呢？我所在的圈子非常传统……我也无法承受自己对自己的看法：怕自己做得不好，怕自己无能、没本事。我在工作上很成功，感情上却失败了……”
>
> ◎ 存在恐惧：“我习惯了通过行动、竞争、成绩来表现自己的价值，我害怕现在要学习通过其他方式来表达价值。我习惯了掌控、屈从、利诱，习惯了努力赚取一切才配得被爱，习惯了透过被接纳表现出我存在的价值，我害怕现在要学习坦诚地跟人交心。我（像珍妮一样）习惯了用许多紧急事件填满生活，害怕认真体会生活的圆满；习惯了跟许多人都保持着泛泛之交，害怕深入地品尝‘在场’

本身；习惯了做接踵而来的一件件事情，害怕真实地体会‘单单活着’。”

评论

① 于连看出自己就是个“老好人”。“老好人”总是很友善，而且未雨绸缪，以此来换取和平。但看起来，他太“好”了。他来的时候，需要的确实就是治疗！他得学习不管他人的看法，过自己的生活；换句话说，不是让别人对他的生活闭嘴，而是就算别人说话了，也不会影响他过自己的生活。基本恐惧让他知道了需要学习尊重自己、认可自己、爱自己，敢于做真实的自己，不被他人的评论或观点所左右。

② 于连心里的基本恐惧让他知道了他自己追求的生命价值是什么。在他的行事方式中，他已经感觉到了疲倦，但他没在意，于是就成了不断奔跑的仓鼠。发现妻子离开后，他惊呆了：“怎么会这样！”妻子的离去给他带来的打击迫使他停下来，聆听自己。这个打击让他停止了仓鼠式的奔跑，却陷入了另一种奔跑：像骑士帕尔齐法尔（Perceval）那样奔跑，以友善和责任为盔甲去作战，渴望获得认可、被爱，风度翩翩但内心千疮百孔，寻访圣杯却遍寻不得。[1]他最后决定尝试唯一一个

1 在现存的文献记载中，最早将“圣杯”这个象征基督的器皿奉为神秘之物的人是法国诗人克雷蒂安·德·特罗亚。他在12世纪后期尚未完成的故事诗《帕尔齐法尔，或圣杯的故事》（*Percevoll, ou Le Conte du Grail*）中，首次将寻找圣杯的使命赋予帕尔齐法尔。——编者注

所有传说都未言明的圣杯：永恒的爱——所有生命、存在的基础、圆满的表达；不管是在思考的时候还是心不在焉的时候，只要他确信永恒的爱就在那里，他就不会孤单、孤立、空虚，就会充满“神圣同在”的喜悦——不管传说或传统用什么来称呼它（“永恒的的爱”“完满”或“神圣同在”……）。

有一天于连跟我说：“初到您这儿时，我是‘老好人’，是我所受的良好教育的牺牲品，也意识到我内心反抗着我的父母、家庭、圈子、妻子……我意识到我的需求未得到满足；现在，我更多地照顾到自己的感受了。最重要的就是，我现在意识到我的生活由自己全权负责，跟我所受的教育和我的经历都无关。因此，我也得为我的恐惧负责。其实在我内心深处，比起别人的眼光，我更害怕的是全心热爱生活；比起活出别人眼中的自己，更害怕的是活出最真实的自己。这些恐惧与生俱来，别人的眼光——或对别人眼光的惧怕，只不过是让这些恐惧浮现出来而已。现在，我真的意识到应该自己为自己负责，为敢于过自己的生活负责。这个挑战可比过去我做过的项目刺激多了！”

③ 于连接受了不断克服恐惧所带来的不舒服后，着手对生活进行规整和清理，重新找回了创作和换种心态面对生活的乐趣。他并未停止做事，只是在更注重自己的存在的心态下去做。他现在切身感受到：如果他因为害怕而害怕，停下脚步，他就不会有今天这样的生活质量。于连找到了关键点——自己生命的冲动。而他必须经历的不舒服有很多：我见到他透不过

气来、大汗淋漓、失声痛哭、自我放弃、缩在角落里、无法放手及最终挺过来。我们的内在意识如同一座高峰，需要我们不断攀登，一路经历艰难险阻才能登顶。然后，您就豁然开朗，别样的生活景致会尽收眼底！

从我个人的角度，生活一点点地让我跟恐惧熟悉起来，尤其在我决定改变职业的时候。我在美国一家跨国公司担任律师顾问长达十年之久，报酬丰厚，后来我决定辞职，投身到非暴力沟通领域做治疗师和培训师。这个改变引出了我心里的许多恐惧。

◎ 状况恐惧：与钱有关。我知道转换职业跑道后，只能依靠不稳定的工资生活，也不会有失业保障。跟所有人一样，我很害怕没有足够的收入来支付房租、电费、暖气费、保险金、医疗费、日常饮食、交通费、养老金等各项费用，我都列举不完。

◎ 基本恐惧：首先，他人的看法："什么？！你放弃体面又舒服的职业，就是为了去干那不确定、不稳定的工作！想想你的家庭，想想未来：非暴力，非常美好，但是你还是不要太天真！这不理智……"我也害怕被否决、失去爱并成为笑料。我心里思量："如果我坚持，会突然发生什么事情呢？名誉扫地、孤独来袭？"然后，这种恐惧与自己有关："放弃已经蹚出来的道路和有保障的机构，去独自冒险，毫无保障……这也牵扯到妻子和孩子……我能冒这个险吗？”我也感受到了其他恐惧：害怕显得自己自私、行动受挫、面对失败，害怕做的决定是错误的、过缺乏安全感的生活、生活水平下降——至少不会有以前那么舒服了。这些基本恐惧要告诉我的是，我需要在生活之火中锻炼出对自己的信任，同时，接受他人的恐惧和自己的恐惧而不陷入其中，记住恐惧真正要告诉我的信息而不放弃自己的冲动，敢于相信自己、点燃自己的热情，相信我有能力宽待自己，同时保持真实和友善。

◎ 存在恐惧：“我工作过的律师公会和企业，定义了我的身份、能力和给这个世界的贡献；除此之外，我还有别的定义吗？我养成了为了生存而去做的习惯，可这样难道不会同样迷失在我所谓的人固有的价值、“在场”、倾听或陪同治疗中吗？直到如今，我都还是从行动、成果和忙碌中找到自己的力量和看上去很像存在强度的生活，就像一辆快速直行的自行车一样；那么，现在我的生活节奏要慢下来了，我会开始花时间更多地关注自己的内心，接受自己真实的需要，这样就能找到真正的力量、存在强度和圆满了？我那么能掌控和计划生活的一切，现在真的能相信自己，相信生活对我的召唤——再一次创造全新的自己，并跟随我自己的生命冲动——这样我才能真正宽容地对待自己？”

我花了很多年时间才一一理清这些恐惧。有段时间，我们几乎每天都见面，所以它们对我来说已经很熟悉了。直到突然有一天我对自己的信心超越了恐惧和怀疑，那种感受就像是：一个早晨，漫步在花园里，突然发现一朵花刚刚盛开或某种蔬菜开始发芽。我仍然还是会恐惧（记得离开二元思维，并非只有“完全恐惧”或“完全不恐惧”！），但只要我对自己的信心比恐惧多那么一点点，就足以让天平向我的生命冲动那一端倾斜。我和我妻子的确经历了一个物质上相当不稳定且没有安全感的时期，那时恐惧卷土重来，占据了上风并试图煽动怀疑。在这熊熊烈火中，尽管非常不舒服，但我们仿佛化身为被铁匠铸造的铁器，经过打磨，变得更加相信自己、信任对方，也对生活充满信心。

因此在我看来，直面恐惧的目的，并不是修复我们的伤口（童年、夫妻关系、某些经历……），而是透过自己生命的冲动，活出真实的自己，找到内心深处的平和状态。

> 河流奔向大海才是忠实于它的源头。
>
> ——让 · 饶勒斯（Jean Jaurès）

活出内心的冲动，才是人的本质。前文中我提到一个假设——人都有对圆满的追忆，现在我个人能更好地理解这种追寻，理解人类似曾相识却丢失了的东西，还有这种遗失伴随而来的悲伤、孤独的苦涩味道。追忆（希腊语*nosto*意为“回归”）是“对土生土长的家乡或长期居住过的地方念念不忘而导致颓废忧郁的状态”（《小罗贝尔词典》）。因此，对圆满的追忆就是对我们长期生活在其中但却丢失了的圆满的念念不忘。那么，如果我们每天有意识地走向它，就不会再有惋惜和追忆，只会有跨越障碍和强烈前行的欲望。在蒙特利尔一个花园的石碑上，让·饶勒斯的这条语录深深地打动了我：“河流奔向大海才是忠实于它的源头。”

对跨越恐惧的总结

上文中，我们举这些例子一方面是为了说明面对恐惧是极难的，另一方面也说明了克服恐惧后内心的安适和释放。上文我们提到了许多案例，下面我们一起来研究一下，阻碍幸福的各种机制在这些例子中是怎么表现的，据我所知，在其他情况下这些机制运转的方式也八九不离十。我们可以简单回顾一下。这么做的目的并不是要我们在看上去难度很高的事情面前气馁，而是准确地去了解它们的共同之处（或互相补充的地方）。一旦我们熟悉了这些机制的运转方式，就能更容易地识别出它们在生活中设下的陷阱，从而更好地武装自己、逃出陷阱。

用非暴力沟通识别出的沟通陷阱

要跨越恐惧，重要的是：

① 远离评判（“我竟然害怕，我真差劲，好没出息啊”），进入自我意识中（“我需要相信自己、鼓励自己”）；

② 超越某些信念和偏见（“我们家的人本来就都很敏感”“是男人，就不应该害怕”）；

③ 超越二元思维（“我会害怕，就是因为我不勇敢”），转变为补充思维或理解思维（“虽然我害怕，但我希望鼓足勇气面对一个又一个恐惧”）；

④ 不要把自己困在一些把义务当成责任的言语中（“作为父亲、母亲、老板……我必须非常强大，因此我不可以害怕”）。

生活运转的两个原则

要跨越恐惧，还涉及这两个原则：

① 交替：直面恐惧是不舒服的，但这是摆脱恐惧的唯一方式。要想到达我们期待的安适，必须得经过这里。痛苦指明了方向，这就是它的意义。

② 开放的当下：珍妮、于连和我，我们比较快地认识到即使超越痛苦的过程并不令人舒服，但它却是一个机会。尽管痛苦，但一旦我们停止抵御它，接受并克服它，痛苦便意味着

转机，这就是它的意义。

教育过程中形成的条件反射（“如果……我就爱你”）造成的五个陷阱：

要想跨越恐惧，我们每个人都需要“破解”这些条件反射，包括：

① 不要通过做别的事来忽略这些恐惧，而是跟恐惧“在”一起（于连就像珍妮及其他许多人一样，花时间跟自己相处）：有规律地安排自己跟自己会面，以便克服某些恐惧。现在就算没有治疗师的帮助，我也可以处理自己的恐惧，只需要每天都拿出时间来，也就是每天10—30分钟，坚持2—3年。要知道，掌握一门外语也需要差不多的学习时间。

② 找回自信和自尊，而不去害怕他人的看法。

③ 接纳自己的不同或特性。

④ 对于消极的思想、无意识的条件反射、原有的习惯、各种破坏、他人表达出来或未表达出来的压力，愿意说“不”。

⑤ 当然，还要明白自己的感受和需求。

两个双重信息或矛盾的指令

① 不要落入第一剂分两次注射的疫苗的陷阱：

“我们不是来玩乐的，所以忍受恐惧吧，不需要做任何改变……”

"还是要幸福，所以否认并压抑恐惧吧，也不需要做任何改变……"

② 也不要落入第二剂分两次注射的强化疫苗的陷阱：

"必须要完美，所以我不恐惧，我什么都不怕……"

"不应该认为自己是最好的；我和所有人一样都会感到恐惧。因为所有人都害怕，那我们就接受这件事吧，不要自负地认为我们可以改变某些东西。"

以上就是会出现在我们生活经历里的陷阱或难题中的一个小样本（此外还有很多很多……）。该拿什么来形容这个历程呢？解字谜或走出迷宫？启蒙仪式或军队训练？爱的战士和迷人的王子？在童话故事《睡美人》中，迷人的王子同样遇到了一个又一个陷阱：进不去的森林、深渊和沟壑、植物身上的刺、荆棘和龙……战胜这些考验后，王子才能发现睡美人。睡美人在城堡的一个被遗忘的大厅里已经沉睡了很多年。王子见到她，就不由自主地爱上了她。王子心怀起死回生的爱，轻轻地吻了一下她的额头，她醒了。"爱""圆满""在场"，这种在共融中内心获得的极深的满足是我们一直在寻找的，它就在我们每个人的心中，就像我们那个在被遗忘的大厅里沉睡了很多年的睡美人一样：她要醒来，活过来，只等我们复苏了的意识给她献上的爱情之吻！

只要让我们的意识摆脱习惯性、自动化，以及代代相传的格式化的影响带来的条件反射，进入潜意识领域，我们就可以让自己的意识复苏并充满活力。

请正确地理解：我并不是在劝说无论是谁都去寻找考验、刺或龙。我只是提个建议，如果考验、刺和龙出现的话，那就去迎接它们并把这当作复苏意识，从而唤醒内心满足的一个机会。

幸运的是，如果我们愿意的话，也有很多其他方式可以帮助我们复苏意识而不用经过考验。且看下面章节。

在结束这个话题前，我还要补充一点，当我们有意识地跨越愤怒或恐惧时，我们确实会达到更高层次的满足。然而，我们同样也避不开除了这里分析的愤怒和恐惧之外的其他情绪。让我们回想一下第55页的那幅图画表达出来的交替原则，它让我们看到个人成长的道路并不是线性的、直达的。尽管如此，经验表明，当我们每次有意识地跨越一个障碍，就会在意识层面变得更敏锐、更成熟，面对下一个挑战时会更有经验，并拥有更多的装备；而意识，既是我们可以使用的工具，又是我们需要抵达的地方。

倾听舒服的感觉并运用它们实现自我转变

我承受不了幸福。不习惯。

——玛格丽特·尤瑟纳尔（Marguerite Yourcenar）

我们不习惯有意识地、深入地品尝快乐时光。仅是做的陷阱和“我们不是来玩乐的”的指令（让我们害怕从高处落下或害怕支付账单），这两点就足以让我们看不到幸福的时刻，或让我们对此习以为常，还对自己说这些都没什么特别的。还有一种可能就是我们能立即感受到这些时刻带来的快乐，但是对明天的恐惧、总担心会发生不好的事，瞬间破坏了这种快乐。

我建议您看一看：我们拥有一种取之不尽的免费资源，它是容易获得的、可再生的，可以把我们引向满足，这个资源就是我们内心的满足本身！这不是措辞上的错误。我想说的是，我们内心的满足是最好的向导，带领我们获得真正的满足。再一次，我们需要跟随这个向导！

如果您把自己隔离起来，或快速地逃避生活展示在您面前的幸福时刻，您就会由于不习惯或恐惧，限制内心的向导发表意见。而它正在跟您说：“这多棒啊，尝一尝，试一试，这会让你变得更快乐、更慷慨、更加神采奕奕。”然而您回答它：“现在不是时候！我没有时间，我有更紧要的事情要做。”您还会为了幸福——恰恰就是内心向导刚刚给您指的地方，继续疯狂地奔忙。

这些让我们深深快乐的时刻正是指引我们的向导。深切地体会、用心去识别出这些快乐，能让我们在偏离方向时，更容易地重新找回原来的方向，并回到正确的路上。具体该怎么做呢？

我很喜欢在我带领的工作坊的最后几天中做这个练习。工作坊头几天我们通常会研究不舒服的感觉（气愤、恐惧、忧伤、孤独、慌乱……），因为首先有必要分清和辨别出它们所表明的需求，然后才能抱着开放、不受束缚的心态来研究令人舒服的情形、感觉。

我会建议参加者说出让他们感觉特别满意和快乐的情景，并描述每个情景中自己的意识。我建议刻意地应用非暴力沟通的四个步骤分析并写下这些情景。为什么要写下来呢？因为我们经常混淆不同的情绪，写下来则会更清晰，也会让我们在意识层面更敏锐；我们经常杂乱无章地经历一些情绪，它们会操纵我们，或者我们会错过它们传递的丰富的、带来改变的信息。我们跟这些情绪并没有建立关系，反而是它们控制着我们、看管着我们。

将情绪记在纸上可以让我们脱离它们的控制并与其建立起关系。我们并不需要像显微镜后面的实验员一样保持中立或冷静，只是要给自己机会，让自己更有意识地采取行动。下面我们就来看一下实际操作。

练习：有意识地庆祝幸福时刻（非暴力沟通的应用）

可以想象一下朋友为您举办的生日庆祝会。以下就是要遵循的步骤。

① 观察：只观察不评判。如果您将注意力真正放到客观

事实上，您会发现一些很感人的细节，而如果您习惯性地对事实进行评判，即使是积极的评判，您也可能会错过这些细节。例如，如果您说："朋友们为我准备了很棒的生日庆祝会。真是令人不可思议的惊喜！我们疯狂地玩！"您就不会去想是什么促使您快乐。但如果您在心里盘点所有别具意义的部分："这完全就是个惊喜，这些老朋友花了六个月的时间找到各自的地址，有些朋友甚至从国外赶回来，他们准备了很长时间。庆祝会安排在一个我不知道的饭店里，饭店的装潢是上世纪30年代的风格，他们知道我喜欢这种情调。所有人穿得都很漂亮，三个男性朋友和两个女性朋友做了致辞，吃饭后甜点的时候，又有惊喜……"结果便会大不一样。请不断找出这些让您快乐的客观因素。

② 感觉：描述出您所有的感受。您感到惊喜、幸福、快乐、充满了热情、像在梦里一样、兴奋、有趣、感动、兴高采烈、容光焕发、生气勃勃！就像品尝好酒一样，用眼睛、鼻子，以及所有的触觉去品味这一切；您的快乐仿佛一颗闪闪发光的宝石，有许多剖面，每个剖面都折射出不同的光彩。

③ 需求：现在，利用这个机会识别出所有得到了满足的需求，不用考虑分类，可以无秩序但快乐地表达出来：友谊、爱、分享、认可、温柔、庆祝、重逢、激烈、归属感、身份、温情、关注、交流、改变、快乐、感性、美好、对生活充满希望、充满意义、感谢……全身心地去重新体会这一切。仔细观

察、描述您内心的每一个维度，此刻，您内心的存在深深被激励了，非常饱满，活力四射；去拜访它，沉入其中吧！

④ 请求—行动：在这种“意识”的练习中，当您察觉到这所有的感觉和得到满足的需求时，您想“说”什么或“做”什么呢？首先听一听您自己的回答。

工作坊参与者的回答通常是这样的．“这样更好！我就像重新细致又美妙地体会了一切一样。我感觉自己更有活力而且还能激动起来。我希望将来不再错过在意识层面的欢快。我好像与大量的快乐擦肩而过：真是一团糟！现在我不想错过任何一丝快乐了！”

我们通常会要求参与者这样做：为他们所经历的一切庆祝，更专注、更警觉并更清醒地面对未来。请记住，为生活庆祝是我们的基本需求之一。

您觉得我描述的这些反应过于强烈吗？我并没有瞎编，我听到过几百次这样的回复，而且不仅在工作坊进行期间参与者这样说，还有的人在回到日常生活中之后，能够有意识地不让快乐溜走，他们会写信告诉我这样做带来的幸福。在您看来这种反应是强烈的，甚至太强烈了？这是因为不习惯！就像玛格丽特·尤瑟纳尔在她的讽刺短诗里提及的那样。

我们的快乐是包装好的礼物，我们竟然坚持不拆开，居然拒绝兴高采烈地、急切地拆开包装享受它……

这个练习的最后，我会推荐参与者做以下两个步骤：

◎ 第一步：把积极的信息编码并储存起来。我们习惯于一再重复不好的、忧伤的、消极的、封闭的和无法避免的东西（这是疫苗“我们不是来玩乐的”和忽略交替原则的后果）并将他们编码。我们需要改掉这些旧习惯。我们不习惯重复好的、积极的、开放的、有潜力的东西，我们需要去适应这些。因此我建议他们将这些快乐又灿烂的时刻持久地储存在硬盘里。具体说来，就是劝说他们如实地将信息储存下来，表达方式可以自己选择；我给他们推荐了一种我自己使用的表达方式作为参考：“我坚持将这些极其快乐又灿烂的时刻留在心里。我坚持这样做，让自己内心的财宝变得越来越多，这些财宝不会被磨损也不会被偷走。我把这些可靠的资源放在内心的谷仓里，让它们不受到磨损和攻击，不遭到恶劣天气和任何情况的破坏，这样无论发生什么，我都可以随身携带着我的财宝，毫不计较、自由又快乐地跟他人分享，一旦生活变得不那么温柔、丰富和有趣时，我可以支取内心的财富来解决争执、情感上的饥渴与贫乏，抑或孤独。”

再说一遍，我的建议并非像魔术一样，而是技术性的或物理性的：如果我们的记忆填满了不好的东西，都要爆开了，那么就没有放好东西的位置了。用计算机语言来说，就是存储器已经满了。然而好消息就是我们可以清空存储器，并将新的信息编码在里面。您可能会对我说：“我同意将好的东西进行编码，但是为什么要用这种略带程式化的表达方式呢？”每个人当然可以自由选择自己的格式。我的建议只是有意识地储存好的东西。要记得，我们的意识更习惯于记住不好的东西而不是那些好的东西。因此，有必要让意识保持清醒并刺激它，好让所有积极的信息都能很好地存储下来，进而不会变得朦胧，成为看起来还不错的模糊印象……对我来说，不管什么样的仪式在这里都是作为一个参照标志而存在的；在我的意识里它代表：“注意！我并不只是在思考和感受。我还在记录、编码、存储，所以所有的细节都很重要。保留所有的色调和声调，如果生活变得更灰暗的话，我需要重温它们让自己快活起来。”

这就是我每天越来越相信的东西，它们并不来源于理论原理，而是从日常生活中不断实践总结出来的：我们的记忆越是塞满了消极的东西，我们越是倾向于消极地看待问题，同时我们越会吸引消极的东西。相反，我们越是清理记忆、重新看待痛苦的经历并将好的东西编码进去，我们就越倾向于积极地看待问题，也越会吸引积极的东西。

注意，这样地保持警醒，这样地保持意识层面的健康，我作证，这可以显著地改变我们的生活，但不会神奇地让我们免于意外和伤痛。交替原则继续存在，能让人超越痛苦的“开放的当下”原则也一样在发挥作用。

◎ 第二步：有意识地在感觉和需求之间建立联系。现在，我让参与者再返回到在前面的练习中他们已经辨别出的标注着感觉和需求的那个表：“我感觉幸福、容光焕发、生气勃勃……因为我对友谊、分享、庆祝、意义等的需求都得到了满足。”通过建立这种联系，我建议他们去发现他们已经识别出的获得内心舒适的一个关键点。实际上，我们越是清晰地意识到自己的需求，越是让这些需求融入我们的存在方式中，我们就越不会因为不小心而落入陷阱。我们可以看到如下两种结果：

① 满足这些需求的机会会突然出现，即使我们从未设想过能有这种机会。（打个比方：如果我开车时因为油量表有故障，所以不知道需要加油，或我根本不去看油量表，那么我就看不到一路上路过的加油站。反过来，如果我意识到了需要加油，我会注意抓住哪怕是最微小的机会把油加满。我肯定会特别注意下一个加油站的路标，还会特别看到以前没注意过的与汽油相关的细节，比如某个花园中间手推车里的油桶或挂在越野车上的油桶！）假设我们注意到了生日庆祝会总结出的需求，我们就会有更多的机会在日常生活中满足我们对友谊、分

享、庆祝和温柔的需求，甚至都不需要等到跟朋友们下次一起出去玩就能获得满足了。友谊会成为我们的同谋，我们会像孩子般微笑地抓住分享的机会。光线透过窗户，照亮了房间，这个过程可能只持续了三分钟，我们就会满心欢喜。每一次我们都有机会存储美好的一切，就会让自己变得越来越正面。

② 我们能更多地预见到我们内心的“自我破坏大师”要开始行动，或就算它还未启动，我们也可以未雨绸缪，更好地阻止破坏行为的发生。例如，从我个人的角度来看，我现在知道：相比于以前在压力、争吵和矛盾中获得的快乐，我现在从分享、友谊、见面中获得的快乐要更多。因此，当意见不一致或冲突冒出来的时候，我会更多地回想起分享、交流、遇见这些我经常庆祝的需求，而不会并起脚、几乎自动地跳进张力、争吵、矛盾的陷阱中。因此，我会更加小心地关照这些需求，同时接受不一致的看法或冲突，尝试着去理解它们。到那时，我便能用心去维护关系的质量。

自从我开始经常庆祝快乐时光并在意识层面对自己真正的需求更加保持警惕，我才有了这种态度，由此我能够更好地面对压力和冲突（生活中可避免不了啊）。

在本章的开篇我就说过，我们只有经历过各种不舒服，才能接纳我们的感受，甚至是最舒服的感受。第一个不舒服就是要付出时间：停下脚步，真正地去享受时光。在仓鼠奔跑的过程中，这种暂停并不常见……如果您还没习惯在意识层面真正地高兴起来，那么您在刚开始做这个练习时，便会觉得很奇怪。您需要去驯服那些“为了您好”的微小声音：“好吧，可你的生活不只有这些。你把所有的时间用在庆祝上，还睡得那么晚，且不算第二天早上的懒觉。够了！去吧，工作吧！”加油！——仓鼠，进入跑轮吧！

让自己高兴，有时候并不舒服！

当您最终能对自己说“这次，我坚持，深切地体会幸福并为此特意停下脚步”时，其他不舒服的感觉便会紧随其后，它们在我们内心窃窃私语，需要我们加以克服。例如：

◎“你就这么吃喝玩乐吧！说不定月末就被解雇了，瞎闹腾什么！”第一剂疫苗“我们不是来玩乐的”加上对交替原则的否认，双管齐下。否定交替原则，意味着不能享受快乐，因为痛苦是在预料之中的。而接受交替原则，意味着即使痛苦，也要迎接快乐并对自己说：“这个月末我很可能要被解雇，我知道到时候我会很难过；可是现在，我不打算错过快乐的聚会和聚会后的愉快生活。每件事都有自己的节奏。”（我想起一个年轻姑娘，尽管她知道自己即将被解雇，这件事也让她忧虑，但是她仍然决定把忧虑留到以后，痛痛快快地玩乐，跟朋友们一起参加了一个庆祝活动。在这个活动上，她遇见了她后来的丈夫兼合伙人，他们很快便结了婚，又合伙开了一家小公司。这恰好说明了坦然生活蕴含着无限潜力、无数可能。)

◎“你本不应该参加这样吃喝玩乐的聚会。这样对肝脏不好，而且对你那些形单影只的朋友来说也不公平。”这是负罪感和二元思维的陷阱。我们可以通过补充或理解的思维来逃离这个陷阱：“我会照顾我那些孤独的朋友，注意自己的健康，同时我也希望为朋友、为友谊庆祝。”

◎“要发生那么糟糕的事，我却还在这里放任自己发泄情绪，真是太蠢了！别人会认为我无脑、自私吧。”又是负罪感和二元思维在作祟，让我们无法享受当下所做的事，形成对旁人目光的恐惧！我们可以通过尊重自己和补充思维或理解思维从中逃脱出来：“不管他人怎么想，我需要相信自己；同时我愿意关注他们，但动机是为了让世界充满更多的爱和正面情绪。另外，我玩的时候，就要玩个痛快！”

我发现在我们的社会和文化习惯中，真正、持久、有意识地让自己高兴，不是自然而然的事。对大多数人来说，我们需要很小心才不会落入旧有的陷阱。

除了自责的声音，外部大环境也会让您不舒服。比如，您最好的朋友这周末结婚，下周一您得请假，“因为我要帮她的家人收拾妥当”（需要请假的原因是做），而要说出“因为我需要享受这份喜悦”（为了存在的状态）则难上加难。

如果您经常分享一些快乐，或以自己的存在方式表现出快乐的话，您可能会被误解、被抛弃，甚至被唾弃。那么要知道，这不是您的错，是他人对安适的忍耐度只到这里；而您不要将自己封闭在这个玻璃水缸里，去广袤的大海里见见其他自由又快乐的鱼儿吧。

邀请大家进行心理锻炼和意识锻炼

本章研究了“如果……我就爱你”这种我们成长过程中所受的教育带来的条件反射，目的是希望我们关注心理健康——其中包括精神、情感、心灵诸多方面，就像我们会注意身体健康一样，我们都认同，锻炼身体益处多多。因此，就像锻炼身体一样，我建议对我们的心理和意识进行训练，这样能打开心里的死结、拆掉隔断的墙，让心理和意识彼此激励，变得更加柔软、坚强、开放，进而让我们对自己的存在和生活形成更加宽阔的认识。在第五章我们会讨论其他概念，会再回到与心理健康有关的原则。

第四章

从负罪感到责任感，从义务到爱

De la culpabilité à la responsabilité, du devoir à l'amour

工作是眼睛能看见的爱。

——卡里 · 纪伯伦

每个哨兵都要为整个帝国负责。

——安托万 · 德 · 圣 – 埃克苏佩里

负罪感和义务这两个概念会引发大量的、极度的痛苦，因为它们会让我们在面对生命的冲动时坠入陷阱，而不会起到积极的引导作用。察觉到负罪感和义务所制造的陷阱是很困难的，因为大家都怀有最美好的意愿，而且经常一脸庄重："这是我们的义务……""我必须……""应该……"

我长期以来也是靠着负罪感和义务做事，对此的一贯印象是感到极度分裂。所有那些我认识的、觉察到自己靠这种模式活着的人都证实他们也感觉到分割和撕裂。组成我的几个部分倾向于互不理睬、互相怄气、激烈地争吵，甚至会处于开战或冷战的状态；再一次，是有意识的非暴力沟通帮助我让它们共存。

在本章中，为了让我们跟自己、跟他人和解，我提出一个方法、一种思考模式，试图以此逃离陷阱，走出陷阱所导致的内心分裂。当然，在这里，我无法把数量众多的问题研究一遍，这也不是我写这本书的初衷。

从麻痹人的负罪感到令人充满活力的责任感

负罪感是诸多布满毒药的陷阱的组合。它只会拴住我们，让我们动弹不得，并从内里开始侵蚀我们。如果我们没有对此多加留意，它就会变成沼泽、泥潭，我们的生活就会深陷其中，无法自拔。只有更好地了解每个陷阱之间是如何连接、如何组合的，我们才有能力逃脱沼泽。

负罪感是陷阱的组合

下面是隐藏在负罪感背后的各种陷阱。

非暴力沟通识别出的沟通陷阱（详见第一章）

① 评判：关于自己、他人、状况或生活——“我是个自私的人，我本来应该……”

② 信念和偏见：面对自己、他人、状况或生活——“我的孩子（或我的职员、我父母等）独自完成不了，我应该……”

③ 二元思维：“为了照顾别人，我必须牺牲自己。”

④ 把义务当作责任："应该……，就这样！作为好母亲（好老板、好老师等），我得……"

所受教育引起的条件反射（"如果……我就爱你"）导致的陷阱：

① 做："我认为别人喜欢我是因为我做了什么，而不是因为我是谁。因此，我至少还应该做这个或那个，这个和那个……"

② 安全感的缺失：源于缺乏自信和对他人看法的依赖——"我必须做这个……不然，大家会怎么看待我呢？"

③ 不接纳自己的独特性、与他人的差异："所有人都这么做。因此，如果我不这样做不好。"

④ 难以说出"不"、听到别人说"不"："当我说'是'，而想的却是'不'的时候，我会因为没有尊重自己的内心而对自己深感愧疚；当我说'不'，而想的也是'不'的时候，我会对他人深感愧疚，因为我对他太不友善了……""当我听到他人的'不'的时候，我会对他深感愧疚，因为我本不应该跟他提出我的请求，我打扰了他，他会不高兴……我也对自己深感愧疚，因为我立马就放弃了，都不敢坚定又从容地继续跟他交谈下去。"

⑤ 舒服和不舒服的感觉难以共处：有时候这两种感觉似乎很矛盾，我们也很难搞明白它们，从而恰到好处地利用它们——"既然我最好的朋友离婚了（或我父亲病得很重），那

么我就不能为夫妻关系融洽而高兴。”

负罪感并不是一种感觉，而是一种评判

我们习惯性地认为负罪感是一种感觉。事实上，负罪感不是一种感觉，而是一种评判：我们并没有感到自己有过错，是我们评判自己有过错。根据我们的习俗、道德传统和司法制度，判定有罪的人会进监狱。因此，负罪感便充当了评判我们的某部分犯错了，并要因此被关进监狱的角色！这样，我们的生命力受到束缚也就不足为奇了。我们既是自己负罪感的俘虏，又是它的狱卒。

要知道，实际上任何评判都带来封闭、限制、阻止，最终让我们无法接触到真正的现实，因为现实是动态的，总在不断变化。说到底，负罪感囚禁我们，让我们无法真正为自己负责任。对自己说“为……我觉得很愧疚”时，我们以为是在倾听自己，事实上我们隔离了自己。就像下面的例子那样，我们和自己重新连接时，会感到被撕裂、内外不一、失望、生气，而面对真正的责任感、关注、尊重、团结等需求，则会非常不自在。对这些共存在我们身上的感受和需求进行分析，能帮助我们调解自身处于冲突中的各个部分。这种和解会激励我们产生责任感，从而摆脱沼泽、监狱。

负罪感何时会启动?

结合我做培训师、治疗陪伴的实践和我的个人经历，我注意到负罪感的启动主要是由于对自己、对自己的内心和自己的不同部分缺乏清晰的认识，尤其在以下两种情况下：

◎ 当我们在感受和需求两难之间徘徊不定，又很难接受二者同时存在时，我们通常会感到愧疚，评判是自己有过错。确实非常不容易。例如，我们一方面为身体健康、感情稳定、物质生活充足而感到快乐，另一方面又同情那些病人、孤单的人和穷人，为他们忧伤。既对工作充满热情，同时又为不能更多地陪伴伴侣和孩子而担心、失望，这两者集于一身也令人为难。我们很难同时对自己的幸福心存感激，同时又照顾到他人的感受，这两种感受共存会让我们很不舒服。然后，我们就任凭负罪感来毒害我们，并将二元思维和推卸责任的语言编造在一起（“幸福或不幸，忧伤或高兴，需要二选一！”），将第一剂分两次注射的疫苗（“我们不是来玩乐的”）和第二剂加强疫苗（“要完美”）炮制在一起，甚至不去倾听在我们身上并存的各种感觉，不去接收它们向我们传递的信息。

◎ 当我们感觉“没有尽到自己的义务”时，也就是说当我们混淆了自己的责任和他人的责任时，我们通常会评判是自己有过错。“我真正需要对什么负责呢？我担起这个责任了吗？他人需要对什么负责？他担起这个责任了吗？”我们倾向于把所有的责任都压在自己身上，从而让自己产生负罪感（被动的负罪感），或让他人承担所有的责任，从而让他人产生负罪感（主动的负罪感）。

友善的男孩、女孩，让我们回忆一下，我们似乎学过并模糊地感觉到要对他人的感觉和需求负责，而且他人用他们口中的“你”一再提醒我们这一点：

◎“当你做这件事情的时候，我很忧伤……”因此，为了让他人不再忧伤，我必须不这么做或换个事情做。

◎“当你做那件事情的时候，我很生气……”因此，为了不让他人生气，我必须停止做那件事情或换个事情做。

实际上，我们很难将各自责任的关键点梳理清楚。

从义务到投入的爱

“义务”这个概念并不能帮助我们理清责任。事实上，它通常是对我们内心深处的冲动和需要的一种干巴巴的、毫无感情色彩的表达，这些需求包括责任感、相互性和分享、播撒爱、为他人的福祉做出贡献，并承担我们自由选择的后果。

因此，为了脱离陷阱，就需要改变看问题的角度，比如：

◎ 我们工作并不是履行义务，而是因为希望获得好的生活条件、过得舒适，因为我们想为社会和亲人的幸福做出贡献，哪怕我们可能并没有从事梦想中的行业。

◎ 我们参与到社会、人权、政治活动中并不是出于义务，而是因为希望在这个世界上履行我们个人的责任，为创建更美好的世界贡献力量，实际地参与到社会变革中。

◎ 我们照顾孩子或父母并不是出于义务，而是因为愿意承担生养孩子的责任，尊重和关心自己的父母。

我在《醒醒吧，老好人！》里提到过“必须”和“我非常愿意”之间的区别。现在我之所以又回到这个关键的区别上，并不是为了玩文字游戏，而是为了弄清楚文字背后的意识。我喜欢看到人类有尊严地生活在自由和责任感中，并承担它们所带来的后果。这种想法能极大地帮助我们梳理清楚各自责任的关键点，换句话说，就是分清属于我们的责任和属于他人的责任。

脱离这些陷阱

为了帮助我们脱离负罪感和义务的陷阱，我建议大家倾听，并且让看似矛盾的各种需求和谐共处，还要区分清楚各自的责任。伊莲娜是一位57岁的教师，她的例子很好地印证了我的观点。

我们第一次会面时，伊莲娜就向我袒露心迹：每次给自己买完衣服，她立即会产生一种深深的负罪感，她难以做到没有负罪感地给自己买衣服。

她承认："从商店里一出来，我就有负罪感，我跟自己说我不应该买。"

"当您产生这种负罪感的时候，您对自己说了什么？使用了哪些词？"

"我对自己说：你不应该这样！这些东西太贵了，而且你并不需要。你应该存着钱，不要毫无意义地花钱。"

"现在当您提到这些的时候，您有什么感觉？"

"我对自己感到生气：这种态度真傻！我赚钱养活自己，我丈夫也赚钱，我没有任何理由需要算计着花钱，而且我热爱生活——我喜欢庆祝，尤其喜欢通过不时地给自己买件新衣服来庆祝一下。"

"那么，这种通过买衣服（D/A）来庆祝生活（B）的方式会让一部分的您感觉幸福（S），并会让一部分的您感觉不自在

(S)，因为感觉不自在的那部分的您不能确定这样算不算最合理地利用了这些钱（B)，是这样吗？”

“完全如此，但同时又完全不对。实际上我根本不在意花钱的方式，我现在明白令我产生负罪感的细小声音来自我父亲。我很爱他，但他很吝啬。不，准确地说他经历过战争，所以他一直害怕缺这缺那。每次母亲送给我一条新裙子，我都会把它藏起来。如果父亲看到了新裙子，他会因为这笔支出而恼火，因此我通过隐藏真相来平息他的愤怒。我跟他说：‘不是的，爸爸，这是一条旧裙子，我刚刚从衣柜底把它翻出来！’要知道我很快就60岁了，我父亲也去世很多年了，但我仍然是父亲的那个小女儿。我想，在潜意识里，我一直希望通过这种方式表达对他的尊重。”

“那么，现在您是不是感觉很矛盾？一方面您需要对父亲保持忠心、忠诚和尊重，另一方面您需要忠于自己的内心并尊重自己？”

“是的，完全正确。”

“实际上，您是不是希望在心里能对父亲说：我爱你，我尊重你，并会一直尊重你对金钱的态度；同时我爱我自己，尊重我自己，而且我希望正视我对金钱的态度，即使我的态度跟你的不一样？”

“就是这样，您说的让我看得更清楚了。我不愿再看到他的存在方式和我的存在方式之间存在的对立，换句话说，应是他对他自己的选择负责，我为我的选择负责。我认为我对金钱的态度比他对金钱的态度看上去更开明，因此我很幸福，而且从这一点上说，我生活得更自信，而不是生活在担惊受怕里。我想把属于父亲的担惊受怕还给他，我跟他不一样。”

“您是不是也希望能确信他爱这样的您，即使您跟他对钱的使用方式不一样？”

（她深深地叹了一口气，非常激动）“我很确信他爱这样的我。是我自己给自己设置了障碍。谈了这些，我感到如释重负，终于能够摆脱障碍解放自己了。”

评论

① 当伊莲娜给自己买新衣服后产生负罪感时，她很矛盾，因为她面对着两种类型的感觉。我们经常需要学习让这两种类型的感觉和平共处，它们是：舒服的感觉和不舒服的感觉。伊莲娜为自己的新发现而开心，为自己给自己带来的快乐而幸福，与此同时，她感觉不自在、不安，因为害怕父亲的目光（即使他父亲已经去世很多年了；实际上，即便我们的父母已经过世了，我们和他们相处的过程中经历过的困难或痛苦并没有因此消失，但我们可以通过治疗来摆脱这些感受）。

② 这两种感觉让伊莲娜意识到，自己的一些需求得到了满足，另外一些则没有。要让这些需求在自己身上共存，她必须进行一些训练……就这样，让自己开心、庆祝生活的需求得

到了满足，尊重她父亲并保证父亲爱她的这个需求似乎首先妥协了。

③ 这种情况让我们知道了经常出现在负罪感背后的两种需求，而且我们同样需要学习让它们和平共处（它们已经脱离了二元思维）：一是忠于他人和尊重他人，二是忠于我们自己并尊重自己。

④ 在意识到这些需求之后，出现了责任意识，故而又出现了自由意识："我父亲做了这个选择，我做了另外的选择。我们每个人都是自由的，为自己负责任。而这并不说明我们不爱彼此或我们互相不尊重，事实恰恰相反。"正是让这些感觉和需求的关键点通过了意识的激光，我们才能给它们除锈并拔出楔子，障碍被清除后，责任这个机械装置便可以重新运转了。

亨利也感觉被负罪感这个陷阱困住了。他40多岁，是个朝气蓬勃的商人。他来咨询是因为跟妻子决定办理离婚后，面对10岁和12岁的孩子，他感觉到了深深的负罪感。

"我是个自私的人，我本应该更加坚持。我毁了两个孩子的未来，我确信他们会恨我。我是一个不称职的父亲。（亨利这么评价自己，他就锁死了关押自己的那道门。由于长时间将自己关在里面并不断地将自己置于压力之下，他慢慢陷入抑郁中。）

"您很忧伤而且很气愤（S），因为您那么希望事情不要这样发展（B）。而且您感到害怕（S），因为您希望确保孩子们能有足够的力量挺过这个难关（B），希望他们能理解您（B）。您是这么感觉的吗？”

“对，是这样，另外，我跟妻子的关系不可能再维持下去了。我们最后甚至会以家庭暴力收场。我们做了所有的尝试，而且我确实需要保护自己并重新找回自己，我已经不知道我是谁了。但是我不想伤害到孩子，我真的希望跟他们在一起。我知道离婚之后我一周只能见他们两次。”

“您感觉很矛盾（S），因为一方面您需要时间来寻找自我、遇见自己，另一方面您需要照顾孩子，尽可能地出现在他们身边，向他们保证您对他们的爱始终如一（B），对吗？”

“是的，我想找回自我并尊重自己，同时不失去他们并尊重他们。我也希望跟他们在一起，亲近他们，同时不失去自我也不忽略自己。（他想了想，深吸了一口气又继续说）但是，实际上，让我感觉尤为忧伤的是，我几乎没怎么照顾过他们。十年来我一直对自己说明天我会拿出时间来陪他们。但是所有的事情我都扔给妻子干。我呢，为了保证生意运营顺利，我忙疯了。我需要通过蒸蒸日上的事业向我自己、向家人证明我的存在价值。我害怕自己一无是处，我需要消除这个根深蒂固的恐惧。我没有陪伴孩子们长大，而且我们的夫妻关系也没有扛住这种疲于奔命的生活。而现在，他们至少一周跟我在一起两次，我愿意好好照顾他们。我尤其想学习更加自信地面对生活，给自己更多的温柔和尊重。”

几年之后，一个偶然的机会让我遇到了亨利的前妻，她私下告诉我：“离婚是和平进行的，我们还是好朋友。在那之后，他开始用心照顾孩子，而他以前从来没做到过。他回家早了，经常为了孩子请假，和他们共度周末和假期，他以前从来不这样。以前，他总是不在家，只顾生意。需要通过离婚让他明白他有两个孩子，孩子需要真正的父亲，而不是极度烦躁、超级紧张，甚至经常咄咄逼人、有暴力倾向的幽灵！”

评论

① 对于那些让自己感觉到分裂的各种需求，亨利让它们在自己身上共存，而不是把它们对立起来（需要照顾自己和需要照顾孩子），所以他才看到了自己应尽的责任。他发现此前自己几乎都没承担过这些责任，而现在自己很乐意去承担，这样他就走出了负罪感的泥潭和麻痹无感的状态，重新找回了负责任的动力。对于这十年来的缺席，他跟孩子们承认自己没有更早地意识到问题，因此感到懊悔和忧伤，同时他也会承担责任，以弥补那些缺席的时光。

② 亨利在下面的画面中看到了自己的影子：仓鼠本来在跑轮里疯狂奔跑，突然被弹出来，落到笼子里的沙堆上。离婚的冲击促使他自我反省，再次审视并重新定义自己生命里的优

先次序，直面自己的那些存在恐惧：害怕一无是处，害怕如果自己停止奔跑，就会淹没在人群中、失去价值，害怕生活总是给自己出难题。

睡着的人或心不在焉的人，醒醒吧！

当我们没有行走在自己应走的道路上时，会感到痛苦。如果我们不倾听自己的痛苦、不关注它，生活就会发出越来越强的信号来叫醒我们，让我们的意识清醒过来，而不是心不在焉。

想象一下您希望亲自去叫醒一个睡着的人的情景。一开始您凑近他的耳朵小声地叫他，如果他还在睡的话，您就会大声叫他。如果他仍然没醒，您会用手轻轻地推他。如果他还是没醒，您很可能就会更用力地摇晃他，甚至会非常猛烈地摇晃。做了这一切之后如果他还在睡，您会把他从床上揪起来并朝他喊："醒醒！"其实，我们就是那个睡着的人，生活会轻柔地叫醒我们，唤醒我们的意识。如果我们没有听到这种温柔的呼唤，那么生活便会不厌其烦地叫我们，直到把我们叫醒……

原罪或心不在焉的根源？

我非常希望在这本书里探讨阻碍幸福的陷阱出现的原因（也就是说并不是单纯研究陷阱本身，还关注它们的成因和运作方式)，所以我希望继续分享我的那套方法论，追根究底地研究我们为什么没有持久幸福的能力。我想谈一下我对亚当和夏娃这个故事，以及对原罪的解读。

本书篇幅有限，只能做以下的讨论，这个主题当然值得我们更深入地研究。在工作中，我经常会遇见一些人，他们认为原罪带来的是驱逐、分裂和囚禁，而不会带来归属感、合一和开放；这是他们个人的解读，或从别人那里全盘接受来的说法。

就这样，我遇到了许多困在这种诠释中甚至被其奴役的人，他们与快乐、冲动和大放异彩的生命无缘，要想拥有那样的生命，就得让自己的各个部分在内心深处紧密相连并取得和解，同时连接于、归属于前面提到的“万有”“圆满”“永恒的爱”。这种诠释通常被视为遵循了基督教、犹太教的教义，但我无法认同这种观点。无论我们是不是信徒，我想我们都会赞同基督劝说人类统一、联合、内心凝聚为一体，同时希望找到归属感、无条件的爱和个人的责任感。

我们通常会认为这个世界上许多不幸和各种可见或不可见的暴力，都源自亚当和夏娃这个故事里的原罪。然而，我深信每个社会流传的故事，本意是为了启发我们并帮助我们找到自己的路，而不是为了压制我们，把因为迷路而抓狂的我们遗弃在路上。因此，我大胆地把自己对这个故事的解读说出来。多年以来，在我从事心理治疗的过程中，我反复思索这个故事，也就是说通过观察、倾听并陪伴一些人，去帮助他们寻找与内心的合一、责任和生命的意义，从而对这个故事有了深刻的理解。这种假说能帮助我更好地理解人的思想和习惯，思想和习惯才是一切内在冲突或其他冲突的源头。我诚挚地邀请您一起思考，因为我既不是神学家也不是解经家，只是个探索意义的实践者、信奉者。

亚当和夏娃放逐了自己

在犹太教和基督教的传统里，亚当和夏娃原本在伊甸园里拥有与上帝的共融关系，内心无比满足，后来发生了什么让他们成为千夫所指的对象呢？他们在蛇的引诱下偷吃了禁果，那是分辨善恶树结下的果实，而只有上帝的本质里才有分辨绝对善恶的能力。

他们想拥有对绝对善恶的分辨能力，试图取代上帝。愤怒的上帝只能把他们逐出伊甸园。

我自己对这个故事的理解可以总结为如下两点：

① 亚当和夏娃在自身以外寻找满足，并屈服于外在的声音（蛇），这样，他们与自我，也就是与自己的内心和自己的责任分离、断裂了。他们和自己的信仰、天生的智慧相隔两端，因此跟上帝（“万有”“圆满”“永恒的爱”）的内心交流就断了。

② 他们不留任何余地，试图“提前”[1]拥有分辨绝对善与恶的能力，仿佛那是掌控一切的工具，因此他们脱离了对宇宙万物的归属并失去了跟上帝（“万有”“圆满”“永恒的爱”）友好相处的信心。他们感到孤单，彼此孤立，彼此猜忌；其他人或物成了潜在的敌人，总之在他们看来，任何人或物都应该被划入“善”或“恶”的范畴。

这样，亚当和夏娃经历了双重的分裂：与他们自己的内心隔离，同时也不再有对宇宙万物（“万有”、“圆满”、“永恒的爱”、上帝）充满信任的归属感。他们离开了乐园，过着流亡生活，放逐自己，不再拥有与上帝的共融关系，内心不再无比满足。在我看来，之后好几百代人，包括我们当中的任何人，无论男女，都在继续重复着这种流亡生活，像逃亡者般流浪。

在我看来，上帝并不是因为生气了，就把亚当和夏娃驱逐出伊甸园——那个他们与上帝有着共融关系、内心无比满足的地方（如果上帝就是爱，他怎么会驱逐从锁眼里往外看的那个好奇又冒失的孩子呢？），而是他们自己切断了跟上帝的共融关系。“存在”[2]“永恒的爱”“绝对的临在”“宇宙之魂”，不管我们怎么称呼，我实在无法相信它们所代表的神跟我们有一样

1 此处之所以用“提前”这个词，是因为在《圣经》中，如果亚当和夏娃没有听信蛇的话，分辨善恶树上的果子最终是会给他们吃的。——译审注

2 法语中首字母大写的“存在”代表超越人的终极存在，更接近中文中的神明。——译审注

的情感。如果上帝就是爱，是纯粹的存在，他就不会跟我们一样，内心充满了各种不断变化的情感。他远不是拟人化的神，但所有神话故事都赋予主角和人一样的情感，这样更容易被人理解。

如果为了便于理解，非得赋予上帝人的情感，我个人的说法会是：上帝并不是真的生气；他只是很忧伤而且害怕。（注意，大部分治疗师会向您证实多数情况下我们的愤怒所表达的恰好是忧伤和恐惧……）这样，在我的解读中，上帝可能会想："不幸的冒失鬼啊！他们本来有各种机会活在真实相遇的关系中，与其他生命友好共存，有机会怀着敬意使用世界上丰富的资源，在合作和互助关系中吃饱喝足，只要他们每个人跟自己的内心及整体意识紧密地联结。可他们一想到善和恶的钥匙，就飘飘然了；其实一旦拥有了，关系就会不知不觉地陷入权利的争斗。有些人想要掌握善并识别恶，容许自己奖励一些人同时惩罚另一些人。

"因此他们离开了。与自身的存在状态相比，他们更关心如何做；他们不是真正地守住他们与生俱来的位置，而是四处寻觅一个位置或找各种借口否认与生俱来的位置；他们不甘于成为这个世界的一部分，用尽各种方式凸显自己的重要性。就这样，他们与自己的内心和他们内在的'存在'（首字母大写的'存在'）隔绝了，被自己的个性、角色、自我限制住；他们在这世界中成了逃亡者，像奔跑的仓鼠一样，抑郁的空虚或充满负罪感的沼泽、似乎拥有一切却又一无所有、令人沮丧的孤独或令人心碎的争斗、反复出现的恐惧和忧虑……轮番上演。他们离开了充满温情、意义和归属感的心灵故乡——这是每个人心底深处都有的啊，奔走于流亡的路上。

“我担心，他们需要很多年甚至几千年，不断重复地经历痛苦，才能学会重新回到自己的内心并找回对宇宙万物的归属感，学着再次倾听我放在他们每个人心里的永恒智慧，感受到我放在万物之间的爱。然而，我创造他们的时候给了他们自由的意志，所以我得接受我做这个选择带来的后果，当然，我不会留下他们孤孤单单的：我会让他们看见一些记号；向所有愿意寻找我、聆听我的人的心说话。”

在我们的传统中，我们把这种与自我、万有或神的隔绝称为“原罪”，这种原罪的确是会代代相传下去的。我们确实可以用原罪试着解释清楚人类心灵里这种隔离的感受。请注意，自我隔绝，才是代代相传下来的东西。我们每个人都有保留这个习惯的倾向。

让我在意的是，所谓的“原罪”已经广泛地渗透在我们的集体意识中。不管我们是不是基督教信徒，“原罪”让人失去负起责任、自我成长的冲动。我遇到过很多人，有信徒也有非信徒，他们探索原罪，真心希望对自己负责，但也经常被很普遍的想法困扰：“有什么用呢？我们被打上烙印，被判定要承受这一切的！我们改变不了自己，也改变不了人性！”这便是本世纪最流行的说法，这种内心深处的自我意识，在心理学上通常被称作基本信念：“我做不到！”

我由衷地认为，我们可以选择人习惯的倾向：与“永恒的爱”（宇宙万物、上帝）分开、隔绝，带着负罪感，就此过着流放的生活；也可以选择养成新的习惯：与“永恒的爱”（宇宙万物、上帝）相通、相遇，为自己负责，就此“回家，回到自己的家”，回归内心并归属于“永恒的爱”（宇宙万物、上帝）。

所以，在亚当和夏娃所经历的这种双重隔绝中，我并没有看到罪或错误，而是一种觉察不到、迷失、分心。有这样一个故事：一天，一个学生问佛祖：“佛祖，还有其他醒着的人吗？”佛祖回答道：“所有人都醒着，只是大部分人都心不在焉。”

既是这样，我希望自己每一天都更加专注地面对自我、面对自己的内心、活在对宇宙万物（“永恒的爱”、“圆满”、上帝）的归属感里。在对亚当和夏娃“原罪”的更深理解中，我找到了存在的原动力：每天更加清醒、更加负责任、更多地跟自己和解、热情并快乐地接受自己与生俱来的位置，以及越来越喜欢让宇宙万物充满生命力的爱。

我从中也发现了看事情的另一个角度，这个角度帮助我们真正为自己负责，并能持续地改变我们自己的行为。我借由三个违规或违法行为的例子来解释这种角度的改变，以及由此所带来的个人行动力的改变。

改变习惯，改变看法，改变行动

我们通常只是用负罪感惩罚、惩戒一些犯罪情节较轻的罪犯，并未注意在现象本身以外造成犯罪行为的根源问题。我说这些的本意不是合理化犯罪行为，而是研究其可能的成因，理解事情为什么会发展至此。我做过律师，也组织过青少年轻罪犯的活动，根据我的经验，犯轻罪的行为通常说来只是一种症状，表明整个社会系统出现了极大的问题，罪犯只是通过特殊的表达将问题呈现出来。对待这种行为，按照传统的做法，人们只会责怪轻罪犯人，并不会回头反省整个系统；但这种做法一点儿都不符合我对公平的需求，也未表现出公民应有的责任感，且不会真正带来必要的改变。

下面是三个例子。

① 污染环境、破坏大自然、损坏或毁坏任何东西，这一切从法律和道德上来说，当然是错误的。它违背了大家公认的价值观，违反了这些价值观所代表的法律。

破坏环境的人，不正是对这个试图让他安适的整个环境缺乏归属感吗？这不是正好证明了他感受到孤单、与世界的隔绝吗？感受到孤立，他便更加封闭在自我中，竭力抓住自己小小的权力，却没有意识到这样做带来的后果，没有意识到尊重和维护他所属的世界有他要承担的一份责任。

我曾经辅导过一些所谓的街头青年，在他们身上，我就看到了上述现象。他们的生命通常经历过否定、遗弃、冲突或背叛，所以他们没有归属感，找不到自己的位置，也不会想去依靠他人。当他们在墙上乱涂乱抹、打碎玻璃或破坏市政设施时，他们的的确确不是有意搞破坏。大多数情况下，他们只是在表达自己未察觉的反抗和不安，以及对意义和归属感的需求。在我看来，破坏源于受伤、受挫的“创造性”，而这种创造性由于找不到意义、出口和归属感而变得苦涩。

换一个领域。在茫茫大海上，船长把所有底舱清空，让装满燃油的腐烂破旧船只爆炸；他们哪会从童年开始就感觉到与自身的亲密联结，并对这个世界有深深的归属感呢？我认为他们可能像我们中的大多数人一样，非常不幸地体尝过隔离、否定、决裂、背叛的痛苦，却没有品尝过治愈人心的和解，所以他们对自己说：“首先要考虑自己，而且只考虑自己就好！哪管得了其他那么多事！”他们被受伤的自我囚禁了。

我的意思当然不是说，针对犯罪行为，不应该采取具体的惩罚措施来维护法律和人类各个群体之间的和平。但是我们难道只满足于强化法律、管控措施或制裁制度吗？我们是不是更应该正面审视一下，我们是否活出了人固有的存在价值，是否忽略了自己有没有在持续不断地成长，我们对孩子的教育是否出了问题，我们是否选择了做有意义的事，是否好好定义并不断反思了自己的优先事项，是否活在固有的归属感，以及与宇宙万物（“永恒的爱”、上帝）的融合中了呢？

② 闯红灯、随处停车或超速，不管从法律还是文明礼貌的角度来说，都是错误的行为。如果我们这样做，不正说明了我们与自己的内心隔绝，缺乏对团体的归属意识，也没明白每个人负起自己的责任才能带来所有人的安全感吗？有时我车开得太快或停的地方不对，经常是因为没有听从自己内心的节奏，而任由自己落入做、待办事项计划表、什么都要管所设下的陷阱里；还有一个原因，那就是我没有从容地管理自己的时间，以至于我无法真正地尊重自己，又尊重我所在的群体。

因此，如果想要促使大家遵守交通规则，我们当然可以加大警察的管控力度和刑事处罚力度。同时，我们也可以仔细地审视一下自己的行为习惯、对时间和当前优先事项的管理，以及我们每天如何选择活出自己的固有价值。让我们更多地注意到，无论我们做什么，要寻找的正是在关系的融合中获得的极深的满足。

③ 伪造、欺骗或歪曲事实、公开撒谎，无论是从法律角度还是从大家普遍认同的道德价值上来说，都是错误的行为。如果我们有这些行为，不正说明我们不自信，怀疑自己的力量，怀疑自己正视矛盾、处理意见不一致的能力吗？不也表明我们不相信生活的慷慨，同时无法对一个充满善意的团体产生归属感、安全感，没有意识到个人的混乱会助长社会的混乱风气吗？

小孩儿偷拿一些父母藏起来的巧克力时，不小心打翻了巧克力酱瓶，为了让自己不被打耳光、不被人讨厌或惩罚，他就说是猫干的。或许他没有安全感，不相信他人能倾听并理解自己的解释，不相信别人能友好地对待自己，在这方面他没有安全感。

在一个企业或机构里靠伪造账目和文件来饱私囊的人，并没有意识到此前是自己这个人本身得到了大家的喜爱，他真正的财富是跟自己、跟周围人所维持的关系的质量，同时，他的舒适源自内在。

我们当然可以惩罚孩子并将造假者送入监狱，但这样并不能阻止其他人继续秘密地违法行事，而且他们也不知道他们的行动之外，自己真正要寻找的是在共融中内心无比的满足。

以前，作为律师，我会把精力和才智用在通过惯用的处罚手段来惩治错误、惩处犯人上。这种态度本身会引发失落感和连带性的暴力。现在我一心希望激发大家的自我意识、归属于这个世界的意识，以及从童年时代开始就对共同生活的地球负责任的意识。

在我看来，如果我们希望长期有效而深刻地改变这些行为和不同程度的暴力，那就需要我们从成因入手，改变对这些行为的看法。以下建议可以在一定程度上说明我们可以采取的行动。

带着责任感生活

我喜欢责任感带来的动力，也喜欢看到每个人都担起责任所带来的改变。下面就是我看到的其中一个情景。

您可能跟我一样收到过几十封请求给社会、慈善组织或医疗项目捐款的信。在分拣信件的时刻，您可能会感觉到有一点儿小小的负罪感：付款、扔掉、堆积在那儿等待时机……您最后接受了两个请求，并把其他的都扔掉了，心里又泛起了一丝负罪感。

总结一下您心里矛盾的想法："我很为难，一方面我需要接受我无法对世界上所有的苦难负责任，因为我不是全能的，我的资源也很有限；另一方面，我需要为减少世上的苦难做出贡献，跟大家合作创造和平的环境，支持专业研究，鼓励团结和分享，采取具体的措施承担起自己的责任，比如捐钱。"

如果您面对每个诉求都可以这样有意识地跟自己对话，而且竭力忠于自己的内心，并把需求和价值融入您具体的选择中，那么或许就能从另一个角度看到什么是真正为您自己的生命负责。可是，如果您把他人、发生的事和自我都关闭在一个由评判、偏见和负罪感组成的监狱里，没有申诉的可能，也没有进行辩论的可能，那么去支持例如大赦国际[1]这样的组织对

1　大赦国际（Amnesty International），即国际特赦组织，旨在帮助因信仰、种族而被关押的人，并争取制止酷刑和死刑。——编者注

您来说就变得很困难。如果您从来没有跟您的孩子坐在一起敞开心扉地交谈过，那么对您来说支持贫民区学校的计划就比较困难。如果您的家庭生活或夫妻生活就像战场，您就很难给无国界医生组织[1]提供金钱援助。如果多年以来您不注意自己的健康或亲人的健康，那么您就很难会去赞助世界另一头的卫生和医疗设施……是的，如果您下定决心改变自己，做这一切对您来说是很困难的。

同样，如果您心存怨气或怨恨，那么就很难为教区的团结互助做出贡献；如果您顽固地抑制自己的天性，就很难给当地的自然保护协会提供捐助；如果您自己还居无定所，那么就不太可能去援助流浪的无家可归者。

我的意思并不是说应对这些社会事业或慈善项目袖手旁观。我只是希望我们可以带着整体意识和责任感去做事，摒弃笼罩在负罪感之下的机械的、条件反射般的行为方式。我们往往被这种负罪感牢笼，什么也做不了，可一旦我们愿意接受改变，爱和信念便会激励我们有所行动。

我尤其想说的是，让自己产生负罪感一点儿用都没有，而真正承担起责任，才能改变一切。

我们内心如何，就会如何看待外部世界。我认为，只解决自身以外的否定、苦难、隔阂和混乱是徒劳无功的；要想真正

1　无国界医生组织（Médecins Sans Frontières）是一个由各国专业医学人员组成的国际性志愿者组织，是全球最大的独立人道医疗救援组织。该组织的资金主要由私人捐助。——编者注

解决问题，应该立刻对自己的内心负起责任来，包括：关注自己的心理健康（处理受伤的记忆、维护心理健康、给予营养滋润），自我尊重并尊重我们亲近的人，回归内心并与自己和解，极力保持心灵通透。

第五章

保持心理、心灵健康的锻炼和营养滋润

Gym, hygiène et diététique du cœur et de la conscience

很奇怪，所有人都在追求外在美；
内在美是任何人都有能力获得的，
却没有人为之去修炼。

——让·马莱（Jean Marais）

假如因为这样或那样的原因，比如疾病、车祸、骨折，在一段时间内您动弹不了，只能躺在床上，那么为了完全恢复健康和自由活动的能力，您就会仔细留意身体的方方面面。可以起来走动后，您需要好好洗个澡，以除去汗渍；好好打起精神来，以除去一直卧病在床的萎靡。根据情况，您可能进行时间或长或短的运动治疗、物理治疗或肌肉锻炼，使得受损的关节恢复活力，僵硬的地方变柔软，肌肉重新活络起来，麻痹或萎缩的部位重新有知觉。然后，您可能还需要健康饮食，吃新鲜又多样化的食物。最后，您很可能还需要吃一些维生素来恢复完全的活力。

一旦失去健康，您立刻就能感受到生活多么不方便，所以在康复之后，您就会发誓再也不失去它。在日常生活中，您会优先为自己的健康着想：妥善安排时间，刻意地去呼吸新鲜空气、出去活动、保持身体的柔软度，特别注意身体卫生，休息并排出体内垃圾和毒素，以及关注营养均衡。就算您自己没想到这些，任何医生都会叮嘱，您也会认同这些措施。因此，为了完全恢复健康，您心甘情愿、竭尽全力地刻苦训练，只因您失去过健康，失而复得的东西最是弥足珍贵。

您应该很清楚我说的是什么：如果您失去了身体、情感、心理、灵魂（不管您从哪个宗教或认知的角度去看它，总之就是按照您自己所定义的去理解）等方面的健康、活力，您希望找回良好的状态，那就需要给予它们与身体健康同等的照顾和关注。我说这些是希望您不要放弃努力，就算这个过程非常艰难，需要付出极大的努力。

让麻痹、僵硬的关节活动起来

大多数情况下，恢复健康比保持健康更加困难，需要付出更多的努力。请回忆一下前面章节提到的那些学习阶段。为了学到一项技能，必须付出艰辛并、抱有恒心。一旦本着学习的态度并不断练习，慢慢我们就会越来越轻松自如、得心应手。

> 并不是道路艰难，是困难铺就了道路。
>
> ——让－伊夫·勒卢（Jean-Yves Leloup）

让-伊夫·勒卢的这句话点出了恢复健康的过程。这里提到的困难不同于我们所寻找的在共融中内心极深的安适（这种安适，一直在那儿，只要我们觉醒过来，就能很容易地获得这种满足）。事实上，困难之处在于，在我们的文化背景中，我们不习惯享受在共融中内心极深的安适。

显然，在个人、家庭、职业或社会的各个层面，都不存在倡导顺应在共融中内心极深的安适的文化。我们所受的教育建构了我们的文化价值体系，而个人的文化价值体系也会反过来影响教育体系。尽管教育本身的出发点是好的，但它经常让我们脱离自己和自己的内心，又让我们失去对宇宙万物的归属感。（在此我想说的是我们与自然之间形成了权力关系，我们试图掌控大自然，却没有尽力去维持许多文明所倡导的人类与大自然之间合作、协作的关系。处于这种权力关系中，我们必然会感到被隔离、分裂和隔阂，也就是处于无法共融的状态。）

有一些原因可以解释这种隔阂：人首先需要解决吃、住、生存的问题；其次是确保自己的安全、卫生和舒适；然后是创造财富。这些都是可以理解的，但不代表这样就会幸福。我们专注于做事情，迅速做出反应，推崇理性，把精力和创造力都用于运用逻辑和处理事务上，不断地获得掌控外部的能力，而丢掉了与自己内心之间的联系和对内心力量的掌握，我们就像亚当和夏娃一样，处于流放中，被我们自己流放，不再归属于乐园、大自然和宇宙万物。从此我们要遭受数不清的痛苦，每况愈下，躺在恐惧、信仰和习惯构成的床上动弹不得，一刻也离不开房间（这个紧闭的房间在第一章里描述过，最终我们还会认为它是唯一的生活空间）。

所以，除非我们用心体会、刻意安排，否则通往在共融中内心极深的安适的道路一开始确实会很艰难，因为这涉及从长时间的麻痹状态中清醒过来，结束长期固定不动的状态，站立起来。

因此，我们遇到的每个困难都是个指示牌，指明了每一个改变的阶段，经历越多的困难，我们就会变得越自如，越能更好地掌握自己的内心。当然，我知道某些指示牌好像不那么容易辨认，那样我们就得像罗塞塔石碑破译者商博良[1]一样有耐心和决心，还要以极大的勇气面对痛苦（这里我们可以应用交替原则和“开放的当下”原则）。若我们遇到这样令人痛苦的困难，最大的痛苦主要还是来源于：认为只有自己一个人在受苦。

我们不是孤身一人

当我们痛苦、觉得自己不幸的时候，我们通常的反应就是

1　让-弗朗索瓦·商博良（Jean François Champollion，1790—1832），法国著名历史学家、语言学家、埃及学家，是第一位破解古埃及象形文字结构并破译罗塞塔石碑的学者，进而成为埃及学的创始人，被后人称为埃及学之父。——编者注

自我封闭，这么做并不是为了倾听自己内心的声音，从而释放、医治自己，而是为了反复查看自己的伤口、抱怨不止。这个态度背后的想法是这样的：“只有自己才能真正理解自己。没有人能想象我所经历的一切。”或者：“如果我说出来，大家会认为我一无是处、无能或软弱。大家都会否定我。”

我遇到太多人有这种想法了；但是我也遇到很多人非常快乐、幸福，他们乐于分享、交流，敢于显露自己的脆弱，愿意倾听别人人生道路上的困难，他们意识到我们并不是孤立的个体，而是充满活力的整体，所有人都在改变着，不管这改变是深是浅、是否达到了令人满意的程度。确实，来进行个人治疗或团体治疗的人经常会找到在他们平常的关系中找不到的安全感，从而真正敞开心扉。这并不是因为他们的日常生活中缺乏关系、感情或友谊，而是社会文化环境使得他们的关系，包括感情和友谊在内，都是以行为、成绩和效果来定论，而不是以心灵、内心的力量和真实的言语为纽带。

我梦想着有这样一个世界，我们经过不断地学习，越来越会恰当地表达、彼此接纳和倾听，充满了对彼此的尊重，以至于心理治疗师这个职业会变得像某些职业一样过时、毫无用处，只能陈列在艺术和职业博物馆里。

在此期间，为了促进这个梦想的实现，我再给您推荐几个关键的概念，以恢复并维持心灵和意识的健康。在此我只是简短地介绍一下，我知道这些概念中的任何一个都值得用更大的篇幅去探讨，而且需要我们一生都为之实践和努力。我自己也一直在辛勤学习中。

一些主要的学习事项

学会告别

死去，为了成为更好的。

——歌德

幸福，也是学习进行各种告别（哀悼）。人们通常不太喜欢“哀悼”这个概念，因为它仅仅广泛应用于死亡这个领域。我们很少在亲人去世时心里就有了告别的准备，更别提在我们自己的生命旅程中把我们自身的某些部分留在路上，因为它们从本质上来说并不属于我们，这样就造成了接连不断的“小死亡”，对此我们更没有做好告别的准备。

我们没有准备好每天让我们内在的一小部分死去，以便于让更多的部分活下来。在我们心里，难道不是梦想着不要有告别，不要离开任何人、事、物，更不希望所有这一切离开我们吗？回想一下我们与生俱来的害怕分离的存在恐惧吧。

然而为了能够前进，为了经历更多的契合而非分离，我们需要放手很多东西。我们需要告别童年、青年时代，到了年老的时候，需要告别美好的体型、健康、美丽、活力，告别我们心目中的理想父母，告别未完成的计划和梦想，告别不能再陪伴着我们的朋友，告别我们曾喜欢的地方，告别所有我们主动放弃的选择，告别我们本该更早进行的告别……我们需要不断地进行各种告别。告别也是生活的组成部分。在这方面，我们可以确信两件事情：其一，我们避不开接连不断的告别；其二，如果我们不学着去告别，就不可能体会到在共融中内心极深的安适。我们需要学习在需要哭泣的时候哭泣，以便敞开心扉，为令人喜悦之事而高兴。

再一次，我们现在的文化推崇行动、成绩和浅层次的即时满足，在这种氛围中，没有告别的位置。在一个一切都可以买到和扔掉的社会，似乎没有东西会逝去。如果一切都能花钱购买、扔掉或再买，告别就显得极具威胁性：它超出了人类的贸易范围，表明某些东西不可以转让、不可以扔掉，也不能重新买到。告别指出了万事万物有自己的秩序，而我们却没有真正按照这个秩序运转。它终结了我们的痴心妄想，暗示并非一切皆有可能、随时都有可能；我们虽然有能力，却不是万能的。

因此我们并不是要学习哭泣，而是要学习恰到好处地哭泣，也就是说要同时接受必要的改变和经历。我们经常试图将自己封闭在习惯做成的茧里、壳里。

鸡蛋本身的意义不在于鸡蛋

尽管鸡蛋圆圆的，看起来很完美，但是它的意义，也就是它的终极走向，却是小鸡、煎蛋或蛋糕。鸡蛋的意义在于打开自己并进行自我转变。因此，蛋壳存在的意义在于打碎自己，而非试图保持完美和封闭。您被蛋壳吸引或为了保护蛋壳里面的东西，想保持这颗蛋的完整，那么很快您就会感到这只鸡蛋并没有发挥它的价值！

我母亲在突然得了癌症后不到一个月就去世了，那时候我20岁。没有时间做心理准备，没有时间去感受，没有学过哭泣——于是我坚强起来。当我和三个兄弟围着一脸严肃的父亲离开墓地的时候，我固执地强化着这种想法："男人，不应该哭，况且还有更重要的事情要做。"此时一位和我关系很好的女性朋友热情地抓住我的胳膊，对我小声说："你们好帅、好勇敢，四个兄弟连同父亲，没流一滴眼泪！棒极了！"她热心而真诚地认为这是在鼓励我。

我用了15年的时间才意识到我没有真正告别过我的母亲，也没有说出我们本应该对自己说的一切。就像言情剧重复演绎的一样，若没有真正跟生命中的第一个女人告别，在内心深处就不会有别的女人的位置。向她告别，对我来说，就是花时间来说出所有要对自己说的话。若我没有为第一段关系哀悼，就不能真正去享受一段新的关系。我因此开始明白交替原则。如果我们想长大，告别就是必经的阶段，这是生活的真理，我需要告别我的某些部分，也需要进行各种各样的哀悼：从有点儿痛苦的到痛苦万分的。现在我知道了我们要为分离和放弃而哭泣，知道了即使我们没有刻意选择，它们也会突然出现在我们的生活中，有时它们或许是我们有意识的选择所带来的后果。

安慰的泪水，改变的泪水

我说的是真正的哭泣、适时的哭泣，也就是就算痛彻心扉，也要进入痛苦的深处，面对面地仔细观察它，只有这样我们才能脱离这种痛苦。正是这种直面才能引起改变，也能让人一点点地重新迎接快乐。因此我谈论的并不是为了尽量避免痛苦、为了自我安慰而进行的哭泣；相反，这些泪水只会让我们保持在我们刻意回避的痛苦中。

> 幸福，同样是要接受哭泣。

我想起了一位朋友，在她儿子的丧事期间我一直陪伴着她。我们约好在好几天里都在约定的时间会面。每次会面都让她更有力量去面对儿子去世给她带来的孤独。每当她面对自己的痛苦、抗争和心碎，她都觉得自己痛苦得似乎被耕田的犁刀碾过或像置身于大火之中。她大声喊叫，甚至痛苦得几乎失去意识。她握着我的双手，确切地说我的手都要被握伤了，或者我拥抱着她试图给她安全感，扶着她帮她挺过痛苦引起的痉挛。我邀请她接受犁刀或大火，不要对痛苦进行反抗，清醒地意识到自己的身体并没有被犁刀翻碎也没有被火灼伤，她现在所受的痛苦，正如分娩的阵痛一般，确实既炙热又剧烈，可最终，她会存活下来。

经历过如此为儿子的去世痛哭，一个全新的她诞生了。

她现在平静地生活着，并投身于陪伴那些处于痛苦中的人；她当初也可以选择就那样活下去，不去触碰丧子之痛，不做任何改变。

还记得前文说过，我们由于对自己的感受缺乏确切的了解，于是会害怕感受。所以，我们倾向于自我安慰或得到别人的安慰，而不是面对我们的痛苦；我们也倾向于安慰他人而不是陪他人一起痛苦。

我的这位朋友因为学习并且接受了这种方式，所以她知道要找回活着的快乐，首先要做的就是真正地为死亡哭泣。

> 我出生在这个世界上，一开始它不愿意听到关于死亡的讨论，今天这个目的已经达到了，它却不明白，如此一来，自己连谈论美好的权利都没有了。
>
> ——克里斯蒂安 · 博宾（Christian Bobin）[1]

---

1 《纯粹的存在》（*La présence pure*），Le Temps qu'il fait出版社，1999年。

在我看来，如果我们能更早地学会告别，无论是大的还是小的告别，我们就会免受更多的痛苦。告别本身是痛苦的，但若抵抗、逃避、否认，或因为没有能力去经历这份痛苦而把自己封闭在密闭的壳里，反而会更加痛苦。

从全盘考虑，与其为了避免痛苦而更加痛苦，还不如去接受能释放自己并带来改变的痛苦。

> 男人和女人因爱而联结，而爱情只会对那些不怕痛苦的人微微打开它的神秘之门。注意，我说的不是“喜欢受苦的人”，而是说那些在前行道路中必须面对痛苦——比如需要在激流中踩着河底碎石块抵达浅滩而不退缩的人。
>
> ——克里斯蒂安·辛格（Christian Singer）[1]

接受自由意味着放弃某些自由

> 对于从布鲁塞尔旅行至北京的家伙来说，问题的关键不在于到达北京，而是离开布鲁塞尔。
>
> ——雅克·布雷尔（Jacques Brel）

可能您认为，我在这里要讲的自由是显而易见的事情。然

1 《疾奔向何处？天堂就在我心？》（*Où cours-tu? Ne sais-tu pas que le ciel est en toi?*），Albin Michel出版社，2001年。

而，几乎每天我都惊讶地看到与之相关的概念似乎并未普及，我们也未刻意地让它们融入生活中。

我们很难幸福，只要我们没有理解和完全接受生活的另一个基本原则：我们只能在有限的范围内活出自由。实际上，我们的自由受时间和空间的限制，因此在某个具体的时间、地点，并不是一切皆有可能的。比如，在一个十字路口，如果我们保留所有可能性，认为无论任何时候，我们都可以自由地选择任何一条路，结局就是什么都选不了，我们会困在十字路口。可是，如果我们选择前进，这个选择自然就包含了放弃所有其他我们不会走的路。当我们选择一条路，就是放弃了选择其他路的自由，看上去我们是失去了自由，实际上这却对我们有益，因为这样我们才能自由地前进。如果我们可以自由地反悔我们的选择并重回十字路口，再选择另一条路同样意味着需要放弃其他所有可能的路。

由此看来，自由，就是能够告别那些没被选择的道路和可能性，哀悼那些本来可能存在的自由，并对此放手。您觉得这容易理解吗？用以下几个例子来核实一下这个说法。如果您是学生，您可以自由地学习，可您还是得接受上课的时间和地点(远程授课的情况除外，这个自由选择会带来别的后果，同样限制了另外一些自由)，还要遵守并不是由您决定的，而且可能一点儿都不适合您的课程表。

如果您是老师，您可以行使教课的自由，那么您选择教授一些生动、革新、超出传统规定的内容——可能从传统角度来看是毫无意义的，但既然您这样选择，就得承担由此带来的后果。

您选择或再一次选择夫妻生活、家庭生活，就意味着您要平静地放弃感情生活或职业生活中您同样在意的其他可能性。

即使您一点儿都不喜欢您的工作，但是您仍然选择每天都去上班，因为您很清楚工作能满足您的一些需求，那么您也会平静地放开那些被排除在外或束之高阁的其他可能性。

不要忘了，接受和屈从的区别在于您的心境是快乐还是苦涩。如果您走在自己选择的道路上，因为没有选择另外一条路而心中充满懊悔和苦涩，却无法折返回去换一条路走，那么您肯定会过得很不快乐。那么，从全盘考虑，与其因为不快乐而更加不快乐，为什么不接受对没有做的选择进行告别所带来的不快乐呢？

> 自由和幸福，就是做我们选择的事情，同时完全接受这些选择所带来的令人不愉快的后果。

爱上时间的流逝

> 冻结的时间在我滚烫的手里融化，叫我如何留在原地！
>
> ——保罗·莫朗（Paul Morand）

好长一段时间，我都把保罗·莫朗的语录当成自己的信条，完全陶醉于像仓鼠一样不断的奔跑中。确实如此，与“不着急”“慢慢来”“我们还有时间”“品味时间……”相比，我听到更多的是“我们没有时间”“赶快”“快点儿快点儿”“当我们有时间的时候”“如果我们有时间……”。因此我长期以来把时间视为敌人，需要与之做斗争，或者不管怎样，都把它视为罕见的、容易消失的东西，如果我不想突然跌倒的话，就需要每时每刻都保持警惕……在成长过程中，我从未觉得时间充裕，一直有一种氛围让我觉得时间是定额分配的。

我的学生时代是人生中最轻松的一段时光，毕业后，我职业生涯的前15年都活在这样的氛围中：紧握计时器，像仓鼠一样赶快奔跑！近些年，我注意一点点地改变自己与时间的关系，从而大大地提高了生活质量。我之所以说“一点点地改变”，是因为编码很顽固：它不仅仅是做事习惯或在我内心运转的程序，我的每个细胞甚至都自动地为奔跑设计好了程序。我花了许多时间才意识到这个程序的存在，它像个偷渡者，秘密地在我这个人的各个层面运作。直到几年前它才清晰地显露在我面前。

秘密进行的编程

我和瓦莱丽，我们作为情侣，曾在9月中旬在海边过了三天的二人世界。安静的沙滩、温暖的落日和金汤力酒……我的大脑对我说："一切都很好。"我的心对我说："我很放松、很幸福。"我的身体却问我："我们要跑向哪儿？"

我感觉皮肤底下的细胞像准备战斗的战士的护胸甲一样，像准备奔跑的马拉松运动员一样，异常紧张。它们焦躁不安，不能放慢速度停下来休息一下。然而我并没有要操心的事，没有会面，也没有任何紧急的事情要处理。

我意识到我需要取消在自己身上的信息编程，而仅仅通过意识和简单的放松锻炼是不能实现的。尽管我的生活节奏整体上朝着令我满意的方向发展，但我的细胞还是保留着这个信息或消息——"生活就是奔跑或战斗，必须时刻做好奔跑或战斗的准备。"这些并不仅仅是那天晚上在沙滩上的想法，几乎每一天都如此。根据这件小事，我推断出两件事情：

① 尽管9月的那个晚上环境很美好，而且我对自己的研究已经进行了很多年，我面前仍然横亘着一道障碍，阻碍我在共融中获得内心极深的安适。这恰好印证了我正处于前文中提到的学习阶段，在那一部分我指出我们行走在不断学习的路上。各种学习过后，在不知不觉中我的能力变得更强，但我发现，无论如何，在这片沙滩上时，自己处在"意识不到自己不知道"的阶段，然后在新的学习任务面前，进入了"意识到自己不知道"的阶段，这项新的学习任务就是：让我的身体不再受制于已经废除的陈旧编码。

② 多亏了美好的环境和在我身上已经做成的所有工作，我很从容地仔细倾听、感受并认清发生在自己身上的事情，同时辨别到底是哪里出了问题。以前，我会咒骂疲劳不断累积，抱怨自己把前几个星期的日程安排得过于繁忙，我甚至可能会和瓦莱丽吵架，破坏我们之间的美好关系。有可能会再喝一杯金汤力让自己放松下来，或者打昏自己——那就什么也不用改变了！

看看，我还是不自觉地待在陷阱里，像出色的战士一样穿着护胸甲，而我长期以来也扮演着战士的角色。正是意识到了陷阱，我才产生了脱离陷阱的愿望。因此，我对身体记忆的两种方法产生了兴趣，它们启发并帮助了我：一个是玛丽·利斯·拉邦特[1]提出的解除心理防御的方法，另一个是米歇尔·拉罗什[2]教授提出的细胞分析与再生疗法。简单地说，这两种方法可以帮助我们了解并打开那些不知不觉在我们身体里形成的微小编码。实际上，长期克制自己的情绪和冲动会产生压力并让我们变得紧绷、呆滞，而这些正是造成痛苦和疾病不断复发的原因。

1　玛丽·利斯·拉邦特（Marie Lise Labonté），心理治疗专家、培训师、国际演讲者，著有大量关于自我治愈和解除心理防御的方法的作品。她20岁时得过重病，不得不坐轮椅。康复后，她在加拿大魁北克、法国、比利时、瑞士和西班牙讲授她自己创立的并治愈了她的康复方法。

2　米歇尔·拉罗什（Michel Larroche），医学博士、针灸医生，主张顺势疗法，学习过各种能量方法。他创立了细胞分析与再生疗法，并给各科的众多治疗师提供培训；著有《我的细胞有记忆》（*Mes cellules se souviennent*，Guy Trédaniel出版社，2000年）。

我经常对自己生活的这个时代赞叹不已。尽管有许多可怕的事和悲剧发生，但是一些把身体和心理健康看作一个整体进行理解和治疗的新方法也诞生于这个时代。那些方法结构严谨，把人类视为身—心—灵的整体，让人们重新回归正轨，完全表现出了人类的智慧。

不管我们今天的社会推崇什么信仰，纵使在国家范围内甚至世界范围内，都充斥着仓鼠式的奔跑，我们每个人仍然可以学习改变自己与时间的关系。我们可以学着将时间看作一位朋友、一个盟友，它可以让我们在花园里收获我们所播种和照顾的东西。像任何学习一样，这次的学习同样要求决心和坚持。如果我们不能（或者可能不愿意）一上来就改变我们的运行结构（我们的工作范围和工作时间、我们对家庭的投入和其他事项），那么我们可以在这个结构内部改变自己的存在方式。

今天，我更愿意用修改过的保罗·莫朗的短诗对自己说："安静的时光，让酒窖里的葡萄酒散发芳香，让田野里的麦穗成熟，让我们的关系越发深厚，让我们的内心保持平静，我怎能不在此驻足呢！"此外，我也希望通过我的存在方式帮助我的女儿们与时间建立起一种平和的、值得信赖的互爱关系。

避免中坏消息的毒

恐怖对我们来说具有巨大的魅力，在这种魅力中，我们忘记了美的力量。

——居伊·科尔诺

在我看来，没有人愿意长期吃过期的、变质的食品，甚至连速冻、冻干、罐装食物也不行。我们似乎相当注意日常饮食：我们尽可能吃新鲜的、健康的、活的食材。

然而，我们有时候会牢牢记住坏消息、失败、意外、灾难、杀戮、流行病和悲剧，这一切有时候会让我们恶心或消化不良。而且我们很惊讶地发现自己很虚弱，毫无冲动、不快乐，也没有先天的免疫力来对抗糟糕的身体和不幸的命运！

如果我们没有用有营养的东西喂养我们的意识，就很可能会中坏消息的毒。在这方面，我经常听到有人说："怎么也得知道世界上发生了什么事情，必须知道！"这仿佛是个咒语，却经常被当作不得不遵行的教义，我会琢磨隐藏在这个咒语背后的原因是什么，而且我也寻思这里面是否带有对某些令人不适的生命存在问题的逃避。我们知道这些悲剧，但是什么也做不了，那么我们知道有什么用呢？这些消息对谁有用呢？多数时候，这只会让我们产生反抗的情绪和无力感，甚至会使我们失去行动力，而原本我们可能正打算跟周围的人一起做些什么来应对身边正在发生的事。这太过分了！

对于身边的生活圈子，即家庭圈子、朋友圈、工作团体、村庄或街区，我希望了解发生了什么事，以便对坏消息表达同情，对好消息表示祝贺。这种生命节奏的交替，这些消息的互通有无，对我来说，这才编织出了真正的共同体。我发现，据我所知的大部分团体中，大约有95%的好消息和5%的不那么好或是真正糟糕的消息（而基于交替原则和“开放的当下”原则，到底什么是坏消息呢？）。如果必须去了解世界发生了什么事，我也希望是用以上这种方式来了解。

只是，当媒体想要告诉我这个世界共同体的状况时，好消息和坏消息的比例颠倒过来啦！因此，当他们告诉我们当天或一周的消息时，我实在无法相信他们。他们没有公正地播出真实的消息。他们给我们传递的消息都是经过萧条的文化这个过滤器筛选出来的，这种文化长时间将在共融中内心极深的满足驱逐出去，而且由于没有更好的东西，人们养成了习惯，只有在恐怖和紧急的情况下，心跳加速时才能感受到生命的强度。因此，媒体只是这种文化的反映，我们每个人都是这种文化的推动者。

当天实际发生的新闻比过滤之后的信息要美好并丰富得多。当然了，我经常听到另一个咒语：“是的，但是世界上并不是一切都顺利，必须要有清醒的意识并保持客观。”

当然了，我们需要保持清醒和客观！如果偶然有一架飞机失事或一辆火车脱轨，许多家庭会因为痛失亲人而心碎，我们当然得同情并团结一致。但客观上来说，有更多的飞机安全着陆、火车准时抵达，更多的家庭经过分离又重逢、满心欢喜，我们也应为此去赞赏伟大的科技和人类出色的组织能力。

如果某位医生、律师、警察、银行家、教师或政客偶尔有过失或犯了错误，我们往往会忘记犯错属于人性的一部分，并仅仅因为不希望看到错误发生在自己身上而去指责他们，也忘了还有成千上万的人在尽心尽力地、富于创造性地工作。

我们忘记了给予所有状态良好、进展顺利、完美解决的一切应有的赞赏。我们经常对那些不足的、卡住的、让人痛苦的、失败的事情指指点点，乐此不疲。这样，我们就是不断用坏消息喂养自己，失去了活力；不过这还不算什么。当我们变得病态、具有攻击性并玩世不恭时，在我看来这就很可悲了。

> 灌溉花朵而不是杂草。
>
> ——弗莱彻 · 皮考克（Fletcher Peacock）

因此，当我开始想认识自己时，我意识到不断累积坏消息，又完全无力做出任何改变，让我没有精力、活力和动力去改变自己的生活。由于没有过滤也没有回收，我不断地吸收一切，最后慢慢地进入抑郁中："既然一切都进展不顺利而且也不会有任何转机，那么发展、改变、转变自己有什么用呢！"

我已经认不出自己了：原本我看到我能做的事就会精力充沛，而此时我却泄气了。

自己对远方的形势无能为力，接受了这个事实后，我试图在身边找到我力所能及的事。我立刻停止收听坏消息，努力实现自己的计划；我发现只要自己好一些，并且找到自己的方向，我就有能力帮助他人过得更好并找到他们的方向。当我意识到照顾好自己会让自己敞开心扉，还能帮助他人去照顾他们自己时，我的内心是多么喜悦、多么坚定！您能想象吧！因此，我把自己所有的力量、感受力和智慧都用在这上面。日常生活中，我提防着无孔不入的坏消息，这样的提防并不意味着漠不关心（我所希望了解的这个世界的消息，总是通过我身边的熟人及时地传到我这儿），但我却保存了自己的精力和时间，选择把它们用在那些在我看来更崇高、更欢乐的事情上，而不是去确认哪些事情进展不顺。

很多年了，我都只是粗略地浏览报纸和杂志，每周不会超过一次，且非常小心，并且至少用同样多的时间去浏览好消息和坏消息。我跟那些喜欢批评和抱怨但从不改变自己的生活的人谨慎地保持距离；跟那些做出改变、将想法转化为行动、不断前进的人并肩同行，我们分享疑惑和困难，也共享快乐和我们的发现。

我想按照自己的心意改变生活，要实现这个目标，我需要用尽所有的精力，确保自己的意识吸收了有营养的食物，还得除去有害的思想。我不断问自己："我拿什么来滋养自己的心灵呢？什么会激励我或打倒我？什么会让我生气勃勃或萎靡不振？我的冲动和疑惑都是什么呢？我如何才能活出'美'和'善'？如何才能排除'丑'和'坏'？"

现在，我的工作就是帮助那些处于痛苦和困境中的人。他们要讲述的并非只是好消息或美好的事情。然而，尽管有许多痛苦，仍然有一个好消息：他们决定改变能改变的，可以改变的地方，比他们一开始认为的要多得多。

美和善的"维生素"

稍微想象一下：假设媒体推出一项新的准则——50/50，即所有报道中必须有一半好消息、一半坏消息。我相信我们的精力、创造力、冲动会很快地发挥出来，而且广大受众会被激励，这样就极大地改变了我们共同生活的方式。就算您只听到了5%的好消息，比如对癌症或艾滋病的研究取得了突破性的进展、人质或政治犯被解救、失踪的人被找到，您所获得的快乐、幸福和信心也给您带来了力量吧？好消息比维生素更能激发我们。但是我并没有攻击媒体的意思，因为他们报道的，无非就是我们喜欢的东西，所以需要改变的是我们自己。

这样，我们可以通过凝视美、颂扬善来获得持久的幸福，那是取之不尽、用之不竭的免费资源。在"美"和"善"里（存在于大自然、音乐、一件艺术作品、一个人里面，在用人文关怀的角度看待一张竖起的桌子、一个餐盘、一件雅致的衣服、一件非常简单的物品或一片光芒中……）有一种震撼，它跟我们内心感受到的震撼相呼应。当我们说“这让我很震撼”时，指的就是这种震撼。因此，我们可以通过凝视、欣赏、品味、享受和分享快乐，来激发自己接受生活的震撼。

这让您惊讶吗？您也努力这么做吧：愿意让大好事突然出现在自己面前，就像任凭所有那些不一定美但进展顺利的小事出现在自己面前一样。我们周围实际上存在着比我们意识到的多得多的事情。让我们回忆一下前面佛祖的语录：我们心不在焉！这些小的事情需要我们的关注，甚至可能需要我们怀有谦逊之心才能发现。

如果您确实没有看到任何需要颂扬的，没有任何东西让您高兴，哪怕是一丝的高兴，那么只需要将您的注意力放到您的呼吸和心跳上（如果这种安静不会让您太害怕的话……）。无论您经历什么，您的呼吸和心跳都会发自内心地对您忠诚。慢慢地意识到这种忠诚、这种永恒的忠心，并且要看到尽管您此刻很沮丧，似乎一切都失去了意义，但您仍然有力气继续呼吸一口空气，迎接下一次心跳。就接受从这里、从这个问题开始重新出发吧：尽管您慌乱不安，但是您身上的什么东西让您继续活着？呼吸、心脏跳动，这个原始的生命体征对您来说意味着什么呢？

我喜欢记不得从哪儿看到的这个建议：“是什么那么肯定

地告诉您您在这个地球上的使命还没有完成？是您还存活于这个世界上的这个事实啊！”

耕耘生命的冲动

> 我并没有说沙漠隐士和修道院里的修士肯定会比城市人经历更多的快乐，但是我想说，他们的简朴会减少对快乐本质的误解。
>
> ——安托万·德·圣-埃克苏佩里

我带领的培训，通常是抛开一切日常，在城里或乡下进行的两到三天的讨论会，或在沙漠地区进行的为期一周的旅行。在培训快结束时，我会建议他们有意识地为与会期间获得的愉悦和满足庆祝。用这种方式促使他们不仅把好的东西存储下来，以便在自己身上留作备用资源，而且让他们更清楚自己的生命冲动，好让这些冲动在日后仍然持久地保持下去，在日常生活中活跃起来。

如果在一个大家一同生活的工作坊里，他们表现出非常喜欢自由地做自己，欣赏彼此之间真诚、快乐又深入的交流，享受放下盔甲和面具后内心获得的安适，我就会建议他们自己决定是否持守这些真实的冲动、坦率和善意，甚至在工作中或地铁里都活出这样的自己。

如果在沙漠旅行中，他们喜欢沙漠的无限和安静、简朴和圆满，以及牵骆驼的人身上那种绝对而朴素的快乐，我会建议他们去发掘自己身上也有这些美好的元素，而且如果他们真的愿意的话，也可以自由地保持这些美好之处，即使面对堵车、烦恼或日常琐碎，以及充斥在我们这个消费社会里的喧嚣时。

工作坊或旅行对他们每个人来说只是一个启发或共鸣，让他们能够更好地意识到自己正在寻找的东西，并更容易地找到，或帮助他们知道如何在日常生活中寻找。如果他们只有在培训期间才能体会到自己的冲动，那么他们就产生了依赖。而培训的目的是让参与者在日常生活中找回自主性，体验真实相遇的关系，看见永恒在此刻的彰显。

为了收获我们发自内心想收获的东西，我们就需要耕耘我们真正的冲动。奇怪的是，我们更习惯于反复思索我们的失落、检查伤口，而不习惯感受我们内心深处的冲动。刻意留出一些时刻去适应生命的冲动，这是健康生活的一部分，也对纪律有一定的要求。

生活纪律

本章所描写的各种学习就像本书其他部分写到的学习阶段一样，都需要一点儿纪律，也就是说，愿意追随发生的事，愿意成为对我们说话或摇醒我们的生活的门徒。

在《110%》这本书中，世界柔道冠军达维德・杜耶（他现在从事非常实际而具体的社会活动，对于许多人来说，他代表了坚定的力量和善意的温柔）以极具人情味的方式描写了自我倾听和实现自己的意愿需要做的工作："根据经验，我知道如果我们不完全了解自己，就无法做出合理、公正、诚实和客观的选择。'自我了解'这个概念是最基本的，因为，最终'我'是第一个需要为自己的选择承担后果的人。因此这些选择需要符合我的个性、性格、身体，或智力、能力、愿望及野心。没有人比我更清楚地了解我的这一切。因此我必须首先'倾听'我内心和头脑里的声音，然后给自己提合适的问题：我想做什么？什么最令我感兴趣？在哪儿、跟谁在一起，在哪个阶层我会感觉很好？"

达维德·杜耶同样谈及了"热衷于某件事"和"有激情"的区别："我们发现当我们带着某种快感来接受学习过程中必然会经历的'地狱'时，我们就能唤起真正的激情。"他给"地狱"这个词加了引号以表示强调，因为他认为这个词可能有点儿过火。但是他所说的话在我看来都是恰如其分的。

我很震惊地看到在我经历一系列缓慢的觉醒之前，在生活中自己颇有能力去接受各种类型的贫瘠的"地狱"，那里没有出口，我只会把自己持续封闭在习惯和舒适构成的茧或可爱又紧闭的壳里；觉醒之后，我才能进入"改变"这个肥沃的"地狱"里。

我遇到过很多人，他们意识到自己并不幸福，他们想去改变自己的生活；然而，他们将很多气力、注意力和精力用在了一堆外部的事上，而用在内在改变上的力量就少得可怜了。这里，我们看到了习惯的力量，更确切地说，我们缺乏修剪我们内心存在状态的习惯。当然，我们没有权利评判这些态度。

只是……我又一次跟自己说：为了努力而努力，修剪那些已然发芽的地方，可能是值得的！

> 没有任何东西可以填满内心的空虚，除了能明显引起冲动的那些幸福的震撼。
>
> ——居伊 · 科尔诺

作为总结的一些思考

“热情”这个词来源于希腊语“en theou atmos”，意思是“在（带着）上帝的气息中”。

这本书的内容显然不是围绕着“幸福是什么”这个问题展开的。我们每个人的生活都是对这个问题潜在的探索和回答。作为这本书的结论——当然远不是这个主题的结论，我想分享一个我个人最近的经历和两个画面，这些我一直铭记在心，当生活没那么容易、没那么舒服的时候，它们鼓励着我前行。

我父亲去世，我女儿长大

几年前，我父亲在病了两年后去世了。当得知他得了癌症时，我们都震惊了，他是阿登地区的护林员，看起来一直都是那么健壮。

在最后的几天，我们所有人，包括兄弟姐妹，都聚集到家里，因为父亲坚持死在自己的床上。我们轮流在床头看护着他。在很长一段时间里，他竭力保持着意识的清醒，这让人震惊，甚至让非常习惯这种情形、充满了爱和尊重的临终关怀医生惊讶。而这却是父亲的愿望：就算不舒服，也要尽可能长时间地对要经历的事情保持清醒。

在这两年短暂的时光里，我和父亲之间的关系变得亲密了，不再像以前那样小心翼翼、有所保留。我们充满好奇心，热情地交流我们内心的冲动和真正的爱好；我们不再像以往那样羞涩，而是敞开心扉，谈论对自我的认识、对生命意义的追寻和对激情的看法。我们所谈论的，触及信仰、圆满、永恒的爱和上帝，远远超越了他一度关心的宗教教义和习俗。

我们的关系变成了普通的人与人之间的关系，我们超越了在父子关系中各自扮演的角色。我们不仅可以互相说出对彼此的爱，还能表达对彼此深深的尊重。我从来没想过有一天能遇到这样一个人，而这个人就是我父亲。

后来，他马上就要不久于人世了，可能只剩下最后一两天。那个下午，轮到我照看他，可我必须离开他的房间跟妻子会合，那天是我们女儿卡米耶的生日，妻子为女儿准备了下午茶。我妻子瓦莱丽喜欢庆祝：她装饰了厨房，挂起花饰，点燃了蜡烛，卡米耶用充满赞叹的眼神望着这一切。

换作以前，我肯定会产生负罪感，或者我会试图让瓦莱丽觉得愧疚："什么？庆祝生日！我父亲正在楼上房间里独孤地死去！"而这一次，一走进厨房，我就意识到自己希望跟妻子和女儿一起庆祝，希望完全在场，就像三分钟前我全身心地陪在父亲身边听他呼吸一样。我不希望错过生命中的任何时刻，不管是在这儿庆祝一段刚要启程的生命之旅，还是在楼上陪伴即将熄灭的生命之火，仿佛天即将亮了，守夜人却在微弱得只剩下小火星的火盆旁沉沉睡去。就在进入房间的那一刻，我意识到幸福对于我来说并不一定是快乐的，幸福是完全在场。

这样，不管忧伤还是快乐，面对死亡无能为力，还是赞叹新生命充满希望的开始，要做的就是全然投入地在场。而这样的在场带给我的，正是我所谓的在所有时刻与所有有生命气息的存在的融合，因而内心获得极深的满足。我不快乐，但很平和。

> 幸福，并不一定是快乐，它是对我们所有经历的完全在场。

沙滩椅还是登山鞋?

想象一下在明媚的阳光下，您在某个俱乐部度假两周：沙滩椅、太阳伞、温热的海水、新鲜的鱼……假期很舒服，它确实满足了您的需求：身体的休息、心理的放松，以及与周遭和谐相处的某种喜悦。

再想象一下，您幸运地拥有了另外两个星期的假，而且为了稍微换换口味，您选择去山区远足。您穿上登山鞋，装备着背包、野营物品、急救物品、水和食物，进发了。这个假期显然没那么舒服：脚上的水泡、肌腱炎、晒伤、山区的暴风雨、蚊虫叮咬、荆棘、冰川……但我相信，一路走来、披荆斩棘，终于抵达目的地后，您定会对这样的旅程满意万分，您内心的幸福指数会飙升，您与周遭一切事物的关系也会更加和谐。不舒服是经历的组成部分，经历了各种各样的不舒服后，您才有机会更深入地体会到在融合中内心获得的极深的满足。而且在这之后，带着内在安适满足的共融状态，您很可能又会来到海边休息逗留。

柔软和力量

冲浪者要想在风浪中稳稳地站立在冲浪板上，仅仅身体强壮是不够的。如果他只是强壮，并一心希望战胜波浪，坚持按照自己的既定路线航行，那么波浪很快就会击碎他的冲浪板，把他甩到沙滩上。

仅仅柔软也是不够的。如果他仅依赖身体的柔软，就只能被波浪带着走，被带偏，完全无法按照自己规划的航线航行。

为了最终能轻松自如又满意地前进，他得尽可能充分利用波浪，学习跟随波浪的动态前行，而不是逆着波浪行进，有时候往左靠有时候往右倾，交替进行，学习把力量和柔软结合起来，从而真正地体会当下的美好，体验在融合中内心获得的极深的满足。

远足者跟冲浪者一样，为了获得极大的满足，甚至内心的喜悦，他们愿意接受各种不舒服，而这些不舒服恰恰是行进在他们自己选择的道路上必不可少的组成部分。现在我明白了，如果我们愿意经历不舒服，并把它视为生活过程不可或缺的组成部分，就可以在生活中获得更多的满足，甚至是持续的喜悦。我也明白了，我们在生活中获得了更多的满足之后，我们的内心一定会更加平和，这样我们便是做好了为外部世界的和平做出贡献的准备。

所以我觉得，个人为自己内心的平和与内心深处的安适而努力，就是为外部创造更多的和平，以及为人类的福祉做出实实在在的贡献。

这种观点让我坚信在意识和心灵里，我们拥有给人类社会的生活方式带来显著改变的能力，这对我来说是快乐和信心的源泉。关于和平，我在后记中继续跟大家分享。

后记　探索民众的内心力量

> 我们应该学习像兄弟一样一起生活，否则我们会像傻瓜一样一起死去。
>
> ——马丁·路德·金

要么学习像兄弟一样一起生活，要么像傻瓜一样一起死去，马丁·路德·金的这个警告言简意赅：内心的平和与外部的和平并不是从天上掉下来的，如果我们不努力、不辛苦、不学习，根本实现不了。

学习如何和平相处是有必要的，这种必要性与和平的本质没有关系。事实上，如果我们重新学着自我觉醒，那么和平就是我们的本性，此刻就在我们心里，是我们可以感觉到的。然而，和平是与文化相关的，或更确切地说，与我们所缺乏的文化相关：我们没有关于和平的文化，没有关于安适的文化，也没有尊重生命的文化。证据就是：不管在城市还是在乡村，我们总是为死人立纪念碑，少有为纪念出生、生命和活着的人立的碑。我们的墓地比大部分建筑的门面都更加绚丽。在许多国家，所谓的全国性节庆多半都会举行阅兵仪式，而不是小孩子、各行各业的工作者、艺术家和手工匠人共同参与的群众游行。

以收集样本或民意测验的方式，我们总结了各个年代的人提及和平时使用的最常见的用语，并从中取了三种：第一种是赞扬战争（“如果你想要和平，就得准备战争”），第二种是把和平当作风暴来临时的避难所（“我不在乎和平”），第三种是关注死亡（“希望他们能安息”）。简单地说，我认为这些表达维护了以下三点基本信念，正是这些信念引导着我们的集体意识：

① 和平是以沉重的战争为代价的。和平，更确切地说是非暴力，本身没有力量：必须通过准备或进行战争来维护它。

② 和平只是一个避难所，在风暴来临时可以独自躲避其中。它并不是大家为了一直住在里面，克服了分歧和差异，通过长期的努力一起牢固地建立起来的东西。

③ 只有在墓地才会有真正的和平。想象和平的生活是不切实际的。

我经常发现，不管在哪个社会阶层，人们都会有这样的基本信念，所以我进一步理解到，我们在如兄弟般友好相处和为和平所做的准备上投入的人力、物力、财力和科技资源那么少，而在可能像傻瓜一样一起死去和为战争所做的准备上投入了大量的人力、物力、财力和科技资源。

在美国的“9・11”事件之后，我和许多人一样，惊讶地看到为了作战，大量的预算、人员精良的部队、尖端科技、燃料储存和各种装备在仅仅几天的时间内就可以整装待命，然而为了建立和平，几乎到处都缺乏预算、精良的人员、科技、资源和装备，这是很残酷的事情。

在大部分与教育、援助和治疗相关的领域，资源非常匮乏（如托儿所、学校、医院，以及针对年轻人、暴力受害者、老年人或老年痴呆症患者的接待中心，预防自杀的机构、戒毒所、街头教育工作者或社工培训中心、体育设备、组织年轻人旅行的机构、医疗研究机构等）；同样，涉及人际交往的终身教育，也就是我所谓的民众教育（如人际关系培训，沟通和非暴力解决冲突的工作坊，自我认识、个人发展和关系发展的研讨会，个人、情侣、家庭和团体治疗），在该领域，资源也是紧缺的。

这个事实告诉我们一件重要的事情：和平还不是社会的基本选择。我们优先选择的，是冒着发动战争的风险，又快又全面地备战，而不是为和平做准备，甚至冒着活在和平之中的“风险”！我说“活在和平之中的风险”，就是为了凸显出这个拙劣的文字游戏。[1]我觉得我们还没有准备好，也就是说我们的内心还没有做好准备，持久地将我们的关系维持在和平状态。我所强调的和平状态指的并不是没有冲突，而是提高我们自己以非暴力的方式处理冲突的能力。

我们经常意识不到，或者说我们只能偶尔意识到，很多时候我们仍然在寻衅斗殴，并沉浸在争执带来的表面兴奋里：从拳脚相加或相见于法庭这种正面冲突到家庭内部或夫妻之间的争执，过程中间或许还会经历冷战、碎言碎语、恶毒的言论、争论、摧毁性的流言，还有其他见不得人的心思和筹谋。在我们的日常生活里，更常见的是张力、冲突和挑衅——多半以温柔淑女或谦谦君子的面目出现，相比之下，遇见、相互理解、善意又同心协力的合作，实在是少之又少。

不选择和平，我们便要付出昂贵的代价。我们需要牺牲健康，去医院，面临社会压力和无情的商业竞争，破坏环境，加强军事装备，在感情和心理上承受各种痛苦，让家庭生活变得支离破碎……

这样的选择对作为普通百姓的我们来说或许是很昂贵的，它却是某些人巨额收益的来源。此外，我认识一

1　这是个讽刺，即如果我们觉得活在和平之中是一种风险，那么我们其实根本就没有准备好迎接和平。——译审注

些人，他们公开提议在尊重生命本身和其过程的基础上，建立行之有效的治疗方法，却因此而受到暗地里的恐吓，甚至明目张胆的制止。可是，他们的方法要运作起来，既不需要机构，也不需要其他任何投入，只会花费一点儿时间，并需要个人以某种形式参与。我说的这些，并不是侦探小说里的情节，而是真人真事。那么如何是好呢？

如果你向往和平，那就为之做准备吧！

在一部政治类别的惊悚片里，为了推翻陈旧过时且致命的信念体系，进行全民总动员，或更确切地说，促使民众以起义的形式来对抗，这种剧情很吸引人。

我喜欢“民众起义”这个概念，部分原因是因为它强调了积极的投入和抵抗。尽管如此，我还是更喜欢生命慢慢成熟的过程，这个过程让新的信念慢慢在人的心灵和意识上扎根，直到摆脱了对事情急于反应的好胜心和张力，最终自然流露出来。事实上，我相信意识的变化会带来确凿而强烈的改变，同时不用担心陷入暴力之中。

1984年，我在部队服役，是个年轻的军官。作为训练，我们要认真地观察柏林墙上当时将德国一分为二的那道铁幕。那个监狱、那道围墙已经葬送了几千条生命，也全面动员了另外的几千人。此外，我们的军事行动，我们的精力、想象力、时间安排和担心，全都围绕着预防东德的入侵展开。

五年后，1989年，柏林墙自己倒塌了，没有动用丝毫武力，民众欢呼雀跃，铁幕随之被拆除。在这件事中我看到了集体意识成熟后的效果，其间，每个个人意识都充当了酵母。这种成熟，肯定受到了各种事件的刺激，因为这是个互动的过程，它在1989年给整个欧洲、苏联和东、西德关系带来了象征性的改变，也改变了基本的政治格局，这种改变是强有力的，而且几乎大部分是通过非暴力的方式实现的。因此，我相信民众的内心力量。我谈论的内心力量与宗教信仰无关，它在每个人的心中，不管这个人的冲动、宗教信仰或文化背景是什么，它尊重所有的信仰告白。如果说“内心力量”这个概念确实与宗教行为有关，可以确定的是，这个概念不仅仅存在于宗教领域。

通过民众的内心力量这个概念，我想表达这一点：通过个人发展，先获得自己内心的安适，然后有意识地回归内心，注重自己的价值、尊严、责任、对世界的归属感和自己与别人的关系，追求意义、自由和友善；这样，个体，也就是民众的一分子，便会影响、刺激其所在的集体。在我看来，这种影响和刺激可以促使集体去超越，例如，超越对改变的恐惧或前面提到的稳态的限制，从而改变想要改变的，适应想要适应的，营造彼此尊重、关系深厚、快乐无比的共生环境。

皮埃尔·哈比（Pierre Rabhi）的一段文字，让我更加确信应该鼓励我们每个人发展这种内心的力量：

> 一些人思想上和心里最初的目标和真挚的愿望，是希望通过科学和技术来实现人类和人类社会的进步。但对当今世界做出总结时，我们必须承认我们正处于人类历史上最物质化的世界，是否真正达到了预期的进步，答案实在模糊；而它在以胜利的姿态前进的过程中，夹杂着误会和失望。
>
> 人类发明了上千种受苦的方式，在这座具有救赎意义的丰富矿山里，隐藏着一种不适，埋藏在追寻意义的心灵里。我们怀着造物主般、普罗米修斯般的自负一次次地违背大自然，这种明显的自大和它所证明的人类的“普遍智慧”，造成了我们在全球范围内对大自然的亵渎，而我们必须改变，才能继续生存下去。毫无疑问，首先需要从我们身上找到我们面临的危机，因此也需要在我们内心解决它。在此我们需要进行自我改变，从而改变世界，这是一件不受任何束缚的神圣之事，只需要我们能够尊

重各种形式的生命，并去感受整个世界的神奇魅力。[1]

我之所以敢改写安德烈·马尔罗[2]的言论（“21世纪要么是精神发展的世纪，要么什么也不是”），是因为在我看来，具有开放意识的新世纪公民要么过着被内在生命滋润，从而丰富他人的生活；要么根本没有生活。

我个人跟其他许多治疗师和培训师一样，努力陪伴一些人，他们希望在个人前进的步伐中了解自己的冲动和生命的意义，拆除陈旧过时的、好战的、致命的信念，渐渐摆脱陷阱般的习惯，发展内心力量并实际地学习如何以另外一种方式存在。我说“实际地学习”，是因为这不单涉及成就美好价值的心愿，还包括了把它们活出来，让它们变得具体可见，融入日常生活中。

从整体上来看，这种学习并没有具体地出现在初、中等教育、高等教育或传统的研究生教育计划表中。因此，在工作中我经常遇到不同领域的工作人员：医生、医院院长、科室主任、护士和护理人员，同样还有一些学校校长、教学督导员、教师，以及其他教育工作者，他们都是在自己从事的领域颇有作为的人（处理外部问

---

1 《火的守卫者》（*Le gardien du feu*），Albin Michel出版社，2003年。

2 安德烈·马尔罗（André Malraux, 1901—1976）法国著名小说家、评论家、社会活动家，曾担任戴高乐政府的国务部长兼文化部长。代表作有《人的状态》（*La Condition humaine*）。——译者注

题），但他们也认识到自己在“存在”这个领域（处理关系和内在问题）的能力没那么强。

他们中的大部分人确认在他们的职业生涯中，没有接受过任何有关倾听、人际交流、冲突管理的培训，也没有人曾建议他们做几场心理治疗或参加几次个人发展工作坊来更好地了解自己、解除自己的压力，并找到自己的生命冲动。

然而，他们中的一些人每天都要试着去了解病人及其家人的状况，与疾病背后的冲动产生“共情”，陪伴他们经历痛苦，抑或告诉他们令人痛苦的消息。另一些人则需要解决各种冲突，并不断地跟学生一起分清优先事项，还要指导他们学习；他们需要鼓励并了解孩子、青少年、大学生——这些人经常处于痛苦中，没有学习的动力，也没意识到学习能带给他们的自由。

我见到越来越多的律师，像我学法律时那样，承认自己没有接受过任何关于倾听、交流、解决冲突、了解基本心理机制的培训，却要花时间试图解决人与人之间的冲突，或制订满足客户需求的计划。他们知道自己擅长辩护或拟定合同，但是不那么善于倾听客户或冲突的各方。

在企业里同样如此。我遇到越来越多的老板，他们确实被不信任的关系、权力关系和仓鼠奔跑般的节奏弄得筋疲力尽。他们真心希望建立起信任和合作的关系，并以正常的节奏来生产，所以他们试图进行自我训练，进而改变自己的存在方式。

由此，我看到在不同的阶层、不同的领域，人们开始表达出愤怒，承担起大大小小的责任，工作氛围变得轻松，到处充满自由、创意，人与人之间不再争吵，建立起了合作互助的关系。看到这些，我想我的梦想要开始实现了。

梦想，是具体的（反之亦然）

我梦想着上文提到的每一项（人际交流、个人发展和人际关系发展、非暴力式的冲突处理，以及了解常见的心理机制、治疗工作或个人发展的基础……），都成为基础教育或高等教育教学的一部分，只要学生想学，学校就能提供，至少得像学一门语言或计算机技能一样平常。

这就是我的梦想，我以全世界最认真、最快乐的态度邀请您加入到我这个梦想中来，因为没有什么比以梦为马更实际的出发方式了。实际上，您已经在梦想里了。我想说的是您正读着这本书，怀揣着梦想。您在自己家里，坐在扶手椅上吗？您的椅子、公寓、房子都是先被想象出来，经过设计，然后才被造出来的。您坐在地铁上、火车上、飞机上或候车室里读我的书吗？这一切都是先被想象出来，经过设计，然后才被造出来的。如果您在沙滩上、山区木屋里，在小酒馆的露天咖啡座上或公园的长椅上，所有这一切，您的旅行、周围的建筑和城市规划，都是先被想象出来，经过设计，然后才得以实现的。

您曾经想过吗？在几乎不到十年的时间里，那么多人都拥有了一部手机，让他们在任何地方、任何场合和任何环境中，都可以互相说话、听到彼此的声音。您想过吗？在几乎不到十年的时间里，信息技术经历了飞跃性的发展，尤其是那些年轻人，他们即时学习并掌握了各种网络时代的沟通和交流技能，也学习如何解决各种类型的技术难题，从而进一步挖掘出了网络令人难以置信的潜力。

如果我们下定了决心，同样可以发展出处理心灵问题的工具，并让这个工具广泛流传，为很多人接受。它可以被随身携带到任何地方，不只像手机那样被放在口袋里或包里，而会比手机更加贴近我们、更加隐秘。这样，不管在任何地方、任何场所和任何环境里，我们都可以跟自己对话、倾听自己，不管我们在哪里，都可以在心里与内在的自己紧密相连。

我们可以学习与意识有关的一切，这样可以更多地掌握人与人之间交流的关键，识别出挖掘无限潜力的神秘入口。我们可以选择朝这个方向走。

我们可以在家庭、学校和社会中，养成发展国民的内心力量的习惯。无论我们的传统、信念、宗教信仰或哲学告白是什么，它都可以让我们学习像兄弟姐妹一样生活在一起，并给我们打开魔法世界的大门。

如果今天的梦想就是明天的现实，那么我们为之努力的真善美的世界就离我们不远了！

附录　受害者的独白

我曾经跟“心灵.com”（Cœur.com）协会，在靠近比利时拉罗什－阿登（Laroche en Ardenne）地区的波尔泽自然度假中心，带领为期四天的名为“伊西斯和俄西里斯”（Isis et Osiris）的工作坊，这个工作坊汇集了近100名参与者，研究的主题是我们心里的受害者和刽子手的形象。下面是我在这个工作坊期间即兴写下的心灵独白。

四天中，有一天我们试着去理解受害者角色——这个角色我很熟悉，长期以来我一直扮演着。这份心灵独白便是在那天开始时写下的。

这太不公平了，每次都一样！

他们没有这个权利！

总是这个样子，不会改变的，肯定不会改变！

可是，这不是我的错，为了事情顺利进行，我已经做了能做的一切！

我向您发誓，我快死了！

就这样！

曾经是爸爸、妈妈、我妻子或我孩子的错……现在是他人的错……不久以后这些错误将会归咎于政府、污染、臭氧层！

我是彻底的受害者，各个方面的受害者，我害怕，我怕！是的！我害怕：

害怕自己一个人，害怕被人掌控；

害怕爱别人，害怕不被人爱；

害怕爱得太多，害怕爱得不够；

害怕说，害怕不说；

害怕行动，害怕什么都不做；

害怕说“是”，害怕说“不”；

害怕前进，害怕后退，害怕待在那儿；

害怕跳舞，害怕唱歌和欢笑；

害怕哭泣，害怕生气；

害怕获得自己的位置，害怕得不到；

害怕他人获得了他自己的位置，害怕他没得到；

害怕死去，害怕活着……

但是我巧妙地掩藏了自己的恐惧：它太让我害怕了！

说到底，我最害怕的就是自己害怕。

为了尽力避免恐惧，我会试着利用意念来实现：退隐、沉思、参禅……

或者我跟自己讨价还价，谨慎用词，以逃避自己的恐惧。我成了词语大师，并小心地使用涉及感觉的词汇，以便将自己所经历的归咎于他人："我感觉自己被操纵、遗弃、欺骗、背叛、否定、拒绝、攻击、忽视并不怎么被爱……"

因此，我等待着其他人进行改变。

当其他人，其他所有人都做出了改变，我终于舒服多了。

是的，我因为自己的害怕而害怕。

实际上，我还需要不少的工作坊和其他精神—心理的探索，才能体会到恐惧跟苦难、忧伤和痛苦一样：要走出恐惧，必须首先进入恐惧中！

但是，我害怕了：如果我进去了，我确实可能会走出来！

如果我从中走出来了，我既会丢了令自己感觉舒服的不幸，又丢了自己心爱的角色：有权利独占所有人的关心、让一切围着自己转，这些曾经是、直到现在也还是我感受自己存在的方式。

就是这些让我产生了心理障碍：我害怕自己不再害怕，因为直到现在，这些恐惧仍然是我的身份和存在方式的象征。

那么，为了避免自己走出恐惧，我将自己关在恐惧里。我总结出一些表达方式，以让自己完美地保持这种无可挽回的屈从：“必须……就这样……我没得选，我，我必须……”（高歌一曲吧：战斗刚刚开始，让我们继续吧！）

致　谢

在我写作这本书的时候，许多人以这样或那样的方式帮助过我，谨向他们中的每一位表达我的感激之情。写作本身是一项孤单的工作，我能完成这项工作，则全凭大家的通力合作。

首先我要感谢我的妻子瓦莱丽，感谢她无限的耐心。当我完成这本书的时候，她生了我们的第三个孩子朱莉娅。作为妻子和一名家庭成员，她跟我一起经历了这段写作生活，虽然我们都觉得无比幸福，但却不一定舒服。

其次，我非常感谢所有那些寻求生命改变的人，以及他们在这个过程中表现出来的信任和真诚。通过倾听他们，我学到了许多，今天才得以体会到这项工作的真谛，因此我无比尊重他们每一个人。

我同样非常感激我忠实的朋友伊莎贝尔·罗兰、万桑·乌巴和雷吉娜·帕雷。他们用自己的直觉，耗费时间和精力阅读、修改我的手稿。他们善意的提醒和热情的鼓励让我不再犹豫，也解开了我的许多疑惑。

特别感激安娜·霍费勒，感谢她为我的手稿进行了排版。我非常欣赏她的耐心、决心和才干。

还要感谢塞西尔·德尼、西尔维·德·阿乌斯、热里·弗罗芒、乔斯琳和让-玛丽·思尼。多亏了他们给予我的友情和工作上的协助，我才有时间进行写作。

最后，我想感谢那些喜欢《醒醒吧，老好人！》这本书的读者。他们的称赞和认同深深打动了我，我深感快乐，并渴望继续这场探索之旅。

知心書 第四辑

《非暴力沟通的觉醒》

[法] 托马斯·德·昂桑布尔 著 曹淑娟 译 郑园园 译审

《窥视职场中的冷暴力》

[法] 玛丽—弗朗斯·伊里戈扬 著 祝华 译

在职场中，每个人都是潜在的骚扰者，也可能是未来的受害者。认清精神骚扰的本质，能让我们在职场中活得更明白、更自信！

《醒醒吧，老好人！》

[法] 托马斯·德·昂桑布尔 著 祝华 译

与其做一个终日和颜悦色、唯唯诺诺的老好人，不如深入自己的内心，找到说真话的方式。你将获得找回自我的喜悦和向他人敞开心扉的乐趣。

《超越自恋》

[法] 让—夏尔·布舒 著 梅涛 译

神话中的美少年那耳喀索斯因过分眷恋自身倒影而溺亡，而现实中的我们若能理性地感知自我，或许能以更加平和自爱的方式，过好自己的生活。

知書

超越自恋

LES PERVERS NARCISSIQUES

QUI SONT-ILS, COMMENT FONCTIONNENT-ILS,
COMMENT LEUR ÉCHAPPER ?

Jean-Charles Bouchoux

[法] 让-夏尔·布舒 著　梅涛 译

生活·讀書·新知 三联书店　生活書店出版有限公司

知書

图书在版编目（CIP）数据

超越自恋 / [法] 让—夏尔·布舒 著；梅涛 译. —北京：生活书店出版有限公司，2018.10
ISBN 978-7-80768-243-1

Ⅰ. ①超… Ⅱ. ①让… ②梅… Ⅲ. ①病态心理学–研究 Ⅳ. ① B846

中国版本图书馆 CIP 数据核字 (2018) 第 102813 号

策 划 人　李　娟
责任编辑　冯语嫣
封面设计　视觉共振设计工作室
版式设计　申亚文化
封面插画　罗可一
责任印制　常宁强
出版发行　生活书店出版有限公司
（北京市东城区美术馆东街 22 号）
图　　字　01-2017-4133
邮　　编　100010
经　　销　新华书店
印　　刷　鸿博昊天科技有限公司
版　　次　2018 年 10 月北京第 1 版
2018 年 10 月北京第 1 次印刷
开　　本　880 毫米 × 1230 毫米　1/32　印张 7.125
字　　数　110 千字
印　　数　00,001-10,000 册
定　　价　48.00 元
（印装查询：010-64052066；邮购查询：010-84010542）

献给我的孩子

让-巴蒂斯特（Jean-Baptiste）、亚历山大（Alexandre）和

爱德华（Édouard）

献给天性敏感的你

祝你能够创造自己的幸福人生。

不知道什么缘故，我是这样悲哀？有一个古老的童话，我总是不能忘怀。天色已晚，空气清冷，莱茵河静静地流；落日的光辉，照耀着山头。那最美丽的少女，坐在上边神采焕发；金黄的首饰闪烁，她梳理金黄的头发。她用金黄的梳子梳，还唱着一首歌曲；这歌曲的声调，有迷人的魔力。小船里的船夫，感到狂想的痛苦；他不看水里的暗礁，却只是仰望高处。我知道，最后波浪，吞没了船夫和小船；罗蕾莱用她的歌唱，造下了这场灾难。

——海因里希·海涅（1823年）

引言 自恋变态者是什么样的人?

自本书第一版取得巨大成功以来，我收到了很多反馈和读者提出的问题。因此，我决定再版此书，对我的研究进行补充，并且在书中介绍一些读者的反馈情况，希望能帮助读者更好地理解本书的主题。

从心理结构而言，完全意义上的自恋变态者通常利用家庭、职业或爱情关系，希望使对方屈服。他需要通过这种亲近的关系来实现自己对他人的支配，并防止这些人试图与他保持距离。他的内心是冷漠的，没有负罪感，但会毫不犹豫地想让别人产生负罪感。他的价值观、感觉和行为会根据周边的人或环境而变化。从外表来看，他很可爱，会假装怜悯和同情别人。他会诱惑别人。如果需要的话，他还会一丝不苟地帮助别人，尤其是如果这么做能够让他达到自己目的的时候——而这个

结果通常是建立在他人痛苦之上的。他从来不会考虑别人的需求或感觉，除非是为了利用他们，为了操纵、孤立他的受害者，或是为了引导这些受害者按照他的意愿做事。自恋变态者以自我为中心，要求别人尽善尽美。他也善于欺骗。通常而言，他善于言辞，会大量使用言语的双重意义来操纵他人，把自己当成受害者从而获得他人的同情，或者主动让别人感到不自在。他没有自己固有的价值观，却会利用别人的道德观和价值观来达到自己的目的。他会使用表面上看起来非常有逻辑的理由来证明自己的“投入行动”。他可能会嫉妒或是背叛。他无法忍受别人的批评，但却一直不停地批评别人。为了抬高自己的价值，他会充分利用受害者的形象：他越贬低受害者，就越觉得自己厉害。如果感受到了焦虑，他会很快将这种焦虑转移到他人身上。他会使用一些机制（我们将在本书中逐一进行研究），让别人承担本应该属于他的暴怒、害怕、负罪感，换言之，他的疯狂。

然而，虽然的确存在完全意义上的自恋变态者，但我们需要知道一点，所有人都会在某些时刻使用某些自恋变态机制。因此，本书不仅仅阐释了自恋变态者，更希望能够全面描绘出心理变态的机制和原因。本书旨在能够大致描绘出正常状态和变态之间的界限。

关于该主题，唐璜（Don Juan）和卡萨诺瓦（Casanova）[1]就是很难界定的人物。唐璜勾引女人，约会她们，但是他自己却不赴约，而是派他的仆人斯加纳列尔（Sganarelle）去确认这些女人是否真的赴约了。如果她们赴约，他就心满意足。至于卡萨诺瓦，他也勾引女人，但会去赴约，他会在“消费”这些女人后消失。这两个人都会让自己避免自身权力所带来的焦虑。唐璜需要确认自己形象的权力，而卡萨诺瓦需要确认自己未被阉割。因此，我们可以认为卡萨诺瓦是一个性欲反常者，而唐璜是一个自恋变态者。然而，两者都会在勾引女性之后逃跑，这是因为爱情关系会让他们认为自己处于危险的境地。

我们即将研究的自恋变态者会像唐璜一样勾引自己的“猎物”，但是他会留下“猎物”，然后慢慢摧毁这些受害者的形象。他充分享受这一切，并将自己的疯狂投射到这些受害者身上。他会让他制造出来的“出气筒”屈服，使其抑郁、暴力、变态、疯狂、生病，在最严重的情况下，甚至会导致其自杀或因为交通事故而身亡。

1 唐璜是西班牙家喻户晓的一位传说人物，以英俊潇洒及风流著称，一生中周旋无数贵族妇女之间，在文学作品中多被用作“情圣”的代名词。法国著名剧作家莫里哀以唐璜为主人公创作了同名作品《唐璜》。卡萨诺瓦，全名贾科莫·卡萨诺瓦（Giacomo Girolamo Casanova，1725年4月2日—1798年6月4日），是极富传奇色彩的意大利冒险家、作家、“追寻女色的风流才子”、18世纪享誉欧洲的大情圣。——译者注

我们在本书中将会遇到不同类型的人，让我们明白很难做出精确的诊断。我们将会观察瓦妮莎（自童年以来）的案例，并观察到她变成诱惑人的“美人鱼”(如同本书题词中引用的诗歌中的罗蕾莱)，享受地看着船员触礁身亡。如果读者愿意，可以通过回答一些问题来尝试对本案例进行研究。在本书结束部分，我们将会给出一些开放性的答案。我们还会研究弗兰克的案例，他非常享受批评并贬低其妻子的过程，将妻子当作变态对待，从而让自己忘记儿时感觉遭遇背叛的记忆。我们还会研究让-皮埃尔的案例，他是公司老板，通过贬低自己的职员抬高自己的价值。我们还会研究皮埃蕾特的案例，她使用一些自恋变态机制让自己摆脱混乱的状态，但是她与完全意义上的自恋变态者不同，她会因感到被抛弃的焦虑而重新陷入混乱的状态。之后，我们会用很长篇幅介绍雅克（他是皮埃蕾特的男友）的反馈，他在和“生病”的女友生活了两年之后，彻底质疑了自己。届时，如果读者愿意，同样可以尝试找出本书中描述的所有机制。最后，我们还将“遇到”一些变态父母，他们为了自己，不惜牺牲自己孩子的心理健康。

一些背景知识

保罗－克罗德·雷卡米尔（Paul-Claude Racamier）[1]在20世纪50年代提出了自恋变态者的概念。在那个年代，他主要致力于精神病，尤其是精神分裂症的研究。对他而言，精神分裂症患者非常恐惧自己内心的冲突，他们希望能尽快将其转移到他人身上。

保罗－克罗德·雷卡米尔在其题为《天才的来源》（*Le génie des origines*）[2]的书中谈到变态者时，有如下解释："对变态者而言，一切都可以用来攻击思维的快乐和创新性；对自恋变态者而言，最重要的是通过抬高自己的价值以求让自己逃离内心冲突（尤其是因为失去了心爱的人或物品而导致的痛苦[3]）的需求、能力和快乐，而这一切需要以损害被操纵的客体（比如某个工具或陪衬物）为前提。"

通过研究精神分裂症，哈罗德·瑟尔斯（Harold Searles）阐述了精神病患者与其精神疗法医生之间无意识过程的互动。在其题为《努力让他人发疯》（*L'effort pour rendre l'autre*

1　法国精神分析师（1924—1996）。

2　Paul-Claude Racamier, *Le génie des origines*, Payot, 1992.

3　在本书翻译过程中，译者将法语单词"deuil"（原义为丧事，哀悼）翻译为"失去心爱之人或物"。因为本书作者在使用这一概念时，不仅仅指某人的去世。而是将该词的外延扩大，指的是所有与主体亲近的客体（包括人或物）的消亡。但有时考虑到译文的流畅性，也会直译为"丧事"。——译者注

fou)[1]的书中，他写道："让别人发疯是每个人的权力，即让别人无法自己存在，也无法通过回忆自己和发生在自己身上的事而思考、感觉或表达自己的欲望。"自恋变态是一种让主体避免发狂的方式，能够让别人承担其混乱状态，从而避免让自己进入精神病的状态。

法国的精神病专家、精神分析师玛丽－弗朗斯·伊里戈扬[2]（Marie-France Hirigoyen）通过其题为《冷暴力》（*Le harcèlement moral: la violence perverse au quotidien*）的著作让自恋变态者这一概念得以普及。她将自恋变态者的典型机制，即精神折磨，定义为"任何通过行为举止、言语、行动、肢体、书面形式呈现的，可能对某个人的人格、尊严、生理心理完整性造成伤害的过分行为，这些行为可能对这个人的工作或社会氛围造成破坏性的影响"。

自恋变态

"变态"是日常语言中常见的词。部门经理又在思考什么，他真是个变态；善于勾引别人的人被认为是变态；某个困难让人烦恼，也成了变态的因素。

在一次培训中，我讲到"变态"一词。我让在场的

1 Searles H., *L'effort pour rendre l'autre fou*, Folio Essais, Gallimard, 2002.
2 本作者的《窥视职场中的冷暴力》已于2018年由生活书店出版有限公司出版。——编者注

每个人说出当他们听到变态一词时，脑海中第一个出现的词。结果如下："有毛病的、变质的、不道德的、坏的、脾气犟的、贪淫好色的、放荡的、放纵的、下流的、让人讨厌的……"对于变态，每个人都有自己的定义。

在涉及变态（更确切地说，是自恋变态）的不同概念之前，我们首先应该确定其词义。实际上，在精神病理学中，某个词的意思可能和日常用语中的意思相差甚远。例如，"忧郁"一词，如果被诗人使用，它就是一个浪漫的词，而在精神病理学中，它却是一种严重的疾病。

诚然，变态一词沾有道德的印迹，但是道德本身不足以定义变态。因此，我们首先应该确定该词的定义以及对其进行分析所需要的概念。

然后，在试图弄清楚如何逃离自恋变态者的魔爪之前，我们将研究自恋变态的机制。自恋变态者会使用一些特殊的手段，比如"粘连"。他会粘在受害者身上，不允许受害者逃跑，并在"粘住"受害者之后，将其引入有害的环境。通过研究我们能够了解粘连机制的概念，还能更好地理解在试图摆脱自恋变态者之前，更重要的是与之保持距离。接下来，我们将研究自恋变态者将如何应对以及他将如何试图"再粘连"。俗话说，有备无患，如果我们能够预见他的反应，那么当我们看到

他的挣扎，或是试图再次诱惑、威胁以及让我们产生犯罪感时，我们就不会感到意外了。

之后，我们将研究自恋变态的原因。为什么在描述自恋变态机制之后阐述自恋变态的原因？因为了解原因才能正确地对受害者进行治疗。在关于“因为失去了心爱的人或物品而导致的痛苦”的治疗过程中（一般而言，受害者需要面对的是与丧事类似的经历），我们将看到应对“失去心爱的人或物品”这一事实需要若干步骤。虽然在韧性之路上“道歉”非常重要，但如果它出现太早，可能会被否认，也可能会妨碍必要的治疗。

上文中提及的皮埃蕾特的男友雅克，在终于摆脱了皮埃蕾特之后，对我说：“首先，我必须排毒，然后我才能治愈自己，重建自我。我只是试图理解，然后谅解。我希望自己能够重新找到同情之路，也希望我能够成为原来的自己。”

在陪伴自恋变态者的受害者这个过程中，重要的是按部就班。我们可以建议这些受害者学会质疑，并让他们试着明白他们为什么会允许这样的情况出现，或者说他们为什么会遇到这样的人。然而，自恋变态者会花很多精力让受害者为其担罪。我们可以想象，在走出这段经历后，受害者很难进行质疑。而让他们这么做，则是让他们承担额外的负担，有可能让他们更加痛苦。他们

经常遭受的一些攻击，严重贬低了他们的形象。因此，质疑可以是一种选择，但只能在受害者度过了类似“丧事”的经历之后，在其完成自我重建并重获其身份之后才能使用。

当我接待这些自恋变态者的受害者时，他们经常呈现出类似战争受害者、人质或自然灾害受难者的受伤症状。因此，通过对自恋变态者及其机制进行研究，我们将会明白，应该采取柔和的、结构合理的方法来陪伴这些受害者。

但愿本书能够帮助一些人进行自我重建，也能够帮助一些人学会质疑，同时我们更加希望所有人都能够学会在尊重相异性的前提下更好地照顾自己。

目 录

第一章

从需求到欲望，冲动[1]的能量

Du besoin au désir, l'énergie pulsionnelle

1 法语原文为pulsionnel，也可翻译成“有驱动力的”。——译者注

如果精神分析（或者更加宽泛地称为人文科学）探讨的不是人体中存在的各种能量的根源和转移，以及这些能量相互碰撞时产生的冲突，那么我们还能探讨什么呢？

这些能量可能以思维、欲望或反感等形式呈现。两种方向相反的欲望可能会产生冲突（例如饥饿与减肥的欲望，或是我们遇到了一个不希望见到的人）。如果冲突是外部的，它们会很快影响到我们。如果冲突是内部的，它们会很快被控制或投射到别人身上（例如，有时候与他人分享自己的坏情绪是非常具有诱惑性的）。

精神分析试图对这些能量进行研究。借助拓扑学，弗洛伊德提出了心理现象的“制图式”研究。借助经济学或动力学，我们可以试着去理解这些能量的质量、数量以及各种转移。此外，通过对心理机制的研究，我们可以了解到要如何控制这一能量，并且可以区分这些机制中，哪些是恰当的，哪些是病理

的以及哪些是变态的。

欲望的能量

为了更好地理解变态的概念，我们首先需要探讨冲动的概念。如果我们一致认同某种生理能量的存在，我们同样可以离析出某种心理能量。冲动就是由这种心理能量组成的。它是一种内生[1]的兴奋："它是一种能量负荷，让机体趋向于某一目标。"[2]如果我们需要承担某一重量，我们的肌肉会产生一种能量，这种能量会消耗在我们付出的力量之中。同样的道理，为了回应某种需求而表达出来的思维、欲望或反感也会产生一种心理能量，我们也需要将其消耗掉。任何需求（或者说，任何心理生产过程）都会在人体内产生一种压力，而我们需要通过具有某种目的、针对某种由心理指定的客体的"投入行动"，来重新找到一种没有压力的状态。

但是，每种思维、欲望或反感的"重量"不尽相同。我们的某些思维比其他思维更重。此外，在生理能量和心理能量之间存在一种相互依存的关系：过多的烦恼会将我们击倒，并将我们可用的生理能量掏空。

---

1 内生的：来自人体内部的。

2 Laplanche J., Pontalis J.-B., *Vocabulaire de la psychanalyse*, PUF, 2007.

幸福和有力

在某次研讨会中，主讲人请一名在场人员上台。作为实验，主讲人要求他伸直手臂，之后用力将他的手臂往下压，而后者需要尽力抵抗（类似掰手腕）。主讲人首先要求他想象幸福的事情或者美好的回忆。在这种情况下，主讲人很难将他的手臂往下压。然后，主讲人要求他想象一件悲伤的事情。在这种情况下，该名实验人员则无力抵抗被施加在自己手臂上的力量。这一实验很好地展示了心理能量和生理能量之间的互动作用。

因此，任何欲望、思维或反感都会在我们的身体中引起一种压力状态。机体可以承受压力，但是有一定限度。机体会自然降低这一限度，因为过度的压力会导致疼痛并使机体处于危险状态（从生理和心理角度而言）。我们的身体和心理要如何相处才能排除这些冲动？我们如何从需求过渡到欲望，如何释放过多的能量？健康的人会怎么做？变态者又会怎么做？

从需求到欲望[1]

冲动有三个重要因素：来源、目的以及客体。来源指的是

1 根据 Freud S.,《Pulsions et destins des pulsions》in *Métaphysique*, Folio Essais, Éditions Gallimard, 1986.

需求出现的地方，也就是我们的身体。目的是心理为了回应某种生理要求而设定产生的。客体指的是我们可以用来满足自身需求的事物。

例如，当我们感到饥饿时，我们的身体就处于压力状态之下并会发出信号。于是，我们的心理设定某种欲望，如“我想吃蛋糕”。正是通过“投入行动”到指定的客体上（这里指的是蛋糕），我们找到了饱足的状态，压力也因此平息下来。对于同一需求，每个人可能设定不同的欲望：想吃甜的，想吃咸的，想节食等。但是，要求心理设定一种欲望的是我们自身的机体。

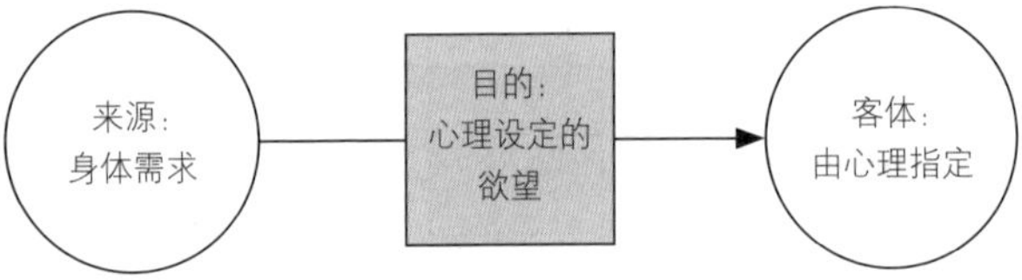

冲动的结构

上述例子建立在“自我保存冲动”基础之上，换言之，这是一种保证生命存在的必要需求（吃、喝、睡觉……）。弗洛伊德提出三种冲动类型：自我保存冲动、性冲动（力比多）和死亡冲动[1]（自毁或他毁）。每种冲动都寻求得到满足，因为机体自然地需要平息其压力。

1 也可翻译为“死亡驱动力”或“死亡本能”。——译者注

欲望会产生痛苦吗？

如上文所述，任何欲望、反感等心理生产过程都会产生压力。机体只能承受一定程度的压力。我们承受失望的能力取决于我们的心理结构和预先存在的压力状态。我们越成熟，就越能承受某种压力状态。我们越放松，就越能接受一种新的需求或新的失望。

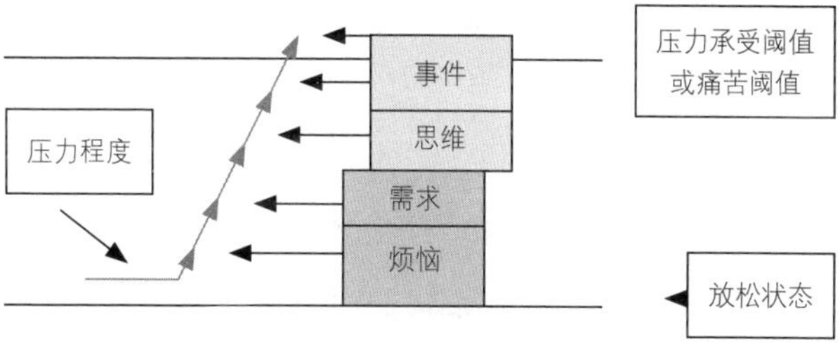

压力的增加和痛苦

上图的底端代表的是较低的身心压力状态。这种放松的状态可能比较符合我们在海边度假时的状态。上图的顶端代表的是压力承受阈值（我们也可称之为痛苦阈值）。请记住，某些压力源于无意识的欲望，且往往可以追溯到童年时期。

为了能够更好地理解上图，请设想以下情景：一个人想开车去度假，却发现车胎爆了。这并不糟糕。他可能只会换掉车胎，并在晚上喝开胃酒时笑着描述这一经历。我们再来设想以

下情景：这个人得知自己被开除而且他的爱人离开了他。他会陷入非常严重的压力状态中。同时，他发现车胎爆了。在这种情况下，他会歇斯底里。旁观者不会理解他为什么因为这么一点儿小事就如此崩溃（这件事也说明了评论别人所经历的事情是很难的）。

另外一个例子，那些我们称之为恋床者的人会一直待在床上。他们处于非常糟糕的内部压力状态之中，以至于任何行为、任何欲望都可能将他们推向痛苦。神经衰弱的人也会尽量避免各种行为，他们的能量好像被掏空了。实际上，可能为了抑制某些与他们的道德价值观不相匹配的无意识欲望，他们的能量已经消耗殆尽。他们的压力程度如此之高，以至于些许欲望或者一点儿令人不开心的小事都可能让他们达到忍受阈值，并将他们带向痛苦。而变态者们，则会通过他们独有的机制（我们将在后文中逐一研究），让别人承担他们的缺点，并得以规避痛苦。

人们在老鼠身上做过电击实验。显然，每一次电击都会增加它们的压力，直到这些压力变得无法忍受。如果笼子里有若干只老鼠，它们会互相攻击，而每一次攻击都会让它们释放自己身上的一部分压力。如果只有一只老鼠，它就会伤害自己，比如啃咬自己的爪子。

那么，欲望是否会导致痛苦？虽然任何欲望或反感都可能增加我们的内心压力，但可以肯定的是，如果这种欲望是有意

识的、现实的，它就不会让我们处于无法承受的压力状态下。

面对冲动，我们是否都是平等的？

一个婴儿会要求自己的需求立刻得到满足。如果没有得到及时的满足，他就会大哭，并投射出自己的怒气。关于失望，英国著名精神分析师梅兰妮·克莱恩(Melanie Klein, 1882—1960)提出过以下理论，即对爱的客体（乳房）的恨：婴儿希望通过该客体满足自己的需求，因此，该客体的暂时缺席会导致内心压力。之后，孩子会因为人们拒绝给他所谓的欲望客体而跺脚哭泣。孩子只有到了大约六七岁，即进入所谓的潜伏期时，他才能学会将自己的欲望暂时搁置。

然而，我们是在孩童时期完成自身构建的。此外，弗洛伊德认为，六岁之前一切都已成型。他认为“孩子是人类的父亲”。任何未被认可或未被满足的欲望都会导致内心冲突，并导致与之相关的压力。我们大部分人都能够学会控制这些出于本能的欲望和反感，学会与我们的需求妥协或暂时搁置这些需求。为了控制我们无意识的冲动，我们通常会求助于无意识的机制，即自我防御机制。

但是，有些人却无法承受自己的内心冲突，他们迫不及待地将这些内心冲突以妄想、投射或“投入行动”的形式向外发

泄。变态者便属于这类人。通过一些特殊的防御机制（我们将在后文中逐一研究），他们成功地将自己的冲动投射到他人身上，而得以摆脱这些冲动。

冲动和变态

法语中的变态（perversion）一词来源于拉丁语“per vertare”，意思是倒置、改变方向。当我们改变某种冲动的目的或是“正常的”客体时，就有可能是变态。在这种情况下，我们说的是目的或客体变态。

例如，为了得出性变态的概念，我们必须首先定义爱情关系的目的和客体。某些宗教要求性关系的唯一目的必须是在神圣婚姻关系下的传宗接代。因此，根据这些宗教的观点，任何不以此为目的的爱情关系或婚姻外的爱情关系都是变态的。我们可以看到，道德和规则不足以定义变态，每个人都可以定义其界限。如果我们接受将性关系定义为“两个意见达成一致的成年人之间寻求快乐的行为”，那么一旦目的不是追求共同的快乐（如痛苦、控制、制服……），就是所谓的目的变态。或者，只要其中一方不同意，就是所谓的客体变态。

我们的冲动去哪儿了?

防御机制

在弗洛伊德的拓扑理论[1]中，防御机制是自我的一部分，或者更确切地说，是自我无意识的那部分。神经症患者将其冲动拒绝在意识场外，一旦这些冲动与他们的道德价值观发生冲突，“他们就忘记这些冲动”。这些冲动被抑制在心理现象的无意识部分中。但是，冲动会试图重新渗入意识当中。防御机制可以让我们无意识地控制冲动，甚至在不需要求助于初始目的的情况下释放这些冲动。

学会控制自己的冲动

在激烈的夫妻争吵过程中，我们可能无法抑制自己的攻击性，从而选择摔碎餐具，但不殴打对方。客体“餐具”代替了客体“对方”：这种情况下，我们使用了一种名为“替代”的防御机制。我们同样可以改变我们暴力的目的和客体，这种情况下，我们使用的是名为“转移”的防御机制。我们可以拆卸已经出了故障的家用电器，取出有问题的部件并进行修理。我们也可以做家务，打扫灰尘，扔掉我们觉得

1　心理现象拓扑学。

没有用的物件。这种情况下，目的和客体就是我们有意识替换的。重要的是释放自己的能量，而不求助于初始目的，也不与我们的无意识道德价值观发生冲突。某些机制与“正确”的态度相匹配，某些机制是病理性的；某些机制能够让我们释放心理能量，有的则不能。

在出现冲突的情况下，一个人可以幻想其冲动，并且不断重复地回忆某个让其焦虑的场景。例如，萨尔瓦多（Salvador）被其部门经理侵犯，当时他缄默不语。但在回到家后，他在脑中再现了该场景。在他的想象中，他倾尽了自己对上司所有的不满。在其幻想中，萨尔瓦多让自己占据了有利地位。但是这种防御机制不仅无法让他摆脱焦虑，更让他损耗了巨大能量。

我们所有人都可能使用某一类型的神经症、精神病或变态的防御机制。然而，神经症患者可能只会使用变态机制或精神病机制。至于变态者，他们通常使用同一种配置或机制，这些机制通常是具有投射性的或者建立在否定的基础之上。

- 自我在本我的欲望、超我的禁令和外部世界之间进行构建。为了释放冲动，自我会使用一些无意识机制，即自我的防御机制。
- 本我（冲动结构）是完全无意识的。就像孩子，他被快乐原则控制。他不明白什么是法律，什么是禁令。冲动结构由我

们的欲望、需求、情绪以及被抑制的回忆组成。冲动结构会本能地以释放其能量为目的。

● 超我（道德价值）本质上是无意识的。除了我们的道德价值，它还包括教育者的理想价值。它要求自我反抗一切与其价值相反的冲动。

自我本质上是有意识的，它由现实原则支配。无意识自我包含了防御机制。弗洛伊德认为，如果冲动与超我的禁令发生冲突，“自我会通过超我的授权，与本我中的冲动相抗争”。为此，自我释放出与冲动力量相当、方向相反的能量，即“反感情投注”，并且要求抑制冲动。因此，如果这种兴奋与超我的道德价值发生冲突或者这种兴奋因为其自身过大的压力将心理置于险境，抑制就成了冲动的延迟或信息的延迟。在此情况下，冲动被抑制在无意识中。鉴于冲动内部压力的心理能量和媒介，它必须找到一条宣泄之路，目的是能够从无意识中逃脱。这些宣泄的方式可以是梦（在睡眠中表达我们的冲动）、口误（非本意行为）、神经症症状或躯体化[1]等。

1 即精神紊乱转化为躯体症状。——译者注

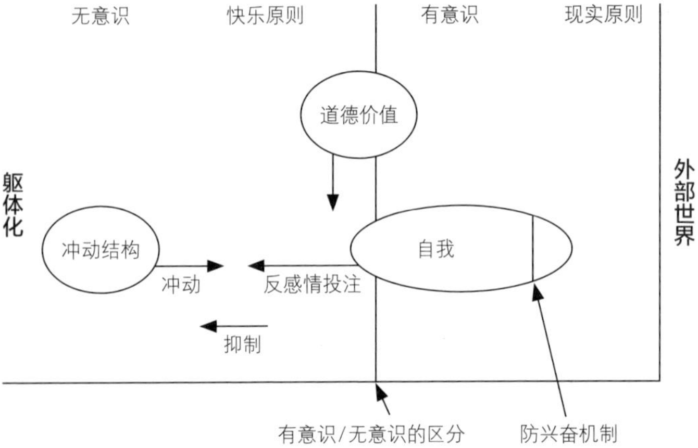

更好地度过丧期

在母亲去世一年之后，苏菲的父亲也生命垂危。她无法面对这一事实，因此没有陪在父亲身边，而是躲在自己家中。15年之后，由于自己经常莫名感到悲伤并且哭泣，她开始接受精神分析。在分析开始不久之后，她坦言道："在一种类似醒着的梦中，我重新回忆丧父的经历，我看到了他空洞的眼神。我感受到一种自己刻意压抑的悲伤，这使我号啕大哭。"

这种现象在精神分析领域被称为精神宣泄，是一种延迟的反应。为了保护自己，索菲推迟并抑制了自己的痛苦。直到她接受精神分析并因此积攒了充分的能量后，她才能允许自己重新回忆丧父的经历，并进而从内部压力中得以解脱。

如何对待杀人冲动？

首先需要审视自己并对自我有清楚的意识。然后，我们可能需要思考一下支撑我们信念的价值观，试图寻找其来源及其真正的目的。例如，第一条法则可以是："不可杀人。"在理解并接受这条法则后，我决定不去购买武器并决定不杀害打扰我的人。我必须寻找其他方式来发泄我的杀人冲动。如果我想吃肉，我必须杀动物或者付钱给屠夫让他替我这么做。我们将后面这种情况称为"代理行为"。一位信仰佛教的素食主义者说他绝不会使用杀虫剂，因为他拒绝杀害一切生灵。我们可以说，每个人都有权保留自己的底线。

工会运动、女权运动以及很多其他运动能够让人们与社会不平等及其变态效应做斗争。但是，需要注意的是，这些行为也可能是表达我们内心冲突的方式，结果是让这些捍卫者成为与其"对手"相似的人：我们可能会反对在斗牛时对公牛施加的暴力，却将我们的暴力投射在斗牛士身上。我们可能会成为反对种族主义者的种族主义者。

一次反抗可能隐藏着另一次反抗……

我的一位患者叫于连，他在公司的工会部门工作。在一次治疗过程中，他说漏了嘴。为了向我解释他为什么会选择工会部门，他描述

了自己见证的所有不平等现象。他最后说道："这就是我决定反抗我的'父母老板'的原因。"我们对他的口误进行了思考。我们发现"父母老板"（法语为parrons，但该词并不存在）其实是"父母"（法语为parents）和"老板"（法语为patron）的混合词。这里他使用的防御机制是替代。通过客体的替代，他在反抗老板的同时，也和父母算了账。在接受治疗后，他仍然在工会部门工作，但现在的工作内容是致力于贯彻社会法规，这和之前大不相同。

我们所选择的分析或治疗能够帮助解决我们的内心冲突。我们的冲动能量将自然而然地找到其位置，根据我们的核心价值观为我们的计划和社会服务。

变态者及其冲动

变态者使用的第一机制为"投入行动"。变态者无法抑制自己的冲动，而"投入行动"能够让他将这些冲动向外发泄。变态者当然了解法律，他知道自己的所作所为是应受指责的。因此，为了"投入行动"，他必须否定其行为根源和影响，并让别人承担本来应该由他自己承担的负罪感。

实用建议

如果自恋变态者属于我们提到的所谓精神病患者，他不会变得很暴力，或者只在极端病理情况下才会变得暴力。精神病患者会大量使用自恋变态机制，并且很容易投入身体行动。相反，从结构上来说完全意义上的自恋变态者是冷静的，因为他会让别人承担他的怒气。在他与其受害者之外的关系中，他备受喜爱。在通常情况下，他能得到大家的赏识，懂得如何适应环境，也非常有魅力。

否认："责之深爱之切"

否认是一种心理防御机制，要求我们拒绝接受现实。这种现实可以是外在的，也可以是内在的。我们在下文中将会看到，对于丧事而言，消息本身可能就被否认，因为失去心爱的人或物是令人无法承受的。

听到这个消息简直太让人难过了

在对让娜进行检查之后，医生告诉她，她得了癌症。她回答道："医生，您让我放心了。我以前很害怕自己会得癌症。"对于让娜而言，这个消息是无法承受的。她只能否认这一消息，就好像它根本不存在。

在自恋病理中，现实及其导致的焦虑可能像行为的结果一样被否认。例如，当一个性变态者被揭露时，他会解释说，他之所以会侵害某个女性，是因为她太有魅力或者因为她穿着迷你裙。因此，他无须对自己的行为负责，有罪的是这位女性。同样地，对自己孩子施暴的家长可能会使用“责之深爱之切”这句话来为自己的行为以及暴力的“投入行动”做辩解。这些情况下，他们的否认针对的是暴力的根源以及行为的结果。

否认与抑制不同，因为抑制是神经症防御机制。诚然，抑制能够让我们否认冲突，但是在这种情况下，冲突被排除在意识场之外：冲突变成了内在的、无意识的因素。在之前讨论过的苏菲的案例中，失去父母导致的焦虑被抑制延迟了。在性变态者或施暴父母的案例中，可能导致负罪感的责任会被否认，好像这种责任根本不存在。

除了若干罕见的例子（如丧事）之外，否认均属于精神病和处于边缘状态的病理。在否认中，冲突被否定，是无效的。与抑制不同的是，否认是抗冲突的。变态者使用否认来否定其责任以及其行为的现实。鉴于“否认”不足以应对“超我”，变态者会通过让他人产生负罪感将本来需要自己承担的负罪感投射到他人身上。

变态者之所以不抑制其欲望，不是因为他不懂法律，而是因为他无法延迟自己的欲望。他无法忍受延迟自己的冲动，也无法忍受自己“投入行动”导致的与其负罪感相关的内心冲突

（前提是他意识到自己需要对这些“投入行动”负责）。为了“投入行动”，仅仅否认道德价值是不够的。变态者必须将自己一分为二，留住自己好的形象，并将自己坏的部分向外投射让别人承担。

表面上看起来很有魅力

弗兰克的妻子玛加丽坦言：“我发现如果我们在家招待他的朋友或者去他朋友家，弗兰克都表现得很有魅力，我们也会很开心。他的某位朋友对他说觉得我非常漂亮，还说：‘能感觉到她很爱你！’相反，每次当我们去见我的朋友时，他就会借机大吵大闹，而且据他所说，都是我的错……”

我们所有人可能都有负面的冲动（冲击性的冲动或其他冲动）。我们的道德价值和我们希望保持的形象会阻止我们表现出这些冲动，我们必须找到“投入行动”之外的释放途径。通过区分朋友领地（我的朋友／他的朋友），弗兰克保护着“自己的领地”，保持良好形象，并借助妻子抬高自己的价值。相反，他也会毫不犹豫地在自己的世界中破坏妻子的形象，并让她对此负责。通过这样的行为，弗兰克在自己的朋友面前保持了良好的形象，而当他同玛加丽的朋友们接触时则释放出自己的冲动，并让玛加丽产生负罪感。为了摆脱这种状况，在分手后，玛加丽甚至不得不与一些朋友断绝关系，因为这些朋友认为是她导致了弗兰克所说的“经历的痛苦”。

分裂和投射性认同

分裂

人类从本质上而言都是分裂的。无意识就能够证明这一点。这些梦从何而来？人们为什么会做出与期望相反的行为，例如口误或非本意行为？心理症状或心身症[1]的根源是什么？负罪感或道德痛苦是如何产生的？所有这些例子都证明了无意识逻辑的存在。分裂可以是“垂直的”（有意识／无意识），也可以是“水平的”，并将人格一分为二。在极端情况下，可能出现“解离”[2]，例如亨利·杰基尔和海德先生[3]。在一个人身上可能同时存在若干不同的人格。杰基尔是好人，而海德先生是坏人。杰基尔人格的解离以及由此导致的精神分裂症让杰基尔成为好的主体，成为人们心中期望的好人。至于坏的冲动，则全由海德先生承担……

正如上文所述，变态者不会在无意识中抑制自己的冲动：他会将自己一分为二。分裂的自我则使得变态者能够“投入冲动”，并保存住“健康”的部分。如此，两个自我共存，一个是健康的，一个是不健康的。不健康的部分将被向外投射。对

1 心身症，又称精神生理反应，即主要受心理精神因素影响的躯体疾病。——译者注

2 也就是所谓的“人格分裂”。——译者注

3 亨利·杰基尔和海德先生是小说《变身怪医》（英语为*Strange Case of Dr Jekyll and Mr Hyde*）中的两个人物。该小说讲述了绅士亨利·杰基尔博士喝了自己配制的药剂分裂出邪恶的海德先生人格的故事。因这两个人物善恶截然不同的性格让人印象深刻，后来“Jekyll and Hyde”成为心理学中“双重人格”的代称。——译者注

于变态者而言，投射性认同能够让他通过使别人产生负罪感，将自己承担的负罪感向外发泄。受害者又成了需要为自己身上发生的事承担责任的人。

不忠诚

雅克叙述道："皮埃蕾特对她所有前任男友都不忠诚。她告诉我，她母亲对她父亲也不忠诚，当她母亲新结识一位情人后，便毫不犹豫地抛弃了自己的家庭。然而，她认为忠诚对于夫妻而言是至关重要的，却又认为我跟所有男性一样，也是见异思迁的人。一天，她对我说：'我们的价值观不同（她的言下之意是：你不忠诚），因此，你会明白，如果我欺骗了你，这也是很正常的。'"

皮埃蕾特是分裂的：她某一部分超我具有忠诚的价值观，另一部分却有着相反的价值观。通过表现出好的价值观，皮埃蕾特让人感觉她值得尊敬。然后，她让雅克承担了她自己的缺点。如此，通过投射性认同，她让男友承担了她自己认为是负面的价值观，从而能够"投入行动"，并且对男友不忠诚，又完全不同意自己起初捍卫的价值观。通过将自己的"错误价值观"投射到雅克身上，皮埃蕾特让雅克承担责任，她却不需要对自己的行为负责。

投射性认同

认同是一种正常的机制，能够让一个人的自我得以扩张。

我们会发现，一个孩子一会儿希望像父亲，一会儿希望像母亲。如果他能够与周围的世界区分开并且完全接受父母的性格，他将不会再使用该机制。自恋变态者从父母那里继承了一些性格，但是也会无法忍受某些性格，他能感觉到这些性格，却无法完全接受。为了摆脱这些性格，他必须让别人承担它们。

“投射性认同是一种幻觉，在这种幻觉中，一个主体将自己的一部分投射到他人身上，并希望由此能够摆脱他认为不好的冲动，并同时试图伤害、控制、支配这个人。”[1]变态者就是这样指责其受害者，并让该受害者对发生在自己身上的事负责。在摆脱了自己的冲动后，变态者将本来属于他的负罪感投射到受害者身上，让别人感觉他是一个好人，并保持这一形象，甚至让别人感觉他才是受害者。

将自己的怨恨投射到他人身上

弗兰克和前妻轮流负责照看女儿。一天，他送女儿上学。到了学校大门口时，他们得知老师病了，学校不能接待他的女儿。于是，弗兰克打电话给他的前妻（孩子的母亲），让她把女儿接走。前妻说她没法照看孩子，因为她已经安排了其他事情。弗兰克暴跳如雷，对她说：“你无法照看我们的女儿，就把照看女儿的责任全推给我。”弗兰克没

1 Ionescu S., Jacquet M.-M., Lhote C., *Les mécanismes de défense*, Nathan Université, 1997.

有独自解决问题或者承认自己为孩子而困扰，而是将自己的无能为力推卸给前妻，并将自己因为被拒绝而产生的怒气投射到她身上。

当皮埃蕾特不舒服时（包括莫名不舒服的情况），她会给男友雅克打电话，并对他说："你是垃圾……你太自私了……你有毒……"她之所以这么说，很可能是她希望将她自己对自己的感受发泄到雅克身上，这种感受可能是因为她要"投入行动"，也可能是源于儿时别人对她的印象。为了让自己宽心，皮埃蕾特使用了投射性认同机制，并由此将她对自己的感受推给男友并贬低他。

瓦妮莎的案例："美人鱼"的出生

瓦妮莎的姐姐（姐姐也叫瓦妮莎）出生时夭折，一年之后，瓦妮莎出生。

我们可以想象她的家人有多么疼爱这个孩子。她一饿，她欲望的"来源"就已经准备好要满足她。在这个年龄，瓦妮莎的感受只有些许不同：母亲的乳房能够喂养她而产生的满足感；当她必须叫喊才能得到无比期待的食物时，为了回应失望而产生的怒气。精神分析学家将这种怒气称为仇恨。实际上，孩子只能感觉到饥饿带来的不舒服，她的反应与焦虑成正比，而这种焦虑与她所遭遇的危险相关。我们知道，瓦妮莎家已经出现过婴儿夭折的先例……因此，一般而言，她只有时间考虑自己的欲望，希望自己的欲望

能够得到满足。

我们可以想象瓦妮莎在断奶期产生的恨，因为这个长期以来被认为属于她的乳房就要离她而去。她认为这是一种剥夺，并且对母亲产生了深仇大恨。同时，她也意识到自己与母亲是互相独立的。生命初期的这种死亡焦虑将慢慢演变成非常强烈的焦虑，即一种被抛弃的焦虑。

实际上，虽然母亲与自己分开，但是瓦妮莎知道，只要母亲还在身边，她就一直是安全的。但前提条件是，她必须抑制自己的恨，否则可能让母亲远离自己或者伤害到母亲。这种恨会在她心里扎根，同时，她会从所谓的口欲期（她与世界的关系主要通过口腔完成）慢慢过渡到肛欲期。在肛欲期，瓦妮莎可能幻想她可以支配母亲，虽然母亲会选择回应或不满足其欲望，但最终会将她非常期望的礼物送给她……

案例研究：

问题：在本文中，在瓦妮莎家中，哪些方面能让我们看到“否认”机制？

第二章

言语：自恋变态者的撒手锏

La parole, terrain de prédilection du pervers narcissique

"自恋变态者的撒手锏——他们最主要的工具……便是言语。"

——保罗-克罗德·雷卡米尔[1]

"语言是一种武器，可能比身体暴力更可怕。人们会用语言来获得他人的屈服。"

——西蒙娜·科尔夫-索斯（Simone Korff-Sausse）[2]

"他们借助言语来摧毁任何可能在他们身上发现认同缺陷的人。"

——阿兰·克桑赛（Alain Ksensée）[3]

1 Racamier P.-C.,《De la perversion narcissique》, Revue *Gruppo* n°3, 1987.

2 Korff-Sausse S.,《La femme du pervers narcissique》in《La perversion narcissique》, *Revue française de psychanalyse*, PUF, 2003.

3 Ksensée A.,《Hystérie et perversion》in《La perversion narcissique》, *Revue française de psychanalyse*, op. cit.

词语的象征意义

我的祖母将武警称为“燕子”。因此，当她说燕子的时候，我应该理解为武警。这种双重意义可以通过不同方式进行使用。双重意义可以是文化性质的：比如在北非，人们用“羚羊”指代少妇；又如在法国某些城市，人们用“长春花”指代女交警。我祖母的例子中可能隐藏着对制服的恐惧：她在法国东北部经历了两次世界大战。[1]喜剧演员通过文字游戏逗笑观众，一些教育家或哲学家则通过文字游戏启发人们思考。诗人玩弄的文字游戏能让人惊叹不已，而自恋变态者通过大量使用言语的双重意义及其产生的矛盾性，帮助自己征服、掌控并贬

1 精神分析学家的一个作用就是发现言语的言外之意；另一个作用是在需要的情况下，向患者还原言语的本来意义。

低他的受害者。对他而言，这也是一种快乐的来源。

我爱你，我也不

雅克回忆道："如果我想离开，她会对我深情表白。如果我想留下，她会说我不是好人。长期以来，我一直质疑她的表白。她对我说爱我的时候，到底是不是认真的？最后，我不得不认为她的表白只是用来'捕获'我或者伤害我的'灵魂之声'。她只是在不断确认自己是否拥有至高无上的权力。"

言语的功能

西尔维是幼儿园老师，她告诉我，当我们对儿童说话时，最好能够区分"我"和"你"。例如，最好说"你去小便"，而不说"咱们去小便"。最好说"我"，而不是"妈妈"。最好说"我给你准备了一些东西"而不是"妈妈给你……"。

言语的第一功能是识别功能。当我们跟一个尚未能理解言语象征意义的儿童说话时，我们应该将其定位为主体。在这种情况下，儿童的身份就被成人的话语证实了。此时，言语是结构性的，因为它能够让儿童"脱离"事物和他人，也能摆脱混

淆。然后，当孩子能够理解言语的象征意义时，言语就成了规则的载体。

词语：信息的载体

一个词的目的是传递信息。然而，说话的人对一个词产生的效果并不负有绝对责任。例如，宣布某人的死讯肯定会引起听到这话的人的悲伤。但很明显，宣布这一消息的人并不需要对此负责。

因此，我们将根据说话的人的目的，或者说意图，来谈论变态。他使用一个词是用来传递信息的，还是为了获得某种效果，故意制造混淆，抑或伤害或操纵他人？

没有结局的故事

皮埃蕾特告诉雅克他们的爱情故事结束了："好好看着我的眼睛，我们俩完了……"这个消息对雅克而言如晴天霹雳，他心碎地离开了她家。第二天，皮埃蕾特给雅克打电话："你为什么要走？你抛弃了我。你应该坚持啊。如果你已经准备好离开我了，那你就不值得我爱了。"

我们可以看到，对于皮埃蕾特而言，言语的作用不是用来传递信

息，而是希望产生一种效果，用来伤害并操纵她的男友。她因担心自己被抛弃而感到焦虑，并将这种焦虑转移给雅克，让雅克承担这种焦虑，并让他为此负责、产生负罪感。皮埃蕾特让自己处于受害者的位置，也因此避免了她在这段关系中制造混乱而产生的任何负罪感。

嫉妒和不忠诚

弗兰克的嫉妒心非常强。玛加丽回忆道："有一天，我们去电影院，他发现有个男人在看我。于是他用手肘狠狠地顶了我一下，并说我是变态，说我花尽心思希望别人看我。一年之后，他为了另外一个女人离开了我——实际上他和这个女人相处已经有一段时间了，但在离开我之前，他还不忘诋毁我，说我的不是。事实上，在我们恋爱过程中，他一直在说我的不是。"

对于弗兰克而言，通过玩弄文字游戏，他能获得很大收益：操纵、占据主导地位和投射性认同使他能够发泄出自己的焦虑，并让妻子承担这些焦虑，让她因为这些焦虑产生负罪感，让她承受与他自己心中形象相关的不适。如此，妻子就成了坏人，而不是他自己。此外，通过攻击妻子，弗兰克得以发泄自己的冲动。他把妻子当作变态，为自己的攻击性"投入行动"以及为之后的不忠诚做辩解。弗兰克觉得自己不可爱，但他宁可贬低自己的妻子，也不想要改变自己。于是，通过将自己的压力转移给妻子，他成功摆脱了自己的压力。

自相矛盾的交流[1]

改变言语的意思

这是一个自相矛盾的谜语：“什么是你不能停止思考的，而你却不能对此有任何想法？”

答案：这是一个自相矛盾的死胡同。[2]

变态者以自相矛盾的方式进行交流，这让他能够征服受害者。他能够让自己的“出气筒”迷失在充满矛盾的信息迷宫中，从而阻止对方和自己保持距离，同时阻止对方正确思考和行动。

充满矛盾的信息

雅克叙述道：“她对我说：‘我喜欢的是你的内心，而不是你的表象。’如果我离开她，就感觉好像从她那里夺走了她爱着的东西。如果我留下来，我就是将自己强加给她，至少她是这么说的。我所说的或所做的一切都被曲解了。我跟朋友一起出去玩，那就是欺骗她。我给

1 参阅Watzlawick P., Weakland J., Fisch R., *Changements : paradoxe et psychothérapie*, Points Seuil, 1981.

2 Racamier P.-C., *Les Schizophrènes*, Payot, 2001.

她讲一个笑话，她说我是在取笑她。于是，我只能谨言慎行。而她又因此指责我：‘你一点也不自然！自然一点儿！’

“在我们真的分手后，有一次我们再次相遇。她跟我说：‘我爱你，但是我之前跟你在一起并不快乐，所以我想离开你。’当我告诉她我曾经试图离开她但是是她挽留了我时，她回答道：‘当时我的速度达到200公里／小时[1]，我想和你共筑……’就这样，她用两句话告诉我：‘我爱你，但是我跟你在一起不快乐……我想离开你，但是却想和你共筑（爱巢）……’幸运的是，因为我与她保持了一定的距离，所以我轻易发现了这些话的毒性。”

以下是另一个自相矛盾的句子：“我所说的一切都是谎言。”如果我说的都是真的，那么我就是一个说谎者。如果这是一个谎言，那么我说的是事实。一些美国学者率先对自相矛盾的交流进行了研究，如贝特森（Bateson，1956）、维克朗和杰克逊（Weackland et Jackson，1960）以及瓦兹拉威克（Watzalawick，1967）。之后，精神分析专家瑟尔斯（Searles H.）[2]和雷卡米尔（Racamier P.）[3]也对此进行了研究。

---

1 意思是她疯狂地爱着雅克。——译者注

2 Searles H., *L'effort pour rendre l'autre fou*, Folio Essais, Gallimard, 2003.

3 Racamier P.-C., *Les Schizophrènes*, op. cit.

自相矛盾的指令

一天，我在陪儿子，一个朋友给我打电话说："我今晚很想见你……"我不敢对她说不行，我要陪儿子，所以回答说："我和儿子在一起，但是如果你想，我可以把他带到他妈妈那儿，这样我们就可以见面了。"如此，我让她面临了一个尴尬的处境：要么她说"好的，我希望你把儿子送走"，要么她让我在家待着陪儿子。我抛给她一个具有双重束缚的指令，这样无论她做出任何选择，都不对。

自相矛盾性会导致行为、思维、感觉和对现实感知的障碍。自相矛盾的指令会阻止正确的心理构建。如果作为受害者的主体执行这一指令，他将会慢慢失去现实感。我们所有人都会使用自相矛盾的指令。自恋变态者和神经症患者之间的区别在于后者不会将自相矛盾的交流作为经常使用的武器来贬低他人或者投射他的焦虑。而非变态者会意识到自己话语的破坏性从而"调整射击方向"[1]（道歉、解释、明确立场、承担自己的责任）。

自相矛盾的指令（续）

一小时之后，我给她回电话，对她说："你知道，我们今晚不能见

1　即"改正错误"。此处译者选择了直译。——译者注

面，是因为我要陪儿子，我认为这样更好，你完全不需要为此承担责任。”

这样，我就让我的朋友摆脱了之前我让她承担的责任。以前，我的行为像一个孩子，一个因为不敢说不而让别人说不的孩子。

西里尔不知道该怎么办了

五岁的西里尔去祖父母家时很害怕祖父，不敢跟他打招呼。祖父为此非常生气，对他大喊道：“你还是可以过来跟我拥抱一下的！”

这句话的意思是“让我们互相拥抱一下”，可是言语中却充满怒气。孩子面临着双重束缚。如果他拒绝拥抱祖父，他就是个坏孩子，并且需要为祖父生气负责。如果他接受，就会让自己处于危险之中。无论他做出任何选择，都是不对的。他是该相信自己的感官还是相信祖父说的话？他只能否认一部分现实而服从另一部分。

他愣了一会儿，但最后还是拥抱了祖父。尽管西里尔很爱干净，但每次在祖父母家过夜，他都会尿床。

保罗-克罗德·雷卡米尔认为，“自相矛盾的方式会影响双方关系，这种方式会导致一种有迷惑性的并引起麻痹的关系长期存在”。攻击者会说：“你要在你的自我和我之间做出选择！”[1]

通过自相矛盾的指令，变态攻击者削弱了受害者的自我，

1 Racamier P.-C., *Les Schizophrènes*, op. cit.

导致受害者再也不知道现实在哪里。如此，通过模糊和投射等方式，变态攻击者能够将自身冲突转移给他人，并成功避免进入抑郁状态。对变态攻击者而言，他可以利用自相矛盾使自己快乐，也因此让自己产生无所不能的感觉。这里说的是自恋防御的色情化，换言之，变态者在操纵他人时会感到快感。受害者处于完全糊涂的状态之中，而变态攻击者却很清楚自己的状态。变态攻击者越贬低对方，自我感觉越良好。他越让对方“自相矛盾”，越感觉自己真是厉害。

因为伤害他人而感到快乐

瓦妮莎的前男友加布里埃尔回忆道：“瓦妮莎曾经向我描述过她是如何告诉第一任丈夫自己要离开他的：‘我们当时在高速公路上，刚从朋友家回来，聚会非常愉快。在加油站，我告诉他：我因为别人要离开你。他顿时脸色苍白。’”

加布里埃尔感觉到瓦妮莎在回忆这一场景时十分快乐，于是他问她：“对于我的反应，你是否有快感？”她回答说：“是的。你怎么知道？”

改变情形：规定或利用背景

变态者不仅仅会改变言语的意思，也会改变情形。他会借助外部因素来操纵身边的人。为了替自己的“投入行动”以及

对他人身份的贬低做辩护，他能够规定或利用某个背景让自己看上去值得尊敬，并将自己置于受害者的位置或者试图成为能够给别人教育意义的人。换言之，他会创造一些情形，用于指责受害者。

厉害的操控者

让-皮埃尔经营着一家园艺公司。有一次在工作地点，他走到埃丝特勒身边，告诉她竹子的摆放位置不对，因为阳光太充足，这些竹子可能会被晒死。埃丝特勒很有责任心，她将非常重的花盆挪到了别的地方。第二天，她抱怨自己后背酸疼。让-皮埃尔却对她说："是你自己的缘故，昨天我看着你做事了，是你自己搬的方式不对。难怪你今天会后背酸疼。"

让-皮埃尔在观察埃丝特勒的时候，没有选择帮助她或者给她一些建议，而是任由她受伤。他没有因为她负责任的品质表扬她，而是对她说："是你自己的缘故……"让-皮埃尔利用背景达到了贬低其职员的目的。

皮埃蕾特在与男友雅克分手后不久，加入了一家戏剧团，她知道能够在那里找到雅克，而雅克当时正试图在朋友的帮助下重建自我。在现场，为了羞辱雅克，皮埃蕾特试图在雅克面前勾引在场的每个男人。当雅克生气时，皮埃蕾特说："你们看到了吧，是他有问题。"皮埃蕾特故意制造出对雅克有害的情形，并让他在大家面前"崩溃"。幸

运的是，雅克的大部分朋友并没有进入皮埃蕾特的圈套，没有上当受骗，并点醒了雅克。

当一个变态者进入某个团体时，这个团体的一部分人通常也会成为变态者。在这种情况下，这个团体就一分为二。我们能够在团体内部发现分裂以及原本属于变态者的变态状况。变态者会通过利用、操纵团体中的某些人达到将自己的变态状况向外投射的目的。

瓦妮莎：越来越倒霉[1]

瓦妮莎勉强从断奶期造成的自恋伤害中恢复过来了。

当她在镜子中意识到自己的形象时，她也清楚自己在父母眼中是全能的，只要靠自己的微笑和形象，就能让父母回到她身边。婴儿是家庭的中心。瓦妮莎是“公主”，她太被宠爱，以至于她没有发现母亲的肚子越来越大。九个月之后，随着一个男婴的出生，瓦妮莎的世界再次坍塌。因为大家不再关注她，而是专注这个新生命。之后，瓦妮莎意识到，这个小生命比自己多了一个小东西，而这个小

1 原文为从Charybde到Scylla，Charybde是希腊神话中居住在意大利墨西拿海峡岩礁对面的一个海怪，而Scylla则是岩礁上的六头女妖。该短语的字面意思是某个人刚从海怪那儿逃出来，又被女妖抓去。此短语用来比喻某人的境况越来越差。——译者注

东西可能是导致大家不再关注她的罪魁祸首。在这种情况下，在断奶期造成的恨之外，又增添了其“菲勒斯”[1]自恋的丢失，而后者是因为她自己没有这个小东西而导致的失望。她认为这个小东西是大家把关注点投向弟弟的原因。于是，瓦妮莎就将恨转到母亲身上。然而，因为她感受到被抛弃的焦虑以及自身冲动造成的负罪感，她便觉得更应该将这种恨转到弟弟身上，弟弟才是她失宠的罪魁祸首。她还觉得也可以将自己的爱转到父亲身上，因为弟弟出生后，父亲也被全身心关注弟弟的母亲抛弃。

30年后，弟弟也做了父亲。不幸的是，弟弟遭遇了一场车祸，虽然弟弟本人安然无恙，但是他的儿子却因此丧生。瓦妮莎感到深深的负罪感："我那么恨他，他最终付出了代价……"瓦妮莎一辈子都沉浸在生命初期那富有魔力的思维中，那时，她只需要想一想自己的欲望，欲望就能实现。

案例研究：

问题：富有魔力的思维是自恋病理的共同特征之一。在瓦妮莎的成长过程中，我们在哪些地方能够发现这种思维？

1 在精神分析中，菲勒斯指的是一种具有幻觉能力的物体。菲勒斯原意为“阳具”“男性生殖器”。因此这里也可以翻译为“生殖器”自恋。——译者注

第三章

脆弱的自恋者

Fragile Narcisse

自恋变态者通常和其受害者一样，都深受所谓自恋缺陷之苦，换言之，对自己以及自己的形象缺乏信心。他们感觉自己不可爱，他们无法从童年中找到足够好的印象而让自己安心并构建自我。为了进行补偿，他们会构造夸大的自我形象。如此，在他们身上存在着两种矛盾的现象：一方面，因为内心混乱而导致他们对自己评价很低。另一方面，他们又自视过高，希望通过抬高自己或者贬低他人以维持这种形象，并愿意为此付出任何代价。

自我形象

自恋现象体现了人们对自己的爱，以及如何理解自己和如

何看待别人对自己的评价。自恋现象与自我形象、对自我的想法即自我印象有关。心理学家称之为“自我肯定”[1]。

在希腊神话中，那耳喀索斯（Narcisse，也有译为纳西瑟斯）爱上了美女厄科（Écho，是古希腊神话中一位掌管赫利孔山的水泽神女）。而厄科在二人互表衷情前就去世了。那耳喀索斯则在池塘边爱上了自己的倒影，以至于掉入水中，溺水而亡。在他溺死的地方长出了一朵花，名为水仙。

“向客体偷来的自恋”

当我们拥有一辆好车、一份好工作、一座漂亮的房子、一位漂亮的对象、一个好看的孩子时，我们会觉得自己更加重要。弗洛伊德将这种现象称为“向客体偷来的自恋”[2]。

习惯性贬低对方

雅克对我说：“皮埃蕾特总是选择那些出众的人做自己的情人，比如医生、公证员等。在每段感情经历快结束时，她就会贬低他们，羞辱他们，并对他们说：‘你真是一个普通人。’关于我，她这么对我说：

1 也可翻译成“自尊”，指的是自我能力和自我喜爱程度。——译者注
2 《Pour introduire le narcissisme》, in *La vie sexuelle*, PUF, 2002.

‘刚开始时，我觉得你是一个合适的人，你会帮助到我，但是后来我发现你与我预期中的不同。你令我很失望。’”

通过选择一些出众的伴侣，皮埃蕾特试图重建自恋，但是当她发现他们做不到时，她就会选择贬低他们，而不试图改变自己。

在一段正常的爱情关系中，恋爱双方都会有爱的眼神以及由此产生的自恋。但是雅克·安热莱尔格（Jacques Angelergues）和弗朗索瓦·卡迈勒（François Kamel）[1]认为，变态者只索取不给予。保罗－克罗德·雷卡米尔解释道：“自恋变态者认为自己不欠别人任何东西，可是所有人都欠他。”[2]

当变态者贬低其受害者时，比如当他对该受害者说“你是白痴……”时，他的话有好几层含义：你是白痴，以及既然我能看出来你是白痴，那么我肯定比你聪明。通过贬低他人，变态者自认为提高了自己的价值。现在，该由受害者为自己辩护并证明事实并非如此了。攻击者很容易就能攻破受害者的论据，并得以操控他，并慢慢让他陷入有害的混乱之中。这种混乱原本属于变态者，但是他却“向外投射”给别人，通过让别人产生负罪感，使自己得到解脱。如此一来，混乱和负罪感就

---

1 参阅《La perversion narcissique》, *Revue française de psychanalyse*, PUF, 2003.
2 Racamier P.-C.,《De l’angoisse psychique à la perversion narcissique》, *Revue française de psychanalyse, n°* 50, PUF, 1986.

成了变态者指令的目标。需要注意的是，只要受害者为自己辩护，他就让变态者免受侵害，从而使变态者不再有危险。受害者等于完全是在为攻击者服务。

偶像的黄昏[1]

如果我们能够借助周边的客体获得自恋从而变得出众，那么我们也能成为这些客体的创造者。大家都知道古斯塔夫·埃菲尔（Gustave Eiffel,1832—1923）在巴黎中心地带矗立起一座与自己同名的铁塔，从而成功打造了与自己雄心相匹配的“菲勒斯”。但是为了能够创造并接受一种生命冲动，必须首先拥有足够好的自恋。自恋缺陷会让创建行为[2]变得复杂，因此，一些人会更容易接受死亡冲动。如果大家都知道埃菲尔铁塔设计者的名字，那么大家也应该知道摧毁了曼哈顿双子塔的凶手名字。因此，如果某个人不能因为自己的想法而引人注目，他可能会通过取笑别人的想法而获益。例如，关注弗洛伊德和其他思想家的生平，从中发现一些错误或阴暗面，从而让自己出名。本着唯利是图的想法，许多人都会毫不犹豫地跨出这一

---

1 Onfray M., *Le crépuscule d'une idole*, Grasset, 2010.

2 自恋缺陷不会阻止创建行为，很多艺术家都有自恋缺陷。例如梵高割掉了自己的耳朵（阉割？）并画了《割耳朵后的自画像》（也译为《包扎着耳朵的自画像》）。

步。诚然，本着让作品更加完美并且能够走得更远的目的对之进行评论是有趣的事，而玷污它、嘲笑它是没有任何出路的。弗洛伊德说必须杀害父亲，但是他说的是他内心的父亲。我们在上文中已经提到，在现实中阉割父亲、通过言语杀害父亲是自恋变态者的固有特性。无论如何，在这种情况下，我们都看不到爱或明智，更不用说明智的爱。

至于为什么会有如此多的恨，我认为无法解释，我们只能让这些人互相嘶吼，他们也只能说服可以被说服的人。关注冲突（可以是人们内心的冲突，也可以是外部冲突，例如社会上的冲突）的精神分析在一个多世纪以来启示了众多研究人员、哲学家、政治学家、社会学家和历史学家等。精神分析从未停止发展的脚步，我们需要对之进行批评，让它更好地发展。我认为，我们无须理会那些枯燥无味的批评，只有散播这类批评的人才会关注它们。

结构性自恋脆弱或因不同情形导致的自恋脆弱

攻击者会在其受害者身上发现自恋脆弱。这种脆弱可能是结构性的：缺乏自信并且缺乏自我肯定，这通常与艰辛的童年有关。这种脆弱也可能是由于不同情形造成的：新的工作、新的邂逅、需要展现自己的能力或者在某段关系初期犯下的错，

而变态者绝不会放弃机会来强调这一错误，从而使其受害者屈服，并让其产生负罪感。

我们在上文中看到，变态者会利用受害者身上的自恋缺陷使其屈服。通过他的批评，他成了受害者形象的“持有者”。只要该“受气筒”与变态者的话语“粘”在一起，变态者就始终掌握主动权，并且能够轻易掌控对方。

介于诱惑和贬低之间

在自己的园艺公司，让-皮埃尔只招聘女性。他要求女职员对他以你相称，而他则将她们称为“亲爱的”，以此营造出一种有利于紊乱和变态“投入行动”的情感环境。之后，他会轮换使用诱惑和贬低两种手段对待她们，这在通常情况下是非常大男子主义的表现。

让-皮埃尔利用女职员需要工作以及她们需要证明自己能力的愿望，来折磨她们，并将这种上下级关系当成“假阴茎”进行使用。

喜欢自己的形象是不好的吗？

自我肯定是人生中很重要的内容。这种自我肯定源于童年时期别人让我们感觉到的足够好的形象，也源于我们从周围的人身上获取的元素，尤其是父母在我们心中的形象。虽然自我

形象的创建是个人发展过程中不可或缺的环节，但是，我们必须超越这一环节。

法语中“人”（personne）这个词来源于希腊语persona，意思是“蒙面人”。过于关注自己形象的人往往很不自然。他们无法真正拥有价值观、个人想法以及真正的人格。当他们说话时，总是无法表达出自己的真实感受，而且只能说出他们认为（在别人看来）应该说出的内容，从而让自己变得有趣。他们的价值观通常是他人或某个团体的价值观。同样的，在最极端的情况下，即使他们没有与世界隔离时，也很难与别人相识相知，他们通常只能保持表面关系。

为了掩饰这一切，我们需要认识自己，思考我们自己的价值观，接受自己本来的样子，包括我们的缺点和优点。当然，我们也可能因此失去一部分亲朋好友。但这将是自由和发展之路上的第一步。有这样一句禅语：“学已者，忘我也；忘我者，万法所证。”自我形象就像造房子时必需的脚手架的一部分，但房子一旦造好，支架就变得无用，会损耗巨大的能量，甚至可能是病理性的。

变态者为什么必须证明其受害者不好？

受害者的错往往在于主动向自恋变态者揭示了其希望表现

的自我形象和自己内心所感之间的缺陷。变态者需要通过他人对自己做出评价。有的时候虽然并非出于本意，受害者会强调变态者自我形象的低劣。这种情况下，变态者就会试图贬低受害者的形象，而不是质问自己。变态者无法忍受冲突：因为一旦感受到冲突，他就会将这一冲突向外发泄到他人身上。这是他的首要目的。

过于尽责

拉谢尔被一家大公司聘为商务人员，工作十分努力，但她错就错在她工作太努力，并且取得了比上司更好的成绩。于是，上司就不断折磨她。她拿回一份合同，完成了自己的分内之事，但只要有一点点小错误就会马上被指出（稍晚了一点、遗忘了一些无关紧要的内容等）。拉谢尔最后有点儿抑郁，她的部门经理就说："她病了。"

变态者的第二目标在于抬高自己的形象……矛盾的是，自恋变态者会为此赞赏受害者。但他永远不会告诉受害者自己的目的，甚至总是说反话。但是，如果不赞赏受害者，变态者就无法留下……通过与受害者的接触，自恋变态者抬高了自己的价值，其实自恋变态者从心底里觉得受害者比自己厉害。在一对平衡关系中，双方都会自恋，但是自恋变态者比较特殊：正如保罗-克罗德·雷卡米尔所说，自恋变态者只索取不给予。

因为借助受害者，自恋变态者得以抬高自己的价值，反之却不然。此外，变态自恋者还会想方设法贬低受害者。

即使当变态自恋者不将自己的症状投射给别人，他们也会一直寻找别人的不足，结果是很多变态者最终落入其他变态者的魔爪。这让他们非常安心。因为这样他们就能很容易地发现症状，而不需要将之投射。瓦妮莎故事的后续向我们证明了这一点。

瓦妮莎：妈妈还是贱货

瓦妮莎的母亲让处于青春期的瓦妮莎打扫弟弟的房间，自己则去打扫丈夫的房间。一开始，瓦妮莎是拒绝的。母亲就说等自己忙完手头的话，再去打扫。如此，瓦妮莎就面临着双重束缚：要么，她变成弟弟的保姆（妻子？）并减轻母亲的负担；要么，她让母亲多干活。虽然是母亲让她面临了这样一种双重束缚，她却因此将更多的恨加在弟弟身上。

此外，瓦妮莎亲眼看见母亲的痛苦。实际上，她的父亲是出了名的"风流鬼"。她亲眼看到母亲和父亲的某任情妇打架。之后，她又亲眼看到父亲从某任情妇家中出来，但她必须死守这个秘密，因为她不想让母亲受更多伤害。但是这样她就成了父亲及其"投入性行为"的同谋。

矛盾的是，瓦妮莎的父亲不允许女儿和男孩来往：“我的女儿可不是贱货。”

因为搬家，瓦妮莎留了一级：“……12岁的时候，我的胸部已经很大，这让我看起来很有女人味。我们班上同学都叫我‘夫人’……”

到了青少年时期，瓦妮莎希望通过打工挣点零花钱。她父亲给她找了一份工作，在一位夫人家里做佣人。实际上，这位夫人是一个高级妓女，瓦妮莎非常欣赏她为男人服务的能力及其带来的自由。成年后，瓦妮莎离开父母家，住进一个小公寓，父亲则长期拒绝见她：“我的女儿是个贱货……”

案例研究：

问题：自恋变态者会与自相矛盾的价值观做抗争，那么瓦妮莎面对的是哪种类型的爱情价值观？

第四章

变态者：住在成年人身体中的儿童

儿童是让人无法忍受的集粗俗和自私于一体的存在。对他而言，重要的只有自己的快乐及其欲望的满足；他人是否因此痛苦于他而言无关紧要……他对别人不想让他看到的东西感到好奇……他对比自己弱小的一切生物都非常残忍，并以摧毁客体为乐……他要求自己的一切欲望立刻得到满足，无法容忍别人的一丝怠慢。

——安娜·弗洛伊德（Anna Freud）[1]

Le pervers: un enfant dans un corps d'adulte

1 *Initiation à la psychanalyse pour éducateur*, Privat, 1986.

变态者并未彻底完成自我构建，他身上还保留着儿童的结构。举一个我最近遇到的例子，这个例子并未完全指向某个自恋变态者，但实际上他的确是个自恋变态者。故事的主角是一位先生，他让妻子上车，却在倒车时撞到了妻子的车。于是他立刻转向她，对她说道："你为什么把车停在这个位置？！"他的行为就像儿童一样，而实际上，他已经年过半百，而且是公司领导。他就像一个孩子，无法承受别人发现自己的错误，他无法承受内心冲突，一旦发现内心冲突，就会立刻投射到别人身上。

弗洛伊德把儿童称为"多型性变态者"：他们身上具有变态者的所有特性，但在其发育过程中，他们会逐步抑制这些特性。我们将在本章探讨儿童时期的心理结构。

负罪感和担心被抛弃的焦虑

在成长过程中，儿童的心理也在逐步建构。一开始遭遇失望，就会出现一个自我，在内心欲望和外部提供的可能性之间寻求平衡。

超我是儿童性心理发育过程中最后的心理结构。弗洛伊德认为，超我是俄狄浦斯情节的继承。它是本质上无意识的心理结构，包含我们自己固有的价值以及我们摄入[1]的父母和社会的价值，换言之，就是那些我们从外部环境引入并融入我们内心的价值。

如果没有遵守超我的价值，就会导致负罪感，就好像“摄入”的父母从内心对我们进行惩罚，或者说不尊重这位“内心父母”可能会造成焦虑。因此，这个超我的形成会阻止我们欲望的一切不恰当的“投入行动”。一旦我们的冲动与我们认定的道德价值不相符时，超我就会要求我们抑制或转移我们的冲动。

超我一般在六七岁时出现（这是俄狄浦斯情节结束的时期），而自我的理想远在这之前，即在最初的禁令出现时就开始形成。

在这之前，儿童只被快乐原则支配。只要他想，他就要。他不知道什么是道德，什么是禁止。当父母给他一个禁令时，

1 也译为“内向投射”。——译者注

儿童就会出现失去父母之爱的焦虑。我们可以认为，自我的理想就是儿童为了配得上父母之爱而想要具有的形象[1]。

自我的理想与理想的自我共存。如果说自我的理想建立在我们想象的他人的价值（为了配得上他人的爱并保证不失去这种爱，我们必须通过认同符合这种价值）之上，那么，理想的自我就是为了与自己的价值相符并充分实现自我价值必须成为的样子。自我的理想和理想的自我之间如果存在很大差距（皮埃蕾特的忠诚／不忠诚），就会导致焦虑，并且导致我们在面对相反的价值矛盾时难以行动。

你应该像你父亲一样！

乔治想从事一份与自然有关的工作，但是他的母亲希望他像父亲一样做一名工程师。乔治在接受完高等教育并获得工程师文凭之后，在一个小村庄成了一名养路工人。乔治成功地调和了完全相反的自我的理想和理想的自我，并保持了平衡。

为了调和忠诚与不忠诚这两种相反的价值观，皮埃蕾特只能求助于变态机制。当皮埃蕾特对雅克说“我们的价值观不同（你是不忠诚的），所以，我欺骗你是很正常的事”时，她好像

1　我们经常跟孩子说：“你要乖乖的，乖得像幅画。”这句话的法语原文中出现的image一词有很多意思，例如图像、形象等。——译者注

在说，为了维持良好的关系，忠诚的价值观是很重要的。显然，她自相矛盾。这可能是因为她经常看到自己的母亲欺骗父亲，于是她的理想价值观和她所理解并接受的父母的价值观大相径庭。

在皮埃蕾特的案例中，通过对母亲的认同，她的自我的理想和理想的自我背道而驰。她只能通过将某些自我矛盾的价值观投射到“男友”身上并让他承担这一切，才能为自己类似报复的“投入行动”做辩护，也才能将这些“投入行动”归入“正常防卫”的范畴。为了暂时解决自己的自相矛盾，她需要使用类似分裂和投射性认同的特殊机制（换言之，将自己一部分价值观和欲望转移给他人）。我们在后文中将看到，无法构建健康形象的自恋变态者并不是真的和别人不同。他可以和别人合二为一，把自己坏的习性传给他，而把“好的角色”留于自己。通过操纵别人并因此确立自己的权力，变态者试图和受害人合二为一，并让后者成为他的东西，他的延伸。如果受害人消失了，变态者就会出现严重的焦虑，好像这个人带着他的一部分离开了他。

如果超我是俄狄浦斯的，自我的理想就是自恋的。超我需要道德价值，而自我的理想需要形象。不尊重超我会导致负罪感，不尊重自我的理想则会导致更加严重的焦虑，一种担心被抛弃的焦虑。

因为儿童结构与尚未完全构建的自我共存，自我的理想不

如超我强大，所以不足以指挥"不投入行动"；而自我也不够强大，不足以抵抗冲动。幼童可以在父母在场时抑制其欲望，而在父母不在场时就可能被"投入行动"引诱。如果他被抓了个现行，他可能会采取否认或投射机制，如"不是我"或"这是别人的错"。在被挑衅的情况下，儿童也可能在其父母面前"投入行动"，目的在于确认他们的爱或他自己的权力。

"快乐原则（换言之，需要立即得到释放）与正确的评判无法兼容，因为后者建立在检查反应与延迟反应的基础之上。这种因为做出反应所需要的时间和能量可以被用于进行评判，这份快乐是不是'及时行乐'。而在最初的状态下，弱小的自我是还没学会延迟某事物的。"[1]

因为变态的各种根源（关于这些根源，我们将在第九章中进行探讨），自恋变态者无法处理俄狄浦斯情结。他就像住在成年人身体中的儿童。他的超我没有得到发展，受其自我的理想的驱使，无法找到自己的界限。因此，他很容易冲动。于是，他一直不停地确认其权力，并且因为担心自己被抛弃而极其焦虑。他感觉自己不是完整的人，因此一直不停地寻找"假阴茎"。换言之，他需要一直不停地寻找一个客体，能够支撑其对于事物和事件的权力的幻想。

1 Fenichel O., *La théorie psychanalytique des névroses*, PUF, 1987.

权力需求的根源

还未出生的孩子对自己的轮廓是没有意识的，他认为自己与自己之外的世界是一体的。他既是容器，也是内盛物。在出生时，这种感觉继续存在，他就是整个世界，世界也是他。

在经历了最初的失望后，就出现了自我的雏形。婴儿呼叫乳房，可是乳房没有来。“对他而言，母亲的乳房是他的一部分……出于对乳房的爱，他期待乳房……如果他的期待没有得到满足，他会怎么样……婴儿就会发现自己其实独立于母亲之外。”[1]在成长过程中，他不断构建其自我，并同时向相异性靠近。母亲与他不再是统一体，而是两个个体。奇怪的是，他会通过与母亲的认同重新寻求这种融合：“既然我很像她，那么我们就是相同的。”

当孩子长到18个月左右时，会出现雅克·拉康（Jacques Lacan）所谓的“镜像阶段”。在此之前，孩子无法识别镜中的自己。在镜像阶段，孩子能够获得自恋形象，同时，他也会知道自己的名字，学会肯定和拒绝。同样，如果孩子觉得母亲足够好，他就会在能够满足其所有需求的母亲眼中抬高自己的价值。

如果母亲把孩子放在卧室，自己去找第三方。孩子就会明白他无法留住母亲。一个“他者”拥有孩子不具备的东西，或

---

1 Klein M., Riviere J., *L'amour et la haine : le besoin de réparation*, Payot, 2001.

是孩子所拥有的东西不足以留住母亲的注意力。这个能够吸引母亲的客体在精神分析上被称为“菲勒斯”。“菲勒斯”是一种神奇的客体，能够吸引别人的注意力。它可以是任何客体：漂亮的车、令人羡慕的职业、帅气的男友、漂亮的孩子……

孩子对母亲去见的这个他者既羡慕又恨妒。孩子的欲望（如果其欲望被挖掘）可能导致的羡慕、恨妒或报复的想法将会导致非常严重的焦虑，精神分析学家称之为阉割焦虑。如果父亲足够好、足够亲切，或是规则得以确定，又或是母亲允许孩子离开自己，孩子就会结束自己的内心冲突，放弃自己的欲望和恨妒，并因此解决自己的俄狄浦斯冲突，完成自我构建——俄狄浦斯期对构建有着重要意义。但是，如果父亲很令人讨厌、无法亲近或很平庸，或是母亲不给孩子自由，孩子就可能倒退回之前的状态，回到母亲身边，无法度过俄狄浦斯期。

玷污父亲的形象

加布里埃尔：“当瓦妮莎生气的时候，她可能会说：‘你们这些男人，你们都是没种的’或是说她的部门经理是小鸡鸡男人。”

通过其指令，自恋变态者通过阉割父亲或同事的形象，树立自己的权威。俄狄浦斯理想的承担者是父亲。为了树立性成熟前自我的理想（由自恋无所不能的威力控制），自恋变态者试图让俄狄浦斯自我的

理想无效。自相矛盾的是，瓦妮莎好像又赋予了她所鄙视的男性生殖器以很重要的价值。这与她和父亲爱恨交织的关系十分有关。

贝尔纳，母亲的“菲勒斯”

在精神分析中，任何权力客体或骄傲客体都可以被认为是“菲勒斯”。在这种情况下，爱自己的孩子并为之骄傲，是否也意味着将他们当作“菲勒斯”？

很明显，爱自己的孩子并为之骄傲是很棒的事。爱永远没有过多的时候。但是有些人爱的方式不对。让我们听听学校大门口家长们的对话：“我们家孩子两岁时就知道爱干净。”“我们家孩子20个月就会说话了。”然而，关注孩子的内心也许更为重要：“我相信你……”“我知道你有能力……”

让我们再看看贝尔纳的经历。

好帅的孩子

贝尔纳的母亲对他感到非常骄傲。当她的朋友来家里时，她会对贝尔纳说：“快来啊，大家都在看你。”还会对朋友说：“你们看啊，我的儿子多帅！”然而，一旦贝尔纳想开口说话，她就会说：“闭嘴，大人说话小孩别插嘴！”在母亲的话语中，贝尔纳的形象被大加赞赏。

但矛盾的是，他不能说话。他只能存在于母亲的话语中。

此外，他的父亲，大概出于对他们母子关系的嫉妒，有时候会暴打贝尔纳。

为了不让父亲生气，也为了留住母亲的爱，贝尔纳必须很乖。他可以乖乖坐在那儿几小时不说话。

贝尔纳五岁的时候，有一天，他在向一个女同学展示自己的小鸡鸡时被发现。他的母亲大喊道："你以后不准这么做！"在青少年时期，当母亲得知他亲吻了一个女孩时，母亲说："我希望你不是在大庭广众之下做了这么不要脸的事……"

贝尔纳如今30岁了，他患有性无能。他一直和母亲一起生活。他表现出与自恋相关的大部分病理症状，但他却无法进行"变态投入行动"；他有边缘型人格障碍（处于精神病病理边缘），并伴有精神分裂代偿失调（是精神分裂的一种，弗洛伊德称之为"自恋神经症"）。

贝尔纳最近跟我说："我就像一辆没有油的法拉利……"贝尔纳自视甚高，但同时却性无能。他就像一个只有18个月大的孩子，只活在母亲的眼中。他是母亲的"菲勒斯"，他只能这样认识自己，于是他牺牲了自己的内心和生活。

第五章

无法忍受失去心爱之人（物）

Le deuil impossible

我们为什么要在一本关于自恋变态者的书中研究心爱之人（物）的消亡过程呢?

为了克服俄狄浦斯情结，儿童必须首先放弃其欲望，并对父母完成“去理想化”，让他们在儿童心中成为普通人。弗洛伊德甚至说“要杀掉自己的父亲”。这将是一种类似“丧事”的过程，但他必须这么做。在这个过程中，儿童本已经接受的理想形象会消亡，从而令儿童自己能够成为主体，并真正融入现实世界。这个过程也意味着一个人儿童身份的消亡，这能够让他在社会上有一席之地。

我们当中大部分人难以接受“放弃”导致的“失去”以及必要的转化期。这种困难源于我们的成长过程，也与我们在童年时期必须面对的“被抛弃”有关。我们在一生中仍将再次面临这样的放弃，但它们对我们而言往往是进行重要改变的

契机。自恋变态者对此是无能为力的。他无法面对冲突，尤其是因为其内心客体的丢失而导致的冲突。内心客体是我们摄入的外部客体的理想化形象。例如，当母亲走出房间时，孩子会哭。孩子只能感受到自己的感官给自己指示的东西。如果他看不到母亲，任何东西都无法向他证明母亲还存在。只有当他摄入母亲的形象时，他才能接受母亲的不在场。换言之，在这种情况下，他能够回忆起母亲；也只有在这种情况下，即使母亲不在场，他也能够确定母亲在他内心的存在。我们将在后文中研究变态父母时发现，人们有时是不希望变态者与自己分开的。

因为害怕失去而感到焦虑

为了避免因为害怕分开（类似于丧事）而导致的焦虑（当别人离开变态者时，后者就会出现这种焦虑），变态者无法长时间将其受害者当成主体对待，后者必须变成客体。变态者要求自己被认为是好人，要求别人抬高自己的价值。但是给予他爱和认可的人可以在任何时候控制他。一般来说，这也是他在童年时期所经历的。那时候，人们将变态者看得很低，他认为这以后不会再发生，也认为别人不会再这么看他。别人对他的贬低让他能够与其对手代表的危险抗争（如果他的对手是好的客体，失去这个对手的结果将会很糟糕，并会让变态者认为是

自己的缘故)。而失去一个坏的客体则可以让变态者产生如释重负的幻觉，并将原因归于受害者自己。

有一句谚语："如果想把狗杀掉，就必须说它得了狂犬病。"[1]担心狗逃跑而将狗杀掉让我们可以否认自己是潜在的受害者，并确立自己无所不能的权力。但如果"狂犬病"在作为家庭成员的"狗"身上发作，就必须保留病狗进行控制，从而保证能够彻底杀灭"狂犬病"。出于保护家庭的目的，多少"杀戮"都势在必行。如此，就永远不需要面对失去。此外，变态者会使用很多投射机制，以至于他不会向别人展现真实的自我，而只是投射其内部客体及其缺点。

至于变态者的受害者，他必须遵守类似丧事的过程，以期望从刽子手的控制中逃脱：如从否认中逃脱，接受怒气和悲伤，从而可以进行自我构建。

面对失去心爱之人（物）的过程的不同阶段

研究认为，面对失去心爱之人（物）的过程包含以下阶段：

- 否认：当别人向我们宣布某位亲朋好友的死讯时，如果

1 意思是做事需要"名正言顺"。——译者注

消息太让人无法接受，我们会选择不相信。我们的心理会拒绝这个消息，好像它根本不存在。因为我们的心理希望保护我们免受过于残酷的信息的伤害。“这不是真的……你们肯定搞错了……我无法相信……”

● 生气：在否认之后，是生气阶段。生气是试着将与消息揭露的相关情感向外发泄。我们在将无法承受的情感向外发泄时，通常会归咎于第三方。“这是医生的错……”或“是因为别人车开得太快了……”。

● 抑郁：当信息被接受时，生气阶段就过去了。随之而来的是巨大的悲伤，通常伴有负罪感和后悔，以及抑郁，在更严重的情况下，还会出现忧郁。在某些情况下，这个阶段可能是无意识的：例如，如果没有按要求服丧，我们可能会出现负罪感。痛苦可能也是能够表明生者与死者之间关系的确存在过的最后证据。

● 接受：最后，我们只能放弃。主体只能承认事实。信息被接受，我们也需要重新安排自己的生活。之后可能出现升华，甚至韧性（我们将在第八章中详细研究升华机制和韧性机制）。

无法面对失去心爱之人（物）的病理

与上述最初几个阶段对应的是无法面对失去心爱之人（物）的病理。

如果主体无法从否认中走出，则属于精神病。在弗朗索瓦·欧容（François Ozon）执导的电影《沙之下》（*Sous le sable*）中，夏洛特·兰普林（Charlotte Rampling）的丈夫在下海游泳时丧生。她无法接受这一事实。之后，人们将丈夫的尸体带到她面前，她拒绝接受这就是丈夫。在接下来的几个月时间里，她一直跟他说话，慢慢地，她与世界隔绝了。

与抑郁期对应的是抑郁或忧郁，这主要归咎于主体无法面对失去心爱之人（物）。抑郁者或忧郁者认为自己不称职，陷入无尽的负罪感和精神痛苦中。这种病症的根源是无意识的，抑郁者或忧郁者在现实中可能永远不会失去心爱之人（物），但是他们会因为害怕失去自己的内心客体而饱受折磨，他们无法丢弃童年时期的形象。

自恋变态者则徘徊于否认和生气这两个阶段之间。与否认对应的是贬低其受害者，也就是否定其受害者的重要性，这会让变态自恋者的“潜在失去”最小化。与生气对应的是其攻击行为，他会试图将自己的感觉向外投射并让别人产生负罪感。

这是医生的错！

莫里斯遭遇过一场事故，医生必须对其进行截肢手术。十年之后，莫里斯仍然在生医生的气，他向愿意听他说话的人吐槽，说一切都是医生的错，说医生太无能。一直存在的怒气让他无法直面事实，但让他避

开了抑郁。他无法战胜自己心中的怒气，因此他无法进入“韧性”状态。

自恋变态者会贬低其对手，但同时又控制他。丢失其“客体”会导致保罗-克罗德·雷卡米尔所说的“自杀症”，这种病症类似忧郁，又类似忧郁者无法接受失去心爱之人（物）的状态。保罗-克罗德·雷卡米尔认为，此症状表现于变态自恋者将怒气投向自身，这可能将其引向自杀之路。

是否存在一些方法让我们更加容易接受失去心爱之人（物）的事实或加速这一过程?

实际上，存在很多方式，能够让我们更加容易接受失去心爱之人（物）的事实。例如，安排服丧仪式和服丧期，从文化角度而言，这些行为自古有之，但已有了消失的趋势。我们可能需要再次对其进行创造，并让人们对这些行为更有意识，而并非仅仅作为文化的一部分。

我们经常说“丧事”一词，但有时候用得不够准确。有人去世时，我们可以说丧事。不过，正如上文所述，丧事一词不够确切，在出现“失去”或因为“失去”而产生的焦虑时，这种过程和丧事是一样的。这就是为什么我们会说无法接受丧事、丧事导致的焦虑或者丧事过程等。

有个人对我说，在接受了长期治疗后，为了与酗酒并乱伦的父亲决裂，他从邮局给父亲寄了一升酒、一根香肠和一封长长的信。另外一个人，在和一个自恋变态者分手后（过程很艰难），她给他写了一封长长的信，但是她却将信烧了，并把灰烬撒到了他们以前经常在附近散步的河里。

仪式能够让我们描绘出事实的特点，使事实具体化，也可能让我们的决定得以落实，让我们走出否认。去墓碑前大声对死者说话或者进行一些仪式（无论形式如何）都是不丢人的。此外，如果必要，一段时间的“服丧期”（即使我们会很伤心）能够让我们重新自我构建，也往往能够让我们在走出痛苦之后更加成熟。

第六章

变态者的策略

Les stratégies du pervers

理解变态者的动机

神经症、精神病和变态

人在一生中会出生若干次。在身体出生之后，他还会为世界出生、为相异性出生、根据自己的形象出生，最后在社会上出生、为第三方出生、为规则出生。在客体阶段（与别人分开且发现相异性）之后，随之而来的是自恋阶段（与自己的形象相遇）以及俄狄浦斯阶段。在成长过程中，儿童必须首先意识到他人，换言之，必须意识到于自己之外、作为非我的客体的存在，他不是一切，一切也不是他。如果不能完全接受这个阶段，就会导致精神病，换言之，会导致自我和自我之外世界之间的模糊，以及由模糊产生的恐惧，如分裂和解离的焦虑，这

些焦虑是因为感觉他人占有着个体（指精神病者）自我的一部分。如果成功度过这个阶段，人们就可以根据自己的形象出生，根据他心目中对自己的想法而出生，根据他认为别人如何看待他的想法而出生，根据他自己的自恋理想而出生，换言之，根据为了与自己或他人相符而必须怀有的目的而出生。如果无法度过这个阶段，就会导致自恋结构伴有担心被抛弃的焦虑（如果主体的形象与他想象的他人对他的期待不符），会导致自己无法认识自己，也无法真正认识他人。如果足够好的自我形象被接受，主体就会去发现第三方和规则。接受社会规则能够让他在社会上占有一席之地，并继续自己的发展。如果无法丢弃俄狄浦斯幻想，就会导致神经症、负罪感和所谓的阉割焦虑。

出于一些原因（我们将在下文中进行研究），自恋变态者被阻止根据自己的形象出生。他在发育过程中会被卡在客体阶段和自恋阶段之间，并将他人当作镜子，他从中吸取好的方面，却将自己坏的习性投射给他人，希望能够填补自己的空虚，并因此能够在严重退化的情况下避免窥伺自己的精神病。

变态者是病人吗?

首先需要定义病理是什么。当我们研究精神病理学时，我们会花很多时间研究正常人和病态者之间的区别。我也请读者

们对此进行思考。有些人提议可以将病理定义为让我们痛苦的因素。然而，正如上文所述，痛苦可以是引领我们走向韧性过程的一部分，如同失去心爱之人（物）的过程。

我们有时候会混淆症状和疾病。例如，如果我们喝了毒药，身体可能会让我们呕吐。如果我们认为呕吐是一种病，我们就会吃止吐药。相反，如果我们认为毒药是不舒适的根源，我们就会吃催吐药。病理可能是一种关系的断裂。如果我们的身体无法识别毒药，它就不会让我们呕吐，我们就会生病。精神分裂症患者觉得自己很混乱，于是他与自己的内心断裂，然后与外部世界断裂。当他的冲动超出他的极限时，为了找回没有压力的状态，他的谵妄就成了内心的投射。

自恋变态者是呕吐者。他将自己的混乱向外释放，并让别人生病。如果我们在上班时或其他地方遭受了第三方强加的压力，我们可能会在回到家时警告家人："小心啊，我今天心情不好！"意思很清楚，只要有机会，我就会释放我的混乱。这很有可能发生，并会成为争吵的导火索。吵完架，我们通常会感觉好一些。但是我们周围的人会感觉很糟糕。此时，我们甚至可能扮演调停人或者好人的角色："大家需要冷静……"这就是一种自恋变态情境。一般而言，我们不会因此变成变态者，但是我们需要注意这一点，并对此进行研究，以防止这样的情况发生。

"完全意义"上的自恋变态者就结构而言是变态者。他不

知什么是痛苦，也不知什么是后悔。他不是病人，反而是他周围的人很快成了病人。例如，有天晚上，我们回到家，因为自己不高兴，我们就让家人也不舒服，但第二天当我们醒来后，就会感到不安和内疚。我们会因此感到痛苦，产生负罪感，为了从痛苦中走出来，我们会道歉。这种情况下，我们就属于神经症而不是变态。自恋变态者是不会痛苦的。相反，是我们代替他感到痛苦。自恋变态者是脆弱的人，他本应该很痛苦，但是，他会通过投射机制，尤其是投射性认同，而让自己得以摆脱："都是因为你……"明明他才是错误或问题的制造者，但是他却将自己的过失归于他人。

他从中获得的好处如此之大（避免了痛苦和疯狂），以至于他不会质疑自己。实际上，很多人在面对困难时，也经常会使用这些机制。当他们回归正常状态时，如果否认不足以解决问题，他们就必须面对自己的负罪感，他们会因为自己的"投入行动"，以及别人让他们付出的代价而产生担心自己被抛弃的焦虑。他们可能再次倒退，并再次使用同样的变态机制。这些人处于非常痛苦的状态，不过他们也存在通过努力走出痛苦的可能。这个过程很长，但是并非不可能。保罗-克罗德·雷卡米尔说："当变态者的情况没有过于严重时，他们会进行咨询。"治疗师必须注意不要纵容了患者的变态行为，因为我们认为，在自认为是受害者的人的话语中很难发现这些机制。治疗师还需要注意不能消除患者的负罪感，而需要引导患者对其

价值观进行思考。

让别人承担自己的缺陷

自恋变态者使用的机制，如分裂、否认和投射性认同，都是妄想狂病理和类妄想狂病理的典型机制。种族主义（无论是人种、社会还是性别）是这些变态机制（尤其是客体的分裂）的典型例子。正如上文所见，客体的分裂通过将自我的一部分投射到被认为是坏的客体的一部分上，保护自我不受解离焦虑的侵袭。

例如，三K党的追随者将作为客体的社会一分为二：白的（好）与黑的（坏）。在夜晚，他们戴着风雪帽，希望“打击社会败类”；在白天，他们是家里的好父亲，被认为是好公民。如此，他们在夜晚投射自己坏的一面，而在白天投射自己好的一面。政治、种族、宗教或性别歧视等意识形态变成了“假阴茎”，一切也因此变成合法的现象。

分裂的根源

弗洛伊德首先提出，婴儿在吃奶过程中会释放其大部分冲动。当需求存在时（首先是饿或渴），它很快让婴儿无法忍受（如果需求得不到满足，会很快导致婴儿的死亡）。

正如上文所述，梅兰妮·克莱恩将婴儿的怒气称为“恨”，这种恨伴有破坏的欲望。三个月左右的婴儿只和母亲的一部分存在关系，梅兰妮·克莱恩将这部分的客体称为乳房。婴儿将其爱的冲动和恨的冲动投射到乳房上。乳房被认为是极好或极坏的。好的乳房让孩子安心，坏的乳房因为不能满足孩子而折磨他，并任由其焦虑出现并扩大。在这种情况下，孩子认为自己被坏的客体所折磨，他认为这种客体是不祥的。为了保护自己并表达其怒气，婴儿会幻想存在两种客体：好的客体，即能够让他安心的乳房；坏的客体，即折磨他的乳房。这样，他就能将其爱投射到其中一个客体上，并将恨投射到另一个客体上，同时也不摧毁好的客体。梅兰妮将该阶段称为“类妄想分裂”阶段。这是客体的分裂。它能让主体避免自我分裂，而自我分裂可能导致解离焦虑。换言之，通过将自己的恨投射到一个客体上并将自己的爱投射到另一个身上，就能让主体避免将自己一分为二，以避免出现类似精神病症状的人格解离（好的主体、坏的主体），或者避免主体对自己生气。

我们在儿童发育的类妄想分裂阶段会发现一些防御机制的产生，例如客体的分裂和投射。客体的分裂能够避免变态者产生因自我分裂导致的解离焦虑。变态者可以在人群中挑选一个人（就像种族主义），将恨投射在客体（社会）的一部分上，将爱投射在另一部分上（与他相似的人，即同一性别、同一肤色或同一社会背景的人）。

抑郁阶段

儿童继续成长并朝向相异性迈进。他知道有一个独立于自己之外的他者存在，这个他者不会完全对其欲望做出回应。这个他者会慢慢从一个客体变成主体。之后，这会让儿童自己发现自己也是主体。在此之前，他必须接受双重性，目的在于能够从存在两个客体的幻觉中走出来。

在类妄想分裂阶段之后，随之而来的是所谓的抑郁阶段。四个月左右的婴儿明白不存在两个客体，而是只有一个客体。他从人生最初几个月的幻想期走出来。此时，母亲被认为是一个完整的人。她既被爱，也被恨。为了不将母亲摧毁或者失去母亲，婴儿会控制住自己的攻击欲望。如此，他的焦虑便转向自己，并导致其抑郁。只有当母亲被认为足够好，并且好的客体能够被儿童永久内在化时，他才能战胜抑郁。如有必要，母亲在儿童内心的形象能够暂时弥补母亲的不在场。如果抑郁阶段过于让人无法忍受（我们将在第九章中探讨其原因），儿童就可能被固定在类妄想分裂阶段，并在成年后使用一些自恋变态的典型机制，如分裂和投射，将他人理想化或贬低他人。如果儿童无法应对抑郁阶段，他就可能使用分裂机制或投射情感，从而避免抑郁。自恋变态者就属于这类人，他的目的就是将自己的焦虑转移到他人身上。他的对手情况越糟糕，他感觉越好。

粘连和隔离：使受害者屈服的手段

我们之前已经探讨的否认、分裂和投射性认同等机制不是自恋变态者使用的唯一机制。如果受害者能够与变态者保持距离，并从变态者强加的粘连中脱身，他就会观察到对手的疯狂。变态者非常清楚这一点。所以他不允许自己的对手与自己保持距离，并且阻止受害者结交能够让他看到他们关系中不正常方面的人。这就是为什么他会试图隔离其受害者，目的就是为了能够继续贬低他。

实用建议

自恋变态者需要一种亲近的关系，因此其受害者往往是与他亲近的人（父母、雇主、同事、伴侣等）。可能还有其他例子，如老师与学生，军队中的上下级等。自恋变态者需要亲近的关系以及难以断裂的关系：附属关系、父母关系、子女关系或者爱情关系。他借助这些亲近的关系，粘着其受害者。

在生命的某些关键时刻，我们所有人都可能出现自恋缺陷。例如，在一个人刚找到工作时，他非常需要得到认可。他处于一种不确定的状态，需要表现自己的能力：此时，他就成了自恋变态者理想的目标，自恋变态者首先会对其大加赞赏，

然后贬低他。这种情况下，其缺陷是情形性的（新工作）。还存在结构性的自恋缺陷，来自于我们的童年时期，主要是因为被虐待或“没有被好好对待”。自恋变态者会立刻发现这些缺陷。

永远不能没有你！

雅克能够感觉到女朋友的情况比较糟糕。他发现，当他自己感觉不好的时候，参加戏剧团表达自己能够帮助自己摆脱这种状况。于是，很自然地，他建议女友陪着自己。他的目的是帮助皮埃蕾特好起来，并且让她接受他喜欢的朋友们。但是，在他们参加的每一次戏剧排练过程中，皮埃蕾特都会让他不舒服：闹分手、各种责备、威胁说要提前离开或者试图勾引雅克的朋友。

例如，皮埃蕾特来与外出的雅克会合。因为工作原因，她在戏剧排练开始几天后才到。她看到雅克和他的朋友们玩得很开心。从第一晚开始，她就无数次告诉雅克，她决定离开他。雅克很生气。之后，皮埃蕾特不断指责雅克的反应：“你应该明白我不舒服，而不是给我脸色看……”如此，在被威胁会被抛弃后，雅克因为反应不对而成了罪人。雅克的朋友们提醒他说，当皮埃蕾特在的时候，他的行为完全变了。之后，雅克决定自己去参加戏剧排练。在途中，皮埃蕾特给雅克打电话说她要离开他。因为不在一起，生平第一次，雅克同意了。

与他人隔离

弗兰克和玛加丽约了玛加丽的一些老朋友来家里做客。一天早上，男人们出去买面包。玛加丽的一个好朋友洛尔跟她躺在一张床上聊天。玛加丽怀孕了，而洛尔一直都梦想要一个孩子，就向玛加丽提出各种问题。当男人们回来后，弗兰克看到两个女人在他的婚床上聊天说笑，就暴跳如雷，责怪玛加丽玷污了婚床，并将客人们请了出去。玛加丽非常崩溃。不久之后，洛尔给她打电话道歉，并告诉她自己决定跟他们断绝来往。弗兰克成功地将玛加丽和她那些可以帮助她的朋友们隔离，并得以更好地控制她。弗兰克借此投射出自己的嫉妒焦虑[1]，并让别人产生负罪感。

利用第三方

我们以小说《危险关系》[2]中梅尔特伊侯爵夫人和瓦尔蒙子爵为例。梅尔特伊侯爵夫人利用瓦尔蒙子爵以达到自己的目的。如果子爵想维护自己在侯爵夫人眼中的形象，他就必须完成一些挑战，而侯爵夫人则通过这些挑战控制住子爵。这两个

1 某些精神分析学家认为，被抑制的同性恋冲动可能会导致类妄想症特征。可能被使用的防御机制是将冲动转为相反的一面，并通过投射性认同将这种冲动转移给他人。让人无法忍受的同性恋冲动“我爱你”将会被转化成“我恨你”。“我恨你”将会被投射给别人，并变成“他恨我”。主体可能按照以下形式解释其冲动：“他恨我，那么我恨他也是正常的。”根据该病理伴有的谵妄程度，我们将其称为妄想症病理或类妄想症病理。自恋变态者具有类妄想症特征。

2 Choderolos de Laclos P., *Les Liaisons dangereuses*, Pocket, 2008.

人的关系开始分崩离析：梅尔特伊侯爵夫人在其受害者眼中扮演好人角色，甚至有时候成为他们的同谋。瓦尔蒙子爵却是散播混乱的那个人。梅尔特伊侯爵夫人成了亨利·杰基尔和海德先生，而瓦尔蒙子爵成了梅尔特伊侯爵夫人的“菲勒斯”。有趣的是，梅尔特伊侯爵夫人永远不会处于危险境地，因为做出行动的总是瓦尔蒙子爵。

我们还可以在团体、公司或机构中发现利用第三方的情况。当一个变态者进入一个团体时，这个团体的一部分人通常也会变成变态者。

于连为同事打抱不平

于连对我说，在他们公司，职员每天早上都需要开会。部门经理批评某位职员不是什么稀罕事，而这个职员就成了部门经理坏心情的“替罪羊”。这个团体的其他成员就成了攻击行为的目击者，他们必须选择如何定位。他们可以选择成为折磨者的同谋，也可以选择反对他、挑战他。一天早上，部门经理当着大家的面骂某位职员是“婊子”。有些同事笑了，这就大大加强了伤害程度。其他同事则低下头沉默不语，并因此成了上司的被动同谋。于连就是沉默不语的人之一，他离开会议室，因为愧疚和负罪感，心情变得很沉重。两天后，他再也控制不住自己，于是辱骂了部门经理，并因此被公司经理开除，虽然后者很清楚部门经理的所作所为。

当变态者利用第三方时，他永远不会让自己处于危险境地。因此，在小说《危险关系》结尾，瓦尔蒙子爵自杀了。

贬低他人、操纵以及控制他人的必要性

粘连使得变态者能够控制住其受害者。当可能介入变态者和受害者二人关系的第三方在场时，隔离其受害者能够让变态者安心。投射性认同能够让变态者摆脱其情感。但是对于自恋变态者而言，当他将自己疯狂的症状投射给受害者后，受害者就成了该症状的承担者。对于变态者而言，失去其攻击的客体就意味着重新面对自己的症状。留住其客体，就意味着需要面对他自己症状的承担者，后者可能将这些症状还给自恋变态者。因此，变态者必须贬低别人的言语。此外，因为变态者承受着担心被抛弃的焦虑，所以他很害怕别人的离开。

当皮埃蕾特威胁雅克要离开他时，她是在“玩弄”自己因为担心被抛弃而产生的焦虑，并让雅克承担她的情感。但是若想离开某人，你首先需要和他在一起。这就解释了为什么变态者会侮辱并抛弃其对手，之后又把他找回来。他侮辱其对手，是为了证明即使他们分手了，他也没有失去什么。他抛弃其对手，是为了自己高兴，也是为了让自己安心（他承担着担心被抛弃的焦虑）。变态者之后又勾引其对手，是为了留住后者并

重新开始。为此，他需要轮换使用勾引、投射、“投入行动”、让对方产生负罪感等机制。

实用建议

变态者必须控制其受害者，并贬低其话语，否则就可能失去他，并需要面对自己的“丧事”焦虑或者被其“出气筒”指责。为此，他可能经常对一些并不需要我们负责的事提出指控，将我们引入模糊状态，从而扰乱我们的关系坐标。这类似一种催眠。他给我们一些自相矛盾的指令，并对我们进行各种不正当的指控……直到我们的大脑“辞职”。我们再也不知道自己处于何种状态，也不知道自己是谁，而就这样任他摆布。

“好像”[1]：伪君子变态者

变态者很少幻想，他总是投入行动。他对别人的感受非常冷漠，受害者的经历不是他的问题，相反，却可能成为他高兴的原因。

1 此处为英语as if，法语是“comme si”。——译者注

变态者存在若干类型：极度痛苦的人，他们使用自恋变态机制，以试图摆脱这些痛苦；完全意义的变态者，他不痛苦，也不会产生负罪感；还有一类人，他们能够假装同情，能够模仿虚假意识，并冷漠地投入行动。唐纳德·威尼科特[1]（Donald Winnicott）将他们称为“好像”。他们可以柔化自己的声音，引用漂亮的理论，在某些情况下假装对受害者表示同情。他们中有些人甚至会给自己赋予非常棒的角色[2]（保护者、伟大事业的捍卫者等），甚至会让受害者生病，然后对其进行治疗或让别人对其进行治疗。

对自己的供认感到后悔……

雅克当着自己姐姐和皮埃蕾特的面坦言，当他为了皮埃蕾特离开前女友时，曾因前女友的痛苦感到凌乱，后来他用一个下午的时间帮助她恢复心情。姐姐对雅克说，他不应该在皮埃蕾特面前说这些。但是皮埃蕾特非常聪明，她反驳道，她很了解雅克，所以一点也不为此担心。雅克被她的成熟和善良打动。但是皮埃蕾特的态度只是情形性的——因为有别人在场。在之后的几个月里，她不断指责雅克，并因此威胁他、贬低他，将自己的焦虑投射到他身上。通过“假装”，她利

1 全名为唐纳德·伍兹·威尼科特（Donald Woods Winnicott），英国儿童心理学家、精神分析学家，对客体关系理论有一定贡献。——译者注

2 参看斯蒂芬·斯皮尔伯格的电影《猫鼠游戏》。在电影中，主演莱昂纳多·迪卡普里奥先后扮演了飞行员、外科医生和伪造者。

用背景环境让自己在雅克姐姐的眼中变得很出众，之后，她又利用同一背景在男友身上释放自己，让他承担自己的焦虑，并操纵他，让他产生负罪感，让他不舒服。

中圈套：西里尔的反馈

我和一个男生一起生活已经四个月了。他19岁，我29岁。他让我相信他继承了100万欧元的遗产、一家公司以及澳大利亚的一处农庄。他说得如此详细并给我看了一些文件（类似遗嘱），让我对他深信不疑。

但是我逐渐意识到他在骗我。直到最近，当他给我看一些买车或买房的预算表时（看房并签署有效期为一个月的契约，但是他总在最后一刻就变卦），我才意识到事情的严重性。现在，我知道他的童年非常艰苦，他带我去过一家孤儿院。关于这一点，我知道是真的。但是他说他是被领养的，我就不信了。我现在什么都不信了。

他在童年时期受了很多苦。我觉得这可以解释他的行为，但是他却不愿改变自己。对他而言，有问题的是我。自从我跟他一起生活以来，我在情感上和金钱上全身心投入（他花了我大约4000欧元；他开着我的车，消费着我的银行卡……以及我的生命）。我不知道该怎么办。但通过学习，我了解到，这样的人即使通过爱，也无法改变……我知道我必须远离他，但是我感觉到自己被对他的感情所羁绊……

互相依靠的亲密关系

有变态行为就必须首先有亲密的关系。可以是附属关系、家庭关系或爱情关系。在某些情况下，与变态者断绝关系可能导致丢掉工作、失去孩子或家庭。在父母是变态者的情况下，与其断绝关系就意味着失去父母。但是这样的父母并没有履行做父母的职责，他们不能让人安心，也没有足够好的形象。与足够好的父母相比，子女更难和坏父母分开。因此，受害的子女就被捆绑在一种缺失上。变态者的权力就是他不给予，从而好像产生一种债务关系阻止子女离开。在爱情关系中，是不是爱情、依恋或缺失捆绑住了我们，并成为对方的力量？我们可以认为，受害者的力量在于其给予的能力，变态者的力量在于他能够什么都不给，但却承诺很多。在这种情况下，我们能更好地理解变态者为什么总是贬低其受害者的各种尝试，但后者只是想帮助前者。

实用建议

在某些情况下，“刽子手”与受害者的关系可能类似一种施虐受虐的掰手腕游戏，双方都想以各自的方式证明自己的能力。我们知道，互相依靠建立在一种缺失的基础上。然而，就算受害者往往是好人，他通常也是容易轻信又耳

> 根子软的人。这种人在小的时候，就不太能找到自己的界限，也可能是因为别人没有给他这种界限。如果受害者的要求是被别人满足、补充，甚至是合二为一，倘若这个人接受了这一要求，那么会发生什么呢？这里就存在着变态者与受害者变成一个人的危险。受害者会接受他吗？这个人最后会不会离开？

让·贝尔吉（Jean Bergeret）在交替研究距离和融合之间的关系时发现，每个人都可能进入别人的欲望之中，也会害怕被这个人控制。我们清楚，在某个时刻，为了对变态者进行研究，我们必须对自己进行研究，这是认识自己最好的方式，能够通过自己合二为一。也可能因为这样，我们不再需要认识变态者，并且如果这是我们的愿望，我们也可以投入到一种让人平静的、具有建设性意义的关系中。

第七章

对受害者产生的变态效应

Les effets pervers sur la victime

自恋变态处于疯狂和神经症的交叉点。精神病患者使用自恋变态机制是很常见的。他们试图通过这些机制将自己的疯狂转移给别人，从而让自己得以摆脱。从结构上而言，完全意义上的变态者只要有一个受害者让自己得以释放，他就能够通过“投入行动”让自己脱离危险。至于受害者，他们最终会成为变态者症状的承担者（担心自己被抛弃而产生的焦虑、生气等）。根据变态者和受害者之间关系的程度，受害者可能会出现抑郁、自杀、暴力、变态、混乱、人格解体，甚至疯狂等情况。

完全的混乱

变态者通过自己的行动散播一种强有力的混乱，以至于受

害者通常无法采取理智的行为。自相矛盾的指令、暴力攻击、贬低、诱惑等会让受害者无法做出正确反应。自相矛盾性让受害者无法判断自己是否应该相信自己的感官，不知自己所看到的、所听到的是真是假。任何逻辑都失效了。很快，受害者就会处于一种持续的警觉状态，他变得多疑、感觉到危险却无法确定。他将会出现一些类妄想症的特点。

想象以下场景：你在开车，你和车上的人正在讨论。突然，一辆车以很快的速度从你右侧出现，你肯定会立刻失去思考能力，而是专注于自己的条件反射。此时，你就无法继续对话。在出现紧急状况时，我们大脑中掌管智力的部分会让位于管理条件反射的大脑皮层。此时，人不再有自我、本我或超我，只有警觉、全神贯注和无法思考。变态者最终会让其受害者变成这种状态。

创伤后症状

埃丝特勒说道："我的老板让-皮埃尔任何时候都可能把我叫过去，对我说我是一个非常棒的人，他很喜欢我；也可能对我说我很糟糕，他想开除我。我处于一种持续性的压力状态下。一天，我在车里等人，当他打开车门时，我不正常地跳了起来……"

埃丝特勒表现有创伤后紧张症，就像那些从战场上回来或经历了自然灾害的人一样。

因此，重要的是受害者要找到一位中立的、善良的人来帮助自己，这个人必须能够毫不犹豫地重新给事实定性，能够认清变态者的本质，清楚变态者和受害者之间的关系是不可接受的，变态者的“投入行动”是不能被容许的。

实用建议

失去一切坐标的受害者需要从第三方的口中重新找到坐标。这个人可以是朋友、父母或精神疗法医生。重要的是，这个人应该保持中立。只有中立才不会妨碍对事实重新定性。

降低级别的防御

既然我们身上存在一种管理内心的心理防御机制，那么也同样存在一些机制（如防护屏蔽），能够保护我们免受来自外部的冲动干扰。

“防护屏蔽的功能在于保护心理机体免受来自外部世界的冲动干扰，这些冲动因为强度较大，所以可能会摧毁心理机体。”[1]防护屏蔽是一种认知结构，位于心理系统周围，并且位

1 Laplanche J., Pontalis J.-B., *Vocabulaire de la psychanalyse, op. cit.*

于感觉器官和外部世界的交界处。如此一来，心理就可以根据外部刺激的质量投注或多或少的刺激。

例如，当我遇到一位我不认识的人，首先，我可能是不信任他的。不知他是好是坏，是善良还是危险的？根据这些问题的答案，我会或多或少地投注来自这一经历的信息。如果我知道这个人是疯子，并且我听到他在骂我，他的话对我就没什么影响。相反，如果我遇到的是一位老朋友，我就会高兴地与他说话。如果他说我的不是，我就会很容易受伤。

防护屏蔽能够保护我们，但是也会限制我们与外部世界联系的数量和质量。我们会用过滤的眼光观察这个世界，就像一种阅读，使我们与世界保持一定距离。如果我们相信这个世界，我们肯定不想要这种距离。

自恋变态者使用的自相矛盾交流方式的“优势”之一在于能够摧毁受害者的防护屏蔽，并因此让自己的指令和其他投射变得更加有效。

你是一个有毒的人！

雅克回忆道：“我们刚度过一个愉快的周末。我很幸福——我们最后还是重逢了。我知道，除了总是争吵，我们还是相爱的，我们是天造地设的一对。在周末结束时，她对我说：‘你真好！我这么对你，你怎么还那么好？’我告诉她，那是因为我爱她，所以这样很正常。第

二天，她给我打电话。我完全处于爱意之中，准备好面对一切会发生的事。而她却毫无理由地对我说：‘你是一个有毒的人。你难道不知道我一直想离开你吗？’我不知道该怎么回答。我心如刀割……”

通常，变态者在说一些贬低对方形象的话之前会先说一些诱惑性的话。因此，受害者会降低其防御级别，并完全进入“刽子手”的语境中。在童年时期遭受了过多矛盾攻击的人或表现有结构紊乱的人可能完全没有防护屏蔽，甚至与自己之外的世界混淆在一起。他们会借助于更加强大的机制，如自我封闭，或者（如果情况没那么严重）人格解体。

人格解体

挨打的孩子

贝尔纳坦言：“当我父亲打我时，我没有非常痛苦。他只是在打我的身体，所以没有那么疼。我会缩成一团，等这一切过去……”

为了忍受无法忍受的事，贝尔纳把自己与身体分开，并化身成观众，与舞台保持距离。对他而言，只是身体被打。这种人格解体逐渐成为他在面对内心和外部冲突时主要的防御

机制。成年后，面对一些小问题和小批评，贝尔纳都会变成观众。如果冲突来自外部，他就不会投入其中。别人问他问题，他就不回答或答非所问。如果冲突来自内心，他就会自我封闭。慢慢地，他将自己和世界隔绝开，一个人待在母亲家里。人格解体能够让他不发谵妄，并将他置于疯狂和正常之间的边界。他变成一个奇怪、孤僻的人，但不会陷入疯狂或变态状态。他在面对暴力和变态父母时，无法设置一个防护屏蔽，而他的人格解体恰好弥补了防护屏蔽的缺失。

变态者通过重复的自相矛盾攻击将我们引向疯狂状态。暴力、抑郁和人格解体都是回应这些攻击的机制。通过暴力，我们试图将变态者的毒性向外释放。抑郁则是将这种暴力返回自身（我们通常无法将这种暴力返回给“刽子手”，因为我们担心被报复或者被抛弃）。而人格解体则是在试图避免冲突。人格解体和创伤后紧张症都是变态受害者的主要症状。

变态者会让别人也变态吗？

除了尚未彻底完成结构构建的儿童之外，变态者是无法让别人从结构上也变成变态者的。他只能揭示我们的内心，而无法改变我们的内心结构。变态是天生的。变态者将我们推向抑郁、暴力，让我们生病，等等，这通常都只是一些情形性

反应。通过变态机制回应攻击是很正常的，这不会让我们就因此成为变态者。如果有人打了我们的右脸，每个人都有自己的反应：有些人打回去，有些人忍气吞声，但是很少有人会伸出左脸。为了能够更好地理解，必须从动力学的角度观察能量的转移。通过攻击（可以是指令、自相矛盾或其他方式），变态者制造出了所谓的外部刺激。我们就成为一种能量（我将其称为变态者的混乱）的承担者。对外部刺激的反应变成了内部刺激，换言之，冲动。这种冲动以暴力的形式呈现。那么这种能量何去何从？要么我们将这种能量以投射的形式返回给攻击者，要么我们将其转移给另一个客体或者另一个目标，要么我们将其转移给自己，并因此抑郁或生病。在我们之前研究的案例中，就见到了弗兰克攻击妻子玛加丽并使其变成抑郁者；贝尔纳人格解体；职员遭受部门经理的攻击，但不合时宜地返回给他；部门经理可能需要发泄他在家或儿童时期遭受的攻击……至于我们，我们需要问自己：我们自己的反应是什么？这些反应对我们而言合适吗？这些反应的根源是什么？我们还能有其他反应吗？

是否存在典型的受害者？

克利斯朵夫·卡雷（Christophe Carré）著有一本关于操纵者

的书[1]，他提出受害者的一些共性：受害者通常是慷慨的、真诚的、可爱的、外向的；他会很快相信一段关系，但却表现出其天真；他缺乏自信；他总是在寻找一段关系帮助自己重新建构；他显得非常能够站在别人的角度看问题并且很有责任心；他会保护人、爱别人、安慰别人、让人安心；他接受批评并且很容易产生负罪感；他会主动放弃自己的批判精神、自主和尊严；他总是希望让别人高兴，表现出最好的自己；他愿意屈服、抱幻想、坚持感情投入；他通常很骄傲、自大，拒绝直面事实；他不认为自己是受害者。

在某些情况中，受害者往往具有受虐倾向——他们会主动向变态者寻求痛苦和羞辱。正如上文所述，变态者和受害者通常都有一种自恋缺陷。这样的缺陷可能是某种情形造成的，例如，证明自己能力的需求。在这种情况下，如果自恋者能够重新自恋（换言之，重新找回自信），他就能够很容易地走出来。但是自恋缺陷大部分时候是结构性的。受害者和“刽子手”通常使用相同类型的机制：分裂、否认、投射。但与变态者不同的是，受害者投射爱，通常会让其对手重新自恋。矛盾的是，变态者会因此更加认为受害者难以忍受，因为给予爱和善良并且向别人展示好形象的人可以在任何时候控制别人。我们将在后文中看到，在某些情况下，善良会被认为是一种掌权。

1 Carré C., *La manipulation au quotidien*, Éditions Eyrolles, 2007.

每个受害者反应的方式不同

让-皮埃尔招聘了埃丝特勒、卡特琳娜、苏菲和娜塔莉到自己的园艺公司工作。在几个月的时间里，他通过交替使用贬低和诱惑不断折磨这些员工。幸运的是，这些女孩非常团结。让-皮埃尔试着将她们分开。当他明白她们太团结，而且她们开始让他处于危险境地时，他就以经济原因为借口开除了她们，然后招聘新的员工。面对这种强大的“去自恋化”，每个人的反应都不同。卡特琳娜和苏菲选择了重新相信自己。卡特琳娜创建了一家景观公司，苏菲创建了自己的园艺公司。埃丝特勒在很长时间里无法在公司工作，因为她害怕上下级关系。最后，她做了一家公司的驻地代表。该职位的好处在于她不需要接触老板，只需要通过电话或邮件沟通。娜塔莉没有再工作：她抑郁了。每个人都根据自己的心理构成和经历做出了不同的反应。她们有的走向“韧性”，有的则沦陷了，但是需要注意的是，她们中的任何一个人至今都没有重新在某个团队工作，也没有选择直接与上司共事的工作。

给父母的一点建议

如何帮助我们的孩子不成为变态者？首先，我们不能把孩子当成客体或者我们自己的延伸，而是应该把孩子当主体对待，给予他们真正需要的东西，他们就会找到自己的道路。

我们需要确定一些规则，并注意我们自己的行为中所传递的东西。例如，如果孩子看到我们抽烟，而我们禁止他们抽烟，这对孩子而言是很矛盾的（“按我说的做，而不是学我”）。至于一些行为（自杀、乱伦等），一定不能被允许，否则会导致“可能中的不可能”“现实中的幻想”“打开潘多拉的盒子”等。例如，欧内斯特·海明威的父亲是自杀身亡的，欧内斯特·海明威也是自杀身亡的，而他的孙女玛尔戈（Margaux）[1]在纪念海明威自杀日的第二天也自杀身亡了。

很多人都有自杀的想法，但是在“投入行动”之前就被禁止了。只要“投入行动”没有被现实接受，这就是不可能的事。

父母的作用

弗兰克的母亲告诉他说，当他父亲不在时，他就是一家之主。如此，母亲就让乱伦关系进入了事实范畴，她允许了本该被禁止的事（当母亲让我们代替父亲成为一家之主时，我们如何能够幻想自己将要娶自己的母亲？），并因此阻止了她的孩子进入俄狄浦斯的幻想中，也阻止孩子进行自我构建。当父亲回来时，弗兰克感觉自己被欺骗了。等他结婚后，他总幻想会有一个介入他们夫妻关系的第三方存在，他也会因此面临巨大的焦虑并将自己的妄想症投射给妻子。之后，他抢

1 需要说明的是，玛尔戈（Margaux）的名字来源于玛歌庄园，她有酗酒症。为了试图摆脱酗酒症，她要求将自己的名字改为“玛戈”（Margot）。

先一步背叛了妻子，并在妻子生下孩子后，贬低她并离开她。

童年的皮埃蕾特知道父亲背叛了母亲。当母亲遇到一个情人时，她也离开了家，抛弃了丈夫和孩子。皮埃蕾特很痛苦，也目睹了父亲的痛苦。成年的皮埃蕾特就产生了谵妄和自相矛盾的价值观。对她而言，痛苦是爱的表现，爱就是承认自己很懦弱，恶毒是没什么大不了且正常的事。相较于受害者，她更喜欢扮演刽子手的角色，好像任何别的路都行不通。

我们可以认为，如果没有和足够好并且时刻陪伴在自己身边的父母一起生活，任何孩子都可能出现病理行为。正如上文所述，心理会逐渐平静，尤其是在通过能量的释放之后。对于人格的结构化也是一样的道理。一个人自然而然地希望自己能够得到充分发展。我们只需要看一看当一个孩子把他的进步告诉我们时他有多高兴，就可以得出以上结论。

弗洛伊德提出了生存冲动和死亡冲动。我们可以说生存冲动让我们向前走，死亡冲动让我们往后退。在第一章描述的老鼠实验中，如果笼子的门是开着的，在遭受电击后，老鼠自然会逃跑，并会在逃跑过程中，释放其一部分冲动。

人们测量了遭受了同样电击的两只老鼠的内压力。一种情况下，笼子的门是开着的，老鼠会做出反应并逃跑；另一种情况下，笼子的门是关着的，被关着的老鼠的压力值明显比另一只高。在逃跑过程中，老鼠得以释放一部分压力。只有在走投

无路的时候，老鼠才会进行攻击，如果条件允许，它会攻击其他老鼠；如果没有别的选择，它会伤害自己。

在退化机制中，个体会进行一种心理倒退，以寻找一种能量，让自己能够应对艰难的处境。例如，我们经常会发现某个面临生活困苦的孩子退化到以前的状态，比如又会尿床。矛盾的是，人类在前进过程中会倾向于表达自己。生存冲动会将我们推向生命的终结，而死亡冲动希望将我们带回初始状态。

如果孩子在家中找不到解决办法，他就会去别的地方找别的办法。只有当“笼子的门是关着的”时候，也就是走投无路的时候，病理反应才会出现。

在家之外寻求安慰

雅克告诉我，在他小的时候，家里的气氛让他无法忍受。雅克是长子。父母酗酒并经常大喊大叫。那时，雅克就会出去躲到樱桃树下，或者和他的狗在一起以寻求安慰。雅克还告诉我，他是与他的狗和樱桃树一起度过的俄狄浦斯期。如果这个故事让你们笑了，我感到很高兴。我认为幽默是非常棒的防御机制。让我们相信我们的孩子。如果我们把“笼子”的门打开，他们会找到对自己有用的东西。

第八章

抵制自恋变态者

Contrecarrer le pervers narcissique

小心标签！

在一次培训时，伊莎贝尔问我："我姐姐有喜欢的人了。他没上过学，是个军人。而她却想继续上学。他想娶她，但却不停地告诉她说学习没有用，并希望她停止学业。他是自恋变态者吗？"

在回答这个问题之前，我请大家做一下这个九宫格测试（如下图所示）：

× × ×

× × ×

× × ×

请问能否用四条线段一笔将上图中九个叉连起来？回答能或不能。

如果你回答不能，是因为你将自己限定在了思维定式中。

解决方案：

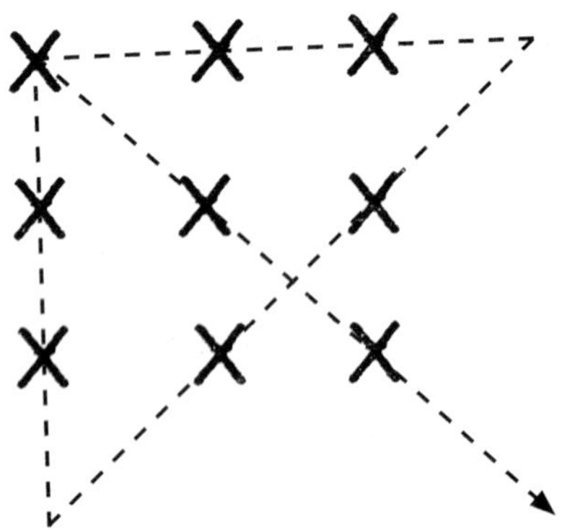

在一次关于心理病理学的培训中，我听到两个学生的对话。他们刚结束圣诞假期。其中一位同学晒黑了，另外一位同学对他说："你去滑雪了！"这位同学回答说："不，我去古巴了。"我在课上用了这个例子："你们可以发现一个症状：他晒黑了。背景是冬天，你们会被思维定式影响，然后得出诊断：他刚刚滑雪回来。我们可以从中看到理论研究的限制和危险。我想要提醒你们的是，精神分析不是学出来的，而是要亲身体验的。这里，你们最多只是找到了些许坐标，我希望你们提出

更多的问题，而不是给出答案[1]。”

回到本章开头伊莎贝尔提出的问题，很明显，她姐姐的男朋友有自恋缺陷，但这并没有让他成为变态者。伊莎贝尔只是发现了一个征兆而已。

一天，我的小儿子（那个时候他即将进入青少年期）对我说：“我人生的目标就是超越哥哥。”我首先要感谢他的直爽和他对我的信任，然后，我问了他一个问题：“你认为，牧羊人和公司CEO，哪个才算成功？”他本想回答说公司CEO更引人注目，但是既然我问了这样的问题，他有点迟疑，觉得这个问题值得思考。于是，他回答我说：“能做自己想做的事的人才算成功。”

我在上文中说了，伊莎贝尔的未来姐夫有自恋缺陷，主要是因为他没有文凭，因此没有得到认可。但与他自己所说的相反，他其实很看重文凭。否则，他为什么会因为自己未来的妻子想要学习而生气？伊莎贝尔的姐姐其实可以告诉他男朋友，无论他学历如何，她都爱他；如果他能够帮助她达成自己的目标，她就会有更好的发展。没有任何人会超过谁。这只是个人观点。除了看到我们亲近的人实现自己的目标，我们还有什么其他期待呢？至于伊莎贝尔提出的问题，我们必须说，在我们的研究框架内，注意千万不要太快地贴上诊断标签。

1　埃里克-埃玛纽埃尔·施米特（Eric-Emmanuel Schmitt）在其戏剧《访客》（*Le visiteur*）中将弗洛伊德和他女儿搬上了荧幕。弗洛伊德对女儿说：“儿童本能地都是哲学家：他们总是提出问题。”于是，女儿安娜问父亲：“那么成年人呢？”弗洛伊德回答：“他们本能地都是白痴，他们只会回答问题。”参阅Schimitt E.-E., *Le visiteur*, Actes Sud, 2001.

把某个人当成变态难道不是变态的行为吗？

通过投射性认同，将自己对自己的感受转移给他人，并说这个人是变态，可能是一种变态行为。正如弗兰克不断对玛加丽说她是变态，皮埃蕾特对雅克说他有毒。但是，对于受害者而言，重要的是，如果遇到一个人是变态者，他们能直接说出这个事实。

给受害者留点时间

我有一个朋友是一家协会的法律顾问，他对我说，在他刚工作的时候，他对自己新的责任感到非常骄傲。单位给他提供了一间非常漂亮的办公室，他可以在这里接待客人并给他们建议。一天，来了一位明显看上去很抑郁的女士。她对我朋友说，她的老板折磨她，目的就是让她主动辞职。我朋友让她不要辞职，并建议她给老板写一封挂号信说明自己的态度。这样的话，如果有一天她因为老板的缘故而必须辞职，她可以要求法官将她的辞职定性为无理解雇。我朋友给她写了一个模版，并建议她把信寄出去。后来，我朋友问她是否把信寄了。她回答说，她宁可辞职。于是，我朋友有点生气："如果你不按照我的要求做，那么你向我咨询建议的目的是什么？"此时，这位女士大哭起来。我朋友跟我说，他感觉自己的价值被这位女士的态度贬低了，但是这件事让他明白了，他需要改变自己的态度。这位女士已经被折

磨了好几个月。通过“生气”，他向她再一次确认了她老板对她说的话：她不是一个好人。她来寻求的不是建议，而是让自己安心。从这件事开始，我朋友完全改变了自己的做事方式。他花更多时间倾听别人诉说，也花更多时间让他们要为自己的价值感到放心，最后，在有需要的情况下，他还会花更多的时间指出某个人是变态者的事实。只有在走投无路的时候，他才会给出法律建议。

面对指令进行镜像询问

我们在前文中看到，当变态者给出一个评价如“你不聪明……”时，他将自己置于了强势地位，在牺牲他人的基础上抬高了自己的价值，而且他自己没有任何风险。这句话其实有两层含义：首先，别人有一个坏的形象；其次，他足够聪明，因此他能够／有权力告诉别人——你不聪明。他认为自己高人一等。确切地说，自恋变态者的收获是：他重新给自己的形象镀了金，作为受害者，我们却在绝望地试图为自己辩护，而我们其实不需要为自己辩护！

实用建议

如果我们为自己辩护，自恋变态者会很容易否定我们

的论据，并将我们置于有害的氛围中。因此，重要的是不要为自己辩护，而是要快速停止一切对话或质问他的身份。“你有什么权力跟我说这些？你有什么权力评价我？”“你能足够聪明地看出其实我不是这样的吗？”这样的结果将是让他处于危险境地，而他是无法承受这些的。于是，轮到他为他自己辩护，角色就反过来了。玛加丽在接受治疗后明白了：“当变态者被撕去面具时，他就会走开……”

与亲近的人重新建立联系

在变态者将我们与亲近的人隔离后，重要的是重新与他们建立联系。当然，这需要我们道歉，并做出解释。

与朋友和好

玛加丽说：“他（弗兰克）对我说，和以前的生活一刀两断是很正常的。我必须离开我和前男友的共同好友。对他而言，这些人不够好。而他却依旧和他的朋友保持联系。在我们分手后，他想和我的朋友保持联系，我却不得不和其中一些断了联系……当我重新联系洛尔时，她对我说，当她得知我们分手时，她如释重负。我们俩很快恢复了往日的关系。”

变态者的受害者通常也有自恋缺陷，对他们而言，向别人寻求帮助很难。此外，他们喜欢取悦别人，更喜欢投身于别人的欲望中，而不是表达自己的欲望。学会寻求帮助是人生重要的一课，这能够让受害者关注自身的需求，更能让他们学会为自己而活。

重新保持距离

对于变态者强加的粘连，重要的是与之保持距离。例如，去善良的人周围寻求庇护，学会关掉自己的电话，不要接“刽子手”的电话（他们会再次赞美我们），不要忘记自己曾经经历过的地狱般的生活，尤其是不要相信他会改变。我们在下文中将会看到，变态者是病人，他无法改变自己。我们能给予他最好的礼物就是离开他。如果他还没有完全变态，他会在这种情况下质疑自己。但通常情况是，为了避免自己沦陷，他会很快找到新的客体，并否定之前关系的重要性。

实用建议

有的时候，我们想要离开但却感觉自己做不到。我们之所以离不开，是因为我们处于困境中。然而，保持距离是非常重要的，我们需要亲近我们的家人、朋友，我们需

要换换心情……如果他反对，恰恰说明了有问题。我们不仅要与这样的人保持距离，还要和能够保持中立的第三方（朋友或精神疗法医生）交流。言语能够释放受害者心中的压力，能够让受害者走出依赖和被控制的状态，也能逐渐让受害者与变态者保持必要的距离。言语的作用就在于此，前提是它本身不是变态的。

当变态者换猎物时

雅克解释道："皮埃蕾特的嫉妒心很强。她说对她而言，忠诚是极其重要的。但之后，她说的话又完全相反，她会觉得欺骗我是很正常的事。在我们真正分手后没几天，她就认识了一位已婚男士，并急着让我知道这件事。她对我说：'我至少不需要担心他会背叛我，我也不需要向他承诺我会忠诚。'"

敢恨

像那耳喀索斯一样，很多变态者的受害者都在不断寻找自己的形象，也在不断地寻找爱，不是在他们的心中找寻，而是在他人的眼光中找寻。变态者将他们引向抑郁或暴力。抑郁就是将自相矛盾和贬低价值导致的暴力投向自己。试图做好人的

受害者通常不敢表达自己的恨，因为“这不体面”，因为这和好的形象不符。于是，他们就像变态者一样，使用否认机制，只投射好的感觉，将自己的恨投向自己，为了保护别人和自己的形象，他们成了自己的刽子手。我们经常看到，一些受害者在分手或辞职很多年后还处于抑郁状态。生气是“丧事”过程的一部分。受害者不允许自己去恨，也就无法面对有益于身心健康的“丧事”(即失去某些人或物)。受害者不应对自己的负面感情抱有负罪感，并应该明白恨是正常的事，这才能够让他发泄出一部分情感，并让他敢于承认和表达他自己的负面感情。

你是白痴!

米歇尔是一家公司的经理，他希望萨尔瓦多离开公司。于是，他想尽一切办法想让萨尔瓦多辞职。一个周五的晚上，他给萨尔瓦多打电话，非常生气地对他说:“你所做的简直太糟糕了，这肯定行不通!”萨尔瓦多问他指的是什么，但米歇尔却说:“你自己很清楚。我现在没有时间跟你说。我们周一见。我得挂电话了，但是你自己需要想清楚到底为什么行不通。”整个周末，萨尔瓦多都感觉很糟糕，他反复回忆最近发生的事。周一，他等着米歇尔召见他，但米歇尔一直没有这么做。萨尔瓦多对我说:“我最后明白了，他只是满足于在周末前或我的假期前种下一颗种子。然后，我不断思索，我成了自己的刽子手。我太焦虑，以至于我最终病倒了。”

萨尔瓦多努力符合自己认为的良好形象。米歇尔自相矛盾的指令给他造成了阻碍，但这些指令没有任何依据。萨尔瓦多又不能生气，于是进入了米歇尔的圈套。此外，有害的指令一经散播，萨尔瓦多就会不断回忆最近发生的事，并试图搞清楚到底发生了什么。这让他非常不舒服。因为无法将自己的怒气投射到米歇尔身上，萨尔瓦多生病了。

清理自己周围的人

伊莎贝尔问我："自从我开始接受治疗以来，我发现我和周围人的关系发生了变化。我们的缺陷能让别人安心吗？"

当我们改变自己的时候，我们和别人的关系也会发生变化。当我们接受了自己的缺陷时，我们的投射也会得到平复。相较于我们创伤的重复需求或不惜一切代价满足他人期待的需求，我们的期待更接近于我们的价值。在我们周围的人当中，有时候存在一些因为我们的缺陷而与我们来往并从中得到好处的人。实际上，这能让他们安心。我们经常会发现父母、朋友或伴侣反对对他们亲近的人进行治疗，有时候甚至会非常激烈地反对。他们可能会说他们害怕失去对方或者担心精神疗法医生会对他们亲近的人进行控制。实际上，他们害怕的通常是失去症状的承担者，这可能会暴露他们自己的症状，并且让他们

不得不面对自己，或者需要立刻找一个新的客体。但是，我们存在的目的难道是为了通过我们的痛苦让周围的人安心吗？改变自己可能产生的结果是看到这些人远去——其他人改变了并且适应了，而我们也经常会遇到新的人。当我们的思想改变时，世界也改变了。

指定第三方

通过其行为，变态者让自己凌驾于规则之上。精神分析认为，当小孩子听到母亲、父亲、叔叔、阿姨、老师或任何其他人规定的规则时，在无意识中，父亲的规则最重要，因为该规则破坏了母亲/孩子的二元关系。

变态者试图让父亲的言语及其心理现实无效。保罗-克罗德·雷卡米尔甚至提出了“自生”的说法。在变态者的幻想中，他是孤身一人的。他无法承受父亲的存在，除非是为了个人目的利用他。代表权威者的存在对变态者而言是不可忍受的。这个人的存在可能会暴露变态者的机制，并让他面临严重的焦虑。

法律禁止你这么做！

当让-皮埃尔招聘埃丝特勒到自己的园艺公司工作时，他向她承

诺有固定工资，还有销售提成作为奖励。可是埃丝特勒从来没有见过提成。最后，她不得不拿着合同到让－皮埃尔办公室，要求得到自己应得的东西。让－皮埃尔从她手中夺过合同，用笔划去了自己不承认的条款。埃丝特勒白生气了，让－皮埃尔根本不听她说话。最后，埃丝特勒说："这份合同只是复印件，原件已经交给工会了。"此时，让－皮埃尔冷笑一声，在未经埃丝特勒允许的情况下，亲了一下她的脸颊，把合同扔到地上，走出了办公室。埃丝特勒对让－皮埃尔的"投入行动"感到震惊，但是却安心了，因为她拿回了唯一的合同样本（她其实没有复印件）。

当让－皮埃尔自以为避开了别人的注意时，他知道自己是无所不能的。只有当埃丝特勒引入一个代表法律的第三方时，让－皮埃尔才改变了自己的态度。

自恋变态者希望自己是无所不能的，换言之要比父亲、母亲都要强大。没有经历过俄狄浦斯期的变态者无法承受三角关系，换言之，他无法接受一个会介入母子关系并强加一些新规则的第三方的存在。他通常会秘密行动，避开可能评价他并损害其形象的眼神。正如上文所述，变态者会觉得自己被阉割，是一个不完整的人。他只能从表象中获得一些权力，他也知道，在面对一个逻辑性强并且保持足够距离能够进行逻辑判断的第三方时，这种脆弱的幻觉是站不住脚的。通过指定一个代表权威的第三方，埃丝特勒重新引入了父亲的概念，而变态者

是无法接受这一点的。我们能观察到一个有趣的现象：让-皮埃尔的“投入行动”（强吻）是极其幼稚的行为。

实用建议

当自己某位亲近的人是自恋变态者时，有些受害者需要面对极其复杂的情况。如何与他断绝关系？如果自己的孩子也牵涉其中，那么如何与自恋变态伴侣保持距离？对于非常棘手的情况，人们需要充分发挥法律、法官和律师的作用，同时也要敢于运用以下手段：反映情况、申诉或者指定一名熟悉法律的第三方。

通过操纵对方的朋友损害对方

当皮埃蕾特借着自己外出旅行的机会，再一次要求分手时，雅克接受了。之后，皮埃蕾特哭着联系雅克的家人、朋友以及戏剧团团长，向他们哭诉自己因为被雅克抛弃很痛苦。于是，雅克周围的人都指责雅克抛弃了皮埃蕾特并让她伤心。一直以来保护着女朋友形象的雅克对他们的指责缄默不语，但现在必须向他们解释他到底经历了什么。一部分人表示怀疑：“她看上去人很好啊……”雅克甚至不得不跟一些朋友断绝关系，因为这些人好像从雅克的混乱中得到了满足。

通过联系雅克周围的人，皮埃蕾特试图重新给自己的形象镀金，并损害雅克的形象以阻止他重新自我建构。皮埃蕾特通过这种态度，将自己的混乱安置在雅克的世界中，并尝试发起新的攻击。

皮埃蕾特没有试图否定雅克，而是试图借助第三方（父亲的等价物），即戏剧团团长。她抢先一步指定了第三方，并试图勾引他、操纵他。幸运的是，雅克的解释战胜了皮埃蕾特的操纵，戏剧团团长明确了自己的立场，要求当雅克在的时候，皮埃蕾特不要再来剧团，并建议她找另一个剧团。

弗兰克要去找玛加丽的精神分析医生……

为了走出困境，玛加丽开始接受精神分析。当弗兰克知道后，他约见了玛加丽的医生，但没有告诉医生自己真正的身份。他用大量实例对医生解释了他自己是自恋变态者的受害者。直到谈话结束时，他才告诉医生，他的妻子是玛加丽，而且玛加丽已经开始了治疗。幸运的是，这位医生告诉弗兰克，如果自己之前就知道实情，她是不会跟他见面的，并且一定会要求他选择另一位医生。

让-皮埃尔无法接受第三方的存在。皮埃蕾特和弗兰克则试图勾引第三方并占为己有。幸运的是，在后两个案例中，第三方都明确了立场，并让情况趋于和谐。

战胜变态者

保罗－克罗德·雷卡米尔这么评价变态者："杀了他，他无所谓。羞辱他，他会因此崩溃！"[1]如果你当着一个自恋变态者的面生气，尤其是在公共场合，他十有八九会利用他设置的背景，将你的攻击性返还给你："你最终还是暴露了自己的真面目……虽然我们原来知道你很凶，但是不知道竟然这么严重……"保罗－克罗德·雷卡米尔解释说，如果你证明他才是坏人，并因此伤害他、羞辱他或者揭露了他的自恋缺陷，他可能会出现"自杀症"，换言之，他只能将自己的怒气转移回自己身上并进行自毁（自残）。

自恋变态者都有着严重的自恋缺陷，因此，他需要保护自己的形象。其实他是极其脆弱的人，虽然表面上看起来无所不能。因此，揭露、羞辱并不是灵丹妙药。最佳方法还是断绝与他的任何联系。这是我们能给自己最好的礼物，因为自我保护是人生中的首要任务……这也是我们能给他的最好礼物，因为他将被迫寻找一位新的受害者，或者质疑自己。

其实，这也暴露了我们每个人身上变态的一面。当我们遭受过多的"去自恋"攻击时，我们很正常地想将自己的恨转移给他人、挑出他的错并理清责任。但是，我们不要忘记，变态者是极其脆弱的人。

---

1 Racamier P.-C., *Le génie des origines, op. cit.*

石宴

在莫里哀的戏剧《石宴》中，唐璜“杀了自己的父亲”。在故事开始的时候，唐璜违背了自己亲生父亲的意愿，去了父亲禁止他去的地方，不把父亲的话当回事。之后，他勾引了本应该出家做修女（嫁给上帝）的贵妇艾尔维拉（Doña Elvira）。唐璜和艾尔维拉成婚但却很快抛弃了她，通过这种方式，唐璜取代了这位想象中的父亲（即上帝）的地位。之后，他认识了代表权威的司令官并在决斗中将其杀害。但是这位司令官的魂魄却始终纠缠着他。最后，司令官的石像[1]找到唐璜并把他带到了地狱。弗洛伊德解释说：“神经症是由抑制所带来的痛苦造成的。”保罗-克罗德·雷卡米尔补充道：“精神病是由否认所带来的痛苦造成的。如果否认是彻底的，那就是变态。”唐璜无法保持否认，于是就被自己的焦虑所扰并下了地狱。

实用建议

唐璜的例子很好地说明了变态者的脆弱。我们不要忘记，他通过行为使自己免受潜在精神病的摧残。战胜变态者，就可能将其带向地狱或者导致他自杀。这也再次提醒

1 这也是戏剧《石宴》（*Le Festin de pierre*）名字的来源。

了我们自己要担负的责任，要清楚自己的价值，同时也暴露了我们自己变态的一面。

摆脱重复

弗洛伊德说："一直未被理解的东西会反复，就像受苦的灵魂，在找到解决办法并得到释放前，它一直不会休息。"[1]

我们在前文中谈到，我们的心理现象中存在着互相对抗的结构。一个是冲动结构，遵循快乐原则、恒常原则或生理常数稳定原则[2]，并希望将我们的冲动"向外释放"（即本我）；一个是禁止结构，包含我们的道德价值以及教育者的理想价值（即超我）；一个是自我结构，介于本我的欲望、超我的禁止和外部真实之间。这些相互对抗的欲望造成的结果是导致了一些需要损耗能量的冲突。为了释放我们的冲动，我们可能会说出原本不想说的话（口误），我们可能会做本来不想做的事（非本意行为），也可能会幻想不该想的事，等等。强迫性重复会在现实中将我们引入艰难的处境（这些处境可能很

1　Freud S.,《1909. Analyse d' une phobie d' un petit garçon de cinq ans: le petit Hans》, in *Cinq leçons sur la psychanalyse*, Payot, 2001.

2　生理常数稳定原则是让我们的机体或心理趋向平衡的原则。例如，如果我们吃得太咸了，我们的身体就会要求喝水，从而重建身体的平衡，即每升水对应一定盐的比例。我们的心理也是同样的道理，它只能承受一定程度的压力状态。

像童年的某些情境），并让我们产生解决问题并释放相关焦虑的无意识希望。

不断回到自己童年的焦虑

雅克说："皮埃蕾特小时候就知道她母亲有一些情人。她母亲有时候好几天都不回家。皮埃蕾特看到了她父亲的焦虑，感觉自己也被抛弃。而我记得我小的时候，经常在学校门口等父母来接我，但他们有时候会把我忘记。"

"当皮埃蕾特和我很幸福的时候，她就会进入一种疯狂的焦虑状态，她确信我会抛弃她。从那时开始，她开始威胁我。我感到她情况非常糟糕的时候，我就抱紧她，安慰她，我觉得很幸福。我像母亲一样关心她。直到后来我才明白，这就是我需要付出的代价。"

雅克和皮埃蕾特都因为担心自己被抛弃而产生了焦虑。雅克在皮埃蕾特面前扮演好母亲的角色，而皮埃蕾特却扮演了坏母亲的角色。每个人都用自己的方式与自己儿时的焦虑做斗争。皮埃蕾特使用的变态机制是她在生命初期遭受的虐待的延续。

热拉尔和他身边的女人们

热拉尔是家里唯一的男孩，他还有两个姐姐。他们的父亲离开家已经很久了。被母亲和姐姐们包围的热拉尔感到很不自在。她们对他

很好，但是却想操纵他的人生。热拉尔在遇到女朋友克莱尔后离开了家。克莱尔也与她母亲和姐姐一起生活。热拉尔搬到女朋友家生活后，就发现这里和自己家的情况一样。他又开始和爱着他的三个女人一起生活，并且她们也都想掌控他的生活。一年之后，热拉尔认识了奥黛特，她比他大20岁。热拉尔与奥黛特一起生活，并帮她抚养两个女儿。

虽然我们可以离开或逃离某种处境，但是如果能重新找到我们熟悉的处境，发现一些同样的场景，我们会很安心。我们经常会发现一个常被丈夫打的女人，在忍受多年之后离开了自己的丈夫，结果却又遇到一个暴力的男人。只要儿时的问题没有得到解决，造成儿时焦虑的原因没有搞清楚且心中的症结还在，那么，引起焦虑的情形就会一直不断地重复。

如果在自恋变态者的受害者刚走出一段艰难的时期时，难以让他立刻质疑自己，那么当他获得了足够的能量和自信后，就必须完成这个步骤，这能让他不再重蹈覆辙。受害者首先要照顾好自己，然后要重新构建自己，最后要质疑自己。

不要再从别人的眼中寻找自己的形象

我们会发现一个矛盾的现象：相较于不称职的父母而言，孩子更容易与足够好的父母分开。成年人也一样，我们对某个

人有很好的印象，离开他也不是什么难事。

让我们观察广场上的孩子。首先，他不敢离开他的监护人。之后，他会走几步，但很快回到这位成年人身边。然后，他敢再走远一点儿，但是会时不时回头，确认成年人是否还在。最后，当他足够放心的时候，他就会忘记陪伴者，完全沉浸在游戏之中。实际上，他已经在自己心里融入一个让他足够安心的成年人，并充分相信他。

寻找自己形象的儿童或者成年人很难离开一个没有给他留下好形象的人。一个自恋者的受害者经常会说：“他搞错了，他没有理解我。我要变得更好一些，那样他就会爱我了……”

实际上，想要离开一个变态者，尤其是为了不再遇到一个变态者，必须找到正确的方式将自己的关注点投到自己身上，并充分了解自己，通过认识自己的形象，从而忘记被变态者评价的形象。我们可能需要接受我们有缺点，但是我们也有优点；有不足，但也有能力。因此，我们不要再从别人的眼中寻找自己的形象。深入了解自己能够让我们更冷静地应对“你有缺点”这个评价：“是的，你说得没错……”“不，你错了。”

学会表达自己的欲望

为什么有的人只能为别人的欲望而活？为什么他们不能为

自己表达自己的欲望？因此，加布里埃尔只能实现女朋友瓦妮莎的愿望，他从不表达自己的欲望。

如果只为别人的欲望而活会导致否定自己的欲望，这个根源很明显和俄狄浦斯情结以及乱伦关系有关，换言之，和被禁止的欲望有关。保罗－克罗德·雷卡米尔认为（我们将在第九章详细进行研究），和父母问题有关的乱伦关系是一种抵抗幻想的幻想。它会阻碍幻想，也就会因此阻碍自己表达欲望的能力，因为（我们将在下文中看到）我们只能幻想看上去无法触及的东西。如果我们再仔细研究一下自恋变态的问题，我们可以发现变态者会否认受害者的欲望甚至其主体性。但更严重的问题是，受害者有时候也会否定自己所有的欲望。他不仅只能为别人的欲望而活，还会陷入变态者的话语和评价中。变态者说他是好人，他就觉得自己是好人。变态者说他是坏人，他就觉得自己是坏人。通常情况下，受害者和变态者一样，总是在期待获得一个形象、一个身份。他无法通过自己表达自己的欲望，因为他对自己没有真正的意识。在极端情况下，类精神分裂症患者会和自己的内心断裂，之后会和别人断裂，因为他们是别人言语、行为和欲望的奴隶。

关于孩子的教育问题，我们应该避免要求他们为取悦我们而做事，也不能为了我们的欲望而活，例如，“为了让我高兴，快把汤喝掉或者快把作业写完”。

相信自己的孩子

皮埃尔在父母离婚后与母亲一起生活。在他初中毕业的时候，母亲因为他成绩不理想而要求他留级，学校校长则认为皮埃尔应该选择一所职业学校，但是皮埃尔却认为这都是没有出路的选择。于是，皮埃尔去找父亲。父亲说对他有信心并问他自己想要什么。皮埃尔回答说他想和父亲一起生活，继续读高一，以后想选择传统高考。结果，皮埃尔读了高一，之后成功通过了高考，开始了高等教育阶段的学习。父亲认为皮埃尔值得相信，并允许皮埃尔自己把握自己的命运，要求他通过自己为自己表达欲望。这里有一种权力的转移，一种传承。皮埃尔因为对自己的形象感到充分放心，被允许表达自己的欲望，他最终把握了自己的人生。

放弃理解

我们的思想需要理解发生在我们身上的事。没有什么比未知更恐怖。黑夜里向我们靠近的声音会造成一种焦虑，我们会打开灯，发现只是一只可爱的小老鼠。因此，赋予发生在我们身上的事以意义是很重要的。然而，自恋者通过没有任何意义的言语和行为让我们陷入混乱，而我们却竭尽全力试图用只属于我们的意义填补这一空白。“他之所以这么做……是因

为……”，然而，事实上是没有这个“是因为”的，如果一定要在没有意义的地方强加意义，我们就会慢慢产生谵妄和混乱。放弃理解这个他者的话能够让我们走出混乱。

在阅读了本书初版内容之后，娜塔莉在一封信中做出反馈，内容如下。

娜塔莉……及其关于自恋变态者的研究！

首先，我要感谢您允许我发表关于这个主题的看法，您对这个主题的研究把我从疯狂中解救出来，而变态者的猎物们迟早都会陷入这种疯狂中！两年以来，我几乎阅读了所有关于变态者的书籍，而您的这本书以非常中肯的方式解释了这类人的行为方式……我喜欢这本书的中立性和清晰性。很明显，我从这本书中找到了自己的经历！我认为，写作的目的应该是反映一些经历，而这本书涉及的则是一些失去活力的、完全被控制的，甚至是打着不知如何命名的影响之旗号而被牺牲的生活，我们在内心深处能够强烈地感受到这种影响……可能是一种生存本能！人们撤除了对很多事物的禁忌。有时夫妻之间的暴力会一直持续，直到（一方）死亡……而您的著作让我们恍然大悟，并且，我相信，也拯救了很多生命。这本书让我从失望中清醒。我对写作有着一种热情，我最近一篇短篇小说的题目是《被诅咒的华尔兹》，这个标题本身就值得思考……

在这本研究某种行为的书中建议读者放弃理解他人，可能看上去很让人惊讶。理智化、合理化是一些能够通过思维隔离冲突的防御机制。这些机制通常会让我们远离我们的感觉，在建立在自恋变态机制基础上的关系中，这些机制也可以暂时让我们与变态者保持一定的距离，也让我们远离致病冲突。娜塔莉使用了两种机制以试图摆脱困境：第一种，即“她关于自恋变态者的研究”，让她能够理智化其问题并从对方的逻辑中走出来；第二种，即创造，让她能够给出自己的定义，并且将言语意义的转变（一些无法理解的言语）投射在纸上，因此升华其怒气和不理解，并走上韧性的道路。

升华和韧性

升华

升华是一种和正确行为极其匹配的防御机制。冲动被转移到具有很高社会价值的目的上，如攻击性、性欲可能被转移到运动、艺术或道德等目的上。在一些精神分析学家或心理医生的眼中，这是理想的防御机制。有些人甚至把升华当作一切个人努力的目标，这能够让我们更好地适应社会环境。然而，虽然我们认为升华是一种防御机制，甚至是一种冲突防御机制，

它仍然是无意识的。在前文中那位在工会工作的患者于连的案例中，于连在接受分析后，他仍然在工会工作，但他无意识的目标消失了。他不再跟父母（“父母老板”）抗争，而是真正为更重要的社会公平而努力。我们越了解自己的无意识，我们就越少使用防御机制，也就能获得更多自由。我们不再被我们以外的无意识力量所牵引，而是被我们真正的动机所引导，这能让我们走上韧性的道路。

为自己成功

格扎维埃从学校回来，告诉父亲他作业得了14分（满分20分）。对儿子严格要求的父亲说，这还不够。于是，格扎维埃加倍努力，并获得了16分的成绩。父亲仍然不满意，并要求儿子继续努力。当格扎维埃得了19分的成绩时，他父亲问他为什么没有得20分。

格扎维埃期待得到父亲的认可，同时因为他无法得到认可而产生了怨恨。于是他把所有能量都用在学习上。之后，他当了老师，但仍然没有得到自己期待的认可。当他骄傲地告诉父亲他通过了教师资格证考试时，他父亲问他：“我要为此送你礼物吗？”

格扎维埃的父亲打着“严格要求儿子”的旗号，拒绝承认儿子的成绩，并将儿子置于失败的境地。格扎维埃借助自己的冲动（冲动在升华后都被用在学习上），接受了高等教育。他应该为此感谢父亲。但是，虽然格扎维埃成了正式教师，他却需要长期服用抗抑郁药。

直到接受了精神分析后，格扎维埃才放弃了对父亲认可的期待，重新找到了自己平衡的状态，并进入韧性状态。从此之后，他不再需要抗抑郁药。他为一些年轻艺术家创立了一个展览馆，让他们可以在这里展出自己的作品并获得同行和大众的认可。正因为格扎维埃接受了精神分析，并对自己欲望的根源有了清楚的意识，他才从冲动的升华过渡到真正的韧性状态。

韧性

在物理学上，韧性指的是一种材料在被压缩后能够恢复初始形状的能力。如果你用力捏一个塑料泡沫球，你放开后，它就会恢复原来的样子。心理学上的韧性指的是承受巨大压力的能力、面对不幸的能力以及在自身结构（身体的、心理的或物质的）被摧毁时能够重新进行心理自我重建的能力。鲍里斯·西瑞尼克[1] (Boris Cyrulnik) 在其著作《丑小鸭》(*Les vilains petits canards*) 和《神奇的不幸》(*Un merveilleux malheur*) [2]中对韧性的概念做了详细阐释。

1 法国神经精神病学医生，人类行为学学者。——译者注

2 Cyrulnik B., *Un merveilleux malheur*, Éditions Odile Jacob, 1999; *Les vilains petits canards*, Éditions Odile Jacob, 2001.

事故后的重生

在一次攀岩事故后，勒内失去了一截小腿。之后，他经历了治愈、适应、重新自我构建，并成了一些青年残疾人的运动教练。除了他的运动才能，在这些年轻人的眼中，他还是能够证明人们可以战胜自己缺憾的活生生的例子。勒内对自己的新角色感到很高兴，当他谈到这场事故时，他说这是自己生命中的小幸运。

在上述例子中，我们看到，那些能够让我们进入韧性状态（与升华相反）的主要机制都是有意识的。鲍里斯·西瑞尼克认为，韧性的因素主要包括获得内心力量、相遇经历、言语和行动的可能性、赋予发生在我们身上的事以意义的能力、自尊、幽默感等。

我们大部分的内心资源和创造能力都是在儿童时期发展的。我们在后文中将看到，英国精神分析大师唐纳德·威尼科特对游戏（作为幻想和现实之间的过渡空间）及其对儿童发育所产生的影响做了很多研究。

第九章

寻找变态的根源

Aux sources de la perversion

被虐待的孩子？

我们是否可以说所有的自恋变态者都曾是被虐待的受害者？

这取决于我们给虐待下的定义。我们可以寻求教育者的意图来定义虐待，这通常是正确的。但是某些形式的“没有被好好对待”也可能源于表面上善良的人。一项调查表明，在东欧孤儿院长大的孩子没有受到过好的或坏的对待，于是他们表现出了心理缺失的症状，因为他们从来不会表达自己的要求。在被宠溺的孩子身上也发现了同样的缺失症状。如果在孩子饿之前就给他喂食，换言之，在他产生欲望之前就已经得到了，他就永远不会表达自己的欲望，也不会懂得失望是什么。然而，我们在上文中看到，人类是在产生欲望和放弃的能力中成长

的，也是在其与规则和限制的碰撞中进行自我构建的。如果一个孩子不知道限制是什么，或者如果孩子没有经历过过重的或自相矛盾的限制，他就难以进行自我构建。

给孩子设定界限

尼古拉的父亲是艺术家，他离开家，抛弃了妻子和四个孩子，一心沉溺于艺术之中。尼古拉跟我说，他从未缺少过什么，也没有经历过暴力，但是，他却一直感受到一种焦虑，并且会攻击其伴侣，也会对伴侣产生轻蔑的态度。他承认他在小时候得到了很多的爱，但是没有人给他设定限制。实际上，当他在即将进入青少年期时，如果他回来晚了或者不和家人一起吃饭，家人也不会说什么。

我们中很多人害怕冲突。然而，冲突也可能很有用，而且对心理构建有建设性的作用。举个例子，一个青少年告诉父母，他今晚会出门，但不知道什么时候能回来。如果父母反对，孩子就会回到自己的房间，大力把门关上。我们需要明白，即使孩子表现出了自己的怒气，他也是安心的。他在自己之外找到了他不确定是否能完全控制的限制。

我们在上文中看到，当冲动呈现时（无论是攻击性冲动或是性冲动），变态者就会“投入行动”，而神经症患者会自制、抑制或转移其冲动。变态者和神经症患者不同，变态者没有限

制。当尼古拉感受到冲动时，他很害怕，因为他感觉自己会不情愿地“投入行动”，并且什么都无法阻止他。他的父母没有帮助他进行自我构建。他的暴力其实是因为他害怕自己，他在否定自己。

我们打小孩子的屁股，希望告诉他，他逾越了界限；或者，如果孩子在吃完饭后又要求吃东西，我们告诉他我们听到了他的要求，但是他必须等到吃饭时间才能吃东西。这些行为其实在表明我们的同情，并帮助他成长。

很多变态者都曾遭受过明显的虐待，但是他们中很多人也是被宠溺的孩子，他们没有经历过限制，也没有经历过失望，这并不利于他们的自我构建。

某些精神分析学家已经对儿童的成长进行关注，并试图寻找是什么原因造就了孩子良好的成长或者导致了孩子不好的成长。

唐纳德·威尼科特在母亲—孩子的关系中发现了孩子心理发育的根源。首先，是母亲的触摸和注视，其次是母亲设置的过渡性空间和客体。而保罗-克罗德·雷卡米尔在父母与孩子之间的乱伦关系中发现了妨碍孩子成长的根源，以及使孩子无法度过俄狄浦斯期、也无法与父母分开的根源。

游戏和现实

唐纳德·威尼科特在《游戏和现实》[1]一书中向我们提供了一些工具，用来理解儿童的发育过程以及儿童能够存在和思考的能力，换言之，儿童能够在现实中发挥其个性的能力。

唐纳德·威尼科特认为，创造性是人们能够在社会中立足的可能性，而同时也无须否定自己的主体性。

为了从“自己是一切”的感觉过渡到客体关系再到主体性，儿童会使用唐纳德·威尼科特所谓的过渡性客体和空间。当婴儿呼叫母亲，但她不来时，孩子必须自己找一个替代母亲的客体，即一个过渡性客体，来弥补母亲不在场的事实，这个客体可以是自己的手指、假乳头或任何其他代替性客体。在这种情况下，意义和象征意义发挥了作用，能够让孩子转向在他和世界的互动中的客体性。在介于“融合”和“分开”之间的地带，孩子会感受到自己的创造性得以体现。创造性能让个体融入社会并同时保持自己的主体性。唐纳德·威尼科特将孩子在自我和非我（即外在于孩子的客体）之间的体验称为“中间地带”[2]。孩子通过游戏以及他和自己周围建立的关系获得了自己的独立。

1 Winnicott D. W., *Jeu et réalité*, Folio Essais, Éditions Gallimard, 2002.

2 Winnicott D. W.,《Objets transitionnels et phénomènes transitionnels》, in *De la pédiatrie à la psychanalyse*, Payot, 1989.

我们在上文中谈到，婴儿在刚开始时无法通过自己将自己和外部世界分开。他感觉自己无所不能，好像他自己能够满足自己的需求。他处于自己无所不能的幻觉中。在无所不能的体验中，客体既是被发现的，也是被创造的。婴儿无法区分幻想（创造的客体）和现实（发现的客体），无法区分自我和非我。当孩子客观地感知到客体时，他会试图将其摧毁。

他的冲动是自己与客体分开的一种尝试，但同时保持对客体的控制。他试图确认自己的无所不能，并希望不要走出幻觉。游戏能够让他在面对失去这种控制时走出幻觉，并让他感觉到自由。发育健康的儿童能够在试图摧毁客体后走出无所不能的状态，并重建自己的现实。但因为在童年时不安心，自恋变态者仍然停留在自己生命的初期，并不断试图确认自己的无所不能，而代价则是需要摧毁自己周边的人，并试图理解甚至重建自己的现实。对变态者而言，受害者是一个过渡性客体[1]，他试图摧毁受害者，然后在现实中回去找他。变态者在小时候无法与自己的母亲保持距离，因此无法找到自己的形象，他被困在“融合的欲望”和“需求距离”之间，他要通过诱惑来确认自己的无所不能，并寻求通过摧毁他人的形象与他人分开。

1 也译为“慰藉物”或“过渡物”。——译者注

环境的重要性

母亲会努力满足自己的孩子。唐纳德·威尼科特将此称为“原始母爱贯注”。如果环境足够好，婴儿会在足够成熟从而开始将自我和非我分开之前，感觉自己无所不能。唐纳德·威尼科特认为，为了确保其作用，环境必须提供抱持[1]（holding）、操纵（handling）和客体呈现（object-representing）：

- 抱持，指的是能从心理上帮助孩子的因素，换言之，能够支持其自我的因素。孩子首先会从母亲的眼神中以及母亲能够满足其需求的能力中找到这个因素，然后才会从他和周围人的关系中找到这个因素。
- 操纵，对孩子的“操纵”（如果能给他足够的安全感）能够让他给自己的身体划定界限。
- 客体呈现，指的是让孩子逐渐接触现实，让孩子能够接触到客体，并让他能够感受到客体。

自相矛盾的母亲

皮埃蕾特坦言道：“我姐姐告诉我，在我小的时候，我那酗酒的母

1 心理学专用术语。——译者注

亲无法忍受我哭泣时，就会大力踢我的婴儿床。之后，她会感到愧疚，然后买玩具给我。现在还是这样，如果某天晚上她骂了我，第二天就会给我钱，让我忘记这件事。”

皮埃蕾特的母亲本身非常混乱，因此她无法让她的孩子平静下来。成年后的皮埃蕾特上演了同样的戏码，对那些她界定为“爱的客体”的人，她会时爱时恨。

母亲脸（形象）的变化

唐纳德·威尼科特解释说，婴儿在生命初期，是不存在自我的，换言之，他对自己的存在是没有感觉的。他将自己的脸转向母亲的脸，试图从中看到自己的样子。如果母亲把孩子当作一个人，将他看作一个个体而不是自己的一部分，孩子就能够接触到自己的存在。孩子的自我被母亲的自我加以强化，从而融入孩子的内心，非我被向外投射，这就能让孩子逐渐和母亲区分开来，并因此与外部世界区分开。

变态者的母亲没能鼓励自己的孩子并帮助他与母亲分开。母亲把孩子当成自己的一部分，把他当作自己的“菲勒斯”，当作自己症状的承担者，让孩子为自己的苦恼与不适负责，或者直接抛弃孩子。孩子只能通过谵妄分裂才能完全接受母亲的

形象：为了继续爱自己的母亲，孩子不得不否定自己的负面形象，并接受母亲谵妄的形象。因此他必须支撑自己的幻想并抛弃父母的任何负面形象，并将之投射到另外一个被认为是坏的客体的人身上。之后，变态者再一次通过分裂以及大量的投射（受害者需要承担这些）让自己在面对内心客体的时候找到相对的内心平和状态。

让人惊讶的反应

奥利维娅和弗朗索瓦丝在同一个办公室工作。奥利维娅很小的时候就失去了母亲，于是她与父亲一起照顾弟弟长大。弗朗索瓦丝则自幼被母亲虐待，可是她和母亲非常亲近。当母亲病危住院时，弗朗索瓦丝陷入了严重的焦虑状态。一天晚上，奥利维娅把弗朗索瓦丝搂入怀中安慰她。第二天，奥利维娅比弗朗索瓦丝早到办公室。她需要使用电话，便用了弗朗索瓦丝的电话。当弗朗索瓦丝到办公室后看到这个情景时，她一把掐住了奥利维娅的脖子，想把她掐死。幸亏办公室同事听到声音，赶过来把她俩分开了。奥利维娅被送进医院，带了好几个月的颈托。奥利维娅认为她好心安慰、包容弗朗索瓦丝，把弗朗索瓦丝抱在怀里充当了好母亲的角色。她实在无法想象弗朗索瓦丝竟然使用了分裂机制（好母亲 / 坏母亲），并将暴力和怨恨发泄在自己身上。实际上，弗朗索瓦丝这样做是为了能够继续爱她的母亲，并暂时释放对母亲的恨。

幻想

弗洛伊德通过一些神经症患者发现了幻想。他认为构建心理活动的是无意识的幻想。儿童的成长都是围绕着幻想活动展开的。弗洛伊德在其神经症第一理论中提出，乱伦是导致幻想的根源。之后，他提出，无意识的幻想试图出现，这些幻想是欲望被抑制的结果。因此，父母没有欺骗，他们在幻想。于是，弗洛伊德提出了俄狄浦斯情结理论，并将俄狄浦斯情结认为是所有神经症的核心冲突。

在幻想中，一个人是他自己欲望的主体，因为他是自己无意识的主体（他是指挥自己幻想的主体）。因为自己的欲望被禁止，幻想就处于欲望和被禁止之间。幻想是不为人知的，因为它的本质可能是乱伦的。弗洛伊德将幻想描述为一个剧情：它必须改变并支撑现实。

我们在上文中看到，人的心理由快乐原则（无意识）和现实原则（有意识）控制。位于中间地带的幻想能够让我们留有一块被保护的区域，在这里快乐原则占主导地位，但却不会有损现实原则。对于一个正常构建的人而言，现实是令人失望的，幻想是强大的。幻想能够掩盖被禁止的欲望。对于变态者而言，幻想是无能为力的。他无法承受失望、无法自制，并需要投入行动。

公主还是妖魔?

当埃丝特勒无法忍受其老板时，她会去逛高级服装店，想象自己穿成公主的样子。有一天，弗兰克在汽车挡风玻璃上发现一张违警通知单，他怒气冲冲地回到家，并打了自己的女儿，因为女儿没有写作业。埃丝特勒通过想象出自己穿成公主的样子幻想一种权力，而弗兰克投入攻击行动，从而摆脱自己的怒气以及他面对权威时的无能为力。

俄狄浦斯和反俄狄浦斯之谜

变态者因为没有经历过俄狄浦斯期，所以没有可能进行自我构建。因此，他只有很少的限制能阻止自己行动。保罗-克罗德·雷卡米尔把阻碍变态者经历俄狄浦斯期的因素称为“反俄狄浦斯”。唐纳德·威尼科特认为可以从母亲—孩子的早熟关系中理解变态的原因，保罗-克罗德·雷卡米尔则建议从乱伦性及其对俄狄浦斯期产生影响的角度理解变态产生的原因。

在探讨乱伦性和“反俄狄浦斯”这两个概念前，我们需要首先理解以下两点内容：

其一，在一个人的成长过程中，俄狄浦斯期的幻想对心理建构具有重要作用。孩子将其欲望和攻击性投射到父母身上。因此出现了一种焦虑，精神分析上称为阉割焦虑。发育过程健

康的儿童会放弃自己的欲望，从而摆脱焦虑，并将自己的能量用于学习、创造和道德价值中。

其二，俄狄浦斯情结在任何情况下都不是整个家庭的情结。它只是一个个体——儿童的产物。

我们在前文中谈到，最初，弗洛伊德倾听自己的患者，从他们的话语中发现了他所认为的成年人对儿童的性诱惑。之后，弗洛伊德明白了，这只是儿童从自己的欲望出发构建的幻想。于是，弗洛伊德提出了俄狄浦斯期的幻想假说并开创了精神分析学说。

50年后，保罗-克罗德·雷卡米尔提出了“反俄狄浦斯”，这个词的前缀源于“ante”（……之前）和“anti”（阻止……、妨碍……）。因此，“反俄狄浦斯”出现在俄狄浦斯情结之前，如果它过于强大，就会阻止俄狄浦斯期出现。“反俄狄浦斯”其实是父母未完成的俄狄浦斯期，这会导致父母对孩子的乱伦。实际上的成因就是父母希望和自己的孩子完成他们和父母没有完成的俄狄浦斯期。

在父母的房间里……

科莱特是独生女，她的父母有着被抛弃的相同经历。母亲的祖上是外国人，母亲的父母来到法国时就有一种离乡背井的感觉。科莱特的父亲在救济所长大，他说自己一直很孤单。

从出生到13岁，科莱特都和父母睡一个房间。我们可以想象孩子投射在父母身上的爱以及当她看到父母发生性行为时感觉到的怒气。她觉得自己被欺骗、被羞辱，同时她会幻想自己也参与了这些行为。

科莱特15岁时在家里发生了第一次性关系。她对我说："我感觉自己一直有性欲。""我的性是一把武器。"

之后，科莱特得知母亲在自己出生后两年怀上了曾给她接生的妇科医生的孩子，但她不得不流产。科莱特还发现母亲曾经有过一个长达七年的情人，那时母亲常会把女儿交给外祖父母照顾。

如果说俄狄浦斯情结是一种旨在让其得以保持而后又被抑制的幻想，乱伦性则是现实的，并阻止幻想产生。实际上，我们只能幻想无法触及的东西。例如，睡在父母房间里的孩子永远不会幻想自己要进入这个房间，因为他就在这里。

乱伦关系是秘密的事实，是心照不宣的。保罗-克罗德·雷卡米尔说："秘密是不可说的、不需要被知道的、不需要去思考的。"

"反俄狄浦斯"是一种抵抗幻想的幻想，因为它存在于现实中，而不是孩子的想象中，因此，它会阻止一切幻想，阻止一切"放弃"以及之后的成长过程。

我们在上文中谈到，弗洛伊德认为俄狄浦斯情结是所有神经症的核心冲突。他通过研究表明，任何克服了俄狄浦斯情结的人都有健康的成长过程，任何无法放弃自己的欲望并且无法

克服俄狄浦斯情结的人都会变成神经症患者，而任何没有经历俄狄浦斯情结的主体都会成为精神病患者。弗洛伊德把精神分裂症称为自恋神经症。

之后，保罗-克罗德·雷卡米尔的研究让我们了解到，某些原因（如乱伦性）可能会妨碍俄狄浦斯情结的正常运行，这些原因也可能会导致第三种结构范畴：边缘性人格，在这类人身上我们尤其会发现自恋变态症状。

临时一家之主

弗兰克是长子。据他所说，父亲是很平庸的人。因为父亲是商务代表，所以他很少在家。当父亲不在家的时候，母亲就任命弗兰克为一家之主。而当父亲回来后，弗兰克就必须站在一边并给父亲“让位”。

成年后的弗兰克表现有病态的嫉妒心。他总是认为自己会被欺骗、被排挤。在恋爱初期，他会怀疑并监视女朋友，而当他的焦虑过于严重时，他就会欺骗并离开家。现在，弗兰克已经结了三次婚，有四个孩子。

和爸爸一样?

在奥利维娅的母亲去世后，父亲让她负责照顾几个弟弟。奥利维娅长大后，她告诉父亲她要与一个男人合伙开一家公司，并负责管理。

这件事遭到父亲反对，理由是和一个不是丈夫的男人合伙是非常不正派的行为，父亲还要求女儿帮助他打理财务。奥利维娅患了广场旷野恐惧症，不能离开家，并继续管理父亲的公司。

奥利维娅在开始接受精神分析时，遇到了经济问题。她提出让精神分析医生掌管她的财务以支付接受精神分析的费用。当医生对她说“像爸爸一样？”时，奥利维娅回答说“不”，并结束了治疗。很明显，对她而言，放弃别人强加给她的位置为时过早，她还无法意识到自己症状的根源。

弗兰克和奥利维娅都被自己的父母任命为“假伴侣”。他们都遭遇了乱伦性，这让他们无法进行俄狄浦斯幻想，也让他们无法放弃俄狄浦斯幻想而进行自我构建，也无法正确面对世界。弗兰克成了自恋变态者，在离开伴侣前，他都会羞辱她们并从中获益。而奥利维娅在和那些被她当成父亲的男人在一起时，她会幻想自己是他们的母亲，并因此处于一种乱伦关系中。她患上了严重的神经症。

乱伦关系和重复

如果一个孩子经历过乱伦关系、感觉自己被欺骗、看到自己的父母欺骗，他就无法和别人有正常的关系。于是，他会不

断上演同样的场景，希望自己能“扮演好人”。很快，任何关系都会将他置于危险中，并让他产生一种无法抑制的焦虑。例如，弗兰克认为自己会被欺骗，于是变得多疑，然后会欺骗妻子并离开她。

不要道德契约！

莫妮克小的时候看到母亲欺骗父亲，也看到父亲因此很痛苦。但当她撞见母亲和另外一个男人一起时，她保守了秘密，并因此成了母亲的同谋。成年后的莫妮克只接触变态男性，而且通常都是已婚男士，因为至少和他们一起时不需要道德契约。他们会对她说，他们在“此时此地”爱她。事实上，在鱼水之欢之后，他们还是会回到自己妻子身边。

之后，莫妮克认识了阿兰，他们是办公室同事。阿兰很深情并且忠诚，但这却让莫妮克很焦虑。她没有发现自己已经习惯了的“价值观”。莫妮克喜欢摄影。她让一位摄影师朋友给自己拍照，并在拍照时穿得很少、很性感而且具有挑逗性。之后，她让这位朋友在她的工作地点放映这些照片，但是告诉朋友要记住遮住她的脸，不能让别人从照片上认出她。

莫妮克邀请阿兰也来看照片并且想给他一个“惊喜”，但阿兰觉得自己在同事面前遭到了羞辱，在照片放映时就离开了。过后，莫妮克在路边发现了阿兰，他正准备回家，神情呆滞。阿兰陷入痛苦之中，

正如莫妮克小时候看到的父亲的痛苦。莫妮克好像无法和别人拥有正常的关系。当他俩分手后，阿兰拒绝和莫妮克保持任何联系。莫妮克不能理解为什么，她本想和阿兰做朋友的。

雅克坦言道："在很长一段时间里，我很像皮埃蕾特。我宁可做别人的情人，也不愿意做被戴绿帽子的丈夫。我花了人生的一半时间才明白如果我不了解自己，我就不能去爱别人，如果我不冒险，我就什么都得不到。于是，平生第一次，我全身心地爱上了皮埃蕾特。"

莫妮克在小时候习惯了乱伦的环境，因此，她无法和别人保持正常的关系。因为正常的关系会让她处于危险之中，所以，她在被背叛之前，总会先背叛别人。而雅克在经历了一段非常痛苦的关系后，决定质疑自己，并决定面对自己的焦虑。他知道只有这样，他才能过上幸福稳定的生活。

变态父母

科莱特30岁的时候和自己的医生维克托发生了暧昧关系，那个时候，她正在和丈夫离婚，而他们已经有了两个孩子，一直住在科莱特父母家中。

科莱特和维克托的爱情刚开始时是充满激情的，她给他写信："你是完美的男人。马的身上都有斑点，为的是自己能被认出来。而你是

没有缺点的，你是完美的……”

但事实上，科莱特很少在现实中和他见面，她只是将一个理想化的形象投射在他身上，并保持她对他疯狂的想法，就像她为了能够继续爱父母而对父母产生的疯狂幻想。而和他见面就可能失去自己的理想化客体，即她幻想的爱的客体。

维克托很爱科莱特，但是他也有错。他说，他很清楚他们的关系有问题，但是他却一心想要对她好。很快，科莱特就让维克托处于其无法忍受的境地之中：爽约，威胁要分手，但同时还会写一些感情强烈的情书：“你是我的真命天子……跟你一起我感觉特别好……我想给你生个孩子……”

刚开始时，维克托认为科莱特是在考验自己的爱，因此他不但没有离开她，反而更加爱她：送她礼物，给她承诺。矛盾的是，他越向她表达自己的爱，她越考验他；她越考验他，他越觉得她面临危险，并因此更依恋她。最后，科莱特欺骗了维克托，之后又将实情告诉了他。

科莱特的父母知道了他们的关系后，便使用变态指令和行动，希望将女儿重新“粘连”在家里。母亲说：“你的这段爱情经历只是狗屁经历。”然后，母亲一位号称具有“预言能力”的朋友预测说“他们的关系不会超过某某月份”。最后，父亲也表达得非常恨女儿，说：“你疯了，你永远得不到任何东西……你的儿子也会疯的。”父亲安排了一次旅行，邀请了科莱特和她的孩子，并且在没有提前告诉她的情况下，邀请了她刚刚离婚的丈夫。

科莱特的父母不惜一切代价要维持这种混乱状态。从词源学上来说，“混乱”一词的意思是保持融合状态。家庭不再被认为是一些有个性的个体的组合，而是一个完全意义的整体。在家庭内部出现分裂时，每个家庭成员都成了被攻击的对象。在科莱特的案例中，她和她的孩子一起，被认为应该表现有疯狂的症状，并因此让她的父母免受他们自己病态的折磨。女婿是理想的儿子，这一点是母亲、情人或者安全活门[1]都无法做到的。当科莱特遇到维克托之后，她无意识地让他承担了好父亲的角色，并希望他能拯救她于水火。矛盾的是，她却在他每次试图帮助她（让她融入现实）时，将他置于失败的情形中。因为对科莱特而言，若和维克托一起成功，就意味着要失去父母，但对此她还没有做好准备[2]。

科莱特的父母很清楚他们即将失去自己的女儿（而她承担着他们的症状），这会让他们重新面对自己的疯狂。这就是为什么他们要想尽一切办法让女儿回家并将她隔离，希望以此“重新粘连”她。

1 这里是强调女婿很重要，其重要性是母亲、情人或别的任何什么东西都无法代替的。——译者注

2 我们可以认为，对她而言，现实中的父亲是坏父亲。因此，理想的男人必须是在家庭之外的，甚至是在现实之外的。

症状儿童

皮埃蕾特小时候是一个发育不良的女孩。她母亲本来不想生她，但是堕胎太危险了。皮埃蕾特知道她是不受欢迎的，因为别人是这么对她说的。那么，如果不是为了故意伤害她、贬低她，母亲为什么要对她说她是不受欢迎的呢？当母亲喝醉的时候，她会来到婴儿床前，如果孩子哭了，她就会用力踢婴儿床。母亲之所以留下孩子，是因为这样她踢婴儿床就方便了：她得到了释放，她也因此“创造”了家里的一位症状儿童。生病的是孩子。小时候的皮埃蕾特不好好吃饭，所以她非常瘦。她母亲叫她布痕瓦尔德[1]。皮埃蕾特成了症状儿童，而症状儿童就“应该”代替别人发疯。

当皮埃蕾特遇到雅克后，她立刻对他说：“我接受你了……”她知道和他在一起，她就能够摆脱困境。当皮埃蕾特把雅克介绍给母亲时，雅克只是一个善良、害羞、有礼貌的孩子，而她的母亲也接受了他。但皮埃蕾特却说：“这是个傻子！”评价一出，不可收回。

症状儿童的矛盾在于他必须被“留下”、被贬低并且保持萎靡不振的状态。如果他消失了，他的父母就会病倒（代偿失调、抑郁、生病、事故……）。

1 布痕瓦尔德集中营是纳粹在德国图林根州魏玛附近所建立的集中营，是德国最大的劳动集中营，也是建立最早和最臭名昭著的集中营之一。这里用集中营的名字指代孩子，因为集中营里的人都非常瘦弱。——译者注

另外一个矛盾，病理联系是孩子与父母（孩子第一个爱的客体）之间唯一的联系。该联系如果断裂，就意味着孩子可能失去父母，并进入类似“丧事”的痛苦期。因此，当家人们意识到他们即将失去家庭症状的承担者时，他们会送更多的礼物，表现出更多的爱，并贬低男（女）朋友的形象。矛盾的是，症状儿童对这种地位很满意。否则，如何解释母亲（她对孩子说他并不是自己想要的）的恐惧？如何解释女人（她对自己的男朋友说他并不是自己想要的，而且要离开他）的恐惧？母亲把拒绝吃饭的女儿称为“布痕瓦尔德”，女人把他的男朋友称为“傻子”……

于是，男（女）朋友就成了症状儿童的“症状”。孩子从中得到很大的好处，既保住了自己在父母身边的位置，又拥有了自己的客体。如此，一切都变了：男朋友从被爱的主体变成需要靠他得以释放症状的客体和需要玷污但也要控制的客体。当他要离开时，变态者就会跪下，对他说她爱他。当他靠近的时候，变态者则会拒绝他、辱骂他。皮埃蕾特使用了她眼中母亲的态度，这让她能够留住母亲，而且只要他男朋友还在，她就不会变成疯子。应该变成疯子的是“男朋友”。

瓦妮莎案例

重新阅读本书前三章中关于瓦妮莎的案例并回答以下问题：

问题一：自恋变态与难以面对“丧事”有关。在瓦妮莎的家中，哪些方面表明了这种困难？

……………………………………………………………………………………

问题二：在瓦妮莎的家人难以面对“丧事”和她形象的构建之间有什么联系？

……………………………………………………………………………………

问题三：展示出瓦妮莎能力冲动形式的不同阶段是什么？

……………………………………………………………………………………

问题四：在瓦妮莎的故事以及她的行为方式中，我们可以在哪里发现矛盾性？

……………………………………………………………………………………

瓦妮莎：遇难

在感情生活的初期，瓦妮莎首先有勾引别人的需求，当她得到她想要的之后，她会产生严重的焦虑（因为害怕自己被抛弃）以及男人让他产生的恨。刚开始的时候，她只认识比她年龄大的男人，他们通常很出众（企业老板、商人……），但她会贬低他们，然后离开他们。瓦妮莎是出了名的“致命女郎”。对感情认真的男人都会远离她。只有那些希望靠自己的资产诱惑别人的男人才会靠近她。直到她遇到加布里埃尔。加布里埃尔比她小，他说他能理解她。

他很深情，也懂得尊敬人。他希望把瓦妮莎带走，换一个地方，找一个没有人认识他们的地方开始新的生活。矛盾的是，加布里埃尔的善良让瓦妮莎很焦虑。她时而勾引他，时而贬低他。加布里埃尔每次试图表明自己的爱意和真诚时，瓦妮莎都会打击他。

他们分手后，加布里埃尔给瓦妮莎写了一封信：

“……你这么评价男人：‘他们都是混蛋、没有种的、混吃等死的……’

“你对我说有个男人逼你和另外一个女人睡觉。有个男人让你离开了你的丈夫，后来却离开了你，并对你说：‘世界上有那么多漂亮的女孩，我为什么要选择一个有孩子的呢？’有个男人打了你，因为你拒绝按照他的方式给他拥抱。还有，你母亲等待一个男人，但是他却欺骗了她。

“对你而言，‘所有男人都是混蛋’。但是，事实并非如此。你必须承认，你遇到的那些男人的态度是不正常的。从某种意义上而言，你在保护他们。

“然而，你总是在我们很幸福的时候狠狠地攻击我。可是你要知道，他们中没有一个人比我更认真对你，没有一个人像我这样爱你。

“我们的经历很相似，也能互补。我一直很想帮助你。你是否发现我总是想让你高兴，总是努力满足你的愿望？我想把你当孩子对待（这件对你而言被禁止了16年的事），我想帮

你升职（在你被拒绝了15年后），我想给你开一家你梦想的书店。我也需要你。如果你能关注我的一点点愿望，对我来说就是认可了我存在的意义，但这可能会让你质疑自己……”

案例研究：

问题五：我们能在瓦妮莎的故事中发现乱伦性吗？这意味着什么？

问题六：在加布里埃尔给瓦妮莎的信中，是什么内容让我们认为变态者的受害者其实有时候是在保护他的“刽子手”？

第十章

同情之路

Les chemins de la compassion

同情的力量

维克托是医生，他说：“我的家庭和科莱特的家庭很像。我的祖父试图把我父亲变疯，我的父亲试图把我们变疯，我的侄子是精神分裂症患者。为了不变成疯子，我选择了智慧之路（我还有很长的路要走）和帮助他人之路。因此，相较于‘把别人变疯’，我更倾向于‘让别人更聪慧’（这也是我本来想跟她一起走的路）。”

维克托和科莱特都对自己评价极低，主要是因为他们都曾遭受父母的虐待。他们的机制很相似却又相反。请读者们放心，我不会又让你们猜一个自相矛盾的谜语[1]。维克托和科莱特

1　第一次“猜谜语”出现在第二章。——译者注

就好像同一张照片的底片和正片，他们从相反的方面展现了同一件事物。弗洛伊德认为，神经症患者是变态者的反面。他们有同样的欲望，但是变态者会投入行动，而神经症患者却抑制自己的冲动。在科莱特和维克托的案例中，他们俩都使用分裂、否认、投射和掌权等机制。虽然他们有着同样的经历，但是却表现出完全相反的性格。然后，如果仔细观察，我们仍然可以发现同样的机制。虽然一种是自恋变态，一种则属于利他的机制。科莱特投射了自己坏的方面，维克托投射了自己好的方面。科莱特投射了自己的怨恨，维克托投射了爱。但是这两个人都试图维持自己的形象，并试图确认自己的权力。

利他

利他可以是一种防御机制，在这种情况下，利他指的是“为他人奉献，且能让主体避免冲突”[1]。通过反向作用[2]，利他甚至可能成为性格的一部分。与原始冲动的方向相反：怨恨冲动可能变成爱、自私、利他（我们经常能够发现，孩子们“偏向”喜欢弟弟妹妹，而不是讨厌他们，在面对母亲时，这种冲动更加令人欣慰）。

1 Ionescu S., Jacquet M.-M., Lhote C., *Les mécanismes de défense, op. cit.*
2 也可译为“反向形成”。——译者注

此外，前一段的标题“同情的力量”是很有挑衅性的。真正的同情是无法与权力的需求匹配的。精神疗法医生很清楚这点：任何精神分析学家的工作都是从对自己的分析开始，尤其是对他自己的动机和权力冲动进行的分析。精神分析师应该是卑微的、善良的。要求某个人“卑微和善良”是一种自相矛盾的指令。因为我们必须专心于自己的分析并且同意研究我们消极的一面，我们才能卑微。同时也因为我们必须观察自己并且必须对自己善良（这也是唯一让我们无意识的部分显现的方式），我们才能像（分析自己时所需要的那样）对别人善良，这都是非本意的、无意识的。

道歉或否认

为了表示理解他人，是否需要向他道歉？虽然陪伴韧性之路的道歉是神圣的，但如果道歉介入得过早，仍然可以被否认。在寻求理解和抱歉之前，重要的是走上韧性之路。别人感到痛苦可能是让我们依恋他的原因。他的理解能够把我们引向他并让我们坠入地狱。我们只有在保持恰当的距离时才能帮助他人。无法保持距离会让我们处于危险境地。精神疗法医生很清楚这点：在互相帮助的关系中，距离和中立是非常必要的。这也正是变态者的受害者无法做到的，我们在上文中已经谈

到，受害者可能会非常依赖其“刽子手”。

我们可以治愈我们的家人和朋友吗？

我们只有在保持恰当的距离时才能帮助他人。在上述例子中，正是因为奥利维娅和雅克没有保持距离并且怀有善意，才让他们成了像弗朗索瓦丝或皮埃蕾特这样的人梦寐以求的受害者。

实用建议

很明显，如果我们的家人或某个朋友出现了问题，我们可以认真倾听他的诉说并表示同情，但是他最好还是快点儿去寻找一个态度中立的人来帮助他。

有个人最近跟我说，他和一对夫妻关系非常好，这对夫妻最近吵得很厉害，他就轮换着做他们的知心好友。当这对夫妻重归于好时，他们决定和这位朋友断绝关系。或许是因为他成了他们症状的持有者或承担者。关于隔代症状，我还是建议大家试着关注能量的转移，并且需要明白一点：为了走出变态传染，我们都需要对自己进行深入研究。

一段非常悲惨的家庭故事

1945年，克莱芒丝的外婆在17岁的时候被一个美国士兵强暴，并怀上了克莱芒丝的母亲。刚开始，她想尽一切办法希望能够流产。但是克莱芒丝的母亲还是出生了。克莱芒丝的外婆对自己的女儿非常粗暴。她们现在彼此不说话，当克莱芒丝的外婆谈到自己的女儿时，会称其为“婊子”。此后，克莱芒丝的母亲在很年轻的时候怀上了克莱芒丝。她也试过堕胎，但是克莱芒丝也出生了。于是她在很小的时候就遭受了来自母亲身体和精神上的暴力。当克莱芒丝来咨询时，她说当她在母亲家里过夜时，她会产生夜晚焦虑和失眠，还表现有死亡焦虑以及有时候无法抑制的暴力。让克莱芒丝决定来咨询的原因是在几天前，当她女儿打碎东西时，她非常生气，一拳打在了厨房的窗户上。经过一段时间的治疗后，现年40岁的克莱芒丝去母亲家里度假了。回来后，她告诉我她又经历了儿时的焦虑，在没有小夜灯的情况下，她无法入眠。她会想象母亲趁她熟睡的时候用刀把她杀了。

在上述例子中，我们很容易观察到死亡冲动从一代人传到了另一代人。通过治疗，克莱芒丝慢慢从自己的焦虑中得以解脱。如今，她的女儿们非常健康，她也已经重拾学业了。她在从家庭噩梦中解脱后，也使下一代得到解脱，她们不再会遗传这些冲动。再重申一次，只有先让我们自己得以解脱，我们才能让别人得到解脱。

从投射到放手

让我们回到投射，如果我们想对周围的人好，请先对自己好。俗谚有云："慈悲始于自身。"[1]

当于连（我们在上文中提及，他在工会工作）被开除后，他仍然选择在工会部门工作，但是改变了内心目标并专注于社会福利事业，这种情况下，投射一词就已不太合适。当我们意识到自己的首要动机并且完全接受这些动机时，我们就能产生真正的同情、真正的利他，并不需要否定我们个人的需求，处于忘我的边缘。这已不再是投射，而是真正的放手，人只有在付出"长期放弃"的代价后，才能做到真正放手，这是一种迟到的俄狄浦斯期。我们可以再一次认为人可以出生若干次。在出生时为世界出生；在大约18个月大时，为自己的形象出生；在俄狄浦斯期后为社会出生；在整个一生中，为他自己的本质出生（通常是在出现危机的情况下）。在这一层面，我们会发现"paranoïa"[2]（这是各种类型的自恋变态者身上明显的特征，如种族主义者、性别歧视者）一词的来源是非常有趣的："noïa"的意思是出生，"para"的意思是"阻止、妨碍"（含有该前缀的词还有"parachute"[3]）。我们在上文中谈到，自恋变态

1 Caritas bene ordonata incipit a se met ipsos.
2 法语，意思是"妄想症"。——译者注
3 法语，意思是"降落伞"，表示"防止坠落的东西"。——译者注

者被阻止出生，这通常是为了让父母舒服。

安德烈·格林（André Green）说："我们可以认为，如果一个主体接受对自己进行思考（即意识到自己有问题），我们就应该避免根据坏的标准对其进行评价。"[1]我们通常会根据自己的缺点评价他人。然而，当我们研究一个人的变态机制时，我们经常会发现，在他成为"刽子手"前，他曾是受害者。

本书的日的在于全面介绍自恋变态机制。我们每个人都要对自己进行研究，从而发现会对我们有危胁的人，让我们免受他们的危害，或者至少保持必要的距离。一旦得到保护，他们投射给我们的评价就是无用的，甚至是危险的。对于受害者而言，首先需要照顾自己、进行自我构建，然后才是保护自己。是的，道歉是神圣的，并且能够让我们拥有"métanoïa"，即"重生"。

在总结之前，我把话语权交给雅克，他在接受了长期的精神分析以及长期经历"失去心爱之人（物）"之后，向我们做出了反馈。读者可以通过该反馈再次理解我们之前探讨的理论的核心内容。

1 Green A., *La folie privée: psychanalyse des cas limites*, Gallimard, 1990.

爱与罚：雅克的反馈

我认识皮埃蕾特的时候，她已经与一个她声称自己并不爱的男人交往了七年，但她经常会欺骗他。而我却是和一个已婚的人维持着一段没有未来的关系。

很快，我们就接受了彼此。她说她此生等待的人就是我："我感觉自己等你已有千年。"我也有同样的感觉，我觉得我们俩是灵魂伴侣。我们的爱情关系非常奇妙：情投意合和亲近关系让我们体会到了难得的快乐时光。但皮埃蕾特很令人惊讶，她会在很短时间里发生很大的变化。我面对的一会儿是一个十分有魅力的女人，一会儿是一个需要别人保护的孩子。这点甚至可以从她的信中看出来，她的信有时候写得非常好，没有拼写错误，有时候却像一个小孩子写的。

我单方面与前任结束恋情，却没有告诉她。我希望她能够按照自己的节奏就我们的关系有一个定论。而皮埃蕾特也和他的前任结束了关系。我们终于能将我们的爱情公之于众了。我对我的前任说了分手，但我没有告诉她我又认识了一个人。因此，她仍然抱有希望，想和我重归于好。于是，我还是告诉了她实情，希望能让她死心，结果她崩溃了。我从没想过这样做会对她造成如此重的伤害。在一段时间里，我对此忧心忡忡，皮埃蕾特也感觉到了。我需要去见我的前任并安慰她，我需要告诉她，我之所以结束我们之间的关系，不是因为我不爱她，

而是因为我们的关系没有未来，这对我而言不合适。她哭了很久，之后她微笑着平静地离开了。我也感到很高兴。我帮助她重新站了起来。我被高兴的心情冲昏了头，于是把这件事告诉了皮埃蕾特。后来我才意识到，我犯了一个大“错误”。

从此之后，我们的关系彻底发生了变化。皮埃蕾特指责我不忠诚。我认为她不会再和我在一起了。我为此怀有负罪感。因为我的愚蠢行为，我就要失去自己的“真命天女”了。于是，我表现出更多的爱，也许下更重的承诺。我告诉她我希望和她共度一生，对此我没有任何迟疑。相反，她却对我说（包括在公共场合），她在犹豫是继续跟我在一起，还是回到前男友身边。这让我大发雷霆，我从未有过这种状态。我一直不停地据理力争，直到有一天我终于接受了。我对她说，我理解她，她想回到前男友身边很正常，因为他好像有一些我没有的东西：他能让她安心。

那时，她的口径也变了。她对我说，她爱的是我，她对此也没有任何疑问。我们终于走出了这段艰难的日子。我又寻回了那个我爱的女人，我们又可以幸福地在一起了。但是我的幸福好景不长。几个星期之后，我跟一起排演话剧的朋友们吃晚饭。她却认为我是跟另外一个女人一起。我再一次需要为我之前犯的错付出代价。她对我说我们之间结束了，又说我们的关系过于混乱。我回到家，心如死灰，我感觉我的生命从此失去意义。那个时候她给我打电话：“你为什么要丢下我？你应该

拼命挽留我。”

接下来的日子有时是幸福的，有时是混乱的，还有些时候，她会对我严厉批评。据她所说，我是自私的、不忠诚的，等等。

我处于严重的压力状态下，因此无法正确思考。很久之后我才意识到，她对我的指责与我不相符。听到别人指责我们自己没有的错误是会让我们发疯的，因为我们不能当即做出反应。在认真思考之后，我才明白她指责的对象不是我，而是她的母亲和她的前夫。她通过我和他们算账。但是在那样紧急的时刻，我无法明白这一点。我理解的都是字面意思。

我们之间的气氛变得越来越沉重。如果我说一个笑话，她就认为我在嘲笑她；如果我提早去工作，那表示我有了情妇。于是，我开始非常小心地说话做事。但她对我说：“你一点也不自然，这里面肯定有事……”

直到有一天，我爆发了。我以前从未发过如此大的脾气。我和她说她对我的指责是她的“本钱”，她想保留的这些本钱都过时了、失效了。如果没有这些，她就没什么可说的，我们也会很幸福。于是，她的行为又发生了变化。她进入了一种抑郁的状态。失去了指责我的理由，她好像不知道该如何处理自己的焦虑。

她有时会给我打电话并对我说她吃了药并且要结束生命，可她不知道以后谁去学校接她女儿。她是药剂师，所以我知道她手里有可以实现自己计划的东西。如果我叫消防员，她就会

说我没有听到她的呼救，并让她在陌生人面前遭遇尴尬。我记得有一次，我被她狠狠辱骂了一顿，我惊得发呆，无法做出反应。而她做出了她期待我做的事情：我看到她自己打自己的脸，好几次！我抓住她的手，跟她说："快停下，你让我心疼……"直到有一天，我随她这么做。她的嘴破了，她就对我说："你看，都是因为你……"尽管我对她说，我知道她经历过不愉快的过去，她会走出困境的，在眼前的艰难时刻，我愿意陪在她身边，因为我爱她。她仍然没有改变自己的态度。

有一天，我来到她家，我看到她女儿正在客厅里和一个小伙伴玩耍。我问她妈妈在哪里，她说在房间里。我去到房间后，发现皮埃蕾特买了大量安眠药和酒。我把这些东西抓在手里。之后，我给孩子做了饭并哄她睡觉。整晚我都紧紧把皮埃蕾特抱在怀里。第二天，我没有去上班，把孩子送到学校，她父亲会去接她。之后，我们俩和我的朋友们去参加戏剧演出。我知道，当我感觉自己情况很糟糕的时候，我可以在那里摆脱那些糟糕的状态。我原以为皮埃蕾特也可以跟我一样。我已经带她来过，但是每一次，大家都很不愉快。她好像无法忍受我试图去找一个解决办法。整个周末，我都陪着她。晚上，我们一起入睡。

有一天晚上，因为很累，我在睡觉时转过身背对着她。结果她觉得自己被抛弃了，并对我说："我要吃安眠药了。"于是我迅速转过身并道歉："对不起，是我疏忽了。"她靠着我很快

就睡着了，而我却无法入眠，但是我愿意感觉到她在保护自己，可能是多亏了我。

我认为这个周末改变了我们之间的很多事。她终于明白我有多爱她，并且明白为了能够让我们好好在一起，我愿意付出一切。之后的一个月非常甜蜜。人们好像非常羡慕我们的关系。我经常听到“你们真般配”或“我为你感到高兴……”，一个月之后，我们和孩子们一起去度假。到达目的地之后，皮埃蕾特得知女儿在我们出发前不久被她父亲打了一顿。这个消息立刻让她烦乱不安。晚上，我与孩子们发生了小小的争吵。皮埃蕾特立刻责备我虐待她的女儿。然而我很喜欢她女儿，对她很好。皮埃蕾特的条件反射是不对的，当然，她其实并没有针对我。我感到很生气，于是出去走一走，我原以为皮埃蕾特在反思后会向我道歉。

然而，道歉的话我一句也没有听到。相反，她像以前一样指责了我的反应。晚上，因为我又转过身去睡觉，她再一次威胁我说：“我要吃药了。”我感受到前所未有的怒火。她在利用我对她的担心、我的爱和我的善良来操控我。我用力一把抓住她。所幸的是，我及时控制住了自己。但是，之后很长一段时间，我因为发现了以前不为自己所知的一面而怀有负罪感。

在接下来的日子里，我还是保持亲切的态度，但是可能稍微有些冷淡。于是，她又有话说了：“你跟以前不一样了，变成你以前的样子吧……”我告诉她，以前，她一直不停地批评

我。她如何能够要求我变成那个以前她无法忍受的人呢？

所幸的是，我又要参加新的戏剧演出了。这次我是一个人去的，并在那里见到了久违的朋友们。这一年多来，我第一次开怀大笑。现在回想起来（因为过去了很长时间），我明白了是这段时间拯救了我，我非常感谢我的朋友们。演出结束后，我回家了。皮埃蕾特感受到了我的开心，她好像无法接受这一点。另外，我跟她说我玩得很高兴。我又告诉她，我遇到一个非常漂亮的女孩，她觉得我很有魅力。当然，我也告诉她，我拒绝了她要进一步发展的请求，因为我并不是单身，我是非常忠诚的。

我为什么要告诉皮埃蕾特这些？我现在可以说（因为已经过了很久），那个时候，因为被贬低了一年多，我需要重新给我的形象镀金。但是无论如何，我还是对她说我是忠诚的。后来，我得回去参加第二次演出，皮埃蕾特要和我一起去。但是我比之前预计的稍微早走了一点儿，因为我迫不及待地想找回欢笑和朋友们的关爱。皮埃蕾特无法忍受这一点。在路上，她给我打电话并告诉我她已经决定结束我们的关系。我要她好好想一想。她说她已经想好了。我们恋爱以来，我第一次答应了她分手的要求。之后一个星期，我没有她的消息，这让我非常放松，并且回到了正常的状态。可是之后，我的电话又响了。她哭着对我说，她非常爱我，我们是不可能分手的。因为不在一起，我抵挡住了。我重申了自己要分手的想法。但是我也借

这次电话的机会告诉她，我仍然爱她，我要逃离的不是她，而是我们关系中让人无法承受的方面。我充分利用了这段时间并重新找回了能量。

我回来之后，我们很快就见了面。我一见到她就感觉到我是多爱她。但是，我抵挡住了，我不再想和她在一起。我们为这段关系付出的代价太惨重了。她给我发了我人生中收到的最感人的信息。她说的话是我一直以来梦寐以求想听到的。

很明显，我们又在一起了。我们在和好后第一天就去了海边。我们在那里度过了美好的时光。我觉得我可以说，每次只要她允许，我都想和她在一起，我在一生中从未如此想要和一个人如此靠近过。在结束旅行回来的路上，我跟她说下个周末我想和她一起过，但下下个周末我需要参加戏剧演出。她立刻非常生气，原因是我竟然在安排周末的时候不考虑她。我解释也没用，她根本不听我的。当我把她送到家门口时，她再次对我说她决定结束我们的关系。我走了，但是又回心转意。与其在一个小时后听她说是我抛弃了她，还不如对她说不要分手。我掉头回去，到她家后，她跟我说："好好看着我的眼睛，我们俩完了。"她从来没有如此坚定过。晚上，我想回去看她。在路上，她给我打了电话。我告诉她我很快就到了，可她却说我错过了时间，一切都结束了。因此，我回了家。在路上，她又给我打电话说："你看，你还是不爱我，否则，你早到我家了……"我挂了电话，没有再接。

回到家，我感觉自己快疯了。我本想给她打电话做最后的解释，但是她没有接电话。于是，我决定离开。我给她留了言，告诉她我手机会关机一直到周末结束。之后，我坐了1000公里的火车，去找一个旧相识。我回来后，打开电话，收到皮埃蕾特十几条留言，她哭着跟我说她爱我，她害怕失去我。最后，她联系到我，我告诉她我周末去了哪里，并且告诉她我们不可能再和好。她哭了，说她生命里不能没有我，我是她的命，是她活着的理由……

因此，我们又和好了。接下来的几个星期，我们的生活充满爱。我告诉她我明白了她为什么会焦虑，那就是因为我不在她身边，她才会焦虑。而当我在的时候，她就会很安心。于是，我决定要跟她一起生活。她对我说："在此之前，我必须向你坦白，上个星期我出轨了，我跟一个不认识的外国人发生了关系。"我的血液凝固了，我说不出话来。我想离开，但是她拉着我不放。我等到她走开时就跑掉了。我不能说话，我不想听她说话，我要疯了，我无法理解她说的话。我的大脑已经不能理智地思维。第二天，她来我工作的地方找我，在那里，她跪下了："我知道你爱我，我们的生活中不能没有彼此。"我们的关系又坚持了六个多月，但时而是美妙的时光，时而是地狱般的生活。我可以在瞬间看到她转换脸色、声音，甚至是说话语气。刚开始让我入迷的东西马上会变成地狱。当我看到她的时候，我不知道我面对的是谁。有一天，我告诉她，我曾经

试过自杀。这完全没有改变她的态度，甚至可能产生了反作用。每次愉快的时光都被破坏。她陪我去参加戏剧表演时，都非常不愉快，她通常会威胁我说会在结束前就离去，甚至真的会投入行动——她会用一个非常荒谬的借口大摇大摆地离开，并因此让我在朋友面前丢人。我病了，人总有生病的时候。然后，第二次病倒，这对我来说就不正常了。我在两个月里病了三次。我什么病都得了：流感、伤风感冒、偏头痛……我在很短时间里瘦了15公斤，而且再也无法进行理智的思维。她的话充满矛盾。前一天，忠诚还是非常重要的，第二天，忠诚就没有用了。前一天，我还是他的真命天子，第二天，我却谁都不是。在我们认识两周年纪念日那天，她的朋友邀请我们去家里。我们过了一个非常愉快的晚上。整个周末，我们像刚认识时那样爱着对方。在周末结束的时候，她眼里充满快乐地对我说："你怎么那么好，为什么我这么对你，你对我还是那么好？"我回答她说，因为我爱她，因为我天性如此。

难道在经历了两年的恐惧之后，我们终于可以真的和好并且正常地生活吗？第二天，她给我打电话时，我还很幸福地想着刚刚过去的这个周末的快乐。结果她对我说："你是个有毒的人。难道你不明白我一直都想离开你吗？"我挂了电话，无法回答。晚上，我给她打电话，她没有接。

第二天，她给我留言，因为我没有回复，所以她就给我发了信息："你看，你最终还是抛弃了我。"在接下来的几天里，

她不停给我打电话，希望我们俩能做情人。我要求她停止和我的一切联系，并告诉她，每一次她给我打电话之后，我都要经历几天的痛苦和失眠。

她首先是通过负罪感，之后是以我对她的担心来控制我。但我是担心自己会被折磨死而不想再回到她身边。我待在自己家里，筋疲力尽，死气沉沉。所幸的是，一个月之后，我又可以跟朋友们参加戏剧演出了。在那里，我可以重新进行自我构建，做些别的事情。可当我到那里时发现她在那里，和我的朋友们有说有笑。她想和我说话，可我拒绝任何接触。有一个朋友过来对我说，她已经告诉大家她离开了我，看到我这么痛苦，她很难过。以前，她在我们演出时总是非常让人讨厌，可现在却让我的朋友们看到一张微笑的脸孔。我怒火中烧，但是却不能表现出来。于是我陷入极端攻击性的状态，以至于人们都决定避开我。我快要疯了，每个晚上都无法入睡。那时，我遭遇了有记忆以来最严重的焦虑。我觉得自己是个小孩子，因为担心被抛弃而产生了严重的焦虑，这种焦虑就好像是死亡的近义词。我觉得我的朋友们会抛弃我，没有人想再和我在一起，我会像地狱里受苦的灵魂一样游荡。我陷入了灵魂的黑暗之中。

所幸的是，我竟然挺了过来。我意识到自己快要疯了，但是我在某些地方还留有信心。我的内心结构让我能够面对自己的错乱。

在接下来的日子里，我的内心只有恨和痛苦。我再次筋疲力尽地待在家中。我想毁掉她，把她给我造成的伤害还给她。为了让她免受我的伤害，我切断了和她的一切联系。我坚持了很长时间，但是不幸的是，我最后还是崩溃了，我给她发了一些充满暴力的信息。她却很高兴地告诉我，就在我们分开几天后，她遇到了一位已婚男士，她对他说，他不要期望她会对他忠诚，因为他自己就不是忠诚的人。我告诉自己，一个物件，一旦被用坏，人们很快就会丢弃它或者换掉它。

从此，我终于走出了疯狂的状态。我终于可以保持一定距离地观察事物。在过去的两年时间里，我牺牲了自己所有的能量来支撑她。而我自己却崩溃了。结果是我丢掉了工作，退回了房子。如今，我就像一张白纸，没有形象，没有未来。

当皮埃蕾特和我认识的时候，我过得很好，也是出了名的好脾气，她却过得很糟糕。而现如今，我们交换了位置。我过得很糟糕，她过得很好，并让我知道她过得很好。在我们分手一段时间后，她给我写信："好好照顾自己。如果你好了，我也就痊愈了（guerrie）[1]。"

我有一个问题，就是我想知道当她说"我爱你，就好像从来没有爱过一样"时，她是认真的还是（像我曾经想的那样）

1 如果一个书写错误有自己的含义，那么在精神分析中，这被称为"笔误"。我以前听过这样一个文字游戏："在照顾别人的人（soignant）身上，自己（soi）是被否定的。"（实际上，关心别人的情况可以是一种很好的"忘我"方式，也是避免研究自己的方式。）皮埃蕾特是医院的药剂师。好像对她而言，治愈（guérir）一词的词根是战争（guerre）而不是痊愈（guérison）……

这些话只是一些“灵魂之声”，用于在我远离的时候把我抓回来，在我靠近的时候将我“开膛破肚”。然而，我还是很骄傲自己一直忠实于自己的价值观，也很骄傲自己一直留在她身边，和她同甘共苦，支持她并帮助她摆脱自己的困境，并且没有抛弃她。

我的精神分析师对我说，我必须重新自恋。对此，我并不确定。我认为在人生的某个阶段，一个人的形象是需要被保护的东西，但是有一天，我们需要超越它。

变态者就像漫画或者哈哈镜。皮埃蕾特向我展示了我自己身上的东西。诚然，我无法像她那样做坏事，但我自己也存在着问题。我知道我现在需要做出一些选择并找到我真正的价值，不是那些我们说出来为了制造效果的价值，而是能够真正激励我自己的价值。

我记得小的时候，我喜欢在一条水流湍急的河里游泳，很多人曾淹死在这条河里，村里的人都说我疯了才敢去那里游泳。我知道自己并没有危险，因为如果我被漩涡带走，我会任凭它将我带走，因为只要到稍远一点的地方我就安全了。但被淹死的人肯定都想跟水流抗争。在目前的生命状态下，我决定像小时候那样，任由危机将我带走，在稍远一点的地方，我一定能重新走出来，并重建更合适自己的生活。

我知道我终将摆脱困境，而鉴于皮埃蕾特的价值观和态度，我知道她还是会重陷险境。她说所有人都和她一样。但我

可能表现得不一样。如果有一天她又陷入痛苦，我保证自己还会出现在她身边。但是这一次，我要保持足够的距离，不和她一起沦陷。我会再回去找她，但不会带上“我”的爱和“我”的同情，而只是带着不需要回报的爱和同情。

第十一章

变态者及其受害者：有毒的华尔兹

Le pervers et sa victime: la valse délétère

别人的症状

利蒂希娅由一个呈现出很多自恋变态特征的继母抚养长大。当利蒂希娅由自己身上的感受想起继母的表现时（态度、表达方式、反应等），她就受不了自己，讨厌自己。在这种情况下，她就在思维中隔离自己身上那些太像别人（继母）的东西。“隔离是强迫性神经症典型的防御机制，目的在于隔离一种思维或一种行为，使得该思维或行为与主体的其他思维或主体的存在的其他部分之间的联系发生断裂。”[1]因此，利蒂希娅开始各种否定，自己的任何言语都会立刻被一个他者宣布无效：“我本来不想来……不要认为我不想来看你；当我女儿做

1 Laplanche E., *Vocabulaire de la psychanalyse*, PUF, 2010.

这个的时候，我不喜欢她……不要认为我不爱她……”与否认不同的是，在否定时，主体承认她自己所说的话，但是会宣布自己言语的意思无效。在利蒂希娅小的时候，她一说话或做一个行为，就会面临危险：“你真是瞎说……都怪你……你真是乱搞……”因此，任何行为，尤其是言语行为都会让她面临危险。因此，由于无法像变态者一样通过投射机制指责别人的弱点，利蒂希娅将那些让她面临危险的行为在思维中隔离，并采取一种强迫性的态度。在治疗过程中，利蒂希娅承认自己身上有继母的变态特征，但是她无法“投入行动”，这些特征只是处于冲动的状态……

利蒂希娅必须要解决的矛盾是：她讨厌那个不够亲切的继母是正常的事；但她也像所有的孩子一样，爱自己的父母并认同他们。利蒂希娅必须明白她的神经症证明了她不是变态者，因为她无法像她继母一样“投入行动”。而她的继母也无法像她一样质疑自己并愿意接受治疗。

因此，她必须明白，她在自己内心感知到的特征并不属于别人。得益于她对自己的观察和善意，她才能够转换自己冲动的能量并为自己所用。

因此，受害者需要将变态者投射在自己身上的症状化为己有并进行自我治愈。

疯狂的爱

变态者把受害者当镜子使用，从中提取好的方面，并向受害者投射自己坏的习性。鉴于此，雅克和皮埃蕾特的关系是很值得研究的。例如，当皮埃蕾特打自己的脸时，雅克对她说："快停下，你让我心疼……"之后，当皮埃蕾特发现自己嘴破了时，她就会说："你看，都怪你……"难道不是这样的对话更符合逻辑吗："快停下来，你会弄疼自己的。"[1]"都怪我……"同样，以下这句自相矛盾的话——"我们的价值观不一样，因此，如果我欺骗了你，这是很正常的……"[2]——很好地展现了矛盾镜子的运作方式。她把自己的价值观转移给他，因此，她可以通过"自己的错误"投入行动。像皮埃蕾特一样，雅克的童年也很艰苦，所以他在皮埃蕾特的身上看到了自己的影子（你是我的本质……我们是一对灵魂伴侣……）。雅克向皮埃蕾特提出建议，一起观察他们自己的症状，并且一起寻找一条出路（这被皮埃蕾特明确否定了）。实际上，雅克这么做，是试图治愈皮埃蕾特让他痛苦的地方，而皮埃蕾特则要求雅克承担她的缺陷。雅克在皮埃蕾特身上发现了他自己的症状，试图治

1 无论如何，我们好像更容易理解，当我们看到爱人痛苦时，我们也很痛苦。

2 这句话是自相矛盾的，因为，要么皮埃蕾特的言外之意是他是不忠诚的，她是忠诚的，因此，她不能欺骗他；要么他是忠诚的，她不忠诚，但是我们看不出来这句话为什么就能让她"投入行动"。自相矛盾的话的特点在于，受害者无法理解这些话，因此这些话会将受害者逐渐卷入混乱。

愈这些症状并帮助皮埃蕾特。而皮埃蕾特却将自己的症状投射到雅克身上，然后试图摧毁他。

如果你好了，我也就痊愈了

在最后一次检查时，雅克把皮埃蕾特的态度当作一种谋杀企图进行分析。事实上，在他们认识一年半后，因为经常被贬低，雅克成了对方话语的囚犯，还有过一次自杀企图。之后他把这件事告诉了皮埃蕾特，但是皮埃蕾特并没有改变态度。六个月之后，他结束了他们的关系。我们在雅克的反馈中了解到，他之后去找自己的朋友，但在那里见到了皮埃蕾特，她试图阻止他重新自我构建。如果我们仔细观察就会发现，雅克理解中的谋杀企图，其实是一种“代理自杀企图”[1]（“你负责承担我的抑郁，然后你通过自杀，扼杀这种抑郁，我对此无能为力”）。因为雅克差点自杀，皮埃蕾特给他写了一封信：“照顾好自己，如果你好了，我也就痊愈了……”

1 就是让别人替自己死。——译者注

自相矛盾的镜子

虽然皮埃蕾特总是不承认，但她其实非常欣赏雅克，并绝对相信他。我们在上文中谈到，在这种镜像关系中，皮埃蕾特因为雅克的在场而重新自恋，并将自己身上无法承担的东西投射到雅克身上。当我把这一事实告诉雅克时，他表示赞同，并告诉我，在他们分手前几天，他告诉皮埃蕾特他遇到了经济问题。皮埃蕾特说她可以借钱给他。当雅克对她说他们肯定会分手时，她却对他说，无论如何，她相信他。那是他们一起度过的最后一个周末，在周末结束时，她对他说："你真好！我这么对你，你怎么还那么好？"但两天后，皮埃蕾特又告诉雅克他是个有毒的人。

皮埃蕾特成功地到了镜子的另一面。为了保护自己，雅克必须切断与皮埃蕾特的一切联系，也必须切断和他朋友的联系——因为皮埃蕾特继续和他们保持来往。雅克记得他曾经带自己儿子和那时情况非常糟糕的皮埃蕾特一起去找过一个朋友进行"修炼"。但两年之后的年末，雅克不再去找自己的朋友，因为皮埃蕾特和她的女儿在那儿，她还带去了一位严重抑郁的朋友。就这样，他们俩更换了位置：雅克被孤立，处于抑郁状态，而皮埃蕾特得到了雅克给予她的正能量。

结语

只要世界还是这个世界，就一定还有罗蕾莱和唐璜。希望他们知道自己犯的错！而我们就像被绑缚在桅杆上的奥德修斯，即使我们听到了变态者的召唤，我们也要假装听不见。自相矛盾，自相矛盾啊！但是我们永远不要忘记，变态者在年幼时都遭受过虐待；受害者可能从变态者的魔爪中逃脱，而变态者却要永远做自己心理结构的囚犯。希望他们能明白自己犯的错，虽然这些错目前没有让他们怎么样，但是总有一天会让他们付出代价。希望他们有一天能够找到帮助自己摆脱困境的路。

现在让我们以曼德拉的一段话作为总结，他在监狱中度过了35年，并遭受了来自那个鼓吹种族主义的社会的种种折磨（那个社会使用各种自恋变态机制支持自己并为其行为辩解）。曼德拉这样写道：

关于恐惧

我们最大的恐惧，不是我们的不足；我们最大的恐惧，是我们拥有无穷的力量。是我们的光芒而非黑暗让自己惶恐。我们会问：我是谁，我能配得上拥有这样非凡的才智、惊人的艳丽吗？其实，你为什么不可以呢……你故作卑微，但这不足以服务这个世界；你的畏缩，不能引领他人，让你周边的人感到安慰。荣耀不是在某些人心里，它是在每个人的心中；当我们让自己光芒四射时，我们就不经意地容许了他人做同样的事；当我们从自己的恐惧中释放出来时，我们的存在也自动地解放了其他人。

——纳尔逊·曼德拉，《总统就职演说》，

茨瓦内（即比勒陀利亚，Pretoria），1994年5月10日

瓦妮莎案例的答案

第一章：

在本文中，在瓦妮莎家中，哪些方面让我们看到“否认”机制？

“瓦妮莎的姐姐（姐姐也叫瓦妮莎）出生时夭折，一年之后，瓦妮莎出生。”在瓦妮莎家中，否认已经是一种被使用的机制。瓦妮莎的父母给她取了和夭折的姐姐一样的名字，目的就是为了“忘记前一个孩子的失败”。

第二章：

富有魔力的思维是自恋病理的共同特征之一。在瓦妮莎的成长过程中，我们在哪些地方能够发现这种思维？

“因此，一般而言，她只有时间考虑自己的欲望，希望自己的欲望能够得到满足。”富有魔力的思维被固

定在生命的初期。婴儿通常只有时间考虑自己的欲望，而母亲的存在就是为了满足其欲望。成年之后，他会继续按照这种模式行为。

因此，“30年后，他弟弟也做了父亲。不幸的是，他弟弟遭遇了一场车祸，弟弟本人安然无恙，但是他的儿子却因此丧生。瓦妮莎感到深深的负罪感：‘我那么恨他，他最终付出了代价……’瓦妮莎一辈子都沉浸在生命初期那富有魔力的思维中，那时，她只需要想一想自己的欲望，欲望就能实现”。

第三章：

自恋变态者会与自相矛盾的价值观做抗争，那么瓦妮莎面对的是哪种类型的爱情价值观？

“瓦妮莎的母亲让处于青春期的瓦妮莎打扫弟弟的房间，她自己则去打扫丈夫的房间。”在母亲的话语中（瓦妮莎也可以通过自己家中的情况发现），女人的作用就是为自己的丈夫做家务。

“她的父亲是出了名的‘风流鬼’。她亲眼看到母亲和父亲的某任情妇打架。之后，她又亲眼看到父亲从某任情妇家中出来，但她必须死守这个秘密……”父亲眼中美妙的女子都是家庭之外的女人，而他最后却会回到家里这个女人的身边。

“矛盾的是，瓦妮莎的父亲不允许女儿和男孩来往：‘我的女儿可不是贱货……’”父亲把经常和男孩来往的女孩子称为贱货。关于爱情价值观，瓦妮莎面对的是非常矛盾的情况，其约束是无法摆脱的。为了摆脱困境，瓦妮莎必须在以下两种情况中做出选择：成为一位被欺骗的“好妈妈”，或者，做一个父亲鄙视之余又十分喜爱的“贱货”。

第九章

问题一：自恋变态与难以面对“丧事”有关。在瓦妮莎的家中，哪些方面表明了这种困难?

因为无法面对大女儿的夭折并且无法面对“丧事”，瓦妮莎的父母希望她能取代姐姐。因此，他们给瓦妮莎取了和姐姐一样的名字。

问题二：在瓦妮莎的家人难以面对“丧事”和她形象的构建之间有什么联系?

死去的孩子是完美的。作为第一个出生的孩子，他是幻想中的孩子。

因为他没有犯任何错，所以他是纯洁的。所以，瓦妮莎是无法达到她的无意识目标的。她永远无法构建符合父母无意识期待的形象（自我的理想）。

问题三：展示出瓦妮莎能力冲动形式的不同阶段是什么?

作为现实中唯一的孩子，瓦妮莎吸引着所有眼光。在弟弟出生之前，她很清楚自己是无所不能的。此时，瓦妮莎失去了她的“自恋菲勒斯”(这也是她在父母眼中的形象)，因为父母的眼光都转向了这个新生儿。我们可以认为她把原因归咎于自己是个女孩。但是当母亲让她打扫房间（她了解到母亲很爱干净）时，她又重新觉得自己有一种能力。因此，瓦妮莎认为自己能通过完成或不完成母亲的愿望达到控制母亲的目的。[1]

问题四：在瓦妮莎的故事以及她的行为方式中，我们可以在哪里发现矛盾性?

母亲让瓦妮莎帮弟弟打扫卫生，而她自己则需要打扫丈夫的房间。母亲这么做，就让瓦妮莎面对了一种双重束缚。瓦妮莎如果想解决这个矛盾就必须做出痛苦的选择：要么她变成保姆，成为她弟弟的妻子；要么拒绝干活，而让母亲干更多的活。

1 瓦妮莎还有很多别的症状在本书中没有谈到，比如当她必须面对成年生活的困难时，她就会出现严重的便秘。

问题五：我们能在瓦妮莎的故事中发现乱伦性吗？这意味着什么？

这种矛盾让她在面对弟弟时，处于一种乱伦的顺从状态。此外，瓦妮莎被牵涉到父母的性关系中。为了不让母亲伤心难过，她成了父亲不忠诚的同谋。因此，尽管她不愿意，瓦妮莎还是介入了父母的性关系之中。她必须继续面对一个强加在自己身上的现实而不能进行幻想。实际上，她无法经历俄狄浦斯期，无法放弃俄狄浦斯，也无法继续成长。成年的瓦妮莎继续着这种矛盾，时而勾引男友，时而贬低男友。一般而言，瓦妮莎都会选择比较出众而且比自己年龄大的男友。她可能会让他们扮演父亲的角色，她对他们既爱又恨，并因此处于一种乱伦的关系中，这种关系也会引起她的焦虑。她的其中一位男朋友加布里埃尔，年龄比她小。她可能让他扮演的正是弟弟的角色？

问题六：在加布里埃尔给瓦妮莎的信中，是什么内容让我们认为变态者的受害者其实有时候是在保护他的“刽子手”？

加布里埃尔认为瓦妮莎贬低他是为了保护她的父亲。他认为，瓦妮莎预设男人都是混蛋，其实是在保护她父亲的恶行，而这些恶行也因此会变成正常的行为。

加布里埃尔越深情，她对他的攻击就越猛烈。他越好，她就越猛烈地贬低他。关于瓦妮莎机制某一根源的解释，加布里埃尔可能是有道理的。他可能是坏的客体，这让瓦妮莎能够继续在幻想中爱她在儿时投射到自己身上的好的客体。但是，他虽然这么说，他还是在继续保护她。她之所以如此贬低他，是为了掩盖她自己的自恋缺陷，而不是她父母的自恋缺陷；同时，她为了将自己的混乱投射到加布里埃尔身上，而设法让他承担了这些混乱。加布里埃尔的情况越糟糕，瓦妮莎就越有机会好转。为了继续爱瓦妮莎，加布里埃尔寄希望于他女朋友会趋于理想化。理智化和合理化是能够让他与自己的情感保持距离的防御机制，也能够让他在面对女朋友行为的毒性时维持自己的否认。

附录

我们在本书中研究了可能造成自恋变态的原因，例如，父母对孩子的虐待（这些父母本身有严重的形象缺陷问题）。根据唐纳德·威尼科特的理论，这些虐待包括对孩子的操纵；而保罗-克罗德·雷卡米尔认为，这些虐待也包括乱伦。然而，这些原因并不总是会导致变态。我提议我们接下来一起对自恋人格的某些其他问题进行观察。我们会试着得出这些不同问题的相同特征。

自恋的病理

我们在前文中提到，弗洛伊德认为俄狄浦斯情结是所有神经症的核心冲突。根据其研究，弗洛伊德认为任何成功度过俄狄浦斯期的个体都能够保持平衡；无法度过俄狄浦斯期的主体是神经症患者；没有经历过俄狄浦

斯期的主体是精神病患者。

最新的研究得出了另外一种人格范畴，即边缘型人格。奥托·科恩博格[1]甚至认为边缘型人格是拥有相对稳定的病理结构形式的精神病理学组织类型。他认为，边缘型人格不是介于神经症和精神病之间的过渡区域，而是一种独立的组织结构。

为什么将某些边缘型病理称为自恋病理？

如果我们重新对儿童的性心理发育过程进行观察，我们会发现该过程由三大阶段组成：

- 发现非我客体（客观阶段）；
- 发现自己的形象和相异性（自恋阶段）；
- 发现第三方和社会（俄狄浦斯阶段）。

每一个阶段都会对应一些焦虑，若我们无法应对这些焦虑，就会出现一些相应的病理。

与客观阶段相对应的是分裂和解离焦虑以及精神病。与自恋阶段对应的是担心自己被抛弃而产生的焦虑和边缘型病理。与俄狄浦斯阶段对应的是阉割焦虑、负罪感和神经症。

1 Kernberg O., *Les troubles limites de la personnalité*, Dunod, 1997.

边缘型人格

关于这一主题，有很多理论和理论家。唐纳德·威尼科特提出了假自体“好像”（as if）的概念，这指的是与周边人的需要相吻合的人格。让·贝尔吉提出了介于“融合”和“距离”之间的一种交替性关系，这是一种来回的关系。让·贝尔吉认为边缘（border line）会进入他人的欲望中，并被这个人控制。他认为，主体只能被自我的理想驱动。根源来自一种早熟的创伤，这种创伤的时间不够长到让儿童陷入精神病，但足以阻止俄狄浦斯期。

除了遗传原因外，奥托·科恩博格认为自我的脆弱会导致：

- 无法忍受焦虑；
- 无法控制冲动；
- 缺乏升华机制。

我们已经说过，关于这一主题，有很多理论和理论家，比如边缘状态、人格的边缘型组织、边缘、前精神分裂症、性格精神病、类精神分裂症、假神经症精神分裂症、假自体、严重的神经症等。

边缘状态的典型防御机制

分裂

我们发现客体的分裂或自我形象的分裂。分裂是一种针对极端焦虑的防御机制。分裂的目的在于保存与现实无关的自我形象，该形象通常具有“伟大的”[1]性格。

理想化

理想化机制既针对客体，也针对自我本身。别人没有任何缺点，并拥有所有优点和长处。[2]主体处于理想化的关系中，因为华丽的外表上一丁点儿污渍都会立即激活来自坏的客体的毁灭性和致死性焦虑。[3]针对焦虑的解决办法可以是理想化，也可以是蔑视的中伤。危险是期望越高，失望也会越大。

投射性认同

投射性认同的作用在于将坏的客体、坏的自我形象或

---

1 当贝尔纳对我说“我就像一辆没有油的法拉利”时，他在心里认为自己是伟大的，但同时又暴露了他的无能。

2 科莱特对马术很感兴趣，她对维克托说：“马的身上都有斑点，而你是没有缺点的。”皮埃蕾特在刚开始时对雅克说：“你是我的真命天子……我等了你上千年……”

3 参阅Daniel Marcelli, David Cohen, *Enfance et psychopathologie*, Masson, 2006.

主体无法摄入的客体坏的形象对外发泄，并让别人承担。

坏的客体的摄入对好的自我形象而言是一种威胁。解决办法是将之投射到坏的、危险的外部客体上。

否认、无所不能、贬低

主体有意识承认的东西，他会在“投入行动”时或在其情感中给予否认。为了面对和保持理想化状态，自我和客体都会变得无所不能，以至于坏的客体无法抵抗它们。危险是可能出现偶像的颠覆、严重贬低以及自我形象的坍塌。

投入行动

投入行动能够让主体在发生任何反应和心理化之前将自己的欲望或需求对外发泄。所有这些防御的目标都是避免主体出现抑郁的状态。但是主体的创伤在任何时候都可能再次出现，这可能再次引起其自恋缺陷。当生命中的某些事件突然出现时（丧事、关系破裂等），主体可能铤而走险找到一种补偿方式，从而避免抑郁，但也可能陷入抑郁状态，并伴有因为担心自己被抛弃而产生的焦虑（失去客体）。

表现有人格紊乱的典型形象

类精神分裂症人格和分裂型人格都会表现出与社会关系的脱节以及情感表达的限制。此外，分裂型人格还可能伴有精神分裂症症状：奇怪的信仰、行为异样、与社会隔离等。让主体怀疑现实的人格解体阶段能够使主体固定在现实中并避免陷入谵妄状态。

反社会人格或精神病人格通常被认为以男性居多，就像歇斯底里长期以来被认为是女性的“专利”一样，但是这些人格的性别差异已逐渐模糊。精神病患者无法延迟自己欲望的实现和满足。他们无法承受失望，也不知道什么是后悔、什么是负罪感。相反，我们经常能够听到他们夸口说自己偷了什么、侵吞了什么、挪用了什么或操纵了什么。在精神病患者身上有变态者的影子，因为他们以做坏事为乐。但与变态者（变态者明白规则是什么，但会否认规则）不同的是，精神病患者接受的是错误的价值观，他们把坏的当作好的。他们的关系是肤浅的、功利的。他们是追求享乐的人。他们所追求的是即时满足。我们在精神病患者身上经常会发现成瘾行为。他们通常是处于社会边缘的人。

戏剧型人格[1]或歇斯底里人格[2]常见于女性，但是我们在男性身上也越来越多地观察到这些症状。表现有戏剧型人格的人一直在寻求别人的关注，他们需要一直得到别人的关注。他们以自我为中心，性格极不稳定，情感上也是虚情假意。他们能够根据听众的不同，轻易改变自己的态度，甚至是说话的语调或者表达方式。他们很容易孤独，因为他们试图逃避真实的关系，但是当人们看着他们时，他们会觉得很安心。他们一直处于诱惑别人的状态，但是当该阶段过去后，他们就无法继续维持这段关系。与他们展示给别人的形象不同的是，他们其实很脆弱。他们易动感情，但性情不稳定。他们通常有操纵人的行为（以自杀作为要挟）或是慕雄狂行为[3]。他们有很强的性欲，但是却很难维持一段关系。他们自视不高。他们通常会担心自己被抛弃而产生焦虑，如果他们觉得自己被抛弃了，他们就会抑郁和不安。

有自恋人格的人有着“夸张”的行为，他们自以为高人一等，需要被当作特殊的人而得到别人的欣赏。他们很容易自满，不谦虚，并且会让别人感觉到这一点。这种对自我的过度关注和被爱的需求（奥托·科恩博

1 戏剧型（histrionique）一词来源于“histrion”，即戏剧演员、演员、小丑。
2 歇斯底里（hystérique）一词来源于希腊语单词“ustera”，即子宫。
3 即持续而强烈地表现发情行为，通常指女性。——译者注。

格）可能能与社会关系相匹配，并且能够让他们获得一定的成功。他们会毫不犹豫地利用别人。他们会高估自己的优点，并轻视自己的错误，这可能会让他们遭遇失败，导致他们与他人的关系出现问题。他们不会理解别人的情感。别人存在的作用仅仅是为他们服务。和精神病患者一样，他们也是追求享受的人。他们不会产生负罪感，而且嫉妒心很重。于是，他们试图贬低他人，使他人信誉扫地并试图取代之。他们经常孤身一人，因为他们不会为别人考虑。他们对自己评价过高，但却隐藏着抑郁的风险。他们可能会遭遇失败。奥托·科恩博格认为这些人的母亲可能是冷漠的人。因此这些人在幼年时可能感觉自己不被人喜欢，于是需要通过这种“自己独一无二”的感觉来补偿，从而弥补那缺失的母爱。我们在独生子女和年长的孩子身上更容易发现自恋人格。

参考文献

如果读者希望了解更多这方面的知识，你们可以阅读以下作品（按主题进行分类），我在撰写本书时也参考了这些著作。

冲动

FREUD Sigmund,

Trois essais sur la théorie de la sexualité, Folio Essais, Gallimard, 1985.

《Pulsions et destins des pulsions》, in *Métapsychologie,* Folio Essais, Gallimard, 1986.

GIBEAULT, FREUD A., FREUD ET AL., *Les pulsions : Amour et faim. Vie et mort,* coll. Les grandes découvertes de la psychanalyse, Tchou, 1997.

防御机制

FREUD Anna, *Le Moi et les mécanismes de défense*, PUF, 2001.

IONESCU Serban, JACQUET Marie–Madeleine, LHOTE Claude, *Les mécanismes de défense*, coll. Fac. Psychologie, Nathan Université, 1997.

自恋及其病理

BERGERET Jean, *La personnalité normale et pathologie*, coll. Psychismes, Dunod, 1996.

CARRÉ Christophe, *La manipulation au quotidien : la repérer, la déjouer, en jouer*, Eyrolles, 2007.

DEJOURS Christophe, *Souffrance en France : la banalisation de l'injustice sociale*, Seuil, 1998.

FREUD Sigmund, 《Pour introduire le narcissisme》, in *La vie sexuelle*, PUF, 2002.

HIRIGOYEN Marie–France, *Le harcèlement moral : la violence perverse au quotidien*, Syros, 1998.

KERNBERG Otto, *Les troubles limites de la personnalité*, coll. Psychismes, Dunod, 1997.

《La perversion narcissique》, n° 3, vol. 67, de la *Revue française de psychanalyse*, coll. La Pathologie narcissique, PUF, 2003.

丧事（失去心爱之人 / 物）

FREUD Sigmund, 《Deuil et mélancolie》 , in *Œuvres complètes,* vol. XII, PUF, 1998.

KUBLER-ROSS Elisabeth, *Accueillir la mort,* Pocket, 2002.

韧性

CYRULNIK Boris,

Un merveilleux malheur, Odile Jacob, 1999.

Les vilains petits canards, Odile Jacob, 2001.

保罗 – 克罗德 · 雷卡米尔的理论

Antœdipe et ses destins, Apsygée, 1989.

Le génie des origines, Payot, 1992.

L'inceste et l'incestuel, Éditions Collège de Psychanalyse, 1995.

其他作品

KLEIN Melanie, RIVIERE Joan, *L'amour et la haine : le besoin de réparation,* Payot, 2001.

LAPLANCHE Jean, PONTALIS Jean-Bertrand, *Vocabulaire de la psychanalyse,* PUF, 2007.

RACAMIER Paul-Claude, *Les schizophrènes,* Payot, 2001.

SEARLES Harold, *L'effort pour rendre l'autre fou,* Folio Essais, Gallimard, 2003.

WATZLAWICK Paul, WEAKLAND John H., FISCH Richard, *Changements : paradoxe et psychothérapie,* Points Seuil, 1981.

WINNICOTT Donald Woods,

Jeu et réalité, Folio Essais, Gallimard, 2002.

《Objets transitionnels et phénomènes transitionnels》 in *De la pédiatrie à la psychanalyse,* Payot, 1989.

書知 第三辑 恕

《从自我苛求中解放出来》

[法]弗雷德里克·方热 著　周行 译

自我渴求是生命活力的囹圄，为了挣脱，我们竭尽所能去寻觅那苛求的源头，却发现打开锁链的钥匙，一直在自己手上。

《疯子的自由：菲利普·皮内尔医生在 1789—1795》

[法]弗朗索瓦·勒洛尔 著　郑园园 译

在每个人都会经历的苦难或幸福里，我们追寻着自己的命运。不论疯癫与否，我们可以在自己作为人的局限里，寻找更多的自由。

《医治受伤的自信》

[法]弗雷德里克·方热 著　王资 译

如果人不能肯定自己，伤害就会迅速沿着怀疑的缝隙，撕裂生活的肌理。何不现在就鼓足勇气，开启治愈自信之旅。

《你好，焦虑分子！》

[法]阿兰·布拉克尼耶 著　欧瑜 译

面对未来，悲观总是焦虑者手中紧握的底牌。唯有抛弃对不确定的过分预估，用尽全力打好一手烂牌，才能顺利回归生活的常态。

知心書 第三辑

《幸福生活的秘密》

[法]克里斯托夫·安德烈 著 蔡宏宁 译

伏尔泰说，我决定让自己幸福，因为这样对身体好。人们是如此渴求解开幸福秘密的答案，却又怀疑幸福只是一种难以追求的宏愿。

《走出强迫症》

[法]弗兰克·拉马涅尔 著 解婷 译

强迫症总是戴着一张似乎总也抓不住的顽童面具，私底下却成为屡屡和自我天性解放做斗争的堂吉诃德。但只要肯于坦然面对和治疗，它就不会是一座永远无法攻克的堡垒。

《嫉妒：一桩不可告人的心事》

[法]朱莉娅·西萨 著 郑园园 译

如果让嫉妒一直不可言说，它就会永无消弭之日。它是不甘于臣服的悲情英雄，它是强烈的本能与爱带来的忧虑，它是欲望中的欲望。

《害怕陌生人》

[法]克里斯托夫·安德烈 帕德里克·莱热隆 著 聂云梅 译

与人对视就会焦灼不安，拨通电话可谓难于登天……每一次社交都犹如作战，与其不断闪躲，不如主动出击，突破陌生人的包围圈。

知書 N

醒醒吧，老好人！

CESSEZ D' ÊTRE GENTIL SOYEZ VRAI!
ÊTRE AVEC LES AUTRES EN RESTANT SOI-MÊME

Thomas d'Ansembourg

[法] 托马斯·德·昂桑布尔 著 祝华 译

生活·讀書·新知 三联书店 生活書店出版有限公司

图书在版编目（CIP）数据

醒醒吧，老好人！/(法)托马斯·德·昂桑布尔著；祝华译.—北京：生活书店出版有限公司，2018.7
ISBN 978-7-80768-185-4

Ⅰ.①醒… Ⅱ.①托… ②祝… Ⅲ.①人际关系-通俗读物 Ⅳ.①C912.11-49

中国版本图书馆CIP数据核字(2018)第040206号

策 划 人　李　娟
责任编辑　李方晴
封面设计　视觉共振设计工作室
版式设计　申亚文化
责任印制　常宁强
出版发行　**生活書店**出版有限公司
（北京市东城区美术馆东街22号）
图　　字　01-2017-4875
邮　　编　100010
经　　销　新华书店
印　　刷　北京市松源印刷有限公司
版　　次　2018年7月北京第1版
2018年7月北京第1次印刷
开　　本　880毫米×1230毫米　1/32　印张 9.5
字　　数　185千字
印　　数　00,001-15,000册
定　　价　56.00元
（印装查询：010-64052612；邮购查询：010-84010542）

在一个越变越小的鸟笼里，我从一个栖架飞到另一个栖架，而笼子的门敞开着，大开着。

——久洛·伊耶什[1]

我的历史从我决定不再像人们攀登一部下行的自动扶梯那样生活的那一天开始。

——帕斯卡·德·迪夫[2]

---

1 久洛·伊耶什（Gyula Illyes，1902—1983），匈牙利诗人。

2 帕斯卡·德·迪夫（Pascal De Duve，1964—1993），比利时诗人。

献给我的妻子瓦莱丽、

我们的孩子卡米耶和安娜，

满怀爱与尊重。

序　停止做老好人，做自己

居伊 · 科尔诺[1]

在尊重他人和尊重自我的基础上表达自己的真实想法，这就是我们邀请托马斯·德·昂桑布尔（Thomas d'Ansembourg）阐述的课题。他借这本书向我们发出了邀请，建议我们真正深入我们与自己和与他人对话方式的核心。我们将从中学会重新规划自我表达的方式，也就是“说出真话”的方式。这一尝试结束后，我们会获得更靠近他人和更靠近自己的喜悦，会获得向他人敞开心扉的幸福。在这一尝试过程中，我们有可能会抛弃习以为常的随和的含糊其词，抵达一个由选择与自由构成的世界。

1　居伊 · 科尔诺（Guy Corneau），荣格人格分析心理学家，其作品《父不父，子不子》（*Père manquant, fils manqué*）、《斗争中的爱》（*L'amour en guerre*）、《心灵治愈》（*La guérison du coeur*）、《他人的受害者，自己的刽子手》（*Victime des autres, bourreau de soi-même*）等被翻译成多国语言。本书作者和他共事了10余年。——编者注

“多么妙的课题！多么棒的计划！”人们可能会赞叹。在不要触碰这一话题或只是轻描淡写地带出事物的表面——即人们向自己以外的世界传达的信息——的风气下，托马斯·德·昂桑布尔建议的方法对每个人的心理大厦提出了质疑。这是一项要求严苛的创举，因为要做到清晰地陈述我们内心的想法，就得拆除无意识的包装。这是一项革命性的创举，因为在这条道路上，我们会发现清晰地“说出真话”的计划暴露了我们的脆弱，证明了我们的傲慢。这是一个颠覆性的计划，因为它凸显了我们对事物放任自流的倾向，我们担心讲真话会妨碍别人，也担心别人反过来会妨碍我们自己。这是一个具有挑战性和刺激性的计划，因为它引导每个人努力改变自己，而不是等待他人改变。

当我在撒哈拉沙漠中跋涉的时候，我就了解了非暴力沟通的全部潜力。在让-玛丽·德拉克洛瓦（Jean-Marie Delacroix）的协助下，我在那里为参加一个名为“内心的火焰”的专题研修班的24人团体提供指导。我接受了托马斯·德·昂桑布尔的建议，同意聘请“警察与流氓”协会的一些年轻人和他们的几位成人导师，让他们在这次历险中为我提供技术支持。几年前我就结识了这个关注街头青年的协会。当时，该协会发起人皮埃尔-贝纳尔·韦勒日（Pierre-Bernard Velge）和他的得力助手托

马斯·德·昂桑布尔邀请我以心理学顾问的身份加入他们组织的一次问题青年沙漠远征。因此，我聘请他们与我们的专题研修班一路相伴，挑战这次帮助问题青年重新融入社会的冒险。

我接受了挑战，但是当技术团队中的一名青年拿着刀威胁一名成年人时，我开始后悔了。在通往一切文明的道路上，恐惧偶尔会露出它的尾巴。我绝对不想让我的团队中的人身处险境，我只想到了一个解决方案：尽快将闹事者遣返回国。实际上，这是使我自己摆脱问题的一个简单的方法。

我把自己的意图告诉了托马斯。他没有否决我的建议，而是请求我宽限几个小时。在离营地稍远的一个沙丘上，他们讨论了很长时间。令我大吃一惊的是，讨论结束后，团队内部重新拧成了一股绳，而且之后再也没有出现妨碍远征顺利进行的任何问题。在佩服托马斯的耐心之余，我对自己说，他所采用的非暴力沟通技巧非常值得研究。

后来，托马斯成为我的专题研修班的正式助手和合作者。在“心灵.com”（“Cœur.com”）协会中，我经常请他帮忙解决一些棘手的问题。我参加了他主持的介绍非暴力沟通的专题研修班，而这一学科的基本原则也已在我自己的研讨会中得到应用。

为什么？因为我意识到，我们中的大多数人，首先是我，还处于沟通的初步摸索阶段。我们习惯于评价别人，判断他们，给他们贴标签，而不向他们暴露我们自己的感觉，不敢“说真话”。实际上，我们中有谁能自夸在陈述自己的评判之前，曾努力盘点过这些评判所依据的感觉？有谁曾努力去识别和说出在我们所表达的话语背后被压抑和掩盖的需求？又有谁曾试图在自己与别人的关系中提出过现实的、可协商的请求？

这种建立在现实的、可协商的请求基础上的沟通方式，在我看来更有意思，因为它为其他沟通方法提供了补充性的建议，尤其是萨罗梅[1]和高尔顿[2]的那些方法。所有这些方法都准确地强调了我们有必要学习从自身的生活经验出发来用“我”讲话，并学习承认我们的需求本身是正当的。然而，这一正当性有其局限性。我们应在向他人提出可协商的请求时找到它的表达方式，否则它将被封闭在一个“自我中心主义”的气泡里。因为即使我们的所有需求本身都是正当的，它们也不可能全部得到满足。应找到每个人都可接受的折中方案。我认为，非暴力沟通在这方面显示了它的全部力量。

1　雅克·萨罗梅（Jacques Salomé，1935—　），法国当代社会心理学家，以人际关系及心理沟通见长。——译者注

2　托马斯·高尔顿（Thomas Gordon，1918—2002），美国著名心理学家，被誉为“沟通之父”。——译者注

这样一种技巧可能带来政治上的奇迹。另外，应该在小学生一入学时就传授给他们这种技巧，以免他们养成坏习惯而远离他们自己和属于他们自己的表达方式。在夫妻之间，人与人之间的摩擦有时会痛苦地甚至危险地加剧，由此，这种技巧也有了它的最佳用武之地。我觉得非暴力沟通既像是心理学的接待室，又能够使我们对人际关系问题的理解在日常生活中得到实践。

说实话，尽管一切沟通方法的原则通常是容易掌握的，但实践却是很难的。在这个意义上，这本书的确是一本参考手册。同时，它显示了作者的全部才能和开明的思想。在这本书中，作者带我们接近了感觉和需求的世界，我们从中看到了他在律师的长期实践中使用的两张王牌——分析的严谨性和对有效性的密切关注。

我认为，在那些敢于说出自己想法的人中，托马斯·德·昂桑布尔是能以最巧妙的方式做到此事的人。这位沟通方面的诗人，这位内心的沙漠与现实世界中的沙漠的探险者懂得，为了实现与他人的真正沟通，就应该放弃权力关系，大胆说出自己的真实想法。我曾看到他自己用几年时间从一个害怕承诺的“好好先生”转变成一个钟情的丈夫和忠诚的父亲。我曾看到他逐渐脱离律师和银行顾问的职务，为的是始终忠于自己并帮助其他人变得忠于自己。我很高兴地看到，他在为我们撰写

的这本书中想方设法让我们了解，归根结底，如果不亲近自己，就无法亲近他人；如果不亲近他人，就无法亲近自己。借助圣－埃克苏佩里笔下的小王子的温柔与优雅，托马斯·德·昂桑布尔提醒我们，我们可以与他人相处，同时不丧失自我。

自 序

我没有指望凭我自己走出我的孤独。石头没有指望成为石头以外的其他东西，但通过合作，它们聚集在一起筑成了一座圣殿。

——安东尼·德·圣－埃克苏佩里

我曾经是一个友善、彬彬有礼但沮丧、消极的律师。今天，我满怀热情地主持报告会、研讨会，并组织陪伴面谈。我曾经是一个害怕付出感情的单身汉，用亢奋来填补我的孤独。今天，我结了婚，做了父亲而且很满足。我曾经不露声色地活在内心的无尽悲伤中，今天我感觉自己充满信心和喜悦。

发生了什么事?

我意识到在长时间忽略自我需求的同时，我一直在对自己实施暴力，而且我趋向于将这种暴力转嫁到别人身上。我承认我是有需求的，我能够倾听和区分这些需求，在它们之间确定优先等级，由我自己关照它们，而不是抱怨没有人对它们负责。我把从前花在抱怨、反抗和伤感上的所有能量一点一点地搜集起来，并关注它

们，使它们服务于内心的转变、创造和各种关系。同时我意识到并且承认，他人也有需求，而我不一定是唯一有能力并有时间满足这些需求的人。

对我而言，非暴力沟通过程在我努力尝试的转变中曾经是而且将继续是一个照亮前路的、令人放心的向导。我希望它也能够为读者照亮前路并消除他们的疑虑，使他们从他们与自己的关系开始，理解自己的各种关系。

因此，我想通过这本书阐明马歇尔·卢森堡[1]提出的这一思想过程以及卡尔·罗杰斯[2]的著作中的思路。了解托马斯·戈登[3]的著作的人也会从中发现一些熟悉的概念。我想凭我的信心来证明，如果我们中的每个人都愿意观察自己的暴力行为（这种暴力行为往往是我们无意识而又非常微妙地，同时往往是出于善良的本意而施加于自己和他人的），并努力理解它是如何被激发出来的，我们每个人就会为自己找到化解和平息它的机会；每个

---

1 马歇尔·卢森堡（Marshall Rosenberg，1934—2015），临床心理学博士，国际非暴力沟通中心创始人。我强烈推荐阅读他的著作《非暴力沟通：一门慈悲的语言》（*Nonviolent Communication: A Language of Compassion*）。（此书已译成中文，书名为《非暴力沟通》，于2015年由华夏出版社出版。——编者注）

2 卡尔·罗杰斯（Carl Rogers，1902—1987），美国心理学家，人本主义心理学代表人物之一。——译者注

3 托马斯·戈登（Thomas Gordon，1918—2002），美国心理学家，师从卡尔·罗杰斯，以其创建的“戈登方法”而闻名。这一方法初用于改善父母与孩子的关系，后发展为一种适用于改善人际关系的沟通模式。——编者注

人也因此可能为创建更令人满意的人际关系做出贡献；人类也会变得更自由，对自己更负责任。

马歇尔·卢森堡把他的过程理论称为非暴力沟通，我倾向于称之为有意识的非暴力沟通。暴力实际上是我们缺乏意识的后果。如果我们更清楚自己的真实感受，我们将更容易找到既表现我们的力量又不侵犯彼此的机会。我认为，当我们没有将自己的力量用于创造、激励或保护，而是用于强迫我们自己或别人时，就产生了暴力。这种力量可能是情感的、心理的、道德的、等级的或制度的。因此，微妙的暴力，包在丝绒手套里的暴力，尤其是情感暴力，要远比通过拳头、犯罪和侮辱表现出来的暴力更普遍，并因为它说不出来而更加危险。

这种暴力之所以说不出来，是因为它渗透到了我们每天毫无恶意地使用的话语中。它随着我们的日常词汇传播。实际上，我们主要通过话语这一载体来表达我们的思想，从而表达我们的意识。于是，我们可以选择通过一些表达分割、对立、分离、比较、归类或判断的词或表达集合、建议、调解和激励的词来传播我们的思想和意识。因此，通过研究我们的意识和语言，我们可以消除那些由干扰沟通、产生日常暴力的意识和语言引发的干扰。

非暴力沟通的原则并不新鲜。几个世纪以来，它们

就是人类智慧的一部分，这种智慧很少被付诸实践，可能是因为它往往看上去不太实用。让我感到新鲜的，并且让我有幸每天证实它非常实用的一面的，是马歇尔·卢森堡建议的非暴力沟通过程所包含的“衔接”理念。

一方面，沟通和非暴力这两个已知概念在语言上有衔接。这两个概念和它们所承载的价值尽管吸引人，但往往给我们一种无力的感觉：非暴力沟通总是可行的吗？如何在我们的交流过程中，使这些大家认同的价值——尊重、自由、与人为善、责任感——变得具体、可感知和有效呢？

另一方面，一些沟通的要素和问题在我们的意识中有衔接。这个分四步走的过程引导我们意识到，我们总是对某个事物、某种处境做出反应（第一步，观察），这一观察总是在我们内心引起某种感觉（第二步，感觉），这种感觉对应某种需求（第三步，需求），而它引导我们提出某种请求（第四步，请求）。[1]这一方法基于这样一个事实，即当我们清楚地看见我们的反应对象时，当我们完全了解我们的感觉和需求时，并且当我们能够提出可协商的请求，同时自我感觉安全，能接受对方的任

---

1 本书中将分别用O、S、B、D表示观察、感觉、需求、请求。O、S、B、D分别取自法语单词observation（观察）、sentiment（感受）、besoin（需求）和demande（请求）的首字母。下文不再重复注释。——编者注

何反应时，我们会感觉更好。这一方法还基于另一个事实，即当我们清楚地看见对方提及或反应的对象时，当我们完全了解他的感觉和需求，并听到一个可协商的请求，但可自由决定同意与否，并共同寻找满足双方需求而不是有损于任何一方的解决方案时，我们会感觉更好。因此，非暴力沟通不只是一种沟通方法，也是一门在尊重自己、尊重对方和尊重周围人的前提下处理人际关系的艺术。

在信息化时代，越来越多的人沟通得越来越快，越来越糟糕！越来越多的人忍受着孤独、不被理解、丧失目标和缺乏人生意义的状态。对组织和功能的关心仍然远远优先于对人际关系质量的关心。我们急需探索出其他维护关系的方式。

许多人都感到疲惫，既无法真实地表达自己的想法，又无法得到真正的倾听和理解。即使借助目前的手段，我们交换了许多信息，但我们在表达和倾听真实想法方面仍有缺陷。由此造成的无能为力催生了许多恐惧，而它又激发了习惯性的退缩反射：完美主义、民族主义、种族主义。在技术——尤其是世界范围的沟通手段——的激情的征服下，在这些手段带来的人种、种族、宗教、时尚、政治和经济模式交织的全新背景下，难道我们没有不知不觉地丢掉某种属于内心的、真实的

东西吗？它如此珍贵，以至于其他任何追求都很可能绝望而归：相处，人与人之间的真正相处，没有游戏，没有面具，不受我们的恐惧、习惯和陈词滥调的干扰，不受我们的习惯性反射的约束，将我们从手机、屏幕和虚拟影像的隔离中解救出来。

那里似乎有一个待征服的新大陆，至今鲜有人问津，令许多人害怕：自由的、负责任的人们之间的真正的关系。

这种探索之所以令人害怕，是因为我们常常担心会迷失在所谓的关系中。因为我们已经学会为了与他人相处而背离我们自己。

我建议探索一条小路，通往自由的、负责任的人们之间的真正的关系。提到这条小路，我将提出一组我经常遇到的问题，它似乎是我们中的许多人遇到的生存困境的核心：如何既保持自我又和他人相处？如何既和他人相处又保持自我？

在写这本书时，我脑中时常存在一个疑虑。我知道书籍能提供信息，并为人类的发展做出贡献。然而，我也知道，理智上的理解不可能自动转化为心灵的转变。心灵的转变源于情感上的理解，即随时间发展的经验和实践。此外，这本书也是一个例子：它基本建立在经验和实践的基础上。

从我第一次接触非暴力沟通时起，我就坚持把知识与实践相结合，因为书本知识常使我们相信我们已经理解了全部事实。我对这方面表示怀疑。这在智力上可能是真的，而实际上我们根本没有理解任何东西，这种错觉会使我们避开真正的、长效的自我转变的机会。

这尤其解释了为什么我仅仅推荐了马歇尔·卢森堡的书，尽管我知道也很欣慰我所阐述的这些本身并不新鲜的概念也被其他作者研究过。

因此，借助一些已经固定的词语和概念，将我们在专题研修班或研讨会上通过角色扮演、融入时间、情感倾听、回顾、沉默而引起共鸣的经历付诸纸面，我是在冒险，因为有些人会觉得这一过程具有为人熟知的乌托邦的性质。我欢迎这一冒险，因为它是一个过程，而不是一个窍门，也就是说，它是一种需要实践的意识状态，就像我们实践一门外语一样。而每个人都知道，并不是读一次《英语会话A—Z》就能去牛津大学参加一场辩论赛，实际上，连去聊天沙龙碰碰运气都不可能！我们首先要谦逊地从音节练习开始。而且，“乌托邦”这个词中难道没有那么点儿向另一个地方前进的意味吗?

这本书正是献给那些前进中的人，他们正在奔向一个能遇见人间真情的地方。我的工作使我能够每天遇见这些人，他们拥有各种各样的背景：企业、救济机构和

教育机构、社会各阶层的夫妻和家庭，以及绝望中的青年或高级干部群体。我每天都在见证，这个地方是存在的，只要我们愿意。

目 录

第一章

为什么我们背离了我们自己、我们的感觉或我们的需求？

Pourquoi nous sommes coupés de nous-même, de nos sentiments ou de nos besoins

我们的精神世界是由各种范畴构成的，它被武断地、人为地划定了界限。我们应建造一些桥梁，为此，我们需要关于人类及其命运的更广阔的知识和视野。

——耶胡迪·梅纽因[1]

1 耶胡迪·梅纽因（Yehudi Menuhin，1916—1999），美国著名小提琴演奏家和指挥家。——译者注

我不知用什么词来诉说我的孤独、我的悲伤或我的愤怒。

我不知用什么词来诉说我渴望与人交流、被理解和被认可的需求。

于是我批评，我侮辱，我攻击。

于是我吸毒，我酗酒，我消沉。

暴力，无论是内在的还是外在的，都源于词穷：它表现了一种无法用语言表达自己的沮丧感。

原因在于：我们从未获得描述我们内心世界的词汇表。我们没有学会准确地描述我们的感觉以及我们的需求是什么。然而，从儿时起，我们学习了许多词语：我们能够谈论历史、地理、数学或文学，我们能够描述一种信息技术或运动技能，对经济或法律高谈阔论，但用于描述内心世界的词语，我们曾几何时学过呢？在成长过程中，我们背离了自己的感觉和

自己的需求，试图听从爸爸妈妈、哥哥姐姐、老师等人的感觉和需求：“妈妈让你干什么，你就干什么……”“今天下午你表弟来玩儿，他想干什么，你就干什么……”“做人们期望你做的事。”

我们就是这样听从了所有人的感觉和需求——老板、客户、邻居、同事，除了我们自己！为了生存下去和融入社会，我们以为我们必须背离自己。

有一天，我们为这种背离付出了代价！羞怯、抑郁、怀疑、犹豫不决、无法选择、难以投入、丧失生活情趣……救命啊！我们就像正在排空的盥洗盆里的水一样不停地转圈，即将被吞没。我们等待有人能拯救我们，有人能给我们一些指导，而与此同时，我们却再也听不进任何建议！我们的脑袋里已经塞满了“你应该……”“现在正是时候该……”“你必须……”。

我们的基本需求是找回自己，把我们牢牢地固定在我们自己身上，从内心感受到是我们在说话，是我们在做决定，而不再是我们的习惯、我们的外表和我们对他人目光的畏惧。但是该怎么做呢？

我想用一个小人儿来介绍我大力推荐的这个过程，这个小人儿出自日内瓦的非暴力沟通培训师伊莲娜·多梅尔格（d’ Hélène Domergue）之手。

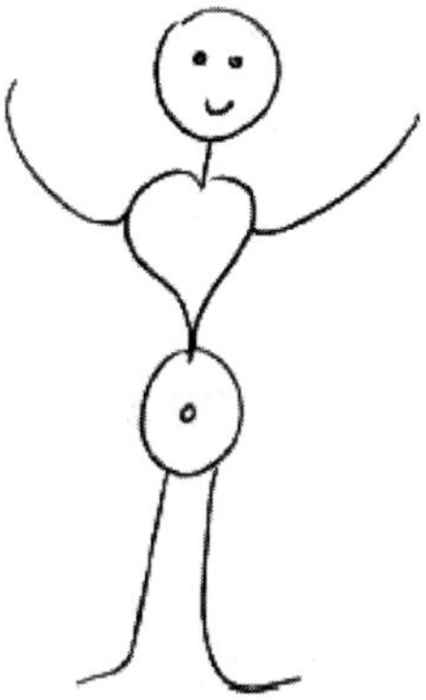

* 智力

* 感觉

* 需求（或价值观）

* 请求（或具体的、可协商的行动）

智力空间

智力

* 评判、标签……
* 偏见、先验……
* 二进制
* 推卸责任的语言

这个头象征智力空间。它受益于我们所接受的教育，并接受我们的锻炼、纪律约束和精雕细琢，从而变得高效、多产和迅捷。我们的心灵、情感生活、内心世界，却没有得到这样的关注。因为我们学会了听话和理智，深思熟虑之后做出正确的决定，对任何事物进行分析、归类并贴上标签，把它们分门别

类装在不同的抽屉里。我们变成了逻辑和推理方面的大师，而且从儿时起，得到激励、训练、精炼和细分的就是我们对事物的智力理解。而我们的情感理解，就算没有被公开阻挠，也极少甚至没有得到鼓励。

目前，在我的工作中，我观察到这一智力功能的四个特点，它们常常导致我们对自己施加暴力或将暴力强加于他人。

评判、标签和类别

我们评判某个人或某件事时，往往根据我们看到的一丁点儿事实来判断他人或某种形势，而且把我们看到的一丁点儿事实当作全部事实。比如，在马路上看到一个剃着莫西干发型、头发染成橙色、脸上穿环的男孩："噢！一个朋克，又一个愤青，一个干扰社会的边缘人。"我们就闪电般地做出了评判。其实我们对此人一无所知，他可能正满腔热情地参加一场青年人的活动、一个喜剧团体或一项网络研究，并因此要为某个世界性的运动贡献他的全部才能和全部心血。但由于他外在的某些东西和他的与众不同，我们心中便产生了恐惧、怀疑和我们不知道如何破译的某些需求（接受差异性的需求、融入群体的需求、确保差异性不会导致断交的需求），于是，我们就对他妄加评判。您看，我们多么粗暴地对待了这个人身上可能具备但我们却没看见的美好、慷慨和丰富之处。

再举一个例子。我们看到一辆豪华轿车载着一位身着毛皮大衣的优雅女士从身边驶过："真有钱啊！又是一个只想着炫富的女人！"

我们又把我们看到的一丁点儿事实作为全部事实，从而做出评判。我们用玻璃纸把它包起来，关在一个小抽屉里。我们再次粗暴地对待了这个人"全部的美"，因为我们没有发现她的内在美。她可能在时间和金钱方面非常慷慨，一有时间就参与互助和支援活动，而我们对此一无所知。又一次，她的外表激起了我们的恐惧、怀疑、愤怒或悲伤，以及我们不知道如何破译的某些需求（交流的需求、分享的需求、人类为共同幸福积极奉献的需求），于是我们妄加评判，我们把对方禁锢在一个类型中，把她关在一个抽屉里。

我们把浮出水面的冰山一角当成了整座冰山，而每个人都知道90%的冰山隐藏在海平面以下，是看不见的。让我们回忆一下圣－埃克苏佩里的话："看东西只有用心灵才能看得清楚，重要的东西用眼睛是看不见的。"我们真的用心灵去看待他人了吗？

偏见、先验、成见和习惯性思维

我们学会了按照习惯做事，接受某些习惯性思维、先验和偏见，活在一个概念和观点的世界里，制造或传播某些未经验

证的信念——比如，男人都是大男子主义；女人都不会开车；官员们都不作为；政治家们都腐败；人与人必须相互争斗；无论我们是否愿意，有些事必须去做；人们一直是这么做的；一个好母亲、一个好丈夫、一个好儿子就应该……；我妻子永远不会忍受我这样对她讲话；在这个家里，我们绝对不能谈论这个话题；我父亲是一个……的人，等等。这些表达方式基本上反映了我们的恐惧。这样一来，我们就将自己和其他人通通禁锢在一种信念、一种习惯和一种概念中了。

又一次，我们粗暴地对待了那些完全没有大男子主义的男人们，他们敞开心扉，接受自己的敏感、细腻和他们身上的女性化特征。我们粗暴地对待了那些驾驶技术比大多数男人好得多，而且更加尊重其他司机、行驶效率更高的女人们。我们粗暴地对待了那些慷慨热情地献身于工作的官员们。我们粗暴地对待了那些忠诚、正直，为了公众利益行使自己的职责的政治家们。我们粗暴地对待了所有我们不敢说或不敢做但的确对我们很重要的事情，或者粗暴地对待了所有我们“认为应该”做的事情，但却没有花时间去确认它们是否的确应当优先，我们是否可以先去关注相关人员的真正需求（他人的需求或我们的需求）。

二进制或二元论

久而久之，我们习惯了按黑与白、正与负划分一切。一

扇门非开即关，一件事非对即错，一个人非有错即有理，一件事非成功即失败，一样东西非流行即过时，一个人非超级可爱即一无是处。还有一些微妙的变体：某人非知识分子即体力劳动者，非数学家即艺术家，非负责任的父亲即随心所欲的单身汉，非旅行爱好者即宅男宅女，非诗人即工程师，非同性恋即异性恋，非时髦即落伍。这就是“二元论”或“二进制”的陷阱。

仿佛我们不可能既是杰出的知识分子，又是高效的体力劳动者；既是严谨的数学家，又是奇思妙想的艺术家；既勇于担当，又充满幻想；既是一位细腻的诗人，又是一位严谨的工程师。仿佛我们不可能超出两性关系去爱自己，不可能在某些领域非常传统，而在另一些领域又十分创新。

仿佛现实并不总是比我们这些渺小可怜的物种和我们企图将现实禁锢其中的那些可怜的小抽屉更加丰富多彩，因为它的领地、它的多样性和它变幻的生命力使我们困惑，使我们恐惧，而我们为求心安，宁愿把一切都封闭在药剂师的瓶瓶罐罐里，贴好标签，放在我们的智力储存架上！

我们实践着这种基于“……或者……”或“要么……，要么……”的排除和划分逻辑。我们在玩“谁对谁错”这个悲剧的游戏，它给划分我们的一切打上烙印，而不是使凝聚我们的一切增值。后文中，我们将看到我们是如何放任自己跌入这个二进制的陷阱中，而它又是如何粗暴地对待我们自己和别人

的。最常见的例子如下：要么我们关心他人，要么我们关心自己，结果是要么我们背离自己，要么我们背离他人。仿佛我们不可能既关心他人，又关心自己；既与他人亲近，又不停止与自己亲近。

推卸责任的语言

我们在使用一种语言，它使我们不必为我们所经历的或所做的事负责任。首先，我们学会了将导致我们产生负面情绪的责任转嫁给他人或我们外部的某个因素：“我生气是因为你……”“我伤心是因为我父母……”“我沮丧是因为污染、臭氧层……”我们不为自己的感受承担丝毫责任，相反，我们找到了一个替罪羊，砍下它的头，于是我们自己就从那种把别人当作罪魁祸首的不安中解脱出来了！而且，我们还学会了不对我们的行为负责：“这是因为规定……，这是因为命令……，按惯例应该……，我只能这样做……，应该……，你必须……，我没有选择……，是时候该……，……很（不）正常……”

我们会看到这种语言如何使我们背离自己和他人，而正因为它看似一种负责任的语言，才更不易察觉地奴役了我们。

感 觉

在这个更注重心理过程的传统功能中，仿佛有一块混凝土板把我们与自己的感觉和情感隔离开来。

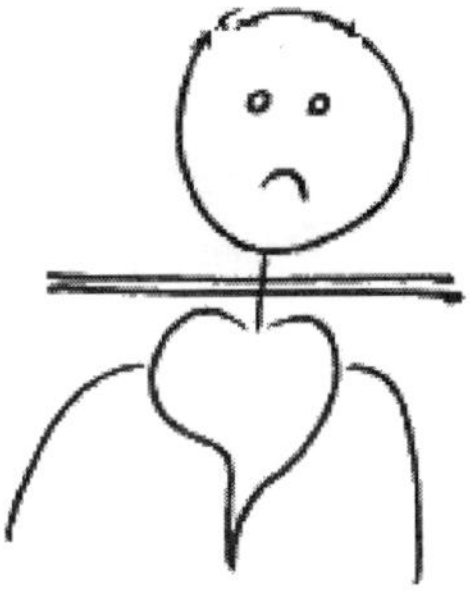

下面的情形您可能觉得似曾相识。从个人角度讲，我曾经学着做一个乖巧懂事的小男孩儿，试图始终听从别人的想法。在我小时候，人们还不太懂得谈论自己或自己的情感。人们会带着情感去描述一幅画或一个花园，谈论一首乐曲、一本书或一处风景，但谈论自己会被怀疑是自我中心主义、自恋和唯我独尊，更别说带着情感了。人们对我说："关心自己是不好的，应该关心他人。"

假如有一天我非常气愤并且表现出来，我就会听到："发火可不好。一个乖男孩不会发火。回你的房间去好好想想再回来。"好吧，回归理智。

我会去用我那早已判定自己有罪的脑袋反省。于是，我背离了我的心，把我的愤怒装进口袋里，挤出一个虚伪的微笑来赎回家庭的和睦。假如另一天，我因为某种突如其来但不明就里的沉重的痛苦而感到伤心，只知道流眼泪，在我正需要鼓励和安慰的时候，我会听到："伤心可不好，我们能做的都为你做了！更何况有些人比你不幸得多。回你的房间去好好想想再回来。"就这样，我又一次被打发了！

我回到我的房间，上述理性过程重演："的确，我没有权利伤心，我有爸爸妈妈和兄弟姐妹，还有上学用的书和玩具，有房子住，有饭吃，我有什么好抱怨的？这悲伤算什么？我是一个自私的、没用的家伙！"又一次，我宣判自己有罪，背离了自己的心。悲伤到我的口袋里寻找愤怒去了，而我则带着假笑赎回我在家庭中的位置。看到了吧，人们如何从小学会做一个温顺的人，而不是真实的人。

又有一天，我十分快乐，心里乐开了花，我跑来跑去，把音乐的声音开到最大，喋喋不休地表达我喜悦的心情，我会听到这句话："别高兴过头了，生活没有那么可乐！"号角又吹响了！在成年人的世界里，就连快乐也不受欢迎！那我——一个10岁的男孩——该怎么办？我在自己内心的硬盘上编写了以下两条信息：

◎ 做一个成年人，就是要尽可能地背离自己的情感，

只有在沙龙的聊天中为了美化自己才能关注它们，但不能妨碍任何人，偶尔一次也不行；

◎为了招人喜欢并在这个世界上拥有自己的位置，我不该按照我的所感所想去做，而是应该做别人希望我做的事。做真实的自我，会失去别人的爱。

从这个思维编码中产生了几种外在表现，我们将在第五章中谈到。

但您可能会问："真的有必要接受所有这些情感吗？我们不会被我们的情感所操纵吗？"您可能会联想到那些生气生了大半辈子的人和那些在自己的愤怒中徘徊却不肯迈出一步的人。或者想到另外一些悲伤或伤感、不断咀嚼自己的愁闷却无法摆脱它的人。还会想到那些反抗一切、到处找茬儿却无法平息怒火的人。实际上，像鱼缸里的金鱼一样在自己的感觉里兜兜转转不会带来任何进展，只会招人厌烦。

我们的情感就像各种感觉的波涛，无论是令人愉快的还是令人不快的，重要的是能够识别和区分它们。识别我们的感觉有利于促使我们识别自己的需求，从而让我们更加了解自己。感觉的运转就像仪表盘上一个闪烁的信号：它告诉我们某种功能是否已经发挥作用，某种需求是否已被满足。

我们常常背离自己的感觉，只拥有几个用来描述它们的词语：一方面，我们能够感觉到自己舒服、幸福、宽慰、放松；

另一方面，我们会恐惧，会感到自己心情糟糕、失望、悲伤、气愤。我们在描述自己时感到词穷，尽管如此，我们就是这样生活的。在非暴力沟通的培训中，我们发给参与者一份清单，上面有250多个描述感觉的词语，帮助他们充实自己的词汇表，从而扩大自己体验到的意识范围。这份清单中的词语不是从百科全书中选取的，而是从我们可以在报纸上读到和在电视上听到的那些常用词的词汇表中选取的。然而，世代相传的腼腆和含蓄仍然在妨碍我们使用这些词语来谈论自己。

> 发展我们的词汇表，从而扩大我们体验到的意识范围。

我们从儿时起所学的全部知识都是为了开发我们在自身以外的某些方面或领域的意识：在学校，我们学习历史、地理、数学，长大后我们学习管道工程、电气、计算机或医学。我们在各个方面发展了我们的词汇表，并因此掌握了一定的技能，在处理与这些方面有关的问题时比较自如。

词汇表的获取与意识的开发是齐头并进的：正因为我们学习了如何说出和区分一些要素，我们才能够理解它们的相互作用，并按照需求改变这种相互作用。就个人而言，我不太懂管道知识，当我的热水器不能启动时，我会给技工打电话求助。我对这方面要素的意识水平和在这方面的动手能力几乎为零，而技工能识别相关问题，并用具体的术语来表达：“是您的燃

烧器有缺陷。”或者：“是管道生锈了，燃气喷嘴老化了。”因此，技工具备一种行动能力，在这种情况下即修理能力。

从前，在我当律师时，会受理一些人的咨询，他们面对自己的司法困境，有时完全糊涂、思想混乱、无能为力，我有幸能区分这些问题，认清它们的相互作用，确定优先顺序，从而建议他们采取某种行动。因为，行动能力是与说出和区分一些要素的意识和能力相关的。

然而，在我们受教育过程中的哪一个时刻，我们学过说出我们内心世界的问题？在哪一个时刻，我们学过认清我们的感受，区分我们的感觉，并把它们与我们的基本需求区别开来，说出我们的需求，在考虑他人需求的同时，简单而灵活地提出一些具体的、可协商的请求？多少次我们感到自己无能为力，并因我们面对占据我们整个身心，像毒液一样毒害我们而我们却无法反抗的愤怒、悲伤和伤感时的这种无能为力而感到愤慨？除了难受或愤怒、悲伤或伤感的感觉，还有无力感带来的不适：“我不只是不幸或愤怒，我还不知道该做些什么才能走出困境。”

于是，为了“走出困境”，我们往往只能将责任转嫁给外界：爸爸、妈妈、学校、男朋友、女朋友，还有同事、客户，以及行业、国家、污染、危机等。我们因为不理解而不能掌控自己的内心世界，于是我们从外部找到了为我们的痛苦承担责任的替罪羊：“我生气是因为你……，我伤心是因为你们……，

我愤慨是因为这个世界……”

我们输出自己的困难，把困难推给别人，却不懂得如何自己处理它。事实上，只有说出来，才能处理。而要想说出来，就要扩大描述感觉和需求的词汇表，从而在这方面游刃有余，逐渐掌控它。掌控不是压制，而是引导。

感觉的运转就像仪表盘上一个闪烁的信号，它为我们指明某种需求：一种令人愉快的感觉说明需求得到了满足，一种令人不快的感觉说明需求未得到满足。因此，了解这一关键的区分对于识别我们的需求是非常宝贵的。因为，与其抱怨你不再想要的东西并找一个不能胜任的人来帮助你，不如弄清楚你想要的东西（你的需求而不是你的不足）并找一个能够胜任的人来帮助你，而这个人往往就是我们自己！

> 感觉的运转就像仪表盘上一个闪烁的信号，它为我们指明某种内在功能是否得到满足。

以下是我在报告会上举的一个例子。如果我驾车行驶在乡间道路上，我可能遇到以下三种情形。

① 我开着一辆20世纪初出产的没有仪表盘的福特T型旧汽车。我自信满满地行驶着，消耗着已达到油位警戒线的汽油，丝毫不担心是否需要加油（因为没有任何信号使我意识到这一点），那么我迟早会因汽油耗尽而在平坦的原野上抛锚。

没有信号，就意识不到需求，也就没有行动的能力。

② 最经典的假设。我开着一辆装有完整仪表盘的汽车。这时，我的油表提示我油位已到警戒线。我立刻牢骚满腹：“谁又忘了给这辆车加油了？真不敢相信，这种事总是发生在我身上！这个家里就没有一个人能想起加油的事。”我抱怨啊抱怨，就在我全神贯注地抱怨时，我错过了路过的所有加油站，我迟早会在平坦的原野上抛锚。这次确实有信号，我也意识到了需求，但我没有采取任何行动为自己排除故障。我把所有的精力都用在抱怨和寻找罪魁祸首或可以转嫁我的沮丧的某个人上了。

③ 非暴力沟通为我们推荐的假设。我还是开着一辆装有完整仪表盘的汽车。我的油表指示油位已到警戒线。我识别出了我的需求：“看，我该加油了。但我没看到附近有加油站，我该怎么办？”

于是我采取了一个具体的、积极的行动。我会留意我将路过的下一个加油站并去加油，以满足我的需求。我自己排除了故障。由于意识到我的这一需求并把它表达了出来，我自己想出了一个可行的解决方案。这个解决方案不是立即出现的，但由于我意识到了这一需求，我就比在第一种情况下，即我没有意识到这一需求时，拥有更多的机会找到解决问题的方法。

尽管我已经通过加油自行排除了故障，但我不会因此放弃我对重视或尊重的需求。回到家里，我会对我的爱人或我的孩

子们说："我很生气，因为你们用完汽车后，我得去加油（S）。我需要你们重视我的时间并因为我借给你们汽车用而尊重我（B）。你们能不能答应今后自己给汽车加油（D）？"

如果我们时常因所受的教育或习惯而背离自己的感觉，我们更会因此背离我们的需求。

需　求

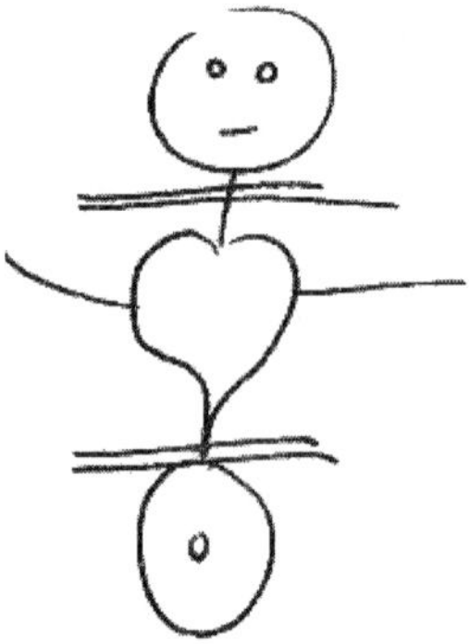

如果我们已经背离我们的感觉很远，我们将几乎完全背离我们的需求。

我们有时候感觉有一块混凝土板隔离了我们与自己的需求。我们学的更多的是试图理解和满足他人的需求，而不是试图倾听我们自己的需求。"我行我素"一向是致命罪孽的同义

词，就算不是，也是自我中心主义或唯我独尊的同义词："像这样我行我素可不好。哦！这又是一个我行我素的人。"人们可以"有需求"这种想法仍然常常被认为是可耻的。

的确，"需求"一词经常被误解。它在这里不是指片刻的渴望、一时的冲动或任性的欲望。它是指我们的基本需求，指那些我们维持生命必需的、那些我们应满足以获得满意的平衡感的，以及那些触动我们的最普遍的人生观的需求：身份、尊重、理解、责任、自由、互助。在实践中，我越来越多地看到，更好地理解我们的需求是如何使我们更好地理解我们的价值的。我会在后文深入探讨这一点。

在我主持的一个专题研修班上，一位母亲气恼地诉说她无法理解自己的孩子。她和孩子们之间战争不断，她说自己已经筋疲力尽，因为"给他们布置1000件事，他们却好像不明白，或者恰恰想要对着干"。当我问她是否知道孩子们在这种情形下的需求时，她爆发了，说道：

"我们不是在这里讨论怎么关注自己的需求！如果大家都听从自己的需求，那就会有打不完的仗。您所提出的是一种可怕的利己主义！"

"您之所以生气（S）是不是因为您希望人与人之间能够互相关注和倾听（B），从而共同找到满足各自需求的解决办法呢？"

"是的。"

"那您是不是希望（B）人与人之间能够相互理解并和谐共

处呢？”

“对呀。”

“那好，您看，如果您不从适当地倾听您自己的需求开始，我很难相信您能够适当地倾听您的孩子们的需求。如果您不花点儿时间在您的多面性和矛盾性中理解和关爱自己，我很难相信您能够理解孩子们的多样性和矛盾性。我跟您说了这些，您有什么感觉？”

她愣住了，一言不发，热泪盈眶。然后，好像她心中的锁扣慢慢地解开了。全组人默默地陪伴着她，在内心深处感同身受。于是她明白了，破涕为笑：“不可思议，我意识到我从没有学会自我倾听。所以我不倾听孩子们的需求，我把我的规则强加给他们！显然他们在反抗，我在他们现在这个年纪时也曾反抗过！”

如果我们不能真正地、适当地倾听自我，我们怎能真正地、适当地倾听他人呢？如果我们不能抽出时间对自己好一点儿，又怎能抽出时间对别人好一点儿呢？如果我们不能首先深爱自己的差异性和矛盾性，又怎能去爱别人的差异性和矛盾性呢？

> 如果我们背离了自己的需求，有人就要为此付出代价，
> 要么是我们自己，要么是他人。

背离我们的需求会使我们以不同的方式付出代价。以下是最常见的几种后果：

◎ 我们很难为涉及我们自身的事情做出选择。在生意和工作中还好说，但在我们私密的感情生活中和更加私人的选择中，何其难也！我们把一只脚踩在另一只脚上跳舞，不知道选择什么，最终希望某些事情或人可以替我们做决定。或者我们将某种选择强加于自身（这更加理性、更加明智），却无法倾听和理解我们内心深处的冲动。

◎ 我们沉溺于他人的目光，不能识别自己真实的需求，即那些属于我们个人的需求。我们经常依赖别人的意见："这件事你怎么想？如果你是我，会怎么做？"我们甚至未经确认，就把自己灌进我们想象中别人期望的模子里，让自己适应，甚至过度适应这些期望："他们会怎么想我……，我绝对应该这么做或那么做……，我应该这样表现，否则……"我们在这种依赖别人认可的练习中筋疲力尽，而且在极端情况下，我们变成了某种模式和某种潮流的墙头草（所有人都这么做，我和他们一样），我们变成了依赖各种事物（如金钱、权力、性、电视、游戏、酒精、药物、毒品和互联网）或服从明确指令（如服从一家要求严苛的企业、一场国家干预的政治运动或一个教派的首领）的傀儡。

我个人曾经遇到过许多自觉或不自觉地受到此类常见的依赖性困扰的人。我认为，最普遍和最常见的问题是我们太在意他人的目光。我们不了解自己的需求，原因是我们没有学会承认它们。于是我们等着“它（他）们”——毒品、酒精、人们……来指点我们。我们不属于我们自己。

◎ 由于我们学会了去满足别人的需求，去做一个有礼貌的、友善的、谦恭的好儿子或好女儿，去做一个居伊·科尔诺所谓的那种“好男孩”，[1] 去听从除自己以外的所有人，如果有一天，尽管这样做了，我们仍困惑地发现我们的需求没有得到满足，那一定是因为有一个“罪人”没有关照我们。于是我们进入了之前提到过的侵犯性或投射性暴力过程，即一个充满了批评、评判、侮辱和责备的过程：“我这样不幸是因为我的父母……，我伤心是因为我的配偶……，我泄气是因为我的老板……，我消沉是因为危机、污染……”

◎ 在这一点上，我们常常有这样的经历：感觉自己受制于别人的需求，或者害怕没有办法实现自己的需求，以至于我们未经许可就专横地将它们强加在别人身上：“在我这里，就要这样做，别无选择。好了，现在去整理你的房间，马上！”于是我们进入了一个权威性暴力过程。

---

1 详见居伊·科尔诺（Guy Corneau），《斗争中的爱》（*L'amour en guerre*），l'Homme出版社，1996年；《难道没有幸福的爱？》（*N'y a-t-il pas d'amour heureux?*），Robert Laffont出版社，1997年。

◎ 我们尝试实现我们的需求，但徒劳无功。最终，我们放弃了："我快崩溃了！我放弃了。我要把自己关起来或者我要逃跑。"在这种情况下，我们对自己实施了暴力。

"是的，"您会对我说，"但了解自己的需求有什么用？那只会让自己活在不断的沮丧中。"您可能想到了这样一个人，他能准确地识别自己对归属感或被认可的需求，一生都在到处追求归属感或被认可，从会场到开幕式，从运动俱乐部到人道主义活动，却始终未得到满足；或者想到了另一个人，他费尽心机地想拥有自己的位置、找到自己的身份和内心的稳固，却在哪里都焦躁不安，尽管尝试了各种研修班和治疗法，仍不得安宁。

我们在下一章中会看到，仅仅是识别出我们的需求，即使没有得到满足，也足以带给我们宽慰和令人吃惊的安逸。因为，当我们经历痛苦时，最大的痛苦是不知道我们为什么痛苦。如果我们能够识别出令我们不安的内在原因，我们就会走出混乱。同样，如果您感觉身体不舒服，如果您有可疑的肚子疼、头疼或背疼，您会感到慌张："这是怎么回事？这可能是癌症、肿瘤……"如果您去看医生，他确定了病因，告知您是消化不良，是您的肝肿大或您的背脱臼了，虽然您的疼痛不会停止，但您会因为知道发生了什么事而放下心来，不再慌乱。对于需求也是一样的：识别需求可以让您走出混乱，使它不至于加重您的不安。

其次，识别需求的主要益处还在于，只有我们知道自己的需求，才有可能知道该如何满足它。我们常常等待别人（父母、配偶、孩子）来主动满足我们的需求，猜测什么能取悦我们，而有时其实连我们自己都很难说出我们的需求，又何谈满足？

以下是因为关系不和睦而前来咨询的两对夫妻的例子。

对所举实例的说明

① 本书中列举的实例都经过我的有意缩减，以避免交流过程过长过细。在书中我试图保留互动的要点，毋庸置疑的是，事实上这些交流中的大部分都占据了比本书所收录的篇幅看上去长得多的时间。同时，沉默和心理活动占据的时间没有体现在文字当中，但那却是我工作的基本组成部分。

② 语气或用词可能显得很朴实。我经常在面谈中有意使用这种语气或词汇，以便直奔主题，尽量避免让对问题的心理考虑或智力理解干扰倾听和内心的觉醒。

在一种倾听和互相尊重的气氛中，最简单的词语和语气往往能起到最恰当的作用。我留意到，分析能使意识变得更敏锐，因为注意力虽然极少或根本没有被智力理解激发出来，却完全被情感认知自由地运用。

③ 人名已经改变，有时还进行了角色转换，以尊重这些实例中的个人隐私。

在第一个例子中，夫人抱怨先生不理解她：

“他不理解我的需求。”

“您能不能为我指出您希望他理解的您的某个需求？”

“啊，不！不管怎么说，他是我的丈夫，该由他来理解我的需求！”

“您想说您在等他来猜您的需求，可甚至连您自己也很难定义它们。”

“的确如此。”

“那你们玩这种猜谜游戏很久了吗？”

“我们结婚30年了。”

“你们一定感到疲惫吧。”

（泪流满面）“哦，是的！我筋疲力尽了。”

“您感到疲惫是因为您需要来自他的理解和支持，这也正是您长久以来所等待的。”

“正是这样。”

“好吧，如果您自己不想办法弄清您的需求并把它们表达出来，恐怕您还要等更久。”

在含泪沉默了很长时间之后，她说：“您说得对，是我犯了糊涂。您要理解，在我家，大家没有权利有需求。因此我不知道我的需求是什么，显然，我总是责备他不得要领，却从没告诉他我实际想要什么。而实际上，我相信他已经竭尽全力了。他当然会生气，而我则跟他赌气。这简直是地狱！”

针对这对夫妻，我们做了很长时间的工作，使他们理解和澄清各自的需求。一个总是等着别人来关注他，却不肯对自己负责的人很难接受自我担当，而这个等待的过程可能令人痛苦。事实上，只有在与自己的关系上付出努力，才能改善自己与他人的关系。

在第二个例子中，是先生在抱怨：

“我的妻子丝毫不认可我！”

“您生气是因为您需要她认可您。”

“的确如此。”

“您能告诉我您希望她说什么或做什么来给予您期待的认可吗？”

“我不知道。”

“那么，她也不知道啊！您懂了吧，似乎您在绝望地等待她对您的认可，却不告诉她您如何具体地定义这种认可的表现。这该是多么令人疲惫啊！她感觉到您有被认可的需求，而她可能认为这无法满足，并感觉对此无能为力。我猜想，在她不知道该做什么的情况下，您越想得到她的认可，她离您越远。”

“正是这样！”

“那我猜想您对这种混乱的追求也感到疲惫吧。”

“筋疲力尽。”

“筋疲力尽是因为您有分享和与她亲近的需求。”

“是的。”

“那么我建议您告诉她，您希望她在哪方面认可您和怎么去做，具体一点儿。”

针对这对夫妻，我们讨论的不再是需求，而是具体的请求。这个男人感到受伤，因为他没有因自己多年来为保障家庭经济来源付出的努力而获得他期待的认可和赞赏，尽管物质和职业状况都证明了这一点。他一直在抱怨他的妻子：“你不了解我所做的一切努力，你丝毫不知道我为此付出的辛劳。”而他的妻子则在每一次的责备中封闭自己，无法在如此苦涩的感觉下靠近他。最终，我建议他俩提出以下请求：

“您是不是想知道您的妻子是否了解您所做的努力以及她是否欣赏您全心全意的奉献呢？”

“是的，这的确是我想要她做的。”

“那好，夫人，您听到了，您的丈夫需要您认可他的努力。更具体地说，他想知道您是否意识到了他的这些努力，以及您是否欣赏他的努力。”

“当然，我意识到了，我也欣赏。我不知道该怎么对他说，我害怕他听不到，一直以来都是这样，于是我不再回应，或者干脆岔开话题。”

“您想说，从您这方面，您希望他能感受到您不仅意识到了他的努力，还受到了触动。”

“当然啦！我非常受触动，甚至很感动。但他似乎很受伤，以至于看不到我关心的表示。”

“先生，听到您妻子被您的一切努力所触动甚至感动时，您作何感想？”

“我也很感动，而且感到宽慰。我意识到我一直被抱怨和没有得到我期待的认可所蒙蔽，以至于我不再留意她实际上经常对我做出的表示。我把自己关在笼子里了。”

意识到这一点后，这对夫妻曾经麻痹了的关系被重新激活。

这个例子告诉我们：

◎ 如果我们不具体地告诉对方我们希望看到自己的需求被满足，我们就可能看到他被无法满足的需求的重负压垮。这就好像我们把满足这一需求的所有责任都压在他的头上。在这种威胁之下，对方会感到恐慌，心想：“我不能独自承担这一巨大的（爱情、认可、倾听、支持等）需求，所以我要逃避或者封闭自己（沉默或赌气）。”居伊·科尔诺用下面这句话十分准确地描述了这种情况：“你进我退，你退我进。”先生绝望地请求被认可，夫人绝望地试图逃避这种请求。而她越是逃避，他越是紧逼。

反之亦然。例如，夫人绝望地请求得到先生的温柔和亲近，面对这种期待，先生感到恐慌，于是逃到工作、运动

和文件中。他越是逃避，她越是请求；她越是请求，他越是逃避。这是因为他害怕必须去满足一种他自幼就未被满足过的爱的需求。这对一个孤独的男人而言是个过分的请求。

这个故事的教训是：如果没有通过一个在空间与时间上明确的、可识别的请求使需求变得具体（例如被认可的需求："你可不可以告诉我你是否意识到了我在这30年里所做的努力？"对亲近或温柔的需求："你可不可以抱我10分钟，轻轻地摇摇我？"），那么对方往往会觉得这是一种威胁。他会问自己是否能够承受这种期待，是否还能保持自我、守住自己的身份而不被对方吞噬。

回忆一下，我们经常会陷入二元论的思维。因为不知道如何在倾听对方的需求的同时，不停止倾听自己的需求，也不知道如何在倾听自己的需求的同时，不停止倾听对方的需求。所以，为了自我保护，我们往往中断了关系，不再倾听对方。

> 如果倾听对方的需求让我感觉到一种威胁，我会停止倾听，逃避或封闭自己，保持沉默。

如果我们告诉对方我们具体的请求是什么（例如："你可不可以把我抱在怀里轻轻地摇10分钟？"），我们就会使这一需求不那么具有威胁性（"我需要爱，需要温柔，

需要亲近，救命！”），因为我们使它在现实中、在日常中“化为肉身”了。这不是一个虚拟的需求，看似无法满足，因此具有威胁性；这是一个具体的请求，在空间和时间方面非常明确，我们可以确定自己与它的相对位置，从而采取一种态度。

◎ 前面的例子明确的另一点是：只要我们被我们的需求未得到认可这个想法所蒙蔽，我们就无法看到它已经被认可了。夫人已经尽力给予先生认可，而先生却始终纠结于自己没有得到理解的感觉，以至于什么也没听到。这种现象很普遍。由于反复咀嚼自己不被理解或认可，以及遭受了不公待遇或被抛弃的这种感觉，我们给自己捏造了一个新的身份：“我是那个不被理解、不被认可的人，是那个遭受了不公待遇或被抛弃的人。”我们在这种信念中安顿下来，以至于我们周围的所有人的确对我们发出了表示欢迎、理解或接纳的信号，而我们听而不闻，视而不见。我在第三章中会重新探讨这一点。

在这种情况下，有必要研究一下基本需求。我们可以试问自己以下几个问题：

◎ 我能给自己那些我期待别人给我却未能得到的尊重、认可、接纳和理解吗？

◎ 我能开始尝试自己去满足这些需求，而不是维持这种

依赖他人的目光和赞同的境况吗？

特别是……

◎ 我能活出自己，不再抱怨或反抗吗？

◎ 我能在自己身上找到安全感，而不是依赖某个东西或某个人，也不是为自己辩解或与自己作对吗？

◎ 我能自己感觉到内心的安宁和内心的力量吗，除了权力，除了压力之外？

一旦我们的需求明确了，我们就可以提出一个具体的、可协商的请求，以满足我们的需求。

请 求

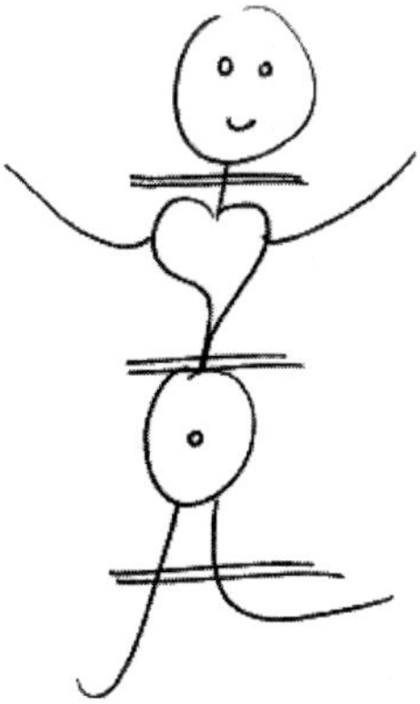

要提出一个请求，即具体的、可协商的行动建议，我们就要排除牵绊我们、妨碍我们为满足我们的需求采取一切行动的第三块混凝土板。要提出一个具体的请求，我们就要走出那种想要对方理解我们的需求并愿意满足它的期待，这种期待往往是令人绝望的，它永无止境，极度令人沮丧。应该由我们来负责管理自己的需求，并负责满足它。然而，我们常常掉进把我们的请求当作基本需求的陷阱。

下面的例子清楚地说明了一个基本需求和一个具体请求之间的区别，前者在任何情况下都是我们的一部分，后者可能根据情况而有所不同。

蒂埃里和安德蕾的例子

在一个专题研修班里，我提出了需求的问题，同时明确指出，我认为人类基本上都有相同的需求。也许人们不都以同一方式表达这些需求，或者人们不是在同一时期以同一方式生活的，这就导致人们在配偶之间、家庭或学校里的不和睦，小到日常争吵，大到借助冲锋枪和导弹的战争。直到今天，我所观察到的所有行为，即使是最可怕的或最反叛的那些，我都能在其根源上找到人类共同的需求。

当然，这是我的假设，它主要基于经验，我并没有说这是一个真理。

蒂埃里，一名参与者，质问我说："我完全不同意您的观点。我妻子和我就没有共同需求，这给我们造成了很大的压力，以至于我们快要离婚了。为了对得起良心，我们一起来参加了您的研修班。这样，我们将来可以对自己说我们已经都试过了，但我们不太相信这个研修班，尤其是您一上来就声称人类存在相同的需求。"

我建议他具体谈谈他为什么感觉和他的妻子没有相同的需求。以下是他的回答：

"几个月前，我们大吵了一架。要知道我俩都是上班族，而且我们有三个孩子。一个周末，孩子们被邀请到他们表兄家玩了。星期五，我下班回到家，又累又……唉（长叹一口气），我真想和我妻子一起下个馆子。结果，她根本不想去！她想待在家里看电影。于是我对她说，她永远不理解我的任何需求，而她给了我完全相同的回答。我俩都很烦躁，最后我是在孩子们的卧室睡的。从那以后，我们不断地感觉到我们没有共同的需求。"

"那天晚上，你回到家的时候，是什么感觉？"

"唉（又叹一口气），我很累。"

"这听上去是一种令人不快的感觉，因此它说明一个需求没有得到满足。您能告诉我这是什么需求吗？"

"这很简单，当然是休息的需求。所以才有了那天晚上想去饭馆吃饭的念头。不用做饭，不用洗碗！"

“因此，您当时的疲惫感说明了一种想要休息、放松的需求。与此同时，我观察到您在谈到您的疲惫时总是叹气：两次您都长叹了一口气。我明显感觉到这表明了另一种需求。叹气表明了什么？如果您再深挖一下，您当时还有怎样的感觉？”

蒂埃里停了一会儿，思索着。

“好吧，我想除了一周的疲惫——我们从周一就开始奔波，这种疲惫还要更久些——我们奔波了几个月、几年了，工作、孩子、家务……我们眼中都没有彼此了。”

“一种厌倦、饱和的感觉？”

“是的，一种厌倦，深深的厌倦。”

“这种令人不快的感觉说明了哪种未满足的需求？”

蒂埃里重新倾听着自己的内心：“我想我刚刚说过，我妻子和我，我们眼中都没有彼此了。我需要时间和她待在一起，需要联络感情，重新找回彼此，分享亲密的时光。”

当蒂埃里表达他的需求时，他的妻子安德蕾坐在我们围成的圆圈里离他不远的地方，已经落泪了：“不可思议！”她说，“我也有完全相同的需求！我去买了小盘子和我俩都喜欢的葡萄酒，我去音像店租了我们一直没有时间去电影院看的那部电影的录像带，为的是一旦孩子没在家，我就可以为我俩准备一个小小的二人世界。具体地说，是找回我们之间的一点儿亲密感！”

然而发生了什么？是什么使得这对本来有机会在同一时刻拥有同一需求的夫妻反目成仇？哦！他们把自己的请求当成

了一个基本需求，而且固执地坚持着这个错误。先生把他去饭馆的请求当成了一个基本需求，而夫人没听他的；夫人把她待在家里的请求当成了一个基本需求，而先生也没理解！每个人都对自己的立场严防死守，每个人都不自觉地陷入了自己的小笼子里！夫人没听先生的，而先生在说话前也没有倾听自己的内心；先生没有理解夫人，而夫人在说话前也没有花时间理解自己。

蒂埃里和安德蕾现在已经做了一点儿练习，并意识到在他们的请求和他们当时的渴望的上游，一直存在着一个基本需求，于是我建议重演这一幕。如果我们倾听并理解了这个基本需求，我们就会自主地提出各种请求，探究各种渴望，摆脱使我们深陷其中的需求与请求混淆的陷阱。

为了便于理解这个例子，在此我先罗列出非暴力沟通过程的要素：观察（O），感觉（S），需求（B），请求（D）。

“亲爱的，”蒂埃里开始说，“今晚我很累（S），我就想什么也不干，不想做饭，也不想干别的（B），我想知道你同不同意咱俩一起下馆子（D）？”

“亲爱的，我也累坏了。我很高兴（S）咱俩都想什么也不干（B）。而且我感到伤心，因为最近咱俩都太忙了。我需要和你安静地待在一起，只有我们两个人（B），我担心（S）去餐馆的话，服务员会打扰我们，朋友们会让我们分心。所以，我更喜欢安静地待在家里。饭都已经准备好了，咱们共进晚餐，

然后，如果你愿意，我还租了咱们一直没有时间去看的那部电影的录像带（D）。”

“你让我意识到这也正是我想要的：二人共度良宵，重新找回彼此间的亲密感，正因为这样，我才建议今晚下馆子。同时，当我听到你待在家里的建议时，我有点儿失望（S），因为我需要换换空气，在孩子们不在的时候走出家门一次（B）。那么既然我们有了问题（以前被称为冲突）的所有参数：放松、找回彼此和换换空气的需求，我们能找到怎样的解决方案和具体行动来满足这些不同的需求呢？”

在这次研修班上，如此重演并破译了他们的交流之后，蒂埃里和安德蕾找到了他们那晚共同喜欢做的事，那就是一起去小区里的湖边散步，带着一篮子野餐和一小瓶白葡萄酒。以前他们相爱时经常在那一带手挽着手散步。后来他们在现实生活中随波逐流，甚至忘记了这个地方。然而，这样的散步恰恰能够满足他们放松自己、找回彼此和换换空气的共同需求！

这个例子主要阐明了以下四点：

① 如果我们不留意区分我们的真实需求与我们的请求，我们就会自己落入陷阱，并有可能把对方也带入陷阱。当我们追溯到我们的请求的上游去识别我们的需求时，我们就给了自己自由。通过例子我们看到，我们可以用各种方式满足我们对与配偶之间的亲密感和找回彼此的需求，抑或对休息的需求（下馆子、散步、看录像、看电影）。我们摆脱了只存在一个和

唯一一个解决方案的成见。

② 当我们协调我们的真实需求而不是为我们各自的请求打架时，我们便将彼此从陷阱中解放了出来，并给了彼此一个相处和施展的空间！蒂埃里和安德蕾曾疲惫不堪地追赶生活的节奏，没有时间相处，也没有时间创造一个令他们真正满意的良宵。在协调了他们的需求后最终找到的解决方案，比起他们之前建议的速战速决的方案，显得更加新颖，更令人满意。

③ 有必要看到的是，我们经常会跳到那种“权宜之计”的解决方案中。我曾经为一家美国公司做过很长时间的法律顾问，在这家公司中，“简单粗暴”一词常用来形容在没有时间找到最适合的解决方案的紧急情况下找到的快速解决方案。

于是，蒂埃里从办公室疲惫地回到家后，决定“速战速决”地带妻子去饭馆吃饭，而安德蕾干了一天活儿后筋疲力尽，一头扎进了街角熟食店的饭菜和录像带的想法里。这两个提议自然各有道理。但是，似乎二人中没有一个能真正花时间想想：“实际上，我今晚感觉如何？做什么事能真正使我开心？”

这是我们所受教育的导向所致：试图用脑子解决问题，而且要迅速解决！运用我们的智力和我们的行动能力去获得一个立竿见影的结果，尽可能快地从发现问题过渡到解决方案，而不花时间去倾听问题本身的诉说。

前段时间，我从洗碗机里拿出餐具，把它们放进厨房的抽屉里。在关上抽屉的一刹那，抽屉在半道卡住了。“啪！”我

用胯使劲一顶，试图强行关上抽屉，可抽屉不但没有关上，我的胯还被撞疼了，抽屉的一角损坏了，一把可怜的叉子也撞弯了！简单粗暴！我蒙了。哪个“强行解决问题”的旧习惯占据了我的头脑？我一直以为我已经成功地摆脱了自己的暴力，可见我在接纳和倾听方面仍需要提高。看到抽屉被卡住，把它拉出来，探身观察是什么卡住了，建议突出的叉子和它的姐妹们躺在一起，重新关上抽屉，就这么简单……谢谢你，叉子，提醒我在寻找解决方案之前去倾听和接纳！

从那时起，我真的越来越相信暴力是一种习惯，是一种如果我们真的愿意就能够摆脱的习惯性条件反射。我会在最后一章中详细谈到这一点。

④ 我们的误解其实是“误听”，它会导致“误表达”“误说”和不说。其实，我们是能够学会谈话时既保持感性，又有力且真实的。

评论

① 我们可能会发现，我们在同一时刻的需求不同：

蒂埃里和安德蕾这对夫妻有幸在同一时刻体会到同一需求，这显然使他们更容易协商他们的请求和采纳共同满意的解决方案。由于他们有机会以一种最终令他们开心的方式澄清误解，所以，他们重新找到了在共同生活中相处的乐趣。

但不是所有的分歧都是这样存在的！我可以再举一对夫妻

的例子，他们在一起来接受培训前已经到了互相扔盘子扔到手软的地步。在几次实践之后，他们学会了互相倾听。他们之间甚至约定，在他们的客厅里摆上一对“非暴力沙发”。当家里爆发争执时，他们会互相喊：“停！沙发！”然后回到非暴力沟通区，那里的命令是：“在这里，我们轮流表达自己和倾听对方。”

一段时间之后，他们发现彼此根本不在一个节奏上，他们各自的需求可能相同，但从来没有在同一时刻体会到过相同的需求，这就使得共同生活难以为继。他们决定分手，手挽着手去公证处和法院，变成了一对互相喜欢和互相尊重的好朋友。一天，他们对我说，他俩现在每周至少有一个晚上见面，并在彼此之间培养起了他们梦寐以求却无法在一个屋檐下取得的友谊、信任和透明。

我们往往很难平静地带着尊重和善意去发现我们的意见有分歧。差异性以及由此导致的不和常常被视为一种威胁。

② 观察非口头语言（例如叹气）：

我们经常感到自豪，准确地说，是为我们那充满细微差别的法语而自豪。然而，那在我们的语言中只占很小的百分比。专家认为，我们的沟通中几乎90%都使用了非口头语言，口头语言只占10%左右！意识到这一点，可以使我们关注自己的肢体语言（声调、说话速度、面部表情、身体姿势）以及对方的肢体语言。要想意识到这一点，请观察一个亲近的人（父母、配偶、

孩子、上级领导、教师）的一个责备的或赞许的目光所达到的范围和力量！

上中学时，我们曾经有一位拉丁文兼法文老师，他深得大家的喜爱，尤其是他的幽默和健谈。当他每月一次向我们宣布因为要开一个会，下午第一节课他会晚来10分钟时，他都会带着一种同谋者的神情明确要求我们："回来的时候，我要清楚地听到教室里鸦雀无声！"我们喜欢他的文字游戏，这激发了我们年轻的灰色细胞对学习语言的精妙之处的兴趣。我们小心地遵守了这条命令，因为对他的感情和尊敬。当他开会回来时，他从教室后门进来，一言不发地径直走到黑板前，用一种赞许的眼神凝视着我们，一只手拢在耳后，表示他没有听到任何声音，另一只手拇指和食指并拢，表示他欣赏我们所保持的这种安静的质量。走上讲台后，他开始讲课。我们不需要其他信号来认可我们保持安静的努力。我之所以每一次都被这个小小的仪式逗得十分开心，是因为仅凭他一言不发却简洁有力的出场，就足以令我折服。

第二章

意识到我们真实的感受

Prendre conscience de ce que nous vivons vraiment

我一点儿也不认同所谓的"苦尽甘来"。既然那么苦，还不如去做别的事。能够从工作中得到快乐，才说明工作是适合我们的，而我的喜悦的纯粹——拿但业[1]，对我而言是最重要的指引。

——安德烈·纪德（André Gide）

1 拿但业（Nathanaël），《圣经》里的名字，意为神的恩赐，基督的12使徒之一，后人多称其为圣·巴托罗缪（St. Bartholomew）。——编者注

为了做好，筋疲力尽

一位男士来到研修班，自我介绍说：“我没有感觉，需求更少。我的妻子，她有一些感觉和一些需求，我的孩子们也一样，我的老板也是，而我，什么也没有。一些责任和一些义务，这我倒是很熟悉。”

“发现这一点后，你感觉如何？”

“这使我悲伤……”

“您看，您还是能够认识到一种感觉：悲伤。”

“是啊！”

“那么这为什么使您悲伤呢？”

“因为我很想分享他们的生活方式，那看上去更有生气。”

“您看，您还可以识别出一些基本需求：分享的需求和更

有生气的需求。”

“您说的有道理，”他眼里含着泪说道，“我听过太多人说，男人不哭，男人要控制自己的感情，男人要尽到自己的责任，以至于我甚至不能允许自己去想我可能渴望什么，可能有某种个人的欲望。”

尽管我们常常意识不到，但我们不可能感觉不到。尽管我们相信我们只能倾听他人的需求，但我们不可能没有自己的需求。更何况，我们贡献了大部分的甚至全部的时间，试图满足这些我们没有意识到的需求。

如果我们认为我们只应该倾听他人的需求，而不是我们自己的，那么我们便忽略了我们实际在关注的人类最强烈和最普遍的需求之一：关心他人，为他人的幸福做贡献。

二元论思维使我们相信，关心自己会使我们停止关心他人，而为了全心全意地关心他人，就应该“忘我”！

为什么要把我们对他人的关心和我们对自己的关心对立起来呢?

每当我想到那些献身自己或者为了他人而忘记自我的人，我就感到无限悲哀。这种悲哀告诉我，我是多么希望人们能理解，既然他们不是首先为了自己的快乐和幸福而去关心他人的话，不如去做别的事情。

有多少人，尤其是在教育领域和援助关系中（教师、社会工作者、医生、护士、治疗师），已经或正在鞠躬尽瘁，直

至在救治他人和忘记自我中精神抑郁？他们常常给自己实施一种“要做好”的暴力，以至于他们失去了“什么都不做”的能力。他们已经背离自己太远，以至于他们的精力和活力都已耗尽，而有时正是某种打击（抑郁、事故、丧亲、失业）才把他们还给了他们自己。我们自身没有被倾听的那些部分在强烈地暗示我们，那常常以完全无意识的方式持续着的针对我们自己的暴力，呼唤着生命的强烈反应。因此，如果我们活在针对自己、针对生命的暴力（苛求、控制、过劳、负罪感）之中，我们很可能会激起生命的某种强烈反应（事故、疾病、抑郁、丧亲之痛）。

一些人在无意识地为了他人而忘我地工作。在援助关系中，有多少人劳累过度，以至于丧失了自由支配的时间、幽默感和人情味，尽管他们一心想要“做好”，但最终却导致了更多的错误。因此，在医疗领域，疲惫可能导致治疗或护理上的疏忽；在教学领域，过度激励造成的厌倦可能会导致教师排斥或放弃某个需要特别关注的学生。

我曾在一家致力于救助有依赖症、犯罪、厌食症、抑郁症、卖淫等问题的青年的协会中担任志愿者将近10年，我得到了两点启示：

◎为了生存下去，我们急需清楚地区分什么是关心、什么是负责。我将在后面重新谈到这一点。

◎持久地、适当地关心他人的唯一方式就是激发出自己内心深处的喜悦，在为他完成的每一件事情中感受到巨大的幸福。如果这只是我们自身的一部分出于责任、出于牺牲和因为“应该”而做出的行为，同时我们感受到的是一种义务、一种约束、一种负罪感，那么这个部分将“吃掉”我们的精力和活力，并迟早会通过愤怒、反抗或抑郁等表现形式进行报复。

在这方面，我记起了一次围绕着我们在撒哈拉沙漠中为30多名问题青年组织的一次远足的谈话。

“实际上，在旅行中你们玩得很开心，因此你们没有任何功劳！”

“您感到忧虑是因为您需要确保我们很好地照顾了与我们一起远行的那些青年吗？”

“是的，因为你们去那里不就是为了玩吗？”

“您是不是很难想象，我们既可以使自己开心，又可以使他人开心，可以同时关注自己的幸福和他人的幸福呢？”

“实际上，我一直看到的是它们的对立，要么我照顾我自己，要么我照顾他人而忘记自己。”

“如果我对您说我之所以为组织这次旅行而高兴，是因为我同时满足了我对发现、空间和探索的需求，以及我对帮助他人获得幸福并在带他们去冒险的同时分享了我的爱好的需求，

您有什么感觉？”

“我没有这样看待过这些事。这对我来说是个新观点，实际上，我因为摆脱了这种对立的观点而如释重负。”

“这不只使您如释重负，还调动了您所有的能量。当时，我的整个身心都投入了沙漠探险中，我付出了全部的活力。我身上没有任何一部分在说：‘唉，我还是待在家里，在壁炉旁看书吧，或者我宁愿和伙伴们去参加冬季运动。’意识到我的需求不是对立的，我就会全身心地投入我所做的事情中，青年们也会感受到这种身心的统一带来的自由和快乐。这唤醒了他们自身对统一、活力、投入和生活情趣的需求。”

让我们再回到需求上来。我们可能时常完全背离自己的感觉和需求，也就是说，禁止自己去感受它们、倾听它们、“建设”它们。然而，我们不可能没有感觉和需求，尽管我们经常根本意识不到它们的存在。事实上，感觉和分享是最深层地满足人类天性的行动。因此，我们最亲近的和最基本的幸福源于我们与自己、与他人和与我们周围事物之间维持的关系的质量。

当我们与自己和与我们亲近的人清楚地沟通时，当我们与自己和与我们所爱的人休戚与共时，当这些关系建立在尊重和信任的基础之上，即我所说的“共同的幸福”之上时，我们将感受到最大的快乐，不是吗？相反，当我们看不清自己时，当我们感到背离了自己时，当我们认不清一种关系时，当我们感

觉背离了我们所爱的某个人时，我们将体会到最大的痛苦，不是吗？因此，我们的快乐和幸福并非来自我们所拥有的东西，也并非来自我们所做的事情，而是来自我们妥善处理与人、活动和事物的关系。

自从我试图在生存困境中寻找一种意义时开始，我看到了有些人散发出的一种发自内心的幸福，一种活在人世间的快乐。他们看重的不是活动、所有权和交往人数，而是他们与人、物和要做的事之间的关系的质量，这种质量则基于他们与自己的关系的质量。这些人不求用要做的事和要见的人填满他们的生活，而想用生命来充实他们培养的关系和他们正在做的事。

由此，我认为我们真正的财富、真正的财产，以及我们内心深处持久的快乐的源泉正在于此，即我们与自己、与他人和与我们周围的世界建立深厚、持久、有营养的关系的能力。然而，这种能力的培养却是最困难的！原因如下：

① 实际上，我们很少看到现实的真实面目，我们多数时候看到的是我们认为的现实的模样，或者更准确地说，是我们担心的现实的模样。因此，我们将探讨我们该如何尽可能客观地与真实的现实——而不是我们看到的现实——建立联系（详见第50页“观察但不评判、不解读”）。

② 我们常常把我们的各种关系建立在我们的印象、信念和成见之上，而不是建立在我们个人的真实感受之上，以至于

我们没有适当地倾听自己。因此，我们将探讨我们该如何倾听那些使我们靠近自己的感觉，同时将它们与那些包含对他人的指责、责备或批评的感觉区分开来（详见第67页“感觉但不评判、不解读”）。

③ 我们按照外部的标准，如习惯、传统、强加的或假设的责任（“我认为我应该……”），以及对他人目光（社会压力）的惧怕行事。“他人”可能是父母、配偶、孩子、社会环境、职场，或仅仅是我们不甚了解、不太熟悉的那部分自己（我们怕他评判我们并降罪于我们）。因此，我们将探讨我们该如何倾听我们的基本需求，以及如何识别和区分它们，并确定先后顺序（详见第90页“识别我们的需求，不迁怒于人”）。

④ 最后，因为不能理解并灵活自如地处理我们自己的需求，从而不能理解并灵活自如地处理他人的需求，我们常常会拒绝自己的需求以取悦他人，做个“好人”。而长时间充当好人或者担心自己的需求得不到承认，我们就会把自己的需求强加给别人，或等待别人来揣测连我们自己都无法明确表达，甚至不能识别的需求，如果他们做不到，我们就会责备和评判他们。因此，我们将探讨如何明确表达清楚的、具体的请求，从而使我们的需求在日常生活中具体化，同时考虑到他人的需求（详见第111页“提出一个具体的、现实的、积极的和可协商的请求”）。

在本章中，我们将尽可能地探讨我们在以下每个阶段体会

到的意识——

① 观察：我们对自己观察到的、听到的或诉说的某件事情做出反应。
② 感觉：这一观察引起了我们的一种或多种感觉。
③ 需求：这些感觉表明了我们的需求。
④ 请求：在意识到我们的需求之后，我们可以提出一个请求，甚或采取一个具体行动。

你们看，我们的目的不是为了丧失理智，而是使它找回自己的位置！目的是对我们的头脑说："感谢您的良好服务，我经常需要您（在餐馆核对账单、替我报税、编写合同、分析形势、管理我的预算），但不是所有时候。我不想让您像控制塔那样控制我的全部生活、指挥我的所有选择。我也需要相信我的直觉，倾听我的感觉，自如地、尊敬地对待我的需求。实际上，我需要感觉自己是完整与和谐的，我不希望我的头和我的心被分割、被撕裂。我不想成为一个两条腿扛着脑袋的人！"

观察但不评判、不解读

印度灵性导师克里希那穆提（Krishnamurti）认为，区分对一件事的观察和对它的解读是人类智慧的最高阶段。区分事实真相与它在我们内心激起的情感，无疑是一件最困难且最不寻常的事。我们往往为我们对事实的解读涂满颜色。我们对事实的理解掺杂着支配我们的恐惧、希望和推测的色彩。因此我们看到的不是现实（即事实真相），而是我们为自己制作的关于这个现实的多少有点儿虚构的电影——我们往往把我们的全部生活、所有态度、所有思考建立在对现实的主观解读之上，却不明白这种态度会给我们带来多么悲惨的误会与隔阂。

现在，我想请大家通过确认事实来跳出这个解读和投影的陷阱。

从乒乓球到螺旋线

我以为我观察到了这个事实：我的朋友和我赌气好几天了。我差点儿就要因为他的态度而反击他，对他发牢骚或者可能反过来跟他赌气，无论如何，我可能会被焦虑所困扰。于是我从一次解读出发，启动了一个暴力过程。

实际上，我知道他为什么跟我赌气吗？可能他正因为什么别的事情而伤心或忧虑，可能他的偏头痛犯了。我则因为这种

态度而伤心或担心，然后断定他在跟我赌气，而没有花时间去与他确认这个事实，我完全虚构了一部脱离现实的电影。这部电影包含两个风险：①我毫无意义地丧失了自制力，这消耗了我的全部精力；②我差点儿侵犯了对方，自己引发了暴力；实际上，我可以找他谈谈，说些诸如“我受够了你给我脸色看”之类的话，而他很可能回答说：“没有啊，我没有给你脸色看。”“你有。”“我没有。”或者，搬出相当常用的说辞：“尽管我给你脸色看了，可那显然是因为你……”然后我们可能进入争论的乒乓推挡阶段：“你没理，我有理”“是这样的”“不是这样的”……而这往往又形成暴力的螺旋线。

事实上，这个方法的基石是尽可能中性的观察：像一台摄像机那样记录事实（话语、身体姿势、面部表情、声调）。因此，我们应该十分留意与他人沟通的“进入”方式。

评论

以下是一个简化的表达方式，旨在帮助理解这一过程：

① 我观察到我的朋友在吃饭时没有说话并且一言不发地离开了房间（O）。

② 这一观察激起了我心中的一种感觉：我感到忧虑、无能为力（S）。

③ 这种感觉表明了我的需求：我需要知道出了什么事（B）。

④ 具体而言，我的请求或我的行动应该是去确认他的感觉，确认他是否在为什么事忧虑，我能否做些什么来缓解他的忧虑（D）。

于是我去找他，说："当我看见你在吃饭时一言不发地离开房间时（O），我很担心（S），我想知道你是否在为什么事发愁，我能不能帮你（B+D）。"

这一表达方式在日常生活中可能显得幼稚而不切实际！我们可以用通俗的语言使它变得更实在一些，少一些学院气，例如，我们可以说："你一句话不说，是不是出了什么事？"无论如何，我观察到，这种谈话的开启方式，即谈论某个主题而不评判、不解读，不仅使我们能更好地支配我们的心灵来倾听对方，而且使对方能更好地支配他的心灵来真诚地与我们谈论他的感受，而不会感觉遭到了批评。

"你总是把一切丢得乱七八糟"

我经常与学校里的孩子们一起"测试"另一个例子。假设您是一个12岁的孩子，您大约在下午4点从学校回到家，下雨了，校车迟到了，您的母亲是这样迎接您的："注意点儿，你总是把鞋乱扔在楼梯上，你又把你的滑雪衫扔在沙发上了，书包又扔在了客厅中间！就好像这个家里就你一个人住似的！去把这些都整理好，快点儿！另外，你的房间简直就是个战场，

马上把房间也整理了！”请自问一下此刻您是什么感觉，您是怎样的精神状态。

我经常从孩子们那里得到以下两种反应：

◎“嗯，如果她这么大喊大叫的话，我肯定不会照做，我会烦躁，最终我俩都会抱怨一整晚。”

◎“嗯，我没有选择，我会去整理我的东西，但我会摔上所有的门，每走一步都弄出响声，直到我的房间，并在我的房间里把音乐声音开到最大，以此作为我的报复。”

于是，我当场建议换成以下表达方式。情况是相同的，即下午4点，下雨了，校车迟到了，您的母亲是这样迎接您的：“我看见你的鞋在楼梯上，你的滑雪衫在沙发上，而你的书包在客厅的地毯上（O），我感到伤心和失望（S），因为我用心把家收拾得整整齐齐，我需要你尊重我的劳动，并与我一起保持家里的整洁（B）。我想知道你是否愿意现在就去整理你的东西（D：具体的、可协商的请求）？”

我通常会得到以下两种反应：

◎“嗯，如果我母亲总是这样请求我做事，我会立即去做的。”

“为什么？”

“因为我讨厌别人无理地把一些事强加给我，但如果他们告诉我为什么，让我选择的话，我通常会高兴地去做。我也喜欢回到家的时候，家里干净整齐。”

◎“嗯，这听起来比第一次舒服。家里干净是件好事，我很愿意出力。但是，当我放学回家时，我更希望他们先让我安静一会儿，自在地吃会儿点心。”

于是我们做了一个角色扮演游戏，我扮演母亲。

“你想说你很想去整理，但你累了一天了（S），你想先喘口气？”

“是这样的，我想先吃点儿点心，然后再去整理。”

“实际上，我主要想确保你待会儿还想着这件事（S），而我不是这个家里唯一负责保持整洁的人（B）。你能理解吗？”

“理解，理解。”

“当你一边说着‘理解，理解’，一边已经走向厨房的时候，我不确定（S）你是否已经理解了我的需求（B）。所以我想知道你是否愿意重复一下（D）。”

“好的，你想确定我不会忘记把一切整理好，而你不是这个家里唯一什么都干的人，对吧？”

“正是如此，谢谢。”

评论

① 孩子们通常对谈话的开启方式特别敏感。他们还没有坚强到能抵御我们日常关系中的粗暴态度。因此，在第一个版本中，当母亲使用了诸如“你总是把鞋乱扔……，你又把你的滑雪衫扔在沙发上了……”等言辞时，他们想要回答“不是这样的，两天前我把鞋放好了，而且，我从没有把滑雪衫放在那儿过……”又一次，我们被“是的”和“不是的”控制了，我们差点儿又要开始争论的乒乓推挡了（“你总是这么干”“你就会跟我对着干”“我姐姐会把一切做好”“你永远都只看到问题”）。

第二个版本中的观察（“我看见你的鞋在楼梯上，你的滑雪衫在沙发上……”）是中性的，不加评判，不予解读，声调或面部表情不带有责备或批评色彩（注意！这很难，非口头语言很强大），从而达到了这样的效果：

◎ 它使我们可以用对方听得见的方式清楚地表达我们的感觉和需求。

◎ 它使对方随时愿意倾听和理解我们，从而使我们能够共同找出令双方都满意的解决方案，不只是令母亲满意，就像如果她将自己保持整洁的需求强加给孩子却不倾听孩子休息一会儿的需求时的那种情况；也不只是令孩子满意，就像如果母亲为了对孩子“温柔”而没有说出自己对保持整洁和寻求合作的需求时的那种情况。

以中性的方式表达我们的观察，并不意味着我们要抑制自己的感觉，而是让我们以尊重现实及尊重对方对现实的看法（可能与我们的看法大相径庭）的方式开启谈话。这样，我们便能够把我们的感觉以不评判、不侵犯的方式完整地传达给对方。

② 我与一些孩子做练习时注意到，他们对强迫的反应几乎是一致的。实际上，无论成人还是孩子，我们都讨厌被强迫去做某件事。我们有对理解意义和对行动自由的需求。

意义在这里就指需求："我用心把家收拾得整整齐齐，我需要你尊重我的劳动。"而自由则是由始终可协商的请求的表达方式来保障的（否则，表达的就不是请求，而是强求，我们就会因此脱离我们希望达到的关系的质量）："我想知道你是否同意现在就去整理你的东西？"这恰恰是最难的：接受对方的反对意见！回忆一下，只要我们的需求未被认可，我们往往就会把它们强加于人："立即去整理你的房间！"这不是一个开放式的请求，而是未给对方留任何自由的强求。于是，对方要么顺从，要么反抗，但肯定不会带着帮我们得到幸福的兴趣和快乐去做事！您可能会说："可有时就应该强制要求，并设定限制，我们不能放任一切。"我从中听明白了您对建立结构、给出可靠基准的需求。我们将在后面进一步探讨这方面的内容。

可以说，至今我还没有遇到根本没兴趣帮助他人得到幸福的人，无论成人还是孩子，尽管这一兴趣有时候被很好地隐藏、掩埋在内心深处隐蔽的角落里，或者因为痛苦而遭到反抗。我见过一些专门侵犯别人——尤其是老年人——的青年眼含热泪地谈论他们病中的或生活困难的父母或祖父母。因此我相信，我们完全有能力重新找回这一需求：帮助他人得到幸福。经验还告诉我，如果当事人更加重要的其他需求未被满足，如被认可、被接纳和欢迎，拥有自己的位置，因为自己的为人而非所做的事而被喜爱、被尊重，从各个方面被看作一个人，等等，则其奉献他人的需求可能被阻碍或扼杀。许多拒绝态度是这些需求中的某一个未被满足这一事实的表现。例如，孩子不想整理他的东西，因为这是他表达自我、表达他的差异性或身份、吸引注意力、获得比他的妹妹或哥哥更多关注的唯一方式。正如居伊·科尔诺在他的题为“好男孩好女孩的悲剧”（*Le drame des bons garçons et des bonnes filles*）的报告会上提到的：“如果我没有学会做好事或者我没有为此得到认可，我就会做坏事。”

③ 当我与一些母亲一起做练习时，我发现她们实际上总是愿意倾听和尊重孩子在整理之前喘口气、吃点儿点心的需求，只要孩子认可、分担并实际尊重她们保持整洁和在家务组织方面得到支持的需求。实际上，她们并不是真的想要孩子立

刻去整理，而是她们因为总是独自去整理所有人的鞋、本子、玩具，总是独自关心家里的整洁而感到厌倦。多数时候，除了强求之外，她们没有找到如愿以偿的其他方式。

于是，我观察到，一旦一个人愿意带着对对方的善意和自信心搞清楚他们各自的需求，并确保对方理解了自己的需求，那么家庭或夫妻系统的运转就会发生根本性的变化。

④ 在“你总是把一切丢得乱七八糟”这个许多人认为是客观观察的表达方式中，没有一个词是客观的，或许除了“你”之外。而且，它听上去就是一种指责：

◎“丢”这个字是评判态度而不是观察行为。我厌倦了见到别人的东西总是放在我想看见其他东西的地方，因此我认为他丢弃了它们，而对方可能对这一处置很高兴、很满意。

◎“总是”一词会使人心生同样的厌倦。显然并不总是这样，而且对方当然不会放过每一次回答“不是的，昨天我都整理了”的机会。同时，他会很愤怒，因为我不公平地评判了他，却没有认可他前一天的努力。

◎“一切”一词在这里用得不对。显然不是一切如此，对方当然不会错过让我知道“不是的，昨天我整理了我所有的光盘”。同时，他会因为我没有赞赏这一行为而愤怒，尽管玩具、鞋、运动器械等还是散落在家里的各个地方。

◎“乱七八糟”一词过于强烈了，他会激动地想：“我活着，我玩耍，我创造，我充满活力怎么啦，而你认为这是‘乱七八糟’。你们大人是不是有点儿僵化了？！”

您看，“你总是把一切丢得乱七八糟”这句话里的每个词都激起了对方的抵触、反抗和拒绝。以这种方式开启对话，我们肯定会面临对方的“不合作”，因为当对方感觉自己一开始就受到评判和指责，他就会把全部的精力用于自我辩解和试图对付我们，而不是倾听我们的需求。实际上，在我们寻求对方的认可而不得时，当遇到分歧时，我们倾向于试图通过争论、控制或顺从，急切地重新达成一致。

相反，如果我们通过中性地提及我们担心的对象（中性的观察：“我看到你的光盘在客厅的地毯上，你的鞋在门厅的地毯上，玩具在楼梯上。”）来开启对话，我们会给自己一个机会，让对方了解我们的需求。而且，为了使他不至于把我们的话听成一种责备或对他的行动自由的约束，我们要小心地提出一个开放性的、可协商的请求，比如：“我感到伤心失望（S），因为我在家务方面需要保持整洁并得到支持（B）。我想知道你是否愿意把你的东西送回你的房间去（D）。”

在这个方法中，我们会思考的头脑对我们来说非常珍贵，我们凭借智力中性地读取事实，因此能够使对方注意到我们忧虑的对象，又不会一下子激怒他；或者给我们自己一个使东西

回归正确位置的机会，而不必陷入一种往往多少带点儿“偏执狂”的解读妄想中。

尽可能客观地指出事实真相这件简单的事，常常会使我们重新界定事物，并以此给偏见、成见和先验的气球撒撒气，避免它们迅速夺取所有地方，占据我们的所有智力空间和所有谈话。在多少谈判、会议和饭局中，人们都在议论未经确认的事实并基于简单的假设来讨论时局及其影响？如果我们愿意更多地谈论我们了解并已确认的事实，而不是我们担心却未核实的情况，我们就会花更多的心思和精力来发展经济。

练习

我邀请您做以下的练习：观察但不加评判，然后倾听您自身产生的感觉和需求。

不要说：	而要说：
“你迟到了。你总是迟到！我们真是永远不能信任你。”	“我们约好8点见面，现在10点半了（O）。 “我既生气又担心（S）。 “我需要知道发生了什么事，以便确保我今后还能信任你（B）。 “你现在是否愿意跟我谈谈（D）？”
“我真是倒霉透顶了。没有一件事是顺利的。我的生活真见鬼了，我就该一头钻到火车底下去。”	“我刚刚丢了工作，配偶又对我说想跟我分手（O）。 “我感到失魂落魄、无能为力、愤慨，而我好像从没想过我会变成这样（S）。 “我真的需要时间看得更清楚一些，我非常需要找回信心，相信自己有能力战胜这个考验（B）。 “在做出任何决定之前，我会给自己时间去接受这一切（D）。”

（续表）

不要说：	而要说：
“我一无是处。我的确什么也做不好。我一次又一次地失败。我永远也成功不了！”	“我没得到足够的分数通过考试（O）。 “我既失望又愤怒（S）。 “我真的需要，一方面使我的努力得到认可，另一方面相信我有我的价值，即使我现在还不了解它（B）。 “我会给自己时间想清楚，我的学业是否适合我，是否能使我发挥自己的潜力（D）。”
“你一无是处！你永远成功不了。你是个什么也做不好的讨厌鬼！”	“当我看了你的成绩单，看到你数学得了5/10分，化学得了6/10分时（O）…… “我的确感到非常担心（S）。 “我需要放心，需要知道你理解学习这些学科的意义，找到了学习的兴趣，并感觉到很好地融入了班集体（B）…… “而且我想知道你是否愿意花点儿时间来谈谈你的感受和你对这件事的想法（D）。”
“我非常感情用事。”	“当我经历一种强烈的情感时（O）…… “我感到慌乱、不自在（S）…… “因为我需要更好地理解我的感觉，以便能够更令人满意地运用它们，并更好地控制我自己（B）。 “下一次当我感觉产生了一种强烈的情感时，我会花时间从内心接纳它，倾听它对我自己和它所揭示的我的需求的看法（D）。”

在对观察但不评判的重要性加以总结的基础上，我想分享以下三个看法。

① 将对事实的叙述与解读区分开来是刑事调查和司法诉讼中常用的做法。在将事实与法律所表达的社会价值观对照之前，当事各方（警察局、法院和法庭、侵犯者和受害人、原告方和被告方、受牵连的第三方等）应该首先对事实达成一致。

在军队中也适用同样的方法。当我在军队服役时，我曾学过一门名为“观察与报告”的无线电信息课。为了确保按原样描述事实，我们不能被感觉所困扰！

想象一下在战争期间，一名哨兵报告：“我们四面受敌，敌人以最强的攻势向我们涌来，这是进犯。”这样会使人难以做出适当的反应。相反，如果哨兵指出他实际观察到：“一支由15辆坦克组成的纵队由南向北开至距离前线15千米处，一个由100多人组成的部队从河左岸登陆，三架XY型飞机飞过海岸，向西飞去。”这无疑会为指挥者提供更多做出适当决定的机会！我当然不是在这里为军队辩护。我只是指出了一个安全且简明的基本原则，以提高行动效率：查明事实，就其进展情况达成一致，从而在做出解读或反应前知道我们真正谈论的是什么。

出于对安全与效率的价值的同等尊重，很有必要研究我们的观察方式。这不是为了背离我们的感觉和需求，而是为了给予它们充分的空间。

② 评判把他人关进牢笼，现实把我们自己关进牢笼。它把我们与他人、现实与我们割裂开来，把评判对象当成一个真空包装食品包进玻璃纸里，做成一个密封的、隔离的、现成待用的小包裹，放进定见、成见和偏见的冰柜里。当我评判的时候，我既不会去想自己的感受，也不会去想对方的感受。相反，我把自己与我的内心和对方的内心分隔开，只停留在我的

智力空间里。评判使现实凝固。它将现实禁锢在某个方面，并阻挡了它的进程。

然而，生命是运动的。从宇宙和各个星球无限大的运动直到原子和电子无限小的运动，一切都始终在运动。这个星球上唯一固定不变的，是人类固定不变的想法！在自然界，不存在任何固定不变的东西，只有人类发明了确定性的评判！在自然界，不存在任何确定性的东西，一切都有季节、过渡和转变，甚至连山脉都处于运动中。

实际上，唯一不变的东西就是变化，其他的一切都是暂时的、不稳定的、季节性的。一切都是过程，一切都是运动：新月/上弦月/满月/下弦月，高潮/低潮，春/夏/秋/冬，出生/成长/死亡，序曲/乐章/尾声（音乐），前言/主题/结论，儿童/青少年/中年/老年，新手/爱好者/行家/专家/诺贝尔奖得主，种子/胚芽/萌芽/幼苗/生长/开花/成熟/结果/种子/胚芽/萌芽/幼苗/生长/开花/成熟/结果/种子……无限循环。

请大声重复几遍："种子/胚芽/萌芽/幼苗/生长！"这除了让你有个供消遣的口头练习外，你可能还会明显感觉到运动出现了，旋转、连贯，以及由此发生的生命本身的交织和杂交、友谊、种子破壳而出成为胚芽，萌芽变成幼苗。你看到了活力迸发和生机勃勃的进程：在前面的例子中读到的两种表达方式（"我真是倒霉透顶了，没有一件事是顺利的，我的生活真见鬼了，我就该一头钻到火车底下去"和"在做出任何决定

之前，我会给自己时间去接受这一切”）之间，难道就没有与熄灭和点亮之间、麻木和觉醒之间、死和生之间相同的差异？就没有与毁灭和创造之间、拒绝和接纳之间、死亡和运动之间相同的差异？

③ 实际上，因为我们有意识，我们内心深处就有确定自己与事物和与人之间的相对位置的需求及运用我们的辨别力的需求。“找出自己与事物和与人之间的相对位置”，我理解为：知道我们在哪里，我们经历的或看到的是否符合我们的价值观和世界观，我们是想继续还是改变，我们能做些什么来改变。我们内心深处有分享价值观的需求，尤其是关于意义的价值观。我们希望人生有意义。

然而，为了满足这两个需求，我们采取了习惯性的、令人恼火的智力评判的态度，而不是用我们的心灵来接纳事物。

在这本书中，我的愿望是指出我们怎样才能自我定位而不做评判；辨别问题、价值观和优先权而不予批评、攻击和强迫；找到并分享人生的意义而不加限制和拒绝。这个过程的第一步往往是确认发生了什么：现实是什么，事实是什么？

一个故事

为了说明我们在做出评判时可能完全搞错的概率有多大，我建议读一个故事。这个故事阐明了这个过程的第一阶段，

或者是“观察”，或者是接受现实的本来面目（始终在变化），而不是我担心的它的样子或我认为的它的样子。实际上，故事中的这位老翁可能看上去冷漠无情。尽管如此，我还是愿意引用这个故事，因为这位老翁不愿意被禁锢在僵化的和使人僵化的对现实的看法中。他始终顺应变化，接纳到来的人和事，而他的态度，与那些不安的、聒噪的村民们的态度相比，是一种沉默而自信的高贵的平和。这个故事是这样的：

> 一个穷人有一匹奇特的白马，并由此引来了富人们的嫉妒。每次有人提议用一大笔钱买下这匹马时，这位老翁总是答道：“这匹马对我而言不只是一头牲口，还是一个朋友，我不想卖掉它。”
>
> 一天，这匹马失踪了。邻居们聚集在马棚前议论纷纷：“可怜的傻瓜，你早就应该想到有人会偷走这匹马。你为什么不把它卖了呢？真倒霉啊！”老农则显得比较谨慎：“别夸张，”他说，“我们只能说这匹马不在马棚里了。这是事实。其余的只是你的猜测。怎么知道这是福还是祸呢？我们知道的只是事情的一部分，谁知道以后会发生什么呢？”
>
> 人们都嘲笑这位老翁。他们一直以来都把他当成一个头脑简单的人。15天之后，白马回来了。它没有被偷，它只是去野外遛了一圈，还顺便带回来10多匹野马。村民们又聚在了一起：

“你说得对，这不是祸，而是福。”

“我不这么想，”老农说，“我们只能说这匹白马回来了。怎么能知道这是福还是祸呢？这只是一个插曲。我们怎么可能只读一段书就了解整本书的内容呢？”

村民们散去了，坚信这位老翁是在胡说八道。得到10多匹好马无疑是上天的赏赐，谁能否认呢？老农的儿子负责驯服这些野马。其中一匹把他踢倒在地，还踩了他一脚。村民们又一次来发表意见：

“可怜的朋友！你说得对，这些野马没有带来好运。眼下你的独生儿子残废了。谁来照顾你的晚年呀？你真可怜。”

“我说，”老农反驳道，“别那么快下结论。我儿子的腿残废了，只是这样而已。谁能说这会给我们带来什么呢？生活有许多小插曲，没有人能预测未来。”

不久，战争爆发了，村里所有的青年都被抓去当兵了，除了老翁残疾的儿子。

“老头儿，”村民们悲伤地说，“你说得对，你儿子不能再走路了，但他留在了你的身边，而我们的儿子却都去送死了。”

“拜托，”老农答道，“不要急于判断。你们家的青年应征入伍，我的儿子待在家里，这就是你们能说的全部事实。只有老天知道这是福还是祸。”

感觉但不评判、不解读

我觉得……/我感到……

大多数时候，如果您就某种令人担忧的情况问一个人“感觉如何”，他会回答您：“我觉得绝对应该这么做或那么做……，我觉得领导们是时候这么做或那么做了……，我觉得完蛋了……”

因此，他在用一种想法、一种观念、一种评论，而不是一种感觉来回答您，虽然问题是请他找到自己的感觉。此人无疑确信已经向您说清楚了他的感觉，因为他的评论是以“我觉得”开头的。

又一次，我们用思考取代感觉的老习惯占了上风。这是一个习惯性反射，但它并非不容置疑。

如果我们想更多地了解自己，想知道我们在某种情形下的真实感受，我们就有必要倾听我们的感觉，同时像这样表达它：“我感到担心、悲伤、失望……”这种感觉能够帮助我们识别我们的需求，如此这般，我们就可以找到自己对某种情形或某个人的感觉，不予评判，不加指责，也不将我们对自己的感受应负的责任推卸给对方。只要我们把我们的感受归咎于对方，我们就可以推卸责任；只要我们把打开我们的幸福（或不幸）之门的钥匙交给对方，我们就自己掉进了陷阱。因此很有

必要在感觉的词汇表中，区分出那些包含解读或评判他人言行意味的词语。

实际上，因为我们常常认为用“我”来说话就是对自己的感觉负责，所以我们往往会使用一些通常被认为是表达感觉的词语，比如“我感觉遭到了背叛、被抛弃了、被操纵了、被拒绝了”。然而，尽管这些词确实表达了一些感觉，但它们同时也传达了对对方的一种看法、一种解读、一种评判，言下之意是“你是一个叛徒、一个操纵者，你抛弃了我，你拒绝了我”。

您将在这本书的结尾部分看到一张清单，上面列出了那些常用来表达感觉但也包含对他人的评价的词语。这种区分有什么作用？我认为这样做有两个好处。

▌将真实的感觉与包含解读的感觉区分开来有两个好处。

第一个好处与我们希望尽可能安全地靠近自己而放弃牺牲和抱怨的情结有关。我们的语言以及我们通过语言表达出来的意识越能摆脱对他人做了什么或没做什么的依赖性，我们就越有机会意识到我们的需求和价值观，也就越有机会掌控自己，越尊重我们的需求和价值观。

这里有一个例子。皮埃尔，36岁，经常来咨询并报怨他与妻子之间的关系：

“我始终感觉被我妻子操纵着。”

“您能跟我说一下，是什么使您有了被操纵的印象吗？”

“她对我说：‘你从来不理解我，咱俩天生不和。’”

“如果您倾听一下您在这种被操纵的印象背后的感觉，您有什么感受？”

“愤怒和厌倦。我觉得总是要我理解她，我必须始终理解她，否则我就一文不值了。实际上，我在她眼里的唯一价值就是始终理解她。”

“那如果您倾听一下这种愤怒和厌倦所表达的需求，您想到了什么？”

“想到了被尊重的需求，对我本人的尊重，我需要被看作我的本来面目，而不是她想要我成为的样子。”

“这是不是一种您了解的、您已经经历过的一种您的本来面目不被接受的印象？”

“当然，我觉得我面对的好像是我的母亲；我好像站在法官面前，接受不公平的指控，因为我自己的身份不被认可而愤怒，却又不能主张我的身份。”

“当您回想这些事时，您感觉如何？”

“厌倦和失望。”

“这种厌倦和失望的感觉是不是说明了一种您对更多地接受您自己，更多地考虑您自己，允许您自己更多地活出自我的需求？”

（被感动）“是的，完全正确。”

“如果您认为这些需求的确是正当的，那我建议您大声重复它们，以便给自己一个机会来接受它们，从内心深处体会它们。”

（沉默了一会儿）“好的，我需要更多地接受我自己，更多地考虑我自己，允许自己更多地活出自我。”

评论

我常常在陪伴工作中建议人们大声地说出自己的需求。因为经验表明，当某人听到自己说出了与自己的感受相符的某个需求时，他先是会说：“这不错啊，我的需求，我应该在面谈后再想想，我要把它记下来。”而这个需求会一直是虚拟的，就像在书里或文章里读到的但从未经历过的某个治疗方法；而后他会立即接话说：“但无论如何，一直是这样的，我不认为事情会有所变化。没有解决办法，那识别我的需求有什么用？”这样一来，此人又自己把在意识中刚要冒头的需求埋在了负面思想之下。他甚至没有给需求留下存活和被识别的时间，就把它压抑住了。

我很注意这两种风险，常会请这个人花一点儿时间，慢慢地，在确认自己的需求是正当的之后，大声地再次说出这个需求。

对某些人来说，这是一个简单又快乐的练习，他们自愿加入并最终体会到识别并清楚地表达出他们的需求的快乐。他们最常分享的感觉是宽慰和幸福，而被满足的需求是清楚、理解和开放地面对一条需要探索的小路。但对另一些人来说，这个

阶段却非常困难。感受需求的行为被禁止得太久，更别说在某人面前表达需求的行为了，以至于他们无法重复哪怕最简单的句子，比如“我需要我的身份得到尊重”。这几乎是不可能的，话就是说不出来。因此需要做训练工作，可能需要几次课，直至此人感觉能自如地表达自己的需求，谈论它、评论它、识别它的细微差别，即理解它。“理解”，即认可自己。

我总是把这些时刻，无论简单的还是困难的，看作神圣的时刻。这个人在重新适应自己的生活，重新关注自己、整理自己、迎接自己和静心沉思。他重新焕发了活力，有了渴望，看到生命力围绕着他、鼓舞着他，看到他能够倾听自己并由自己的内心引领，这难道不是神圣的吗？

我们在后面可以看到，在识别出需求之后，如何开始采取具体的行动——请求。现在，我们先回到刚才的皮埃尔身上，回到真实的感觉和掺杂了解读意味的感觉之间的关键区分上。只要皮埃尔的意识表示“我感到被操纵了”，他就会一直依赖或顺从于他对对方的态度，并认为对方应对他的不幸负责，因为“被操纵”一词包含着“对方在操纵”这一解读。可能对方的行为的确给了他感觉被操纵的全部理由，但这不是问题所在。

重要的是，要看到当皮埃尔接触到自己的真实感觉和他内心的需求时，他开始摆脱他的抱怨。正是当他开始真实地谈论自己——说实话时，这一过程才开始。只要他或多或少间接地评论他的妻子做了什么、没做什么时，他就止步不前；一旦他

真正谈到自己，他就在前进。拉康[1]曾对一位患者说："当您对我说出一句真正谈到您自己的话时，您就治愈了。"

在治疗陪伴的工作中，我们可以看到，可能是作为介入有意识者和无意识者之间来解决冲突的尝试，这句话就是我们共同寻找的，为的是这句话所解放的意识。皮埃尔正是因此进一步意识到了他的感受，这使他真正开始了必要的努力，从而摆脱了负面的母亲情结，最终以开放的心态接受自己、尊重自己。通过两年的陪伴，我看着他从受害者的角色和对酒精的依赖中走出来，成为一个在女性身边、在职业生涯中、在自主性和责任感方面的成功人士。

在解决冲突的日常实践中，寻找真心话有同样的好处：澄清我们对表面现象背后的真正问题的意识并激发我们的责任感。

区分真实的感觉与掺杂了解读意味的感觉的第二个好处是，借助一些尽可能不激起反感、恐惧、抵抗、反对、矛盾、争论和逃避的词语，可以使他人准确地理解我们。回想一下，我们的意图是提高与他人交往的质量。我们不只是希望对方听到我们说的话，我们也希望他倾听我们的感受。就像我们倾听对方时一样，我们不只是希望听到他所说的话，也希望倾听他的感受。

1 雅克 · 拉康（Jaques Lacan，1901—1981），法国作家、学者、精神分析学家。——译者注

> 推敲我们的语言和我们的意识，剔除那些能激起反对、分歧和分离的部分。

因此，我们应注意推敲我们的语言和我们的意识，剔除它们中能激起反对、分歧和分离的部分，清理它们中“可能被听作”评判、解读、责备、批评、偏见、陈词滥调、较量或比较的部分。因为经验告诉我们，如果他人把我们说的话听作评判、批评、责备或对他的成见的话，他将不会再听我们说话，他会堵上耳朵——有时候非常礼貌地——并准备他的反驳和狡辩。他不会关心我们的感受，他在准备反击或自卫。

皮埃尔的例子

在一场经典的谈话中，如果皮埃尔对他的妻子说：“当你对我这么说时，我感到被操纵了……”他的妻子很可能会答道：“不，我没有操纵你。你总认为自己被操纵了，这最终让人厌烦。”她做了什么？她在自我辩解，她在辩论，她在反驳。因此她没有倾听皮埃尔的心声，也没有倾听自己的内心。她停留在自己的智力空间里。

她还可能这样回应：“是你在操纵，你没看到自己的反应吗……”她做了什么？既然她把皮埃尔的态度当成一种攻击，她就要反击，就要反驳。因此，她没有进一步倾听皮埃尔的心声，也没有进一步倾听她自己的内心。

如果应用上述方法，皮埃尔可以对他的妻子说："当你对我说我从来不理解你，咱俩天生不和（O）时，我感到厌倦和愤怒（S），因为我需要被当作我自己，而不是你想要我成为的样子，我也需要你承认我时常给予你的理解。总之，我需要对我们的关系感到安全，需要确定这不是因为我不总是理解你，也不是因为我不关注你而你也不重视我（B）。我想知道我对你说了这些以后，你有什么感觉（D：具体的、可协商的请求）。"

当妻子听到皮埃尔说他感到厌倦和愤怒是因为他有三个未被满足的需求，同时，他清楚地说出了这些需求，并要求她不带评判、不加约束地表态时，这一切听上去比第一种情形（看到自己被对方间接地贴上"操纵者"的标签）的威胁性要弱一些。另外，第一种情形也没能澄清双方关系中的真正问题。与第一种情形相比，皮埃尔的态度引入了与关系的基本要素相关的更深入的谈话：尊重每个人的身份，认可和尊重彼此的步调，从而使每个人能表达自己的关心，而内心深处的情感安全感也会更少地依赖外部认同的信号。

练习

请您自己试着破译您的感觉标签背后的真实感觉。这里有几个建议：

◎“我感到被抛弃了（换言之，你抛弃了我）。”

下面的说法是不是更准确、更真实呢？

“我感到孤独和伤心，我需要确信的是，我可以依靠你，你心里有我，即使你暂时选择去做别的事情，而不是陪着我。”

◎“我感觉遭到了背叛（换言之，你背叛了我）。”

下面的说法是不是更准确、更真实呢？

“我害怕，我真的害怕，我多么需要能够依靠我们之间彼此的信任和坦率，需要知道你遵守了那些约定和承诺。如果你没能做到，我们可以开诚布公地谈谈。”

◎“我感到被拒绝了（换言之，你拒绝了我）。”

下面的说法是不是对自己和对方都更明白、更有参考性呢？

“我感到不幸、失望和疲惫（S），我需要能够（在配偶心中、在家庭中、在团体中、在公司中、在职场上）占有一席之地并允许自己占有一席之地；我还需要其他人理解这对我来说是件困难的事，而他们的帮助或鼓励对我非常宝贵（B）。我具体能说什么或做什么来满足这些需求呢（D）？我自己能做些什么来获得我想要的改变呢？”

正如我们将在后面关于请求的那一章里看到的，这种意识的觉醒使我们走出了“总是被拒绝的受害者”的情结，因为它澄清了为获得别人的支持，我们具体能做什么；为

了改变，我们能够采取哪些具体的措施（D：请求与行动）。

◎“我感觉遭到了排挤（换言之，你排挤了我）。”

下面的说法是不是更负责任、更容易让人意识到你的感觉和需求呢？

“我感到孤独、无能为力和伤心。我内心深处需要被接受，需要交流和归属感。我具体能做些什么来满足这些需求呢？我应当如何改变才能使自己开始满足这些需求呢？”

您看，当使用一种真实的感觉来真实地表达我们的感受时，我们给了自己更多的机会来关注自己、对自己负责，而我们也给了对方更多的机会来关注我们与他谈论的事，来考虑我们的感受。我们“说真话”的能力激发了对方“听真话”的能力。

说真话，听真话

请观察日常的谈话，饭桌上的、公司里的、工作中的，以及接待室里的。我们鲜有真正倾听自己的时候，我们更多的是礼貌地等待轮到我们发言的时刻，同时揣测着我们该如何介入谈话。这是些接连上演的独角戏，这也解释了为什么缺乏有营养的、有激励性的、传递能量的谈话：我们既不说真话，也不听真话。我们相交，却擦肩而过。

我越来越相信，这就是让我们如此痛苦的基本缺失所在。我们缺乏有营养的存在，其根源在于真心相待的缺失。我们既缺乏与自己交流，也缺乏与他人交流。

如果我们不明白这是我们所追寻的，我们就会用各种伎俩来填补这一缺失：我们陶醉于工作、爱情的征服和亢奋状态，我们被占有欲和诱惑冲昏了头脑，我们因酒精、毒品、药物、性和游戏变得愚钝，我们躲在责任、义务、观念和想法的背后。我们有时绝望地期待一个治疗研修班、一次天涯海角的旅行或是一场触及灵魂的经历能神奇地打开我们的心锁，到头来却发现，就像保罗·科埃略小说中的炼金术师[1]一样，我们坐在自己的财宝上，我们的财宝就在我们与自己、与他人交流的心灵中，除了心灵的交流之外，不存在需要占有的其他财产、需要掌握的其他权力、需要品尝的其他琼浆和需要欣赏的其他奇观。正是这心灵的交流把我们与自己、与他人、与世界连接在一起，除了我们爱分割的思想之外，没有什么能排挤我们、疏远我们。

宇宙中的一切都在运转、相遇。这是创造性的运动。

只要我们活在一分为二的意识中（我离开你是为了和我自己在一起，我离开我自己是为了和你在一起），我们就会经历分离、分歧，并因此经历缺失。而通过研究互补的意识、统一

1　详见保罗·科埃略（Paolo Coelho），《炼金术师》（*L'alchimiste*），Anne Carrière出版社，1994年。

的意识，我们才能逐渐通过多样化品尝到和谐，从个体性达到普遍性。

让我们回到感觉上来。在运用感觉时，我请您特别留心意图，并问自己："我的意图是什么？是巧妙地引导对方做我想做的事，还是做能够使我们善意地亲近彼此的事？"当心情感操纵！

因为，另一个陈旧的陋习曾使我们常常把感觉用于控制他人或对他人行使权力的目的："当你在学校得了很差的分数时，我很伤心。""当你不整理你的房间时，我很愤怒。""当我看到你的成绩单时，我很失望。"更有甚者："你让我非常失望。""你让我失望透顶。""你让我筋疲力尽。"

这种行为方式不能表达我们的需求，还会把我们感觉的全部重负压加在对方身上：对方应该对我们的状态负责、负全责，我们要让他付出沉重的代价。我们将自己的幸福寄托在他身上，他应对我们的幸福负责，并为我们的不幸感到内疚。

这样一来，我们就不必为我们的感受负责，我们把决定我们幸福或不幸的过度的权力赋予了对方。我们把我们的幸福遥控器递给了他。他才是操纵遥控器的人，而我们则按照他的意愿从一种情绪跳到另一种情绪。

母亲与孩子的交流

① 经典版本："如果你不整理你的东西，我会伤心的。"

对于母亲，这意味着：

◎ 如果对方整理了，我就会高兴。

◎ 如果对方不整理，我会一直伤心。

我因此给了对方使我一直伤心或让我变得高兴的权力，而不是去做别的事或以别的方式来做这件事的自由。换言之，我操纵着一个感情权力的游戏、一种剥夺了自由的力量关系。

至于孩子，除非他在那一刻理解并分享了与他母亲相同的对秩序的需求，否则他只能对自己说："天哪，妈妈伤心了，这样下去，事要闹大了。我想让她高兴，所以我得照她说的做，即使我不明白原因，即使我不赞成这个原因，即使这完全是违心的。"在一系列自我调整之后，他学会了适应和过度适应对方的愿望，却忽略了自己的愿望。

他还可能对自己说："我没什么要做的，这是我的东西。我想怎么做就怎么做，如果别人强迫我，我永远都不会整理的。"在一系列自我调整之后，他学会了对一切命令的一贯反抗和习惯性争辩。

② 非暴力版本："当我看到你的本子在桌上，你的衣服在地上时（O：中性的观察，告诉对方我们谈论的事实，不加评判），我感到恼火（S），因为我需要有人在开饭前帮我布置碗

盘（B），我想知道你是否愿意整理这些东西（D：具体的、可协商的请求）。”

母亲感到恼火，因为她有一个需求未得到满足，而不是因为孩子本身。她告诉了孩子这个需求，并向他表达了她恼火的感觉，但没有责备他，然后提出了一个可协商的请求，给了对方选择的自由。

而孩子，在有机会或自由来找到自己与母亲提出的需求之间的关系后，可能会说：

◎是的，我愿意整理。

◎不，我不愿意，因为我想等会儿再干，或者我不干而让我兄弟去干。

您可能会怀疑这种交流的有效性，而且您可能对自己说：“哦！对我的孩子，这是不可能的，如果我不强迫他，我就什么也得不到……”如果是这种情况，请从内心确认您的感觉：您难道不厌倦这种局面吗？以及您的需求：您难道不是更愿意分享您的价值观（比如秩序）和您的需求，而非每次都激发对方的抵制，或者必须强迫对方吗？

如果您认识到自己的这种厌倦和需求，您应该为此而喜悦，这本书您读对了！分享、传递和交流我们的价值观，既不强迫也不顺从，这正是实践我介绍给您的这个方法的益处之一。

▌服从与对自己负责，这不是一回事。

通过说出需求，一方面，我们认清了自己，并对我们的感受承担起全部责任；另一方面，我们告诉了对方我们的感受，同时尊重他的自由和责任。我们请他对自己负责，而不是服从。由此，我们请他建立与自己的关系，同时建立与我们的关系。

看到我如此重视真实感觉的表达，重视识别我们自身的需求并以非强迫性的请求的形式告诉对方这一需求，一位参与培训的女士有一天对我说了以下这段话：

“实际上，我觉得我通过讲座和讨论学到了一种非命令式的语言和‘用我说话’的方式，我因此认为已经学会了单纯地谈论自己，因为我用‘我’而不是‘你’说话，但是这个‘我’允许我心安理得地在对方面前倾倒我的负面情绪垃圾。比如，我对丈夫发牢骚：‘我筋疲力尽，因为你不管孩子……，我忍无可忍，因为你一点儿也不帮我……，我受够了你总是不在。’

“他也听了讲座，于是他回答我：‘亲爱的，用第一人称，跟我谈谈你，谈谈你的感觉，谈谈你想要什么。’

“于是，我说：‘可这正是我所做的，我对你说我发现你外出太频繁，你应该多帮帮我，是时候改变这一切了……’

“而他说：‘可我帮你了呀，而且我的工作让我没法选择。你总是抱怨。’

“在这一交流中（我们几乎不能说这是对话，我尽情地抱怨，他则争辩和反驳我），我们没有尝试去靠近对方。我们企图把对方拉回到自己身边，却徒劳无功。我现在明白了把感觉和需求一起表达出来对于澄清问题和赋予责任是多么重要。”

父母与孩子的交流

① 经典版本：“当我看到你这个月的考试成绩时，我真的很灰心，而且对你很失望。如果你继续这样，你这一学年都不会好的。然后你也别打算以后能找到好工作。看看你姐姐，她比你自觉多了。”

我在利用感觉使对方带着恐惧、内疚或羞耻做出反应。请您站在孩子的角度重读这个版本，确认您自己感觉到怎样的精神状态，以及在您听到您的父母这样发表意见之后，生活对您来说会是怎样的滋味？

② 非暴力版本：“当我看到你这个月的考试成绩，尤其是数学6/10分、统计学5/10分时（O：既中性又详细的观察，向对方指出我对什么做出了反应），我感到担心和忧虑（S）。我需要确保两件事，第一，你理解学习这些学科的意义，你知道它们将来对你的用处；第二，你在班上与你的老师相处融洽，你感到被接纳，如果你有困难，你能自在地说出来（B）。同时，你是否愿意跟我说说你的感觉——你对这件事的感觉（D）？”

请您再一次站在孩子的角度扪心自问，如果您的父母这样表达他们的意见，您有什么感觉？什么能量在支配着您？生活对您来说意味着什么？

当我与一些孩子做这个练习时，他们的反应是明确的。在第一个版本中，他们感觉受到了评判、不被理解、被否定了，为了摆脱这些感觉带来的不适，他们要么发牢骚和争辩（“是老师和学校无能”），要么装作无所谓（“哼！这一点儿都不重要，只是一个无关紧要的小测验罢了”），或者他们直接表现出对做这些事的意义的不解（“不管怎样，如果最终仍然要失业，那么上学毫无用处”）。

在非暴力版本中，孩子们感觉到有人关注他们的困难并接受他们的努力。父母想要不加评判地理解他们，这感动了他们。自由谈论此事的建议（不必担心被强迫，不必面对期许，不必达到某个结果）给了他们自由表达的权利。在以下两个部分，即“沟通，也是给予意义”和“倾听但不评判”中，我建议您观察和分析两个青年——让和伊莎贝尔——在面对父母与孩子交流的第二个版本时的反应。

沟通，也是给予意义

以下是14岁的学生让的反应：

“我很想对我父母说，对于数学，我无能为力。我希望他们告诉我为什么我应该学这个，但他们总是回答说‘因为这是教学大纲要求的’或者‘因为必须学’，甚至还会说‘人这一辈子不可能总是做自己想做的事’。而我需要谈谈这件事，明白为什么。”

“你想说你需要理解你所做的事情的意义，如果你不理解它的意义，你就不愿意去做或者你就做不好？”

“是的，正是如此。如果我看不到意义，我就需要他们给我解释。”

评论

我认为这是沟通的基本要素：给我所做的事或我想做的事一个意义。上几代人中的一些人，乃至我这代人中的一些人，曾听到过这样的话：“事情是这样的，因为它就该是这样。”“不要总是提问题。”“你以后就会明白的。”“有些事必须做，无论你愿意与否。”当然，更别提那个“这是为你好”的悲剧了，它摧残了那么多心灵，精神分析家爱丽丝·米勒曾专门为此写过一本很有名的书。这本名为《这是为你好》的书清晰地阐明了这个从儿时起就孕育了暴力的微妙机制，[1]而正因为它隐藏在好意的妆容下，所以更难察觉。非常幸运的是，这种

1 详见爱丽丝·米勒（Alice Miller），《这是为你好》（*C'est pour ton bien*），Aubier出版社，1984年。

态度越来越少见了。青年一代要求了解意义，并拒绝做那些他们认为没有意义的事情。这是一种新的形势：成千上万的年轻人在质问上一代人有关意义的问题，并拒绝盲目地服从和遵从命令、习惯和规律性。我从中看到了一个奇妙的趋势，它能使人类更多地意识到自己行为的意义而变得对自己的所作所为更负责任。当然，这个转变必然会经历冲突和痛苦……如果您是父母或者只是成年人，您是否始终清楚地了解您所做的事情的意义呢？您是否总能说出并解释引导您全部行为的价值观或需求呢？我们每个人都迟早会重新审视自己的生命和对优先事项的定义，并研究它们的意义。许多家长、教师和教育工作者的不适感的实际原因，往往在于年轻人以直接或间接的方式要求重新确定自己的优先事项，（重新）定义自己的行为和生命的意义。以下这个小故事就证明了这一点：

一位做生意的父亲告诉我，他12岁的儿子问他为什么每天要工作10小时，为什么他总是不在家。

“为了挣钱养家。”父亲回答。

“是的，但这又是为了什么？”孩子又问。

“为了我们过得安全、舒适。”父亲说。

“如果是为了我的安全和舒适，我更愿意您每天下午4点到学校接我，然后我们一起去运动。”

“…………”

这位父亲重新审视了他的优先事项，在与儿子协商后，他

们约定，每周一次在放学后一起去运动。

您看，生活是多么需要您做出改变和更新啊。

倾听但不评判

以下是15岁的学生伊莎贝尔的反应：

“有些事我很想和我父母谈谈，如果他们给我这样的建议，我会感觉跟他们谈话更自在些。”

“你愿意告诉我是什么事吗？”

“是的，我在这个班里感觉一点儿都不好。由于教学大纲和课程分配的原因，我是我们班里唯一一个需要和另一组学生一起上这门数学课的人，而这组学生中大部分人已经互相很熟悉了。我的确很难融入他们，也很难自在地提出困扰我的问题。我一说我不明白，所有人都会打趣我，甚至嘲笑我。于是，我什么也不说了，尤其是再也不提问题了。”

“你是不是在这种情况下感到孤独（S），需要被其他学生接纳和理解（B）？”

“是的，是这样的。”

“你是不是也想和你的父母谈谈这件事，以便获得他们的理解和可能的支持（B）？”

“是的，但是他们不相信我。他们认为我不学习，一切都是借口，我应该更努力……”

“于是你感到失望，可能还很生气（S），因为你的确需要他们明白这与其说是一个学习问题，不如说是一个班级氛围的问题（B）。”

“的确如此。”

“你可能感觉厌倦了你所做的所有努力（S），你可能只是需要他们关注你的苦恼（B）。”

（眼含热泪）“是的。说到底，我只是要求他们理解我，只是想要表达我的感受。我不是真的需要他们帮助我或者做什么具体的事情。我想要他们听我说，但不要评判我。”

我常常听到这个简单的需求：被倾听但不要被评判。是什么使得这些父母这么难以倾听他们青春期的孩子呢？大多数时候，我发现这是因为他们认为他们应该做些什么，有所行动，有所表现，获得一个结果、一个解决办法，而且如果有可能，应该立即获得。然而，可能他们没有找到解决办法，感觉无能为力，或者可能因为尝试找到解决办法而疲惫不堪。因此，为了摆脱无能为力、恐惧或疲惫带来的压力，他们要么通过否认问题来逃避（“可这没有那么严重……，你完全是在编故事……，自己加把劲儿……，生活并不总是那么容易……”），要么侵犯孩子（“这是你的错，你学习不够努力……，如果你多复习复习你的功课……”），而不是直接花时间去和他们的孩子相处，真正地倾听他们的心声。

请注意，孩子可能采取同样的态度：侵犯——“我父母什

么都不懂……，他们一无是处……，我厌倦这一切……”或者逃避——“我再也不跟他们讲任何事情了……，我要慢慢地溜走……，我要安静地走开……”，却没有实现真正的交流。幸运的是，倾听是可以学习的。

互相侵犯、互相躲避还是互相交流

1999年我在蒙特利尔看过一部戏剧，剧中说过这样一段话：“当你们得知临近的部落正准备进攻你们的部落时，你们有三个选择，这三个选择是：以最快的速度逃跑；拿起武器立即侵犯他们；手无寸铁地走向他们并希望你们能互相拥抱。”

在夫妻之间、家庭中或学校里发生的战争，正如种族、宗教、政治或经济战争一样，我们身处其间有着同样的选择：逃跑、侵犯或去与对方交流。

在前面提到的两种反应——让的反应和伊莎贝尔的反应中，我们看到出了问题的学业成绩只是一个附带现象、一个症状。如果只针对表征下药而不追根溯源，那么最好的结果是什么也得不到或者得到外在态度的改变（他会说一切都好，或者作为补偿，他会疯了一样地学习），而这并未解决根本的问题（如何找到他所做的事情的意义？当他难以融入一个集体中时该怎么做？）；最坏的结果是使症状加剧，比如他会这样想：“啊！没人理解我，我得做些什么才能得到真正的理解？不如

先逃课，然后完全退学，然后可能彻底消沉下去……”暴力的机制就是这样在无法沟通的情况下启动的：

“我不告诉你我的真实感受，你不倾听我的真实感受；我发牢骚，你害怕了；我反抗，你控制；我更强烈地反抗，你加强控制；我爆发，你镇压……”难道你就不为这种被完美操纵了几个世纪的游戏感到厌倦吗？我们能不能互相倾听呢？

当然，互相倾听和互相交流并不容易。这是一种需要练习的做法，正如我们学习一门新的语言或一门新的技艺一样。

关于我们的感觉

在本书的结尾，你会找到一份感觉清单。这份清单并不详尽，它来自对专题研讨班中经常识别出的感觉的观察。有意识的非暴力沟通中不存在积极的感觉和消极的感觉之间的典型区别。悲伤和快乐都在告诉我们关于自己的信息；愤怒是一种非常可贵的信号，因为它说明我们自己或他人身上有许多活力。被看作积极的或消极的是这些感觉的后果，而不是这些感觉本身。因此，我建议区分以下两种感觉：

◎令人愉快的、告诉我们需求已被满足的那些感觉；
◎令人不快的、告诉我们需求未被满足的那些感觉。

此外，您还会找到一份带有评价色彩的感觉清单，它们也很宝贵，但他们更常见的是作为印象、形象和感情，而不是感觉，从而使我们能够倾听这一印象背后支配我们的真实感觉，那种没有被我们准备给予对方的态度所干扰的感觉。

表示真实感觉的词语与表示带有解读色彩感觉的词语之间不总是存在绝对清晰的界限。我们有必要再次澄清我们的意图：是我们的意图在告诉我们，我们是正在评论他人做了什么或没做什么，还是正在尝试理解自己。

识别我们的需求，不迁怒于人

为得到我们想要的东西，把恐惧感、负罪感和羞耻感作为工具?

回忆一下，作为好男孩或好女孩，我们主要学会了如何倾听爸爸、妈妈、奶奶、弟弟、邻居、老师等人的需求，倾听除了自己以外的所有人的需求。我们因此养成了习惯，相信我们或多或少对他人的幸福负有责任。如此一来，我们更多地接受了我们有负于他人的一成不变的混乱印象，而不是关于每个人的责任的明确界定。

与此同时，我们养成了习惯，相信对方或多或少对我们

的幸福负有责任。如此一来，我们更多地接受了他人有负于我们、亏欠了我们的一成不变的混乱印象，而不是关于每个人的责任的明确界定。

> 我们更多地接受了每个人都有负于他人的一成不变的混乱印象，而不是关于每个人的责任的明确界定。

于是，我们常常等待对方来关注我们的需求，而我们自己却没有用心识别它们，或者我们向对方提出的请求像是强求，却不告诉他我们的需求是什么，甚或我们的需求就是“关于对方”的。例如，我需要：

◎ 你做这或做那；
◎ 你改变；
◎ 你成为这个样子或成为那个样子。

如果对方没有按照我们期望的方向做出反应，我们就会用批评、责备、评判的方式来发表意见：“无论如何你可以努力一下……，我为你做了这么多……，你真是个顽固的自私鬼……，如果你继续这样，我就走或者我就惩罚你。”

这样的表达方式没有说出我们自己的任何感受，同样也没有告诉对方任何信息。它使我们始终依赖对方做了什么或没

做什么：如果他照我们说的做了，我们就满意；如果他没那么做，我们就不满意。就是这样！

的确，由于不了解自己的需求，也没有以可协商的方式表达它们，我们常常利用恐惧感、负罪感或羞耻感来获得我们想要的结果。

意识到自己的需求，可以帮助我们认识到自己的需求是客观存在的，无论我们的处境如何，以及与我们相处的人是谁。后两者只是激活了我们对这一需求的意识，给了我们一个满足它的机会（还有很多其他机会）。实际上，我们的需求的存在早于任何处境。因此我们始终有得到认可或理解的需求，即使我们独自在山上或海边散步。可能这种需求不一定在那一刻被激活，但这个孤独的时刻可能是一个机会，让我们找到自己需要的认可或理解。然而，需求是我们的一部分，当我们重新融入集体、家庭和社会中时，它会重新变得更容易感知。

当我还是孩子的时候，我的感情需求可能主要由我的母亲和父亲的关心来满足。在成长过程中，我还可以通过与我的兄弟姐妹们的关系来满足这一需求，之后是与班上的男女伙伴们的关系，再往后是与第一个女朋友的关系，以及恋爱关系和朋友关系。在多年的感情寂寞中，我得以验证了我对感情的需求是存在的，即使它未被满足。今天，我意识到这一同样的需求毫无疑问地首先通过我与我的妻子和孩子们的关系得到了满足；与此同时，我也意识到这一需求还通过我

与其他人的关系得到了满足：朋友、工作伙伴、陪伴面谈的对象等。我还意识到，我可以通过陶醉于我喜欢的一首乐曲、沉浸在枝繁叶茂的森林中或满怀欣喜地注视夕阳西下或春天的来临来满足这一需求。

于是，我不再等待我的妻子和孩子们来满足我所有的感情需求。

这种态度包含两个好处。一方面，我敞开心扉迎接这人间之爱的非凡潜力，正如里尔克在这句诗中描述的一般："准备起飞的仁慈守护着万物。"[1]我深信，如果我们准备好品尝不断以人间百态呈现给我们的全部的爱，我们的内心将更加安宁。不幸的是，正如米歇尔·德劳内所说："（我们的）悲观使我们只看到大家所看到的，而我们的心不在焉使我们看不到重要的事情。"[2]

另一方面，我让对方（这里指我的妻子）自由地给予我她想给我的东西。她不是我的感情需求的排泄口，她不是那个来劝我只做好我这一半的另一半，她不是我所缺失的一种无条件的母爱的投影。她是她自己，完整的自己，既是女人，又是妻子和母亲。在一起时，我们不想做角色扮演游戏，即使我们能够完美地操控这个游戏，我们想要的是自由而且有担当的两个人之间真正的关系。

1　莱纳·玛利亚·里尔克（Rainer Maria Rilke），《定时祈祷书》（*Le Livre d'heures*），Le cri出版社，1989年。
2　米歇尔·德劳内（Michèle Delaunay），《模棱两可是最后的乐趣》（*L'ambiguïté est le dernier plaisir*），Actes Sud出版社，1987年。

于是我观察到，表达我们的需求，同时将它与我们对对方或多或少的期待区分开来，一方面为我们打开了所有可能的解决方案（其中可能有对方的介入，但不是唯一的）；另一方面确保了对方的自由空间，换言之，我们可以告诉对方："我明白了你的需求，同时我有另一个需求，我们该怎么做来照顾彼此的需求，既不让你的需求有损于我的需求，也不让我的有损于你的？"

这就是允许互相交流的自由。

正是我们给予对方的自由使我们心心相印

为了说明对方的存在不是为了满足我们的需求，即使他可以为此做出贡献这一事实，我谈到了我的夫妻关系，原因有二。第一，我曾经有很长一段时间都是一个害怕感情投入的单身汉，尤其害怕要完全忘我地满足对方的所有需求。在我的恋爱经历中，只要恋人"威胁"要组建家庭，我就会想方设法搞破坏，并且大胆地让对方考虑是否决定离开，我既不做出继续交往的决定，也不做出分手的决定，一贯如此。我现在明白了，我的恐惧表明了以下需求：

◎ 需要确保能够在与对方相处时保持完整的自我，不是一方或另一方，而是一方和另一方；

◎ 需要能够继续在靠近对方的同时靠近我自己，不只是一方或另一方，而是一方和另一方；

◎ 需要能够交流感情，相互理解和支持，而不需要为对方负责，也不会被对方负责（所谓“给自己找了个妈”）；

◎ 归根结底，需要与一个有足够的内心力量和自尊而自主和有担当的人建立关系，她因为我的本来面目而不是她希望中的我的样子而爱我，而我也因为她的本来面目而不是我梦想中的她的样子而爱她。

我不想在满足对方的感情、安全感或被认可的需求中度过一生，也不想让对方为了填补我的缺失而活着。因此我从内心深处需要我们每个人都识别出并表达出这些需求（感情、安全感、被认可），从而确定即使对方愿意帮助满足这些需求，那么他也不是唯一能够这样做的人。这一自由、呼吸和信任的空间对于我的投入是不可或缺的，而今天我深深地体会到了与我的妻子分享这种相互理解的幸运。我现在明白了，正是我们给予对方的自由使我们心心相印。

我谈到我的夫妻关系的第二个原因，是因为我有机会在陪伴面谈过程中观察到如此多的单身人士或夫妻遇到了一些困难，例如：“我尽量使我的存在不影响他/她的存在，不使他/她害怕，不使他/她感觉被抛弃了。”“我不准我做自己（另外，我甚至不知道人可以做自己），从而不打扰到他/她，避

免他/她有不安全感。”“我如此约束自己以维持家庭、家务、工作和个人境况，以至于我害怕他/她的反应、不安全感、得到认可的需求或融入家庭和社会的需求。”“我为他/她做了一切，而他/她让我感到窒息。”[1]“交往时我不敢保持自我，我变成了对方期望我成为的样子（或我认为对方期望我成为的样子）或者我离群索居。”

我们的关系中的这些困难可以归纳为一类问题，我认为它越来越多地代表着人类面临的基本挑战之一：如何在与他人相处时保持自我，以及如何既与他人相处，又不丧失自我？

如何既与他人相处，又不丧失自我？

这个问题往往通过暴力来解决，要么是对外的暴力——我强迫对方去做我期望的事或成为我期望的样子，要么是对内的暴力——我强迫自己去做对方期望的事或成为对方期望的样子，而这是因为我放任自己跌入了一分为二思想的陷阱。回忆一下我在第一章中列举的引发暴力的四种机制：评判、标签和类别；先验、偏见、成见和习惯性思维；二进制或二元论，即“要么……，要么……”或“……或者……”；推卸责任的语言。

我认为，对一分为二思想带来的暴力最普遍的解释就是：

1　在这方面，我推荐阅读居伊·科尔诺的著作《难道没有幸福的爱？》(*N'y a-t-il pas d'amour heureux?*)，Robert Laffont出版社，1997年，第142页。

悲剧地相信为了关心他人，应该背离自己。这种信念有以下两个后果：

① 如果我们关心自己，就意味着我们背离了他人。结果人们的内心便充满负罪感，因为“我们为他人做的永远不够”，即使我们已经筋疲力尽；只要我们有片刻的喘息（几分钟的懒觉或午休，一周有几个小时为自己而活，几天无所事事的休假），我们就会被这个愧疚的意识啃噬。

② 如果我们即便有负罪感，也想做到关心自己，那我们就会认为我们应该背离他人。由此导致了许多的断交、分手、离婚、逃跑和自我封闭，因为“我做不到在与对方相处的同时保持自我，所以我与他分开了”。

好像如果我们不能关心自己，我们就能适当地关心他人；好像如果我们从未有些许倾听和理解自己的需求，我们就能适当地倾听他人的需求；好像如果我们不给予自己尊重和善意，如果我们不容忍自身的矛盾，我们就能尊重和善待对方的差异甚至矛盾。再次重申，在走向对方的路上，我们不能省略走向自己的路程。

放弃一分为二思想

我们需要放弃用“……或者……”和“要么……，要么……”来表达的一分为二思想，从而进入用“既……，

又……”来表达的补充思想：我既需要保持与他人的关系，又需要保持与自己的关系；不是与一方或另一方的关系，而是与一方和另一方的关系。

> 在走向对方的道路上，我不能省略走向自己的路程。

因此，为了避免使我们处于割裂、分离和分裂状态的粗暴的一分为二思想，我们完全有必要好好理解我们的需求，区分它们，分析出优先事项，从而变得越来越能够感同身受地理解对方的需求，接受对方的优先事项，并在与他处理这方面的问题时变得越来越自如。如果我们没有意识到我们的需求，我们就不太可能自在地谈论它们，更不可能与对方协商这些需求，因此我们会迅速地将我们的解决方案强加于人，或服从他人的解决方案，甚或采纳控制与服从这两个极端之间的任何妥协。

例如，我们可能会维持以下关系：

◎ 诱惑的关系：一方面用权力控制对方，另一方面依赖于对方的欣赏；

◎ 争辩的关系：谁错了，谁对了，我对说一不二上瘾；

◎ 比较的关系：谁做人或做事较好，谁做人或做事较差，我把决定好与不好的权力委托给别人，或者我决定好

与不好，我迫使别人按我的方式做人或做事，或者我服从对方做人或做事的方式；

◎ 算计的关系：他/她拥有的比我更多或更少，我得到的、赚的更多或更少，我做的比你做的更多或更少，等等。

在所有这些类型的关系中，我们还不是一个自由的、负责任的人，我们还有依赖性。我们没有完全按照喜好去给予、奉献和分享，而是因为恐惧而错过、遗落和迷失。

因此，我越来越觉得人际关系中的自由和责任，必须以很好地理解我们彼此的需求为前提，而这则基于处理好我们与自己的关系。

需求既不是欲望也不是渴望

这里涉及一个新的关键区分。需求既不是欲望，也不是渴望，也不是一时冲动。我们经常给自己设置陷阱，把某种羡慕或欲望当成基本需求。这是一个重要的区分，蒂埃里和安德蕾夫妻俩的例子（详见第一章）就很好地说明了其中的两个原因。

第一个原因：走出陷阱。当先生把他去饭店吃饭的渴望当成他的基本需求之一时，正是他给自己设了个陷阱，而不是夫

人。同样，当夫人把待在家里看电影的渴望当成她的基本需求之一时，正是她给自己设了个陷阱，而不是先生。当先生对夫人说“你一点儿也不理解我的需求”时，实际上他应该指责的是他自己。当夫人对先生说“是你一点儿也不理解我的需求”时，她应该指责的是她自己。

这仅仅是因为，如果他们中的每个人都决定像他/她期望对方向自己走来那样，自己走向对方，那么出了问题的那个晚上以及这对夫妻间所有的相处便都能够得到改善。他们就会实现以下的交流：

◎ 先生向夫人指出他的需求，但没有强加于她（请求是可协商的）；

◎ 夫人倾听了先生的需求，但没有感到被强迫去服从；

◎ 夫人向先生表达了她的需求，但没有强加于他（请求是可协商的）；

◎ 先生倾听了夫人的需求，但没有感到被强迫去服从。

我需要……≠ 我需要你……

正是这种表达和接收信息的自由使我们在没有强制、没有阻力的情况下找到令双方都满意的解决方案。

第二个原因：更有创造性。当先生和夫人绝望地紧抓着各

自的渴望不放，而没有确认这种渴望上游的需求时，找到的解决方案（下馆子或看录像）都不如夫妻俩在重新进行了非暴力对话后找出的解决方案有创造性，且令彼此满意：到湖边野餐的具体办法比其他两个建议显得更新颖、更有趣。

是协商使人们创造了各种解决方案。

然而不要理想化！让我们现实一点儿：经常会出现解决方案明显不能100%“满足”双方的情况。每天见证着各种各样的敏感性、个性、节奏、期待、优先事项、幽默感（特别是自嘲式幽默），以及对事物的意义的关心，我不相信我们能够找到总是完全满足每个人的所有需求的解决方案。然而，经验告诉我，在善意的氛围中寻找这一解决方案时表现出来的倾听和尊重的质量是如此重要，以至于具体的解决方案好像是关系的附属品，而不是相反！

关系先行！杂务殿后

有多少次，在我们的关系中，关系的质量都像是具体问题的附属品：首先解决杂务，即具体的组织问题，然后如果还有时间，再关心相处的问题……

像许多孩子一样，我也曾不知不觉地忍受着成年人赋予杂务的这一优先权，借口他们担负了过多的责任：“好的，好的，等一会儿，我还有衣服要整理。”“不，现在不行，我在收拾房

间。”“可你没看见我正忙着嘛。”“我真的有很多工作，现在不行，我们过会儿再谈。”“快点快点，我着急。”“我们没有时间了。”

我就不记得曾经看见我母亲每星期在椅子上坐着超过三分钟。那是一个星期天的午饭前，她坐在椅子的一角（没有时间舒服地坐着），喝了一口开胃酒，说：“坐一会儿可真好！”唉！不到四分钟后，她已经重新回到厨房去，把菜端上饭桌了！片刻之后，她就该迅速收拾、快跑、忙着去做另外1000件事了……如果我想找到与她待在一起的片刻，就得用点儿手段：帮她叠衣服、收拾厨房、整理房间，最好是利用开车出门的机会。于是，作为附属品，关系可以存在。

回想这个疯狂的过程，我发现我学到更多的是如何做人、做事，而不是如何处理关系。而我自然而然地广泛复制了这种行动主义：挤爆了的日程表。我太了解了！

优先考虑组织而不是关系曾经让我自食其果。当时瓦莱丽和我正在准备我们将在荷兰举行的婚礼。婚礼前几天，我在比利时。她从荷兰给我打电话，说要解决一些紧急的问题，也就是一些杂务，我当时正在开车赶往下一个会谈地点。我有点儿紧张，因为我没在现场，我感觉我没有听懂她的意思，我担心我一心想要的某个婚礼安排实现不了。我回答她的语气比我本来想的更强硬，还烦躁地挂断了电话。瞬间，我发现我完全复制了那个旧场景：我让杂务优先于关系了。优先权突然给予了婚礼的组织，而不是我与新娘的关系的质量！

我立刻又给她打了电话，告诉她我对自己的反应感到既吃惊又抱歉（S），我的确想一方面更好地接受她的担忧（B：第一需求），另一方面优先考虑我们互相理解的质量，而不是杂务（B：第二需求）。具体而言，我建议当天晚上花更多的时间与她一起解决那些问题（D：具体请求）。

如果您愿意，我们再回到我刚才回忆的我想要母亲听我说会儿话的情境中。如果我母亲和我具备一些关于有意识的非暴力沟通方面的基础知识，那我们就能实现以下交流[1]：

“妈妈，我需要片刻的关注和倾听（B），你是否愿意咱们一起坐下来谈五分钟（D）？”

“你想跟我谈谈，我很感动（S），因为我需要倾听我的每个孩子（B），同时我也很担忧（S），因为在天黑前我有很多事要完成（B）。你愿不愿意一边帮我一边和我谈呢？”

“我真高兴（S）你告诉我你需要倾听你的每个孩子，这下我就放心了（B：情感安全感的需求）。同时，当我听到你的建议时（O），我不确定（S）你在干别的事的同时真的能听见我说的话（B：对可支配时间的需求）。你是否需要确信，如果我请你给我五分钟，那就是五分钟，而不是半小时，这样你也有时间做你想做的事？”

“是的，我需要确保我的时间分配，以便有足够的时间做

1　这一交流是为了让读者理解实验层面的非暴力沟通而设计的。在日常生活中，经过少量练习，我们可以用日常化的语言清晰地表达不同的感觉和需求。

我想完成的事（B）。我很感谢你能关心我的时间，现在我建议我一干完这件事，咱们就花五分钟谈谈，你觉得这样行吗？”

“我觉得行，谢谢你。”

评论

① 正是二元论的陷阱使我母亲说“我没有时间”，或更具体一点儿，说“你们有五个人（言下之意：五个孩子），我没有时间（言下之意：听每个人说话）”。我深信她也愿意能像例子中那样说：“我既需要倾听我的五个孩子中的每一个说话，又需要完成家务，我不知道如何做才能兼顾这两个需求。”但是当涉及多个需求时，我们很难辨别不同的需求，特别是我们不知道如何满足的那些需求，于是她只提出了她认为当时最紧急的或最明显的那个需求，而不提其他需求。

② 注意辨别和说出相关的或涉及的不同需求是有启发性的，即使似乎不能立即找到任何解决方案。为什么呢？

第一，它使我们能够给自己重新定义优先事项的机会，以便敞开心扉，接受必要的变化。如果我没有搞清楚我的不同需求，我就很可能盲目地采取一种态度，这种态度可能会满足我的某种需求，却对其他需求置之不理。这样做的风险是使生活变得僵化，最终变得麻木。

> 成长，也是一个重新给自己定义优先事项的机会。

第二，识别需求具有启发意义，因为它开放了我们的精神，使我们能够看到在需求未被识别时没有任何机会出现的解决方案。这就激发了我上面提到的创造力。

在例子中，如果母亲只识别出她所谓的家务需求（秩序、效率、家庭的和谐运转），而没有提到她公平地倾听每个孩子心声的需求，那么找到时间听每个孩子倾诉的机会就比当她意识到自己有家务和倾听两个需求时要少。在后一种情况下，即使她没有依稀看到完全令人满意的立竿见影的解决方案，她也为这个需求留下了机会：比如，他们至少能谈一谈，而且发现不必花几个小时来倾听，单独给孩子几分钟的个人时间，就可以消除他对自我认同感的疑虑。

第三，澄清自己的需求很重要，因为即使眼下没有任何可能的解决方案，但这种意识至少可以允许需求存在，换言之，允许我们自己的一部分活着，即使它潜伏着。

给我们内心潜伏着的那部分以生命，为的是让它死心。

比如，我观察到许多父母隐藏或者压抑着他们的艺术或创作细胞。“我没有时间做这个，要先照顾孩子、配偶、家庭。”当然，这个优先顺序可以使我们选择把发展某种才华往后放放。紧要的是允许这一需求自己存在，接受它，同时也接受暂时无法满足它的事实。

因此，与其通过上述态度（“我没有时间……”）扼杀这个需求，不如去接受它，这既是为了给它生命，也是为了让它死心：“我多么想发展这个艺术细胞或追求我的创作冲动，并找到做这个的时间，而与此同时，我真的想暂时把我的时间和精力优先放在我的孩子、配偶和家庭上。”

我们应当让自己的所有部分都存在，而不是压抑其中的某一部分。如果我们压抑自己的一部分而不接受它，我们就会一直拖着这个等死的部分。于是，我们自己的这个等死的部分将它的所有重量都压在了活着的那些部分上，从而连累了我们全部的生命力。

两个关键的词组

①“暂时”

在“我真的想暂时把我的时间和精力优先放在我的孩子、配偶和家庭上”这个表述中，正是时间的概念给了我们喘息的空间。我们保持着“一切始终在运动中”这个意识。我们始终对我们的才华敞开大门，我们可以在以后为它留出位置。

比如，请您想一件您现在做不了的事情，并这样告诉您自己：“我对计算机一窍不通，我不会唱歌，我无法当众讲话。”然后问自己当时的内心活动是怎样的。现在，只加上“暂时”两个字：“我暂时对计算机一窍不通，我暂时不会唱歌，我暂

时无法当众讲话。”现在您的内心活动是怎样的？

您看，我们可以选择使用一种封闭的或是开放的语言和意识。

②“与此同时”而不是“但是”

没有对立，只有两个并存的需求，一个是现实的，另一个不是。“但是”的使用将意识分割开来，同时取消或减弱了前一个建议；“与此同时”的使用关注了两个建议。找出您想说的某个句子，比如：“我同意你的观点，因为……，但是……”用“与此同时”替换“但是”，然后问问您的内心，这样是不是提供了一种不同的感受。

比起被满足，我们的需求更需要被认可

一位银行家朋友参加了我主持的一次培训，几个星期后他向我坦言他与孩子相处有多么困难。一天晚上他下班回到家就快8点了：“那时我就想什么也不做，看看报纸或者看看电视，我已经没有精力承受我的三个孩子的猛攻了。然而，我也想每天和他们待一会儿，于是我尽力和他们玩耍，但我真的感到力不从心，而且很快就会烦躁。”

我重新陈述了这一情况，以确认我是否真正理解了他的话，从而使我们能够识别出相关的需求。

“你是否感觉自己分成了两部分，你的一部分在那一刻筋疲力尽，需要放松和安静，而你的另一部分则被孩子们的活力所感染，很想找到精力来回应他们？”

“完全正确。我需要独处的时间，但我做不到。每天晚上，走出汽车来到家门口时，我感觉到的是同样的压力，它使我筋疲力尽。”

“我建议你在下车前给自己留出三分钟，或者只用一分钟来倾听你的需求，并接受你自己的两个不同的部分所对应的需求：一方面是你对平静、放松和独处时间的需求；另一方面是你陪伴和接纳孩子们的需求。就留出你扪心自问甚或大声自问的时间，以便使你心中的事情变得清晰：‘我现在多么需要双脚离地躺在沙发上看报纸或电视，别的什么也不干。我需要在这紧张的一天后着陆，需要躺下休息。’花点儿时间品味一下这种憧憬带来的简单的幸福感，让它支配你，使你有更多的能量接受你的另一部分，并对自己说：‘与此同时，我还需要接纳我的孩子们，为他们牺牲一点儿时间。’然后直接回家。”

几天之后，这个朋友打电话来感谢我：“我原本不太相信你的建议能帮到我。可我吃惊地发现，像这样意识到我的需求，既不强迫我的一部分，也不压抑我的另一部分，居然有这么好的抚慰作用。以前，我好像把自己的一部分留在车里了；最近几天晚上，我感到自己完整地回到了家。”

在一个持续多日的专题研讨会期间，中间有几天间隔，一位在问题儿童中心工作的教育者对我说，他厌倦了总是做那个“傻瓜老好人”，当同事遇到困难时就拿他当临时替补：

“他们总是在最后一分钟来找我，尤其是晚上带团队去游泳池的时候，因为她们知道我从来不说‘不’。我当然去了，因为总要有人和孩子们在一起，如果我不去，他们一心期盼的这次出游就可能泡汤。但实际上，我并不是很有空，我嘟囔了一个晚上，动不动就对孩子们发火。实际上，是孩子们为我的坏情绪付出了代价。”

“你感到不快是不是因为你的一部分厌倦了（S）他们总是找你救急，而你需要能够说‘不’，因为晚上你想自己待着，你希望其他同事也能够自己解决问题（B），而你的另一部分真的很担心（S）孩子们如此期待的这次出游（B）要泡汤了？”

“是的，我感觉很矛盾，这使我不能真心投入。”

“如果你倾听一下这些不同的需求：与同事们分担工作的需求、业余时间和私人生活被尊重的需求，另外还有尽可能为你所照顾的孩子们的幸福多做贡献的需求，你感觉如何？”

“我很感动，因为我意识到在接受替班时，我选择了优先的需求：帮助孩子们。有一天，我完全可能做出另外的选择。”

“我建议，下次有人向你提出此类请求的时候，你花点儿时间倾听一下自己的不同需求，这样你才能真正地投入你选择做的事。”

一周以后，他告诉我他再一次接受了替班，晚上带孩子们去游泳："我按照你的建议，花时间倾听了自己的心声。孩子们优先的想法清晰地出现在我的脑海中，于是我开心地去了。即使那天晚上我原本计划在家做很多事，但我可以接受重新安排它们，而且我感觉自己完全愿意为孩子们服务。"

我曾多次研究对这个问题的理解。表面看来，大多数时候，如果我们没有真正搞清楚我们的需求，而是根据习惯或出于职责去做某事，"因为应该去做，所以我没有选择"，我们很快就会发现，我们所关照的对方或事情会阻止我们成为我们自己或过我们的生活，我们会公开地或隐蔽地让他为此付出代价，甚或我们自己为此付出代价。如果我们花一点儿时间来清楚地认识自己，我们就给了自己一个全身心投入我们所做的事情的机会。

在既不否认也不背弃我们内心的前提下做出选择。

识别出我们有休息、有一点儿独处的时间、自己支配晚上的时间等需求，不意味着我们一定能满足这些需求。我们只想意识到它们，既不否认也不背弃我们的内心。正是借助这一意识，一个有活力的选择才能脱颖而出，使我们投入全部的活力，而不只是我们自己的10%—15%。

关于我们的需求

在本书的结尾，您将找到一份需求清单。这份清单，与感觉清单一样，并不详尽。它也源于对专题研讨会或面谈过程中常涉及的需求的观察。这份清单仅供参考。我们首先列出了生理需求（吃、喝、睡），之后是个人或私人方面的需求（意义、空间、身份、自主性、发展），然后是社会或人际关系方面的需求（分享、认可、给予、接纳），最后是精神方面的需求（意义、爱、信心、善良、快乐）和对生命仪式的需求（毕业、领圣体、丧礼）。

提出一个具体的、现实的、积极的和可协商的请求

正如我们所见，尽管比起被满足，我们的某些需求更需要被认可，但是我们仍然一心要满足许多需求。我们满足于意识到了我们的需求，却不知道在具体这样做时，可能会落入一个难以令人满意的虚拟世界，一种贪得无厌的索求中："我需要爱，我需要认可和理解，但我自己从来不采取任何行动来满足这些需求。我等待别人来关心我。"

使需求在此时此刻具体化

以下是提出一个具体的、现实的、积极的和可协商的请求或行动建议的益处：

请求是具体的

我们可以用想法、理想和伟大的观点来矫正我们的生活。这样做可能使我们永远碰不到真实，永远无法在此时此刻完全具体化。我本人曾经深陷于这种彼得 · 潘情结，我将其概括如下：“我明白穿过玻璃窗就可以进入现实，但我害怕真的进去，害怕失败，害怕不完美，害怕阴暗，害怕不完备。我以后再做出选择。”投入一段表面看似非常经典的旅程后，我就这样追逐着那个一切皆有可能的梦。很久以来，我想让所有的门向我敞开，却不进入它们中的任何一扇，后来我意识到，尽管生活中很多事情的确可能接二连三地发生变化，但一次只存在“唯一一种可能性”。

正是请求给了需求“一种可能性”，从而避免它停留在窗户后面。请求给了需求具体化的机会。在陪伴工作中，我观察到，难以过渡到请求或具体行动，很大程度上是因为难以给予自己存在的权利，难以独立于他人的期望和目光而真实地展现自我。

我由此想到了一位来面谈的60多岁的男士，他因与两个

姐妹分遗产的事而忧心忡忡，他的两个姐妹给他提出了一个他不愿接受的建议。他很快就澄清了他对公平的需求，但当我问他如何“具体地”看待遗产分配中的公平问题时，他没能提出可行的财产分配办法。他一直重申自己的要求和需求：“这应该是公平的，而她们给我的建议是不公平的。”但他没有提出他的姐妹可能接受的任何建议，以至于她们最终厌烦了他。这不利于达成谅解！

> 限定，意味着完成，意味着接受限制。

实际上，对他来说的确很难具体限定他的请求，因为限定意味着完成，意味着接受限制。这个句子在心理上打击了他：给出一个具体的限制、一个衡量他所追求的公平的具体方法的想法引起了他的强烈反感。出于我们已经研究过的各种原因，他对公平的需求从未得到满足。他总是斤斤计较，并在任何建议中都看到一个他那贪得无厌的索求无法接受的限制。实际上，在这个公平需求的背后，存在一些始终未满足的对认可、认同和尊重的需求。在研究请求的具体性（有时是方便实用性）的同时，我们还试图通过接受我们的有限性来使我们融入现实。

请求是现实的

请求重视的是现实的本来面目，而不是我担心它成为的那

个样子或我梦想它成为的那个样子。感受到某种需求的人，比如对变化的需求，常常以一个极彻底的变化为目标，从而给了自己永远不做改变的最好的理由："这太难了，这太沉重了，这牵扯的太多，这涉及太多人或者我生活中的太多方面，因此我不会做任何改变！"

> 首先寻找我们能做的最小的事情，变化就会随之而来。

因此，难能可贵的是请对方或请自己问问自己："我能说或能做的、能带来我期待的改变、能满足我识别出的需求的最小的事，或者虽然小却最令我愉快的事是什么？"

不是最大的事，而是最小的；不是最艰难的，而是最愉快的。这个问题常常使人们惊讶，因为我们那习惯于被结果驱动的精神，总是在寻找自我的价值，在寻求挑战。仿佛现实并不是由所有小事互相交织而成，而所有小事可能一起构成非常大的事似的。

请求的这一朴素而现实的方面在一个被诸如电话、电视、汽车、电脑等设备控制的时代常常引起怀疑。只需按一下开关，我们就可以改变场景、节目、对话者和速度！接受某个有生命的进程的谦卑和迟缓是如此令人不习惯，以至于许多人感到这种态度不太自然。

一位刚刚经历了丈夫去世的沉重打击的女士来找我接受

陪伴面谈。多次面谈之后，她识别出支配自己的主要感觉是恐惧，而恐惧指出了她建立自信的需求。她惊讶于这一发现，因为她说："我从没想过相信自己，我的脑子里没有这些词。我总是信任我的父母，后来是我的丈夫和我的家人。现在我认为我真正感受到了这一需求，但我这个年纪永远也做不到了。"我请她采取一个具体的行动：摆脱"我这个年纪永远也做不到了"这种消极的想法和胆怯的思想顾虑，直接大声提出她的需求，给予它存在的权利。她犹豫地重复道："我需要建立自信，我需要相信我能够建立自信。"我任凭她沉默了一段时间，然后我对她说："我建议您只需要在未来几天听凭这种需求支配您，不要担心结果。您只要关注这一需求，不必寻求解决办法。让它在您的内心产生共鸣。"

在八天之后的下一次面谈中，她的开场白是这样的："我感谢您建议我只需要听凭建立自信的需求支配我。这种想法真是疯狂，不需要做任何事或不需要寻求任何解决方案，只是听凭应该发生在我身上的事降临，这使我感觉到信心的到来。我仍然很脆弱，但有些东西已经不同了，这使我放心地去计划更多地依靠自己。"

几周以后，她真的开始非常具体地重新组织她的生活。在这种情况下，现实原则是基础：首先接受需求这一个观念。解决方案会随之而来。

请求是积极的

想象一下，您正在听音乐，这时您的丈夫在他的书房工作。他走来对您说：“我在工作，请你把音乐关掉好吗？”您的感觉如何？现在，如果他走来对您说：“我的工作还需要一小时的安静时间。你是否同意在一小时后再听你的音乐或者到咱家的另一个房间去继续听？”这时您的感觉如何？

在做分组练习时，我经常听到“我更喜欢第二个版本”的表态。为什么？“因为我不喜欢别人阻止我正在做的事。在第二个版本中，我得到了一个可以继续我做的事的建议，或者晚一点儿做，或者到别处去做，与必须停止相比，这让人感觉更舒服些。”的确，我们不喜欢必须停止做某事，或许我们已经听到太多“你能不能停止像这样走来走去、制造噪音、玩耍……”的指令。我们不喜欢被阻止做某事，我们更喜欢被请求做某事。

您会说这很微妙。或许是的，但是对我而言，我向您建议的正是沟通的这种微妙的本质：在语言中和意识中避免那些划分、比较、分离、限制、禁闭、抵抗和阻碍的因素；促进那些开放、结合、联系、允许、邀请、激励和协助的因素。

请求是可协商的

如果在请求阶段，我落入了不容反驳的强求的窠臼：“现在去把这些都收拾好，马上！”那么用心观察事实，从而不使

对方感受到任何评判或责备（见上述母亲与孩子交流的例子："当我看到你的鞋在楼梯上而你的书包在沙发上时……"），推敲感觉的表达方式，以避免任何解读或评判（"我感到伤心和泄气……"），或者确认恰当地识别出需求，而不将其强加于对方（"我需要保持整洁和对我的劳动的尊重……"），都将毫无意义。

创造相处的空间

正是请求的可协商性创造了相处的空间。实际上，它有点儿像这样：如果我们不提出请求，那就好像我们没有给自己存在的权利。我们停留在一个虚拟的、没有具体化的需求中。一方面，我们没有真正找到我们在关系中的位置；另一方面，如果我们只提出命令或要求，那就像没有给对方存在的权利。

提出一个可协商的请求，从而真正创造相处的空间的这种能力直接与我们的安全感、内心的力量和自信心相关。它假设我们深知自己能够接纳对方的异议，而不担心不得不因此放弃自己。我说"深知"是因为我们常常从理智上理解了它，但没有将它纳入我们自己内心的情感认知中。于是我们面对差异时，总是非常脆弱，因此很少倾向于真正地、自始至终地接受它。

在实践这种方法时，我们通过内心体验获得了信心，相信并不是因为我们抓住机会表达了我们的需求和我们的请求，对

方就会因此放弃他的需求。我们同时相信，并不是因为我们给了对方机会来表达他的可能异于我们的需求，我们就得放弃自己的需求，而去满足他的需求。我们明白了，我们将尝试共同寻找一个使双方都满意的解决方案，或者至少接受我们就彼此意见相左这个事实达成了一致。

尤其，我们还明白了，我们内心的幸福不是来自这个解决办法，而是来自因寻找这个解决办法而达到的相处的质量。

第三章

意识到对方真实的感受

Prendre conscience de ce que l'autre vit vraiment

说话说半句，听话听半句。

——民间谚语

沟通，就是表达和接收信息

把话说全，把话听全

对许多人来说，沟通就是能够表达自己和让对方表达他自己。而当每个人都表达了自己之后，他们就认为他们已经沟通了。但他们中又有多少人不曾抱怨过人际关系的困境，他们说："我的配偶和我，我们有很多沟通（或者我的孩子们和我，我们无话不谈……），我不明白为什么我们不能更好地相互理解。"

他们无话不谈！是的，可他们是否无话不听呢？

关键往往就在这里：我们相处不融洽是因为我们没有互相倾听。雅克·萨罗梅名为《圆满沟通》的书在这方面做了详细

的阐述。[1]我们往往在学校里或通过观察别人学会了如何表达自己，即使只学过一点儿，但是我们极少学习如何倾听，单纯的倾听，什么也不做，什么也不说。

对于到我这里来说“我和我的配偶、我的孩子们沟通得很好……”的那些人，他们很难意识到自己可以非常自如地无话不谈，谈论自己内心的感受，谆谆教诲对方或为对方提供建议，却无法自如地单纯倾听对方谈论他的感受，问问自己他的感受和需求是什么，替对方表达他的感受和需求，而不做出评判。

沟通，就是表达和倾听，就是自我表达和让对方表达，自我倾听，倾听对方，并时常确保彼此之间已经互相听懂了。许多人际关系的困境源于我们没有费心去确保我们的确听懂了对方的话，对方也的确听懂了我们的话。在必要的时候重复或重新表述对方对我们说的话，往往可以确认我们的确理解了对方的意思；同样，请对方重复或重新表述我们所说的话，往往可以使我们确认对方的确理解了我们的意思。

如果在一张图上表示人与人的沟通，我们可以把它画成这样（见第122页）：

1　详见雅克·萨罗梅（Jacques Salomé），《圆满沟通》（*Si je m'écoutais, je m'entendrais*），l'Homme出版社，1990年。

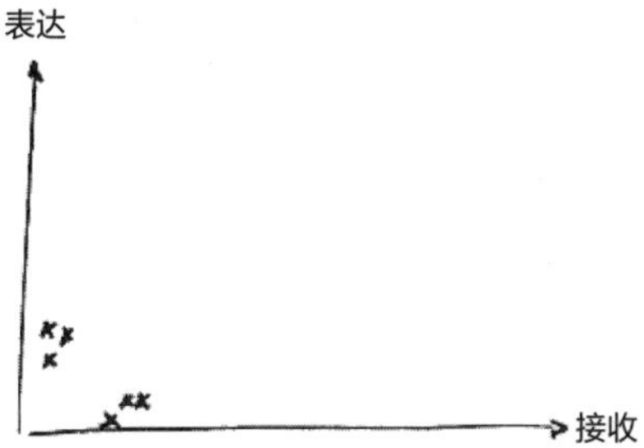

因此，一条信息的交换包含两方面：表达和接收。大部分时间，由于我们曾学习做个好男孩或好女孩，不大声喧哗，不打扰别人，不占太大位置，不因为自己的小问题而去麻烦别人……我们当然表达了自己的一点儿想法，但不是太多，为的是不招致批评，不暴露我们的弱点，不表现出我们是多么敏感和细腻。在这幅图上，我们位于左下角。

另外，在倾听对方、接收对方的信息方面，由于我们学会了好好倾听除我们自己以外的所有人的需求，扮演圣贝尔纳（Saint-bernard）[1]的角色来满足除我们自己以外的所有人的需求，我们会想："我很愿意倾听你的一点儿想法，但不要太多。因为这开始敲打我那些总是倾听别人的神经，而我还有其他更重要的事情要做。"在这幅图上，我们接收对方信息的能力往往也位于左下角。

1　即圣贝尔纳狗，瑞士"国宝"。这种狗不仅为瑞士人兢兢业业地看家护院，更是阿尔卑斯山区救生员最得力的助手，曾解救众多落难者，堪称"动物救援英雄"。——编者注

也有一些极端情况。时不时地，我们会筋疲力尽，甚至不想尝试倾听对方，于是我们将自己的观点强加于他人。我们完全地表达了自己的意见，但我们也完全地关闭了“接收”按钮。最极端的情况是，我们的行为就像一个暴君、一个独裁者。我们把我们的需求强加于对方，却不倾听他的想法。我们的态度是向对方施加权威和权力，从而控制对方。

在这幅图上，这种情况表示如下：

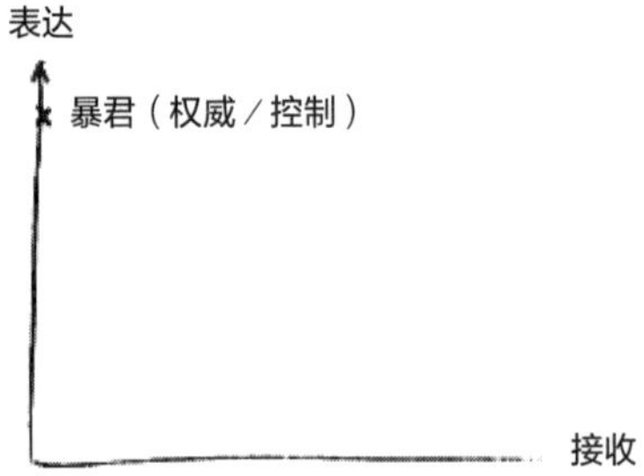

还有一些时候，我们在尝试满足自己的需求无果后，在表达了自己的需求却没有获得丝毫认可和重视后，感到如此筋疲力尽，以至于我们放弃了它们，抛弃了它们。我们顺从于对方的态度，不再反抗。我们投降了。

在极端情况下，我们的行为就像一个奴隶、一个受害者。我们的态度是服从、忍受和放弃。

在这幅图上，这种情况表示如下：

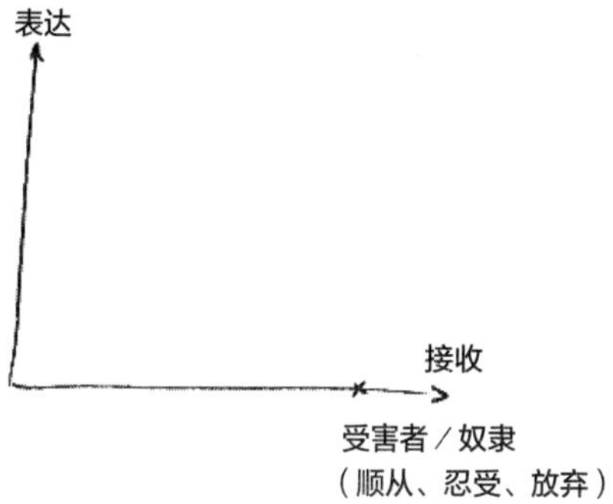

请注意，我们可能有时是一种情况，有时是另一种情况：在家是暴君，在职场上是奴隶，或者正相反，或者二者兼而有之——暴君兼受害者，根据一天的时间或情形而定。在同一时刻，同一句话中，我们可能既是彻头彻尾的暴君，又是十足的受害者："立即去收拾你的房间，不要讨价还价。我的上帝！我对您做了什么，竟然让我有这样的孩子。"

暴君、受害者或二者兼而有之

我们可能经常从一个极端走向另一个极端，而大部分时间，我们在下图所示的一个怀疑区内煎熬：

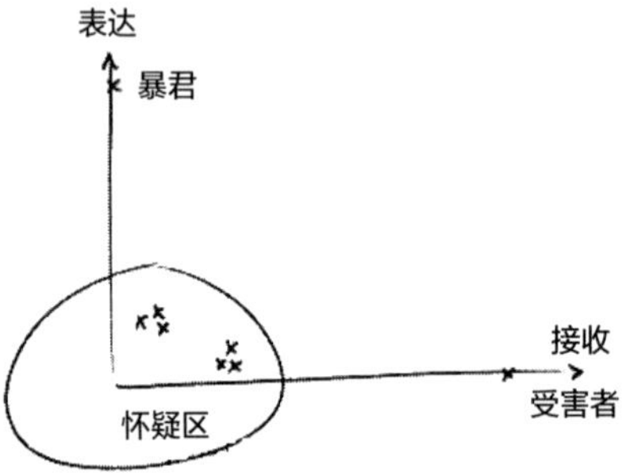

当我们在这个区域中徘徊时，我们害怕表达自己，害怕揭露自己、展示自己的真实面目，并害怕展示我们的富有和贫穷、我们的矛盾、我们的弱点、我们的脆弱、我们对发展自身潜能的畏惧、我们的认同感、我们的创造性、我们的幻想、我们的多面性。我们戴着面具把这一切遮挡得严严实实，使我们躲避他人的目光。

同样，我们害怕倾听对方，害怕理解他人的故事和他人的困难。我们封闭自己倾听和接纳的能力，或者把它降至最低程度，因为他人的差异性或痛苦使我们不安，使我们变得脆弱，使我们觉得我们将不得不停止做自己，或者不得不达到外界的期望，或者不得不完成他人可能为我们制订的某个计划。

拒绝恐惧，在信任中寻找平衡

恐惧是如何长久地浸渍着我的大部分工作报告和人际关系的，我个人对此深有体会：害怕对方在想什么，害怕他想不到什么；害怕他说什么，害怕他不说什么；害怕言多必失，害怕沉默太久；害怕缺少爱，害怕爱太多；害怕要说话，害怕不能说；害怕孑然一身，害怕建立关系；害怕无事可做，害怕工作超负荷；害怕取悦别人，害怕不讨人喜欢；害怕诱惑……我的天啊，这么多的恐惧！而这么多的精力都耗费在克服这些恐惧上！

我花了很长时间才意识到，被恐惧吞噬了的这些精力不可能再用于行动、创造，甚至是单纯的生存。或多或少因恐惧而痉挛的我停止了行动和发展，也停止了生存。我就像是凝固在了我的恐惧中，被粘住了，在占据我大部分时间的恐惧中，只能通过偶尔的信任和创造的冲动来辨认自己。

我清楚地记得那堂分析课。在课上，这一“功能”（如果我可以这么提到这样一项功能障碍）直接爆发了：这些细小的恐惧一个挨着一个，在这么多年里一个接着一个地累积起来，好像一下子变成了一个蠢蠢欲动的癌细胞。

通过几年的分析，我一个一个地友善地研究它们：“我害怕这个，担心那个，这件事让我忧虑……”如果分开检查，它们似乎都是良性的、无害的、偶发的。

通过治疗工作，一道意识的闪电刺穿了无意识的阴云，我

突然领悟到这些恐惧就好比一个骚动的实体，一张伸着触手的网。我立即发现它们不是偶发的或意外的，而是有组织的，也就是说它们的确代表着我的行为方式。顷刻间，我意识到我身处死亡的险境。哦！或许不是身体立刻死亡的危险，而是精神死亡的危险，是变成马歇尔·卢森堡所说的“一个友善的死人”的危险：面带微笑、彬彬有礼，而内心却因恐惧而死去了。意识到这一点，我唤醒了我生存的本能：我急需改变，急需离开恐惧，在信任中寻找平衡。

在厌倦了恐惧之后，我想测试一下信任。信任，是新事物，是未知的，因此它让我害怕！算了，这次我受够了！我把赌注压在信任上，我指望它，我让自己内心吵闹和抗议的所有声音——“当心，这样做会很糟糕，小心”——都安静下来，我反复对自己说：“去信任，你有什么可失去的？恐惧没有令我满意，最差的情况是信任也不会令我满意。没有什么可失去的。在这种心惊胆战的生活中，我会因烦恼而死。”

这是富有挑战性的一种抉择：是待在我们已知的环境中（尽管它压抑着我们，甚或折磨着我们，但它令人放心，因为它是已知的，熟悉得像一件旧外套或一条旧牛仔裤），还是在未知的环境中摇摆（它可能无限地令人欣喜，无限地丰富多彩，但它意味着一种过渡、一种改变）？

啊，我需要改变！停止做同样的事、说同样的话、抱有同样的想法，而是做新的事、说新的话，以新的方式思考，以新

的方式请求！

如果我不改变，我会死；如果我不洗心革面，我会死。克里斯蒂安·博班是这样表达这种对未知世界的恐惧的：[1]

> 有四个字会让您激动不已，有四个字会让您卧床不起，那就是：改变生活。这就是目标。它清晰、简单。达到目标的路径，我们尚未看到。病因就在于没有路径，不确定选择哪条路。我们并非面对一个问题，我们面对的是自己的内心。我们自身就是问题所在。一种新的生活，这是我们想要的，但愿望，作为旧的生活的一部分，毫无力量。我们就像那些孩子一样，左手攥着一个弹珠不放，只有在确保右手拿到一枚交换的硬币时，才会松开左手：我们很想过新生活，但不愿失去旧生活。不想经历过渡的时刻，手空着的那一刻。

自从我决定在信任中寻找平衡并驯服我的恐惧以后，我的全部精力都改变了。具体而言，我之前用于克服和试图管理我的恐惧的全部精力，现在可以把它投入改变和接纳新事物中。而且，几年内，我的职业生涯和我的感情生活以一种超乎我预期的方式发生了根本性的改变。在这两三年内，我的全部生活经历的变化比之前35年的变化还要多。

我常产生驾驶帆船航行时的那种感觉：经过一段长时间的

1 详见克里斯蒂安·博班（Christian Bobin），《卑微》（*Le Très-Bas*），Folio出版社，1995年。

停歇，船在水上漂荡，船身自己打着转，船帆随风而动，让人感觉有些恶心；随后，起风了，风吹动着船帆，船倾斜着，寻找着方向，重新启动，船帆鼓起来了，带着船在海上航行。今天我最常感受到的就是这种被快乐地带领着、承载着向前进的感觉。

如果说我观察到并经历过我自己的怀疑，我也在我的工作中观察到别人的怀疑。无论是在专题分组讨论中，还是在个别面谈中，我看到主导人际关系的感觉，正是恐惧和怀疑。

我是在爱的喜悦中行动，还是在不被爱的恐惧中行动?

即使是在人们梦想一切都建立在信任、情感的安全感和毫无保留的爱情之上的夫妻之间，也会有那么多的恐惧和怀疑！“如果我这样做，他会怎么想或怎么说？如果我参与此事，她会怎么想？我应该这样做或那样做，否则他/她会伤心、生气、失望……”如此多的行为，不是被爱的喜悦指引，而是被不再被爱的恐惧驱使；不是被给予的喜悦指引，而是被收不到回报的恐惧驱使。我收买爱情，我收买归属感。这不是富足的精神中慷慨的爱的交流，而是维持生存的斤斤计较。

许多人活在一种投影和依赖的关系中：“我不能一个人活着，你不能一个人活着。如果你走了，我就去死；如果我走了，你就去死。我依靠着你，你是我不曾有过的那个父亲/母

亲，我是你需要不遗余力地照顾的那个孩子，尽管你自己不曾得到过这种照顾。我期待你来保护我，让我永远放心，你期待能够永远安慰我。我们试图一起弥补我们那难以满足的缺失感。”

在我看来，很少有共同生活的夫妻维持着真正的人与人之间的关系，一种责任、自主和自由的关系，每个人都从中感受到力量和信任，能够说：“没有你，我也能活下去并找到快乐；没有我，你也能活下去并找到快乐。我们每个人都有这种力量和自主性，与此同时，我们喜欢在一起，因为分享、交流和在一起更令人快乐。我们在一起不是为了弥补我们的缺失感，而是为了交流我们的全部！”

非暴力沟通的实践引导我们在信任中生活，在关系中彼此信任。它引导我们找到足够多的内在安全感和可靠性、信心和自尊，从而敢于找到自己的位置，而不担心会侵犯他人的位置；因为我们相信每个人都有一席之地，所以我们敢于说出我们想说的话，成为我们想成为的人，而不害怕被批评、嘲笑、拒绝或抛弃。因此，它使我们敢于最大限度地表达我们自己。

同样，在帮助我们找到更多的内在安全感和可靠性，为我们培养更多的信心和自尊的同时，它还鼓励我们敢于尽可能完整地倾听对方的心声，敢于接纳对方的复杂性或悲痛，而不会因此认为自己应对他的遭遇或他走出悲痛的方法负责，也不会因此感觉我们除了倾听和试图理解之外，还应当“做些什么”。

它引导我们为对方找到了他的位置而喜悦，而不会害怕他将侵占我们的位置，因为我们相信我们懂得如何设置我们的界限，而每个人都有自己的位置。

这种对待自己和对待他人、倾听和表达自己的心声，以及倾听对方表达心声的素质，可以用图中右上角信任区内的一个叉号来表示（即最大限度地表达和接收）：

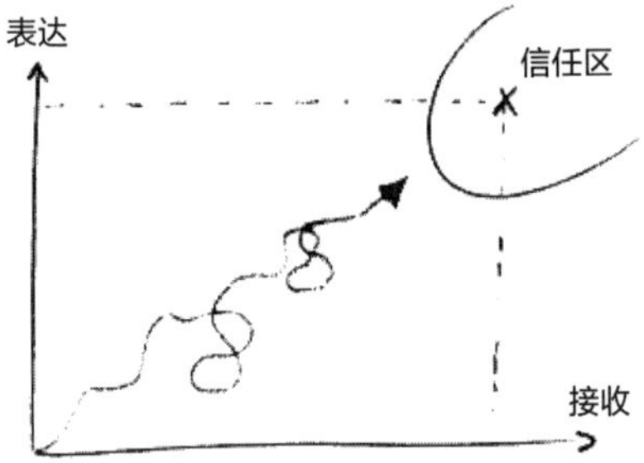

因此，我们的目的是最大限度地发挥我们表达自己的感受和期望的能力，以及尽可能提高我们接收别人的感觉和需求的能力。这样，我们就会越来越有信心地生活，相信我们能够活在人群中，而不担心“打扰”他人；相信他人可以活在人群中，而不担心我们会被他人“打扰”。

您看，我在怀疑区和信任区之间画了一个箭头，而这个箭头不是直的。它代表着我们被引导着从怀疑区走向信任区需要通过的路径——只要我们愿意。

缓步走向一眼清泉

我认为能够诠释这条路径的一个情节来自圣－埃克苏佩里的《小王子》：小王子从一个星球旅行到另一个星球。有一次，他遇到了一个卖解渴药丸的商人。商人非常骄傲地吹嘘他的药丸说："吃了这个药丸，你就不必再去井边或是从泉水中打水喝，我计算过，它每周可以为你节省53分钟！"听到这里，小王子很难受地答道："如果我有53分钟，我会慢慢地走向一眼清泉。"换句话说，小王子会从容不迫地缓步走向能够为他解渴、使他恢复活力的所在；会在尝到水之前就享受到水的清凉；会在双手浸入水中之前就从泉水的旋律中恢复活力；会从容不迫地去往真正哺育他、为他解渴的那个地方。

但是，我们生活在一个沟通越来越快、越来越糟的时代。我们有手机、自动应答机、电子邮件、信息高速公路……我们交换许多信息，的确如此，但我们是否彼此交流？我们是否维持着有营养的、完全令人满意的交往？

我们时常交换"解渴药丸"。我曾为一家企业工作，那里有位女士是一位母亲，她担任着一个管理职位，她每天晚上7点左右给她的孩子打电话："我的小宝贝，妈妈有很多工作，今晚我还要开个会，我会晚些回去，冰柜里给你留了一块好吃的比萨。你把它放在微波炉里加热五分钟，就可以饱餐一顿了。"解渴药——我没有时间陪你，我的小宝贝，这个代替了

你的家庭晚餐。或者："亲爱的，爸爸今天下午要去开一个重要的会，电视柜里有两盒录像带，祝你玩得开心，亲亲你，晚上见。"解渴药——我没有时间陪你，亲爱的，我的高尔夫、网球聚会或者我的老友聚会更重要。看这些录像带吧，它们代替了你与家人共度周末的计划！或者换个更巧妙的说辞："我的小宝贝，我明白你非常难受，上楼去好好睡一觉，明天一切都会好的。"解渴药——"你知道，听你诉说让我厌倦和恼火，我有其他事情要做，首先，已经很晚了，我很累了。这个建议可以代替我的倾听和理解。"

我们跑呀跑，从一些要做的事到另一些要做的事，从一颗药丸到另一颗药丸，我们惊讶于自己总是这么渴，欲壑难填地追逐、索求，总是不满足，口渴，心也渴！我们就坐在那口唯一能够真正为我们解渴的井上，却浑然不知。它叫作面对自己、面对他人、面对世界。

同理心：面对自己和他人

卡里姆的故事或者在信任中寻找平衡

我用以下事例来说明一个事实，即我们倾听的能力和我们接受他人本来面目的能力，正是植根于我们的内在安全感，而这

种内在安全感源于对我们自己的认识和对我们自身感受的信任。

卡里姆是一个20多岁的男孩，他因为严重依赖毒品且无法戒除而痛苦不堪。他联系到我所在的青年协会。他没有工作也没有计划，一个人住在一间小屋里。由于我刚刚买了一栋房子，打算重新装修一下，我建议他为我粉刷和翻新这栋房子，我付给他工钱。最后，他在我的房子里的一间卧室里住了下来，住了四五个月。这份工作让他开心：他看到了自己日复一日甚至每时每刻努力的结果。于是，每天晚上他都很满足，也很疲惫，以至于他的毒品用量明显减少。与此同时，我们之间建立起一种友谊和信任的关系。

一天，他对我说："我从内心深处感激你，不只是因为你给了我这个工作和谋生的机会，收留了我，使我不再孤单，更重要的是因为你在我已经不再相信自己的时候相信了我。"

不久之后，他谈恋爱了，搬到他女朋友家去住了，那里距离布鲁塞尔两小时的车程。我们保持联系了一段时间。后来他搬家了，没有告诉我他的地址，我在此后两年内再也没有得到他的任何消息。一个周末，当我在乡下我父亲家里时，他打来了电话。我非常吃惊：他这两年杳无音信，然后竟找到了这个他离开前并不知道的电话号码并打了过来，这很奇怪。以下是我们通话的简述，实际通话持续了将近一小时：

"托马斯，我是卡里姆。听到我的声音你会很吃惊，但我和我的女朋友吹了，我又落单了，我要疯了，我马上要给自己

一枪或者去跳河。她是个疯子，我也是疯子。这毫无意义，我们互相殴打，没法过了！你是听我说话的最后一个人，然后我就自杀！”

他惊慌失措，语无伦次，仿佛这些话他已经憋了很久，以至于只要一爆发就可以卸下他心中的重负。我先是听他倾诉了很久，没有打断他。渐渐地，当他的语速慢了一点儿（过大的压力已经释放），我试着与他建立一种联系，表达我对他的感觉和需求的同情：

“卡里姆，你现在真的完全绝望了（S），我看你很难相信你们的关系能够改善（B）。”

“这很糟糕，我跟你说，”他再次吼叫起来，“糟透了，我不再相信了。我就应该给自己吃颗枪子儿……”

“是的，你现在的确跌到谷底了（S），以至于活着不再有意义了（B：活着要有意义），你宁愿一死了之（D：请求或行动），这是不是你现在的感受？”

“完全正确。”

“看到你们的关系没有像你期望的那样发展，这对你来说如此痛苦（S），而且你如此害怕再次落单（S），以至于你想自绝于世，或者说你想免受这种痛苦（B：免受这种痛苦），而在这一点上，你没有找到给自己吃颗枪子儿之外的解决方案（D：请求或行动），对吧？”

“是的，我看不到别的办法。”

“你沉浸在巨大的痛苦中（S），一切都失去了平衡，再也没有什么行得通的，再也没有什么值得努力的（B：事情行得通、值得努力）。”

“是的，是这样。”

沉默，长时间的沉默。我听到他的呼吸渐渐平静下来，我发出几声“嗯，嗯”，仿佛在倾听他正在经历的感受和我正在经历的感受，以向他表明我的沉默就是陪伴。随后，我又开了口：

“你想不想听听我对此有何感受？”

“嗯，尽管说。”

“好的，我首先深受感动（S），因为你给我打了电话，因为你尝试在这个周末在这里找到了我。”

“你很吃惊吧？”

“是的，你是怎么知道这个号码的？”

“我给协会的秘书打了电话，她告诉我你可能在这儿，于是我就试了试。还真找到了！”

“嗯好，我真的很感谢（S）你的信任（B），感谢你在极度慌乱的时候还决定跟我谈谈。”

“感谢我？”

“是的，我得到你的信任就像收到一份友情的礼物，一份真心的友情，它不会因为时隔两年而熄灭，而是在我俩之间活生生地存在着，而这，你看到了，这是我在这个世上最珍视的。（沉默）这可能使你惊讶吧？”

“是的，有一点儿。我感觉自己那么无用、一无是处，我看不到我能为你带来什么。”

“你感到惊讶（S），因为你很难相信（B：需要相信分享自己的痛苦是有用的）分享你的痛苦会是一个快乐的源泉？”

“嗯，是的。”

“对我来说，在一起，一起探讨这件事，一起寻找走出痛苦的办法是一种快乐，彼此信赖的快乐。你给了我与你在一起的快乐，即使是在痛苦中。我这样对你说，你有什么感觉？”

“好些了，这让我高兴，让我放松。”

“现在，根据经验，我知道我们在一些关系中会常常被同一块石头绊倒，我们看不到它，因为我们深陷其中。你想不想和我谈谈，看看我们是否可以一起更好地理解这件事？”

我们又聊了一会儿。他重拾了信心，看到一刻钟前似乎全部对他关上的门又开了一条缝。他再次把赌注下给了活着。说再见的时候，我俩都重新振作起来了。

评论

① 危险不是自杀的过程，危险不是倾听这一过程中所发生的事。在选择死亡的背后，是落空的生的渴望。

② 在做青年们的工作之初，我就遇到过类似的情况。当时我没接受过任何倾听的培训，我经常使用“为了他人做好应该做的所有事的好男孩”的笨拙工具——

◎ 否认或弱化："可这并没有那么严重，会过去的。看，生活是美好的。"

◎ 说教："这种关系对你来说没有任何价值，停止吧。"

◎ 建议："来做运动吧，这会使你改变主意。"

◎ 反观自身："你知道吗？我自己也曾经历过一些困难的时刻。"

我否认对方的痛苦或者试图分散他对痛苦的注意力，因为我自己从未花时间倾听和理解我身上有自杀倾向的那一小部分，因而过于害怕自杀的想法。因此，我也无法倾听对方的悲痛，从而全心全意地与他一起进入他的痛苦中。我试图逃避。因为不能承受看到化脓的伤口，我试图将对方的注意力从创伤转移到其他地方，或者用一帖药膏或一大片创可贴把事情掩盖住。

每个人都知道，要想治愈创伤，必须清理伤口，也就是说直面痛处，进入伤口，一遍又一遍地清理其内部，然后，只需让它自己通风、休息和结痂。这样做会很疼，但不会造成伤害。

▌ 疼痛不一定造成伤害。

从前，在对卡里姆说了"再也没有什么行得通的，再也没有什么值得努力的"之后，为了对卡里姆的痛苦做出反应，为了容忍长时间沉默的接纳和陪伴，我可能不会得到内心的安全

感，不会有对自己、对对方和对生活的信心。我会立即试图为他提供各种解决方案和好的建议，以便使我安心，并对自己说，我的确做了所有应该做的事，因为我所学的主要是做一些事，而不是在场和陪伴。

③ 我今天之所以能够更好地陪伴人们度过他们的低谷，是因为我理解了他们尤其需要陪伴，而不想再忍受孤独。卡里姆看到自己（如他所说）又落单了，也就是说，被抛弃了、被拒绝了，这正是他的故事的悲剧性。

如果我直接给他所有解决办法，以及令人放心的“好建议”，我关注的便不是他，而是我自己，是我的焦虑，那么我便不是和他在一起，而是和我自己在一起，和我的恐慌或我的“未能尽职尽责”的负罪感在一起。于是，他会越来越孤独，越来越深信没有人能理解他有多么悲痛，唯一的解决方案就是自杀、自我麻痹。而如果我因为同情心而触动他，全心全意地陪伴他经历悲痛，他就有更多的机会感觉到他不再孤独，或许他正在经历巨大的痛苦，但与此同时，我们在一起。于是，我们找到了那个成为卡里姆和许多正在经历痛苦的人的悲剧基础的需求：得到某人的重视，存在于某人的心里，与众人相处时有自己的位置，互相交流。

④ 我今天之所以能够做到这种陪伴，是因为我探究了我自己的痛苦，而且如果它重新浮出水面，我还会继续探究它。我不再像以前那样急于“做点儿什么”、见一些人、诱惑

某人、让自己活跃甚至亢奋起来，投入布莱士·帕斯卡[1]所说的那种“消遣”中来摆脱我的痛苦。我直面痛苦并常常深入它，我发现走出痛苦的唯一办法，就是完全进入它。如果我尝试绕开它，使它最小化（“我有了一些主意。这不是那么严重，明天会好的”）或者全力防守（“我不哭，继续前进，想想别的事”），想要把它拒之门外，那么我就会使它越发突出，进而无法摆脱它。

正是因为我很好地理解了我的痛苦，我才能理解卡里姆的痛苦，而无须立即自我防卫。

⑤ 我甚至敢于走得更远，建议不只是面对我们的感情或精神的痛苦，或者面对他人的痛苦，而是尝试把它当作一个机会来接受它。在这种意义上，如果我们真的想看清这个痛苦说明了什么，它可能就是一个成长的机会，一个重要的了解自己、了解他人和了解我们生命的意义的机会。为此，根据我的经验，只要我们为了摆脱痛苦而愿意深入研究它，它总是会带来一种发自内心深处的、全新的、出乎意料的快乐。

我并非希望任何人遭受痛苦。让我们正确理解：如果我们能够免受痛苦，那样更好。我当然不是在建议追求痛苦，像某些宗教流派所做的那样，不给予一切形式的身体、具体表现、

1 布莱士·帕斯卡（Blaise Pascal，1623—1662），法国数学家、物理学家、哲学家。他曾说：“一个人不论何等幸福，若他没有事情可作为消遣或不能被某些热情与追求占据的话，他立刻就成了不满足的可怜人。”——编者注

幸福和生命以任何尊重、尊严和爱，像我个人所给予它们的那样。然而，如果感情或精神的痛苦强加在我们身上，我建议把它当作一种激励来经历，激励我们进入一个不同的意识层面，更上一层楼。

因为我相信，我们的痛苦常常在于无知：我不知道生命对于我的意义，这个重要的意义被禁锢在我内心宫殿的一个偏僻的房间里，一个被遗忘的房间里；而正是痛苦使墙壁产生了裂缝，打开了缺口或者转动了秘密房间的钥匙，使我能够抵达我内心一个崭新的、深藏的、出乎意料的空间。那是一个令我品味到内心更多的自在和幸福、更多的踏实和安全感的地方，从那里，我可以带着更多的善意和温柔观察自己、观察他人和世界。于是，这个被遗忘的房间敞开了，就像一个面向世界的露台。

克里斯蒂安·博班的这段话阐释了这种崩塌和这种开放：

> 突然，一块石头在你头上摇摇欲坠，然后是另外一些相邻的石头。你面前的一堵几乎再也翻不过去的墙，被风远远地一推，居然立刻消失了。你看着散落一地的石头：慢慢地但执着地，被遗忘的枯草分离，被疲倦的污水掏空，它们撑不了很久了。只需要一口气就可以使它们回到最初的零乱。你听着那分崩离析的最后的回声。你听见它们说：有人离开了你，他从未进来过。渐渐地，这些废墟的魔力

不复存在了，他们招致遗憾的最后权力解除了。你渐行渐远，体验到不可名状的一束光，使你意识到你失去的貌似无边无际，实际微不足道。

同理心，是在合适的地方倾听

同理心或共情，是对自己的经历或他人的经历感同身受。同情自己或同情他人，是把自己的注意力放在此刻的经历上。我们将通过以下四个阶段——同理心的阶段，把我们与感觉和需求联系起来。

第一阶段：什么也不做

我们在儿时经常听到“不要待在那儿什么也不做，做点儿什么去”，以至于我们以100种方式行动起来，无法满足于只待在那儿倾听而什么也不做。佛祖给了我们以下这个恰恰相反的建议：不需要做什么，站在那儿就行。

如果我们被我们的痛苦、愤怒和悲伤所困扰，那么我们要去接受他人的痛苦、愤怒和悲伤，接受仅仅待在那里该是多么难啊！要做到倾听对方而什么也不做，需要我们内心深处有一种信心，相信对方完全拥有治愈自己、唤醒自己和绽放自己所需的所有资源。将他与这些资源割裂开的，是他无法在合适的地方、以合适的方式倾听自己的心声的状态。内在的资源就在

那里，缺少的是能看见它们的心灵。

许多迷失了方向的青年对我说：“当我跟我父亲或母亲谈到我的困难时，我只是想让他听我说会儿话。可我一张嘴谈到出了什么问题时，他就把他所有的建议都喷给我，把他那一堆堆的解决办法直接倒给我，他告诉我该做什么，他那个时候都是怎么做的。他不听我说……”

而这是典型现象：或许父亲或母亲被要做好事情的忧虑，被不符合好父亲或好母亲的僵化完美形象的恐惧，被孩子深陷难以估量的困境的恐惧，被孩子可能辍学、吸毒、受到操纵的恐慌想法所“困扰”，因而无法倾听年轻人的需求。家长的全部精力都被——往往是完全无意识地——关注他自己的安全感的需求和提供帮助或维持好父亲或好母亲的形象的需求（即自尊的需求）所驱动，而不是准备好默默地倾听对方的心声。同情对方，尤其对于感情纽带很重要的至亲而言，需要内心的力量和安全感。

第二阶段：关注对方的感觉和需求

生命在我们身上表现为各种感觉和需求。因此，我们应把心灵的耳朵朝向对方的感觉和需求，而不只是话语、声调和态度。为此，我们应花点儿时间与对方产生共鸣：“他很可能感觉到什么——悲伤、孤独、愤怒，或者兼而有之？而当我自己有这种感觉时，这说明我有哪些需求？”

我们使自己产生了共鸣、共振。正如鼓之间的这种振动效应：如果您把多面鼓并排摆放，使鼓面平行，那么您敲第一面鼓时，振动就会因共振一直传递到最后一面鼓。同理心在我们心中唤起的正是这种共振。

注意，这不是指要为对方的感受负责，因为那是属于他自己的。这是要向他表明我们与他在一起。

第三阶段：反映对方的感觉和需求

这不是解读，是为了意识到感觉和需求而进行的复述。重复、重新表述对方的需求并非要批准它们，更不是已准备好满足它们，理解这一点是很关键的。下面举一个例子：

“我的丈夫从来不帮我做家务。这是种自私的大男子主义。”

“我看到了，您很生气，而且作为女性，您需要得到尊重。”

这不是一种反映，而是一种解读，它包含着“大男子主义的男人与女人之间”的冲突。而问题是要确认我们真正理解了需要讨论的需求，同时避免使用包含划分、分离和对立的任何语言。我们应注意“填满”某种需求的感觉。如果我们没有反映这种感觉，我们可能会停留在抱怨和侵犯中。

“你是不是生气了（反映感觉而不是需求）？”

“啊，是的又怎样！因为这令人难以忍受。还有一天……”

经受痛苦的这个人继续指责，而没有走向她自己，也没有下到她内心的井中。只要我们“填满”了对方的某种需求，我

们就会使此人深入她的内心，研究她的内心，这会使她的心变宽，唤醒她的意识，使她具有行动的力量。

“您生气是不是因为您需要您的劳动得到认可和尊重（B）？”

回答可能是：

“绝对是的，我需要认可和尊重。”

或者：

“根本不是，我感觉到了认可和尊重，另外我也不是生气，但我感到伤心和失望，我需要鼓励与合作。”

我之所以给出了这两个回答，是为了说明我们并不一定要说中这些感觉和需求。通过反映这些感觉和需求，我们向对方伸出了一根竿子。这种态度一方面促使对方关照自己的内心，深入自己的内心，确认自己内心的状况；另一方面向对方表示善意的倾听，这正是他找到自己的资源所需要的。因此这是一种积极的倾听。我们在场，表示我们的存在，并陪伴对方去探索他的感觉和需求。如果对方倾向于重新上升到他的理智和精神空间中，而他可能因此需要帮助来重新找到他的感觉和需求，则这种倾听就显得更加积极。

如果对方说：“无论如何，男人都是大男子主义，我们改变不了他们……”我们不会让这样一个具有“心理意义”的句子通过，因为它既代表了一种评判，又代表了一种分类。而这也是一个去看到一种珍贵的需求的机会，正如马歇尔·卢森堡

所言，我们的评判是对我们的需求的悲剧性表达。[1]

> 我们的评判是对我们的需求的悲剧性表达。

比如，我们可以这样继续谈话：

“当您这么说时，您感到失望是不是因为您希望人类，尤其是男人，变得更加开放、更加互相关注（B）？”

“对于我丈夫来说，这还做不到！”

“这使您伤心，因为您希望能够信任他，相信他能够改变，他自己拥有改变的资源（B）？”

“哦！这我知道。当然，他具备一些卓越的素质。但他背离了他的这些素质。他对此视而不见。”

“当您这么说时，您是否感觉到一种分裂（S）：您的一部分被您丈夫的这些素质所打动（S），而您的另一部分又因为他极少利用这些素质而感到非常疲惫（B）？”

“是的，是这样。我被这个男人深深打动，他如此感性，如此细腻，如此害怕表现出这种感性和细腻，因此他认为必须扮演大男子主义者，同时我又为他没有发挥他的感性而感到十分伤心。（沉默）你看，刚才我还评判他是大男子主义者，而现在我却发现他是一个被这个游戏控制住的细腻的、体贴的男人。”

1　参见马歇尔·卢森堡（Marshall Rosenberg），《非暴力沟通：一门慈悲的语言》（*Nonviolent Communication: A Language of Compassion*），Tuddle Dancer出版社，1999年。

“发现了这一点，您有什么感觉？”

“我感到感动、释然（S）。因为我更好地理解了（B）我们都在玩游戏。”

“您想说您发现您自己也在和他玩一个游戏？”

“绝对如此，由于每个人都在玩自己的游戏，我们始终没有建立一种真实的关系。（沉默）我需要改变，摘下面具，把我的本来面目呈现给他，而不是我希望他看到的我的那个样子。”

“在这方面，您具体可以做些什么？”

（沉默）“问问他是否愿意花点儿时间倾听我的感受，勇敢地对他说出我刚才跟您分享的这些。”

评论

① 同理心意味着始终“贴近”对方的感觉和需求。也就是说，一方面，我们不编造任何感觉或需求，我们试图尽可能地靠近对方的感觉，同时用语言表述他的感觉和需求；另一方面，我们引导对方始终倾听和探索他自己的感觉和需求，而不是重新上升到他的精神空间或理智中，抑或他的文化、心理或哲学思考中。对方才是向导，应该由他来指路。

因此，在“男人都是大男子主义……”的例子中，我没有通过回答“不，不是全部，我认识一些男人……”或“你说得对，他们真是难以置信……”来辩论，因为这只能使我们兜圈子，抑或加剧划分或混淆。相反，我倾听对方的主张，

我陪伴她，同时使我自己“贴近”她的感觉和她所说的话背后的感受，比如：“您感到失望是不是因为您希望人类，尤其是男人，变得更加开放、更加互相关注？”通过这样做，我引导对方离开了几个世纪以来众人习惯性地传播的那些形象、划定的类别和成见的世界，与此时此刻支配和鼓舞她的东西建立联系。我建议她将她的意识引向她真正想要的东西、她真实的需求，这些都隐藏在话语、语言习惯，尤其是抱怨的背后。

> 我经常意识到我不想要的东西，并为此向某个没有能力帮助我的人抱怨。
> 我可以使自己意识到我想要的东西，并向某个有能力帮助我的人提出请求。

② 在抱怨的过程中，我们实际上往往倾向于识别出我们不想要的或不再想要的东西，并把它告诉某个没有能力帮助我们的人。因此，我们可能在抱怨中度过一生却丝毫没有改变。有意识的非暴力沟通引导我们识别出并意识到缺失感背后的我们的需求，并将它告诉有能力帮助我们的人，而这个人往往是我们自己。因此，在“我意识到我们都在扮演角色，我也是。我想改变，为此我决定向他敞开心扉”的例子中，这个人摆脱了抱怨，学会了自我掌控。

③ 同理心是我们与自己和与他人关系质量的关键。正是它具有治愈、宽慰和使人焕发活力的作用。当您的悲伤、沮丧、孤独控制了您时，请看清楚它们。难道它们不是因为未得到您原本希望的接纳、倾听、理解和喜爱而造成的吗？请看清楚一场丧事、一次分手、一次项目失败带来的痛苦：如果您独自承受这种痛苦，它便犹如地狱般强烈；如果家庭中的某个人与您分担这种痛苦，情况会完全不同，因为您可以在理解和尊重中分享您的感受。如果您通过这一状况，达到意识的另一个层次，这甚至可以是一次新的沟通和一次获得不同的、意外而深刻的幸福的机会。

④ 在例子中，我指出我们不一定会说中对方的感觉和需求，但为对方提出一个建议，帮助他找到他自己的意识层次，对他则是有帮助的。我最近有机会对一组学生阐明了这一观点。我们在严冬的一个暖气不足的教室里学习，时间已近中午。此时，我向一个年轻女孩提出了那个习惯性的问题："你怎么样？你感觉如何？"她回答我说："嗯，挺好的。"我又追问："你渴不渴？"她回答："渴。""你冷不冷？""冷。""你饿不饿？"她笑着回答："饿。""你看到了吧，如果我提出更具体的问题，你可能发现你并非所谓的'挺好的'。我没有强迫你感到饿、冷或渴，但我引导你问自己是不是体验到了那些需求，引导你倾听自己，而不是习惯性地回答。这就是同理心所建议的：在合适的地方倾听自己。"

第四阶段：发现对方的紧张缓解、身体放松，往往表现为一声叹息

我们的非口头语言往往表现出我们感觉到被理解和心灵的交汇。等待这一信号对于确认对方感觉到被理解或准备好听懂我们的话是非常宝贵的。

在与卡里姆的交流中，这一时刻很清楚地出现了。如果我没有听懂卡里姆的话，他也根本没心思去理解我的话。

凯茜的故事或对同理心过敏

我观察到大多数人极其渴望同理心，并因为得到倾听而感到深刻的幸福，这是因为他们的感觉和需求得到了理解，而不是因为对方的多语和饶舌。同时，我看到一些人如此缺乏理解、善意的倾听（不加评判）和对他们本人的非控制性的接纳，以至于他们似乎对同理心过敏。就好像得到对方的心灵交汇和理解的事实剥夺了他们为自己建造的更宝贵的东西：他们叛逆的和不被理解的自我认同、他们孤僻阴郁的孤独感、他们不可抚慰的不幸。

这又是对未知事物的恐惧，但这次是以生存恐慌的形式出现的："我总是被打败，总是被保护，总是穿着铠甲。如果我敞开心扉，如果我说话，如果我放下武器，我会继续生存下去吗？"如此受伤的人们需要很多默默的同情，因为他们往往绝

对不接受别人说的话：从街头小混混们的“闭嘴，别说了，这没你的事”到某些自以为是的人的“我受不了这种心理暗示的话和这些模棱两可的观点，我自己有非常明确的想法和很好的逻辑，就是这样，而不是别的”。经过深思熟虑，他们不敢再有任何感受，他们不敢再有存在感。

强烈的拒绝往往表达了强烈的需求，正如以下凯茜的例子所表现的：

几年前，我们与20多个混迹街头或住在收容所的青年们一起，在一个烈日当头的沙漠地区进行了一次为期多日的河流穿越。凯茜在出生时就被她的母亲抛弃了，后被一家收容所收留。作为一个14岁的女孩，她的词汇表甚至会让一个老监狱看守吃惊！要想跟她说话却不接收大量的诅咒、猥亵的画面和其他充满她的那种“活力”的表达方式是不可能的……

从头几天起，当我们迎着烈日顺流而下时，我建议她在她的T恤外面套一件长袖衬衫防晒。而她，只要一看到太阳，就不想浪费一点点。我理解她！

晚上，在露营地，我发现她的两条胳膊已严重晒伤。

“凯茜，我有晒后修复霜，如果你不想用的话，我担心这些晒伤会让你觉得疼的。”

“关你什么事，去你妈的……”

“好吧，凯茜，没问题，我不管，你想晒就晒吧。但我建议你明天穿一件长袖衬衫，否则你会被灼伤。这里的阳光比我

们那里要强烈得多。”

“我跟你说了，闭嘴，让我安静点儿……”

第二天，她又尽可能多地晒了一天太阳，不愿意穿长袖。晚上，她整个人都晒红了，严重灼伤。

“凯茜，这次我真的认为你这样会很疼。我的修复霜在我的包后面的石头上，如果你想，我可以帮你涂一涂你的后颈和后背……”

“滚开。拿开你的爪子，窥淫狂……”

“好吧，凯茜。”

她走开了，去搭她的帐篷。我观察着她，看到她搭不起来。她看见我在观察她，就叫道：

“嘿！狗娘养的！你就不能来帮我搭帐篷，而不是待在那里一动不动吗？”

“我很愿意，凯茜，”我眨了一下眼，又说，“你也可以叫我托马斯，而不是‘狗娘养的’，不是吗？”

她笑了，我帮她搭起了帐篷。我们聊了一会儿。这个小女孩儿的温柔从她叛逆的面具下流露了出来。我回去做我的事，给自己胡乱涂上晒后修复霜。随后，我听到凯茜叫我的名字，并把她晒得通红的前臂伸给我：“嘿！托马斯，你也给我涂点儿吧？”

这天晚上，只涂了前臂。第二天晚上，她还让我帮她涂了后颈和肩膀，之后，这变成了我们之间的一个小仪式。在我们

长途旅行的每个晚上，她都来让我帮她做这个清凉的按摩，这于是成为接收无声的温情和互相倾诉的机会——我们互相敞开了心扉。

还记得《小王子》里的那只狐狸吗？“我希望你对我敞开心扉。”狐狸说。“可什么是敞开心扉？”小王子问。“你看，我对你而言是一只狐狸，就像千百只其他狐狸一样，而你对我而言是一个善良的小男孩儿，就像千百个其他善良的小男孩儿一样，但当我们互相敞开了心扉，我们对彼此而言都将是唯一的。”

变成对彼此而言唯一的，成为对方眼中唯一的，这可能就是凯茜14年来一直期盼的：作为“唯一的”被缔造、被认同、被接纳。在这方面的严重缺失是如此大的痛苦，以至于她无法接受我最初的尝试，而把它视为一种侵犯。

返程时，当我接过她的行李，把它们装在拉她回收容所的大巴上时，她扔下她的两个包，看着我，眨了一下眼睛，对我说：“我不想回……收容所，你收养我吧？”

对同理心过敏经常出现在夫妻关系和家庭关系中。一些人可能在与另一个人的关系中积聚了许多痛苦，以至于他们无法再承受来自对方的一句话，哪怕是表达爱的话。这种状况对于两个人来说都极难忍受。维持封闭关系的那个人苦于把自己禁锢在痛苦中却不自知。他落入了一个陷阱，却不愿意相信钥匙就在他自己手中。他的无力感、抗拒感和孤独感无边无际。

敞开大门并试图伸出援手的那个人也极度痛苦，因为他的好意和努力没有被认可和接受。出于怨恨，他往往自己也产生了抗拒，然后是侵犯，以便抢先确认他维系着断裂的桥梁是正确的，于是我们又落入了恶性循环或暴力的螺旋线。而这可能持续几个世纪……看看那些世代相传的部族或家族仇恨吧！

做些什么？

① 对于想要保持大门敞开的人：避免会引发侵犯的行为。无论如何，面对一种持续的状况，以非暴力沟通形式表达的一种健康的愤怒往往能够使人清楚地表达他的沮丧而不侵犯到对方。我们将在后面看到如何有力地表达我们的愤怒而不侵犯对方。

然而，往往是采取关闭大门态度的那个人会认为一切都是反对他的，以至于一种表达某些非侵犯性需求的愤怒都可能被视为一种侵犯。

于是还剩下沉默的同理心：心灵的共情。这需要在内心产生对自己的同理心，从而不使自己转而侵犯对方。

我认为，不陷入恶性循环或暴力螺旋线的唯一方式是：保持自己的善良，从内心接纳对方的痛苦以及他的态度带给我们的痛苦，根据具体情况努力找回内心的平和。我们每个人都对保持自己内心的斗争或平和负有责任。

如果我们自觉没有独自抵抗暴力螺旋线的力量，那么这一

努力可能需要帮助。就个人而言，当我感觉自己在侵犯中摇摆不定，而我又想保持自己的善良时，我曾感受到对外部支持的需求，并求助于同事们的倾听和同理心。

当然，我本来可以通过某种侵犯性的爆发来获得某些结果：把闹钟扔到地上可能会排除它的故障，但也可能摔碎它，甚至某个弹簧的恶性反弹可能扎破我的一只眼睛！我不再有兴趣以这种方式来解决冲突，我太害怕它的某个机关会反弹。从此以后，我内心在意的不再是我们交往的结果，而是我们交往的气氛。保持同理心，即使是单方面的，也是一种比培养感觉更让我开心的气氛。

"真动听，"您会说，"可然后呢？"好吧，这就是在这种情况下经常遇到的问题。我们很清楚我们无法改变对方，我们只能改变自己，改变自己看待对方的方式。情况往往是如果我们改变了自己，对方也会改变，或者，无论如何，如果我们愿意改变，他改变的机会就更多；而如果我们绷紧我们的态度，他也完全有可能寸步不让。就像需要两个人才能开启一场进攻性的网球（我进攻你，你反击我，我再加强攻势，除非我决定放下球拍说我不玩了），我完全相信，需要有两个人才能一直赌气。

因此，我看到一些关系重新建立，因为一方始终保持大门敞开，而对方固执地关闭大门。那个关闭大门、将自己封闭在赌气状态中的人实际想要什么？他往往希望对方理解他是多么

痛苦，希望对方为他的悲痛采取措施，但由于他没有更多的语言表达，或者不再想说什么，他就“关上了门”，封闭了自己。不顾对方的态度，仍想要敞开大门的那个人可能想要什么？明确地表达或默默地表示他对对方痛苦的同情，用他的态度告诉对方他会接纳他的痛苦，不予评判，不加指责。

同理心是一条水流，它可以找到穿过最坚硬的岩石的路，因为最需要解渴的心灵的那个部分会在那里召唤它。但往往同理心的形成对耐心有较高的诉求，而我们可能想以一种更加令人满意的方式选择如何使用我们的时间和精力。

② 对于想要关闭大门的人：除非这种状况让他觉得最终足够不舒服，以至于他想摆脱它，否则我不太会建议他冒险进入自己的痛苦以摆脱它，冒险离开抱怨的舒适感（“这是爸爸、妈妈、丈夫、妻子、老师、孩子们的错”），冒险停止与自己和现实讨价还价（“以后会好的，我会重新开始我的生活，搬家或出国，与我的新配偶在一起，一切都会改变”），冒险深入伤口以治愈它。

这项工作往往也需要帮助，如果我们想避免年复一年地一直兜圈子的话。不幸的是，在这种情况下能接受需要帮助的想法的人少之又少。他们宁愿反复咀嚼他们那“骄傲的不可抚慰性”，正如内瓦尔[1]在他的诗中写道：

1 热拉尔·德·内瓦尔（Gérard de Nerval，1808—1855），法国浪漫主义诗人、散文家。

我失去了妻子，忧郁、无人慰藉，
我是废弃城楼上的阿基坦王子。
我唯一的星辰已经死亡，而我那繁星点缀的鲁特琴
披着我忧郁的黑色阳光。

请求帮助，等于表现出他的困苦和脆弱。而我们的脆弱正是我们得到真正的力量——心灵的力量——的机会，我们的困苦正是我们得到真正的财富——灵魂的财富——的机会。意识到这一点，就意味着我们已经深刻地剖析了我们的创伤，并因此更深入地认识了我们自己。

我所谓的“骄傲的不可抚慰性”，停留在某个意识层面：我待在原地，披着我的痛苦的外衣，深信人们永远不会理解我，尽管如此，我仍然或多或少有意识地期待着“人们”来关心我。或许这个人待在原地是正确的，或许这是他在那个时刻、那种情况下能做的最好的事，或许他已经没有多余的精力去请求帮助或仅仅是换个角度看待事物。我并未对此做出评判，我只是一想到人类能够任凭自己被痛苦如此牵绊，阻止自己利用这种状况得到成长，就感到十分悲哀。我也担心此人在他的位置上变得僵化，被禁锢在他的状况中，不再行动，不再振作，除非遭遇事故、决裂、疾病或丧亲的打击。

我们的需求与其说需要被满足，不如说需要被认可

一位女士是一所幼儿园的园长，在一个周末来参加了一期教育研讨会，周一又回到了她的工作岗位。她到幼儿园的时候，看到一名年轻的助教正试图安慰一个第一次被母亲送到这里来的小女孩儿。那个小女孩儿泪流满面，年轻的助教尝试了所有传统的方法来“解决”问题。

第一种态度：否认对方的感觉

“不，我的小姑娘，你不要伤心。这里非常有趣，你会看到的。”她的感觉被认为打扰了我们，因为我们感到无力去“做些什么”，因此我们否认了它。

第二种态度：使对方产生负罪感

“你不该伤心，有许多小女孩儿没有机会像你一样来到这么漂亮、有这么多玩具的幼儿园……”我们因为她感受到她当时的感受、表现出她那一刻的真实面目而指责她。我们试图让她明白，她的感觉是个错误，她的伤心是没有道理的。我们因此引导她怀疑她的感觉或压抑她的感觉，以便融入集体！

第三种态度：评判和操作性的愤怒

“我受够了你的哭喊，你真是难搞。我不管你了，等你安

静点儿的时候我再来。”

看到这一切，园长建议由她来照顾这个坐在地上哭得更伤心的小女孩儿。她走近孩子，跪在她的旁边，对她说：

“我的小姑娘，你现在在这里真的很伤心吗（S）？”

“是的。”小女孩儿呜咽着回答。

“你伤心而且非常生气，是吧（S）？”

“是的。”小女孩儿抽搭着鼻子说。

“今天上午你本来很想和妈妈待在一起（B）！”

“是的。”小女孩儿边说边叹了口气。

这位园长也叹了口气，同时同情地看着小女孩儿，然后向她建议道：

“你现在想来和我一起玩吗？”

“好的。”小女孩儿说。

发生了什么事？曾经感到如此孤独和被抛弃了的小女孩儿，现在感觉得到了理解：“啊，这里终于有一个大人理解我了，她不跟我说废话！我终于在这里找到存在感了，因此我很想去玩。”

这位园长懂得，倾听对方的需求会缓解她的沮丧，也不会因此使自己有责任去满足她的需求。正是这种意识使她说出了“今天上午你本来很想和妈妈待在一起”这个需求，而不担心因为揭开伤疤而使事态恶化，也不会因为提到了她的母亲而需

要去满足这个需求。

这个例子又一次告诉我们，我们往往什么也不需要做，只需要在场，陪在那里，而这也不一定会花很多时间。

关于影响评判的权力

那个有时听到别人说她“难搞”的小女孩儿当然有理由固守这种自我认同，并在这面旗帜下打转：“我是幼儿园里那个难搞的小女孩儿，你们会看到我会给你们理由给我贴上这个标签！我不能存在于我的愤怒中，我要存在于你们的愤怒中，我的慌乱不被允许，我会利用自己去制造你们的慌乱……”

我曾多次观察到人们甚至赋予这种影响做评判和贴标签的权力。有多少处于困境中的青年被评判为“危险的惯犯、无可救药的瘾君子、侵犯专家、扒窃行家……”，他们发现自己被给予了一个恰当的身份，以填补他们认同感的缺失，并因此强化了他们的行为。这种行为在那一刻已经变成让他们成为某个人物而不是一无是处的唯一方式。

我想起了安托，一个18岁的男孩，他曾多次入狱，并在犯事间隔期定期参加我们的活动。安托曾经遭受他父亲的毒打，他没有学会如何相爱，所以当他对自己不满意时，他有时候会用小刀自残来惩罚自己。一天，我在很久没有见到他后得知，他刚出狱不到48小时又被抓进去了，要监禁三个月。这次出狱后，我

问他出了什么事。他说：“嗯，你知道吗？法官对我说：‘你会在牢里度过你的余生。’的确如此，我变成了一个罪犯。当我在牢里时，所有人都认识我，我有一些伙伴，而我是头儿。当我重新回到大街上，你知道，没有人认识我。我谁也不是，我什么也不是，耻辱！苦役！于是我当着一个警察的面攻击了一个老太太，于是我赢了！当天我就重新见到了我牢里的伙伴们。”

我从这个例子中得出两点看法：

① 这种影响评判的权力给他贴上了“我是一个罪犯，我将在牢里度过余生……”的标签。由于没有更好的办法，安托利用自己来符合这一定义。

② 各种不恰当的准则使他惧怕这样一种现实。我当时还是一名律师。由于安托和很多其他人的经历，我逐渐理解了法律准则（这是合法的，那是非法的）、道德准则（这是好的，那是坏的）、社会准则（应该这样做，这是正常的；不应该那样做，那是不正常的），以及心理学准则（破坏性人格，触犯法律）对于使人们惧怕现实的本来面目是不恰当的：安托忍受了18年的爱的缺失、认同感的缺失和情感安全感的缺失，而你跟他说“这是坏的，这是非法的，你有心理问题……”就等于跟他谈论火星人，会更加疏远与他的感情。现在根据经验，我明白了，要想使安托那颗已撕碎的心灵尝试与自己、与这个社会握手言和，唯一的方法就是带着同理心、在适当的地方、花费需要的全部时间去倾听他的心声。或许需要采取一些措施来确

保相关人员的安全，但不是把他关在栏杆后面，同时希望进行一场可以产生奇迹的对话……因此，我很失望地看到，除了个别例外情况，所有社会和所有政府都还不明白这一点或者还不相信这一点，仍在继续将可观的金钱和人力资源用于关押和隔离那些往往更需要接纳、倾听、交流和找到生命意义的人。我并不是在说法律、道德和社会生活的准则没有它们存在的理由。然而，它们极少能够可持续地、真正令人满意地解决人类的问题，比如犯罪，它的真正起因主要是情感方面的。

我们没有时间理解自己，但我们却花时间误解自己

在一次培训中，一位母亲厉声斥责我：

"是的，但我们没有时间像这样互相倾听。您想象不到，比如，早晨要如何与时间赛跑，才能让每个孩子准点到校，让我准点上班！您听听吧，好几个星期以来，每天早晨7点45左右，我的两个大孩子已经在汽车里，书包放在膝盖上，好在8点一刻到校，而我还得在这之后送走我的小女儿，这样才能在8点半到达公司，可您知道我的小女儿在干什么吗？她还在浴室的镜子前慢慢地梳她的头发！您认为我有时间对她说我的感觉如何，我的需求是什么吗？我当然就爆发了，说她自私、不长脑子，然后粗暴地把她拖上车。"

“那么您的感觉如何？”

“狂怒。我们每一次都浪费时间，男孩们总是迟到，我也是，而且，所有人在整个车程中都在发牢骚。”

“您说这种情况持续了好几个星期了？”

“是的，每天早晨。但是您看到了吧，我们没有时间像您建议的那样去讨论！”

我建议由她自己来扮演她的小女儿，而我扮演她的角色。因为经验表明，站在别人的位置上往往可以触发意识的开关，让人豁然开朗。她很开心地扮演她的女儿，无忧无虑地在浴室的镜子前梳头。

“我的小姑娘，当我看到你现在在梳头（O）时，我感到非常担心（S），因为我希望你的哥哥们准点到校，我自己准点到办公室（B）。你是否愿意和我们一起来（D）？”

（沉默。扮演小女儿的母亲继续梳头，很淡定。）

扮演母亲的我看到跟她谈论“我”在此时毫无用处，于是选择跟她谈论“她”，并试图理解她。于是，我提出了我想象中她能接受的感觉和需求，因为如果我是那个选择在当天全家人都焦躁不安的这个时间平静地梳头的小女孩的话，我就会有这种感觉和需求：

“我的小姑娘，你是不是有什么伤心事（S），是不是有什么事需要我明白（B），而我一直不明白？”

“你坏！”

“你伤心是因为你担心我没有像你希望的那样爱你吗(B)？”

“你早晨不再叫醒我了！”

在脱口而出这个回答之后，这位母亲跳出了角色扮演游戏，对我说：“停！我明白了！这几个星期以来，我的确没有再像以前一直做的那样，每天早晨在说‘早上好，男孩们，到点了’来叫醒男孩子们之前，上楼到女儿的房间给她一个很特别的拥抱来叫醒她。以前叫醒男孩们和叫醒女儿是用不同的方式。现在，我一边穿过卧室中间的走廊一边喊‘早上好，孩子们，到点了’，我不再去给女儿一个拥抱。实际上，女儿可能是因为要因此跟上哥哥们的步伐，而丧失了她作为老幺的特殊地位而伤心了。”

研讨班为期两天，中间间隔一周，因此她有机会在家里实践。下一周她回来时对我说：“的确如此！第二天早晨，当女儿又在7点45不紧不慢地梳头的时候，我决定即使今天我们全部迟到，也应该解决这个问题。在浴室里，我平静地坐在她的身边，对她说：

“‘告诉我，你伤心是不是因为我没有每天早上再来给你一个大大的拥抱？’

“‘是的，你不再爱我了。你更爱男孩们。’

“‘你失望是因为你想确认你仍然是我的宝贝小女儿，我不会借口你长大了而强迫你和男孩们做一样的事。’

“‘是的。’

"'我能做点儿什么让你确信我特别爱你，你可以按照自己的节奏成长？'

"'你每天早晨还来拥抱我！'"

于是，这位母亲恢复了晨起拥抱的小仪式。当然，那一天，所有人都迟到了。但小女孩儿在以后的日子里不再需要以耽误所有人的方式来提醒她的存在了。

奇怪的是，我们往往总有时间在几个星期内每天争吵，却没有时间用几分钟来交流。我们的注意力优先放在什么上？杂务（准时到达）还是关系的质量（准时的善意）？

在看到我们的误解往往会通过互相倾听而迅速澄清的同时，我也越来越惊讶地观察到那个悲剧的旧习惯，即认为"争吵很正常"，花时间争吵"是生活的一部分"，而坐下来互相倾听，花时间待在一起往往被视为浪费时间或者干脆完全被无视！难道我们对幸福、对在一起的乐趣、对安宁如此过敏吗？抑或我们很难相信幸福，以及在一起的乐趣与安宁是可以培养的吗？

对我而言，我们急需重新审视我们的旧方案：我们每个人都拥有握手言和或挑起战争的主动权。面对任何情形，我们都可以选择我们的态度：强迫小女儿并每天重复这一幕，或者理解小女儿并每天更深入地互相交心。这个选择权在我们手中。

第四章

交 心

La rencontre

我们应全部团结起来。全人类的命运取决于每个人与其他人的关系。我们从来不曾这样彼此依赖。但我们不明白，人类没能变成天生具有同情心的生物，他们不能互相帮助。如果我们固守这种把我们的邻居作为我们的首要敌人的态度，如果我们继续激起报复与仇恨，继续污染我们的世界和我们的思想，这就意味着我们什么也学不到，无论是从大师们那里，还是从耶稣、佛或摩西那里。如果我们不纠正这些巴甫洛夫条件反射，我们将无法抗击这个人类仍在互相挑衅并始终在利用、战胜和实施专制的时代。最大限度地积聚，不担心随之而来的后果，依靠既没有手段又没有资源的那些人生存……我们应该与那些与我们不同的人分享，因为他们与我们的差异会丰富我们。我们应该尊重他人身上的特质。

——耶胡迪 · 梅纽因

头碰头

如果我们只在智力层面下功夫，而没有意识到我们的需求，我们就有可能经历以下几种模式的关系。

在日常生活中，我们会交换一些信息或一些约定俗成的表达方式："把盐递给我。""来火车站接我。""这个周末我们干什么？""别忘了扔垃圾……"在发生冲突时，我们争论"谁错了，谁对了"，而这往往支配着所有事情。虽然这不是一种富有情感的沟通方式，但我们还是达到了沟通的目的。

遗憾的是，很多时候我们采取了以下沟通方式：

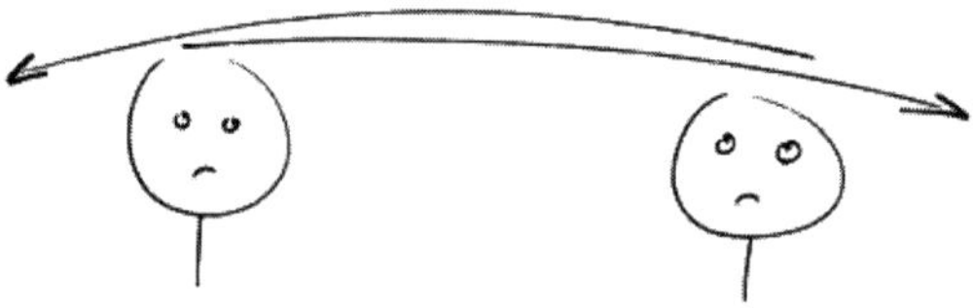

我们的沟通无效，我们互相错过！“我跟他说100遍也没用，他听不懂。我不知道要用什么语言跟他讲话。”我们觉得说清楚了，发送了一条信息，但信息没有被对方接收。这就像对方没有合适的天线或截获了其他电波。反过来，我们也常常有这种感觉，即对方发出了一条信息（心不在焉、沉默、赌气、愤怒、指责），但我们没有合适的天线来解码。

有时候我们是这样沟通的：

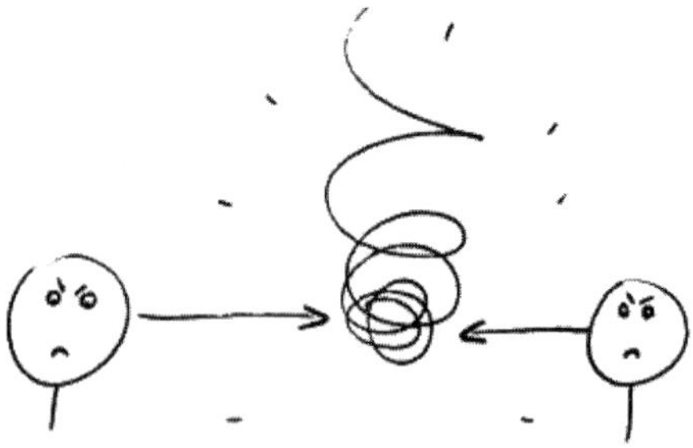

我们交流了，是的，但用尽了全力！这样传递行动或语言无异于在刀刃上行走……

门面对门面

在观察我培训中建议的这几幅图时，我对自己说，我们的确停留在事物的表面，面对面，门面对门面。于是我想起了安娜·布里（Anne Bourrit）用来说明如何理解我们的需求的一幅图，她是我的第一位非暴力沟通培训师，在我自己组织的培训中，我常常优先请教她。那是一幅人像，图中的人像一口井：需要深入到他的内心，才能找到他的活力。把这些门面的图和这幅井的图相结合，我想象出了这个画面：我在地面以上画了三个门面，一个门面很小，是一顶帐篷；另一个稍大，是一座小房子；第三个非常大，是一座塔，即一座威严而坚固的建筑。

请您回忆一下第一章：在评判时，我们只看到对方的一个小的方面，我们把这很小的一面当作他的全部，然后我们把他禁锢在其中。如果我们重新采用那个剃着莫西干发型、染着橙色头发、脸上穿环的男孩的例子和那个坐在豪华轿车里的夫人的例子，我们可以用印第安人的帐篷来代表那个男孩，用那座塔来代表那位夫人，用漫画的形式表现他们之间的交流，在他

们头上各引出一个红色的圆圈，里面写上批评、成见和偏见：

“你是一个肮脏的小朋克，去穿上得体的衣服……”

“你是一个肮脏的资产阶级妇女，把你的钱和汽车给我……”

通常，为了避免这种过度表现，我们会采用一种友好的门面：中间的小房子。这样，既不会因为太小而压垮我们，也不会因为太大而不接收信息，但我们不会表现出我们的本来面目，因为那太可怕了。（如下图）

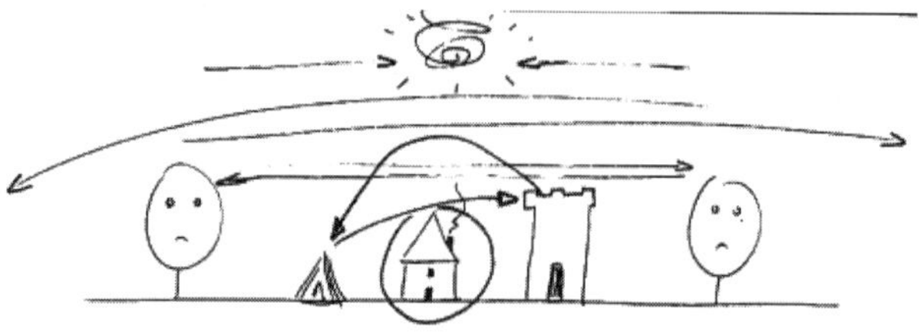

这就是当我们停留在我们的智力层面而背离了我们的感觉和需求，以及他人的感觉和需求时的关系。

从一口井到另一口井

我建议您用以下方式补充上面这幅图，同时意识到这个星球上的所有房屋都应临水而建。于是我在每个建筑的门面以下

挖了一口井，我看到这样的情形：无论是什么样的门面，无论它们可能表现得如何多样或对立，这些房屋都因为这几口井而在同一含水层上相互连接起来。

人类也和井一样：如果他们深入自己的内心，他们就会由同一含水层相互连接起来。维持所有人类生命的是同一水源，赋予他们生命力的是同样的需求。因为，无论我们是草原上的游牧民族，还是跨国公司的总经理；无论我们是偏远郊区的清洁工，还是被娱乐圈炒作的明星，我们在根本上都有对于认同感、情感和物质上的安全感，以及融入一个团体、部族或家庭的相同需求。我们都有分享和联系、自由和自主、被认可和成就感、爱和被爱等需求。

如果我们停留在表面，面对面，门面对门面，我们就很有可能一直使用一种分离和划分我们的语言。如果我们真的想要

深入我们自己的井中，并陪伴对方深入他的井中，我们就很有可能找到一种把我们凝聚在一起的语言。

上图中，跟着箭头的方向在井里走，您会观察到，要想以适当的方式接近对方，我们需要先经过我们自己；要想在对方的井里与他相遇，我们需要首先深入自己的井里。这让我真正领悟到，在走向对方的路上，我不能省略走向我自己的路程。

缓步舞向对方

交心是一种运动，往往是缓慢的、完全内在的，即从我到我，从我到对方。这一运动在我们给予自己的自由空间里占据一席之地，它是交心的一个基本条件：我现在通过自己的切身体会知道了，没有这个自由空间，就没有呼吸，就没有运动，就没有“创造性的摩擦”[1]。

我试着画了一幅图来表示这种交心的运动，在非暴力沟通中，它就像在跳一支舞：我们与自己跳舞，也与对方跳舞，从而彼此交心。请您再回忆一下蒂埃里和安德蕾关于晚上去餐馆吃饭还是在家看录像带的交流（见第一章）。

1　居伊·科尔诺的观点认为，任何创造都诞生于一种运动，也就是一种摩擦，正如琴弓摩擦着琴弦，手指摩擦着陶土，羽毛笔摩擦着纸面，身体摩擦着空间。

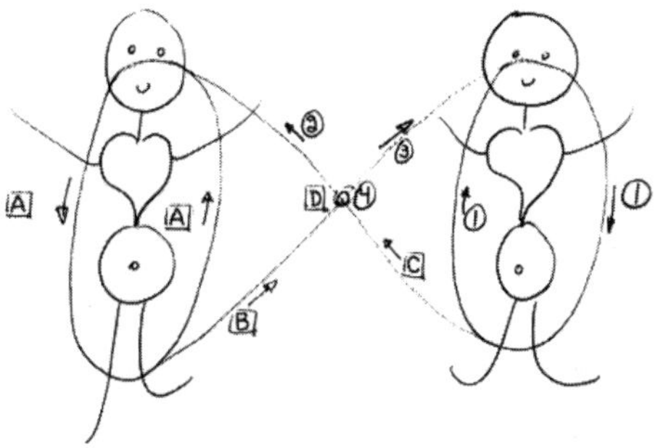

蒂埃里

A. 我与我自己联系，我指出我的需求。
B. 我与安德蕾联系，我和她一起指出她的需求，同时不停止与我自己的联系，直至我们达成一致，即就我们意见相左这一事实达成一致。

安德蕾

1. 我与我自己联系，我指出我的需求。
2. 我与蒂埃里联系，我和他一起指出他的需求，同时不停止与我自己的联系，直至我们达成一致，即就我们意见相左这一事实达成一致。

如果说制服是通过约束和控制来实现的，那么驯服就是通过信任和自由来实现的。我们跳着靠近彼此的舞步来驯服对方。

维护关系

我们每个人都会定期保养我们的身体、头发、胡须、衣服、住处，以及我们使用的各种设备：从咖啡机到电脑，还有

割草机和汽车。我们为了自己的舒适而维护这一切，而所有这些杂务都完美地完成并融入我们的习惯中，以至于我们可以借口汽车在保养或电脑出了故障，毫不费力地推迟一次约会。我们也可以心安理得地让我们的所有计划为一次体检让行（“我们把会议推迟到下周吧，因为这周我要去体检”），甚至是为了做头发（“亲爱的，我们今天下午不能见面了，我忘记已经跟我的发型师约好了”）。但很少有人敢说“下周我要请假，因为我得为我与自己的关系做一次年度检查”，或者“亲爱的，我们今天下午不能见面了，因为我希望首先重塑我的内在美”。

奇怪的是，关系，无论是与我们自己的还是与他人的，被认为可以自动前进，不需要燃油，不需要调节，不需要维护！难怪它会如此频繁地用光、耗尽或破裂——因为我们不保养它。比起亲密的关系，我们更关心那些杂务，仿佛这是一个众所周知的假设，或者更准确地说，是“假设不知道”。我们看不到，我们不想知道，亲密关系让人害怕。的确，如果我们不了解自己，如果我们的内心不笃定，那么无论是与我们自己的还是与他人的亲密关系都会使我们害怕：害怕丧失自我，害怕像一滴水那样消失在海洋中。于是我们忙于杂务，而交心则往往被搁在一边。

我有一个建筑师朋友，他曾接受过非暴力沟通的集训，以便更好地理解他的客户，主要是帮助他们更好地了解他们自己。他的许多客户都是要修建或装修房子的年轻夫妻。工程期

间，他们经常会爆发争吵，以至于当房子建好了，夫妻俩也分手了。因此，许多年轻夫妻的房子刚一建好就挂牌出售了……这是怎么回事？杂务优先于关系，组织优先于关系。每个人都如此喜爱他的书房、厨房、地毯或涂料的颜色，以至于最终书房没了、厨房没了、涂料颜色没了……实际上，这些夫妻本可以借建造房子的机会来建设他们的关系，借改造或翻新房子的机会来改造或翻新他们相处的方式。但他们更关心自己对于房子、对于书房和厨房的计划，而不是对方，以至于这个计划最终落空，变成了门前的一块“待售”的牌子。

下面的故事是在非洲发生过的一件真事，是几年前一个参加培训的学员给我讲的。这位男士曾经在一个管理非洲开发项目的欧洲组织里工作。他经历的一个项目是在一个非常落后的村子里安装水泵。该组织看到村民们需要走一整天到一条河边，才能洗衣服和打到生活用水，然后再走一整天回到村子，而这对村民来说是家常便饭。对此现象感到愤慨的负责人立即批准了必要的预算，用于在这个村子里挖几口井并装上水泵，以方便村民打水……水泵很快就装好了，并举行了盛大的揭幕仪式！然而，几个月后，组织者们发现居民们自发用石头把水泵给砸坏了。

该组织进行了调查。村民们宣称他们自愿选择放弃水泵的便利，以找回他们村里的幸福。因为他们发现，自从装了水泵，人们不再交谈，出门直奔水泵打上几桶水就回家，而在

篱笆和围墙的隔离中，人们开始议论“别人的是非”，而不是彼此直接交谈。于是，是非开始出现，争吵与不和爆发了，因此村里的老人们决定弃用这些水泵，恢复去河边洗衣、打水的惯例。他们意识到这一旅程不仅可以清洗衣服，而且不至于使“家丑外扬”，不仅可以打到村里的日常用水，而且可以促进维护生活质量所需的交流。

这个村子有他们交谈的自然场所。

交谈的场所

我觉得我们急需创造更多的交谈场所：在企业里，在学校和教育机构里，在医疗行业里，在协会行业里，在行政机关里，甚至在家庭里！

我在医疗行业、家庭、学校，以及青年协助机构里主持每月一次的谈话小组活动。来向我求助的机构和人员都在他们的活动领域内优先选择了关系，并承担了时间、人力资源和预算方面的代价。所有这些小组都震惊地看到，误解可以澄清，误会可以消除，冷战可以缓和，憋在心里的话可以表达出来，因为我们提供了一种令人放松的环境，在这里每个人都知道他可以经常地、完全自由地，甚至笨拙地表达自己的想法，而不会遭到评判或否定……这也是一个使工作团队或人员小组分享他

们的喜悦和热情的机会。这些交流也有助于清理堵塞的关系，并促进关系的加深。

在组织谈话小组活动的过程中，我非常惊讶地发现，为数众多的组织、机构、协会、机关和企业，甚至常常是人力资源领域的团体（学校、医院、青年协助机构等），在经营过程中没有供人交谈的场所，也没有共修小组。多少精力和创造性都丧失在流言蜚语、小道消息、不思进取和阳奉阴违中了！如果有一个场所能够确保维护团体的关系，那么所有这些才华和这种活力都将以更加令人满意的方式得以施展。

如此多各种类型的团体，行政的、商业的，还有宗教的或家族的，都从内部被沉默和闭口不言啃噬着，有的甚至世代相传。

作为彬彬有礼的好男孩和好女孩，我们往往学会了让人闭嘴和让自己闭嘴，把不说的话搁在一边，就像我们把一块奶酪放到壁橱里一样。放在壁橱里的奶酪的问题是，它最终会使整个屋子发臭——臭味无处不在！

我们很久都没有集体走到河边去打水了。但如果我们没有花时间更多地了解自己、爱自己，我们还能长久地给予关怀、教育、帮助，提供贸易、服务和工业支持吗？在得到了全面的照料、教育、帮助、衣服、食物、服务之后，我们难道不会只是因为渴——心灵的干渴——而死去吗？

第五章

情感安全感与意义，和平的两把钥匙

La sécurité affective et le sens, deux clés pour la paix

显然，一个人虽然表面看来手无寸铁，但如果他敢于大声喊出一句真话，以他的人格和生命来守护这句真话，并准备好为此付出高昂的代价，那么即使他在形式上没有任何权利，但他会拥有比其他情况下千千万万匿名选民更大的权利，就是如此惊人。

——瓦茨拉夫·哈维尔[1]

1 瓦茨拉夫·哈维尔（Václav Havel，1936—2011），剧作家、哲学家、捷克共和国前总统。——编者注

如果……我就爱你

在本章中，我会阐述有附加条件的爱的制约以及这种爱导致情感不安、意义混淆和暴力的方式。

我们学会了做事，而不是为人

我们学会了做事，而不是为人。我看到教育领域的几代人（父母、教师、教育工作者、教徒等）一直在使用以“你”为条件的感觉表述方式，却没有指出需求（“当你照我说的做的时候，我会高兴；当你没有那么做时，我会伤心”）。这种表述已经导致并仍在导致一种可怕的情感不安。与我一起工作的

大部分人——首先是我自己——已经从“当你……时，我会高兴”“当你……时，我会伤心”中听出了言下之意，即“如果你……我就爱你”，“如果你……我就不再爱你了”。

我不是说这就是讲话者想要表达的，我是说这是听者听到的和理解的，而我感兴趣的，正是这种暗语隐藏的实情，因为它制约着我们处理关系的一切方式和我们在这个世界上存在的一切方式。

“如果你去收拾你的房间，如果你在学校好好学习，如果你听话，如果你乖一些、和气一些、友善一些……，我就会爱你。如果你淘气、生气、心不在焉、兴奋过头、想入非非，如果你不照我说的做，如果你不符合我的期望……，我就不爱你了。”

我们被“训练”要达到和符合他人的期望，我们适应并过度适应这些期望。我们懂得做一切事去取悦他人，但我们不懂得如何做人，简简单单地做自己。我们学会了做一切事去符合那个听好爸爸和好妈妈的话的好男孩、好女孩的形象，之后，我们还要努力做一切事去符合好丈夫、好妻子、好干部、好员工的形象。在这一切努力中，我们常常会在许多活动和计划中坐立不安，会在工作、家庭和社会活动中表现出满腔热情，却不曾关心自己内心的幸福，因为我们从未学过如何意识到这一点。我们往往只能在自己做了许多事情后，按照我们所做事情的数量多少来决定爱自己的程度。我们活着，却没有意识到，我们生于世间，就应品味一切事物的身份和存在以及我们与它

们之间的关系；我们活着，没完没了地算计好意识与坏意识，却总是入不敷出。我们没有站在我们人生的甲板上，遥望着广袤苍穹中的繁星来测定方位、确定航向、调整风帆，也没有在掌舵的同时品味航行的乐趣，而是在船舱的底部核对我们的账目，感受着轻微但持久的恶心。

▌ 激发意识还是算计好意识和坏意识？

意识还是算计？

我们总是感觉或多或少应为对方的感觉负责，尤其是或多或少应成为对方的感觉的依靠。如果他伤心或不幸，那是我们的错，我们本应该“做些什么”。因此，我们心甘情愿地背上了负罪感。反之，我们也自愿让对方为我们的感觉负责或内疚：“我伤心或不幸，因为你……”在这两种情况下，我们都不懂得“存在”。

在第一种情况下，我们因为相信我们应为对方的状况负责而十分担忧，我们不会单纯地听他倾诉。您还记得那个少年吧，他很想让他父亲听他倾诉，可他父亲不听，而是给他上千条建议和现成的解决方案。倾听，是相信对方有能力自己找到解决方案。陪伴一位病人、一位临终患者、一位服丧之人，就是要接受没有什么“可做”的，只要待在那里善意地守护着，

让当事人深入自己痛苦的井中，探究痛苦带来的所有压力，同时以我们倾听和陪伴的态度为他提供一个机会，让他感到他不是孤单的，有人陪伴他。“对方不好受，我应该做点儿什么”的设定带来的压力往往如此之大，以至于我们无法在对方痛苦的时候只是在一旁陪伴。

我们可能常常被某种成就的自豪感所控制。我们会努力做“好事”，我们会成为那个说“好话”的人，而我们也因此很可能错过了交心的要点：自己对自己的信心以及对方对他自己的信心。

关心不等于负责

关心，是帮助对方经历他需要经历的，而不是阻止他这样做，也不是试图尽量减轻对方正在经历的痛苦（“这没那么严重，不要再想了，去散散心吧”），或者把这一痛苦揽到自己身上（“这是我的错，我本不该……，如果我是你，我会这样做或那样做”），进而使他忽略这一痛苦。关心，是帮助对方走进他的困境，深入他的痛苦，以便从中走出来，同时意识到这条路是属于他的，除他以外，没有任何人能替他走完。

关心，是把我们所有的注意力放在对方所具有的治愈他的痛苦或解决他的困境的能力上，而不是带给他一剂解药。关心，是相信对方如果能够自我倾听或在适当的场所得到倾听，

他往往会掌握所有必要的资源来摆脱困境。这一切的前提是我们已经获得了这种自信和自尊。如果我们不相信我们自己的生存能力，我们又如何能相信对方的生存能力呢？

为对方负责的风险在于我们没有意识到我们负责的不是他，而是我们自己，是我们的“好人”圣贝尔纳和拯救者的形象，往往也是我们得到认可和对得起良心的需求。如果说有风险，那就是由于我们在为自己负责，但我们却以为我们在为对方负责。我们的态度将是不合适、不恰当的，它会使双方陷入沮丧、混乱或依赖。

我想到了薇薇安，一位48岁的家庭主妇，她负责解决她20岁的大学生女儿遇到的所有困难，因为她认为女儿还没有成熟到能自己应付困境，她“始终需要站在女儿身后”。

她去大学里整理女儿的宿舍，为女儿制订周末计划，替女儿了结一段难搞的恋爱关系。更有甚者，她加强了控制措施（外出、约会、出勤、周末活动、度假目的地），她的女儿越是要求收回权利、获得自由，她越是变本加厉地控制她——恶性循环！

一天，她女儿与一帮朋友去一栋租来的房子度假。回来时，这位母亲从女儿的朋友那里听说，是她女儿在负责打理整栋房子，管理预算，组织采买、三餐和时间表，禁止吸烟者在室内吸烟，总之，她一个人应付自如（不错地复制了熟悉的榜样）。我们研究了这一情况，结果发现这位母亲一直禁锢在“为女儿做力所能及的一切的好母亲”的形象中，以至于她

无法相信女儿，无法想象即使女儿遇到困难，在人生的道路上些微划破了手或心灵受了点儿伤，她自己也有足够的本领摆脱困境。因此，只要她女儿表达出不高兴的感觉，比如“我很伤心、很沮丧、很担忧……”，薇薇安就会立刻跳出来解决问题，而不给她女儿丝毫陷入困境和真正深入困境以摆脱它的机会。

我和薇薇安一起探讨了她三方面的需求：① 自我认同的需求——“我能不能做我自己，而不是无所不为地做一个好母亲、好妻子，以至于筋疲力尽？如果我不再是一个好母亲，那么我是谁？”；② 情感安全感的需求——“我能不能因为我这个人而不是我所做的事而爱自己和被爱？”；③ 信任的需求——“我能不能相信即使我不控制一切，事情也会顺利？”。因为她自己有一个严苛的、控制型的母亲，她曾为了做一个好女儿而过度适应她的母亲，所以她没有机会成为她真正想成为的人。于是，在完全无意识的状态下，她也很难允许她女儿成为自己想成为的人。实际上，她女儿想要得到的自由对她而言太危险了：这种自由威胁她必须意识到她自己始终被禁锢在她的好女儿然后是好母亲的形象中，这个发现太痛苦，以至于她无法在毫无帮助的情况下自己做到。我们一起迎接了这一意识的苏醒，同时努力哀悼了这些年的禁锢，唤醒了崭新的生活。

为了使这位母亲能够真正面对她女儿本来的样子，她必须先亲自去和女儿交流。这条道路的美好就在于，薇薇安在找回自我的过程中，也默许了她女儿逐渐做回自己，而不是或多或

少复制母亲的榜样！

由此可见，当我们倾向于把我们的感受依附于对方时，我们不懂得应为理解自己而倾听自己的心声；不懂得应掌控自己，变得既自主又有担当。我们往往非常依赖他人，听凭他人目光的摆布。

我们没有学会作为我们自己被爱，而是以他人期望的样子被爱

如果说我们已经学会符合他人的期望，学会了服从于他们的压力，那么我们几乎不可避免地会期望对方符合我们的期望，服从于我们的压力。因此，我们没有学习如何按照他人本来的样子去爱他们，而是按照我们期望中他们的样子去爱他们。

另外，如果一个人到处委曲求全，以符合她好女儿的形象，以此取悦她的父亲，那么她很有可能会期望自己的丈夫屈从于好丈夫的形象来取悦她，正如她自己屈从于好妻子和好母亲的形象以取悦他。如果我们阻止自己成为自己，那么我们就有可能，往往是无意识地，阻止对方成为他自己。

只有当我们能够真正成为自我，抛开角色、抛开标签、抛开压力，我们才能让对方真正成为他自己，抛开角色、抛开标签、抛开压力。

真正的交心发生在人与人之间，而不是角色与角色之间。

▌交心，首先要做自己。

这并不妨碍我们也有兴趣发展、成长，尤其是一起成长。夫妻、家庭、朋友、工作团队一起成长，肯定是一种对内心最有营养的满足的源泉。爱对方本人，也就是说我们对他感兴趣，我们接受他正在成为或可能成为的样子——这就是爱对方，包括爱他的成长、开放和多样化的全部潜力。我看到如此多的夫妻和家庭，他们中的每个人都各自封闭在自己的角色中，同时也因此停止或竭力限制个人和人际关系发展的一切过程。他们很快就习惯了麻木的状态。没有了尊重，爱又算什么？克里斯蒂安·博班这样表述了这种消耗和麻木：[1]

> 生命在被消耗，她的味道不再可爱，她磨耗着灵魂，摧毁着梦想。我无人言说。我不能向任何人倾诉我想离开这种生活，去过另一种生活。我不知道该怎么做，不知道该如何对您的亲人说：您的爱给了我生命，现在它正在让我死去；如何告诉那些爱您的人，他们并不爱您。

1　详见克里斯蒂安·博班，《空虚的至高无上》（*La souveraineté du vide*），Folio出版社，1995年。

于是，当一方想要改变，想要发展，想要重新审视他的存在方式时，另一方（或其他人）就会恐慌："你不再像以前一样了，你变了（言下之意是：这样行不通，你应该一如既往），你这样做不合情理，不要扔下我一个人。"

比起我的儿子，我更爱我为儿子制订的计划……

影片《死亡诗社》(*Le cercle poètes disparus*) 很好地诠释了这一悲剧。父亲一心想让儿子成为工程师，但儿子在大学最后一学年，在学校社团里发现了自己在戏剧方面的才华。父亲（或许深信一个人不可能在完成工程师学业的同时演戏）禁止他继续准备年末戏剧演出。尽管如此，儿子仍在准备，并在演出中赢得了全校师生和家人雷鸣般的掌声，而他的父亲却狂怒地待在大厅里。

演出结束后，父亲没有对儿子的成功和才华道一声祝贺，也没有听在场观众对儿子的赞扬，而是野蛮地把儿子带回家，言辞激烈地训诫他的未来："你母亲和我，我们辛辛苦苦地给你挣学费，让你接受良好的教育，是为了让你成为工程师。"他的态度不容辩驳。儿子上楼回到自己的房间，用父亲的左轮手枪结束了自己的生命。

父亲更重视他的计划（虚拟的），而不是他儿子的现实。同时，他自以为做得对，自以为尽到了一个严厉而公正的好父亲的庄严责任。

父亲认为倾听儿子的心声就等于放弃了自己的责任，儿子认为倾听父亲的心声就等于放弃了自己的才华。父亲强迫，儿子逃跑。他们之间没有交心。他们失去了彼此，以悲剧收场。

我特别观察到，在夫妻生活中，很多人为对方制订了婚姻或夫妻生活方面的一个计划、一个观念或一个理论，而他们对此的重视更甚于对方！

如果一方想要发展，想要重新审视这个计划，想要修订这个理论，另一方的全部注意力往往不是放在对方的身上，不是在对方的发展中倾听他、理解他、爱他，更不用说想要对自己提出质疑了。在这种情况下，另一方的全部注意力都放在如何维护这个计划，如何做才能使对方接受这个基本观点，如何维持这个理论。

雅克琳娜51岁了。她一个人来咨询，完全不知所措，因为她丈夫在结婚25年后离开了她。她一上来就对我说，婚姻对她而言是神圣的，她不可能离婚。“我们结婚就是为了过一辈子。”她对我说。

几次面谈之后，看到她一再坚持这一观点，我尝试着与她一起识别出她在这个态度背后的需求：

“雅克琳娜，当您说‘对我来说婚姻是神圣的，我们不能离婚，我们结婚就是为了过一辈子（O）’时，您是否真的为您目前的分居状况感到悲伤和心碎（S），因为您想找回与对方默契又亲密的甜蜜回忆，找回沉浸在信任和真诚中的幸福以及

在一起的快乐（B）？这是不是您感到悲伤的原因？”

她看着我，热泪盈眶，我任凭这种沉默流逝，过了好久，我又说：“我刚才说的话触动了您？”我想她会对我说：“是的，我就是因此流泪，我很想找回它们。”然而，她却对我说：“我很震惊，因为你所说的这些，我在25年的夫妻生活中从未感受过。我意识到我一直以来都活在一个框框里，而现在，我却费尽心力想让我丈夫回到这个框框里，而不是尝试理解他。”

的确，每一次她见到她的丈夫，两人之间都要爆发争吵：因为关系的破裂，她太过不安，以至于无法理解发生了什么。她越想用争论、谴责、愤怒、道德来拉回她的丈夫，他逃得越远。

一天，我建议她把我看作她的丈夫，她接受了。我对她说：

“雅克琳娜，我受够了我们的角色扮演游戏，受够了。戴了25年的面具，我再也无法忍受了（S)。我需要活在一种真实的关系中，在其中我可以做我自己，而不是那个‘做好一切应做的事的好丈夫’。我需要自由和信任，我厌倦了你控制一切、安排一切。只是我不知道该怎么对你说。我只学过隐藏我的感觉，待人和善，而我很久以来已经不堪重负了。现在我再也受不了了，我要走，但这不意味着我不爱你了。”

角色扮演结束后，我问：

“您对此有何反应？”

“这启发了我，真的。我看清楚了我们夫妻俩都在演戏。我想我曾经更爱我的共同生活计划，而不是我们的共同生活；更爱我为我丈夫制订的计划，而不是我丈夫。我现在看到了我这方面的责任，而我一直认为我丈夫应对我的不幸负全部责任。”

我与雅克琳娜一起研究了自我认同、自尊和安全感的需求：即使我没有了丈夫，我还能成为我自己吗？即使我的婚姻失败了，我还能感觉到自己的存在或自己在社会中的存在吗？即使我认为他不再爱我了，我还能爱自己吗？即使我的外部环境改变了，我还能感觉到我自己内心的安定吗？

雅克琳娜越相信她自己，而不是她所扮演的角色，她越能获得对她本人的尊重，而不是对她扮演的好妻子和好母亲的角色的尊重。随着她不断培养内心的安全感，而不是依赖于她的丈夫和家人的态度以及她的原则，当她再见到她丈夫时，两人的争吵越来越少，她丈夫也慢慢开始同她讲话，卸掉了自己的保护壳，进入了一种更真实的关系。当然，这是一项长期的工作，是一个痛苦的脱壳期，它意味着抛弃由习惯、陈词滥调、既定原则构成的旧皮肤，克服对变化和孤独的恐惧，小心翼翼地进入一个崭新的、真实的世界。

没什么能证明毛毛虫破茧成蝶时感到愉快。

差异性被视为一种威胁

我们的几乎全部用怀疑染过色的许多关系难道没有暗含着以下问题吗？——“如果我不按照你说的做，如果我不再符合你心目中的好男孩或好女孩的形象，如果我不再乖巧、友善、亲切，如果我与你期望的不一样，你还会爱我吗？”

我们害怕看到我们的差异性，我们避免或压抑我们的差异性。这样一来，我们也很难接受他人的差异性。面对他人的差异性，我们做了什么？我们回避它或拒绝它。我们在“他和我一样”和“他爱我”的尺度内容忍对方。为此，我们更多地与那些和我们想的一样、说的一样、穿的一样、信仰或祈祷的一样、做的事一样……的人交往。这令人放心！

他爱我还是他和我一样？

我们经常把对方的差异性视为一种风险、一种威胁：“如果对方是不同的，我可能必须去改变，去适应，变成他期望我成为的样子，不再做我自己。”这种内心的不安可能很强烈，以至于它外化为种族主义、完美主义、反犹太主义或同性恋恐惧症，但它更常表现为评判、批评、指责、怀疑。差异性唤起的不是善意的好奇心，而是怀疑和不信任：“这些人跟我们不一样！”

最常见的感觉：恐惧！

如果我们学会了为取悦于人而做事，那么我们永远不可能完全保证做“恰当的事”，既不会在适当的时候，甚至也不会在他人感觉适当的尺度内。我们可能大部分时间都活在对他人的反对、批评或无动于衷的恐惧中，活在对他人的反应的不信任和对我们的素质或能力的怀疑中。因此，不信任和怀疑往往被视为生活原则和正常的运行模式。

对方总是或多或少地被视为一个审判官，他的批准或反对影响着我们的幸福。我们因此总是或多或少地担心自己因“做得不够”而配不上对方的目光或不足以收买对方的仁慈。我们活在一些“商业关系”中（买进认可，卖出真实），而不是真正的人与人之间的关系。马歇尔·卢森堡在《非暴力沟通》中阐述了这个问题：“由于习惯了一种以收买、赢取和配得上为传统交换模式的文化，我们常常在简单的给予和得到时感觉不自在。”

正如我在第三章开篇给出的那幅人类沟通的表达和接收的图中提到的，我们大部分时间都在怀疑区内煎熬：我们害怕得到我们的位置，害怕真实地存在，害怕肯定我们的身份，因为我们不确定我们是否会因为自己的本来面目而被喜欢和接纳；反之，我们害怕对方得到他的位置、真实地存在、肯定他的身份，因为我们不确定在这之后我们是否能够继续在他面前

存在！对方，即使亲近如配偶，也总是或多或少地被视为一个妨碍者——我不敢说他是一个敌人，尽管我时常听到这样的比喻：某人妨碍我们去做自己。

我时常遭到以下质问："您相信人可以做自己，但我有丈夫、孩子、老板、父母……所有这一切都妨碍我去做自己！"

可并非如此，不是"所有这一切"妨碍了我们去做自己。妨碍我们做自己的，是我们看待"所有这一切"、经历这些关系的方式。妨碍我们做自己的，是我们内心的安全感和信任的需求还没有得到必要的关注，从而没有发展壮大，使我们能够更加自如地经历"所有这一切"。我不认为我们能够根除恐惧。恐惧和信任，以及痛苦和欢乐，都是我们生命的一部分。能够解放我们的，是我们不再因恐惧而害怕的心态。

停止做老好人，做真实的自己！

在某一天的培训中，这个句子浮现在我脑海中。当时我正在与一位女学员总结一个角色扮演游戏，她刚刚意识到，她的暴力常常源于她为了做老好人而掩盖自己的真实感觉和需求时所感受到的沮丧。由于做老好人，她最终爆发了。

当时，我有点儿心血来潮地提议："停止做老好人，做真实的自己。"另一位女学员立即对这句话做出了回应："你刚才说的

话启发了我，这恰恰是我和我丈夫常常经历的。我酷爱看戏剧和歌剧，我在剧院能见到一些女性朋友，我的心随着剧情和感情起伏，我总是会流下眼泪，我喜欢在幕间休息时闲聊。而我丈夫，他讨厌这些；他不耐烦，高声评论演员们的表演，没有丝毫感动，在座位上翻来覆去地叹气。于是我很紧张，这糟蹋了我的夜场戏剧，我们在幕间休息时、在回家的汽车上互相斥责。可每次当我要预订一张戏票时，他又担心我赶不上最后一班地铁或者打不到车，于是，为了做老好人，他要陪我去。而我，为了做老好人——既然他这么友善——就接受了！于是我俩又度过了一个地狱般的晚上。如果我下次做真实的自己并这样对他说，或许会更好：‘你为我今晚能否顺利回家而担心，我很感动（S），因为我愿意感到你重视我的安全和我的舒适（B），与此同时，我不确定（S）你陪我去会真的开心（B）。因为我需要咱俩都度过一个美好的晚上（B），尤其是我能够享受我的戏剧，而不用担心你是否开心（B），我建议你去做你自己真正喜欢的事，我会自己想办法回来的（D）。你觉得这样安排怎么样？’”

这位女学员非常高兴自己跨过了一直深陷其中的地狱般的陷阱，最终摘下了她的面具！

摘下面具！

如果我们戴着面具，而对方也戴着面具，那么我们彼此间

存在的则不是一种关系，而是一场假面舞会！如果这很滑稽，而且大家都开心地戴着面具做游戏，那么我看到的只是一个享受快乐的机会！不幸的是，经验表明这些假面舞会是凄凉的：它们不是把人们聚在一起，而是把人们隔开；它们没有让人们做美梦，而是让人们辗转反侧；它们没有终结于绽放的烟花，而是蜷缩在忧伤的表皮下！

至于殷勤，望文生义，我在这里谈到的是讨好式的殷勤——一种态度上的殷勤，则没有被真正的心灵冲动承载，没有发自内心深处的为他人的幸福而快乐给予和奉献的兴趣，而是被害怕失去、害怕拒绝、害怕批评、害怕承担的恐惧感所驱动。这种殷勤往往是一副干枯的面具，它扼杀了真实的声音，吸干了生命的波涛。

> 礼貌，是精心策划的冷漠。
>
> ——保罗·瓦勒里（Paul Valéry）

在这副彬彬有礼的殷勤的干枯面具后面，我们可能习惯于经历一些贫血的、无菌的关系，而我们很可能把它们当作真正的人际关系。同样，如果我们永远只喝可口可乐，我们可能一辈子都不会想象我们需要去尝一尝葡萄酒。

作为律师和后来的企业顾问，在15年多的时间里，我非常熟悉这些生意人或同事之间的办公室礼节：微笑，通过语

调、表情甚至幽默来表达的热情。这些举动实际上掩盖了一种内心的冷漠，以及只关心达成生意或和平共处的心态。某些人可能对所有人都和蔼可亲，却根本不知道他们自己究竟是谁！正如我在前面提到的，马歇尔·卢森堡用“一个友善的死人”来指称这种人！他们没有自我认同，没有存在感，没有生命。

在短时间内，做老好人往往比做真实的自己更容易。儿时，我们把自己的愤怒或悲伤装在口袋里，以便重新融入家庭圈子，我们无意识地发现，做老好人比做真实的自己更容易。于是我们学会了背叛自己，而从长远看，这个代价是沉重的！找回自我需要时间和精力。唉！如果我们没有弄丢自己该多好。幸运的是，尽管我们养成了这个习惯，我们也能够摆脱这种习惯；尽管我们以这种方式“被编程”，我们也能解开这个程序，找回我们真实的本性，找回我们的角色面具下真实的自己。在上文引用保罗·瓦勒里的话时，我当然不是想鞭挞发自内心的礼貌。因为，教养和礼貌也是生活的乐趣之一。

> 不要混淆什么是自然的、什么是习惯的。
>
> ——甘地（Gandhi）

我时常在研讨会或研修班上听到这种反应：“是的，但是这样谈论感觉和需求不自然。”我认为，这是不习惯造成的，而实际上，这对我们而言是自然的。

一个孩子会说："我生气了（S），因为我想去和我的朋友们玩（B），我伤心了（S），因为我想和你待在一起（B）。"正是社会生活教会了他去做或不做这些事，"因为应该做，因为到时间了，因为这很正常，因为这是计划"。

如果我在这里所指的殷勤态度不一定是好的，那么应该看到，真正的好意不一定是亲切的。从个人角度而言，我更喜欢清楚的事实，而非不可靠的假面舞会。为了做老好人，夫妻间，以及在家庭中、职场上有多少谎言啊！为了没有麻烦地抽身事外或免受处罚，谁又没有编造过虚假的故事呢？

谎言？是的，为了做老好人！

就像这样，真相是可以灵活掌握的，我们可以为了自己舒服或者为了使对方舒服而篡改真相，不计后果……

我担心从我们作为地球居民的整体责任上讲，这种态度与那些口口声声地分享着环保理念，却毫不犹豫、不假思索地把烟头或啤酒瓶从车窗扔出去的人的态度相比，同样不负责任、危险且长期具有污染性。

我对人类本性的信任还没有达到声称任何真相都可以随时向任何人说出的地步。当然没有！或许在某些情况下，什么也不说才会满足耐心、慢慢来的需求，满足等待合适时机的需求，满足思考、善意或确认的需求……

我说的是，如果我选择说点儿什么，而不是什么也不说，那说明我需要为尊重真相做点儿贡献，而不是为了迎合他人去歪曲真相。实际上，我常常扪心自问：“我想使这个世界更混乱吗？”天体物理学家于贝尔·雷弗（Hubert Reeves）说过，世界的污染，这不是一个大问题，而是70亿个小问题。由此，我觉得世界的混淆、混乱、无序，这不是一个大问题，而是70亿个小问题。我们每个人在每天的日常生活中都有选择的权利：是否为光明、透明、和平做出贡献。不可思议，不是吗？

我们终究会意识到，与一些老好人打交道，也就是说，与那些因为害怕做错事、给人留下坏印象、变得脆弱、表现出他们的脆弱性和（或）力量而不敢说出自己真实想法的人打交道，是令人非常不安的。为了使自己在关系中感到自在，我们需要确定，如果对方说“是”，那就是是，如果对方说“不”，那就是不。如果我们必须不停地想象对方的真实动机是什么，因为我们不相信它可能是真实的，那么这会使我们精疲力竭，也会使我们担心遭到反击。比如，某人在帮您的时候保证他很高兴这样做，而实际上他讨厌这样做，之后他抱怨他为您所做的一切：或者他几乎没有得到感谢，或者您没有反过来帮助他……这种情形是多么令人厌倦啊！

瓦莱丽和我在结婚时就互相做出了这种承诺，它与新婚夫妻传统的“永不”和“始终”的承诺相比可能是不同的或不合惯例的，但对于我们二人生活的安全和舒适而言却是基本的：

“我向你保证永远不对你客气，始终做真实的自己。”于是，当我们怀疑对方的动机时，当我们担心对方因为“客气”而做了某事时，我们会互相拆穿：“你是客气还是真的？”这使我们在开玩笑的同时给了自己一个机会去调整我们要做的事和我们做这些事的动机，从而使任何一方都不会出于责任或“因为应该做”“因为没有其他人去做”而去做任何事，而是出于给予和为共同生活的幸福做贡献的兴趣去做。

我在这里所说的，在我看来是一个众所周知却极少实践的情感生态原则：如果我们想经历一些持久但不令人满意的关系或一些令人满意却不持久的关系，我们会对真相和真实性视而不见。但我认为，如果不关注这两个价值或这两个需求——真相和真实性，我们就不会建立起持久而令人满意的关系。当然，这并不简单，因为在短时间内，实事求是往往令人不自在，这需要警惕性和练习，从而获得表达自己的力量和接纳对方的宽容。

如何说“不”？

我在工作中观察到，如此多的人难以说“不”的一个常见原因是：没人请我们说“不”，没人请我们与众不同并自在地感受这种不同。正如我在上文中提到的，我们更多地被引

导去“做同样的事”“重复做同样的事”，与爸爸、妈妈、老师、习惯、宗教习俗、社会阶层或职业环境达成一致：“有礼貌的人说‘是’；一个乖巧的小女孩儿、一个通情达理的男孩说‘是’；说‘不’可不好。”

于是，一方面由于差异性（观点、性格、态度、优先权、敏感性等方面）被视为一种威胁；另一方面由于“服从”很久以来都被推崇为一种道德品质，我们往往不仅很难说“不”，甚至很难察觉到我们表露出些许不赞成的迹象。

与影响了一代又一代人的教育模式的观点相反，服从很少会创造出负责任的人，通常创造出的是一些机器人。这种服从的态度再一次表达了我们对他人自我负责能力的不信任和怀疑，以及在与他人沟通和理解他人方面的无能。由于我们无法满足自己的需求，无法让对方尊重我们的需求，所以我们将自己的需求不加商量地强加给对方，等着他自己来满足它！

习惯性地服从还是负责任地赞同？

“为了做老好人”，我们常说“是”，而我们想的却是“不”。这样做大多数时候是为了避免冲突：“如果我挑起了冲突，他们还会爱我吗？如果我不同意，我还会一直可爱吗……”我们抑或出于叛逆或害怕丧失自我而始终说“不”，因为这是我们找到的保护我们自我认同、安全感或被认可的需

求的唯一方式："我反对，故我在。"

学会说"不"是我特别重视的一个阶段，因为它引导我们必须去研究我心中坚守的四个价值：

◎ 尊重对方的感觉和需求，就像尊重我们自己的；

◎ 必要的自主性，以便花时间去确认我的感受和我想做的事；

◎ 倾听不同问题和尝试关注所有相关需求的责任感，不只是为了对方的需求而损害我的需求，也不是为了我的需求而损害对方的需求；

◎ 表达我的反对意见并建议一种可能与别人对我的要求完全不同的解决方案或态度的力量。

现在我们知道在任何请求背后都有一个需求，我们还知道我们常常混淆二者。因此我们要去关注位于对方请求上游的需求，以便澄清真正的问题所在。以下是一个简单又常见的例子：

我的老同学热尔梅娜给我留了三条信息，邀请我去参加一次户外烧烤聚会，我还没有答复她。我很喜欢热尔梅娜，因此我很高兴能再见到她，但同时，我不想去参加她的烧烤聚会。我的确需要休息一下，找回自己。以前，为了不使她失望（也为了做老好人），我可能会说"好的，当然"，然后我会拖着灌了铅一般的双腿去那里，而把我自己的一半留在家里，并可能发牢骚和到

处挑刺：客人很烦，肉烤得太老，红葡萄酒太温，等等。当我们的行为违背我们的需求时，某个人会为此付出代价：我们自己或别人。我也可能会编造一个故事，以便置身事外："我没有空，我要工作。"为了做老好人，我会撒谎！

当热尔梅娜第四次打来电话时，我在家并接了电话：

"你这个无情无义的老家伙，你怎么不回我的留言？"

"你失望了（S），你一定希望我早点儿表态吧（B）？"

"是的，先生永远不在，先生忘了老同学们了。"

"你生气了（S），热尔梅娜？你想确定我没有忘记你（B）？"

"当然了，如果不是我时不时地邀请你，我们永远也见不着面！"

"你想感觉到我也在为我们的友谊做出贡献，我心里有你的位置（B）？"

"是这样！这就是为什么我希望你来我的烧烤聚会。你今晚有空吗？"

"的确，我今晚有空，热尔梅娜，但我很矛盾（S）。我很感动于你的坚持（S），我也的确想花点儿时间和你见面（B），与此同时，我这周筋疲力尽，见面和会谈排得满满的（S）。我的确需要一个周末独自待着，恢复精神，这是我经历了好几周的培训之后第一个自由的周末（B）。"

"我明白了，你抛弃我了！"

"等我把话说完。如果我去参加你的烧烤聚会，我们的见

面不会像我想要的那样。你知道那会怎样——我们和所有人说话，实际却没和任何人说话。而我的确想要单独跟你待会儿，想知道你现在是什么样子（B）。不如咱俩下周找个中午见一面，一起去吃个沙拉、聊一聊，你觉得怎样（D）？”

“你有这个时间吗？你总是那么忙，我永远想象不到你有时间和我吃午饭。正因如此，我才请你来烧烤聚会。我当然没问题，我也更愿意找个时间咱俩单独聊聊。”

这是一个简单的例子：在这种情况下，应当找到请求（邀请我参加烧烤聚会）背后真正的需求（维护我们的友谊），看到我们在同一时刻分享了同样的需求，而且我们能够以另一种简单而令人愉快的方式（二人午餐）满足它。

在双方根本没有同样的需求，也没有同样的感觉的情况下，如果我们计划把我们的时间和精力用于另外的安排，而不是对方建议我们做的事，可能就要困难得多，也令人不快得多！

在“不”的背后，我们想对什么说“是”？

正是通过在简单的情况下练习后，我们才能在比较困难的情况下同样说“不”……当我们以我们的方式获得了感受我们对自信、内心安全感、被认可和自我认同的需求的力量和宽容之后，我们会更容易说“不”，并在尊重对方的同时设置自己的底线。实际上，在努力了解我们自己的同时，我们也越来越

明白我们该对什么说“是”。

这会使我们更加自在地以建设性和创造性的方式说“不”，或者听到对方说“不”而不会因此与他作对。与其在反对的立场上直接说“不”，我们不如把注意力和精力放在我们该对什么说“是”上。以下几个例子为我们指出了我们想对什么说“是”：

“不，我不希望你现在听音乐。”我们可能想说：“是的，我需要安静，希望你过一会儿再听音乐或到别的地方去听。”

“不，你这个年纪不能去夜店。”我们可能想说：“是的，我需要相信，无论你和什么人在一起，你都能够感觉自在和安全，我希望逐渐对你建立这种信任，同时建议你先去我认识的人家里玩，然后咱们一起讨论适合你的方式。”

“不，你不要再开车了。”我们可能想说：“是的，我需要确保你意识到了危险，我希望你反省几天，咱们再谈一谈，然后计划让你重新碰方向盘的事。”

在培养我们对什么说“是”的意识的同时，我们也在培养他人对什么说“是”的意识。这种心灵的开放是很宝贵的，可以避免因对方拒绝而与之作对的令人讨厌的习惯。因为如果我们出于害怕被拒绝而很难说“不”，那么我们可能同样出于害怕被拒绝而很难听到别人说“不”：“他对我说‘不’，所以他不喜欢我……”

正是这同样的安全感，使我们能够在听到“不”的时候，

不去怀疑，不丧失信心，进而去倾听对方的态度背后的感受和需求，去理解他在对什么说“是”。那个在出发去上学的时间还在浴室里梳头的小女孩儿的例子表达了一种“不”：“不，我不会和大家一起下楼，我不会主动上车。”我们看到，如果那位母亲有足够的安全感来倾听她的小女儿的“不”，她最终就能听到：“是的，我还需要一个能够使小女儿确认自己身份的特别的温柔示意。”而因此找到的解决方案要比每天早上争吵更有建设性，更令人满意！

我害怕冲突

在害怕冲突的背后，几乎总是隐藏着对情感安全感的需求。正如前面已经提到的，那个暗含的问题又来了：“如果我挑起了冲突，我还能被爱吗？如果我不同意，我还会可爱吗？”我发现，对于抱有这种担心的人（这样的人为数众多）来说，冲突很少被视为一种能够丰富各方的经历、了解自己并让我们更加尊重彼此的令人满意的机会……它更多地给人一种很难控制、很难消化的印象，使人产生紧张的情绪和挫败感，以及一种苦涩、混乱的感觉。我们曾经演出过“谁错了，谁对了”的戏码，从而决定“这是谁的错”，但所有这一切在实践中从未表现得令人满意。

系统科学教给我们，任何系统首先都倾向于自我延续、自我维持。这是恒定法则。在一个诸如家庭、夫妻或含有许多其他关系的系统中，差异性和分歧令人害怕，因为它们代表着危害系统和使系统变得不稳定的风险。面对这种恐惧，人们常常趋向于试图紧急恢复一致性，要么通过控制，要么通过服从。于是，我们为了找回家庭、夫妻或与其他人的相互影响，或者说我们的系统的恒定性，我们强加我们的解决方案，约束所有人同意我们的想法，或者我们不加讨论地立即服从。这是逃避或者侵犯，而不是交流。

然而，冲突往往是一个发展的机会。它可以使我们发展我们的内心安全感、我们的自主性和我们的倾听与同情的能力。它引导我们更多地与自己交流、与对方交流，也就是说同时发展内心的力量和宽容。它是共同成长和启发创造性的机会。我认为，在对冲突的恐惧中，仍然反映出对他人认可的无望的追求。如果我们不给自己一个适度的、公正的评价，我们很可能会在无望地追求他人的过度赏识中虚度一生。

如何承受愤怒？

我注意到有两个原因使我们的愤怒难以承受，无论是表达它，还是理解它。第一个原因与我们对说“不”的犹豫的

原因性质相同：害怕被拒绝。我们已经听到足够多的“当你生气的时候，我不喜欢你”这类话，从而认为在社会交往中，生气是不受欢迎的。因此，我们自己的愤怒被视为一种威胁：“如果我表现出我的愤怒，我还会被爱吗？”而对方的愤怒也具有威胁性：“如果他对我生气，我还可爱吗？”使我们压抑自己的愤怒或者躲避对方的愤怒的第二个原因是某些愤怒导致的悲剧：侮辱、殴打、犯罪……在世界各地，愤怒在以悲剧性的方式爆发，而因为这些后果是破坏性的，我们就以为愤怒本身是破坏性的。实际上，我们始终混淆了愤怒的感觉和我们每个人在这种感觉下所做的事。

尽管它的影响是悲剧性的，但愤怒本身是一种有益健康的感觉，因为它表现了我们自己内心一种强大的生命力。如果我们的感觉是我们仪表盘上闪烁的指示灯，那么愤怒就是闪着蓝光的紧急指示灯。它说明某些生死攸关的需求未被满足，我们急需放下手里的一切事情去关注它们，因为驾驶员已不在车上。“我不在状态”这个相关的表达方式清楚地说明首要的事情是找回“我自己”。于是，愤怒引导我们“密切注意”倾听我们自己，同情我们自己。

埋藏一次愤怒，就是埋藏一颗地雷

当我们在报上读到一个疯狂的杀手掏出一把防暴枪在人

群中扫射，或者杀了他的妻子和孩子们然后自杀，而同一楼层的邻居却往往肯定这位先生平素和蔼可亲，从不说话，非常安静……我们由此可以想象是这位先生被压抑许久的愤怒一下子爆发了，因为这种情绪没有机会时不时地表达出来。

实际上，如果我们从儿时起就一次接一次地埋藏了我们的愤怒，如果我们从三四十岁起就小心翼翼地伪装、隐藏了我们的愤怒，这就好像我们已经一颗接一颗、一颗挨一颗地埋藏了许多地雷，从外部看，一个美丽的地方被维护得很好，而它的内部，就是一个雷场！我们坐在一个雷场上，它迟早会爆炸！往往只需要一个微不足道的矛盾，一次对自己的轻微的沮丧，就像一片羽毛落在最后一个没有埋好的地雷的引信上，整个雷场一下子就爆炸了！被压抑了40年的愤怒在我们面前爆炸了！一滴水会使整罐水溢出。

如果不是因为我们没有注意定期倒空罐子，一滴水又怎么会使整罐水溢出呢？如果不是因为我们没有注意定期平息我们的愤怒，我们又怎么会在一次愤怒中爆发，从而引发极端的后果呢？

应对我们的罐子溢出水来负责的不是别人，而是我们自己：每个人应为没有注意定期倒空自己的罐子负责。的确，定期倒空我们的罐子意味着我们应该做真实的自己，而不是做老好人！

那么，如何真实地说出我们的愤怒，又不侵犯到对方？如何既做真实的自己，又不显得咄咄逼人呢？

通常，愤怒的责任被归咎于对方："我生气是因为你……"在这种精神状态下，我们倾向于压抑着不爆发，或者直接当着对方的面爆发，把对方当作愤怒引发的压力的出口。而对方会把愤怒的程度看得远远超出实际情况，因为同情心同时引爆了多颗地雷！

这种迁怒于人的表达愤怒的方式要么会引起对方的愤怒，就像打乒乓球，每个人都把球推挡回来，这通常会导致暴力的螺旋线；要么会导致逃避：对方逃跑了，或者将自己封闭起来，以沉默、赌气、无声的反抗、冷战的方式告终。

我们常有这样的经历，而这种表达愤怒的典型方式并不能令人满意。我们对此唯一满意的一点是我们爆发了、释放了愤怒引发的过满的压力，把"我们的四个真相"[1]告诉了对方。然而，难道只有通过愤怒、借口愤怒才能讲真话吗？为什么在温和、善意中真心交流如此之难？我们在表达愤怒方面有如此大的障碍，以至于我们需要愤怒的能量才能说出使我们沸腾的原因吗？这一切很奇怪，不是吗？

关注我们的愤怒

当我们以非暴力沟通的方式研究愤怒时，一方面我们要

1 即"智力空间"的四个特点，详见本书第4页。

培养我们自己的责任感，另一方面我们要确保对话者在倾听我们，为此，我们要找回我们自己，停止不在状态！你需要经历以下五个阶段：

第一阶段就是闭上我们的嘴巴：首先闭嘴，而不是爆发。这不是为了压制我们的愤怒，驱逐它或使它升华，而恰恰是为了给予它全部的力量。我们知道，如果我们当着对方的面爆发，那么对方将不再是一个倾听我们和试图理解我们的沮丧心情的对话者，而是一个准备反抗的叛逆者，一个准备挑衅的被侵犯者，或是一个已经逃跑了的逃兵！然而，如果我们生气了，那么我们的需求是什么？是需要对方听懂我们，理解我们的沮丧和我们未满足的需求有多么严重。为了让对方听懂我们，我们明白，我们首先应该好好地倾听自己。

第二阶段是从内心接纳我们的全部愤怒，接受它的多样性而不讨价还价。我看到——而且我自己也曾经历过，对于我们中的许多人，愤怒是一个如此大的禁忌，我们甚至很难想象自己是愤怒的。我们会说我们伤心、失望或担忧，借此表达一种在社交上正确的感觉，而不是任凭我们有意识地被愤怒控制。

因此，第二阶段在我看来是基本的，即承认我们是愤怒的，在怒火中看到并接受我们脑海中闪过的所有影像和幻觉，接受我们想到的暴力形象：把对方从窗户扔出去，把他大卸八块，用我们的汽车把他碾碎，拿出我们的旧步枪……

从内心接受这些暴力影像有一种把一摞盘子扔在地上或把椅子摔碎在墙上的效果：它减轻了愤怒，成为愤怒引发的妨碍我们倾听自己过满的能量的排泄口。正是因为这些影像和投影释放了情感，使我们的心绪平静了一些，我们才能尝试深入我们内心的井中。这一阶段也很难，因为它严重损害了我们希望自己保持的好男孩或好女孩的形象："我，一个如此友善的男孩（或一个如此礼貌的女孩），想象一下我想要把对方的脑袋撞碎在墙上，算了吧，这种暴力是为别人准备的，不适合我！"为了能够摆脱愤怒和暴力，我们应该能够直视它们并看清楚它们。

第三阶段是识别那个或那些未满足的需求。在上一阶段，压力已经释放了一点儿，我们更加能够倾听自己的感受，而不是把责任推卸给对方。我们将能够说出我们看到的那些首要需求。

第四阶段是识别新的感觉，使它们能够表现出来。因为，正如前面所说，如果说愤怒有时候被一些从社交角度看更加正确的感觉所掩盖，那么我们不难发现，它也能够掩盖其他感觉，对于这些感觉，愤怒也有点儿像一个盖子。这些感觉往往是对某种重复出现的情况的厌倦、悲伤和恐惧。这些更具体的感觉反过来又向我们指出了我们的需求，使得我们可以清点或查看愤怒暴露的所有问题，比如：厌倦可能表现了我们对变化、发展的需求；悲伤可能表现了我们对理解、倾听和支持的

需求；恐惧可能表现了我们对感情或物质安全感的需求。

最后，我们可以进入第五阶段：开口，以对方现在更可能理解的方式向他说出我们的愤怒。在现实中，在对方在场的情况下迅速倾听自己的内心，有时并不容易。因此或许可以说："我太生气了，以至于现在不能以一种令人满意的方式和你交谈以及听你说话。我首先需要倾听和理解我的愤怒。我晚一点儿再跟你谈。"如果压力太强，以至于您还是当着对方的面爆发了，那么什么也不能阻止您照样扪心自问地研究您的愤怒，并回到对方身边，对他说您很抱歉以那样的话语和声调向他表达了您的沮丧（S），您想找到一种更合适的方式使他了解您不想做的事和您想做的事（B），最终您希望知道他是否愿意现在就通过这个练习来理解您（D）。

不要让愤怒在您心中或在您和对方之间发霉。应该花点儿时间清空它，否则它迟早会使任何关系恶化。记得吧，如果我们想要我们的关系既持久又令人满意，那么我们应该维护我们的关系。许多人被他们不想看到的怒火控制着。他们的全部精力往往无意识地被调动起来抑制这股怒火，所以他们没能真正接受亲密、温柔和既持久又令人满意的关系的感受，以及内心的和平与创造力。他们的生命的冲动被阻止了，只有在他们自己身上下功夫，才能扫清路上的障碍。

另外，在倾听对方的愤怒方面，我们常常会做出以下反应：侵犯或逃避。我们很少有必要的耐心和安全感去倾听对方的愤

怒并给予我们的同情，而这是因为我们倾向于认为对方的态度是反对我们的："他/她生气了，所以他/她不再爱我了，所以我不可爱了。"为了免遭此风险，我们往往选择侵犯或逃避。但这种反应的结果并不令人满意。最好的情况是我们自己也在愤怒中爆发了，这缓解了控制着我们的压力；最差的情况是我们双方都进入了可怕的暴力螺旋线。至于逃避，不用说，如果它给我们一种及时脱身的印象，那么它也一点儿不令人满意。

我们现在明白了，不舒服的感觉表达了未满足的需求。愤怒，原则上是一种需要经历的不舒服的感觉，因此如果我们看到对方的愤怒，我们可以不把我们的注意力放在他的态度、用词、声调和姿势上，而是放在他未满足的需求上，我们可以尝试着把它们说出来："你生气是不是因为你本想得到更多的尊重、重视、倾听、支持、信任……"也有可能我们没有猜中那个未满足的需求。然而，我们没有为自己辩解，没有反过来侵犯他或逃跑，我们待在那里倾听他的心声……这一切，对方原则上不会看不到。这种态度不寻常，因此使人感到惊讶，往往从第一次交流起，声调就降下来了。对方回答："是的，是这样，我本来的确希望你……"或者："不，不是这样的，我希望你……"这样，慢慢地，我们就可以跳起交心的舞蹈了。再次说明，承认对方的需求并不意味着我们接受它，也不意味着我们想满足它，但至少我们在一起尝试了彼此交心。

▌ 尝试解决我们的冲突比成功地使它们恶化更令人愉快。

我没有说这很简单，我是说这是可行的。我没有说这永远奏效，我是说这值得一试！为什么？因为尝试解决我们的冲突比成功地使它们恶化更令人愉快，而且我们在看到我们各自的责任的同时真心地交流，要比我们无望地辩护自己没错或同样无望地争辩自己有理更加令人愉快。您知道，有些人宁愿付出一切代价证明自己有理，也不愿愉快地接受两种观点的共存！

我希望我们所有人都能够满怀力量和善意地说出和倾听愤怒，从而有一天，不再有任何人踩爆一片雷场。

第六章

我们互相了解，分享我们的价值观

Nous renseigner mutuellement et partager nos valeurs

他们没有对我说“来吧”，
他们对我说“你想去哪儿就去哪儿”。
——威廉 · 舍勒（William Sheller）

在研讨会上，几乎无一例外地会有人提出这个问题："像这样自我倾听非常棒，但仍然需要加以限制！"当然，我们需要方位标，我们需要清楚地了解我们与物、与人及与事件的相对位置。难道因此就需要强迫、需要约束吗？

应该，你必须，就是这样，你别无选择……

这些就是我在第一章中提到的推卸责任的语言，是引发暴力的智力功能的四大习惯之一。这种语言——尤其是它所表现的意识水平——不允许自由，也没有告知意义。更糟的是，这种语言麻痹了意识和责任心。

几年前，南非发起了一场对种族隔离时期的刽子手和刑讯

者的赦免运动。我在一份英文报纸上读到了一篇对多个刑讯者的采访文章，人们建议他们通过揭露自己的行为来换取赦免。他们中的一个人是位父亲，是他那个时代的音乐家，记者问他怎么可能在他所供职的监狱里折磨别人一整天，然后晚上回到家跟他的女儿们玩耍或在钢琴前即兴创作，他回答道："这是我的工作！他们付钱让我那么做！我不得不做。"报纸从我的手里滑落到地上！职责和服从的阳奉阴违有可能使这个人变成一台刑讯逼供的机器，没有意识也没有灵魂吗？一些纳粹罪犯被问到他们的动机时也给出了同样的答案。——同样的意识和心灵的麻痹，同样的行尸走肉。

我觉得在我们的日常生活中，我们的行为影响还没有这么悲剧。但有时候我们会机械地行动，或期待别人机械地行动，没有生命，没有灵魂，没有异议："应该成功，你必须工作，应该去上学，应该倒垃圾，我必须自食其力，在这种情况下，我别无选择……"

从约束到自由：是应该，还是我想？

在马歇尔·卢森堡主持的第一次非暴力沟通培训课上，他引入了下面这个问题："现在我建议你们看看如何走出奴役，如何摆脱'应该，我必须，我别无选择……'"然后他问我们，我们中是否有人认为有些事无论我们想不想做，都应该去做。

我毫不犹豫地做出了反应：

“显然生活中有些事无论我们想不想做，都应该去做。”

“你能举出一件你认为像这样必须去做的事吗？”

“嗯，好的！我必须工作。我别无选择，就是这样！我只有通过工作才能赚钱，而为了独立生活，应该早起！”

“当你说‘我只有通过工作才能赚钱，为了生活必须早起（O）’时，你感觉如何（S）？”

“嗯，我感到厌倦，而且担心！”

“那你的需求（B）呢？”

“我厌倦是因为我希望能够更有创造性、更无私地利用我的时间，我担心是因为我需要物质安全感。是的，我需要感觉自己是安全的，也需要知道我能够支付我的房租，因为我不想再住在学生宿舍里；需要知道我能独立支付补充养老金，因为我不想在65岁的时候饿死；需要知道我能买得起车，因为我不想去哪儿都要步行或坐火车；需要知道我能负担得起偶尔的度假、一次旅行、和朋友们的一次聚会或一次培训。”

“当你意识到你工作是因为它能使你住在比学生宿舍更舒适的公寓里，保证你有养老金，有车开，能去度假或接受培训时，你感觉如何？”

“我非常惊讶。我从没像这样看待事情。的确，我每天早晨选择穿上西装、打上领带，去上班。没有人阻止我去蒙古或火地群岛度过我的余生，除非我自己。我选择了某种舒适的生活，一

定程度地融入社会和家庭，以及能使自己解脱的某种自由。正巧，我没有那么渴望一无所有地待在蒙古或在火地群岛上漂泊不定。与此同时，我意识到我迫切需要改变职业方向，我很满意地发现，在这次培训之后，我要为之努力了。”

自从我搞清楚了我的所有“应该”的问题，即一方面是我的物质安全感的需求，另一方面是我换一份更令人满意的工作的需求，我明白了我可以避开使我僵化的一分为二法的陷阱：要么待在安全感里死于乏味，要么改变并死于恐惧。于是我尝试了从容的、循序渐进的转变。逐渐地，我减少了从事法律顾问的时间，增加了我在人际关系方面的活动。约束（“我必须自食其力”）变成了一种支持：“正是因为这份工作，我才能安全地改变职业生涯！”在做出转变的这些年里，我所付出的精力完全不同，因为我追求的价值观（或需求）是明确的。

自由比约束更让人害怕

我强烈建议用意识的筛子过一遍所有的“应该，我必须，我别无选择”，从而准确地检验它们服务于哪些价值观。这可以帮助我们做出选择。我们常常忍受着“应该……”之类的从未更新过的陈词滥调。如果在“应该”的背后没有一个“我其实想”，就说明它已经过时了，这更像是自动反射，而不是负责任的意识。

这种筛选会带来重大的变化。因此，我有一些朋友，在剔除了他们所有的“应该，我必须”之后，抛下了一切：工作、房子、习惯，驾着马车带着孩子去周游法国了。不上学了？在马车上学，在灯笼下学。生活来源呢？沿途找点儿零活儿干——需求也缩减了。孩子们回来后还能融入社会吗？我们活在当下，活在信心里。

在一个聚集了几个家庭的父母和孩子的研讨班上，一位做教师的母亲向我提问：

“可是，托马斯，生活中仍然有些事，不管你愿不愿意，都应该去做！”

“你能给我举出一件吗？”

“当然。作为母亲，我每天晚上必须做饭。我别无选择。”

“当你这么说时，你感觉如何，你的需求是什么？”

“我感到筋疲力尽，因为我很想松松缰绳，哪怕每周只有一天，从学校一回家就上楼去好好泡个澡。”

“所以，你感到筋疲力尽（S）是因为你想在下班后留一点儿时间给自己（B）？”

“是的。但你懂的，如果我不做饭，孩子们会胡乱吃点儿什么，但他们应该吃得健康。”

“你为他们的饮食平衡感到担心（S），你需要确保他们吃得健康（B）？”

“是啊，对我来说，这是第一位的。”

“那么你是不是在留点儿时间给自己的需求，比如去好好泡个澡，和确保他们的饮食平衡的需求之间犹豫不决？”

“是这样。但你想啊，他们不能理解我在泡澡，却让他们等着开饭的这种做法！”

“我理解的是，你很难相信他们能够理解这件事？”

“哦！我确信他们理解不了。”

“既然你的孩子们在这里，我建议你问问他们对这件事的感觉，而不是替他们决定他们不能理解。”说着，我转向孩子们——参加我们研讨班的两位少女：“对于你们的母亲刚才和我们分享的事情，你们怎么看？”

（异口同声地）“几年来，我们一直对她说，要么在做饭前去放松一会儿，要么让我们来做饭。我们不只知道她晚上需要喘口气，而且知道她讨厌做饭。于是，那气氛真够呛，因为她做饭是违心的！每个晚上通常都是因此毁掉的。尽管如此，她仍然可以相信我们，接受我们能够自己想办法、自己做饭和做些好事的想法。我们吃光所有饼干存货或吞下10片涂满巧克力的面包的时代已经结束了！”

于是我转向那位母亲，问：“你听到女儿们说她们希望你要么相信她们能自己做饭，要么你在做饭前给自己一点儿时间放松一下之后，有什么感觉？”

“我感到既困惑又宽慰。的确，她们常常对我这么说，可我没听进去。记忆中，我母亲曾竭尽全力把事情做好，竭尽全

力做一个好母亲，而我发现我很难跳出这一剧情，而她们请求我这样做，因为这个剧情不适合她们。”

这次交流暴露了我们把自己禁锢在对我们自己（“一个好母亲应该……”）和对别人（她们不会理解，我甚至不敢同她们讲，我知道她们的回答……）的成见里倾向。只有与对方真心交流，才能走出这个陷阱。

我观察到，承认自己的责任对我们来说有多难，因为我们倾向于把我们的遭遇归咎于他人或事件的责任。对于这位母亲而言，在没有得到帮助的情况下，她很难独自弄清楚问题所在，并通过与她的女儿们讨论而自由地承担起她的责任。在无意识状态下，我们往往更愿意待在我们的笼子里和非常熟悉的栖架上，而不是自由地飞出敞开的笼门。然而，笼门是敞开的，大大地敞开着，就像本书开头引用的久洛·伊耶什的诗中所述。为什么会这样？难道不是因为自由比约束更让我们害怕吗？

约束，我们非常了解。它是熟悉的，不舒服但熟悉。而自由，天哪！它是新的，引起我们对未知世界的恐惧！在世世代代接受了关于职责或习惯的教育之后，我们很难接受根据自己的选择和心灵的冲动来行事。然而，这是极其重要的。为了避免世界变得麻木，我们每个人都急需找回心灵的冲动。

你必须穿上拖鞋！

在一次培训中，一位母亲对我说："我无法让我6岁的女儿理解，当她穿着睡衣在家里跑时，必须穿上拖鞋。"

我请她给我表演一下她给女儿提建议时是怎么做的，把我当成她的女儿一样对我说话。

"我跟你说过100遍了，让你穿上拖鞋，我不知道再怎么说才能让你听懂我的话。马上去穿上你的拖鞋！"她对我说。（听到自己的声调后，她也笑了）

"如果我是你的女儿，当我听到这些话，我就会想要对着干，其中至少有两个原因。第一个是我不明白你这个要求的意义；而我，我光着脚跑很开心！"

"但我一开始已经跟她说过，我担心她着凉。她生病了，我还得请假陪着她。但是的确自从我跟她讲过一次之后，我想她已经明白了，所以当我生气的时候，就没有提醒她促使我提出这个请求背后的需求。"

"你可能会发现她或许没有像你一样重视你的需求。因为我们不难想象，对于一个小女孩儿来说，着凉和与妈妈待在家里这种情形并不像它之于妈妈那样有约束力！因此或许可以进一步澄清需求，当然还要重申它，而不是认为因为我们已经说过一次，对方就已经像我们一样完全领会了。现在我想问你，在告诉她你的需求和对她提出你的请求时，你是否尊重了她不同意的自由？"

（笑了）“啊，没有，当然没有！”

“这就是第二个原因，如果我是你女儿，我就不想穿上我的拖鞋：我需要我的自由得到尊重，因为我是一个完整的小女孩儿！”

“这很难！接受对方不同意很难！”

“当然，这不容易。但如果我们把我们的请求变成强求施于对方，我们得到的要么是顺从，要么是反抗，而不会是交心。现在，当你说‘这很难’时，你是不是不确定你能够接纳你女儿的不同意见，同时又不放弃你自己的需求？”

“嗯，是的。实际上，我希望她身体健康，我希望她能够在这些小事上对自己负责，比如，当她冷的时候，穿上她的拖鞋。”

“你是不是希望能够相信她，接受她能够逐步地自己决定什么时候穿上拖鞋？”

（长叹了一口气，沉默了一会儿）“就是这一点：能够相信她。我很难相信她，我控制着一切！这让人筋疲力尽！”

在这次研讨班期间，这位母亲越来越意识到她很难相信别人。她也明白了她需要在自己身上下功夫，才能改善她与孩子们和丈夫的关系。研讨班持续了好几天。一天早晨她回来时，非常高兴地说：“我还没有做到清楚地向我的女儿表达我的需求，但昨天晚上，我没有生气，而是问她是否知道我为什么希望她穿上拖鞋。她清楚地回答我：‘为了让我不着凉。’我做到了让她自己去选择，而没有给她任何强求，几分钟后，我发现

她已经自己穿上了拖鞋！”

您看，愿意破解“你应该”“你必须”的密码给了我们找回自己和了解自己的责任的机会。

一位在国家机关任职的政治家来找我面谈，因为他发现自己在与团队的交流中常常遇到困难。他观察到自己经常使用一种斩钉截铁的语调，并得到一些拒绝权威和不满的反应，这干扰了工作，而他只是希望实现高效的协同和良好的合作。在一次团队重建时，经过几轮选举，他想要改进他说明自己对未来几年的构想和目标的方式。他尤其希望在他身边工作的是那些的确关心公共服务和大众利益的人，不再想和首先关心自己前途的人合作。他怀着崇高的目标，我很高兴能为此做出努力。

他的演讲稿充斥着“绝对应该……，我们必须……，现在正是时候……，……是可耻的”——即道德或精神层面的职责和考虑，以至于我毫不惊讶他的态度会引起争论：他给人的印象是他知道什么对别人好，他要为别人做决定，以别人的名义。我们研究了他的感觉和他的需求，从而使他能够用一些针对每个人的话来表达自己：“我很累，而且有点儿失望，我需要我们的团队工作是高效的，为此，我需要确保我们拥有同样的目标——服务和大众的利益。我希望我们中的每个人都能花点儿时间好好在内心定义他的优先事项。我非常需要我们能够言行一致：我们想要一种对自己的行为影响更有觉悟，在整个

任期内对全局更负责任的政策。我们中的每个人是否认同这一理想，并能够在日常的任务中实践它？”

这种切入主题的方式，与那种强求或谴责对方的“应该”式的语言相比，提供了与团队成员展开心与心的交流的更多机会。此外，这位领导对这种最终能使团队会议顺利进展的方式感到非常满意。

该去倒垃圾了！

下次当您对自己说“该去倒垃圾了”时，您先停一下，放松自己：如果您让您的垃圾就那么堆着，周复一周，在厨房里、客厅里，甚至在卫生间里，也不会有任何警察来逮捕您，或者有任何人对您进行最后的审判！如果您去倒垃圾，难道不是因为您需要秩序、整洁、卫生、美观和舒适，从而使您的家里变得温馨吗？

请扪心自问，如果您接受了自己信奉的价值观，而不是屈从于“应该”的约束，您会感觉到怎样的能量。

我别无选择，我没有时间！

我知道，当然，在某些情况下，选择的可能性可能微乎其微，甚至为零，比如针对身体的暴力或约束可能会剥夺行动的

自由。然而，我总是从内心深处钦佩某些人的勇气，他们承认自己没有决定、拒绝或改变的力量，因此选择接受某种可能不适合他们但仍能满足某些需求的状况，其中往往包含对物质、感情和情感安全感的需求。我觉得承认自己的责任比控诉环境或他人更加勇敢。

我认为是某种语言习惯让我们说出“我别无选择”，就像我们说“我没有时间”一样。如果我们能更多地意识到我们的需求，我们就会更清楚地看到是我们决定了自己的优先顺序，我们对时间的利用明显地反映了这种优先顺序。我们的时间表是优先顺序的指示器。那些每天工作10—12小时，却说“我没有时间，工作的时间我有，我别无选择”的人可以重新组织他的语言，比如这样对自己说：“我目前的优先事项是确保我和我家人的物质安全感。我还没有机会找到一份报酬更高的工作，使我有更多的空余时间。”或者，“我的确一心想要承担一些重要的责任并为之奉献自己，因为这满足了我感到自己有用并在我的工作中找到激励和乐趣的需求，因此我暂时选择为此贡献我的大部分时间”。由此，“还没有”和“暂时”打开了一种自由改变的可能性。

实际上，看看我们所做的事、我们为之贡献了时间和精力的事，以及我们所见的人就足够了。这些要素是一个神奇的指示器，指明了我们的优先顺序，从而指明了我们的选择。注意！不一定是第一眼看到我们在做的事，而应看到我们做的事

所满足的我们的需求。

我们再次发现，只有我们对自己的选择或自己的时间安排负起责任，我们才能获得改变我们想要改变的事情的行动力。一句英国格言不无幽默地说：如果你不喜欢这个，那就改变它；如果你不改变它，那就喜欢它！

防波堤还是航标，牧羊人还是带刺铁丝网？

如果一定要在暴力和怯懦之间做出选择，我建议选择暴力……但是我相信非暴力永远优于暴力。

——甘地

一天，当我开车穿过一个小镇时，刚转过弯，我就被一位警察拦住了，因为我心不在焉地压了路面上的白色标线。看见警察的一刹那，我意识到自己分神了，那个关于“盲目工作的又蠢又坏的权威”的成见引起了我久违的抗拒反应！完全沉浸在这个旧的成见中，我等着听到一番行政说辞：“您违反了道路交通法第XYZ条规定。罚金是1500法郎，就是这样，您别无选择。”或者是一番道德说辞：“您没疯吧，在一个村庄里这样开车，您太不自觉了！”我把车停在路边。那位警察走过来，非常文明地向我致意：“先生，我很担心，因为我要在放学时

间对这个村庄的安全负责（B），当我看到您越过白线时，我不确定您是否意识到这对可能从这里经过并心不在焉地过马路的孩子们很危险。您觉着呢？”

我简直不相信我的耳朵，差点儿让他重复一遍。这位警察观察了事实，但没有评判我，他给出了他的感觉，并告诉我他的需求，同时请求我告诉他我的反应！我非常赞赏这个人的意识，因为他在那里不是为了处罚、谴责或约束，而是为了指出并提醒一种价值观和一种需求——安全。同时，这一切的实现不是通过威胁或惩处，而是通过唤醒责任感。我回答他说，我对我的心不在焉非常难为情，我的确重视人们的安全，特别是孩子们的安全，而且他的有意识的、有责任心的态度促使我今后开车时更加自觉、更负责任。他祝我一路平安，我很开心地走了。

我后来坚信，这个故事继续激励着我开车时的警惕性，远远比我“必须”以交罚款的方式来买个司法和解更有效。这位警察本来可以采取防波堤的态度（“您错了，您应该交罚款”），可实际上，在我的记忆中，他总是让我想起一个善意的航标——一个基准点，每次想到他，我都怀着敬意和友爱，他一直引导我开车上路时要提高警惕。

遵守一条规则意味着我们理解了它

“如果年轻人们不遵守规则，那是因为他们不理解这些

规则。”这是皮埃尔－贝纳尔·韦勒日——非营利性协会“警察与流氓”的创始人教给我的。之所以说“教”，是因为对于我这样一个律师而言，这是一种学习：不是因为一条规则存在，它就有意义，或者更准确地说，以同样的方式对所有人有意义。

此外，正如我已经提到的，理解给予我们行动力：我们不应竭力让别人盲目地遵守规则，而应该使自己明白，这条规则的意义以及它所表达的价值观是否以同样的方式被所有人准确地领会了。如果我们不知道一条规则是表达或解释日常生活中某种价值观的一种尝试，那么我们就很可能只把它当作一种令人恼火的约束来遵守。

在我们为问题青年们在撒哈拉沙漠组织的一次远征过程中，一种紧张的具有挑衅性的气氛有一天开始在青年们中间形成。我们听说有些个人物品被盗，而且某些人抱怨承担了所有任务，而别人却在休息，但是我们让青年们在这些压力中“熬”了一段时间。然后，一天晚饭后，围着篝火，我们建议他们轮流发言，每个人都有自己的发言时间，通过传递发言棒来进行。以下简述了三个青年和发起对话的主持人之间的交流：

“你，蒂埃里，你想发言吗？”

“是的，有人偷了我的东西。这些混蛋，我要揍死他们！”

“你生气是因为你需要别人尊重你的物品和你自己？”

“是的，我需要别人尊重我并且诚实。”

“你，珍宁，你想发言吗？”

“是的，我受够了。只有我们和其他两三个人帮忙卸车和装车！有些人什么也不干，不停地闲逛！”

“你反抗是因为你可能需要互助和公平地分配任务？”

“是的，如果我们互助，这会更愉快，而且干得更快。之后我们都有更多的时间去安置自己的东西。”

“你呢，让－吕克，你想说什么？”

“是的，我受够了别人在我背后说闲话。科琳娜和安吉拉不停地说一些关于我的事，那都不是真的。”

“你生气并且失望，让－吕克。你希望她们如果有话对你说，就过来坦率地对你说？”

“是的，坦率地说，而不是在背后说，而且也不要无中生有。”

于是，一个接一个地，我们倾听了所有人的心声，复述了他们的感觉和需求，但没有评判他们。于是从他们自己口中，说出了使社会生活幸福的所有价值观：尊重、诚实、互助、公平、坦率、实事求是等。大部分青年都有严重的案底，因为他们犯过重罪。某些人在被他们的负责人托付给我们的时候，甚至要求我们签一份收据，因为他们被归类为无可救药的惯犯。但是，当被隔绝于荒凉的沙漠中，远离约束和家庭反抗后，他们与我们分享了他们美好的意愿。他们告诉我们，在他们的心中，他们珍视这些价值观，即使他们给人的印象是在一个他们

找不到自己位置的社会中践踏了这些价值观。突然，这些价值观对于这些青年有了明确的意义：他们能够自己发现，没有这些价值观，他们将面临是非和苦难。

想象一下，如果我们扮演防波堤类型的监狱看守，对他们说："你们应该自尊、应该互助，如果你们不这么做，你们会受到惩罚或被路过的第一匹骆驼送回去……"我们得到的将是冷笑或嘲笑者、牢骚者的耸肩和一记漂亮的前臂上举（侮辱性动作），一切随之结束！更糟的是，我们可能会使他们进一步相信他们是另类的，他们无法融入社会，他们不合群、不存在；他们很可能会变本加厉地继续他们的行为，通过怀疑和作恶来寻找存在感。作恶，怎么说也是一种感受存在的方式。这天晚上以及接下来的旅程给了他们许多机会去体会他们也可以在善良、互相尊重和信任中感觉到自己的存在。

这个小故事揭示了，如果我们从摇篮里就开始接受压力、争吵和感情不适的教育，如果从儿时起我们就相信侵犯他人是为自己争得一席之地的唯一方式，除非完全放弃这个位置，一种对善良的抗拒就会在我们心中扎根，因为善良似乎没有丑恶那么强烈，也因其未知性而缺少安全感。于是，我们有可能无意识地反复创造一些我们熟悉的状况，以便重获强烈而熟悉的感觉。

我认识的一位商人就是如此，他极为礼貌、亲切和优雅，他在儿时曾深受他那极度专制的父亲的影响。尤其是这位父亲

让他承受令人强烈反感的耐性考验，也就是说让他习惯忍耐。在他现今的生活中使他烦恼的是他面对权威的反应。他意识到自己找权威的麻烦是为了与他们打架！他全面质疑他在工作中遇到的所有法律或行政约束，用疯狂的精力去反驳官员们或服务部门的负责人，而他们只不过让他遵守行政秩序而已。一次，一名交警只是对他进行了检查，他就开车到警察局侮辱这名交警。这次之后，他意识到了自己的问题。

通过研究自己的需求，他意识到他在这些时刻找回了存在感，也意识到渴望拥有自己的位置的强烈程度和自信，而这正是他以前所缺乏的。我们一起探讨了与他父亲的态度相关的一切愤怒和反抗。然后，当他准备好时，我们探讨了他父亲在那么做时可能存在的需求，而这恰恰是为了理解他的父亲。最终，我们更新了以下需求："今天，我需要感觉自己真真切切地活着，而不是活在反抗和侵犯中。我需要给予自己我没从我父亲那里得到的一切位置和尊重。"

无论我们是资本家、街头混混，还是文明的商人，我们都有对意义和力量的需求。尤其是，我们发现，如果我们不尝试理解自己，理解暴力的机制，并因此进一步意识到我们的行为机制，那么我们很可能继续长久地设置监狱的带刺铁丝网或铁卷帘门来保护我们自己。

你快点儿，你快点儿！我们没有时间了！

“牧羊人还是带刺铁丝网”这个措辞是我在两年前想到的，当时我正在穿越法国的一个地区，我25年前就去过那个地方。那里当时非常偏僻和原生态，以至于它对许多人而言，代表了回归自然的梦想。我当时还是一个少年，被住在那里的牧羊人的职业所吸引，我喜欢他们那沉浸在天地间如沉思的诗人般的姿态。他们自由地放羊，穿过朴素的灌木丛，从山沟到山丘，从岩石到耕地，坚定而淳朴。几声愉快的命令和许多鼓励表现出牧羊人对每只羊的了解，尤其是对静默和时间的了解。牧羊人为了羊群的舒适，留心调整自己的步伐和路线。25年后再回到这个大区，我震惊地看到，现在羊群被圈禁在栅栏和围墙中，不再有时间在原野上奔跑，几道带刺铁丝网代替了原野！羊群只能原地顿足，而牧羊人变成了羊圈看护者，因为没有时间！

我常常想到学校和教育，想到家庭和青年收容所，想到寄宿学校和感化机构，在所有这些被视为接纳和教育的场所里，大家都在抱怨“时间不够”。而我却梦想着提高人际关系的质量。当然，我不希望任何人变成一只羊，无论是本义还是引申义！我梦想着教育关系中的每个人都能感到自由，像一位牧羊人那样，从容不迫，选取最适合每只羊的路线；我梦想着学习关系中的每个人都能在请求帮助时有人听到，在说出害怕或感觉不舒服时有人倾听，在看到某人做某事不成功时有人鼓励，

在表现出慌乱时有人理解，而不是被约束在围墙中原地顿足。

我经常去学校工作，总是听到这样的抱怨："但我们没有时间！"布鲁塞尔一所名牌大学的校长在一次研讨会上听我提到了牧羊人的形象后，对我说："你说的完全正确，家长和学生都不再知道什么是从容不迫。学生们不停地听到两句话，它们是：'赶快，赶快！'和'快点儿，快点儿！'。"

但是，是我们真的没有时间，还是我们不愿意看到某些优先事项？我们往往忙于家庭的安排，忙于家务事。一对夫妻就是这样意识到，他们借口"没有时间"在晚饭后见他们的孩子，因为他们正在装修他们的房子。他们选择了一个新的厨房、一个新的客厅，并重新布置了花园。另外，"必须"换掉陈旧的汽车，因此他们刚刚买了一辆涡轮增压柴油机的家庭版新车！孩子们抱怨见不到他们，并开始表现出混乱：愤怒、在学校小错不断、失败、赌气……这对父母开始指责孩子们不守纪律、缺乏礼貌。他们的确需要看到，在一段时间内，他们颠倒了优先顺序，把房子和物质舒适度放在了首位，二者需要付出额外的劳动和开销。意识到这一点之后，他们重新安排了他们处理事项的优先顺序，并因此改变了他们的时间安排。

实际上，如果我们独自一人吃饭或互相给脸色看，那么要一个新厨房有什么用呢？如果我们永远没有时间坐下来，那么要一个新客厅有什么用呢？如果我们每次旅行都会吵架，而且我们不再有时间旅行、到森林里散步或度假，那么要一辆新车

有什么用呢？

椅子优先还是倾听优先？

几年前，弗朗索瓦在参加了几期非暴力沟通的培训后给我打电话，请求我的帮助。他刚被任命为布鲁塞尔一个名声不好的街区的一家青年收容所的所长，他看到了这家收容所气氛糟糕的一幕。这个街区的青年们看上去很叛逆，砸坏了那间供他们用于会面和作为工作室的客厅里的所有东西。弗朗索瓦在社会和人道主义活动中从业很长时间了，但他还从未负责管理过所谓的街头青年。我会见了他和他的团队成员，他们很了解这个街区。我了解了一点儿这种叛逆的历史，并花时间与某些青年讨论了这个问题。好像之前的管理层承诺过举办一些活动，却没有兑现。青年们抱了很大的期望，却失望了，所以有一天，在宣布最终取消计划后，他们失去了理智，砸烂了客厅里所有的椅子和所有的沙发！

弗朗索瓦对我说，他的上司坚持让他立即把房子恢复原状，并重新购买缺少的家具，于是他来征求我的意见。我回答他说："如果炸弹还没有除去引信，为什么要重修房子？这几乎等于挑衅：青年们会看到，你们有钱换东西，却没钱关心人！这是再次点燃导火索的最好方式：他们会感觉——无论对错——自己没被当回事，而是被当作东西从一个计划移到另一

个计划。现在紧要的是向他们证明你们把他们当人看待，倾听他们的心声，并试图理解他们的沮丧。”

应他的要求，我接受了他的建议，去倾听青年们的心声，并花时间找回和平。他希望我给出一个数字化的报价，以便他向领导层汇报。因为不太能够想象这项工作需要的小时数，我建议用四个模块，每个模块四小时，总共会见15名青年，总预算大约为当时的两万比利时法郎。

弗朗索瓦一周后给我打电话，告诉我这个报价被否决了，因为领导层刚刚决定花15万法郎整修客厅和购买椅子，因此用光了当年的预算。而且，他还明确告诉我，领导层认为这是一个优先事项：为了使青年们感觉舒适，应该使装修显得温馨，但领导层打算加强监控措施，以确保对设施的尊重。

当然，装修显得温馨是重要的，但是如果心中怀有反抗和恨意，温馨的装修又有什么用呢？这样做很好，但它有助于找到人际关系的真相吗？当然，确保尊重设施是重要的，但加强监控真的是对所有人最高效、最令人满意的手段吗？

这个真实的故事告诉我们，我们的机构有多么像我们自己，它们还没有把人放在关注的中心，而是任凭自己乖乖地为人周围的组织安排而分心。

暴力的爆发是一颗被压抑的生命的炸弹爆炸了

正是当我们已无话可说、已耗尽倾听的耐心时，我们开始建造带刺的铁丝网。

一天，我们把20多个问题青年带到伞兵突击团的训练场，进行为期两天的攀岩和高空钢索与桥梁上的胆量训练。这个训练营是露天的，没有遮蔽。我们从青年们的负责人那里得到了许多警告："他们很危险，好好监视他们，不要让他们跑了……"或者"你们疯了？他们会在他们找到的第一家酒吧酗酒闹事，当天晚上就带他们回来吧。"

我们充满信心地出发了，而且做对了。其实，尽管他们习惯于生活在收容所的四面围墙内或大街上，但当他们这样度过一天：在高空中，在绳索的一端寻找平衡，而脚下悬空100米时，或跨过架在峡谷两侧比冷杉树顶还高的猴子桥时；当他们又热又饿又怕，却仍在晚上围着篝火与空闲的成年人一起讨论、发牢骚和大笑时；当帐篷搭起来、晚饭在火上煨着时，没有一个人还想着别的事。是什么留住了他们？——幸福，它的佐料是：他们所做的事情的意义和存在的感觉。

如果我们的生命力没有机会表现出来，如果我们的不幸没有机会被分享和理解，那么我们都是危险的。暴力的爆发，是一颗被压抑的生命的炸弹爆炸了。

意义与感觉

“河岸是河流的幸运”

我不记得是谁说了这个美妙的句子。的确，没有河岸，河流就变成了沼泽，走不远了。我们需要意义，就像需要面包。法语“sens”这个词有双重含义：方向和意义。这句话全部的艺术在于理解和使人理解河岸是河流的盟友、朋友和忠诚者；河流不是在忍受河岸，而是依靠它，并因为它而更强大。

我们需要意义，就像需要面包

我经常与青年们研究意义和自由的问题。据我观察，他们很想得到这两者，但不太知道如何做到，而且他们自己发现，做自己想做的所有事不一定有意义，相反，选择某种意义可能具有约束性，因为这需要一些克制。为了解释自由并不意味着能够做任何事，而是能够做我们选择做的事这个事实，我给他们打了以下这个比喻：

“想象一下，你们12个人在一块荒芜的土地上，经受着下午烈日的炙烤，你们会做什么？”

“嗯，我们会闲逛，我们会睡觉，或者我们会去街区里转一圈，我们会感到厌烦！”

“想象一下，我给你们提几个约束条件：用石灰在地上画一个大的白色矩形，把这个大矩形一分为二，把人按此分成两组，两组人只用一个球，在规定时间内，采取几种传球方式，会发生什么？”

（惊讶地）“啊！这挺聪明，我们可以踢足球！”

“你们看到了，规则或约束条件是游戏的框。正是它们给了你们机会去以更加令人满意的方式行使玩耍的自由。正像红灯和道路交通法的存在是为了帮助我们以更令人满意和安全的方式行使通行的自由一样。如果我们没有意识到规则的意义，我们可能非常想独自去框外玩。如果我们意识到规则的意义，我们就有更多的机会得到一起玩耍的乐趣。”

如果我们不反思，探究意义就很困难。我观察到许多父母和教师在这方面很混乱：青少年甚至是更小的孩子对自己所做事情的意义的质问，常常使他们目瞪口呆！就个人而言，我的确很高兴有这么多的年轻人想了解意义，而不愿再听到：“就是这样，因为它就是这样；我们去上学，因为这是义务；我们工作，因为要自食其力……”

通过提问，青年们促使成年人思考甚至重新调整他们的优先顺序，并明确对他们“有意义”的事的定义。我从中看到了一个向着更多的意义、责任和真相发展的信号。当然，这有点儿动摇了老标准和旧习惯，像这样被引导去质疑自己，肯定有时不太容易。

歌颂生命的激情

> 人类缺乏的，正是激情。
>
> ——卡尔·荣格（Carl Jung）

几年前，冰天雪地的11月，在魁北克市的一条商业街上，一个十六七岁的少年微笑着跟我打招呼，他倚在墙角，似乎在等人。他跟我搭讪："嗨，你好吗？你在找人？"我立刻明白了他在那里干什么，在严寒中，在他那放了学的中学生的外表下。我答道："不，我不找人。但如果你愿意，我很乐意请你喝杯咖啡。"天气真的很冷，在这次意外的邂逅中有某种东西触动了我。他接受了。我们走进街角的酒吧，有一搭没一搭地闲聊了一会儿。

"蒂姆，"我对他说，"是青年们教会了我大部分我所知道的事以及我工作中所做的事。你是否愿意让我提一个关于你的问题？"

（吸了一口烟）"没问题，提吧。"

"是什么让你去做你在街上做的那事？"

"可卡因。"

"那么是什么让你去吸可卡因？"

"生活。"

"生活中的什么？"

（他长叹了一口气，用力吸了一口烟，然后使劲掐灭了它）

“我再也受不了我父亲对我说应该去上学，因为就是这样。他甚至不能告诉我他自己为什么工作！他不该胡说八道，这没有意义！”

“你需要事情和生活有某种意义？”

“当然！而且生活很乏味，我父亲很乏味，我所在的村子很乏味。我需要爆炸，于是我出来流浪……”他打趣道。

“你希望生活更有激情、更有活力？”

“是的，是这样，我希望感觉自己完整地活着。但是，我在我的生活中找不到这种感觉。于是我吸可卡因，我吸大麻，我和不认识的人一起飞上了天。我还没找到其他能让我活下去的好运，尽管我知道它会到来。”

几句话，蒂姆就总结了我们生存的两个基本挑战：我们需要感觉到我们生命的意义，感觉到它的方向和它的人性、哲学和精神意义，而且我们也需要感觉到自己化为鲜活的、颤动的肉身，能够完全品尝到活在世间的乐趣。如果我们不以建设性的方式关注这些需求，我们可能会倾向于以破坏性的方式填满它们。

在我们相遇后的第三天，当我离开主持培训的地方后，我又遇见了蒂姆，那会儿他正在一条大街上。我并不吃惊又一次遇见了他。他有点儿惊慌，并明显已经花光了他最后的积蓄。他缺20美元买张回家的长途车票。

“20美元，我告诉你，这正好是我需要的回家路费。那里离这儿有400公里！”

“我很想帮你，但谁能告诉我，你不会抽光这20美元呢？”

“去和我一起买车票。我要走，我告诉你！”

我们朝长途汽车站走去，蒂姆向我解释道：

“我害怕错过我的那趟公交车，我父母明天在家等我，而我在这儿的伙伴不愿再收留我了。于是我祈祷了。我总是在这种时候祈祷。”

“你总能如愿吗？”

“嗯，你看，你从那儿路过，你给我付了车票钱！”

“你相信吗……”

“相信什么？上帝？”

“是的。”

“当然！他总是回应我。”

他有信仰，相信自己有一天会有妻子、孩子和工作。他谈起自己的经历就像一段简单的过往、一个时刻。我很感激蒂姆给我上了关于生活和信仰的这堂课。这次交流在我心中激起了更深入地挖掘人心的兴趣，并希望借此找到健康和生命的静脉，哪怕是找到穿过痛苦和日常的泥沼的些许途径。

于连是一个17岁的男孩，他太严肃了，以至于别人以为他自闭。他有吸毒的问题，我们邀请他加入了一次我们在高山和沙漠地区组织的河上漂流。头几天，他一直待在艇尾，在整个漂流过程中一动不动，一言不发，而其他人都争着到前头去跨坐在皮艇的碰垫上，随着河流的波浪起伏。于连来自一个很小

的地方。他的父亲是外国人，很久以前就回他的祖国去了。于连很伤心，很孤独。其他人玩得那么开心，仍克制着自己。一天，他冒险去了前头，也跨坐在了皮艇的碰垫上，他等待着下一股急流。在那儿，波浪要比预想的大得多。大浪慷慨地浇湿了整条皮艇，涡流差点儿掀翻了它。于连狂喜："你们没看见这个大浪，你们没看见。我看见了，嗨，男孩们，你们看见了吗？多响的一记耳光，太棒了！"他停了下来，自己愣住了，我们也惊讶于听见他以如此生动的语气说了这么多话。一瞬间，整个团队齐声欢呼，就像迎接一个新生命！在水流的喷射中，于连获得的是生命之流的喷发，它教给他进入自己的身体，离开悲伤的彼得·潘，舞起来，动起来，表现自己。于连渐渐摆脱了他的迟钝和缄默。日复一日，我们看到他加入他人的行列，在集体中找到自己的位置，开始大笑。八年后，我再次见到于连，他已经工作了，并在呵护自己的儿子。

这就是我特别喜欢的一项挑战：找回存在感、快乐和对生活的兴趣，哪怕要经历最生硬的困难，也不要否定它们、压抑它们。既不天使化，也不恶魔化，只是有意识地、尽可能地去经历这一切，同时避免那些习惯性的陷阱，即安于我们的行为习惯、我们的原则和我们那些没有医治或错误医治的旧伤口，在理想化或抽象化的精神中逃避。

在本章即将结束时，我想要歌颂生命的所有状态、所有运动和所有时刻，歌颂那使我们超越加诸我们的各种约束去追

求我们的真实需求的生命。生命，它使我们敢于相信我们的孩子；它使我们先去泡个澡，而不是违心地去做饭；它使我们敢于开着篷车、带着装备和行李出发，而不是接受烦恼和忧愁；它使小女孩儿抗拒穿拖鞋，因为她想理解妈妈让她这样做的意义，并想看到她的自由得到了尊重；它使家长们重新定义他们的优先事项，抛开花园、房子、汽车，与他们的孩子在一起；它使我们去改变我们不再喜欢的事物，去喜欢我们改变不了的事物；它使我们意识到并始终牢记我们的价值观，正如那位守护村庄放学孩子们的安全的警察；它使我们坐下来，与青年们坐在一起，互相倾诉我们的价值观，检验它们的恰当性和有效性，并分享它们；它使我们发现一种藏在漂亮服饰下的由来已久的反抗，并把我们从中解放出来；它使我们停下匆忙的脚步，倾听自己的心声；它使蒂姆尽管身陷困境，却放弃了轻生的念头，“重新激发”了生活的勇气；它给了于连一记“耳光”，使他从自己的麻木中清醒过来，融入了人群；最后，它有一天可能会使我们推迟“翻新房子、购买椅子和装修”的预算，如果有必要，我们将坐在地上，甚至坐在瓦砾中，倾听彼此的心声。

1939年至1945年“二战”期间，我的祖母，一位十分慷慨的女性和非常虔诚的教徒，在她家的地下室里隐藏了几名犹太人。我们当时只有十一二岁，在地下室的各个角落做游戏，很难相信有人必须藏在那里保命。她给我们讲述了这些故事后，

一有德国人闯入搜查，我们的心就突突直跳。而她却敢镇定地告诉搜查房子的巡逻队头目，家里只有家庭成员，没有任何其他人。我对她的尊严和勇气满怀敬佩，但仍有一个疑问：

“可是奶奶，您没有对德国人说实话，可您告诉我们应该始终说实话？”

（她停下来闭目沉思）“你说得对。我认为应该始终尽力说实话。但是的确有些事情比实话更重要：那就是生命。应该尊重生命。”这就是我的祖母教给我的超越之道，超越言语、原则和习惯。

如何运用强力和惩罚？

如果我看到我的孩子朝着车来车往的马路跑去，我会一把抓住他，把他拉回人行道，而不会对他太温柔。这不是告诉他我的感觉如何以及我的需求是什么的时候：这是情况紧急！当孩子安全了，我不会一边吼叫着斥责他一边打他，甚至惩罚他，我会向他解释，刚才我非常非常害怕（S），我当时不确定他是否意识到了危险，我推他是为了保护他免遭车祸（B），我会问他是否同意以后多加小心（D）。这是为了保护而运用强力。

如果我在街上被人袭击，除了还击没有其他手段避免挨打，我就会还击。不是为了侵犯，而是为了保护我的生命。

生命且唯有生命才是衡量肢体防卫正当性的尺度。我们的意图是什么？是制服、缩短和消灭生命，还是保护、容许和鼓励生命？

至于“为了教育”而运用强力，无论是打耳光、打屁股还是关禁闭，当听说声称爱他们的孩子的家长们在孩子不听话时能够抬手打他们时，我始终感到震惊。他们也是以同样的方式向自己的朋友或亲人表达不同意见的吗？我当然能理解，作为父母，我们会对孩子的行为感到超出极限、忍无可忍，不知道该采取什么态度。然而，我深信，打一个孩子，即使是很轻的，也是延续了一种旧的信条，即暴力是解决冲突的正当手段。这在青年——明天的成年人——心中为运用强力约束对方顺从自己提供了正当的依据，会使他们假设“如果我们不能做到互相理解，我们就打一架”。这维持了一种旧的错觉，即我们可以通过做坏事来获得好处。

动手就等于承认了无能，无法使对方理解自己，也无法使自己理解对方。您看到了，我们急需学会一种新的语言，来理解我们自己和使自己被理解。我并不是说各种行为得到裁定——即根据它们所支持或反对的某种价值观来批准或反对——不重要。这一参照标准非常清晰，在我看来是必不可少的，不仅对于教育，对于社会生活的幸福也是如此。

惩罚还是裁定？

应该施以惩罚吗？难道没有更负责任的方式来裁定一种行为是否违背了某种价值观吗？我认为，惩罚往往证明缺乏想象力、创造力，以及不相信能够通过商议找到纠正错误且有益于生命的解决办法。

各个法院已经开始理解这一点，并通过一些所谓公共利益工作来做出裁定。我并不是说这样做很简单，我也不是在评判那些忍无可忍、手段用尽的父母。我只是看到，我们都对一种信奉暴力的教育模式的延续负有责任。

我几乎每天都能看到人们多么惧怕惩罚，又多么渴求奖励，而这两种态度只不过是同一悲剧性的猜币游戏的正反面而已。它们使许多人陷入对他人的依赖、令人紧张的负罪感和对主动性、创新性、差异性和责任心的一贯怀疑中，而这些情况又重新激起了因“弄错”而被惩罚或得不到代表批准的奖励的恐惧。惩罚/奖励体系没有创造内心的安全感和自信。它往往无意识却持久地激起了对一个好分数或多或少绝望的追求，或者对一个差分数的惧怕。我经常能够观察到这种机制，尤其是在企业中，我经常痛苦地看到这样一种教育造成的破坏，即在万不得已时，借助恐惧和负罪感，而不是热情和赞同，来传播它的价值观。

让我们澄清我们的意图：我们想从他人那里得到什么？是

建立在恐惧或羞耻感，以及对“取悦于人，以收买和平”的唯一关心之上的、被剥夺了意识的自动服从，还是对我们内心坚持的某些价值观负责任的赞同，以及在意识到共同利益和道德义务后去做事情的兴趣？

在我25岁时，服兵役在比利时还是强制性的。那时候，我想象不到，即使如此，我还有做其他事情的选择，而当时我对非暴力的力量和效能还一无所知。从法律系毕业后，我需要新鲜的空气，在具体的、有形的现实中磨炼自己。于是我加入了伞兵突击团，当了一名军官。经过了半年极为严苛的体能和道德训练，我成为一名初出茅庐的年轻军官，领导着我排里的27名士兵，他们都比我魁梧，其中大部分服役年限也比我长！我立即认识到，与他们作对是徒劳的，即使我拥有军衔赋予的权力。我不希望这些人的行动是出于义务或服从，而是出于自觉和责任心。我理解他们需要明确被建议从事的活动的意义，需要我确认他们的动机。如果下达命令而不说明其意义，也不确认这些人的动机，则可能会麻痹我们的关系。我想要有生气的、尽可能平等的关系，同时清楚地尊重他们担任的角色的作用。我不记得我曾需要提高嗓门。我们的队伍愉快地工作并互相信任。尽管军队的经历在为人处事方面教会了我许多，我也肯定不会为军队辩护。我时常梦想，全世界的国防预算中是否可以有10%用于在各个阶层组织他们想要的发言和共修小组，用于从小学开始培训沟通和冥想，用于以非暴力的方式解

决冲突，用于学习尊重差异性，用于激励个体的内心安全感和自信……想象一下，全世界用于武器和战争的钱只需省出10%，从今往后专门用作和平的工具！当我看到我与工作中的同事以极简单的方式获得了令人惊讶的结果时，当我一想到我们手中都拥有积极创造和平的巨大力量时，就浑身抖擞。

在这段服役经历中，我主要培养了这样一种意识：如果生活使我们接受了一种权力角色，这只能是一种服务的权力，一种运动启发者和团结促进者的职能，有点儿像管弦乐团指挥的职能。管弦乐团指挥会“惩罚”出错的小提琴手或走调的长笛手吗？不，他会提醒音乐的意义和对乐谱的尊重，并激发共同演奏的兴趣，或者确保音乐家们不会想要突然即兴表演一段爵士乐后才回到乐谱上！我培养了这样一种意识：我们可以活在一些等级森严的关系中，但仍然彼此尊重，既不丧失身份，也不丧失自尊。再次重申，重要的不是“我们做什么”，而是“我们怎么做”。

最后，我也并不是说威严总是没有必要的。但是难道我们不能学会既威严有力又不侵犯，学会说出甚至喊出“不，够了”，不去评判但却坚定地表达我们的需求，同时承认对方有权与我们意见相左吗？

当我们筋疲力尽时，我们会立即认为是对方令人疲惫。在我们的第一个女儿卡米耶出生时，瓦莱丽和我，我们明显缺觉并经常在半夜被吵醒。一天夜里，还未养成吃奶规律的卡米

耶的哭声越来越难以忍受。我的妻子和我一边起身一边抱怨："她真的令人疲惫，这真让人受不了。"随后我们立即纠正道："不，是我们自己感到疲惫，很难忍受她的啼哭。她是有生命的，并在表达她的生命力。我们当然不指望她乖乖地让我们睡觉……是我们应该以其他方式满足我们休息的需求。"

阿尔伯特·雅卡尔[1]曾提请我们在裁定的方式上对自己负责："一座城市出现一所监狱，证明整个社会出了问题。"同理，借助惩罚手段——需要与上述裁定清楚地区分开——预示着我们的教育、工作或共同生活的方式出了问题。

1　阿尔伯特·雅卡尔（Albert Jacquart，1929—　），法国遗传学家、科学普及者、散文家和人文主义学者。——译者注

第七章

方　法

Méthode

最近几年，我们比以往任何时候都更加意识到所有生物之间存在着深刻的相似性……一切生命都是相似的，而我们比我们想象中更加相似。

——乔治 · 沃尔德[1]

1　乔治 · 沃尔德（George Wald，1906—1997），美国科学家，诺贝尔奖得主。——编者注

三分钟，每天三次

尼采说过："力量就是方法。"学习任何一门新语言、一项新运动或新技能都需要方法、实践、严格要求和纪律。就个人而言，在专题培训班接受了15天的强化训练之后，我开始感觉自己多多少少能自如地应付非暴力沟通的过程了。也就是说，与我能够开始用一门新外语，如德语或葡萄牙语，表达自己所需的时间相当。我提供这个精确的时间当然不是为了使人泄气，而是为了鼓励人们意识到，正如我在本书开篇时提到的，我不相信只通过阅读这本书，就能够使我们发生深刻而持久的转变。只有通过练习和实验才能做到。

尽管如此，并非所有人都有空闲或有兴趣参加一次培训。尽管尝试理解我们是出于什么需求而没有这种空闲或兴趣是一

件有趣的事，但专题研讨班并不一定是唯一的学习方式。往往当培训参与者的确坚持要得到关于某个常用练习方法的建议时，我从不给出个别建议，因为我相信我们每个人内心都有自己的工具箱，如果他在适当的场所得到倾听，便能意识到给予建议往往是试图省略一次真心的倾听的前兆。如果此人提出明确的、一再的请求，我会为他建议以下方法："三分钟，每天三次！花三分钟来倾听您自己的心声，不予评判，不加指责，不给建议，不尝试解决。花三分钟全身心地存在，与您自己相处，而不是您的计划或您的烦恼。花三分钟来对您内心世界的状态做一个小结，不要试图做任何改变。花三分钟使您与自己重新连接，确认您感觉自在，当被问到'有人吗？'时，您能够全身心地、真实地回答：'是的，我在这里！'像这样每天做三次！正是从这种与自己相处的质量中，才能产生与他人相处的质量。"

这种以顺势疗法建议的方法当然不是老巫婆的魔咒。这是一种邀请，以俏皮话的形式引导我们意识到，为自己制定过于宏伟以至于很可能变为一纸空文的改变目标是没有用的。我可以再一次直接证明，这种与我自己相处的简单而有规律的耕耘，对于我的职业生活和感情生活的改变是必需的。当我们像这样倾听自己时，我们可以逐渐感觉到我们倾向于什么、偏爱什么，并从快速解决一个问题、迅速获得一个结果的思路中摆脱出来，把我们的注意力和意识用于生命在我们

身上的呈现："生命在哪里，生命对我说了什么，哪些是已满足的需求，哪些是未满足的需求……"正是当所有需求都澄清了，而且它们的优先顺序已经明确了的时候，解决方案才开始自己显露出来。这一练习就像音阶练习：您越意识到自己的愤怒说明了什么，您就越能够去倾听对方的愤怒；您越了解自己的无能为力或不安，您就越能善待和理解对方的无能为力和不安。接纳和爱我们自己的脆弱使我们能够去接纳和爱对方的脆弱。目前我还没有看到其他方法能够使我们放弃旧的、悲剧性的习惯。

一种意识卫生

我建议感恩：自己心怀并表达对所有已满足的需求的感恩，如果所有人都完全倾听自己，那就是活着、能够呼吸下一口空气、有眼睛能看见或有双手能感觉的需求。我知道这一建议看上去有多么天真，但我能承受。它对我而言是根本的。

当我们充满一切顺利所带来的能量时，我们就找到了克服一切困难的力量。这是一个内部生态的原则：如果我们的一切能量都被我们在某列火车晚点时感受到的神经紧张吞噬，而因此忘记了所有正点的火车，那么我们就可能被封闭在狭隘的视野中，并且迟早会窒息。因此我们急需培养我们的整体视野、

整体呼吸。在日常生活、夫妻生活、家庭生活中，甚至是学校或职场中，感恩是关系的维生素。注意，这不是指做老好人，而是做真实的自己！

难道要等到失去我们的亲人才去表达我们所有的爱吗？难道要等到住进医院才去赞颂健康的快乐吗？难道要等到孑然一身才去珍惜陪伴吗？难道要等到“出了问题”才意识到“以前很好”吗？如果我们不时刻警惕，我们的意识可能任凭所有坏消息填满，以至于再也没有位置去迎接那些好消息。我们可以注意这种意识卫生，关心我们“内心汽化器”上的“污垢”，清理我们的火花塞，检查点火装置，尤其是确保我们的燃油质量：我们是更多地为好消息燃烧，还是更多地为坏消息燃烧？

友好的意识

一天，一位贝都因导游对我说：“悲伤是我们这里没有的一种病毒。如果某个人悲伤了，他会立即得到倾听和安慰，于是会很快找回关心他人的快乐。”

在那些在沙漠地区进行的巡回专题研修班中，我每一次都被沙漠里友好的人际关系所触动。在驼队或驴队中，人与人之间有一种凝聚力、一种融合性，这令我惊叹。就好像每个人都有一个雷达，用于接收对方的需求，同时尊重自己的需求。这

让我觉得，凭借着在既严峻又被剥夺了一切多余物质的环境中一起生活的力量，他们培养了一种意识和心灵的敏锐度，我称之为友好意识。这种友好意识尤其集中了尊严与谦逊、自治与归属感、诚实与融合、自由与责任心、与自己相处和与他人相处、个人意识与宇宙意识等作为它的补充。

我们可以开发这种雷达、这种意识和心灵的敏锐度。这是我在前面提到的发言或共修小组的好处之一：培养一种共同意识、友好意识。

在我们这个快速变革的世界中，我们群体的凝聚力和融合性在各个层面对我而言都是用来制止排外、孤立和明枪暗箭的暴力这一机器的重中之重。

结　语　耕耘和平

恶是什么，或者说被自己的干渴所折磨的善是什么？
——哈里利·纪伯伦[1]

暴力不是我们的本性

我越来越相信，与我一直以来在学校里学到的、与我在大学的心理学课上学到的，以及与我在人们口中听到的相反，暴力不是我们本性的表达。它是我们本性沮丧的表达。这是我的工作的前提假设。暴力在我们的需求未被承认或满足的时候用来表达我们的需求。如果我们的需求被承认了，或者更进一步，被满足了，我们还要暴力做什么？我越来越不相信“人之初，性本恶”，越来越相信痛苦和恐惧的力量，以及沮丧激发的力量。实际上，恶意是人们因自己的痛苦没有被关心（或者没有机会被关心）而做出的痛苦的表达。如果我们能说出

1　哈里利·纪伯伦（Khalil Gibran，1883—1931），黎巴嫩作家，阿拉伯文学的主要奠基人。——编者注

自己的痛苦或恐惧，哪怕是最私密、最禁忌的，分享或探讨我们的沮丧，哪怕是最不可告人的，那么您不认为我们可以充满力量和想象地共存，而不是互相侵犯吗？如此多的暴力行为都起因于沮丧未被意识到，更不必说未被说出来或未在善意的氛围中被分享。

暴力，一种旧习惯

我们那悲哀的旧习惯让我们相信解决一场冲突的最终手段是暴力，而我们任凭自己编制这样的程序。我们现在知道了还存在其他解决冲突的方式，因此我们可以开始解除暴力的程序。于是，我们给这一旧系统“解码”，想象着有一天在战争博物馆的旁边，还会有一座家庭暴力、夫妻暴力、部落暴力、政治暴力、种族暴力和宗教暴力的博物馆，在那里，我们的后代子孙将了解到，在电子邮件和互联网时代，大部分人还不懂得如何表达自己、倾听自己，更不必说真正地理解自己。

没有什么比“这是个人吃人的社会”“人们总是打架”或者“人是不会变的”诸如此类的旧信条更让我恼火的了。这种认命，甚至可以说是犬儒主义，在为未来的暴力铺床，培养着下一个儿童性侵犯者，武装着下一场战斗。我需要我们每个人都意识到我们个人为改变做出贡献、脱离暴力并为新的共同意识努力的权利。

我每天都怀着一个梦想，坚信正是这些梦想使我们跨过大海或沙漠，去发现新大陆。如果说牛仔裤和T恤、可口可乐和双面剃须刀在最近几年被全世界认识和使用，以至于它们构成了一种世界性的共同文化，那是因为它们符合一种需求：服装和可乐带来了舒适、幸福、简单、身份和对世界群体的归属感，而剃须刀带来了卫生、方便和效率。我在世界各大洲遇到过许多接受了这种共同文化中的一些要素的人，但我也常常看到同样是这些人，他们也严格地秉持着当地或家庭的传统。那么，为什么我们不能贡献于一种既具有共同文化，又不会危害自我认同的沟通方式呢？

由于我在引言中提到的它的“全面性”(因为它适用于与自我的内在关系、夫妻间和家庭成员间的人际关系、职场和社会关系，而且因为它尊重所有的宗教、精神、哲学和政治敏感性，最后因为它倡导一些被我们视为人类共同财富的价值观)，所以有意识的非暴力沟通，与其他类似方法一起，被列入了对地球村的关系模式的研究中。我希望，正如雅克·萨罗梅所言，沟通能够被纳入全世界的教学计划，成为一门与语言或计算机一样基础的课程。想象一下，如果今天攻读外语或计算机硕士学位的所有人也同时学习心灵的语言，世界将变成怎样？

我也希望有一天能遇到一些有远见的部长，比如

国民教育部长、公共健康部长、国内安全部长、司法部长，甚至国防部长，他们将最终愿意在我们的关系模式的可持续变革中投资，因为他们意识到，如果不是出于人类内心的动力，世界将不会发生任何可持续的改变，而他们将愿意投身于努力开发他们的自我意识。想象一下，将有越来越多的人意识到——在此我把于贝尔·雷弗的原话重新发挥一下——暴力和缺乏沟通不是一个大问题，而是70亿个小问题。将有越来越多的人感觉到被引导着对我们的日常态度负责，关心我们的意识卫生："我所说的、我所做的、我所想的、我的意图和我的计划是有益于团结还是分裂，是有益于分歧的和解还是不同意见的对立，是有益于和平还是战争？"

正是这种意识，使我们能够期待自在、安全和快乐地居住在这个仍然鲜为人知的新大陆上：它就是关系。这难道不是第三个千禧年的伟大挑战吗?

耕耘和平

我想，我们每个人都会凭着人的尊严去接受我们在这一责任中应承担的部分。我希望——这是一直萦绕在我心头的梦想——越来越多的男人和女人意识到这一点并欣然认可这一责任，在他们的日常生活中承担起这一责任，在他们所在之地，用他们掌握的方法，如此这般

快乐地为人类的幸福做出贡献。因为我相信，如果我们每个人不像一位园丁关心他的花儿那样每天关心自己内心的和平，这个世界就不会和平。让我们开始培育我们内心的和平吧。之后，它将散发光芒，传播开来：和平，是有感染力的！

需求清单

生存
住所
空气
水
运动、锻炼
食物
休息、永久性
安全、保护

食粮（广义）
感情
热量
舒适
甜蜜
放松、松弛、愉快、娱乐
敏感性
关心、注意、陪伴
温柔
触碰

自我表达
成就、实现
行动
学习
创造性
成长、演变、现实化、
发展、治愈
产生、起源、参与掌控

自主性
自我肯定
拥有自己的权利
自己选择、决定
独立
自由
孤独、平静、安静、自己的
时间/空间

完整性
真实、诚实
目标、方向、知道去哪里
了解自己
确定价值观、梦想、愿景
平衡
自尊
尊重自己
节奏、融入集体的时间
自我价值与自我定位的意义

智力方面
清楚、理解（通过思考、
分析、辨别、经验）
一致性、适合性
简明
意识
探索、发现
信息、知识
准确
简单
激励

需求清单

社会方面

接受
友谊
爱情、感情
归属感
欣赏
沟通
陪伴
商议
信任
联络
接触
给予、服务、贡献
倾听、理解、同情
公平、公正
表达
诚实、透明
互相依赖
亲密
分享、交流、合作
在场
亲近

精神方面

爱情
美、审美观
信心、拿得起放得下
希望
存在
最终目标
和谐
启发
快乐
秩序
和平
神圣
宁静
沉默
超然

需求清单

赞美生活
（接纳生活的各个阶段和
不同方面）

思想、感情的相通
哀悼、失去
接待
认可（共鸣、反响、反馈）
尊敬、重视
安全（可靠、依靠、
保密、谨慎、稳重、
忠实、永久、持续、
结构、基准等）
支持、协助、帮助、
安慰、宽容、
接纳差异性、开放
节日
对生活本身的
活力的兴趣
幽默
游戏
出生
感恩
仪式化

感觉清单

我们在需求得到满足时体会到的感觉

自在
全神贯注
充满感情
惊呆
敏捷
缓和
轻快
友好
恋爱
满怀爱意
钟情
开心
活跃
满怀感激
满怀热忱
满足
专注
七重天
至高无上
兴高采烈
冒险
心满意足
心情好
心烦意乱
平静
被征服

聚精会神
被迷住
温暖
满足
同情
专心
关心
信任
舒服
沾沾自喜
充满勇气
好奇
放松
解脱
轻松
非常惊讶
眼花缭乱
兴奋
愉快
来电
激动
感动
欣喜
受到鼓舞
充满能量
激情燃烧

入迷
诙谐
热情澎湃
充满活力
喜笑颜开
吃惊
轻率
清醒
激昂
激动
感情外露
膨胀
期望
狂喜
感情丰富
被迷住
骄傲
欣喜若狂
快活
被激励
信心十足
充满感激
陶醉
渴望
和谐
幸福

惬意	容光焕发	满意
心情愉悦	愉快	安全
情绪活泼	乐于助人	被触动
迫不及待	亲近	敏感
置身其中	喜悦	平静
无忧无虑	温和	惊愕
灵感迸发	清爽	释然
感兴趣	振奋	受到刺激
惊奇	宁静	保持警惕
喜出望外	放心	过度兴奋
快乐	非常高兴	满怀柔情
欢天喜地	体力恢复	感动
自由	喜气洋洋	安静
欢喜	得到安慰	乐不可支
满足	感谢	充满生气
乐观	高兴	活力四射
平静	充满希望	生机勃勃
和平	精力恢复	

感觉清单

我们在需求未得到满足时体会到的感觉

气馁
不堪重负
饥饿
被折磨
失常
恼火
激动不安
被激怒
惊慌
灵魂受煎熬
苦涩
不安
满腔仇恨
焦虑
无动于衷
受到惊吓
充满恐惧
渴
厌恶
受伤
受阻
忧郁
悲伤
被冒犯
心碎
担心
混乱

惊愕
不快
发怒
胆怯
厌烦
好奇
心痛欲裂
困惑
狼狈失措
泄气
受挫
憎恶
为难
士气低落
软弱无力
难以应付
气恼
消沉
被打扰
失望
无言以对
心软
绝望
遗憾
解脱
痛苦
十分惊讶

心神不宁
恶心
被吓倒
尴尬
被烦扰
被纠缠
昏昏欲睡
神经紧张
烦恼
狂怒
妒忌
惊恐
痛苦
筋疲力尽
极度疲乏
吃惊
恼火
超出极限
激动
恼怒
疲倦
暴怒（疯狂）
精疲力竭
脆弱
胆小
沮丧
提防

脾气差
怀恨在心
令人紧张
犹豫
惭愧
恐怖
战栗
心不在焉
坏情绪
不耐烦
无能为力
不舒服
不轻信
优柔寡断
冷漠
无精打采
惰性
不满
不安全
不敏感
不稳定
利益相关
伤脑筋
被激怒
嫉妒
厌倦
迟钝
沉重
糟糕
不适
不幸
腻烦
阴郁
不高兴
多疑
伤感
萎靡不振
郁闷
被侮辱
疲惫不堪
痛心
神经质
紧张不安
惊慌失措
懒散
偏激
困惑
悲观
惧怕
软化
满腹怨言
不露声色
有所保留
怨恨
踌躇
破裂
饱和
怀疑
震惊
孤单
晕厥
凄惨
担忧
难受
被压垮
惊讶
沉默寡言
紧张
受到惊吓
不冷不热
摇摆不定
受折磨
发抖
伤心
心绪不宁
害怕
生气

含有解读和评判的感觉清单

以下是常用的表示感觉的词语，但它们实际上是针对别人对我们所做的事的一些评判或解读

被放弃
被愚弄
陷入绝境
被抢走
被攻击
傻
被责备
被吓唬
有罪
被轻视
被抛弃
被讨厌
被贬低
被削弱
被控制
上当了
被排斥
被压垮
被骗了
被压抑
受骗了
被藐视
被骚扰
被侮辱

被无视
不恰当
无能
不被理解
不称职
被凌辱
被恐吓
视而不见
被孤立
被丢弃
被评判
被忽略
被操纵
被像母亲般照顾
可怜的
被威胁
被鄙视
被排挤
被禁锢
被施加压力
被忽视
被否定
一无是处

不被接受
不被爱
不被信任
不被倾听
不重要
不被需要
被陷害
被践踏
被保护
受到屈辱
被彻底改变
被拒绝
被奚落
名声被玷污
毫无价值
愚蠢
劳累过度
遭到背叛
搞错了
被利用
被打败
被侵犯
被盗

致　谢

我首先要感谢马歇尔·卢森堡，我从他那里接受了非暴力沟通的培训。遇见马歇尔和他教授的课程使我恢复了活力，因为当时我正在变成“一个友善的死人”！凭借这个理解自我和他人的清晰、一致、完整的过程，我从根本上改变了我的职业生活和情感生活。

其次，我要感谢安娜·布里——非暴力沟通课程的培训师。在她的帮助下，我有幸从我自身破解和澄清了一些曾使我的生活十分艰难的基本问题。瓦莱丽——我的妻子和我会把她对我的帮助珍藏在心中。

我还从内心深处感谢居伊·科尔诺为本书撰写了序言并始终鼓励我写作这本书。在我俩多年的合作和友谊中，他的人格的伟大与仁慈和他对生活的信仰感动和启发了我。他曾告诉我，他喜欢把看上去复杂的心理学问

题用简单的语言表达出来，从而使每个人都能够通过更好地理解自己和更多地爱自己而真正变成自己生活的创造者。

我还要感谢皮埃尔－贝纳尔·韦勒日——非营利性协会“警察与流氓”的创始人。他在我们10多年来共同从事的问题青年工作中，唤醒了我去倾听心灵的声音：不加评判地倾听，为了更好地理解和爱而倾听。

我必须感谢在研讨会、个别面谈或报告会中给予我信赖的所有人。正是由于我们的坦诚相见和我们经历过的那些美好的转变，才诞生了这本书的构想。

最后，我还要感谢瑞士、法国和比利时的非暴力沟通课程的所有培训师们，我为和他们一起工作而感到荣幸，感谢他们的友爱和支持。

我还要无尽地感谢莉莉安·马吉耐心地辨认我的手写笔记。

窥视职场中的冷暴力

MALAISE DANS LE TRAVAIL
HARCÈLEMENT MORAL:
DÉMÊLER LE VRAI DU FAUX

Marie-France Hirigoyen

[法] 玛丽—弗朗斯·伊里戈扬 著 祝华 译

生活·讀書·新知 三联书店 生活書店出版有限公司

图书在版编目（CIP）数据

窥视职场中的冷暴力 /（法）玛丽－弗朗斯·伊里戈扬著；祝华译．— 北京 ：生活书店出版有限公司，2018.5（2019.8 重印）
ISBN 978-7-80768-200-4

I. ①窥… II. ①玛… ②祝… III. ①人际关系－通俗读物
IV. ① C912.11-49

中国版本图书馆 CIP 数据核字 (2017) 第 154152 号

策　　划　李　娟
责任编辑　李方晴　叶敏娟
封面设计　视觉共振设计工作室
版式设计　申亚文化
责任印制　常宁强
出版发行　生活書店出版有限公司
（北京市东城区美术馆东街22号）
图　　字　01-2016-3532
邮　　编　100010
经　　销　新华书店
印　　刷　捷鹰印刷（天津）有限公司
版　　次　2018年5月北京第1版
2019年8月北京第2次印刷
开　　本　880毫米 × 1230毫米　1/32　印张12.5
字　　数　250千字
印　　数　8, 001-11, 000册
定　　价　58. 00元
（印装查询：010-64052612；邮购查询：010-84010542）

前 言

既然暴力在每个时代都以新的形式重现，我们就应该永不放弃与之抗争。

——斯蒂芬·茨威格，《良知对抗暴力》

在我的上一本书[1]出版之前，职场精神骚扰在法国一直被熟视无睹，最近两年来却变成了一个深受社会关注的问题。一些此前一直忍气吞声的被骚扰者重燃了希望；现在，他们敢于表达自己的想法，揭露他们遭受的虐待行为。一些新的讨还公道的要求引发了多次大规模的社会运动，职员们从今往后不再接受侮辱和侵犯他们尊严的行为，他们要求得到尊重。

1 指作者的《骚扰，无法回避的痛》(*Le harcèlement moral, la violence perverse au quotidien*)，Syros出版社，1998年。

专业人士们（职业保健医生、法学家、工会干部、精神科医生、心理学家和社会心理学家）纷纷自发地采取行动，一些旨在帮助受害者的协会也相继创立。国会议员们开始严肃看待这一问题，因为精神骚扰的概念最近已被纳入劳动法。

而且，现在对这一主题的关注已不局限于法国，尽管有时叫法不同，但其他欧洲国家的政府已经被要求对此采取措施。可以肯定的是，今后不久，将会出台若干惩罚职场精神骚扰的欧盟法规。

这种意识的觉醒是非常积极的。这就是为何我认为有必要非常严格地定义“精神骚扰”一词，以避免混淆。在日常用语中，这个词组已经涵盖了其他痛苦，当然这些痛苦可能并不代表“精神骚扰”这一词组的临床意义，而是表示企业中更普遍存在的一种不适感，而这也是一个重要的分析对象。应该将这一问题重新归于其他形式的职场痛苦中，尤其是对职员尊严的侵犯造成的痛苦。还应将职场暴力重新置于广义的社会环境中，因为无论是在城市还是乡村、学校还是家庭中，所有暴力行为都是相互作用的。

关于职场精神骚扰，曾有旁观者提出尖锐的问题：

受害者为什么没有自我保护意识？他们为什么没有反抗？正是通过分析环境因素，我们才能够理解一个问题，而这个问题始终是从个体扩展到集体的——玷污受害者们的名誉并声称他们患有精神病，是逃避复杂的社会问题的一种方式。

在本书中，我试图根据上一本书出版后我所了解到的一切，进行更细致的分析。我有机会约见了一些专家和专业人士，特别是，我收到了许多患者和读者的证词。对于那些给我写信而我无法亲自回复的人，我给他们寄去了一份调查问卷，以便更好地了解他们的处境。在本书中，我给出了这次调查的结果。

收集到的这些新信息和随后进行的深入研究工作，使我能够对精神骚扰的各个方面进行研究，并因此超越了骚扰者和受害者这一辩证关系过于狭窄的界限，把环境因素也考虑在内。我也尝试着明辨真伪，区分什么是精神骚扰、什么不是，并辨别那些言过其实的指控。因为只有通过更细致的分析，我们才能及时做出反应，帮助受害者，而更重要的是，预见和防止新案件的出现。

如果最初我认为重要的是高声呐喊出这些现状，使人们意识到个人的痛苦，现在既然没有人再怀疑这一

问题的客观存在，那就应该进入具体的行动阶段了。行动，当然是要帮助受害者自我疗伤并弥补他们遭受的损害，同时也要采取措施来制止骚扰行为，尤其是改变促使它们滋生的环境因素。只从司法方面处理这一问题，意味着我们已经对这些状况放任自流太久了。在坐等太多的受害者出现之前，我们应迫使企业和公共权力机关实施预防政策。

因此在本书中，我首先重新定义了“精神骚扰”一词，说明了什么是精神骚扰、什么不是，并明确指出了它与其他形式的职场痛苦之间的区别。随后我对我的调查结果进行了论述。透过一些数字化的结果，我们可以看到，这些具有破坏力的行为会给职员的健康带来严重的损害，会导致受害者长时间停止工作，有时甚至导致他们退出职场，最终对企业的生产力造成不可忽视的负面影响。最后，我将更详细地分析精神骚扰的起因、促使这种行为出现的环境，以及这一关系模式的特征。

在最末一章中，我将建议一些可行的措施。即使我们需要一项法律来提醒人们哪些行为是被禁止的，并使每个人为自己对待他人的行为负责，但法律并不能解决所有问题。因此应从上游入手，迫使企业和公共权力机

关制定并实施有效的预防政策。在引导每个人，无论是领导还是职员，对自己的行为承担更大的责任的同时，我还建议了一项适用于所有企业或行政管理机关的预防计划。

感谢为使我能够继续研究而提供证词的所有读者。为了防止泄露我的患者和读者的姓名，每次我都尽量采用两个相似的案例，将他们的故事整合在一起，然后改变当事人的姓名和背景。但是，对于那些我认为其性质具有普遍性的案例，我会完整地引述。另外，我还引用了几封读者来信。

目 录

第一部分 职场中的精神骚扰

第二部分 调查结果

第三部分　精神骚扰对健康造成的后果

第四部分 骚扰的根源

第五部分 该做什么？

第一部分

职场中的精神骚扰

定 义

正如我在前言中所强调的，有必要非常严格地定义“精神骚扰”一词，以避免混淆。当人们被紧迫的时间驱赶时，他们倾向于称其为骚扰，由此把它等同于压力。每次当我们感觉遭受了上级的侮辱时，也会称之为骚扰，即使这种侵犯只是偶尔发生。然而，根据《罗贝尔词典》的定义，骚扰是指“无休止地遭受一些反复的小攻击”。这很清楚地说明，这一行为只有持续存在才符合定义。

如果说在我的上一本书《骚扰，无法回避的痛》中，许多人感觉“精神骚扰”这个概念是如此贴切，那可能是因为选用了“精神”一词。过去，这个被定性为“心理学”范畴的概念对专业人士而言，仅仅是一种对某些心理学机制的研究。选择

“精神”一词意味着采取了一种立场。它实际上针对的是善和恶、什么该做和什么不该做、我们的社会能够接受什么和拒绝接受什么。在研究这一现象时，不可能不从伦理或道德角度来考虑，因为对于精神骚扰的受害者而言，令他们痛苦的主要是那种被虐待、被轻视、被侮辱和被抛弃的感觉。而对骚扰者而言，基于这种暴力的严重性，我们只能设法搞清他们是否确实曾有伤害他人的意图。

我之所以认为有必要明确这一定义，是因为除了立即理解这个词语外，还应该明确采取行动的范围，要么是在惩罚事实方面，要么是在实施有效的预防措施方面。迄今为止，研究这一主题的人们还难以就一个足够贴切的定义达成一致，因为这一现象可能因所处角度不同而有不同的表现形式，并且涉及不同的专业人士（医生、社会学家、法学家等），他们使用的语言和思维方式也不同。

作为精神科医生，我始终关注着这种行为对受害者的健康和人格所产生的影响。我的上一本书获得的良好反响使我能够收集到多方证词，并深入了解这一主题。很少有其他侵犯行为能够在短期内给人造成如此严重的身心障碍和破坏性如此之大的长期后果。目前，普通科医生和精神科医生很少能分辨出这种暴力的特征及其引发的症状。职业保健医生长期以来观察着这种状况，却并不一定知道如何保护受害者。

至于法学家们，他们尝试找到一个尽可能摆脱任何主观性

的定义，从而能够从刑法上定性这些暴力行为。正因如此，法国共产党在1999年12月14日向国民议会提交的法律提案中，选择以行为的意图性为基础来讨论“任何蓄意恶化工作条件的行为”。乔治·阿热（Georges Hage）议员——这一法律提案的捍卫者——认为，正是骚扰的目的损害了道德。他认为，精神骚扰是指恶意侵犯他人、使他人不安和捉弄他人的行为。然而，在关于骚扰者的一章中，我们将看到，有一种极具破坏性的骚扰可能并不是出于邪恶的意图而实施的。这种情况还能称之为骚扰吗？

国民议会社会事务委员会目前在劳动法中提到精神骚扰时，选用了一种宽泛的定义：“任何职员不得遭受来自雇主、雇主代表或滥用职权的任何人的反复的精神骚扰行为，而这一行为的目的或影响是侵害其尊严和导致侮辱性的或恶化的工作条件。”

而我本人更倾向于考虑这一行为对人所产生的后果的定义。因此，我向我参与的几个工作小组建议了以下定义（后文我会对其进行论证）：职场精神骚扰是指因其反复性或系统化而对某人的尊严或心理、生理完整性造成侵害，并危及此人的工作或恶化其工作环境的任何过度行为（动作、语言、态度等）。

无论采用哪种定义，精神骚扰都是一种水滴石穿式的暴力，它不易察觉，却极具破坏性。每次单独发起的攻击其实并

不严重，但这些频繁的、反复性的轻伤累积起来，就构成了侵犯。这一现象开始时会引起骚扰对象的些许不安全感，被形容为无礼行为。但长此以往，所有骚扰对象都会深受其害。

我在上一本书中已对精神骚扰过程做了充分的描述，在此不再赘述。在这本书中，我将用一个章节来具体区分各种敌意行为，从而证明这一过程演变的渐进性。

这一特定的侵犯方式在不同的社会文化阶层和职业领域中都可能发生变化。在各个生产部门中，暴力更加直接——往往是口头的或肢体的。在等级体系和社会文化阶层的上游，侵犯更加复杂、邪恶并难以察觉。这一点可以从我的调查中看到。

第一章

什么不是精神骚扰？

CE QUI N'EST PAS DU HARCÈLEMENT

不是所有自称被骚扰的人都确实被骚扰了，因此应谨慎处之。认识到这一点，才能切实有效地予以防范。在这一章中，我建议将精神骚扰与精神压力或工作压力区分开来，或者与公开冲突、关系不和区分开来。

精神压力

骚扰应与人们了解最多的职场精神压力划清界限。海因茨·雷曼在《围攻——职场迫害》一书中提醒我们，精神压力首先是一种生物状态，社会状况和社会心理状况产生于精神压力。[1]的确，如果我们认可这一概念的提出者汉斯·塞利

1 参见海因茨·雷曼（Heinz Leymann），《围攻——职场迫害》（*Mobbing, la persécution au travail*），Seuil出版社，1996年。后文所涉海因茨·雷曼的观点，如无特别说明，则均出自该书，不再重复注释。

（Hans Selye）对精神压力的定义，那么精神压力则同时由施压因素和承受该施压因素作用的组织的反应构成。但是，在日常用语中，人们把精神压力理解为不堪重负和恶劣的工作条件。

然而，精神骚扰比精神压力严重得多，尽管它也经过了一个精神压力阶段：

◎ 在第一个阶段中，孤立是有节制的，被侵犯的也只是工作条件。当某人因别人给他分配了某些任务但没有提供完成这些任务的手段而感到无能为力时，他需要一段时间来判断这是不是专门针对他的一种待遇。这种侵犯对其健康产生的后果与超负荷的工作或不良组织带来的后果没什么不同，因为即使他的身体反应强烈，但他还意识不到自己遭遇了什么。如果这种侵犯不那么强烈，或者此人对自己所遭受的特殊待遇视而不见，那么这一阶段可能会延长。

◎ 真正意义上的精神骚扰阶段，被骚扰者能察觉到针对自己的敌意，也就是说，拒绝沟通是显而易见且具有侮辱性的，对工作的批评变成恶意攻击，态度和语气也都变成侮辱性的。一旦人们意识到存在“蓄意伤害”时，心理后果要严重得多。首先人们难以相信竟会有这种敌意，随后会急切地自问：“我做了什么，让他们这样怨恨我？”并痴心妄想改变现状。这就造成了一种伤害，这种伤害不再与精神压力有任何关系。这是一种对自尊心的伤害、对尊严的侵犯，也是一种因在企业

中、在上级或同事中建立起的信任突然消失而导致的突然的失望。一个人投入工作的精力越多，这种创伤也就越严重。

精神压力只有在过度时才具有破坏性，而骚扰在本质上就具有破坏性。

当然，因压力和多项重复性任务的包围而造成的职场精神压力，会消耗一个人，甚至将其“榨干”，即导致“过劳抑郁”：

克里斯蒂安在一家行政机关工作了6年，通过竞争上岗被调到另一个部门。那里的工作节奏比她原先的部门要紧张很多，办公室主任也给她施加压力，让她提高工作效率。她总有处理不完的卷宗，同时还要电话答复其他部门的咨询。她不得不忍受这一状况，因为她的主任非常苛刻。当她指责主任给她施压时，主任回答说他的上级也给他施加了压力，而工作总要有人做。

克里斯蒂安不知所措。她很疲惫，工作效果也越来越差。最后，她在一份重要的卷宗中犯了一个严重的错误。主任找她谈话。当她告诉主任她感到无能为力、无法忍受时，主任暗示也许她并不适合这个岗位。主任建议她换个更清闲的岗位，因为在这个部门里，她肯定会一直超负荷地工作。

在克里斯蒂安的案例中，我们看到，她所承受的和她的主任所承认的这种精神压力与以侮辱为主的精神骚扰有很大的差别。我意识到，在日常用语中，人们在遭到某人斥责时，有

时会用到“骚扰”一词，因此我认为，要用“精神”一词来强调第二种情况下侮辱和缺乏尊重的严重性，就应区分“职场骚扰”与“精神骚扰”。

在以下例子中，我们将看到，精神压力往往是精神骚扰的温床，从前者发展到后者的情况并不罕见。一旦发展到精神骚扰，对健康造成的后果将严重得多：

迪迪埃在一家美国大型银行的法务部工作了20年。部门重组和随之而来的裁员浪潮使工作条件逐步恶化。员工们由于某些人离职以及频繁变更程序和软件而导致的超负荷工作，承受精神压力成为常态。员工们晚上被迫留下开会，频繁地更换办公室。被怀疑不够敬业的老员工们沦为一批野心勃勃的年轻工作狂的下属。

迪迪埃既疲惫又紧张，他开始不停地抽烟喝酒。他的妻子抱怨他在家发脾气。尽管如此，他仍在坚持，下定决心要挺过难关。

但当他因锻炼时伤了手腕而不得不在最忙的时候请病假时，事情变糟了。他的上司明显不高兴了。等他销假返岗后，上司问都没问他的健康状况，就开始斥责他，全盘否定他的工作，而且他一犯错误，上司就讽刺挖苦他。为了更好地监督他，上司把迪迪埃的办公桌安置在自己办公室旁边的走廊里。迪迪埃非常不安，以至于无法集中精力，工作效率也降低了，而这又

加剧了上司的挑衅。他时刻保持警惕，睡眠很差，常做一些奇怪的梦，梦里不停地争吵、打架。一天晚上，在一次吵吵闹闹的会议上，他的上司公开羞辱了他，会议结束后，迪迪埃感觉不适，他的同事们不得不送他回家。

从此之后，他再也无法回去上班了。每天早上一准备起床，他就开始恶心，被迫回去睡觉。

当迪迪埃承受压榨性的工作节奏时，他只是感到疲惫，但当某人一直针对他并公开羞辱他时，他患上了重病。我们可以看出，这根本不是同一级别的严重程度。

当然，现实中，从一个阶段发展到另一个阶段是很难察觉的，但跟踪研究这一类型的受害者，我能够观察到，他们所表现出的临床症状是不同的。承受压力的患者，通过休息可以恢复，改善工作条件会使其重拾信心。而受到骚扰的受害者，尽管因性格不同，临床表现有轻微差异，但他们的羞愧和耻辱感都会持续很长时间。尊严受到侵犯是一个主观因素，只能逐个案例分析。他们的家庭背景或先前的经历表明，这些受害者或多或少都曾遭受冒犯性的批评。一旦跨过了侵犯的界限，任何人都会受到影响。

工作条件必然变得越来越严峻：要始终做得更多、更好。紧急任务、战略转变……所有这些都会引起精神压力，然而管理层施加压力的本意并非要搞垮员工，相反，是要提高他们的

业绩，最终目的是提高效率或加快速度完成一项任务。如果精神压力管理造成了对健康的破坏性后果，那是由于执行偏差或尺度把握得不好（即使领导层试图通过精神压力管理研讨会使干部们更好地承受压力），但是，与精神骚扰不同，在精神压力中不存在敌对的意图。

相反，在精神骚扰中，个体本身成了进攻对象。这不是为了改进生产效率或优化工作绩效，而是为了清除一个人，因为他以这样或那样的方式“碍事”。这种暴力无论对组织还是对企业的健康运营都是无益的。

冲突的效用

我认为还有必要区分精神骚扰与冲突。尽管海因茨·雷曼认为围攻总是由未能妥善解决的职业冲突引发的，但我个人认为，如果存在精神骚扰，那恰恰是因为任何冲突都未能爆发出来。在冲突中，责难是指名道姓的（战争在某种程度上是公开的）。相反，在每个骚扰过程的背后，总是存在缄默与隐瞒。即使冲突局面会使企业付出高昂和痛苦的代价，但所有人都一致承认它的效用。需要从根本上改变：应该打破旧的运行机制，建立新的运行机制。冲突是更新和重组的源头，它迫使企业自我质疑，并以新的形式运行。它能够调动积极性、凝聚人

心、改变结党营私的局面、摆脱复杂性，尤其是给那些过于墨守成规的职业环境带来些许活力和新气象。

杰西卡是一家行政机关的职员。她的困境开始于她想请一个培训假，以便获得高级秘书专业文凭。她的上司要求她服从部门利益，推迟她的计划。但她还是在上级不同意的情况下休假了。等杰西卡回来工作时，考虑到因她休假而给部门工作造成的混乱，上司专制地降低了对她的评分。她提出了抗议。上司试图向杰西卡解释他这样做的动机从而反驳她，但杰西卡不想听任何解释，并要求更高级别的领导重审她的评分。她得到的只是一个人事调动建议。于是调解人被请来寻找进一步的解决方案。

在这个案例中，有一个公开的冲突，当事双方从理论上可以为他们各自的立场辩护，尽管从部门的角度可能判定杰西卡的上司有理。

因此，一次冲突的特点就是“对称升级”，即当事双方在理论上是平等的。在接受冲突的同时，一方承认另一方作为对话者的存在，承认他属于同一个参考系。这是冲突积极的一面。然而，冲突的利害关系并不因此有丝毫减弱，它还包含着本质上的阴暗面。在一场纠纷中，人们往往寻求被另一方接受和承认，而结局总是互相肯定或互相对立。在职业范畴内，这种关系可能导致形成敌对的小集团或团体，并可能因此引发竞

争和对抗的态度。每个当事人或每个团体都试图掌握对局势的控制权，斗争是残酷的：用敌意来回应敌意，用背叛来回应背叛。所有的打击都被默许。然而，前提是必须有一些规则和一个调解权威。每一方都有要坚持的立场，我们可以把这种情况称为“由冲突达成一致”。

一旦冲突未能解决，它将趋向扩大化，各方将寻找新的联盟。冲突可能自动结束或通过仲裁、调解等方式结束，这总好过放任局势自行恶化。推迟解决的冲突会被隐藏起来或以秘密的方式继续。在这种情况下，它就有可能发展成精神骚扰行为。

尽管冲突可能带来改变，但它在企业中仍臭名昭著。企业害怕引起动荡，这会损害它们的品牌形象，它们更愿意采用一种不正当的沟通方式，加上由此引起的操纵行为。企业需要给人们留下一切顺利的印象。它们避免真实的辩论和直接的交流，担心出现过于明显的分歧。企业往往不会健康地谈判并指出问题所在。

冲突进一步扩展并变质，始终得不到解决，因为我们的教育体制教给我们的是害怕冲突。人们不惜一切代价来沟通，即使这是一场虚假的对话，目的是避免出现公开暴力——人们为之害怕，不知道如何遏制它。人们不表明他们的立场，以假装接受的方式逃避，最终以狡诈的方式使其观点被采纳。偶尔在企业中实施的众所周知的冲突管理根本解决不了任何问题，而

是回避事实，掩盖了持续中的局势（有时甚至是一触即发的局势）："这是溶解冲突——我们所说的解决冲突是指使它们变得可解决，而此时看似最合适的方式是采取怀柔政策；重要的是解决办法，或可解决性。"[1]企业，或者从个体角度更确切地说，企业中的每一个成员，都害怕被发现自己无能为力，不懂得如何解决分歧。

普遍来说，在职场中，领导和干部们并未对人际关系纠纷给予足够的重视，除非这些纠纷可能给企业带来明显的损害。尽管干部们被建议召开冲突管理研讨会，但最常见的态度仍然是逃避和回避。他们任由事态发展，之后要求人力资源部来收拾因领导层未及时处理问题而恶化了的局面。

在某些大型企业中，调节性的真正冲突完全不可能发生，因为没有真正的对话者。那些能起作用的人并不在现场，而是在"总部的某个地方"，他们不知道生产现场平日里发生了什么。于是，累积的怒气和失望情绪或者在员工之间的一次次小冲突中爆发出来，或者被员工默默忍受，直至某些人病倒。

当然，当今，公司冲突减少了，因为人们把冲突扼杀在了摇篮中，但个人的痛苦增加了：精神压力、疲惫、焦虑、抑郁、精神骚扰……每个人都在自己的角落里舔舐伤口，却无法向一个团结的集体诉说他们的难处。职员们不再感觉自己属于

---

1 让-弗朗索瓦·希克斯（J.-F. Six），《调解的动力》（*Dynamique de la médiation*），Desclée de Brouwer出版社，1995年。

一个可以共同寻求认同感的职业集体。作为变革载体的公司冲突逐步消失，取而代之的是公司管理技术无法察觉的微型冲突或个体侵犯，而工会很难介入这些无法仅以集体方式解决的个人痛苦的处境。

另外，人们甚至不再提起包含两个平等对话方的冲突，而改称危机：干部危机、官员危机等，这暗示着某一职业集团出了问题。于是出现了一些危机管理实例，也就是说，被派来的干预者不再是一位能够重建领导层与相关群体之间对话的调解员，而是一位“治疗”“患病”群体的专家。这是当一个人遭遇精神骚扰时领导层惯用的伎俩，甚至更邪恶：领导层不再请一位调解员介入，不再尝试了解发生了什么，而是选择给当事人扣上污名，并让他去看病。

在精神骚扰中，像冲突中的那种对称关系不复存在，而是存在一种控制者与受控者的关系，在这种关系中，操纵游戏的人企图制服另一方，并使其丧失认同感。如果这发生在一种从属关系的范围内，即为滥用职权——对一名下属的合法权利变成了对一个人的控制。

即使骚扰发生在同事之间或自下而上的关系中，在此之前也总是存在侵犯者的心理控制和受害者的被迫服从。另一方因为其性别、能力或职位等原因遭到轻视。在任何情况下，一方都不把另一方视为有资格的对话方，这就更容易摧毁他的自我定位。

不惜一切代价回避冲突是一个错误，因为在经历冲突时，我们能够有所改变并考虑到对方，也就是说，使自己更完善。与冲突相反，精神骚扰是阻止一切改变的一种方式。

粗暴管理

我所谓的粗暴管理，是指某些性格有缺陷的领导的专横行为，他们迫使员工忍受可怕的压力，或用暴力对待他们，谩骂、侮辱他们，毫无尊重可言。

这种事就发生在位于蒙托邦市的宝雅公司中，该公司的总经理不仅谩骂和侮辱自己的员工，还这样对待供应商和客户。这事尽人皆知，所有人都希望总经理能被股东们辞退，因为企业正面临困境。但他们未能如愿：可能是因为无所谓，股东们让总经理继续任职。看来只有发动一场强硬的罢工，才能使股东们倾听员工们的呼声。

精神骚扰行为是隐秘的，而这种性格有缺陷的暴君的暴力倾向却是众所周知的，包括员工代表（如果有的话）。或许少数见风使舵的人能设法逃脱，但其他员工却无一能幸免于难。

无论这些领导是否意识到他们的粗暴行径，他们的行为都

是卑鄙可耻、不可容忍的。只有通过集体行动才能战胜这一暴行。因此，员工们应尽早做出反应，共同揭露这些奴役行为。

然而，之所以难以区分精神骚扰与粗暴管理，是因为这些专横的领导有时也要阴险的手段，如调唆一伙人反对另一伙人。

在这家大商场中，一位年轻的财务主管被现场任命管理30人，这些人都有一定的资历和各自的工作习惯。

首先，他宣布他不会讲人情，也不会把自己关在办公室里。在此之前，这个部门内部的人际关系一直比较融洽，但他现在禁止在咖啡机旁逗留，连去洗手间都要计时。他本人早晚都不跟大家打招呼。他只从监控计算机上认识员工，永远在检查他们在做什么，并总是指责他们的工作。他定期召见一名员工，挑剔他前几天所做的工作。他要求员工随叫随到，如果一项任务没有完成，则晚上要留下加班。稍有延迟，他就会发邮件催促。

错误不会被讨论，而犯错误的员工会被叫到部长办公室，劈头盖脸地遭到大声呵斥。如果某个员工表现出疲惫，他就会攻击其弱点："您还是做有益健康的半天工吧！我知道，以前您就有过这种情况，您只要说您旧病复发就行了！"

如果一名员工在学校放假期间提出休假申请，他就会讽刺道："作为单身，您的生活过得这么滋润啊！您怎么不多生几个孩子呢！"

在忍受了几个月这种待遇后，这些员工受不了了：

最年轻的那个二话不说辞职了；

另一个由于抑郁症延长了病假；

还有一个在上司对他进行不公正的责难时，完全失控，差点儿打了这个上司；

大部分员工如此不安，以至于他们始终保持警惕，甚至不再敢互相交谈。

当一位部门领导单独“骚扰”每个人时，如上例所述，针对某人的具体弱点时，我们可以说，他的行为已经从粗暴管理发展为精神骚扰。这也是Maryflo公司里发生的情况，位于莫尔比昂省的这家制衣企业里有一个专横而变态的领导，他折磨每个员工，甚至用伤人的语言攻击员工非常个人的细节。

偶发性侵犯

精神骚扰的特征首先是重复性。这种态度、话语和行为，单独来看可能无关痛痒，但其重复性和一贯性就具备了破坏性。海因茨·雷曼曾经制定了一份包含45种敌意行为的清单，并且认为，如果其中一种或多种行为至少每周重复一次，并持

续至少6个月，就会发展到“围攻”的地步。我认为如此界定一个限制阈有些极端，因为一次骚扰的严重性不只取决于持续时间，还取决于侵犯的剧烈程度。某些特别具有侮辱性的行为可能用不了6个月就可以打垮某个人！

一般而言，“精神骚扰”一词不适用于定义雇主的一次偶发性侵犯态度，即使这一侵犯已经对受害者造成了特别严重的后果。

2000年3月20日，凡尔赛上诉法院判定一通谴责电话是导致法兰西岛大区医疗保险公司的一名职员患上严重心理障碍的原因，并因此构成一起劳动事故。这些谴责给这名职员造成了“一种反应性情感打击……并导致了焦虑抑郁综合征，需要抗抑郁治疗”。如果此人感受到的心理障碍仅仅来自这些电话谴责，那么这些电话谴责无疑是一种暴力侵犯，但这不构成精神骚扰，因为这一行为仅发生了一次。

除非此前有过多次小侵犯，否则偶发性口头侵犯仅是一次暴力行为，而非精神骚扰，而重复性谴责则属于精神骚扰，尤其是当它们伴随着其他贬低此人的行为时。法官们没有搞错，为了确定岗位职责变更是否存在伤害意图，他们要求在某一段时间内都能见证这一行为，然而，对于直接加诸受害者的侵犯行为，如刁难或侮辱，他们只需参考这一攻击的重

复性特征即可。[1]

偶发性侵犯可能只是一种反应和冲动的表现。法学家认为，在这种情况下，没有“预谋”。相反，骚扰，尤其是当这仅是一个自恋变态狂的行为时，则是一种“终身”侵犯。

然而，一种表面上仅发生了一次但特别具有侮辱性的侵犯，正如某些粗暴的解雇行为（办公室被封、个人物品装入纸箱并被放在楼梯平台上、回避态度等），可以被视为精神骚扰。有时，在详细分析这些状况时，我们发现在被排挤之前已经出现了一些受害者并未意识到的微小的排斥或敌意的迹象。被解雇的职员事后意识到别人使他承受的侮辱实际在他被解雇之前早已出现过。我们可以称之为精神骚扰，因为这实际是以清除某人、侮辱他并纯粹因为施虐癖而贬低他为目的的一种蓄意侵犯。

杰罗姆在同一部门工作了6年，其间未被指出有任何专业问题或任何表面人际关系障碍。一天早上，他无法再进入自己的办公室，因为办公室的钥匙已经换了。他的秘书尴尬地告知他已接到领导层的命令，不让他再进入办公室，而且他的个人物品已经装箱放在了门口。

---

1 参见碧雅翠丝·拉贝鲁（Béatrice Lapérou），《工作关系中的精神骚扰的概念》（*La notion de harcèlement moral dans les relations de travail*），《社会法学》（*RJS*）6/00，Francis Lefebvre出版社。

杰罗姆根本不知道发生了什么。他要求与他的上司谈话，但上司本周不能见他。

受到震惊的杰罗姆甚至想到了自杀，但这一阶段过后，他意识到，其实一段时间以来，人们已不再把重要的文件交给他处理，而且有关本部门的某些决定也不再通知他。他终于领悟到，这些排斥的态度和令人不快的小意见可能已经预示着他的上级不再信任他了。

在这类案例中，如果当事人试图自我保护，精神骚扰就会变得更加明显：

任职一年后，在没有出现任何专业性问题和与我的工作相关的问题的情况下，我的老板突然通知我因为专业能力不足而被辞退了。我此前没有收到过任何警告。因为我想维护自己的权益并威胁说要去找劳资纠纷调解委员会，他便使我过上了地狱般的生活，并想方设法从心理上打击我。

其他形式的暴力

我将简要介绍其他形式的暴力。无论它们的破坏性有多大，都不能被视为精神骚扰。

◎ 外部暴力：无论是来自客户的粗鲁行为、持械侵犯还是肢体语言侵犯，其本质都不是精神骚扰。然而，有时候某些客户的行为类似于精神暴力。在此情况下，由于暴力来自外部，采取措施保护自己的员工应是一个企业应尽的职责。

◎ 肢体暴力：其本质不是精神骚扰，即使有时候会由此产生骚扰的状况，而且人们因此遭受了精神打击。在此情况下，重要的是报案。根据BIT（国际劳工办公室）的统计，服务行业的肢体暴力发生率最高（行政部门占6%，商业部门占5%）。

◎ 性暴力：已经定性为刑事犯罪，不属于精神骚扰的范畴。我从理论上区分了精神骚扰和性骚扰，尽管两者经常互相越界。根据BIT的统计，性骚扰涉及2%的劳动者；女性是最容易受到侵害的，尤其是25岁以下的女性和临时身份的女性。

恶劣的工作条件

精神骚扰与恶劣的工作条件往往很难区分。正是在这种情况下，意图的概念才显示出其重要性。在逼仄的办公室中工作，加之昏暗的照明和不舒服的座椅，这不能构成一种骚扰行为，除非只有一位员工受到如此特殊的待遇，或者这种工作条

件是专门用于打击员工积极性的。工作超负荷也一样，只有当它失去控制，而且目的是有意无意地折磨某位职员时，其性质才变为骚扰。

排查恶劣的工作条件属于工作督查的范畴，应去现场判断并处罚。而在精神骚扰的情况下，难就难在这种工作条件的恶化是循序渐进的，当事员工不能确定地判断出他的工作条件是从什么时候开始变得不正常的。如果同一企业内的一群员工都看到他们的工作条件恶化了，他们可能会采取集体行动。相反，一个小组织中的某一个人自己没有胆量仅凭主观感觉去投诉。精神骚扰往往非常微妙，以至于某个人工作条件的恶化只有在与同事们的工作条件相比较的情况下，才能显现出来。

如何判断某些工作条件恶化的情况是否存在恶意呢？让我们以超市收银员的情况作为案例。收银员的工作时间表每天都不同。她们基本是在客流的高峰时段工作，也就是中午、傍晚和周六。如果她们住得远，那么她们的工休时间则不允许她们回家享受家庭生活。即使得到的只是有限工作时间的报酬，但其实她们一整天都在外面。当工作不稳定时（这是一个主观概念），组织内部就会出现失控局面：稍微调整某人的工作时间可能被视为一种偏袒行为；不考虑另一个人的特殊情况则可能让人感觉是一种精神骚扰。

可以看出，工作条件越艰苦，越应该关注人的感受。

职业约束

精神骚扰是一种滥用职权的行为，不应与劳动组织的相关合法决定相混淆，比如符合劳动合同的调动或岗位变更。同样，关于所做工作的建设性批评和评价，如果是明确表达的，而不是出于报复目的，则不构成骚扰。可以肯定的是，任何工作都有一定程度的约束和从属性。

在行政机关中，评分体系是一个非常敏感的话题。在某些部门，常常尽可能地给员工打高分。因此，0.5分之差就会相差千里。一个非常微妙的举动可能就会使下属感到被侵犯，即使在评分时并不一定存在恶意。然而，有时候，分数降低也正是更加隐蔽的精神骚扰的唯一可见因素。在这种情况下，该如何判断其属性呢？

另外，许多劳动合同包含一些目标达成性条款，在员工完成义务方面始终保持一种压力，而不顾及这对他们的健康有何影响。多个案例已说明，需要达成的目标是不现实的，它们使员工始终处于被压制的状态，构成了被阿兰·西雷（Alain Chirez）定义为“条款性”的一种骚扰形式。[1]雇主应向员工提供完成任务的标准方法，而且具体任务应符合员工的能力、身份和薪酬。

---

1 相关文章刊载于1999年9月20日的《自由报·就业版》（*Libération emploi*）。

当我们谈论职业约束这一问题时，应该意识到，一旦上司为了激励而责备某些缺乏工作积极性的人时，这类人就会感到自己被骚扰了。一位上司试图激励其下属是很正常的，但他不应混淆激励与剥削。许多管理者不懂得如何处理个人情感，而是简单地用“大棒”代替“胡萝卜”。在这种情况下，下属反而会止步不前。

许多以更好地理解员工激励标准为目的的研究工作得出结论，激励一个人的最好方式便是给他一份令他感兴趣的工作和一个舒适的工作环境……

有人可能反驳我说，来自上司的以激励员工为目的的合理压力与滥用职权行为的区别并不总是显而易见的。对此，我的答复是，管理者们应学习以尊重他人的方式传达命令，同时要考虑到员工的个性。

第二章

什么是精神骚扰？

CE QU'EST LE HARCÈLEMENT MORAL

让我们看一下一个人是如何骚扰另一个人，并以怎样的方式达到使之不安的目的的。

怎样做会骚扰到某个人？

在骚扰行为之初，我们找不到明显的、可解释的事实，取而代之的是一系列难以言表的感觉。

排斥差异性

精神骚扰往往始于排斥差异性。它表现为一种接近歧视的行为——使一位女性在以男性为主的部门中丧失信心的性别歧

视性言论，关于同性恋者的粗鲁玩笑……无疑，人们从歧视过渡到更加微妙并难以察觉的精神骚扰，是为了躲开受罚的风险。当这种排斥来自一个团体时，是因为他们难以接受想法或做法与他们不同的或具有批判精神的某个人："他们之所以讨厌想法不同的人，并不是因为他所宣扬的不同见解，而是他想自主判断的自负——他们自己当然永远不会这么做，但他们内心是有这种意识的。"[1]

许多受害者不会搞错状况，他们这样表明自己的遭遇："我和别人不一样！"他们意识到自己不具备周围人的那种"风格"或精神状态。

除了工作方式之外，还有一种着装、谈吐和举止的方式，使得一个团体承认某个人是"可以接受的"。这往往会联系到教育或社会阶层的概念。有时候，感觉到被排斥的危险后，受害者会克制自己的差异性或独特性，如变色龙一般，最后融入这一团体中。

团体强加的这种平均化最终会抹杀它所不能接受的成员之间那些非常微妙的差异，正如以下例子中的情况：

布里吉特做过一段时间的秘书后，又经历了不少生活的坎坷，38岁的她获得了一个教师文凭。在少儿娱乐中心的第一个

1 亚瑟·叔本华（Arthur Schopenhauer），《辩论艺术》（*L'art d'avoir toujours raison*），Mille et une nuits出版社，1998年。

岗位上，她刚去时遭到了同事们和上司的排斥，这些同事都在20—25岁之间，而上司也比她年轻一些。因为不知该把她归入哪一类，大家觉得她碍事。根据她的个人阅历、对孩子们的亲和力以及组织能力，她非常适合这个岗位，但她不善运动，衣着风格不同，因此与周围的同事们格格不入。布里吉特决定不再因此自寻烦恼，她对自己说，她们最终会接受自己，到那时她们就不会再对自己评头论足了。

一个表现欠佳的人会遭到团体的排斥，因为他拖了后腿或有损服务形象。但过于敬业的人在一个不需要太多努力即可良好运转的团体中也会遭遇这种情况。

正如我们将在另一章中看到的，企业自身很难支持那些与众不同的或非典型的员工。骚扰行为的首要目的是打击或清除那些不符合这一体制的个人。在全球化的时代，大家力求制造一致性，制造克隆的、跨文化的、可互换的机器人。为了使团体均一化，人们打压与众不同的人，消灭任何特异性，无论是关于性格，还是关于行为、性别、种族……对个人进行格式化是控制他们的一种方式。他们应服从于改进绩效和盈利能力。

这种格式化往往由同事来传递，因为与任何社会团体一样，企业内部会产生一些自治力量，负责调整不协调者的步伐。不协调者们无论自愿还是被迫，都应接受该团体的逻辑。精神骚扰是强加团体逻辑的方法之一。

嫉妒、对抗

嫉妒是一种自然的感情，一旦两个人可能互相比较或处于竞争位置时，它就不可避免地产生了。它会造成巨大的破坏，同时把人变成破坏者，但社会科学一直忽略这个概念，就像它并不存在一样。的确，这是人们不轻易承认的一种感情。如何对别人说，并对自己说“我不能忍受他比我更聪明、更漂亮、更富有；不能忍受他比我更受欢迎”？不能说，但人们这样做了，并试图打压对方，从而抬高自己。人们通过诽谤别人来缩小自己与想象中别人的优点之间的差距。

毕业于巴黎政治学院的年轻人乔西安进入了一家大型行政机关，听命于一位在实践中自学成才的较年长的同事，他原则上应对乔西安进行培训。但从一开始，他就未给乔西安提供有关文件和关于本部门内部组织结构的任何信息。乔西安不得不自己想办法。然而，不管乔西安做什么，这位同事总是批评她，却从不告诉她该怎么做。

当乔西安为获得某个信息而提出具体的问题时，这位同事就顾左右而言他，或者讽刺她：

“你从巴黎政治学院毕业，连这个都不知道！”

“你在学校里都学了什么？”

在别人面前，他还拿下属的文凭来抬高自己：“她是巴黎政

治学院毕业的，但什么都不知道。什么都得靠我教她！”

很快，乔西安就对自己失去了信心，感觉自己一无是处。她认为这位同事说得对，学习对她毫无用处。乔西安变得顺从，最终凡事都征求他的意见。

嫉妒并不与被嫉妒对象的价值成正比，而往往聚焦于细枝末节。人们嫉妒某人有一个靠窗的办公桌或有一把更漂亮的扶手椅，但人们也嫉妒某人受到领导的器重或者虽与自己资历相同，却拿更高的薪水。

莫妮卡，50岁，是一家大型企业的大区经理。因公司兼并，她被迫接受了一位来自另一家公司的比她年轻的上司。莫妮卡生活小康，丈夫职位高，孩子也很成功，而她的上司却正经历着第三次婚姻危机，孩子在学校也不省心。有一次开会时，总经理当着所有经理的面表扬了莫妮卡。他称赞莫妮卡富有创造性、智慧，管理细致。自此以后，莫妮卡就感觉上司每天都在折磨自己：挑剔她的费用报表，话中带刺儿，在客户面前质疑她的工作，不接她的电话……对莫妮卡而言，毫无疑问，她的上司在不熟悉的新岗位上感到担忧，需要摆脱自己嫉妒的并可能与自己竞争的人。

嫉妒的感情可能出现在同级的同事之间或者上下级之间。

如果一个人本已对自己不自信，又如何能忍受下属比自己学历更高或业绩更好？在组织的各个级别上，嫉妒都会转化为行动。

在一次异常艰难的重组中，总经理表现得游刃有余，获得了股东和员工双方的赞扬。他的错误是变得比总裁更受欢迎，导致后者孤立他，不再向他传达信息，使他失信于下属。从那以后，总经理已无法工作，因此当总裁召他去告知他已不属于这个集团时，他并不感到惊讶。他们找了一个更加平庸的人来替代他，此人不会像他一样抢总裁的风头。

对抗是企业不留情面地用来摆脱某人的一根杠杆。他们操纵一个人对抗另一个人，目的是使他们中的某一个人自行离开。有时候，他们明目张胆地怂恿年轻人对抗年长者，抬高新团队而令人认为老团队已被超越。有时候，排斥表现得更加微妙：

新的领导层带来了他们的新理念，他们试图更新团队。他们的理由是老员工的方法已经落后而且不懂得适应。由于解雇一名资历很深的老员工费用很高，因此，他们首先不会想要强制性地、有意识地催促其离职，而是从远处观察他。他们找出老员工的失误，同时声称年轻人会把此事办得更好。他们刺激他，小题大做。随后，他们开始窥伺他的错误，看能否利用这

个错误解雇他。逐渐地，他们开始对他进行精神骚扰，然后促使他犯错误。于是，意图逐渐明显起来。

团队和集体的消失可能导致人与人之间的对抗。现在的管理层倾向于借口刺激竞争而让团体之间互相超越，实则为达到击垮一方的目的。例如，公司看中有文凭的职员而轻视无文凭的雇员。在学习和培训过程中，人们通常会向名校的毕业生灌输观念——他们是最好的；这使他们内心养成一种优越感，从而阻碍了沟通。他们自我感觉与众不同，因此可能自以为拥有所有权利。作为国家精英中的一分子，他们只能与精英沟通。他们失去了与他人交流的好奇心，因为他们先入为主地认为这不会给他们带来任何好处。这也大大减少了接触机会！要想进行对话，两个人之间需要有一种自认在某个层面上同等重要的关系，即使他们处于不同的等级。只有具有不同观点的人之间的对话，才能使事情有所进展。

领导层的蓄意操纵可能导致背信弃义，比如某些企业兼并案例中的情况，在承诺不会解雇员工的同时，领导层让两个人竞争同一岗位。即使什么也不说，每个人也都会意识到，无论对错，业绩最差的或最不符合要求的人将被淘汰。这时候，一个人产生除掉对方的邪念，也不是什么奇怪的事。

恐 惧

恐惧是精神骚扰的基本动因，因为人们通常会因为恐惧而变得暴力：先发制人。人们侵犯对方是为了保护自己免受危险。

尽管经济复苏了，但失业的恐惧仍然存在，新的管理方法导致心理压力上升，恐惧变成了职场的一个重要组成部分。它潜伏在众多职员的心底，即使他们不敢明说。他们害怕达不到要求，害怕不能取悦领导，害怕不受同事赏识，害怕变革，害怕受罚，害怕工作中出错，这些都可能导致他们丢掉饭碗。

现在，这种恐惧的表现比过去间接得多。人们越来越少地看到老板公开要求员工顺从他，但在宣扬员工自我管理和主动精神的同时，老板却力图使他们有负罪感。老板向他们灌输：你们的困难都来自你们自己，你们要对自己因不符合制度而可能遇到的麻烦负责。因此，恐惧有助于均一化，是一种狡诈的统一步伐的形式。

樊尚，贸易主管，手下有20多名业务员。老板认为樊尚对业务员们不够严格，并要求樊尚解雇他们中的两人，理由是一个业绩差，另一个太过自由，而且对企业的战略多有指摘。

樊尚抵挡了一段时间，但当老板指出樊尚对企业的业绩负有责任时，迫于老板的压力，他最终“牺牲”了这两名碍事的业务员。

在某些企业中，人事管理战略完全建立在恐惧之上。员工始终处于防守位置，这自上而下地反映在等级体系中。这是难言之隐，因为人们耻于像孩子一样承认自己感到害怕。那些最软弱的人于是企图将自己遭受的暴力转嫁给自己的下属。人们就这样鼓励了那些不正之风。

当马克以干部身份进入这家研究集团时，他相信自己没有问题，因为这个职位恰好能使他学以致用。

同事们的欢迎有点儿冷淡，而且很快，他就明白自己需要独立克服困难。然而，他挺过来了。直到有一天，他提交的一份报告的结论里有几处错误，主任当众对他处以“私刑”。主任强调他的错误，讽刺他的弱点，挖苦他。当然，没有人替马克辩护。相反，马克感觉到同事们因为挨批的是他而不是别人而狂喜。

从这一天起，马克上班就战战兢兢的。每天早上，他都腹泻。白天，他精神紧张，草木皆兵，总是害怕完不成任务。夜里，他感觉很难受，必须喝酒来使自己平静，而他的夫妻生活也因此每况愈下。

当部门里来了一个明显没有经验的年轻同事后，马克很开心。他对自己说，新同事的错误会掩盖自己的错误。他不但不帮助新同事，反而故意不向他提供可能有助于他进步的信息。

人们对他人的恐惧也会导致不信任任何人：要隐藏自己恐惧的弱点，以免被他人利用；要先发制人，总之，要把他人视为危险的竞争对手或潜在敌人。正如在正当防卫的情况下，人们试图摆脱对方而自救。那些自恋狂比其他人更加害怕他人。对他们而言，他们没能诱惑或制服的所有人都具有潜在危险性。

恐惧使人们将他人恶魔化，人们之所以生出咄咄逼人的感觉，是因为自以为处于不稳定的地位，并自我感觉受到威胁。人们可能因此受到驱使去骚扰某个人，但实际情况并非如人们想象的那样。

几个月以来，奥黛尔一直被孤立，无法正常工作，公开遭到嘲笑和贬低，她尽力保护自己，同时每次遭到侵犯时，她都会寄挂号信给上司，终于她被上司召见讨论辞退问题。这位平日虐待、威胁她，并用伤人的话语攻击她的上司接见了她。上司表现得极有风度，甚至有诱惑力：

“您指责我不见您，今天我见了您，您应该高兴了吧！”

“是的，但这是为了辞退我！”

“请您不要误解，我知道您是一位优秀的专业人士，我很高兴能与您一起工作！”

奥黛尔感到莫名其妙，甚至开始怀疑她过去的感觉。如何解释这位上司既能对她如此暴力，又能保持风度呢？

显然，这个男人害怕奥黛尔，只有在使她缴械投降后才能与她友好相处。他意识到奥黛尔的专业素养，害怕奥黛尔抢了自己的风头，从奥黛尔以挂号信的方式来反击他的侵犯时开始，他又担心失去自己的职位。现在奥黛尔要走了，他如释重负，然而，他不但没有承认这一点，反而把责任推给奥黛尔：

"您要理解，我不能继续忍受每两天收到一封挂号信了！"

恐惧有时也会导致怯懦：我们把那些自恋狂的无礼行为理解为害怕自己被骚扰。

恐惧不一定来自上下级的压力，它常常表现为一些幼稚的行为：害怕自己被训斥，害怕自己做出应受斥责的行为，害怕违法行为暴露在光天化日之下。当人们害怕自己的错误或违规之事被发现时，可能就会产生除掉证人的邪念：

迪迪埃多年来一直与他的助理保持婚外情。他们只在办公室见面，在他确认不会有人来打扰的时候迅速地亲热一下。从一开始，迪迪埃就禁止她给自己打电话、写信，也不在外面约会，因为他很害怕被别人知道。当妻子表示出某种怀疑时，迪迪埃决定罢手。从此，迪迪埃对助理变得面目可憎：给她安排了一大堆工作，使她没有机会与同事们交谈，进而不会泄露婚

外情；监控她发出的信函和电子邮件，偷听她的谈话。当她过来和迪迪埃说话时，迪迪埃厉声打发走了她，因为迪迪埃害怕她用“你”称呼自己或以私人的方式与自己交谈。他的过分行为最终导致助理爆发了，与他大闹了一场。这使迪迪埃确信，自己不信任她是有道理的，她只配得到粗鲁的对待。

不可言明

能说出来的职场纠纷很少会导致精神骚扰，精神骚扰更多地来自不可言明的秘密，因此应该寻找冲突中隐藏的原因。

在任何企业中，除了明文规定外，还有一些组织特有的潜规则。无视潜规则，就等于使自己置身于团体之外。一个团体可能善意地隐瞒或纵容某种渎职，包括宽容每个人的小失误，以免引起冲突。不言明，就不存在。敢于说“不”或只是睁开了双眼的人，将遭到团体的排斥。在此，有一种共识，一种潜规则，如果人们想要表示自己已融入了这个团体，就要遵守这种潜规则。

刚加入这个商务部门时，伊夫不知天高地厚地向同事们指出自己不赞同他们的行为（偷拿为客户专设的礼物、“借用”部门的办公用品等）。伊夫发现自己被孤立并遭到粗暴对待，甚至每天都遭到羞辱。他决定跟上司谈谈。上司向伊夫解释，这些

小偷小摸行为并不严重，保证整个部门运转良好、没有麻烦才是首要任务。

企业为了提高效率，会接受不拘小节的行为和一些“小动作”。另外，没有这些“小动作”，企业将无法运转（我们很清楚照章办事是如何使整个行业瘫痪的）。然而，当人们超出了某个限度，“小动作”就会变成违规行为。

正是领导层在收买某种程度的公司和平，拒绝指出某些偏差行为，因为这会使自己与工会发生冲突。于是，迫于挥舞着社会运动大棒的工会的压力，领导层无视干部们的权力，让他们对某些员工的违规行为睁一只眼闭一只眼。这些干部们即使自身没有同流合污，也丧失了作为干部的公信力。

在这家企业中，所有工人都习惯于从自己的工作岗位上顺手牵羊。没有人揭发此事，但所有人都心知肚明，包括工会和领导层。新来的米歇尔刚刚摆脱了长期失业的困扰，非常高兴最终找到了工作。车间最老的员工试图说服他接受这一潜规则。但米歇尔拒绝拿任何东西，因为这违反了他的原则。于是同事们建议他时不时出去抽根烟或喝杯咖啡，以便在他的岗位上动手脚。米歇尔也拒绝了，他很不高兴，并威胁说要告诉领导层。于是大家合伙排挤米歇尔。没有人再同他讲话，大家在背后嘲笑他，谈到他时带着威胁的口气，在他经过时故意掉落东西……

米歇尔最后被击垮了，中止了工作。抑郁了两个月后，重新返岗前，他必须去职业保健医生那里复查。医生接到了领导层的暗示，让他认定米歇尔不能胜任此项工作。

这是怎么回事？在米歇尔到来之前，领导层一直默许工人们的小偷小摸行为。所有人都知道，但没有一个干部敢于制止这些行为，因为工会是工人们的同谋，干部们害怕引发冲突，这对他们的职业生涯将是灾难性的打击。在“我抓住你，你抓住我的山羊胡子……”的曲调声中，每个人都“抓住”了对方的把柄，而制度也就因此形同虚设了。

为了米歇尔的安全着想，职业保健医生决定宣布他不适合这个岗位，以便使他远离这个团体。工人们从此以后也可以心安理得地继续顺手牵羊了。

规避规则、虚报费用、偷拿低价值的办公用品、用公家电话打国际长途，都是一种利用企业“纵容主义”的方式。“反正没有人会发现！”但对某些员工而言，这也是对他们认为企业使之蒙受不公待遇的一种报复和补偿。有时这也是对企业自身规避制度的一种简单的响应。这种陋习存在于两个方面：员工在工作时间和费用报表上作弊；企业则在环境污染和隐性佣金上作假。在某些企业中，这是大家都心知肚明的“秘密”，但却不可言明。这也许是老板与他的一个秘书的私通行为，也许是招标中排名提前泄露后的舞弊行为。

当隐瞒的事情直接关系到企业自身的运转时，事情越严

重，消息就封锁得越紧。所有人都保持缄默，因为每个人都在想，任何可能损害“本企业”的事情都可能间接地损害每个员工的利益，这会串联波及各个层面。

玛丽－雷讷在一家企业担任护士十多年了。由于企业重组后这一全职岗位的工作量不足了，而企业又必须设立这样一个岗位，于是领导层要求她承担其他小任务作为工作量的补充，如给接线员替班、分拣信件等。她接受了安排，什么也没说，大家也似乎相安无事了。

因职责所在，玛丽－雷讷需要登记工伤事故，但领导们企图作假，不报告任何工伤事故。领导层也希望她闭嘴，不说出去其实并非每个合同制员工都接受体检。当她尝试推行一项预防酗酒的制度时，非但没有人帮她，反而使她失信于相关员工。

在记录了一起工伤事故后不久，玛丽－雷讷发现她的药箱乱七八糟，而且明显有过期药品混杂其中。开始，她不明白是怎么回事，甚至怀疑自己精神出了问题：“老家伙，你完全变傻了！”幸运的是，不久前与她一起检查过药箱的职业保健医生消除了她的疑虑。她也幡然醒悟：有人可能想为她“制造”一次工作失误。

她要求与经理谈话，可经理不听她申辩，反而任凭她的部门主管喋喋不休地诉苦，说她缺乏护士的职业严谨性。

玛丽－雷讷感到灰心丧气。有人试图恐吓她，不让她工作，

却没有人支持她。甚至连工会代表也不想掀起风波，他们担心丢掉自己的饭碗。她感到一个人的战斗力不从心，最终崩溃，并因抑郁而住院。

领导层经常使用一些带有破坏性的伎俩，而当受害的员工被抓住时，他们却不会包庇他。例如，领导层给员工制定绩效目标，然后冒险看着他们偏离目标，却丝毫不想知道他们达到目标所需的条件："你自己想办法吧，我只要结果，否则你就没有达到我们的要求。"

在这些陋习中，人们钻了法律的空子：凡是法律没有严格禁止的，都是可以做的，无论它对别人会产生什么后果。另一方面，人们通过沉默自保：不言明，即不存在。

我们在后面可以看到，"言明"不正确行为的重要性就在于此。

如何伤害别人？

孤立

骚扰是孤独惹的祸。它会优先盯上那些被孤立的人，而那些有盟友或朋友的人则远离骚扰。

独自抚养孩子的单身母亲、临时身份的劳动者往往比别人更害怕丢掉工作，但却没有一个可以互助的人际关系网，因此他们更容易成为受害者。

在基本社会权利行动计划框架内，欧洲议会已经指出，某些特定群体更容易遭受精神骚扰：离异或分居的女性、职场新人和劳动合同不符合规定或临时身份的劳动者、从事非传统工作的女性、残疾女性、女同性恋者和少数种族的女性面临的风险明显偏高；男同性恋者和年轻男性在某种程度上也容易受到骚扰。

为了顺利进入一家大型企业集团或一家大型行政机关，应在合适的时间建立起合适的同盟关系。在一个员工个人主义倾向越来越严重、劳动集体逐渐分裂的时代，我们反而看到人际关系网日益凸显的重要性。这意味着人们不应与自己所处的等级制度产生麻烦，不应制造风波，也不应与团体格格不入。

罗兰工作的团队有一位具有领导力和决断力的主管。他无疑有点儿专横，但他懂得如何调动他的团队，而所有人都满怀热忱地跟随他。由于此人平步青云、过于成功，招致了一些人的嫉妒。借口这位主管想要实施的一个略带风险的项目，董事会的某些成员联合起来排挤他，并接管了他的部门。从那以后，罗兰的团队完全丧失了凝聚力。命令不再来自同一个人，而是来自一群匿名的董事，对他们而言，成本就是一切。从此，各

人自扫门前雪，员工的主动性消失殆尽。

罗兰从前与他的上司关系很近，现在却因此被同事们孤立。当他抱怨管理层和墨守成规的人时，大家都说他性格不好。当他筹划一个项目时，还没等介绍就被中断了。由于他的反抗，这次他沦为了待宰的羔羊。

如果某人在工作中保持友谊，人们就会想方设法孤立他，使他处于某种内部流放的状态。正是侵犯者自己来确定沟通规则，尤其当他是一位上司时：人们不得与目标员工讲话，应想方设法防止目标员工得到信息，等等。在等级制度十分严明的体制中，这一情况会变本加厉，因为受害者根本无法找更高一级的经理投诉。

侵犯者孤立受害对象，使其无法向其他人抱怨并得到可能的支持。另外，经受了一段时间的骚扰后，受害者因为害怕被拒绝，也不敢再接近其他人。

安娜-玛丽在一家公司工作了25年。她与同事们一直关系融洽，并与另一个部门的负责人是朋友。

当她的直接上司换人后，新上司看不惯他的下属与另一个部门主管走得太近。但新上司不敢动安娜-玛丽，因为她在公司里有一个盟友。当这个盟友退休之后，安娜-玛丽变成了她上司的目标，上司报复她，羞辱她，指摘她的工作，嘲笑她的

外貌，并让部门的其他人孤立她。

这种情况持续了10年。安娜-玛丽没有对任何人讲，因为她感到羞耻，并且害怕情况恶化，甚至丢掉工作。

自恋狂们诱导团体中最顺从的成员——那些“羔羊们”——反对被孤立的人。同事们即使不愿同流合污，也会保持沉默。对他们来说，这种沉默最初并不是敌意的，而是尴尬的。而受害者会把这视为敌意的沉默并对此做出反应，于是就形成了恶性循环，因为受害者的反应引起了最初可能处于中立立场的旁观者的敌意。

其他人可能以不同的方式解释他们的沉默：或者敌意的信息没有发给他们，所以没有察觉；又或者他们否认这种赤裸裸的暴力，因为这完全只是想象出来的。而且，正如我们所见，因为害怕或不讲情面，人们可能有意识地更倾向于“隔岸观火”。

新的管理方法把每个人的工作划分得越来越细。在这种背景下，更容易孤立你想要摆脱的某个人。由于孤立行为是循序渐进的，因此更难以察觉：阻止某人获取计算机上的某些数据，不给某人转接电话……沉默和空虚逐渐包围了受害对象。团结的机制消失了，从今往后大家都自扫门前雪了。

工作——人身攻击的一个借口

我们有时会面临卡夫卡式的状况：一方面上司对需要完成的任务要求非常苛刻，另一方面上司又剥夺了员工完成任务的手段，两者完全是自相矛盾……

上司要求玛丽恩提交无可指摘的报告，并事先提醒她任何不完美的工作都要受到处罚，但上司却拿走了她的电脑，给她换了另一台带英文键盘的电脑。当她抱怨无法输入重音符时，上司答复她："您自己想办法吧！"

由此可见，上司想攻击的是这个人本身：工作只是摆脱她的一个借口，要么使她离开岗位，要么从心理上摧毁并驯服她，使她不再找麻烦。但是，由于过于明显的人身攻击在职场上是不合法的，人们便改为以隐蔽的方式攻击。可能正因如此，在那些任务难以定义并需要某种弹性的职业中，精神骚扰出现最多。如果目标明确，受害对象总可以反驳说他的工作没有失误。因此，在生产部门中，骚扰较少，直接暴力更多；而在管理部门中，暴力更加隐蔽。

精神暴力的最初行为往往是侵犯工作条件。这些细小的迹象很难与不可避免的岗位变更区分开来：

◎ 如果工作太多，上司可以通过本部门的规章来证明其合理性；

◎ 当别人忙得不可开交，而上司却突然不再给某人分配任何工作时，他们往往可以解释说，每项任务都是特定的，因此不具有可互换性。

要想动摇一个人，只需要将他的失误公之于众，给他规定不可能实现的目标，或给他分配荒唐的或无用的任务。

不给认真自觉的人提供工作手段，又做得不动声色，这是证明这个人无用和无能的一种有效方式。他最终会相信这一点，因为他的确不再能正确地完成工作了。

隐私的领地

在骚扰一个人时，人们不会去批评他的工作做得好还是不好，而是本着有意无意伤害他的愿望，对他进行人身攻击。因此，即使有多个当事人，攻击也往往是针对个人的。

骚扰的目的是不惜任何代价控制对方。为此，人们从打击对方的弱点开始，使他失去自信。人们竭力责备他无法改变的隐私，使他陷入绝境。人们不是具体地批评他“你工作中有哪些事情没有做好”，而是以笼统的方式攻击他“你一无是处”。其目的不是找到解决问题或调解冲突的方法，而是建立一种恃强凌弱的关系。当对方顺从了，目的也就达到了。

在《辩论艺术》一书中，叔本华指出，人身攻击是当一个人在讨论中处于困境时最后的计谋："当一个人发现对手占了上风，自己赢不了他时，就不得不使用冒犯性的、伤人的、粗鲁的语言。冒犯对手，实际是为了离开争论的对象（因为你已经输了这一局）而转向对手本身，并以这样或那样的方式攻击他的弱点……一个人因此变得烦人、邪恶、伤人和粗鲁。"

骚扰的目的是使对方不安，从而摆脱一个在自己面前能够还嘴的对话者。为此，人们建立起一种不平等关系，或者通过从属关系加强已经存在的不平等关系，从而使对手在开战前就缴械投降。侵犯者有意无意地回避纯职业性的责备，而是针对隐私发难，因为这会使对方受到伤害。

贝尼蒂克特在一家新经济企业中担任公共关系总监，企业的员工数量在几个月内增加了4倍。起初，除了她自己的工作外，贝尼蒂克特还担当了所有的角色。当企业规模扩大后，她的老板担心她功高盖主，于是开始刁难她："我不想让您担任一个小头目的职位，像您的军人父亲一样！"此后，她一说什么事，老板就立正，向她行军礼。贝尼蒂克特感到非常不安，因为她一直很小心地不暴露自己的私生活以及与性格专横的父亲之间的冲突关系。这种事发生多次之后，贝尼蒂克特试图与老板谈话，想让他理解他的行为伤害了自己，但老板仍然我行我

素。此后，贝尼蒂克特不断自我检讨，在与下属相处时压制着自己的情绪。

这一事件如果仅发生一次，随后立即道歉了，则只能说明贝尼蒂克特的老板不善于处理人际关系，但恰恰相反，老板感觉到自己触碰了员工的弱点，并看到自己的评论已经令员工不安，反而变本加厉地将这种伤害性行为常态化。

还有什么比性更加隐私的!

针对女性的大男子主义或性别歧视性的攻击主要表现为对她们的女性性别的攻击：提到女性生殖器的辱骂、描绘凌辱女性的行为、虚伪的性恭维、对女性诱惑力的攻击等尤其粗鲁。

对男性精神骚扰受害者的辱骂常常包括对其性别和男性生殖器的攻击。只要他不参与团体中的那些淫秽玩笑或表现出某种不同，就会被骂“木槌、同性恋、娘娘腔儿……”。举个最近调解过的例子：

阿涅丝·卡斯帕是法国电力公司安省布热发电厂劳工民主联合会的代表。作为该电厂任命的专家，她收到了匿名的强奸威胁信，在公开场合遭到辱骂和嘲笑，还收到了一张用词下流的传单。最后竟然出现了一幅漫画，漫画上的她穿着超短裙，

踩着高跟鞋，屁股上还画着经理的一双手。

即使人们是借由她来讽刺劳工民主联合会，但是她作为女性受到了攻击，而且不得不承受侮辱。如果是男性，攻击可能会更直接。

在政治迫害中，人们企图通过某个人来打击他所属的团体，[1]与此相反，在精神骚扰中，人们通过团体或工作来打击个人。

通过这个例子和其他许多例子，我们可以清楚地看到，即使是企业方面为了以最小成本减少员工数量而处心积虑采取的策略，对象员工的选择也是根据他们的个人特征，而非职业特征。

迷失方向

在精神骚扰中，正如我们将在其对健康造成的后果一章中所述，具有破坏性的、使人发疯的，是使受害者迷失方向。一个人被他的同事或某个上司孤立、虐待或侮辱，却无法理解这是为什么，也没有人告诉他为什么被责难。他只能根据自己掌

1　参见弗朗索瓦兹·西罗尼（Françoise Sironi），《施虐者与受害者——折磨心理学》（*Bourreaux et victimes, psychologie de la torture*），Odile Jacob出版社，1999年。

握的数据进行推测，并一次次地回想和质疑自己是从什么时候开始不受欢迎的。

玛丽－克莱尔，56岁，单身，20年来一直在一家小型家族企业中工作。这家企业的规模逐渐扩大。她是由老板雇用的，从事会计工作。严厉、审慎、严谨的她自豪地说，人们永远没有什么可批评她的。性格好强的她成功地确立了自己的地位，成为唯一几位能给老板提意见的员工之一。当老板的儿子来与父亲一同工作并准备接班时，他经常问玛丽－克莱尔的意见："您比我更了解业务！"

休假回来后，玛丽－克莱尔要求公司再雇用一个人来帮助她，但领导层却指出她的会计工作延误了。她无缘无故受到了许多指责，但领导层却拒绝听她的解释。他们说对她不满意，但又不具体指出哪里不满意。他们是不是想赶她回家？此外，一些鸡毛蒜皮的小事也会招致纷纷的指责。玛丽－克莱尔病倒了。休病假回来后，她收到了一封辞退信，老板们承认他们找不到可以指责她的任何错误。尽管如此，玛丽－克莱尔还是感到震惊，回不过神儿来。她寻求被辞退的解释，却徒劳无功，因为他们什么也不想对她讲……

◎ 是因为年轻的老板害怕她强势的个性，而想自己掌控他的所有员工吗？

◎ 是因为她对其他员工而言代表着一个无懈可击、遥不可

及的典范，而这是为了使他们向她看齐而采取的高调行为，所谓杀鸡儆猴吗？

◎ 是因为他们没有给她指出的某个错误吗？

◎ 是为了使两个薪水明显低于她的小青年取代她的位置而采取的单纯的经济措施吗？

正是因为不理解，玛丽－克莱尔才无法接受和释怀。此后，她睡不着觉，一直苦恼，健康状况也每况愈下：低血压、糖尿病、胆固醇异常……她抽烟、酗酒。尽管她的内科医生对她进行了抗抑郁治疗，但她仍不停地追问，无法集中精力于其他任何事情，找工作也无功而返。她对什么都失去了欲望，不再相信任何事，甚至不再想努力地活下去。

大多数时候，刁难具有偶然性，方式也随时间而变化。因为试图理解它，受害者在没有答案的追问中迷失了方向。在玛丽－克莱尔的案例中，即使她询问同事们对她的处境的看法，她也不会明白，因为同事们通常也是貌合神离。即使她改掉侵犯者不喜欢的做法，侵犯行为仍然会继续下去，直至她被赶走。侵犯者，无论是个人还是体制，都会否认侵犯行为："什么也没有发生，这个人的抱怨是无中生有！"或者会拒绝承担责任："我们的确孤立了她，但这是因为她很难相处（或者有性格缺陷，或者是歇斯底里）！"甚至当恶行暴露，侵犯者仍然能找到方法来为自己辩护。人们如果从所有良知的逻辑出发，就

无法理解这些行为的原因，而这使得受害者怀疑自己的精神健康。他们对她说她疯了，由于她找不到自己被孤立的解释，最终也相信自己疯了。准确地说，这就是一种逼疯对方的方法。

弗罗拉是一家经营亏损的私营企业中唯一一个运转良好的部门的开发经理。了解到企业之所以大规模裁员的难处后，她毛遂自荐要买下她的部门。谈判过程中，她从媒体了解到该企业已经卖给了另一个半公有制的股东。

弗罗拉接受了现状，决心继续发展她的部门。在一次集团大会上，总裁在讲话中威胁那些不认同企业创造利润的价值观的人，而弗罗拉在最高领导层面前做了精彩的发言。

从那以后，气氛就变得难以忍受。她的信件被擅自拆看。她发现咖啡被倒在她的文件上。她看到有关她的一些煽动性的电子邮件在传递，尤其是她的两个同事开始挑衅她：一个朝她摔门，踩了她的脚也不道歉，另一个严重地侮辱她。其他同事也和她一样遭到了不公待遇，他们感到震惊，并提出要辞职。保洁员们接到命令，不再打扫她所在部门的卫生。

她约见领导层，领导层告诉她，没有什么问题，大家都对她很满意。

随后，当她因预算问题约见二把手时，在赞扬了她的业绩之后，二把手冷淡地对她说："你太我行我素了，我得敲打敲打你了！企业合并时，就应该像这样往前冲！那两个和你一起

工作的芭比娃娃，得让她们动动脑子，就算让她们和客户睡觉也行！”

之后，她收到一封电子邮件，禁止她分发带有开发经理头衔的名片，同时告知她的薪水和奖金被永久性冻结了。她被除名了。她的丈夫也接到一通匿名电话，说她是上司的情妇。

弗罗拉受到了精神打击。她没有大吵大闹，但她的身上出现了红斑，她血压骤降，失眠，身体不适。她的内科医生让她暂停工作。

弗罗拉不明白。总经理曾经说过创造利润的必要性。她的部门是唯一一个运转良好的部门，而他们不但没有表扬她、发挥她的才干，反而免了她的职，并企图恐吓她。她忘记了这是一家半公有制企业，资金流动是隐秘的，利润不应该太透明。在这里，不能以“合理”的方式处理职场上的人际关系，而是需要隐瞒一些事情。弗罗拉想知道她的工作或行为出了什么问题，但没有人搭理她。她只是一根应该跳闸的保险丝。徒劳无功的追问使她精疲力竭，她终于病倒了。她就像一只不停撞击玻璃寻找出口的蜜蜂。她意识到了，找不到答案的问题会把自己逼疯。

如何理解一个为工作殚精竭虑的人突然发现自己被晾在一边，领导们不再把工作托付给她，而是孤立她、羞辱她?这不是因为她不再胜任或者犯了这样那样的过错（那些都是可

以明说的，进而可以证明辞退的合理性），更多的时候是因为她不走运，没有合适的社会政治联盟或关系网，或者因为她与众不同，抑或因为她的职业素养使她刚好威胁到某个人。按照健全的逻辑，这种行为是荒谬的。这是职场的堕落，人们因此看不到工作的目的，只是一味地为权力而战，而不管长期的后果如何。

让的企业被一家大型分销集团收购了。人们很快发现，新的人力资源总监认为旧团队的成员都不能胜任工作。这位总监开始找他们的麻烦。他要求他们每天早上交一份报告，然后召开公开会议，他在会上用尖刻的批评和冒犯的评论对他们狂轰滥炸。其余时间，他不同他们讲话，也不搭理他们。

几个月内，让的大部分同事递交了辞呈或被辞退，而他因为资历比其他人多两年，成了唯一留下的干部。

虽然让多年来担任一个部门的负责人，但主管们向他建议了一个与他的才干毫不相干并且需要经常出差的新岗位。尽管如此，为了保住饭碗，让违心地接受了。他们对让说，之所以给他换岗位，是因为他们需要一个更年轻、薪水更低、更有能力的人来承担他原先的岗位，然而，让了解到，他的继任者恰恰与他年龄相同、职业背景相同，而且薪水也相同。

他感到不解。从此，他不再信任企业中的任何人，他变得苦恼、消极，很快就提交了辞呈。

什么是恶意？

意图性

当我们谈论精神侵犯时，不得不提到意图性的问题，因为精神侵犯的意图性会加重其影响。伤害人的，正是恶意："他们想伤害我！"

因为没有野心或因为有其他选择而在事业中止步不前与因为某个同事或上司的侵犯行为而停止进步是两码事。

经验告诉我，从个人层面来看，骚扰者总是寻找一些借口，并用失误、木讷、玩笑来为他们的行为开脱：

"我没看出来这对他来说是个问题！"

"我只是奉命行事！"

"我没做什么，是他太敏感了！"

这些抵赖可能是一种狡猾的计谋（"没看出来""没意识到"），有时也可能是一种无意识的行为。实际上，人们可能意识到自己伤害了别人，但不能忍受看到自己的丑恶嘴脸。在这种情况下，意识被立即压制住或淡化了："这没什么大不了的，只是个玩笑！他太敏感了！"

对受害者来说，重要的是侵犯者承认其行为的暴力性，因为一种被否认的暴力行为比坦率可见的敌意行为更加使人混乱，前者导致受害者最终怀疑自己的感觉，而后者更容易

引起反击。

通常，职员意识到针对他的恶意时已经太晚了，他已经离开了：

在每天被老板骚扰的那段时间里，杰罗姆一直在怀疑、自责并寻找这种暴力行为的原因。而当他在原公司的竞争对手那里找到了新的职位后，他的前老板给新老板打电话诽谤他："不要相信他，他很暴力，还从收银台偷钱！"此时，杰罗姆不必再怀疑了，但正处于试用期的他已经丢了工作。

人们有侵犯他人的意识吗？

当我们谈论意图性时，应该补充说明它是"有意识的"（"我想要伤害他"）还是"无意识的"（"我不想伤害他，但我不由自主，我无法阻止自己伤害他或找他的麻烦"）。在后一种情况下，应该称为恶意强迫。更准确地说，为了避免有意识/无意识的二分法，应该具体指出侵犯者对其行为的意识到了什么程度。一个企业可能自带邪恶的病毒，这种病毒以隐蔽的方式扩散，让人们看不到任何有形的东西；然而，只有当一个人付诸行动，并由此表现出大环境下的潜规则时，才能称为精神骚扰。那么此人的责任会因此而减轻吗？

说"我不是故意的！"或者"这不是我的错！"就能削弱事

实的严重性吗？是否应只看行为的后果，而不管肇事者的意图呢？或者是否可以认为完全意识到动机的行为会加强行为的严重性呢？如果我们认为意图导致了骚扰，正如欧盟法律中建议的情况，那如何证明这种意图呢？

如果涉及制度，我们就不能称之为意图性。意图性来自领导或利用这些邪恶制度的人。正如全球化本身无可厚非，即使它给了某些狂妄自大的领导自由发泄霸权主义欲望的机会，并且使他们有机会不择手段地增强他们的权力，掩盖他们在无法证实的数字背后的破坏行为。

我们也听说过，机构重组是引发精神骚扰的根源。其实，并非重组本身引发了破坏行为，但总是有些觊觎权力的人会利用任何行动或任何重组来谋求上位。他们依靠混乱或环境的动荡来掩盖他们的恶行。

一个职员能否以上级有令为借口自保，来证明其行为的合理性呢？

当被指控实施了精神骚扰时，某些干部说他们只是遵从了上司的命令。而仔细研究这一问题，我们会发现，上司们很少会如此明确地给出这类命令。口令往往含糊得多："某人应该离开。你们自己想办法吧！"那么，就一定得使用邪恶的手段吗？答案并没有这么明显。在这一命令背后，那个将要执行命令的人可以在尊重相关员工的同时执行命令，也就是说让员工了解领导层对他的意图，并同他一起寻找协商离职的最佳途

径。每个人都有自己的管理风格。没有什么可以强迫一名干部一直做一只驯服的羔羊。另外，在经济复苏时期，我们有时可以让自己承担起不服从的义务，拒绝执行可耻的命令。

我们还遇到了其他的问题，例如，对恶行视而不见或默许暴力的实施，这是否与下达命令折磨某个员工迫使其辞职同样严重呢？即使最邪恶的那个人很可能是精神骚扰的罪魁祸首，这也不能减轻听命于他或放纵他的其他人的责任。

我们应学会考虑他人。在所有恶行中，暴力都开始于否认他人的存在，不把他人视为对话者，对他人的感觉无动于衷。

不善于处理人际关系？

常有人反驳我说，骚扰可能只是那些不懂沟通或未受过良好教育的个人不善于处理人际关系的结果。在这种情况下，他们会承认错误，改变行为并道歉。如果他们这样做了，我们不能称之为骚扰。亚里士多德曾在《尼各马可伦理学》中论述，人总是看不见他正在制造的伤害，却总能清楚地看见他已经制造的伤害。因此他能够承认自己施加给他人的痛苦，为此后悔、道歉并可能试图弥补。事实上，对受害者而言，最重要的往往是要求承认错误并道歉，而非其他。

然而，在任何行为中，无论何种意图，都有一个界限、一个门槛，一旦越过，就进入了一种病态。这一界限可以是客观

部分的，如在社会中什么该做、什么不该做；也包含主观部分，即他人感受到的侵犯。即使在对方没有伤害的意图的情况下，一个人也可能被伤害。每个人都有脆弱的一面，都有特别的反应。重要的是考虑到这种敏感性或易感性。

在领导方面，他们处理员工时也不总是抱着有意识的恶意，有时只是欠考虑，进而使由此造成的后果带有恶意，而这是本该预见到的。员工有理由感觉到遭受了不公待遇：“他们根本不在乎我的感受！”

而且，即使在没有伤害的意图时，每个人懂得考虑他人并对自己的行为负责也是很重要的。这要求有最低限度的防范意识：粗暴对待精神脆弱的人并使其消沉，比虐待具备反击和自卫精神的人更严重。我们应学会尊重他人，考虑他人的文化、差异性和可能的脆弱性。

操纵权力

无论来自个人还是来自组织体系，精神骚扰都是一种恶意行为，因为骚扰者会操纵某人而无视他的自由，其目的只在加强自己的权力并提高利润。

这就解释了为什么心存恶念的一个人要清除可能成为他前进道路上的障碍的那些人。

在企业中，权力和竞争的挑战已成为常态。人们听他人讲

话不是对他的讲话内容感兴趣，而是自忖如何能让他垮台。这自然会引起一种普遍的戒心，换来的是同一性的行动，阻碍了一切创造性。任何不同的立场都会因同事们的讽刺、挖苦和上下级的阻挠而夭折。

当骚扰是一种为了以最低成本解雇员工而采取的处心积虑的策略时，或者当一个“成本杀手”介入时，操纵行为会表现得明显得多。对于雇主而言，这是为了不费钱地摆脱某个找麻烦的人或某个他再也忍受不了的人，但事实上，他没有任何可以指责此人的借口。雇主想让他离开，但又说不出为什么他应该离开，因为有时候，雇主自己也不知道原因。

第三章

偷换概念

LES DÉTOURNEMENTS DU MOT

自从“骚扰”一词成为日常用语之后，就经常被滥用，有时甚至被恶意使用，即它的本义被偷换了。我觉得完全有必要保护这个词，使其不至于令人恼火地偏离本义。

受害者地位

应该考虑到某些人可能乐于以受害者自居。在这种情况下，他们不试图找到摆脱困境的出口，因为受害者的地位使他们获得了一种可以抱怨的身份和机会。这种受害者地位赋予他们一种意义，为了维持这种生存状态，他们必须无止境地纠缠侵犯者，以便获得补偿，而这种补偿可能总是不够的。我有时会在诊所接待一些得胜的受害者，他们来见我不是为了解决问

题、找到摆脱现状的办法，而是为了从我这里获得医疗证明，借此对他们认为不公的行为进行报复。某些人因此结算了个人账户或者找到了一个获得物质利益的机会。有时候，某人乐在其中的受害者地位来自另一个尚未愈合的创伤。例如，某个在童年时被虐待的人可能无意识地寻求与处于权威地位的任何人发生冲突，从而“重温”彼时的痛苦处境。为了摆脱这种重复，如果他接受治疗，则需要在这两种处境之间建立起联系，以便使他能够看到维持受害者地位只是为了寻找摆脱第一次创伤的出口。

以受害者自居可以赢得很多。当人们遇到困难时，它可以让人逃避责任，或者当人们犯错误时，它可以让人抱怨。无论现实因素如何，都是他人的错：“这不是我的错，这是某人的错，他给我使坏！”它还能使人避免扪心自问或自责，有时还可以使人获得同情，甚至免受处罚。这种把责任推卸给他人的方法趋向于减轻自己的责任。让我们看一看，当一次政治操纵被揭露时发生了什么吧：还没等掌握所有证据，受牵连的人物及其党派就开始揭露一个阴谋和一次恐吓企图。不久，如果出现一些证据，被质疑的人就会招认，但同时会推卸自己的责任（“这没什么大不了，钱也没进个人腰包”或者“当然，我这么做了，但其他人比我做得更过分”……）。他们的首要原则是避免承担自己那部分的责任，并继续以权牟利。

这种受害者地位和精神骚扰的虚假指控之间并无大的差异。

被骚扰的骚扰者

当多名员工成为同一上司的虐待行为的受害者，而且他们得以向媒体和工会揭露了这一事实时，在事实尚未确认之前，责任人就会被公开指称为“骚扰者”。此人的各级主管们也会因此陷入绝境，无法客观公正地行事，有时甚至无法保护这个假定骚扰者。

这一侵犯的逆转又因信息的间接性而加强。我们只能建议记者们在向群情激愤的公众指称其人时应谨慎行事。因为总是涉及证据不全的复杂情况，所以很难在描述这些情况时做到不歪曲事实。

杰拉德被任命为一家大型行政机关的部门主管，取代了一位经常因病缺席的同事。上级的命令非常清楚：他应使这个管理不善的部门恢复秩序。

杰拉德是一个焦虑的人，很难在呆板的外表下掩饰他的羞涩。他一上任，就告知大家，从今往后，事情将有所改变，他不会容许偷懒装病者。回报他的是公务员们的敌意，尤其是罗茜的不满。确切地说，罗茜习惯于上班迟到、在咖啡机旁逗留很久、与同事们闲聊。

在试图与公务员们对话未果后，杰拉德与罗茜闹翻了，他认为她应对部门的放任自流状况负责。杰拉德开始监督罗茜的

出勤，给她的工间休息计时，并指摘她工作中最小的错误。显然，这丝毫没有改变罗茜的工作节奏。她甚至在咖啡机旁停留更长时间，抱怨主管使她承受的一切。同事们同情罗茜，更何况杰拉德不是一位平易近人的主管。由于罗茜是大家的伙伴，她的情况很快就变成需要捍卫的“那个”理由。一名工会的同事承担起这些事：“别担心，我们帮你！”

不久之后，有人散发一些要求“骚扰者”离开的传单。当领导层收到这份传单时，他们明白是杰拉德的原因。在事实还没搞清楚之前，他们就下令调离了他。

如果所有人都了解事实，而领导层推迟介入，事态的发展将完全相反。在这种情况下，媒体扮演了拯救相关员工、预判其他人，同时揭露某些企业“野蛮管理”现象的角色。受损的是企业的品牌形象，为了重新树立声誉，企业将被迫确保这一状况迅速结束，并且不再发生。

精神骚扰的虚假指控

应当心的是，不要让目前出现的某些精神骚扰的虚假指控的情况使人们不再相信真正的受害者所遭受的现实。

妄想狂

精神骚扰的虚假指控的重大风险首先来自妄想狂患者，他们从中找到了自己的被迫害感的可靠支持。在多数情况下，症状很明显。某人非常戏剧化地抱怨另外一个人对他造成了损害，随后这种被迫害感扩展到假想侵犯者身边的人，最终扩展到所有对骚扰事实表示怀疑的人身上。与此同时，妄想狂患者会无节制地给各位负责人发邮件，控诉迫害者，用下划线或非常粗重的字体强调暴力的字眼。面谈开始时，妄想狂患者往往是比较含蓄的，只有当提及自己所遭受的迫害时，才兴奋起来。如果我们对他们的某些话持保留意见，这些人可能变得粗暴。因此，每个人都害怕面对他们中的任何一员。

阿莱特，49岁，在一家大型行政机关担任编辑已10年之久。她中规中矩，但与同事们的关系相当疏远。在一次病假销假后，她给领导层发了一封邮件，声称她的部门主管有不恰当的行为：主管在同她讲话时公然摸她的私密部位；主管在电脑前向她解释某事时，还靠在她的身上。她要求调换部门，拒绝以后再与这位主管一起工作。

起初，领导层进行了秘密调查，但没发现邮件中提到的任何迹象。于是，阿莱特又给领导层和职业保健医生寄了其他邮件。她使大家知道，她的上司的行为干扰了她，如果领导不惩

罚这位主管先生，她将无法工作。接待她的职业保健医生发现她言辞特别激烈，抱怨所有事、所有人。他怀疑阿莱特精神失常了。于是，他想知道阿莱特精神紊乱的根源，会不会是某次侵犯造成的创伤。他询问了一位精神科医生的意见，后者将其诊断为一个旧的被迫害综合征在妄想狂精神病的范围内发展了。

症状明显的妄想狂患者比较容易诊断，但当此人更稳重且不易怒时，就比较成问题了。他的谈话会比较巧妙，根据对话者进行调适，从而变得可信。与真正的受害者不同，具有妄想狂性格的人不会尝试使处境变得更加和睦，相反，他试图维持他对其宣称的“骚扰者－受害者”关系的抱怨，这种情况如果无人介入，可能会持续一生。由于这是一种随着时间恶化的疾病，诊断也会逐渐明确，最终确诊。然而，这对被作为其目标的某个或某些人构成了一定程度的伤害。

妄想狂属于医学和精神病学的领域，应由职业保健医生做出诊断，如有疑问，他们可咨询精神科专家的意见，以便确定当事人性格缺陷的结构。

我认为需要重申的是，我们应该防止将其普遍化。当然，有一些受害者患有妄想症，这绝不是说所有受害者都是妄想狂。对被骚扰员工有顾虑往往是因为害怕与假受害者扯上关系，尤其是控诉型妄想狂。我们有理由怀疑那些人，因为面对一个妄想狂，我们无法讲道理，因此永远无法通过友好的方式

解决争端。遇到一个妄想狂，就注定要进入一个无止境的控诉过程。

当两个人都自称受到别人的迫害时，要诊断这是一个妄想狂还是一个精神骚扰的真正受害者，需要通过投诉的整体语调来区分。精神骚扰的真正受害者会心存疑问，他们想知道应采取什么恰当行为，寻求结束自身痛苦的解决方案。另外，也正是因此，他们才任凭事态陷入困境，而没有及早反抗。他们首先想找到一个出口，重建自己的尊严。相反，妄想狂不会怀疑。他们确信并控诉。

恶意的逆转

精神骚扰的虚假指控也是心术不正者的专长，他们力图以隐蔽的方式使某人失信，同时博取团体的同情，使团体为他的遭遇流泪。

作为一名精神科医生，我有时会接待一些明显的控诉型病人，无论是否有理，他们总感觉被某人或某些人迫害，于是他们到我这里来寻求进一步伤害他的假想骚扰者及其身边的人的一些方法。他们完全没有意识到自己的问题。他们关心的只是如何报复和摧毁对方。当我向他们说明我什么也帮不了时，这些人会气哄哄地离开，有时甚至威胁要报复我。

雷诺是作为一名装卸工进入一家较小的企业的。老板欣赏他令人讨厌的咄咄逼人的性格，因为这对赢得市场很有用，因此不断提拔他。6年后，雷诺成为（规模很小的）商务部的负责人。他还是照样进步，直到有一次他遇到一个技术问题，感觉自己不再胜任这一岗位。他没有寻求帮助，而是隐瞒了难处，并把责任推卸给其他人。一天，老板因为他迟到而严厉批评了他，雷诺决定不再同老板讲话，除了教训老板以外。此后，气氛明显变得紧张起来，以致老板建议他离职。从这时起，雷诺开始采取让他的老板“落马”的策略，因为他从那以后视老板为自己的敌人。为此，他毫不犹豫地向税务部门寄了一封匿名信，并附上了由他复印的资料组成的一份档案。他来到我的咨询室，没有别的目的，只是为了从我这里获得报复他老板的方法。

通常，“恶意的假受害者”明显地比精神骚扰的真正受害者更易辨认，甚至更具表演性，因为他们会毫不犹豫地求助于媒体。他们没有任何寻求解决方法的意图，因为他们首先关注的是如何从自己的处境中获取利益。

动辄胡乱地、过度地提及精神骚扰，这个概念就会失去它的可信性。

第四章

各种周边现象

LES DIFFÉRENTES APPROCHES DU PHÉNOMÈNE

精神骚扰到处存在，根据其所处的文化背景不同而具有不同的色彩。尽管这并非一个新现象，但涉及它的科学研究还是近几年才出现的。为了说明精神骚扰的概念与这些研究中的若干现象，尤其是它们与“围攻”的区别，需要简单回顾一下各种周边现象。

围　攻

20世纪80年代，定居瑞典的德裔心理学家海因茨·雷曼介绍了“围攻”的概念，并用它来描述组织中的严重骚扰形式。

这个词似乎是由人种学家康拉德·洛伦兹（Konrad Lorenz）首先用来描述动物群体为了驱逐入侵者而采取的挑衅行为的，

在20世纪60年代，又被瑞典医生彼得–保尔·海涅曼（Peter-Paul Heinemann）用来描述学校中的某些儿童对其他儿童的敌意行为。1972年，海涅曼出版了第一本关于“围攻”的书，论述了儿童中的群体暴力。

“围攻”一词来自英语动词mob，《哈拉普英语学习词典》中将之解释为责骂、攻击、虐待、围攻。其名词释义“暴民”，则指人群、聚集。不应忽视的是，在英语中，mob首字母m大写时，是指“黑手党”（Mob）。这个词的词源显示它是一种群体现象，而它的附加含义，则是负面的、贬义的。最近，在英国，人们提到了mob一词，因为有一份报纸刊登了一份名单之后，一些愤怒的母亲合起伙来，骚扰了被怀疑是恋童癖或恋童癖同谋者的一些人。她们进攻了这些人的家，朝他们扔石头，以迫使他们搬离街区。后来他们中的一个人自杀了，其他身负污名的人提起了诉讼，至此警察才阻止了这些敌意的示威活动。

海因茨·雷曼认为，“围攻”是在工作场所频繁、反复进行的全部针对同一个人的敌意行为。据他所言，“围攻”源自变质的冲突。他将其分析为社会心理压力的一种特别严重的形式。

20世纪80年代，这一概念在致力于职场精神压力课题研究的学者中间传播，最初是在斯堪的纳维亚半岛的国家，随后在德语国家传播开来。20世纪90年代，海因茨·雷曼根据他

的研究，出版了一本普及性著作——《围攻——职场迫害》。这本书后来被翻译成十几种语言，但在法国，它主要引起了专业人士的注意。

海因茨·雷曼继续在瑞典进行统计学调查，并参与了德语国家的研究者培训。1990年，他确认瑞典有3.5%的员工是骚扰的受害者。在同一时期，他预计有15%的自杀归因于“围攻”。海因茨·雷曼的研究使一项工作条件法将对个人心理的伤害因素考虑在内，1994年，一条专门针对职场受害者的补充法令得以颁布。法令中，这个词的定义如下：“围攻是指应受斥责的或明显消极的反复行为，这些行为以冒犯的方式指向职员，可能导致他们在工作场所被排挤出团体。”尽管法令原文指出受害者应得到帮助和治疗，但还应看到，既有的医疗体制并不适用，因此海因茨·雷曼创办了一家专科诊所，推行一项专门针对受害者的康复计划，后来在瑞典健康管理部门的压力下，他被迫关闭了这家诊所。海因茨·雷曼坚持不懈地致力于“围攻”方面的研究，直至1999年去世。

在北欧国家（瑞典、丹麦、芬兰）、瑞士和德国，“围攻”一词一直在应用，相关调查也一直在继续。

在德国，“围攻”方面研究团体的领头人是法兰克福大学的迪特尔·察普夫（Dieter Zapf）教授。在意大利，埃格（Ege）教授领导着以“围攻”为主题的社会心理压力研究中心。

正如它现在的用法，“围攻”一词首先对应的是集体迫害

和与组织相关的暴力。这种暴力会一直发展，直至失控，其中包括肢体暴力。

霸　凌

“霸凌”的概念很久以前就在英国出现了。英语中，bully泛指虐待、粗暴对待；而其对应的“霸王”这一释义则指粗暴、专横、攻击弱小的人。

比“围攻”一词更明显的是，“霸凌”一词最初与职场无关。起初，人们提到“霸凌”，主要是为了描述某些儿童或儿童团伙侮辱、刁难或威胁其他儿童。后来，这个词衍用到军队、体育活动以及家庭生活中，尤其用它来表示对待老年人的恶劣态度，以及在职场中遭遇的侵犯。

在BBC网站上，一些名人被邀请讲述他们遭遇“霸凌”的经历。以下是企业家约翰·哈维·琼斯（John Harvey Jones）先生的讲述：

小时候，我是同学们的理想靶子。那时我对花和动物感兴趣，非常安静，喜欢温柔的东西，面对一群毛头小子，这样的性格可没给我多大帮助。我不停地想到自杀，这足以说明我当时多么痛苦和绝望。

这段经历使我绝对反感此类侮辱。现在，我把对这种行为的抵制作为我这个企业主的责任。

1992年，为了响应BBC的一部纪录片，记者安德里亚·亚当斯出版了一本书，解释了“霸凌”的现状并对其弥补途径提出了建议。[1]这使得一些国家的相关组织，如苏格兰教育研究理事会，开始对这一主题进行研究，并印发了一些宣传册。随后，该理事会创设了国家儿童保护服务热线，相当于法国的“受虐儿童，你好”热线的英语版，旨在倾听儿童受害者的举报。现在，英国的军队和武装警察规定对他们内部的“霸凌”受害者提供帮助。对“霸凌”严重性的考量并非基于这一行为本身，而是基于这一行为对受害者产生的影响，因为，由此引起的恐惧，可能对青年的心理成长产生悲剧性的影响。

1984年，这个词被拉扎勒斯引入职场心理学，他将社会压力与其他压力因素区分开来，并把“霸凌”的概念纳入社会压力的范畴。[2]

在英国和某些英语国家，人们继续使用“霸凌”一词。在加拿大魁北克，人们避免使用盎格鲁-撒克逊含义的词语，[3]

1 参见安德里亚·亚当斯（Andrea Adams），《职场霸凌》（*Bullying at Work*），Virago出版社，1992年。

2 参见理查德·拉扎勒斯（Richard Lazarus）、苏珊·福克曼（Susan Folkman），《压力、评价与应对》（*Stress, Appraisal, and Coping*），Springer出版社，1984年。

3 加拿大魁北克省超过80%的人口为法国后裔。该地区是北美一带的法国文化中心，官方语言为法语。——编者注

因此用“心理骚扰”取而代之。

在BIT（国际劳工办公室）发布的一份关于职场暴力的报告中，维多利奥·迪·马蒂诺使用“霸凌”一词来描述职场中遭受的恐吓和刁难。这份报告指出，职场暴力的概念正在演变，从今往后，人们将与重视肢体行为一样重视心理行为，并将完全辨明未成年人暴力行为的范围。[1]

在我看来，“霸凌”一词比“围攻”一词的范围更广。“霸凌”涵盖从嘲笑、排挤直至包括性内涵的过分行为或肢体侵犯。它更多的是指个体的刁难或暴力，而不是指有组织的暴力。在一项对“霸凌”和“围攻”的比较研究中，迪特尔·察普夫认为，“霸凌”主要来自较高等级，而“围攻”更多的是一种群体现象。[2]

骚　扰

在美国，“围攻”一词是1990年由海因茨·雷曼发表在美国《暴力与受害者》杂志上的一篇文章引入的，[3]但早在1976

1 参见邓肯·夏贝尔（Duncan Chappell）、维多利奥·迪·马蒂诺（Vittorio Di Martino），《职场暴力》（*La violence au travail*），（日内瓦）国际劳工办公室，1988年。

2 参见迪特尔·察普夫（Dieter Zapf），《引起职场围攻/霸凌现象的组织原因、工作团体相关原因和个人原因》（“Organisational, work group related and personal causes of mobbing/bullying at work”），《国际劳动力日报》（*International Journal of Manpower*）第20卷，1999年。

3 参见海因茨·雷曼，《职场围攻与心理恐惧》（“Mobbing and psychological terror at workplaces”），《暴力与受害者》（*Violence and Victims*）第5期，1990年。

年，美国精神科医生卡罗尔·布罗茨基就在一本题为《被骚扰的劳动者》的书中研究了这一现象。他认为，骚扰是一个人对另一个人的一系列重复性的、顽固的攻击，目的是折磨、削弱对方，使对方失望和沮丧。他指出了这种行为对健康的破坏性影响，并准确地评论说，这可能只是冰山一角。[1]

检举者们

从字面理解，“检举者”是指拉响警铃的人或揭密的人。正因如此，他也成为报复行为的受害者。他自觉向公众揭露那些渎职行为、腐败行为或违反他所供职的组织的规章的行为，揭露那些对公共卫生或安全构成实质性危胁的行为。

实际上，揭露某个系统的运行问题，自然要承受来自这一系统的报复。这是一种特殊的精神骚扰形式，目的是让不按游戏规则行事的人闭嘴。奇怪的是，对他们的遭遇，人们从未称之为“围攻”或“霸凌”，然而，他们所承受的完全符合我们所说的精神骚扰。

1　参见卡罗尔·布罗茨基（Carroll M. Brodsky），《被骚扰的劳动者》（*The Harassed Worker*），D. C. Heath And Company，1976年。

瓜尔蒂耶里夫人，39岁，在位于渥太华的加拿大外交部工作了6年，目前控告她的上司和部长对她进行精神骚扰。

在一次考察工作中，她向上级指出管理问题和外部事务办公室的不动产浪费现象。尽管在1992年时，政府的总审计官已经指出了这一问题，但瓜尔蒂耶里夫人的上司们不想承认有任何问题。相反，他们开始了针对她的孤立与骚扰行为，这种行为持续了8年，致使她按医生的建议停薪留职休了病假。瓜尔蒂耶里夫人当时进行的所有申诉尝试都是徒劳的。1998年，她成立了FAIR（联邦问责诚信与解决协会），把像她一样曾经揭露问题并承受了后果的公务员们重新聚集在一起。

其他国家也存在一些类似的组织，其中以美国的GAP（政府问责项目）最为著名；同时，检举者们聚集在一起，创立了一些支持性团体，以便互相给予建议，但主要是为了获得司法保护。在大部分盎格鲁－撒克逊文化的国家（英国、美国、加拿大、澳大利亚、新西兰、南非），实际已经采取了一些措施来保护检举者。在英国，这一现象很古老，可追溯至中世纪。那时，由于警力不足，个人可以对违反法律者提起诉讼。在美国，很久以前就存在若干关于检举者的法律，并多次修订；1986年，国会投票通过了联邦反欺骗政府法，由此创建了强大的反欺诈权力机关。

欺 凌

在日本，精神骚扰是一种非常古老的现象。正如我们已经提到的其他词语，“欺凌”一词（日语中的“骚扰”）用于描述学校里的儿童遭受的刁难和侮辱，但也用于描述日本企业中，一个团体为教训新进员工或消除扰乱人心的因素而施加的压力。日本人不太喜欢个人主义，因此“欺凌”的目的在于使个人融入团体，使他们步伐一致。一句日本谚语清楚地概括了这一现象——“锤打冒头钉”。

日本的教育体制有永久性的评估制度，以确定尖子生，把他们引向最好的等级。这种评估制度在小学生心中埋下了远远超出学校范畴的竞争意识。教师们长期以来把“欺凌”现象视为一种青少年心理构建过程中必要的启蒙仪式。[1]大部分青少年迫害者本身就曾经是学长们的刁难对象，因此他们只是将自己曾经承受的刁难变本加厉地转嫁到一个更弱小的同学身上。这一体制伴随着儿童成长过程中承受的巨大心理压力，使得“欺凌”不断扩大，直至在20世纪80—90年代成为一个实际的社会问题。许多儿童自杀了，有的儿童辍学了，直至政府采取措施制止了这一灾难。1995年，根据日本教育部的统计，

1 参见埃蒂安·巴拉尔（Étienne Barral），《御宅族：虚拟世界里的孩子》（*Otaku. Les enfants du virtuel*），Denoël出版社，1999年。

“拒绝上学”的学生人数已达到8.2万，真正因病不上学的除外。“欺凌”，这不单纯是一些学生对另一些学生实施的暴力行为，也是某些教师动辄对学生使用的暴力行为。1980年左右，高中生们开始反抗他们的老师。实际上，自从媒体谴责了这一行为后，学校管理部门已经比以前警惕多了。

对日本学校状况的这一描述与职场并非毫无关系，因为“欺凌”首先是一种社会控制工具。山中惠子认为：“欺凌现象出现在1972年左右，当时日本工业正飞速发展。工业需要适应标准化工作环境的青年劳动者——不能有个人主义，不能有鲜明的个性，尤其不能有批判精神。”[1]工业界和金融界以促进国家繁荣昌盛的名义要求政府重组教育体制，以适应经济增长。因此，战后两代日本人都经过了限时耐力试验和永久自查试验的“校准”，以便符合强加的多项规定。

20世纪90年代，随着经济衰退的到来，职场又改变主意了，那些随时可以注入新思想的、具有创新精神的人成为职场的宠儿。这就需要改变管理方法。现在，不再有“铁饭碗”了，取而代之的是裁员和绩效管理。人们不再满足于使用太老的或无用的员工，而是想办法通过压力或心理刁难使他们离职。于是人们从以重整工作团体的结构为首要目标的“欺凌”转为更粗暴的

1 山中惠子（Keiko Yamanaka），《双面日本》（*Le Japon au double visage*），Denoël出版社，1997年。

精神骚扰，目前日语中还没有与此对应的词。不过，这种被称为“精神骚扰”的现象逐渐蔓延，眼下已被媒体揭露出来。

最近，一个在世嘉株式会社工作的干部，因领导层想逼其离职，把他安排到一个没有窗户、没有电话、与外界没有联系的办公室，他的故事被媒体曝光，成了丑闻。

我们看到，在因文化而不同的语境下，骚扰在许多国家已经构成了一个实际的社会问题。在英语的研究著作中，尽管“围攻”和“霸凌”两个词不一样，但常常被无区别地使用，然而，我们已经看到它们并不完全相同。为了简化，我总结如下：

◎“围攻”一词更多地对应集体迫害或与组织相关的暴力，包括失控行为，直至肢体暴力；

◎“霸凌”一词比“围攻”一词的范围更广。它涵盖从嘲笑到排挤，直至性内涵的过分行为或肢体侵犯。它更多地指个体刁难，而不是有组织的暴力行为；

◎“精神骚扰”一词涉及更微妙、更难以察觉和证明的侵犯。尽管很相近，但肢体暴力和歧视原则上不属于精神骚扰，因为它们是已被纳入法国法律的暴力行为。我们会在后面一整章中详细地讨论精神骚扰的特征。

我们看到了正确用词的重要性。不同的词语反映了不同国家的文化和组织差异，但根据已经采用的定义，研究数据，尤

其是与受害者数量相关的数据，可能会发生变化，从而失去一切意义。

尽管词义不够精确，BIT（国际劳工办公室）还是于1996年进行了一次调查，对比了欧盟各成员国的职场暴力状况。调查指出："职场暴力的概念正在演变，因此从今往后，我们要像重视肢体行为一样重视心理行为，而且我们完全确认了未成年人暴力行为的范围。"[1]调查结果显示：

* 4%的劳动者曾遭受肢体暴力行为；

* 2%曾遭受性骚扰；

* 8%曾遭受恐吓。

按国别进行的更详细的研究显示出各成员国之间的巨大差异，但应考虑到，在某些国家，工作场所的刁难和侮辱如此平常，以至于人们并未把它们视为一种反常的暴力。受害者越能意识到性骚扰、刁难或精神骚扰的不可接受性，越倾向于揭发这些行为。在其他国家，如德国或北欧国家，对工作条件的警惕性由来已久，因此那里的人们对暴力的意识也比较早。在这些国家，工会普及率较高，问题通常会通过集体途径解决。这些国家被都柏林基金会的雷蒙－皮埃尔·博丁（Raymond-Pierre Bodin）称为"成熟"的国家。[2]

1 邓肯·夏贝尔、维多利奥·迪·马蒂诺，《职场暴力》。
2 参见"职场骚扰与公民权"（"Harcèlement et citoyenneté au travail"）研讨会报告，2000年11月30日。

在BIT的调查中，英语“霸凌”一词被翻译成“刁难”，而且列出的比例接近10%。但需要注意的是，这些标准都是主观的，没有考虑随时间的重复性概念，这就解释了为什么BIT的调查数据与海因茨·雷曼给出的“围攻”的比例数相差3.5%。

由欧洲生活与工作条件改善基金会于2000年春在15个成员国中进行的另一项调查显示，有9%的劳动者曾经在工作场所受到恐吓。

第二部分

调查结果

我的诊所的邮箱收到了几百封书信和留言，人们描述自己的处境，提供他们的见证。我实在无法一一回复，但我也不想让他们的努力白费，于是我向所有给我写信的人发出一份问卷[1]，问卷设计的问题便于他们描述他们认为自己曾遭受的骚扰，问卷也发给了前来向我咨询同一问题的人们。我的意图是更好地了解他们所经历的事实，以便更好地思考这一领域的预防措施。

在寄出的350份问卷中，我们收回了193份可用的答卷，即55%的回收率，这对于一次邮件调查来说已经超乎寻常得多了。应该说，其中大部分人在邮件中或咨询过程中都自觉表示，希望自己的证词能对其他人有用。在没有寄回问卷的人中，一部分人给我写信，告诉我这些问题似乎不适用于他们的

1 此问卷可在www.harcelementmoral.com上查到。

情况，例如，因为他们遭受的骚扰不是发生在职场中。在一个自下而上骚扰的案例中，我的通信者也认为这一问卷并不适用。有些人坚持解释说他们不回复是因为他们不想再回顾自己所遭受的骚扰，因为自己已经开始了新生活。

我亲自接待了这些受害者中的一些人，其中有50多位定期接受心理治疗。每一次，这些人描述自己所遭受的暴力时的平和心态都给我留下了深刻印象。他们没有仇恨。他们只是描述事实，试图理解他们该怎样改变自己的行为，才能找到解决办法。

在我看来，在个人精神骚扰的案例中，可能存在低估暴力的情况，而在集体冲突的案例中，则存在高估暴力的情况，在后一种情况下，人们因受到团体或工会的鼓励而反抗，他们的证词也许会被媒体转述。实际上，遭受暴力的人们较难独自发表意见，因为他们为自己的遭遇感到耻辱，并始终感到自己有罪。因此，让他们提供证词自然比较困难，而那些在团体支持下意识到自己受到了不公正攻击的人则更有信心维护自己的正当权利。

在193位自称被骚扰的人中，有多少人是真正被骚扰的呢？我将尝试回答这个问题。与此主题相关的各种国家研究数据相当不一致，因为发起者往往根据自己的定义高估或低估了研究主题。我们无法避开这一暗礁。重要的是使这一现象得到足够重视，从而迫使具有影响力的人（领导者、工会、政治

家）做出反应。

我只研究了自认为被骚扰的人们的案例，这种调查因其招募方式而存在方法上的局限性。因此我只是从受害者的角度出发。我明白事情是极其微妙的，因为我曾有机会到某些企业中，现场分析骚扰者与被骚扰者之间的相互作用。任何问卷调查，由于其局限性，都不可能考虑到存在于侵犯者和被侵犯者之间的“相互”暴力或循环暴力的部分：谁是挑衅者？谁是反抗者？首先侵犯的那个人此前没有遭到对方的挑衅吗？我会借助我做过的个人咨询，尝试从侵犯者的角度出发，做更详细的分析。

其他的调查，如海因茨·雷曼在瑞典进行的调查、J.夏洛尼在法国PACA（普罗旺－阿尔卑斯－蓝色海岸）大区进行的调查，[1]或B.塞雷和“职场痛苦代言协会”在法国斯特拉斯堡进行的调查，[2]涉及了整个职员群体，因此提供了其他要素，其中包含一些关于普遍性的数据，即精神骚扰在整个职员群体中的发生频率。

1 参见J.夏洛尼（J. Chiaroni）、P.夏洛尼（P. Chiaroni），《根据对PACA大区劳动保健医生进行的调查得到的“围攻”状况的流行病学数据——被骚扰职员的典型画像？》（“Données épidémiologiques des situations de mobbing d'après une enquête effectuée auprès des médecins du travail en région PACA un profil type du salarié harcelé ?”），载《职业病档案》（*Archives des maladies professionnelles*），未出版。

2 参见B.塞雷（B. Seiler），《精神骚扰的评估》（*Évaluation du harcèlement moral*），医学博士论文，提交于斯特拉斯堡，2000年。

第五章

精神骚扰受害者的若干特征

QUELQUES CARACTÉRISTIQUES
DES VICTIMES DU HARCÈLEMENT MORAL

年龄的惩戒

调查在年龄分档方面得出了以下结果：

* 25岁以下：无；

* 26—35岁：8%；

* 36—45岁：29%；

* 46—55岁：43%（其中46—50岁占21%，51—55岁占24%）；

* 56岁以上：19%。

因此，我们得到的平均年龄为48岁，这使我们确信，精神骚扰主要发生在50岁以上的人群中，他们通常被认为绩效较差或适应性不足。

如果说25岁以下没有一例，我们倾向于认为这是由于研究的偏差，因为年轻人不那么容易回复邮件问卷。但是，一般情况下，似乎年轻人更多地承受着尽人皆知的直接的滥用职

权的影响，而不是准确意义上的骚扰。青年学徒，尤其是那些在低薪行业中的人，面临的是困难的任务，而他们很少经过培训，又不总是能得到老同事们的支持和帮助。在普瓦图－夏朗德大区健康观察员的指导下进行的一项调查显示：

* 6%的学徒自称遭受过辱骂；

* 19%的学徒曾被激怒；

* 25%的学徒宣称同事跟他们讲话时态度生硬。

虽然这次调查没有公开揭发出任何骚扰的情况，但是在386名被询问的青年中有6起学徒被打的案例。

在斯特拉斯堡进行的研究显示，根据“职场痛苦代言协会”的标准，年轻人比其他年龄组的人更容易受到骚扰，比例为16.7%，但他们并未感觉到这一点。这很好地证明了精神骚扰是一个“主观”的概念。一位外部观察者不可以判断一个人的内心感受。

在对PACA大区的职业保健医生们进行的调查中，平均年龄也提高到41.73岁。[1]

在法国，存在真正的年龄隔离。尽管经济开始复苏，但企业总是试图用薪水较低的年轻人替换那些最年长的高薪职员。应该说经济复苏主要出现在新技术行业，根据某些顽固

1　参见C. 塞拉尔（C. Sailiard）、V. 索特若（V. Sautejeau），《维耶省18岁以下学徒的工作条件与健康》（“Conditions de travail et santé des apprentis de moins de 18 ans de la Vienne”）第66号报告，2000年7月，转引自《健康与工作》（*Santé et travail*）第33期，2000年10月。

的偏见，这些行业所要求的能力和灵活性是50岁以上的职员难以达到的。当然，能力消失得比过去更快，但是，在追求利润的借口下，企业不乐意为年纪较大的职员提供培训，他们因此被排除在外。在技术日新月异的时代，想要责备某人不会使用一个新软件是很容易的。即使在以经验为重的行业中，人们也更倾向于摆脱那些50岁以上的人，使他们让位于年轻人，因为人们认为年轻人更有活力，而且确信他们更便宜。尽管这是对能力和精力的可悲的浪费，老员工的经验仍不为人所珍惜。

纳丁，52岁，18岁参加工作。起初，她未受过任何培训，后来通过上夜校不断进步，直至升任商务主管。从这家企业创立之日起就在这里工作的她了解企业的所有机构，认识所有人。当她的企业与一家年轻的集团合并后，事情开始变糟。另一个团队的成员年纪都是30多岁。当她的前任上司选择离职后，纳丁成了资历最老、年纪最大的员工。领导给她安排的新上司是一个雄心勃勃的年轻人，刚从一所商业学院毕业。他对纳丁的经验不屑一顾，要求她证明一切，还查她的岗。上任后不久，他给纳丁发了一封信，指责纳丁在他还未上任的那一年中的业务。在给纳丁分配超负荷的行政工作的同时，他收回了纳丁的所有职责，将那些最出成绩的任务占为己有。逐渐地，他孤立纳丁，阻止她到子公司出差，不让她出席会议。他还多次截留

纳丁的文件，使她在领导面前难堪。

当纳丁决定向领导层投诉时，她意识到根本没有人听自己的。领导们告诉纳丁，年轻的团队有现代的管理方法，并且暗示她可能不适合这一岗位。由于纳丁坚持己见，领导建议她做一次能力评估，纳丁认为这是一种侵犯。

于是，纳丁处于非常严重的沮丧状态，并请了病假。纳丁感到她曾经为进步所做出的一切努力都毫无用处，都是浪费时间。当纳丁返岗时，职业保健医生为了保护她，宣布她适合到另一个部门工作。领导层拒绝了这一建议，强迫职业保健医生修改证明。他们认为纳丁有病，一直在家休病假更合适。当纳丁回来工作时，他们把她分配到原先的部门，她这才知道自己的岗位已经被取消了。

尽管纳丁领到了解雇补偿金，但她受到了伤害，因为她感到自己遭到了不正当的驱逐。

在一家企业度过职业生涯的人不但会反映企业的过去和历史，还会反映企业所犯的错误或不断摸索的历程。一个新的经理或领导，在股东们的变革要求下，更倾向于摆脱老员工，以便显示表面上的“新气象”。

许多企业调唆年轻员工对抗老员工，他们通过暗示老员工不能胜任的讲话来抬高年轻员工。他们向年轻的新员工介绍老员工时会用上贬义词，因为领导层“将老员工的经验视为抵制

多变性和灵活性目标的基石”[1]。于是，对老员工来说，年轻人代表着一种威胁，他们把优胜劣汰视为一种不公平和暴力，并因此失去了工作动力。

我们不应该忽视德拉朗德捐税[2]的不良影响，它一方面迫使雇主在辞退50岁以上员工时向国家缴纳捐税；另一方面又怂恿他们打击最老员工的信心，以使老员工自行离职。

精神骚扰存在性别差异吗?

我的研究显示了性别分布的明显差别：女性占70%，男性占30%。

以上数据与夏洛尼博士在PACA大区职业保健医生调查中呈现的数据（女性占73%）[3]相符。

这与B.塞雷和“职场痛苦代言协会”在斯特拉斯堡的调查结果不同，后者的调查表明有43.5%的女性和56.5%的男性受到骚扰；[4]与海因茨·雷曼在瑞典的调查结果也不同，他的调查显示有55%的女性和45%的男性被骚扰，从统计学角度

---

1 菲利普·达夫兹（Philippe Davezies），《职场中的年轻人：新伙伴》（“Jeunes au travail. Les nouveaux cobayes”），《健康与工作》（*Santé et travail*）第33期，2000年10月。

2 德拉朗德捐税是指法国企业应为解雇50岁以上员工而支付的一项捐税。它以保卫共和联盟前讲议员让－皮埃尔·德拉朗德的姓氏命名，他于1987年起草了创立这项捐税的法律。——译者注

3 参见J. 夏洛尼、P. 夏洛尼，《根据对PACA大区劳动保健医生进行的调查得到的“围攻”状况的流行病学数据——被骚扰职员的典型画像？》。

4 参见B. 塞雷，《精神骚扰的评估》。

来看，这个差距不是很大。斯塔尔·艾纳森和安德斯·斯高斯达于1996年在挪威进行的研究也给出了差距不大的统计数据：女性占55.6%，男性占43.9%。[1]

然而，应该将这些性别差异归因于社会文化背景。斯堪的纳维亚半岛国家和德国在两性机会平等方面表现出真正的关注。在拉丁语国家，马赫主义[2]的气氛仍然盛行。在意大利、西班牙和拉丁美洲，许多男人认为一个女人就业会导致一个男人失业。[3]

不仅有更多的女性成为受害者，而且人们对女性的骚扰方式也不同于男性：往往带有马赫主义或性别歧视的含义。性骚扰只是在精神骚扰中又前进了一步。在这两种情况下，骚扰的目的都是侮辱对方，并把对方视为自己的支配对象。于是，人们盯上了隐私。还有什么比性更隐私呢？为了能持续侵犯，它必须难以察觉。还有什么比一种性别歧视或敌意的气氛更难以言明呢？另外，在法律方面，通过一些判例可以看到，性骚扰的确包含了职务勒索，同时也包含了职场中的“性别歧视的、敌意的、侵犯性的”气氛。

---

1 参见斯塔尔·艾纳森（Stale Einarsen）、安德斯·斯高斯达（Anders Skogstad），《公共与私营组织中的职场霸凌流行病学调查结果》（“Bullying at work epidemiological findings in public and private organizations”），《欧洲职业与组织心理学日报》（*European Journal of Work and Organizational Psychology*）第5卷第2期，1996年。

2 马赫主义（Machism），又名“经验批判主义”，是19世纪70年代至20世纪初产生并流行德国、奥地利及欧洲大陆其他国家的哲学流派，因其创始人E.马赫而得名。马赫主义强调经验的重要性，把感觉经验看作认识的界限和世界的基础，指出作为世界第一性的东西既不是物质也不是精神，而是感觉经验。——编者注

3 我们可能需要考虑到，我研究中的另一个偏差与女性比男性更容易在精神科医生面前表达她们的感觉有关。

法国自1992年起颁布了一条关于性骚扰的法律，它的实施产生了一个意义重大的判例。《劳动法》第L.122–46款规定：

任何职员不得因遭受或拒绝遭受来自雇主、雇主代表或任何人的骚扰行为而被惩罚或解雇，这种骚扰行为是指滥用职权下达命令、言语威胁、强加约束或对该职员施加任何性质的压力，以期为自己或第三方谋得性待遇。

任何职员不得因见证或陈述了上一段中定义的行为而被惩罚或解雇。

我们感到遗憾的是，立法者未能将同事之间的骚扰以及侵犯性的或堕落的职场气氛考虑在内。

1985—1990年，在劳动部和女权部门的共同要求下，法国有关组织进行了关于对职场女性性骚扰的首次研究。[1]我们从中了解到，性骚扰主要出现在私营企业，尤其是规模很小的企业。研究还显示，受害者往往是女性，而骚扰者往往是男性，即这位女性的上司。在现行性骚扰法被通过之前，对骚扰者的起诉在法律上特别棘手，尽管也曾宣判了一些案例。有好几次，判例认定某个人或某些人针对女性同事的令人不快的、下流的或侮辱性的性行为构成重大过错。[2]我们清楚地看到性

1 参见S.克罗梅（S. Cromer），《法国的性骚扰：取消禁忌》（*Le harcèlement sexuel en France. La levée d'un tabou*），La Documentation Française出版社，1995年。
2 参见《工人权利》（*Le Droit ouvrier*）第580—581号，1997年2月。

骚扰与精神骚扰是多么相似。

关于针对女性的骚扰的特征，我们遇到了以下几种情况：

◎ 拒绝某位上司或同事主动接近的女性从那以后就遭到排挤、侮辱或粗暴对待。这种性骚扰和精神骚扰的混合体存在于所有职场和所有级别中。它往往难以证明，除非有证人，因为侵犯者会否认。另外，大部分情况下，侵犯者不认为自己的行为不正常，他只把这视为“男子气概”。有时候，企业中的其他男性也认为这种行为是正常的。性骚扰往往不被重视，因为比起指出精神暴力，指出性骚扰使受害者感到更尴尬，尤其是当她已经屈从之后。

在一家大型行政机关中，一位由政界靠山提拔的男性部门主管多年来统治着一个由十几位女性组成的部门。他通过引诱、威胁或要挟占她们的便宜。那些反抗的或那些激不起他性欲望的女职员，无论能力如何，都被打发去做一些次要的工作。他不停地斥责那些女职员，使她们承担他的宠儿们的工作，尽管这样，他还是会批评她们。她们中比较脆弱的一位员工精神崩溃并企图自杀。于是，部门的所有女职员们，除了最新得宠的那位以外，联合起来提起了刑事诉讼。

领导层在丑闻曝光之前撤了这位部门主管的职，并对他予以纪律处分，因为他的行为不配做一名领导干部。

需要注意的是，在这个案例中，所有其他部门，甚至可能

连领导层都了解这个部门的性压力气氛，但没有人做出任何表态，也没有人来拯救这些女性。可能他们认为这很正常。女职员们也保持沉默，因为羞耻或害怕，也因为她们知道没有人会支持她们。

莱蒂西亚是一家大型通信企业的高管。总经理好几次叫她去办公室待到很晚。每次都是一样的情节：总经理坐在离她很近的一张扶手椅上，对她说："跟我说说你的私生活！我想了解所有细节。我无法想象一位像你一样漂亮的女人会没有很多情人！"然后，用训斥小姑娘一样的口吻说："如果你反抗我，我将不得不严惩你！"随后，由于她试图逃跑，他就用更具威胁性的语调说："如果你不想对我温柔的话，你的升职会受阻的！"

◎ 除了那些接近性骚扰的精神骚扰方式外，还有针对女性的歧视。一些女性或被直接晾在一边，或被骚扰并且工作受阻，只因为她们是女性。在企业中，领导们不提性别对等或平等，尤其是在管理级别晋升时，他们只是说，女性不该申请需要承担责任的岗位。

在这家半公有制企业中，有一个"大男子主义"的传统，女职员们要晋升到管理岗位非常困难。因此，刚从一所名校毕业的年轻经理劳尔经常在部门会议上被一位资格较老的同事称为"我的美人儿"或"我的小宝贝儿"，却没有人提出异议。

女性没有受过用暴力的方式肯定自我的教育。人们教她们要顺从、要温柔、要有女人味。暴力和控制行为符合男性气概的标准，却背离了女性化的准则。在她们所受的家庭教育的戏码重新上演时，她们更容易在控制关系中被征服。她们应学会反抗和说“不”。

来自私营企业的安妮进入了一家大型行政机关。作为这一管理层的唯一女性，她不理解为什么她一来就被一种敌意的气氛所包围。一位被她抢了职位的同事开始调唆她的助理反对她，并散布谣言，说她轻视下属。另一位同事借口帮助调唆者，企图对安妮实施性骚扰。安妮没有反击，反而错误地向总经理报告。而她的上司却剥夺了她的预算资源，过滤掉她的信息，约束她的团队，直至给她安排了一个闲差。现在，没有人听安妮的，她的上司也不再给她分配任何工作。安妮将她所遭受的待遇归咎于她是一个女性的事实。

歧视性骚扰

我们几乎可以说，所有的骚扰都是歧视性的，因为它表现出拒绝人的差异性和特殊性的特点。歧视习惯于伪装，因为它是被法律禁止的，所以，它往往转化为精神骚扰。

出于种族或宗教动机的骚扰

如果歧视没有在招聘时表现出来，那么在要撤销某个岗位、选择哪个员工离开时，它可能会显现。法国刑法惩罚那些建立在真正或被猜测源于或属于某个族群或某个确定的国家、种族或宗教基础上的歧视（《刑法》第225–2款）。正因为歧视是一种轻罪，要监禁两年，所以骚扰某个员工并使他灰心丧气，直至自行离职，似乎更容易些。

针对某种残疾或疾病的骚扰

针对患有某种身体或精神残疾的人的歧视性行为有时不易察觉，因为它们总是被否认。原则上，企业应雇用一定比例的残疾员工。实际上，很少有企业能达到这个比例。

针对残疾人的骚扰有时表现为冒犯性地攻击其缺陷，但更多的是更微妙的行为。例如，只分配给他因其残疾而无法执行的任务。

因此，他们要求患有听力障碍、需戴助听器的让–吕克在一次非常喧闹的会议上做记录。

因此，他们不给患有弱视、在屏幕前工作的乔治提供职业保健医生建议的软件：“如果你弱视，只要去做别的事就好啦！”

因此，脊柱严重侧弯的穆里尔在一次岗位重组后，被派往地下室搬运档案！

原则上，职业保健医生会介入，要求岗位考虑残疾人的需求，但残疾人自己不敢抱怨，因为他们害怕被宣布不适合任何工作。

针对性取向的骚扰

针对同性恋者的骚扰首先是一种来自同事们的群体骚扰。最近一位副市长给我们提供了一个实例，他接到几通匿名骚扰电话和几封威胁信，因为他表明了自己是同性恋者。

针对员工代表和工会代表的歧视性骚扰

不可否认，骚扰是摆脱不能解雇某人的一种方法，因此，员工代表们首当其冲。究其原因，是由于平日里他们不但受到保护，只有在劳动监察部门同意的情况下才能被解雇，而且他们还享受在工作时间内从事专门活动的权利。某些老板难以忍受这种情况，他们感觉自己在付钱让别人与自己作对。当侵犯变得更加个人化，工会歧视就变成了精神骚扰，他们针对的不再是工会干部，而是个人：

在我被雇用时，这家企业没有任何工会组织或员工代表。在其他员工的帮助下，我从入职后，帮助企业建立了这些组织。

一年前，作为工会代表，我拒绝签署一份允许领导层篡改工作权利并否定工会组织作为领导层对话者角色的文件。

他们当时采用的方法是企图借助员工中的某些人来对我施加影响。一切都很好：寄给我的工会的诽谤检举信、工作检查，把我说成“不愿意签字的坏人，因为我，他们将丧失利益……”，我都挺过来了，甚至还有更糟的！

我坚持了几个月，我的工会，还有我亲近的人——家人、朋友和一些工作中的同事——非常坚定地支持我。

然而，在我工作的部门中，我变成了害群之马。各种斤斤计较和图谋不轨，试图让我无法进行日常工作。我再坚强、心态再平衡也是徒劳，几个月来形成并愈演愈烈的侵蚀行为最终导致了我的精神障碍和健康问题（失眠、易哭、焦虑、心悸、恶心……）。

为了给诽谤我的流言蜚语以爆炸性的回复，我的工会推举我参加了劳资调解员的选举，我当选了。正是从那时起，麻烦变本加厉了。一年时间，我收到了来自我的雇主的38封信，其中28封为挂号信。它们几乎全部轻描淡写地把我作为工会代表和劳资调解员所行使的职权与我因为担任这些职务而“未完成的工作”混为一谈，尽管他们已经雇用了一名新员工来弥补我的缺勤。

我发现这一切开始变得无法忍受了！尤其是经历了一年多的这种骚扰的打击后，我很难控告这种打击，我的健康问题也变得更严重了。

第六章

骚扰方法

LES MÉTHODES DE HARCÈLEMENT

敌意行为

不同文化背景的作者已经对敌意行为进行了诸多研究。需要注意的是，他们所用的方法十分老套。唯一变化的是不同作者对敌意行为进行了不同分类。

而我重新将敌意行为分为四类，从最难察觉的行为到最明显的行为。

◎ 侵犯工作条件（全面反对目标对象做出的所有决定，对他的工作给予过分的或不公正的批评，总是分配超出他能力的任务，用无法执行的命令为难他……）。在这种情况下，侵犯者的目的是使目标对象犯错误，从而使他显得无能；这样，他们就可以对他进行各种指责，并最终找到使他离开的理由。这些行为往往出现在来自上级的精神骚扰中。如果这些行为很微

妙，就很难证明其邪恶的意图，因为侵犯者可以简单地拿部门利益当挡箭牌：“我总是批评他所做的事，那是因为他的工作从来没有令人满意！”“他抱怨我分配给他无法执行的任务，但是以他的教育背景，他应该能够完成！”“他觉得我给他安排了太多工作，但这是因为他效率不够高，把时间浪费在跟同事们聊天上！”诸如此类。如果您没有按时上交文件，您如何证明他们没有给您提供合适的信息呢？

◎ 孤立与拒绝沟通（把某人晾在一边、拒绝同他讲话、不邀请他参加部门聚餐……）是受害者痛苦地感觉到但却被侵犯者淡化或否认的一些行为：“我没有不跟他讲话啊！”“我们来这里是为了工作，而不是为了社交谈话！”“我们把他安排在靠边的办公桌，是因为没有其他空位子了！”等等。孤立行为可能同时来自同事和上级。不向某人问好、不搭理某人是看似微不足道的一些行为，但它们造成的伤害却与日俱增。

◎ 侵犯尊严（嘲笑、轻视的动作、摧毁信心的话语……）往往能被所有人察觉，但却被认为责任在受害者一方：“她太易怒了，没有幽默感！”“好像我们不能跟他开玩笑似的！”“他是妄想狂，看谁都有恶意！”“像他那样的人搞出点儿事来，我一点儿也不惊讶！”这些行为往往来自有嫉妒心理的同事，而不是上级。目标对象很少能揭露这些伤人的话语、嘲笑和侮辱性的批评，因为他们感到羞耻，而不敢反抗。

◎ 口头、肢体或性暴力（用肢体暴力加以威胁、故意冲

撞、高声辱骂、性骚扰、下班后在夜里打电话或寄匿名信继续骚扰……）。这种暴力出现在骚扰已经坐实且所有人都能察觉的情况下。在这一阶段，要么是受害者在很大范围内被污蔑成妄想狂却投诉无门，要么是证人知道发生了什么事，却因自身遭到恐吓而不敢提供支持。没有外部的帮助，受害者很少能够反抗这种遭遇。

回复问卷的人所抱怨的这几类行为的分布比较均匀：

* 侵犯工作条件：53%；

* 孤立与拒绝沟通：58%；

* 侵犯尊严：56%；

* 口头、肢体或性暴力：31%。

然而，应该了解，这种分布因骚扰的来源不同而不同，来自上级的骚扰更多地涉及工作条件，而来自同事们的骚扰更多的是侵犯尊严。孤立是上级和同事们都会实施的一种报复手段。

敌意行为清单

（1）侵犯工作条件

剥夺受害者的自主权；

不给他提供完成某项任务所需的信息；

全面反对他的所有决定;

不公正地或过分地批评他的工作;

不允许他使用工作工具：电话、传真机、电脑等;

收回正常分配给他的工作;

总是给他安排新任务;

故意频繁分配给他低于他能力范围的任务;

故意频繁分配给他超出他能力范围的任务;

给他施加压力，使他无法享受他的权利（休假、调休、奖金）;

使他不能得到晋升;

分配给他违背他意愿的危险工作;

分配给他不适合他健康状况的任务;

在他的工作岗位上搞破坏;

故意给他下达无法执行的命令;

不考虑职业保健医生提出的医疗建议;

促使他犯错误。

（2）孤立与拒绝沟通

不停地打断受害者;

他的上级或同事不再跟他讲话;

只与他书面沟通;

拒绝与他的任何接触，包括眼神接触;

把他与其他人隔离开;

无视他的存在，只与其他人讲话；

禁止其他同事与他讲话；

不再让他与其他人讲话；

领导层拒绝他的任何约见要求。

（3）侵犯尊严

用轻蔑的话语给他定性；

对他使用轻蔑的动作（叹气、轻蔑的眼神、耸肩等）；

使他失信于同事、上级或下属；

散布关于他的流言蜚语；

污蔑他有心理问题（说他有精神病）；

嘲笑他的残疾或身体缺陷；模仿他或把他画成漫画；

批评他的私生活；

嘲笑他的出身或国籍；

攻击他的宗教信仰或政治信念；

分配给他侮辱性的任务；

用淫秽的或下流的词语辱骂他。

（4）口头、肢体或性暴力

使用肢体暴力威胁受害者；

对他实施肢体侵犯，即使是轻微的，挤撞他，朝他摔门；

朝他吼叫；

通过打电话或寄信来侵犯他的私生活;

在街上跟踪他，在他家门前监视他;

对他的车搞破坏;

对他实施性骚扰或性侵犯（动作上的或语言上的）;

不考虑他的健康问题。

骚扰的不同类型

调查结果显示（在回答这些问题的186人中）：

* 58%的情况下，骚扰来自上级；

* 29%的情况下，骚扰来自多人，包括上级和同事；

* 12%的情况下，骚扰来自同事；

* 1%的情况下，骚扰来自下属。

关于骚扰来源的数据研究因发起者不同，结果也大相径庭。[1]

因为，一次针对全民的邮件调查或一次由职业保健医生在年度体检中下发的问卷调查，其招募的调查对象是不同的。

但我们还是得到了许多意见。比如，应区分来自雇主的精神骚扰和来自上级的精神骚扰。尽管他们应对其员工的行为负

1　详见前文中引自海因茨·雷曼、斯塔尔·艾纳森和安德斯·斯高斯达的相关数据。

责，但并非所有雇主，尤其是在大型集团中，都是其下属员工遭受的骚扰行为的来源。

关于混合骚扰，应区分作为行为来源的主要侵犯者和受环境驱使采取了敌意行为的那些人（例如，当被骚扰人开始在工作中犯许多错误时，他的同事们会因此感到厌烦；当被骚扰人变得“难以相处”时，他的同事们会因此受到影响）。

自上而下的垂直骚扰（来自上级）

我们刚刚列举的关于骚扰来源的研究结果根据发起者的不同而各不相同。我们可以想见，被询问者的招募方式可能导致调查结果发生偏差。

经验表明，来自上司的精神骚扰对健康的后果要比来自同事的水平骚扰严重得多，因为受害者会感到更加孤立，更难找到帮手。

某些发起者将来自上级的骚扰细分成几组：

◎ 恶意骚扰，其实施目的是纯粹无理由地摧毁他人或增强自己的权力；

◎ 战略性骚扰，其目的是促使某个员工辞职，借此避开解雇程序；

◎ 制度性骚扰，这是一种针对全体员工的管理工具。

这些分类看上去过于刻板，我认为似乎应进行更加微妙的区分。并非所有骚扰下属的上司都是出于恶意，正如我们将在关于侵犯者的一章中所看到的。另外，我将尝试在专门讨论有利于骚扰滋生的职业背景的一章中论证这一点。

要识别上级滥用特权的行为总是很难的。隶属概念本身就反映了一种不平等的关系，某些不太自信的或醉心于权力的经理可能会借题发挥，滥用职权，以驯服他人为乐。

水平骚扰（来自同事）

当两个职员竞争某个岗位或晋升机会时，水平骚扰很常见。

安妮进入一家中小企业，担任商务秘书，与她邻桌的女同事妮可负责培训她。她们工作权限相当。当安妮提出关于某个软件的问题时，妮可发牢骚说自己没法做别的事了，然后，匆匆地给安妮解释了一下，以至于安妮根本没有时间记录她的话。如果安妮再提出同样的问题，妮可会做出惊愕的表情："我已经给你解释过了！"几个星期后，安妮无意中撞见妮可正向上级打她的小报告："她确实学得很慢！我想知道她以前学没学过计算机！"最终，妮可利用了一份文件中财务方面的错误，指责安妮不诚实、弄虚作假。

起初，安妮不理解她这位同事的敌意行为。安妮质疑自己，

并试图对妮可更好一些，直到那天，她遇到了被妮可逼迫辞职的前秘书。安妮意识到这不是自己的错，而是这位同事很可恶。

混合骚扰

即使是非常私人的事情，水平骚扰持续一段时间之后，往往会因为上级的不作为和纵容，发展成自上而下的垂直骚扰。上级因此是帮凶或变成了帮凶。

当一个人发现自己变成上司或同事的替罪羊时，这一称号很快就会传遍整个工作集体。此人被认为应对发生的所有事情负责。很快，没有人再支持他，即使某些人不赞同集体的观点，但他们也不敢表露出来。

我们将看到集体影响的重要性，它促使你追随一个领头人，即使他是个破坏者。

此外，一段时间之后，被称为“替罪羊”的人会感觉不舒服，他的行为会因此改变。他的确会变得难以相处，这也是他之所以被所有人抛弃的原因。

自下而上的骚扰

一名上司遭受来自一名或多名下属的精神骚扰很少被关注，然而却是同样具有破坏性的。这种情况下，受害者不知道

该找谁来保护自己，当然不能找工会，但也不能诉诸法庭，因为法庭不会重视此类控诉。

在我的调查中，共收到了6份来自被下属骚扰者的答卷（答卷总数为193份），但我还收到了更多向我报告此类情形的信件。以下是其中一封来信：

我是一个老板，在精神上和管理上遭到我的一名员工的骚扰！我的噩梦是从她因公然违反医疗保密法的轻罪而被抓后开始的，她偷看了我的文件柜，在自己家接诊我的患者，卖给他们自称能包治百病的“神药”。因为这一严重错误被30多位患者投诉，我才不得不解雇了她。为了替自己辩护，她指控我对她进行了性骚扰！这件事立案已经7年了，因为她的律师永远没有定论，不停地推迟开庭。不算她找来的与她同属一个教派的教友所做的假证词，她还编造我没有经历过的情节、我不认识的人、我没去过的地方！……

尽管我的卷宗非常可信，还有多名证人，但我还是在无任何可证明的法律动机的情况下，被劳资调解委员会两次判定临时执行……第一次上诉法院的院长随后撤销了劳资调解员的判决，认为其具有“偏见性”和“潜在的法律错误”。

为什么会出现这种不公和这些错误？因为只要人们继续在媒体上谈论那个被坏老板性骚扰的可怜职员，而从不关心被敲诈钱财的阴谋诡计陷害的诚实老板，像我一样的无辜者就会继

续经历这些噩梦。

这种反复的精神骚扰或间接的性骚扰的可怕之处在于，即使我用力地高声宣称我的无辜，人们也已经习惯于认为“无风不起浪”！比起一个自称遭受了以精神骚扰为目的的恶意诽谤的老板，一个自称被骚扰的女人有更多的听众。

回顾一下，我们可以区分出多种精神骚扰：

◎ 性骚扰的虚假指控。这是电影《骚扰》(*Harcèlement*)中描述的情形，也是这封信中描述的情形。这是指侵害某人的名誉，使他完全失信。因为在此类指控中，很少有证据，因此也几乎无法辩护。一次性骚扰虚假指控的破坏效果又因为这一现象的间接性而加强，而且如果有法律规定，破坏性可能更甚，因为指控方可以把对方告上法庭。现在就估量精神骚扰现象的间接性对虚假指控的影响还为时过早，但不可否认，这是用来攻击上司的一种引人注意的有效的恶意行为。

◎ 团体的集体反应。这是一个团体为摆脱一名强加给他们的或他们不喜欢的上司而达成的协议。这在一个集团被另一个集团兼并或收购时经常发生。领导层达成一致意见，与来自其他企业的干部们“划清界限”，这种分帮结派仅仅基于政治或战略的标准，而不考虑员工们的意见。员工们纯粹出于本能而对抗，以便赶走入侵者。如果领导层广泛采纳员工的建议，以战略以外的方式领导员工，就可以简单地避免此类骚扰。

频率与持续时间

当我们试图给出关于骚扰在某个整体人群中出现的频率的数字时，应就其定义达成一致。在定义精神骚扰或“围攻”时，如果我们严格参照《雷曼心理恐怖手段详单》(*Leymann Inventory of Psychological Terrorization*)和海因茨·雷曼定义的45种行为，给出的数字将在3%和7%之间。如果我们在最微妙的行为中考虑精神骚扰，正如我和其他一些法国研究者所做的，我们通常会得到一个近似于9%到10%的数字。如果我们要求人们以完全主观的方式说出他们是否已经感觉到被骚扰，正如最近一份杂志所做的，我们得到的数字可能高达30%……

在斯特拉斯堡进行的研究给出的普遍性为9.6%，而PACA大区的普遍性为8.4%。

由于我的调查针对的是承认自己是骚扰受害者的人，我未能收集到关于骚扰在全体劳动者中发生频率的任何数据。

在我的研究中，骚扰的平均持续时间略大于3年（约40个月）：

* 低于6个月的骚扰：3.5%；
* 6个月—1年：11%；
* 1—3年：45%；
* 大于3年：40.5%。

在瑞典所做的研究（雷曼，1996年）和在挪威所做的研究

（艾纳森和斯高斯达，1996年）中，骚扰的平均持续时间分别为15个月和18个月；雷曼在瑞典进行的另一项研究和察普夫于1999年在德国进行的一项研究得出的结论是大于3年。这与调查对象的招募方法有关。针对自定义为被骚扰者的人所做的研究，如我的研究，主要集中于一些比普通人群中的研究结果严重得多的骚扰行为。

公共部门与私营部门的差别

应注意，骚扰持续时间在公共部门与私营部门中大相径庭。公共部门中，骚扰可能持续几年，甚至几十年，而在私营部门中，骚扰持续时间很少超过一年。

在公共部门中，由于薪水一般比私营部门低（但现在不完全是这种情况了，重要的是工作稳定性），公共部门的职员原则上不能被辞退，也不会自行辞职，因此骚扰持续时间要长得多。可能正是由于这种原因，关于“围攻”或精神骚扰的研究才从那些职员保护法非常完善的国家开始，而在那些几乎不存在工作稳定性的国家中，研究还处于摸索阶段。

暂停工作

调查结果证实了我们已有的临床经验，即受害者的健康后

果是引人注目的。

在193位回答问卷者中，74%的人曾暂停工作，其中131人明确指出了他们暂停工作的时间：

* 23%的人暂停工作不超过1个月；
* 23.5%的人暂停工作1—3个月；
* 36%的人暂停工作3个月—1年；
* 10.5%的人暂停工作1—2年；
* 7%的人暂停工作2年以上。

由此得出平均每人暂停工作138天。

精神骚扰行为从表面上看似乎无关痛痒，但它给受害者的身心健康带来了破坏性的影响。因为，我们一般都能承受一定量的敌意，除非这种敌意是永久性的或重复性的，或者我们被置于一种无法反抗或自我辩护的处境中。

哪些是加重因素？

精神骚扰行为对受害者产生的后果的严重性取决于受害者的身份、与当事人之间的关系以及该行为牵连的人数：

◎ 如果这些行为来自针对某个人而结盟的团体，而不是来自某个个人，其影响会更强烈。

◎ 来自上司的骚扰比来自同事的骚扰更严重，因为在这种情况下受害者通常会感觉他可求助的人更少。

◎ 针对某个被孤立的人的真正意义上的精神骚扰与性格

有缺陷的上司针对整个团体的粗暴管理相比，前者对健康的长期后果更严重。在后一种情况下，受害者们可以联合起来集体投诉和自卫。

◎ 精神骚扰对健康造成的后果的严重性取决于：骚扰持续时间、侵犯强度、受害者的脆弱性。（这里的脆弱性是指一个人因先前的一些侵犯行为而变得脆弱，或缺少家庭、朋友的支持，或侵犯发生前自尊心已受损。我们会在第三部分中详细论述这一主题。）

我们怎么重申都不过分，很明显，这不是同一种情况，一种是被一个性格有缺陷的上司集体辱骂和粗暴对待的某一个团体；另一种是某个被同事孤立的人，因一些小动作被侮辱和贬低，直至被一个同事或一个上司说服，确信自己无用。然而，要将真正意义上的精神骚扰与粗暴管理非常明确地区别开来，有时也不是一件容易的事，因为两者之间存在一些过渡因素。例如，我们可以看到，在集体管理比较粗暴、对员工缺乏尊重的企业中，一些心术不正的个人利用不尊重人的大环境更有力地打击一个同事，从而使自己上位。

后遗症及其余波

在36%的情况下，骚扰之后跟随着被骚扰者的离职：

* 在20%的情况下，此人是因工作失误而被辞退；

* 在9%的情况下，此人为协议离职；
* 在7%的情况下，此人递交了辞职信；
* 在1%的情况下，此人被提前退休了。

如果将这些数字加上30%休长期病假的、丧失工作能力的或因健康状况不适合而失业的人，我们将看到，总数为67%的人实际已被排除在职场之外，至少是暂时的。

这些数字令人震惊，而且仅凭它们就可以证明需要采取预防措施了。

在那些再就业困难的失业者中，某些人仍保留着与失业前遭受的精神骚扰相关的暴力痕迹，其可能表现为从创伤后压力到丧失归属感的一些症状。他们丧失了自信，变得过分多疑或只是沮丧，他们不再愿意付出任何努力去获得新的工作。

帕斯卡，55岁，离异无子女，在失业一段时间后，被一家小企业雇用，担任总经理秘书。因为喜欢这份工作，她全身心地投入工作。她午休时间经常不去吃午饭，每天下班都晚走。四年后，当领导层换人时，事态开始逐渐恶化，她真的不明白为什么会这样。她发现自己被工作淹没，却从来无法按时上交她的文件。她自责不再能胜任工作，为了挺住，她还过量服用维生素。后来，她的上司开始公开监视她的出勤，不管她做什么，都一律批评她。被老板青睐的其他秘书们也开始回避她。一天早上，帕斯卡发现自己办公桌上的所有重要文件都不见了，却没有人通知她。身心俱疲的帕斯卡感到工作不再像以前那样

可靠，时常担心在工作中出差错。最终，几个月后，她因工作失误而被辞退。

两年后，帕斯卡一直没找到新工作。她认为自己再也找不到工作了。另外，她也不再想工作，因此也没正儿八经地去找。她不再有自信，不再知道自己还有什么价值。因劳资调解委员会认定她被辞退是一种滥用职权行为，她依靠从劳资调解委员会得到的补偿金维持生活。因为要靠这笔补偿金一直坚持到退休年龄，所以她不断缩减自己的活动和开支，无精打采地生活，什么也不做，什么也不想，也不见任何人。“我没有什么要对任何人说的，也不再有人对我感兴趣！”

这些暴力的创伤构成了谋求新岗位的障碍。因为对自己没有自信，这些人不能重拾足够的活力，去寻找一份新的工作。

玛丽在遭受了一场长期的精神骚扰后被辞退了。她因此丧失了所有的梦想和自信。

在此之前，她一直维持着一定的生活水准，尽管她在丧偶后生活水准有较大的下降，但她从不攒钱。被辞退后，她没有及时登记失业，因为她无法相信这一事实。当她开始找工作时，她非常不安，以至于屡屡受挫。

她没有告诉家人她失业了。她搬到了郊区一所较小的公寓中，卖掉了自己的家具和首饰。她吃得很差，还拒绝治疗。她

拆东墙补西墙，支付各种费用。她不再出门，不再见任何人，这样就不必解释她的处境。

这些做法给员工（失业的人没有了收入，医疗费用无法报销，自己负担心理治疗费用并支付律师费）、企业（因员工经常缺勤而丧失了生产力，其他员工也消极怠工）和地方政府（社会保障部门承担的医疗费用、住院费用、失业补偿金和提前退休补偿金）在经济方面都造成了不可忽视的负面影响。这意味着，对一个国家而言，这个数字将不下10亿。

精神骚扰也是一种在整个社会中蔓延的不安、恐惧和不稳定的气氛。在全球化和企业合并重组时期，这些行为会导致人们丧失自信，最终离开职场。

第七章

某些行业的特点

SPÉCIFICITÉS DE CERTAINS SECTEURS D'ACTIVITÉ

尽管只要组织形式允许，骚扰就会发生，但在有些工作场所情况更糟。

所有研究都证实，骚扰在第三产业、社会医疗行业和教育行业中更易发生，即那些因工作任务不确定而总能找到批评理由的行业。而在生产行业，尤其在技术性生产行业，骚扰现象则较少。

答复我的问卷的受骚扰者所属的行业分布如下（过于细分的行业所占的百分比在此不加以罗列，这也解释了总数未达到100%的原因）：

* 管理、会计、行政职位：26%；
* 卫生：9%；
* 教育：9%；
* 营业窗口、信息输入、电话总机、秘书处：9%；
* 研究、设计、工艺、信息技术：9%；

* 高层管理：6%；

* 生产、制造、施工：4%；

* 安装、维护、修理：1%；

* 保洁、园艺、家政：1%；

* 搬运、仓储、运输：1%。

在此，我只讨论那些有必要加以评论的行业。

公共服务行业

调查显示，私营部门与公共部门的回复率相同，正如所有其他调查所确认的：

* 私营部门占50%。

* 公共部门占50%（42%为正式雇员，2%为合同雇员，6%为国有企业雇员）；

但是，由于私营部门和公共部门的就业人数不同（政府雇员占就业人口总数的25%），我们可以推算出，精神骚扰在公共部门占主导地位。

此外，精神骚扰在不同行业的表现形式不同。在私营部门，它更加粗暴，持续时间更短，往往因受害者离职而终结。在公共部门，精神骚扰可能持续几年，有时甚至几十年，因为原则上，这里的雇员受到保护，除非犯了非常严重的错误，否则不会被解雇。因此，精神骚扰在公共部门内更加有害，对受

害者的健康乃至个性都将造成悲剧性的结果。（在公共服务行业针对这一主题进行专门的研究是有意义的，条件是研究不受任何压力的干扰。[1]）

由于公共服务行业的使命与公共财产相关，这里发生的滥用职权现象似乎也更加触目惊心。我们清楚地看到，精神骚扰与生产力无关，关乎权力角逐。在这种情况下，我们在指责与资本主义和全球化相关的利润竞争的同时，不能开脱人的责任，我们只能把它归入基础心理学的范畴，那是一种促使个人控制并想奴役他人的征服性冲动。

如果组织光明正大、坚不可摧，人的偏差行为就会得到控制，滥用职权也会得到惩罚。但行政机关是一部沉重的机器，人们身处其中，责任感逐渐淡薄。

在公共职能部门中，任务不容易评估；雇员们没有参照标准，因为上级没有给他们确定长期目标。上级要求他们处理一定数量的卷宗，却不告诉他们为什么，也不关心他们需要哪些手段来完成工作。某些部门的工作太多，而且往前赶工，为的是获得最大限度的预算；而另一些部门却无事可做……

在公共职能部门中，滥用权力现象频繁发生。例如，这可能表现在下属岗位的分配上，因为人们是通过自己的下属员工

1 参见D. 夏勒比（D. Sialpi），《公共行政机关里的暴力》（*Violencia en la administration publica*），Catalogos出版社，1999年12月。

人数来衡量权力大小："那个人归我管！""不，他是我的！"而在另一些部门，主管们决定雇员的去留，却并不认识他们，也不知道他们工作表现如何。

我们了解到，某些曾经对公共服务行业满怀抱负的公务员们逐渐感到气馁。在一家大型行政机关的网站上刊登的这篇文章即为一例：

围攻，我在我工作的地方天天见到。我用我的武器在战斗。但我受不了这些：骚扰、向上级打小报告、冒用我的签名、心理压力……什么事都有。最糟的是，自从这位主任上任之后，某些人就开始承受来自这位"上帝"的一种或多种形式的压力。他是组长兼主任，一个人说了算。对我们为所欲为。

是的，我反抗了，但很艰难！某些人支持他，其他人三缄其口，或者装作忘记。这怎么可能？唯一一个敢投诉骚扰行为的人已经被赶出了这个部门。

他拥有一切权力。他上面唯一的一个人是局长。但我要揭露某些人肮脏的、令人作呕的行为。"多亏"我的位置，我看到的都是丑事，完完全全的丑事。他上任后，已经有十多个人离开了，还有好几个人得了抑郁症，等等。他很强势，这是当然。但我们的领导们为什么不睁开他们的双眼呢？他们还在等什么？我不理解。

而且，最令我不齿的是，同事们也参与了这种丑恶的行径。

“分而治之”，我确信这行得通！他已经证明了这一点……

行政机关中的恶行并不比私营部门中的更多，但横行的时间更长，因为受害者既不能通过辞职也不能通过正式的解雇程序逃离它。如果一个人与直接上司相处困难，则他不应过分依靠官方调解，因为他很难向更高级别的领导投诉。人们之所以采取诉讼手段，仅仅是为了使自己的观点被人听到。

当精神骚扰来自直接上司时，它首先表现为考评分数下降或止步不前。由于薪水的增加不取决于能力，而是取决于一张职业晋升表格，因此作为晋升更高一级的标准之一的考评分数与雇员们息息相关。在某些机关中，职员的这项分数总是最高分，除非受到了处罚。但是，当一个人得了一个低分或一个差评时，他便连参与过分激烈的竞争的机会都没有了。上司可能会在各个岗位之间散播他的恶名，堵住他的职业晋升之路。

妮可在一家行政机关工作。她从未遇到过任何问题，直至她宣布自己怀孕了。她的上司因此表现得非常恼怒，他修改了年度计划，让妮可在休产假之前把所有大卷宗都整理完。她于是被工作淹没了。产假结束返岗后，上司建议妮可调到一个更清闲的部门去。她拒绝了。从那以后，她的年终评分一路下滑，当大家的得分都像往常一样超过19分时，她只得了16分。她向上司讨说法，上司指出她工作效率不高，而且不懂得沟通，工作时心不在焉。上司要求她振作起来。在工会介入后，妮可的

评分提高了，差评也从她的档案中撤掉了。后来她调到了另一个部门，在第二次请产假之后，她又遭遇了同样的评分问题，同时还收到一封信，新的主管在信中指出，他同意上一位主管的意见，即妮可对待工作心不在焉。谁有道理？是不是妮可在两次产假之后的确对工作心不在焉了呢？这可能是真的，但在这种情况下，主管为什么不在她做得不好的时候提醒她？她没有收到过任何提醒信或警告，没人想要理解她的难处，也没人试图帮助她。

妮可把这视为一种背叛，无法释怀。她最终接受了上司给她的负面评语，并因此感到耻辱。于是她开始请育婴假，并不断续假。

假设上级做出的批评是真实的，那么他们在批评时也完全没有考虑到受到批评的人会有什么感受。

在与上级或同事发生矛盾时，人们所能做的只有申请调动。但是，从申请调动到被批准可能需要很久，在这段时间内，受害者别无他法，只能以请病假的方式来逃避困境。

闲差

调动一名雇员并不容易，无论是出于武断的理由，还是在关系不和或能力欠佳的情况下。于是，领导往往会采取其他策略来摆脱他。

派闲差就是一种隐蔽的骚扰形式。某人被抛弃，是因为不再适合他所在的岗位但领导又找不到指责他的具体理由，或者是因为在与上级的一次冲突后，他被认为不再“符合”组织的精神。领导宁愿付给他薪水让他闲着，直至他离开，只要他不掀起风浪就好。

在某些原则上实行人员聘用终身制的机关里，领导会告诉某个员工，他已经没有任何用处，他之所以待在这里，是因为他们无法摆脱他。

正因如此，在公共服务行业，领导有时会找刚毕业的受过更现代的培训的年轻人来做工作，同时保留那个年龄太大的名义干部，但不给他分配任何工作。领导留着这个人，仅仅因为他是企业的回忆，而他也因此尊严扫地。如果这是一名高级干部，领导会用一个荣誉头衔，如“专员”，来掩饰这种排斥行为。

即使是一个待遇很高的闲差，这种自恋的侵犯也是悲剧性的。除了工作以外，受害者还丧失了认同感，因为认同感很大程度上来自我们所做的事。这也导致了人际关系的丧失，因为当一个人什么也不做时，他就不再承担任何责任，当在走廊里或自助餐厅里遇到同事时，他该说些什么呢？这种尴尬是相互的，很多被派闲差的人说，人们的目光躲避他们，也不再有人同他们讲话。

人们会因被派闲差而感到羞耻，因为这暗示着他们犯了过

错或不再胜任工作。

最背信弃义的恶意侵犯发生在某人过于明显地谴责同事或上司的行为之时，正如我在前一章中谈到的“检举者”的情况。揭发滥用公司财产或有财务违规行为的人会被指责性格有缺陷或私生活不检点，这会使他的证词失信。

阿德里安是一位一丝不苟的公务员，他试图在机关中树立自己无懈可击的形象。来到新岗位后，当看到一个同事与当地企业之间有一些涉及巨额款项的违法行为时，他感到很愤慨。这个同事在被他谴责后，害怕被告发，就孤立他，妨碍他的工作，在其他同事那里诽谤他，还威胁会要了他的命。他利用阿德里安休病假的机会，散布关于他的谣言，并破坏他的工作。阿德里安意识到这一点后，以激烈的方式反击，结果被叫到纪律委员会——委员会决定把他调到另一个城市去。

从那之后，阿德里安不再据理力争，而是自甘堕落了：抑郁、酗酒、家庭破裂。他知道自己有理，但不知道如何让别人听他辩解。

在一次心理治疗后，阿德里安决定请一位律师。这位律师发现对他的纪律处罚中有一些不合法的地方。这可以使阿德里安获得特赦措施，但他不想这样做，他想找回自己被无视的名誉，想要彻底平反。一年后，上诉委员会发布通知，认定纪律处罚程序处理不当。现在阿德里安在等待行政法庭的判决，他

待在家里，没有任何其他计划，思前想后，谈论自杀或绝食：“我现在自杀还太年轻了！”

正如我们在这个案例中介绍的，一个人想要执着地指出机关的运转问题，重要的是，他必须能挺住，不被这场战斗拖垮。从提出异议到起诉，从起诉到上诉，其间他不可能回头，也不应该认输。

机关中的卡夫卡

即使最初不一定是出于恶意，行政“机器”有时候也会任由一些本来只是单纯争执、完全可以由当事人自行解决的情况转变为精神骚扰。但恰恰相反，人人都拿制度或规章来当挡箭牌，这样，他们面对的就不再是一个受害者，而是一枚碍事的棋子。

无论排斥的起因是什么，如果没有人介入，排斥行为会自行扩大。这种很难独自抗争的制度虐待在一个等级过于森严、周围人无动于衷的环境中会加重。

杰拉德是一家国际行政机关中的高级官员，他是仅次于行政总监的“二把手”。一次政治和战略冲突把他推到了行政总监的对立面上。从那以后，总监不再指责他，但也不再邀请他出

席会议，他没有了预算，没有了助理，而且失去了同事们的信任。他发现自己不得不自卫，于是提出了申诉，并向行政法庭提交了诉状。

领导建议他撤回诉状，停薪留职两年，然后提前退休，领取相当于他现在收入1/3的养老金。如果他接受这一安排，就不能再提出异议。

杰拉德知道，接受就等于认输。他担心自己的形象会因此毁掉，但如果拒绝，他可能会得到辞退处罚，没有退休金和社会保险。无论如何，他只能依靠行政法庭给他平反，也就是说，在两至三年之后。他的律师们认为他的案卷很容易辩护。

杰拉德选择不让步，但这也引起了他内心极度的不安。他很清楚自己的处境很难，因为他不是同一个敌人战斗，而是同整台行政机器战斗。现在人们对他的主要指责是他通过起诉攻击了体制。

他的健康状况每况愈下。他表现出抑郁的状态，还伴有糖尿病、高血压和心脏病。

法庭要求杰拉德书面陈述所经历的一切，但他非常焦虑，以致无法集中精神，记不清事件的时间顺序。当他被申诉委员会传唤时，他只有几天时间准备自己的辩护词，并且感觉无法前往这个设在他工作地点的委员会。这个地方唤起了他内心深处的厌恶和不适之感。该委员会在他缺席的情况下召开会议并做出裁决。

于是传出一些风言风语，说杰拉德对一位秘书实施了性骚扰。人们还说他什么工作也不做（事实上，那段时间他被派了闲差，工作受阻）。谣言满天飞，即使给杰拉德就地平反，他感觉自己也无法再找到一个正常的职位。他的老关系中大部分人认为无风不起浪，别人这样攻击他，应该是有理由的。根据托马斯（美国社会心理学家）定理："如果某人相信某件并未真正发生的事，其结果与此事已经发生的结果相同。"

他再也找不到任何依靠。他的健康状况持续恶化。

就在这时，他被通知自己因纪律原因（与其上司们关系不佳）被辞退了。因未能收集齐资料来完成自己的案卷，他又陷入行政违法境地。他不再有社会保障和补偿金。尽管与杰拉德关系不好的总监已经退休，但管理层的敌意仍继续存在。人们清查了他的个人物品，好像是怀疑他偷窃，杰拉德将此视为又一个令人恼火的措施。随着责任的削弱，没有人关心他的遭遇。

在几次外部力量介入之后，最高管理层最后给他发了一封邮件，宣布：出于人道主义原因和例外处理，同意恢复他被剥夺的疾病保险。

杰拉德被打垮了，他的健康状况进一步恶化。他说这个痛苦的经历摧毁了他的全部创造力和决断力。他不再能集中精力，丧失了全部效率，害怕所有尝试，把所有的事情拖至最后一刻。他逃避任何有权力的人，因为担心被拒绝。

无论是什么原因导致了他的失宠，杰拉德已经成了无情的行政机关的受害者。一个行政机关不是一个人，它没有同情心。即使他犯了特别严重的错误，与之相比，他所遭受的荒谬的对待也完全不相称。

在公共服务行业中，一旦某个人与众不同或被认为是捣乱分子，人们就倾向于给他贴上精神疾病的标签："您太累了，抑郁了，去治疗一下吧！"起初只是来自某个负责人的刺激或恶意，后来因不愿违逆上司命令的其他人的无视或怯懦，这种刺激或恶意继续并扩大。对于人事主管而言，要处理某个找麻烦的员工的简便方法就是让医务人员介入，让此人休长假或判定他丧失劳动能力。就是这样，人们把社会问题变成了真正的精神病问题。

塞西尔在一家公共服务机构的营业窗口工作。那一天当她申请集体劳动协议时，她拒绝周六上班，于是她的上司开始让她过上了地狱般的生活。除了批评她的工作外，上司不再同她讲话，还为了鸡毛蒜皮的小错误威胁要处罚她。上司把她看作傻瓜。一天当塞西尔又遭到批评时，她感到不舒服，不得不住院治疗。

出院回来后，领导禁止塞西尔返回营业窗口，并向她解释说，因为她身体虚弱，他们更想给她安排一个远离客户的岗位。塞西尔对这个安排不满，又病倒了。

在返岗体检时，起初职业保健医生宣布她适合工作，后来却改变了主意，指出她因行为障碍暂时不适合工作。她的内科医生于是延长了她的病假，等待专家的意见。

塞西尔因此等了几个月，等待别人来裁决她的命运。职业病科医生最终宣布她适合工作："这是一次职业冲突，您没有病！"但是，在她被宣布适合工作后，社会保障监督医生仍然拒绝支付她日赔偿金；而塞西尔也因此不能立即重返岗位，因为她得等待职业保健医生的召见。

地域性公共职能部门

在市镇、省、大区，国家公务员们经常看到一些新当选者走马上任，他们没有接受过所要承担的职责方面的培训。

在第一时间，当选者们会任用合同制雇员，他们需要有了解工作的人干活儿。然后，一些人很快就自学成才了，而另一些人却试图通过回避回答直接问题和窃取现场干部的工作成果来掩盖他们的无能。公务员不能表现得太自信，因为当选者可能会因此嫉妒他。如果这名合同制雇员与上一个属于另一个政治派别的团队合作默契，局面就会更加糟糕。在这种情况下，当选者会不信任他，并始终怀疑他的忠诚度。

我是某市政厅的部门主管。前四任部门主管都是被迫离职

的，每一次都留下更无组织的部门、更不顺利的局面和深受精神创伤的团队，他们不再信任任何人，消极怠工。这种情况每次都会重演：今天，轮到我来面对这样一种恶意的、破坏性的、潜伏的、难以言表的暴力。

这个部门的当选者在本市有极大的权力，这一权力大大超出他的管辖范围。秘书长（在我俩关系还不错的时候告诉过我）是他的卑鄙命令的执行者。在我担任领导期间，这个团队遭遇了职位变动、无法完成的强加期限、未得到应有的尊重等打击后，变得无所适从。

米里亚姆的故事如此老套，以至于许多市政厅职员都从中找到了自己的影子。

米里亚姆担任某市政厅财务部负责人已达15年之久。个性强势的她因从不任人摆布而出名，但新市长不承认女性除了执行命令外还能做其他事。自从新的市领导班子上任之后，第一年先是隐蔽的骚扰，随后更直接、更明显。他们对米里亚姆的工作一律持怀疑态度，当着她的面向别人评论她的行为："如果她在私营企业也像在这里一样跟上级对着干，她毫无疑问会被孤立！"当他们知道米里亚姆来自非洲西北部的马格里布地区后，就开种族主义的玩笑，还发警告信（几乎每月一封），暗示她尸位素餐。任何时候，她都无法去讨论那些违规行为，因

为在这个市政厅里，领导们拒绝与合同制雇员直接对话。与她一起工作的上司平常都通过公函交流，但只要有一丁点儿问题，这位上司就会朝她大吼大叫。他质疑米里亚姆的诚实度，暗示她可能将信息透露给了反对派。

这种情况持续了几个月后，米里亚姆崩溃了，她的内科医生给她开了假条。她决定自我辩护。当她联系的省工会要求市长做出解释时，市长否认了问题的事实存在："不存在冲突，都是这位女士自己编造的问题！"

当米里亚姆在病假后重返岗位时，她决定记录下所有违规行为。自从她在接受处罚时威胁市长要揭露她所知道的所有舞弊和贪污行为后，她才开始摆脱骚扰。

军　队

在军队中，有许多暴力事件，但由于等级森严，这里的暴力事件比起其他地方更难被揭露出来。如果有人想揭露某位士官的不公或虐待行为，他们会让他闭嘴。军队被冠以"大哑巴"的绰号，并非浪得虚名。

军事机关比其他行政机关有更多的繁文缛节，它拒绝等级体系外的任何沟通。需遵守慎重、严谨义务的军人们在遭到上级的指责或精神骚扰时，没有任何方法为自己辩解。如果他们抱怨，感觉受到威胁的将是整个军事机关。

尼古拉，40岁，是一名高级军官。在随调动而任职的不同岗位上，他从未与上级发生过矛盾，直至他来到一个结构非常严密的部门，这里的主管因特别苛刻而出名。工作任务很重，但尼古拉没有抱怨，因为他喜欢工作，而且与同事们相处融洽。从一开始，他的主管就将所有有价值的任务都据为己有，并想方设法使他陷入困境。当他申请参加一个享有盛誉的活动时，他的主管瞒着他做了手脚，让活动方选了另一个人。后来，当一份报告出错，可能让人以为尼古拉没有做好工作时，他的主管私下承认了错误，但没有在会上纠正，这使尼古拉受到了上级的警告。他的主管一直截留他的信息，监视他的所作所为，在下属面前质疑他所说的话。他的工作做得越好，他的主管干扰他就越多。在一次考评的前夕，主管给尼古拉放消息说自己会找他的茬儿。当尼古拉请求与更高一级领导谈话时，他们只是告诉尼古拉：“他是您的主管，您必须要服从他！”厌倦了被排斥的尼古拉要求调往另一个岗位。他们拒绝了他，因为没有人愿意代替他到这位主管手下工作。

尼古拉开始反击。当他的主管为了方便某人而进行了违规的安排时，尼古拉干预了此事，想阻止主管。但他的主管还是做了，尼古拉向上级领导反映了这一情况，领导认为他有道理，但拒绝在他的主管可能采取的报复行动中保护他。果然，刁难接踵而至。

尼古拉崩溃了。他去看职业保健医生，并向工会投诉。上级

领导告知他，他的做法是不恰当的，投诉本部门中的某个人就等于给他所在的整个职业团队泼脏水。从那以后，人们把他看作病人，看作一个“麻烦制造者”、一个影响部门顺利运转的人。

一名军人与他的一位上级之间发生矛盾是很常见的，但直至今日，军人们都无处倾诉，因为他们会被推回给另一名军人——他们的上级。国防委员会的两位议员最近向国防部长建议，设立一个军队人事调解员的岗位，聘任一名文职人员，负责对人事管理，即纪律、晋升或调动，提出意见。

社会医疗行业

所有研究都指出，社会医疗行业的精神骚扰特别严重。

对英国东南部的一家社区健康服务所的1000多名医护人员进行的调查表明，38%的医护人员、行政管理人员和勤杂人员遭遇过一种或多种形式的精神骚扰，42%的人目击过针对他们的同事的专横行为。[1] 25%的受害者曾试图采取行动来摆脱苦恼，但大部分人都对结果感到失望。

这个行业的工作条件，无论是从身体上还是从心理上，都特别艰苦。我们委托医疗人员管理我们的痛苦、疾病和死亡，

1 参见《英国医学日报》(*British Medical Journal*)，1999年1月23日。

因为我们猜想他们受过这方面的培训，会与这些状况保持必要的距离。

医院自古以来就是等级森严的组织，然而在这里，医生们的身份例外。由于他们不受医院领导等级权力的管辖，当两个部门主管发生权力冲突时，没有人会来调解。最近的一则社会新闻表明，医生之间的冲突可能对医疗机构和患者造成悲剧性的影响，然而没有人敢推翻这种现状。

让娜在获得医学博士学位后，满怀信心地选择从事医疗事业。她与和她同级的同事亨利一起，在一家当时有点儿落伍的医院里创建了一个先进的医疗部门。年长的亨利被任命为部门主管，尽管他俩做的是一样的工作。七年来一切都很顺利，直至让娜通过了考试，获得了比她的年长同事更高的资质。与此同时，让娜凭借她的资质，从事教学工作，参与著作出版，并开始获得一些名誉。

亨利嫉妒让娜，试图通过多份质疑她的部门报告来诋毁她。亨利不批准让娜的休假申请，每次让娜缺勤，他都向管理层打报告，还要求护士记录让娜的来去时间。亨利的做法导致让娜很不安，并开始出错。亨利最终把让娜移送到纪律委员会。随后的调查没有发现让娜有任何工作过失，结论是同事间的冲突。

不久后，亨利退休了。按照逻辑，让娜作为本部门最老的负

责人，本应接替他的职位，但亨利的众多报告已经给这块阵地布满了地雷，部长更希望某个有政治靠山的人来担任这一职务。

新来的主管，甚至没有要求见让娜，就把她从部门人员名册中删除了。随后，他限制让娜的责任，直至让她没有足够的工作可做。让娜随后收到了一封挂号信，信中指出她工作不够努力，将要给她减薪。让娜采取了多次行动，寻求工会的帮助，但这只令她与新主管的斗争更加艰难，新主管挑剔所有的公文，目的是排挤让娜。他甚至要求为了部门的利益调离让娜。这一调动请求被管理层拒绝了，因为没有任何针对让娜的明确指责，也没有发现让娜有明显的过错。上司于是把让娜移送纪律委员会，告她没有尽到工作义务。结果，让娜在服务20年后被撤职了！

让娜因此得不到任何补偿，因为她的情况不寻常，管理层也没有相关规定。三年来，她的财务状况很艰难，尽管人们经常召见她，确认她是否在找工作。行政法庭最终裁决，让娜有获得补偿的合法权利。两年后，她在行政法庭赢得了上诉，法庭承认对她的撤职是一个违法的决定，未遵守法律程序。

在让娜被撤职多年后，医院建议她重返工作岗位。但该给她一个什么职位呢？医院给她提供的职位是要求她作为一个新手重启职业生涯。她不再有那个干劲儿了。她已筋疲力尽，失去了动力。这些年的痛苦经历已经掏空了她的生活。她的痛苦最终使她的朋友们感到难堪并疏远了她。在职业上，她正逐渐

变得无法融入。如何重拾自信并积攒重新出发的足够精力？为了找到解决方案，部长现在想把她强行安排到另一家医院去，但那里的院长不想要她。让娜知道，如果自己接受了这一安排，将重新被晾在一边。

在让娜的案例中，始终没有明确提出的指责。就算她行为不恰当，也没有人在任何时候给她提出改正的方法。管理层承认这是部门运转的问题，但没有人尝试充当调解员来改变这种局面。这很快就发展成一种怪诞的情形。她独自一人如何能对抗现行体制？如果让娜被确认为精神失常，或如果主管层能找到一个严重的错误来指责她，这种排斥可能更单纯。但是什么也没有，让娜被认定“无罪”，原则上恢复了职位，但她仍然会被孤立。

医院也变成了企业，这里的工作负荷不断增加。技术进步创造了表现自我的技术舞台，但也给医护人员带来了更大的压力。如其他地方一样，这里也需要提高生产力，考虑经济限制，改进对患者的医疗服务。

在医院里，护士同时听命于总监和医生，这就造成了混乱，从而导致误解、烦恼和滥用权力。另外，护士常常抱怨医生不承认她们，给她们安排一些令人不快的工作。而患者对医护人员也越来越苛刻，他们有时吹毛求疵，甚至咄咄逼人。当一个同事遇到困难时，如何在照顾患者的同时帮助他？

接触疾病和死亡会触动医护人员，他们尽自己所能做出反

应，有时候以玩世不恭的态度防守。有些人失去了动力，在这种情况下，他们表现出对患者越来越不关心的态度，满足于循规蹈矩，甚至玩忽职守，暴力横行。

于是工作中的困难暴露了出来，某个人可能背上污点。不正当的言语、蔑视的动作和团体的排斥接踵而至。

在一些照顾体弱者、残疾人或老年人的护理机构中，对患者的虐待有时甚至制度化了。那些想要检举的人几乎必定受到骚扰。夹在堕落的大环境与被虐待的个人之中的人也会变成靶子。

以下是索尼娅写给我的信：

孤独，可怕的孤独！面对他人的死亡，面对他人无法忍受的痛苦……我却可怕地活在我的白大褂里。在白大褂里，我感到如此无能为力。

问题是那些有能力的人却把他们在工作中的故意不作为推卸给没有能力的人。

我无法下决心担保部门主管无视患者尊严、反复危及患者生命的行为，她在无医生处方的情况下滥开安眠药和抗焦虑药，而不是让我们去跟病人进行沟通。她企图在协助一位患者上洗手间时对她施虐，这位患者身上还留有这次受虐待的痕迹。她不做自己的工作，这就算了，而她还用各种手段妨碍我的工作：截留信息、拿走药房的钥匙、销毁资料证据和医疗档案。

在一个狂风暴雨的日子，部门主管提到她的职责时，对我说："对我来说，管理罐头、吸毒者或老年人都是一回事。"

教育行业

教育行业是精神骚扰最盛行的行业之一。然而，除了1998年MGEN（国家教育互助总会）进行的调查[1]以外，很少有人研究这一主题。当我们谈到校园暴力时，更倾向于谈论学生遭受的暴力，而很少提到教职员工所遭受的暴力。

在精神骚扰方面，教育机构与其他机构相比，受影响程度不相上下，但有时很幼稚。

MGEN的研究把一批人从危险中解救出来：主要是在教育优先区或大城市郊区条件较差的区域内的机构任职的40—45岁的独居或单亲家庭的女性。这一受害者群体暂停工作的情况较多，调动申请次数是非受害者的3倍。

这一研究没有显示出这一群体与其他工薪阶层群体的显著差异，但有时似乎难以区分是学生的问题还是教职员工的问题。

骚扰过程通常是一样的：人们将学校中所有的纪律问题和

1　详见霍伦斯坦（Horenstein）、瓦隆-勒迈尔（Voyron-Lemaire）、勒维尔兹（Reverzy）、勒列夫勒（Lelièvre）、柯勒梅（Kremer）、弗舍（Faucheux），《教育领域的骚扰做法》（*Les pratiques du harcèlement en milieu éducatif*），"MGEN"文集，1998年12月。

教学困难都推给那个被瞄准的教师，尤其是当他能力“过剩”时。由于一名教师的任务无法完全由法律规定，因此他很容易因某些行为（如没收某个被禁止的物品）、与学生讲话的方式或未介入学生间的争执而蒙上污名。

研究行业

精神骚扰行为在研究员中非常普遍。这些骚扰甚至是连续的现象，因为它们极少能被注意到。由于职位非常珍贵，这导致了残酷的斗争或血腥的对抗，只有最优秀的人（或运气最好的人）才能摘得桂冠。成功者将居高临下地俯视众人，但这不妨碍他继续怀疑其他研究员。始终待在身后的那些人则积攒了嫉妒和怨恨。

因为不愿甘居人后，一名研究员可能剽窃他人的知识，尤其是想法。他会厚颜无耻地抄袭他人的著作，或在取得竞争对手的信任后，利用他的发言来推销自己的研究。然后，他会将同行的想法或观念稍做修改或做部分批判后据为己有，并想方设法赶在同行前面将其迅速发表。这里不是研究员之间互相激励的合作场所，而是一个科学进步无关紧要、以争名逐利为目的的丛林。

如果一个研究员过于杰出，他的上司们会担心他前进得太快，抢了自己的风头。在这种情况下，上司们会阻碍他在已被

确认的能力范围内工作，并且不给他提供实物手段来继续他的研究。

保罗是一位有名的研究员，他在国际科学杂志上发表过多篇文章。他还参与了许多研究任务，并因此享有盛名。

他在部门中的困境是从申请准备一篇论文开始的。为了写这篇论文，一个研究实验室已准备好迎接他。他的部门负责人却以部门培训的理由拒绝了他的论文注册申请，因此保罗不得不请两年的个人培训假来准备论文。

完成论文回来后，他维护了自己的权利，重新回到了工程师研究员的岗位，但部门负责人拒绝让他负责任何研究活动。他们把他安排在另一个楼里，分配给他一些与他的能力范围毫无关系的工作，甚至拒绝发给他一台电脑——研究员的基本工具。他们拒绝给他提供进行研究所需的必要资金，还禁止技术员或实习生与他合作。

最后，在因无故缺勤而受到纪律处分之后，保罗被迫退休了。

即使是一位杰出的研究员，上级也会要求他遵守他所在的体制。有些人想象他们获得了好的成绩和声誉就可以享受特殊待遇，但上级仍然要求他们进到模子里去。

私营部门

中小企业

与其他地方一样，中小企业中也存在精神骚扰现象，尽管它很少持续很长时间，因为极少有中小企业能够忍受一个无生产力的人的成本。然而，正是在这里，我们遇到了最多的有意识的、蓄谋已久的精神骚扰案例，其目的是使员工泄气，从而自行辞职。

在小企业中，任命一位新的负责人可能从根本上改变员工的工作条件，要么变得更好，要么变得更糟。

索尼娅是一家由20多人组成的小企业的会计。工作条件一直很艰苦，但同事之间的气氛不错，而且索尼娅喜欢她的工作。

当老板的表姐被任命为车间主任之后，形势开始恶化。所有员工都因为生产了多余产品而遭到粗暴对待，工间休息被精确计时，工作时间无所顾忌地哼歌或大笑也被制止了。

在索尼娅休病假期间，这个主任不懂会计，却试着处理了某些文件，结果出了错，她没有办法，只好指责索尼娅。

非常认真的索尼娅不能忍受这种打击，试图证明这些错误不可能是她造成的。

从那以后，索尼娅的处境变得艰难：她被安排到一个没有窗户的办公室，她的同事们无权再同她讲话，她再也得不到任何信息。所有人都以“你”相称，而这个车间主任却与索尼娅公开以您相称，并且不再同她交流，而是在她的办公桌上留字条，连个招呼都不打。此前口头同意的休假现在也被拒绝了，一些信息处理上的错误也都推卸给她。

也是在小企业中，我们看到了最明显的精神骚扰，有时候接近施虐狂，而任何集体决策机构都无法控制。

罗琳在一家小制衣企业当秘书。作为公司唯一的外国人，当老板责备她时，没有人在乎她的感受。如果老板心情不好，不管她干什么都会挨批，而且会毫不犹豫地把她几个小时的工作成果扔到纸篓里，让她重做。除了工作外，老板还经常要求她去帮他做家务。但他最大的乐趣是取笑他这个秘书的体形、肤色、语言习惯。罗琳忍气吞声，因为在那个地区，工作机会稀少，无论如何，她喜欢她的工作，特别是能与客户接触。

一次，罗琳从楼梯上摔下来，老板不让她去急救中心，因为她还没完成工作：“没有那么严重，您可以再等等！”她从那时起决定与劳动监察委员会谈谈她的处境。

家族企业

在家族企业中被一名家庭成员骚扰，是无法引起专业人士的重视的，无论是职业保健医生还是工会。在劳资纠纷调解委员会的法庭上也得不到任何帮助："这些都是家务事！"的确，职业麻烦与家庭麻烦，还有钱的问题和共有财产问题纠缠在一起，会使事情变得复杂。

皮埃尔，50岁，一直在他父母创办的家族企业中工作。由于他听说自己会接父亲的班，便去学了商务。只要他父亲还活着，就没有问题。皮埃尔负责商务和市场营销部分，做所有决定时，他都咨询父亲的意见。

父亲去世后，皮埃尔的母亲布里吉特接管了企业。她请来了妹妹玛丽担任自己的部下。这两个女人很快就大权独揽，阻挠皮埃尔的决定。为了阻止他的行动（他过于创新），她们想方设法使他无法及时获悉重要的决定。

企业的气氛每况愈下，谣言满天飞。人们讲坏话、传闲话、对同事旁敲侧击。皮埃尔聘用的人员一律遭到攻击。财务主管于格被玛丽骚扰，玛丽指责他在管理上的某些错误。她们强调他的同性恋倾向，检查他所做的一切事，批评他，阻止他行动。皮埃尔没有勇气为他的财务主管辩护，于格递交了辞呈，同时把布里吉特告到了劳资纠纷调解委员会。企业日渐没落。皮埃

尔的姨妈造谣说皮埃尔挪用公款、工作时间打高尔夫。所有被邀请的顾问都建议卖掉企业，因为所有重组方案都成本太高，但这两个女人什么也不想听。对她们而言，只有皮埃尔该为所有不良生意负责，因此应该压制他，必要时威胁或强迫他“正确”地工作。

申诉无门后，皮埃尔勉强决定不再为这个他曾经很想接管的家族企业工作。但是，由于他拥有公司的股份，他总是与他的母亲和姨妈有关联，而骚扰也在通过钱的问题继续……

大型超市

大型超市行业是一个无情的世界，在这里，人们心甘情愿地应用美国超级推销员的典范——切斯特·卡拉斯（Chester Karrass）鼓吹的那种强硬技术：“当您确定了您的目标后，如果您的父母妨碍了您，那么杀掉父母！”

在大型超市，企业文化被强行灌输给员工。上级通过一些测试和挑战来凝聚团队，以巩固集体认同感。那些抵制的和表现过于个人主义的员工将被迫走人，在此之前，上级会毫不犹豫地公开羞辱他们，促使他们犯错，调唆同事们与他们作对。

超市收银员需要执行SBAM标准（微笑、你好、再见、谢谢）。顾客可以评价他们的服务并匿名给他们打分。如果得到差评，他们会受到处罚。如果一名货架主管绩效下滑，上级会

毫不留情地把他降为搬运工。

弗朗西斯是一家超市的货架主管，他的绩效一直令人满意。当超市改换招牌后，他和一位同事职责重叠，尽管没有资质，他还是被安排去做销售员。

在一次生鲜产品管理不善的事故发生后，那位同事企图把责任推到弗朗西斯头上，他俩的关系因此恶化。那位同事甚至成功地唆使整个团队与弗朗西斯作对。无论何时，领导层都不会介入并帮助解决这种冲突，相反，还会利用这个机会，使两个货架主管之间关系剑拔弩张。

弗朗西斯的处境非常难堪，他要求调到另一个部门。而这时，他惊讶地发现他工资条上的系数下降了，身份也改变了。领导层感觉他抗冲突能力不足，将他降职了。他不再有自己的办公室，同时，还要祈求同事们施舍一些工作给他做。

上级最终把他安排到另一个部门，在那里，他们分配给他一些与他的专业能力毫不相关的任务。

新经济行业

目前的研究表明，新经济行业的精神骚扰比传统行业要少。有一个可能的原因是这个行业按照业务能力来评价员工，

而且在一个飞速发展的行业中，没人会有时间制造人际冲突。我们也可以认为，来这里工作的人是选择了一种圣职的幌子，并认为自己在这个幌子下所承受的一切都是正常的。那些不能适应的人会主动离开，或非常直接地被请求离开。没有必要寻找迂回的方法来摆脱一个人，因为这个行业的合同往往都是不确定的。尽管如此，每个人都告诉自己，这没什么大不了的，市场很大，会再找到一份工作。

原则上，新经济行业的价值更平均主义：所有人都是同样的薪水、同样的工作时间，只是获得职工优先股的数目不同。你只要表现出色，就可以做自己想做的事，因为在这里，主动性占主导地位。员工们会获得职工优先股，如果这还不够，那么领导会增加管理方面的筹码，许诺更好的职业前景。但这一切往往都是虚幻的，我们可以看到，当成功不再那么有魔力时，员工们会抱怨他们恶劣的工作条件。

创业公司的创始人们只想着迅速增加资本，以确保企业增长，往往会忘记设立人力资源部，甚至忘记考虑人的因素。

戴尔芬是一家刚刚成立的小企业的外部关系主管。在由于经济衰退而被解雇后不久，她被原公司的一位老友马克聘任。尽管她知道马克主要是对她掌握的人际关系感兴趣，她还是准备为这家创业公司竭尽全力。

来到公司后不久，当戴尔芬意识到创始人们欺骗股东，向

他们推销一个实际并不存在的项目时，她强烈反对，并同马克谈了自己的想法。从那以后，马克开始回避她，早晚不再跟她打招呼，和合伙人不停地在背后恶意羞辱她。他们把她困在电脑前，不再给她安排别的任务，完全孤立她，并禁止秘书与她有任何交流，甚至仅仅是工作上的交流也不行。因为工作场地不大，会议都是在他们的共用办公室召开，但由于戴尔芬无权出席，他们就让她带着电脑到一个角落里面壁。一天，当马克当着她的面公然清空了她的柜子、撕毁了她的文件时，她报了警。

在解释这一行为时，马克对她说："我们雇用你是做了一件傻事，我们没办法付你工资！"的确，这家新创公司还没有盈利，他们无法支付欠她的工资。他们没有与她谈判，而是试图争取时间，逼得她忍无可忍，直至自己辞职，一分钱也没拿到。

互联网经济就像一场电脑游戏，必须尽可能地将对手斩尽杀绝。能够以最快速度抓住新的机会并将竞争对手斩草除根的一方才能获胜。胜利的诱惑是首要的动机。年轻人对此没有抱怨，因为他们觉得自己不是在工作，而是在与他们的游戏机玩得不可开交。他们成为一批被驯服的劳动力，自愿被某些人利用来获取成功。这些年轻人，没有不满，也没有工会。

协会行业

精神骚扰在协会中出现的频率，尤其在慈善协会中，很好地说明这一现象不单纯与经济标准、盈利性或市场竞争相关，而更多地与获取权力的意愿相关。在这些沟通和援助方面的专业人士应和谐共处的地方，人们沉浸在保持缄默、人情世故中，有时甚至是犬儒主义的气氛中。

莉迪在一家享有盛誉、福利很好的协会工作。工作条件非常优越，尤其对领导层而言：豪华的办公室、先进的设备。领导团队的成员们充分发挥他们的代表职能，因此可以享受奢侈的旅行和优厚的待遇。年终时，需要把所有的预算花完，于是他们利用这些资金重新装修办公室，更换所有电脑设备。

几乎所有文件都由莉迪负责。她工作量巨大，每天晚上都要加班。当她向上司汇报工作时，这位大部分时间都缺勤却是秘书长朋友的上司毫不犹豫地夺走了最有价值的文件，窃取了莉迪的工作成果。

尽管莉迪没有得到任何荣誉或任何物质酬劳，但她还是想好好工作，为此，她试着与上司沟通，以便更好地安排她的工作。但这位上司却瞧不起她，一旦她的问题太多，上司就采取专断措施。

渐渐地，这位上司感觉越来越受到莉迪的威胁，并听信了

有人说莉迪在外面诽谤他的谗言。气氛变得很沉重。他不再同莉迪打招呼，而秘书当着他的面也不敢再同莉迪打招呼。出于部门需求，他擅自拆开了莉迪的信，并偷听她的电话留言。莉迪不知道这是出于恶意还是其他因素，但她失眠了，每天早上去上班时都心存恐惧并呕吐。

以帮助困难群体为目的的协会组织会利用受助者的痛苦，并借此利用那些负责这些受助者但自己也幸运不到哪里去的员工的痛苦。以下是乔西安的来信：

国家机关考虑一下那些职员极少能保护自己的单位里发生的事实是非常重要的：没有工会代表、没有证人、工会拒绝考虑他们（正如我们曾经的遭遇）。

我是一家小型协会的职员。该协会的四名职员分别是：保洁员、总干事、秘书和我——地位和薪水与秘书相同的文员。

我的同事和我不断遭到来自总干事的各种各样难以置信的刁难以及协会上级领导的轻视。这位总干事为了掩盖他的平庸并夸耀自己，不仅窃取我们的工作成果，而且对我们做出卑鄙的行为，使我们在别人眼中留下无能、傲慢和爱争吵的印象。我们曾多次尝试证明我们的能力和工作成果，但这只能让我们更受排挤。

因为除了丧失动力和身体状况变糟（无法再糟！）外，没有

证据证明我们感到羞耻和疲惫，我们更难为自己辩护，于是我列举了那些幼稚、愚蠢和自相矛盾的刁难和羞辱。不久后，我们终于开始怀疑自己。这些事实与我们愿意为之奉献全部的协会的工作性质和良好发展相违背，因此更加令人震惊。

体育行业

在体育界，拒绝做证之风盛行。精神骚扰通常是在一名运动员没有遵守保持沉默的游戏规则，揭发服用兴奋剂、性侵犯或财务操纵等丑闻时开始的。从那以后，他会遭受压力、威胁，被取消参加竞赛或正式比赛的资格。揭发是一个危险的举动。在1991年卡特琳娜·穆瓦翁·德·巴克（Catherine Moyon de Baecque）控告她的教练在一次世界田径锦标赛国家集训期间对她实施了性骚扰之后，其他运动员也开始揭露她们所遭受的性骚扰，但精神骚扰仍一直被掩盖着。自1998年1月起，由加拿大发起设计了www.harassmentinsport.com网站，它代表40家组织，为运动员及其父母，还有教练和俱乐部领导提供信息。它提供种族主义歧视、训练强度过高或性骚扰方面的建议。他们认为："骚扰可能表现为多种形式，但通常可以定义为某人或某个团体有意做出的侮辱、恐吓、羞辱、敌视、贬低或冒犯的评语、行为或姿势。"

尽管大部分研究“围攻”的专家认为体育界的精神骚扰并不严重，因为运动员可以自行选择离开，但是一项高水平的体育运动往往比职业运动要求付出更多心血，因此被迫放弃无疑会构成对一名运动员的认同感的打击。

政　界

在政界，骚扰行为已成家常便饭。媒体向我们报道政要们的谎言、操纵和诽谤，大家对此都习以为常。就好像这是游戏的一部分。大家认为，要搞政治，就应该足够自信和好斗，在所有打击面前岿然不动，还应该足够坚强，以牙还牙。然而，政治也是一种职业，如果我们希望政治行为自我净化，就应重新建立规则。迄今为止，只有几位女性政治家和一位同性恋当选者敢于揭露他们曾经遭受的精神骚扰。

第三部分

精神骚扰对健康造成的后果

在精神骚扰中，受害者表现出来的症状千篇一律，而且很大程度上与侵犯的强度和持续时间相关，与受害者的心理结构无关。无论一个人是表现出歇斯底里、强迫症还是恐惧症的症状，最初占主导地位的，都是所有心理创伤共有的一种创伤画面，但却带着疑问的色调：“这是真的吗？我是不是疯了？”初始心理结构只有当此人有可能说出发生了什么并有人倾听时才会重新出现。

这种特定症状使得一位对此类状况有丰富经验的临床医生可以仅通过对此人健康造成的后果来识别精神骚扰，并由此将其与过度控诉区分开来。这是一种适应和持续的方式，分多个阶段相继迅速地发展。

第八章

非特异性后果

LES CONSÉQUENCES ASPÉCIFIQUES

精神压力与焦虑

如果精神骚扰是最近发生的，而且仍然存在反击的可能性或解决的希望，则其症状初期非常接近精神压力，并伴有医生们称为功能性障碍的症状：疲惫、神经质、睡眠障碍、偏头痛、消化障碍、腰痛等。这是人体对过度刺激的一种反应，是主体为应对这种状况而进行的一种适应尝试。然而，除了来自精神骚扰的精神压力之外，还有一种无能为力和耻辱的感觉以及“这不正常”的想法。在这一阶段，如果此人离开折磨他的那个人，或者对方向他道歉——这种情况相当罕见，他就会很快恢复，并重新找到平衡。

抑　郁

如果骚扰继续下去或者加强，可能会产生一种重度抑郁状态。于是，被骚扰者会表现出一种悲伤的情绪、一种被贬低的感觉，或者产生过度的或不适当的自责感，丧失了所有欲望，对此前感兴趣的一切都无动于衷。

根据《精神疾病国际分类》（*Classification internationale des maladies mentales*）的标准[1]：

* 回答问卷的人中有69%表现出或曾经表现出一种重度抑郁状态，这是一种应接受治疗的严重的抑郁状态。这也是一种不应忽视的自杀倾向。这个数字还与人们寻求帮助相关，根据我的调查，这些人中65%曾经咨询过他们的内科医生，52%曾经咨询过精神科医生。

* 7%的人曾表现出一种中度抑郁状态。

* 24%的人曾表现出一种轻度抑郁状态。

抑郁的员工往往会向其周围的人，甚至他的医生，隐瞒自己的症状，因为他为无法再达到上级期待的水平而自责。

不要忽视这些抑郁症状，因为其诱发的自杀倾向已经很高了（在PACA大区进行的研究表明，在职业保健医生确认的517例精神骚扰病例中，有13人曾经企图自杀）。

1　参见美国精神病学协会（American Psychiatric Association）颁布于1994年的《诊断标准》（*Critères diagnostiques*）。

身心失调

52%的病例有各种身心失调症状。身心失调症状可能要常见得多，但它们在初期得到了自我治疗，随后又由内科医生进行了对症治疗。

以下是一位内科医生同行给我的来信，信中描述了受害者们表现出的身心失调症状：

起初，内科医生面对的是表现出多种失调的病人，从带有身心失调成分的“多病”到真正的身心失调症状。医生有可能错过这些失调症状的真正病因，或许是因为在寻找病因时只关注病人的职业状况，或许是因为病人没有陈述这一病因。与工作相关的精神痛苦，在工作和成功与心跳一样平常的时期，的确可能被病人等同于对某个人格弱点的污蔑。显然，如果只局限于药物处方，治疗是不可能完全有效的。

在骚扰行为演变了一段时间之后，身心失调症状几乎总是首先体现出来。身体先于大脑记录下侵犯行为，因为大脑拒绝看见它理解不了的事物。不久，身体也回忆起创伤，症状可能会随着创伤后精神压力加大而继续发展。身心失调的并发症是惊人的、严重的，而且发展很快：惊人的消瘦或体重迅速增长（几个月内增长15—20公斤），消化障碍（胃痛、结肠炎、胃

溃疡），内分泌失调（甲状腺问题、月经不调），经治疗也无法控制的高血压发作、心神不宁、头晕、皮肤病等。

皮埃尔遭到刚上任的新老板的骚扰后，来我这里咨询。第一次咨询时，他仍然精力充沛、主动，能准确解释他老板的反常行为。他拒绝任何药物辅助治疗，因为他很快就要休假了，并希望休假回来以后，事情会好转。几周以后，当他回来见我时，他瘦了9公斤，面色灰暗无光，浑身颤抖。在最后一刻，老板拒绝了他的休假，尽管休假申请几个月前就提交了，老板还警告皮埃尔，如果休假，哪怕是半天，他都会受到纪律处分。老板给他安排了过多的工作，每天都劈头盖脸地辱骂他，不管他做什么都瞧不上眼。皮埃尔失眠了。他在脑中反复思忖该说些什么、做些什么来自卫。每天清晨闹钟快响时，他才昏昏睡去。他强迫自己吃饭，但没有饥饿感。单身的他晚上给自己热一盘速冻食物，却常常忘了吃；中午，他就买一个三明治，站在咖啡机旁吞下去。

面对皮埃尔健康状况的恶化，我建议他尽快和他的内科医生约一次全面体检。体检发现他有高血压、胆固醇高、心律不齐等症状。皮埃尔始终拒绝休病假，因为他害怕失去工作。

渐渐地，他的整个状态越来越糟，衣冠不整、松松垮垮、胡子拉碴。他的身体表现出抑郁症状，但他始终拒绝承认。这种拒绝可能是因为他难以忍受抗抑郁药物的副作用。

不久之后，我接到了一家医院的电话，皮埃尔在一次突发的迷走神经性不适后被医院紧急收治。他犯病时，他的老板正当着秘书的面大声吼叫，侮辱性地指责他。医院决定将他留院观察一段时间，以迫使他接受治疗。

一次身体冲击可能引起精神上的反应，而一次情感冲击也可能对身体造成影响。因此，反应是从身体到精神的，也是相互的。对某一事件的描述或恐惧也会导致同样的综合征。

海伦因几个月来持续发展的重度抑郁状态来就诊。她睡不着觉，吃不进东西，瘦了好几公斤。在她的内科医生要求下进行的健康体检显示一切正常。她把自己的疲惫归咎于她工作了20多年的银行中弥漫的“疯狂”氛围。自从重组后，领导层给那些业绩不够好的和超过50岁的员工施压，迫使他们辞职。某些人在为离职谈条件，另一些人摇摆不定。原则上，身为公认的模范员工且只有40岁的海伦不是裁员对象，但整体氛围令人生厌，大家都在各奔前程。她的上司尤其心狠手辣，永远不要指望从她那里得到帮助。她不断地找海伦的茬儿，海伦无法理解这是出于恶意还是偶然行为。自解雇风暴以来，需要承担的工作量没变，都落到了留下的人身上。筋疲力尽的海伦本想要求换个岗位，但上级答复她：“企业不会去适应员工的愿望，而应由员工来适应企业！”在这种环境中坚持得精疲力竭之后，海

伦被迫暂停工作，以便治疗她的抑郁症。

经过几个月的治疗，当海伦情绪有所好转之后，医生又查出她患有乳腺癌，且发展得很快。奇怪的是，海伦反而感到如释重负：“他们再也不能说我什么也没有了！”

我们能说海伦的癌症与她所遭遇的职业困境有关吗？可能没有，但我们不能不自问，她在处理工作中刁难氛围方面的困难是不是可能与她癌症的迅速发展有关？我们可以假设，她在自己天生容易受伤的地方被打垮了。

第九章

创伤性后果

LES CONSÉQUENCES DU TRAUMATISME

遭受精神骚扰几个月后，在受侵犯之初并不明显的精神压力症状，会逐渐转化为一种明显的精神紊乱。

所有受害者，除了几个罕见的例外情况，都承受过持续性的不安。在所有其他形式的职场痛苦中，尤其是职业压力过大的情况，如果刺激停止，痛苦即停止，人也会恢复正常状态。相反，精神骚扰会留下不可磨灭的痕迹，可能从创伤后精神压力发展为复发性耻辱经历，甚至导致受害者个性的持续改变。即使受害者远离侵害者，被贬低的感觉仍会持续。他有一道心理伤痕，这道伤痕使他变得脆弱，生活在恐惧中，怀疑一切事、一切人。

创伤后精神压力

与持械攻击或强奸一样，精神骚扰无可争议地构成一种创伤。根据精神分析法，创伤的概念包含主体生活中的一次或多次激烈事件引起的主体无法以适当的方式回应的无力感和事件对心理产生的可持续影响。起初，弗洛伊德把创伤与某个外部现实联系在一起，后来他放弃了这一理论，用与幻想有关的概念取而代之。他认为，只有童年时期和性存在引发创伤的机制。同时，他指出成年后的男性应对他自己的遭遇负责；如果他一直处于痛苦状态，那是因为他有受虐癖。然而，正如我在《骚扰，无法回避的痛》中阐明的，是受害者被外部现实圈禁在这种处境中，而与他们的心理结构无关。

最严重的创伤表现主要出现在精神骚扰的案例中，受害者被孤立，“独自对抗所有人”，而较少出现在粗暴管理的案例中。这种情况下只要团结起来，就可远离受虐的处境。

于是神经官能症出现了，甚至发现了更罕见的创伤性精神病，这符合《精神疾病国际分类》中的创伤后精神压力状态。无论创伤的起因是什么，它们的表现都是相同的。

暴力和侮辱情景的重现强加于受创伤者，使他无法不去想它。这些画面包围着拒绝它们的受害者，如同痛苦的倒叙。每个夜晚，创伤情景在强行闯入的噩梦中重现。对暴力情景的痛苦回忆长久地、有时甚至是永远地存在。几年后，受害者继续

梦到并害怕想到它们。许多人说，即使经过10年、20年，当他们不得不翻阅使他们回忆起过去处境的文件时，仍然会痛哭。在与我的问卷一起返回的来信中，一些多年前遭受过精神骚扰的人告诉我，回忆起这些旧伤是如何唤醒了当时的痛苦，一切照旧，历历在目。他们重新经历了那些羞辱的情景，重新感觉到同样的腹痛和头晕。许多人还说："即使这使我很痛苦，但还是应该这样做，这样事情才能改变，我的痛苦才有价值。"的确，令他们不堪忍受的是无法理解这一切发生的意义，是痛苦的无的放矢。

您的书对我而言既是一件疯狂的好事，又是一件残酷的坏事。疯狂的好事是因为它让我学会理解、能够最终说出自己所遭受的侵犯，同时，承认并定性那些侵害者，并开始理解他们……残酷的坏事是因为每读一页，我又一字一句地重新经历了过去的情景，感到痛苦如旧。在阅读的过程中，我标记了那些描述我的经历的段落，它们准确得可怕，就好像这本书在讲述我的故事一样。对于未曾遭受侵害的任何人来说，这是难以理解的。然而，那些曾经受害过或正在受害的人也未必能够更好地理解！正如文字可以杀人，您的书可以拯救生命，有助于其他人重获生活的权利。我相信（我希望），在精神世界中，过去的事不会再发生，而您的书可以成为前车之鉴。

身体就是这样保留了创伤的记忆，不受意愿控制，而创伤可能会无休止地在任何时候重现。当人们相信某人像他们曾经遇到的骚扰者一样，或者当他们处于使自己回忆起过去的情形中时，他们会有震惊的反应，而当时的那些画面也会强加给他们。

这种侵犯总是留下长久的痕迹。多年之后，这些人会一直表现出恐惧或逃避的行为。有时候，回忆过去引起的对痛苦的恐惧会阻碍受害者回到他们曾经被侵犯的地方或与老同事见面，这就产生了一种恐惧症。

创伤还会歪曲时间的记忆：记忆停滞在创伤事件上，正如超忆症的情况，而当下却变得不真实，从而导致受害者对日常事物的遗忘或漠不关心。

甚至连我的丈夫和孩子们对我来说都不那么重要了。然而我知道我爱他们，但我什么都证明不了。

受害者们思前想后。他们的脑海中翻滚着遭受排挤的情形，同时又试想着其他情景：“如果我这样做，或这样说……”他们反复咀嚼自己所遭受的羞辱。

这种状态使亲属，有时甚至使治疗师，认为受害者沉湎于抱怨，并不想从痛苦的状态中走出来。事实并非如此。企图为他们的遭遇找到任何意义是徒劳的。精神骚扰的特点就是它不

存在于良知的逻辑中，遭受骚扰的人根本无法理解自己的遭遇。如果存在创伤，且症状不见好转，那是因为这些处境本身就无法想象。

所有的受害者都表达了一种孤独感，因为人们在不确定自己的感受时，就很难将之说出来。他们描述起来有困难，因为这是一种不可想象的暴力，他们没有心理准备。一旦有人能够分担这种感觉，将会带来极大的宽慰，因此应该帮助受害者们讲出他们的痛苦。为此，还应该承认这种痛苦是可能存在的。许多情况在我们眼皮底下发生，我们却视而不见。

玛丽安在长期遭受上司兼所谓朋友的骚扰之后离职，至今已经10年了。当时，她什么也不明白。为什么她专心做好本职工作，却遭到攻击？为什么恶意如此之大，以致她自愿协议离职？为什么她逃离这种日常暴力的意愿如此强烈？

现在，玛丽安找到了新的工作，这份工作更有趣，薪水也更高。她甚至对自己说，当时选择离职是幸运的。然而，当她回忆起过去时，她总想哭。表面上看，这事已经翻篇了，玛丽安已经全身心地向前看，而且有许多令人激动的事情可做，甚至她不再经常想起她生命中的那个黑暗时期。然而，过去在她的梦境中重演，使她早晨醒来时不知所措，有时一个画面再现，就会使她记起某个伤人的评论。她一直在自责没有及早离开。她还埋怨自己当时太天真，太过震惊，以至于没能反抗。

现在，她不再谈论过往。当人们问起她那段经历时，她的回答很干脆也很中立，让人觉得那段经历已经不再影响她了。但事实并非如此，她仍然会为此哭泣。

幻　灭

生活中的事件，如精神骚扰，会改变、消磨和削弱人们的情感，使他们丢掉一切幻想和希望。如果此人在工作上投入了过多的感情，这种自恋的崩溃会更加强烈。

弗朗索瓦自从被他的两位上司骚扰了两年选择离开企业后，度过了许多个不眠之夜，噩梦接二连三。梦中，他每小时都会面对侵犯者的暴力面孔，满身大汗地惊醒。他很想把他们倒在他脑袋里的所有垃圾都清空，但他无法忘记自己所受的侮辱。

当他满怀热情地进入这家年轻的企业时，他发现这里是一个明争暗斗的世界，没有任何规则，他们不惜一切手段打击那些拒绝作弊的人。

他不能忍受的是，他完全信任的团队也辜负了他。在他丢掉工作的同时，也丢掉了他的幻想。他曾经想要相信一种并不存在的关系。他知道，对他而言，从此以后他与别人的一切关系都改变了。

揭开旧伤疤

有时候，职场中经历的侵犯与某些个人经历的其他偶然事件相呼应，可能是父亲或母亲的专制或恶行，也可能是童年时遭受的其他侵犯或羞辱。暴力场景会唤醒可能已经忘却的过去的焦虑。一次受辱会使人回忆起此前从父母、家人那里，在学校或其他工作岗位上所遭受的所有羞辱。

在休了相当长的病假返岗后，维罗尼克发现她的办公桌被清空了，而且没有人欢迎她。由于部门更换了信息化系统，而且她也不再有用，她的上司把她安排在门口，让她整理文件。每次经过维罗尼克身边时（差不多一天20次），上司总是忍不住对她说些伤人的话，说自己无法忍受毫无用处的那些人。维罗尼克没有申请参加一个使她能恢复能力和岗位的培训，而是完全聚焦于她上司的态度，她以激烈的方式反抗，并到处宣扬这个女人有多坏。维罗尼克很清楚，她对上司的可憎态度反应如此强烈，是因为上司对她的处置让她想起她母亲拿她当出气筒的暴力行为。童年时的挨打经历使她在离开家时发誓永远不再任人摆布："我之所以反抗，是因为我曾经历过恶语相向、卑鄙的手段和心狠手辣的行为，但我不能告诉他们我很脆弱，以免他们把我当成一个病人。"然而，领导层认为维罗尼克的反抗证实了她患有精神病，因此要求职业保健医生宣布她不适合工作。

这也可能是一种人们极力否认的性虐待，在我个人跟踪的多个案例中，这些人遭受的精神骚扰和他们感受到的耻辱，最终使他们回忆起这个沉重的家庭秘密。

以下是伊芙琳的来信，她因精神骚扰而被解雇：

我在绝望中度过了许多日子，不知道我是不是疯了，是不是完全无法适应职场、社会生活，甚至日常生活。在多次暂停工作并接受了医生的（无效的）治疗后，我这几个月来一直在接受一位心理治疗师的帮助。在试着帮助我重建自信的同时，他还要让我回忆很小的时候经历的痛苦事件，因为我在大约5岁时，就已经是另一种恶行的受害者。今天我感受到的痛苦情感，羞耻感、负罪感和厌恶感，与我40年前感受到的一样；它们现在更加强烈、更加令人痛苦。这种回忆的尝试会帮我理解并躲开前进道路上的另一个恶行的陷阱吗？我不相信，始终被焦虑困扰。

任何人都有过去，让我们停止掩耳盗铃和掩盖伤口。而侵犯者们也不应拿受害者先前的脆弱当挡箭牌，来推卸自己的罪责。当然，某些虐待行为会粗暴地揭开人们本想忘却的旧伤疤，但这些旧的创伤并不是精神骚扰的起因。

第十章

精神骚扰的特定后果

LES CONSÉQUENCES SPÉCIFIQUES
AU HARCÈLEMENT MORAL

羞耻感与受辱感

与其他形式的职场痛苦相比，精神骚扰表现出的特点就在于羞耻感与受辱感占主导地位，但这通常并不伴随对侵犯者的恨意。受害者们只想恢复名誉，重新找到他们被无视的尊严。他们想要隐藏自己，退出俗世。

羞耻感是受害者们难以表达自己的原因，尤其是当骚扰个别实施时。正如在性虐待的案例中，实际情况往往比受害者最初陈述的情况更糟，因为他们找不到合适的语言来描述。在一个指定的时刻，如何说出自己感觉受到了虐待呢？如何说服自己为什么没有立即抗议呢？如何向别人解释当时自己为什么没有反抗呢？

成功反抗的侵犯，哪怕是迟到的反抗，也不会造成如此严重的长期影响。使人受伤的实际上是未能做应该做的事来阻止骚扰行为，是遭受了侮辱却要维持良好的形象，是未能及时破译恶毒的信号。羞耻感来自当时不懂得（未能够）反抗。

我曾经而且现在仍然遭受着来自我担任干部的部门的信息主管对我的侮辱和贬低的言论。

我在过去境遇带来的羞耻感和现在境遇带来的痛苦下生活着。尽管现在这些情况没有那么频繁了，但它们在我内心唤醒了一种严重的、无尽的痛苦，是一口痛苦之井。这些境遇和记忆吞噬着我，让我寸步难行。这就如同一个缺陷，仿佛证明我活该受到侵犯，因为我不懂得自卫。

举其中两个例子：

一天早上，这位先生进入我的办公室，站在我对桌同事的电脑前。我对他说“早上好，马丁”，他却回答“早上好，家伙”。我提出抗议，要求他称呼我的名字。他反驳道：“无论如何，你只不过是一根猪血肠！”由于另一个人在场，我很尴尬，我只能开玩笑道：“您看，我同事很迷人！”而我内心却感到沮丧和羞耻。我感觉到仇恨、暴力在我心中升腾。

另一次，他在我办公室与我的同事谈论一个与我同时受雇的人：“雇他是对的……不像这位！”说时用手指着我。

丧失意义

使我们感到不适的，是无法理解，是那些故意让我们张冠李戴的假话。家庭中的一语双关会使人精神分裂，而企业中的言下之意会摧毁员工或使他们变成妄想狂，它向员工们表明一项丧失了意义的工作的荒谬性。他们不再相信自己的感觉：什么是真的，什么是假的？我真的像他们说的那样无用、那样坏、那样晦气吗？于是他们忍气吞声，不能自卫。他们被告知应对自己所承受的一切负责，他们自己有问题，他们自己是蠢货。

应该注意，一些似是而非的禁令（例如，说一件事，表达的却是相反的意思）经常被用作所谓的“骚扰技术”，其目的是妨碍他人理解，使其无能为力。他们指责某人不工作，但却不给他工作的手段，甚至妨碍他工作，正如我们在前一章中看到的。更有甚者，他们安排给一位员工一项所有人都知道是无用的任务，正如阿梅丽 · 诺冬笔下的主人公要把同样的文件重新复印100份一样。[1]

怀疑自己的精神健康已经足够难以忍受了，如果再加上同事们和证人们的无意识行为：装作什么也没发生过，或者相反，传言他受到这样的对待肯定是有原因的……这简直没法活

1 参见阿梅丽 · 诺冬（Amélie Nothomb），《新爱美丽闯东瀛》（*Stupeur et tremblements*），Albin-Michel出版社，1999年。

了，受害者将被迫以一种或另一种方式代偿失调。

丧失意义和投诉无门的直接后果是发展为侵犯行为。

一些被骚扰的职员会有冲动的、愤怒的举动，而这些举动可能发展为损毁工作岗位上的材料，破坏全部信息数据库，或者打电话辱骂骚扰者。在发展为侵犯行为的过程中，某些行为看上去像是绝望的行为，几乎是自杀，因为此人很清楚，这样做只会使他的处境更糟。不用说，这些冲动的行为会反过来伤害这位反应过激的、被说成有性格缺陷的职员自身。

心理变化

精神骚扰会摧毁认同感，并以可持续的方式改变一个人的性格。从孩提时代起，我们的认同感会逐步建立，但永远不会最终定型。当一个人成为某一侵犯的受害者且他没有心理方法来与之斗争时，先天的性格特点就会凸显或者会出现精神紊乱。这是一种真正的精神错乱，使得一个人被剥夺了自我，变成了自己不认识的人。

实际上，一些话语或态度可能导致一些心理变化。中国有句谚语：“刀伤易治，口伤难医。”当侵犯的目的是摧毁他人，并剥夺他的认同感时，受害者为了自保，只有两个办法：把自己变成双重人格，精神科医生称之为人格分裂，或者放弃他的

认同感。

这些事件令人心碎，一切都永远回不到原来的样子。事过境迁，面目全非。这种变化有时是积极的，就像上了一堂课——当此人今后再经历同类处境时，已学会提高警惕。但不幸的是，变化并非总是积极的，有时可能会出现两个演变方向。

失去活力

被骚扰的人可能患上一种创伤性神经官能症，这种情况下，他的抑郁状态转为慢性。这就好像他在阴影中无法自拔。他不停地想他的遭遇，思前想后，自问到底做了什么才走到这一步。他仿佛被压垮了，失去了一切冲劲和生命的光芒，这种状态有时是可持续的。他身上不再有任何活力，因为他被凝固住了，有时是永久性的。这种情况，我们可以称为“精神谋杀”：他仍然活着，但已经变成了行尸走肉。他从此之后就背负着侵害者的一部分，他把侵害者的话变成自己的。在另一种文化中，人们会说他被“附体”了。

多年之后，当我要做点儿别的什么事的时候，我身体里有一个微弱的声音对我说，我一无是处，什么也做不好，无论如何，我都无法成功。

僵 化

有时，被骚扰者的个性会变得僵化，出现一些妄想狂的特质。

合理的疑心很容易发展成诱导妄想狂。这一界限非常微妙，常常会使诊断出错。然而，如果先入为主地将这些障碍归为前期病症，则是滥用精神治疗学的知识。当自信心遭到无视，或遭到背叛和操纵时，人们自然会变得多疑；当被监视和陷害时，人们不可避免地会在以后小心防范。经验通常教我们要谨慎，但一些创伤经历可能使我们变得疑心过重。在随时应保持警惕的职场上，任何状况都可能导致怀疑一切和个性僵化。根据我的临床经验，当精神骚扰发生在公共服务行业中时，它似乎特别倾向于发展成为妄想狂的特质。因为这个行业的程序非常长、非常格式化；任何投诉都要逐级上报，如果投诉涉及这个等级体制本身，这一过程将特别曲折……任何申请都应附上说明、卷宗、申诉记录、证据等。简而言之，要想自我辩护，得变成诉讼专家。

然而，受害者有时候甚至会在治疗师或律师那里遇到怀疑和不信任。这些人对他们说他们太过天真了，而他们则自责当时没能意识到侵犯行为。于是，他们可能陷入一种怀疑一切的状态，开始怀疑所有事和所有人。他们一心想打赢官司，于是自己证明一切、核实一切，所有卷宗都做成一式三

份，甚至当赢得诉讼时，他们都无法再放手和将此事翻篇。于是受害者出现了反应僵化的状况，常常感觉自己遭到了迫害，直至变成妄想狂。

科琳娜担任杰拉尔的助理两年了。据她说，起初，杰拉尔表现得非常有魅力，甚至试图和她建立更亲密的关系。科琳娜拒绝了杰拉尔的所有主动接近，每次都试着将他们的关系拉回纯工作的轨道。于是日常精神骚扰开始了：杰拉尔不正当地批评她的工作，当众对她出言不逊，做出轻视她的举动，孤立她，故意给她传递错误信息，等等。后来，杰拉尔开始监视她，或者至少她自己是这样理解他的行为的。杰拉尔以正当的安全措施为借口，让人在办公室安装了监控摄像头。当然，这不是直接针对科琳娜的，但碰巧其中一个摄像头直接指向她的办公桌，使得杰拉尔可以监视她的进进出出。而且碰巧又有多次，科琳娜觉得从自己的汽车后视镜中看到杰拉尔下班后和她走同一条路回家。但这有那么奇怪吗？他们住在同一街区。如果杰拉尔没有对科琳娜做出那种破坏性行为，她可能就不会担心这些巧合了，甚至可能根本注意不到。但她注意到了，她担心了，现在，她不能不去想它们。

后来，当精神骚扰明显变得更有敌意时，科琳娜崩溃了，并暂停了工作。她睡不着觉，整日哭泣，自寻烦恼，草木皆兵，总是有被窥伺的感觉。她怀疑所有事、所有人。

她咨询的第一位精神科医生给出的结论是她患上了被迫害妄想症，但是一些人能够证明她上司的恶意操纵和指向她办公桌的摄像头都确有其事。科琳娜认为这位精神科医生对她有敌意，从而干扰了他的诊断，因此她想换治疗师，并跟他谈了这事。这位医生向她指出，她感到到处受到迫害，包括在他的咨询诊所里，并鼓励她继续在这里接受精神治疗。她对自己说医生可能说得对，并继续不情愿地接受他的治疗。但她的健康状况没有任何好转，她最终决定换治疗师，并到另一个城市咨询了一位女治疗师。这位女医生鼓励她继续行政诉讼程序。几个月后，科琳娜最终打赢了官司：行政机关承认了她上司的虐待行为。这下她放心了："我不是疯子！"渐渐地，她重拾了自信，并停止了怀疑所有人。

通过这个临床案例，我们看到，帮助受害者获得对其所遭受暴力的外部承认是多么重要。

用精神病来防御

精神骚扰，正如任何暴力性创伤或重复性侮辱一样，可能导致心理防线被强行突破，使一个人暂时出现妄想症状。

玛吉在一家知名企业担任会计已达10年之久。在一次重组中，来了一位新主管，他一上任就表现出无法容忍旧团队。同事之间的关系变得紧张，人们互相猜疑，每个人都要随时证明自己。一位同事在一次会议中突发强直性痉挛，另一位为了自我辩护，被迫寄出了多封挂号信。

这位主管上任之后，就不让玛吉参加会议了，而往常她都被召集去开会，给她安排的工作也少了。

当玛吉明白这位主管不想要她了时，她试图与主管商谈离开企业的条件。主管对她说“没问题”，实际上却什么也没做，还拒绝见她。主管对玛吉的工作提出诸多批评，但当她想解释时，主管就挂断了她的电话或转身就走。之后，主管告诉她，他想让她走，但不想付钱。

就是从这时起，玛吉出现了妄想症。她觉得有人要同她讲话。她相信在公司，甚至在家里，有人说她无能。她确信她的邻居是她主管雇用的情报人员，他们在监听她的谈话，以便积累迫使她辞职的对她不利的证据。她认为她的电话被监听了，而且她家里隐藏着用来陷害她的摄像头。

为了安抚玛吉，她的丈夫带她去度了几天假。度假期间，她的妄想症消失了，她甚至对自己的遭遇报之一笑。度假回来后，当她重返工作岗位时，妄想念头又重新出现了……

这个病例是一个真实的妄想病，是在被迫害妄想氛围中的

幻听和精神幻觉造成的，被称为慢性幻觉性精神病。玛吉听到的批评或恶意的声音，是对她自认为所处的职业环境的回声。她的妄想是否与她工作中的经历相关？无可否认，工作中的不安定氛围是她产生妄想的导火索。她自认为察觉到的敌意是真的吗？即使很难了解她主管的意图的真实性，但玛吉的妄想并非空穴来风，不安定氛围确实存在，尽管玛吉很可能对此过分敏感了。

无论如何，她感觉自己受到了威胁，她的精神平衡被搅乱了，她感到不安，这种不安足够严重到使她失去平衡，患上精神病。如果职业环境稳定，她还会出现妄想症吗？可能不会。无可否认，职业的不确定性是非常具有干扰性的因素，即使它可能并非精神错乱的根源。

在药物治疗的作用下，玛吉的症状迅速消失了，但重返岗位的念头一直使她苦恼。因为一次冲动，她最终递交了辞呈，并因此感到如释重负。但她的领导们要求她走预先通知程序，然而，当她重新与公司联系时，她的妄想症又一次发作了。医生劝她暂停工作，直至预先通知程序结束。她重新找回了活力。几周后，她注册了一个培训，并热情地参加培训，一个月后，她找到了新工作。

几个月后，玛吉不再需要治疗，也不再妄想了。

更令人震惊的是，不久之后，她的另一位同事丽萨，和她一样也是会计，也出现了同样的状况，但表面上举止更加“正常”。

她试图自我调适和隐瞒，但压力和恶意却变得越来越明显。她硬挺着，至少表面上是这样，事实上她出现了一系列明显的身心紊乱症状。最终，丽萨还是被解雇了，她很沮丧，不愿意承认这一事实。她的内科医生给她开了各种药，都没有见效，无奈之下，最终对她进行抗抑郁治疗，这使她无法承受。她还拒绝接受心理治疗，并说自己没疯。

现在，丽萨仍然处于失业状态，同时，她也没找工作，因为她感觉自己不在状态。

虽然玛吉和丽萨身在同一家企业，但她们的故事足够引以为戒。突然发展为妄想狂是摆脱“虐待性”工作环境影响的一种非常有效的防御方法。在某种程度上，玛吉需要这种妄想症，以便使她能突然爆发，进行反抗和自我保护。

我们很惊讶地看到，人们所指责的一个人的缺点正是在人们的诱导下产生的。当人们对一个人说“你是个疯子”或“你有精神病”时，他往往就变成了疯子或精神病人。

我们不应该把发展成精神病一律看成失败。这可能是我们的心理为了抵抗压迫而出现的一种有效的保护措施。

无论是演变成喋喋不休的抱怨，还是演变成妄想狂式的疑心，被驱逐出职场的人都不可能再回去了。在前一种情况下，这个人已经被凝固住、被粘住，动弹不得，而在第二种情况下，这个人变得僵化，因害怕受到攻击而放不下他的戒心。而企业因其刚性制度，拒绝这些人，把他们逼成疯子或病人。这时候就需要社会借助医疗保险来对他们负责。

我们看到，在遭受精神骚扰的过程中，一个人变成了人们所指责的模样。人们对他说“你一无是处”，于是，此人就丧失了理智，感觉自己变得一无是处。人们把他当成精神病人来对待，一段时间后，他就变得多疑、僵化、四处控诉。这就是话语的力量，它们发挥作用，并通过命令来改变他人。

第四部分

骚扰的根源

有人倾向于认为，精神骚扰有且只有一个原因，并因此推导出它有且只有一种医治方案。但是，一种理性的思维方式应能够以不同的角度看待问题：关注人的个性及其经历的心理学角度，以及对管理规则进行基本分析的组织学角度。不要相信只聚焦于受害者的个性、弱点和缺点，而忘记了侵犯者的个性、弱点和缺点的思维方式，但对于将骚扰视为侵犯者的专利的思维方式也应持怀疑态度。同时，应避免说，这不是任何人的错，受害者是无辜的，侵犯者本身也只是制度的受害者，一切都是某个抽象实体的错，如资本主义、全球化。只把暴力视为职业组织导致的后果可能会错误地减轻施暴者的罪行，因此，一方面应避免过分夸大心理学层面的诱因；另一方面应避免把过错一律推给（不人道的）职业组织，而推卸当事人的责任。

即使在职场上，暴力有时与组织的毒害性相关，但它也是对各个层级的个人引发的暴力的回应。

当然，无可否认存在一些败坏的体制，它们为暴力的实施推波助澜，但考虑体制的因素并不妨碍考虑人的因素。无论企业是否想要把员工变为顺从的棋子，始终会有一些因其教育背景、社会阶层和曾经的创伤而变得脆弱的人。我们不能撇开当事人的经历和构成其世界观的不同思想体系来解释骚扰的情形，即使这些个人因素需要放在职业环境中才有意义。因此，一个人反抗一种敌对环境的方式既与其经历有关，也与他所供职的企业的历史、他所处的社会环境及其经济状况，以及他周围的微观社会有关。

尽管这些因素错综复杂，但个人仍然有着行动或反抗的自由。

第十一章

有利于精神骚扰滋生的环境

LES CONTEXTES QUI FAVORISENT

我们可以认为，精神骚扰与人类的本质有关，它始终存在于职场中，不但没有减少，反而愈演愈烈。原因何在？难道不是工作性质的变化推动了这类行为的实施吗？

可以肯定的是，如果说并不存在受害者的典型心理特征，那是因为毋庸置疑地存在着使精神骚扰行为更容易肆虐的职场环境。这不仅仅指那些高强度的压力和败坏的组织占主导地位的职场，更是指那些不够光明正大，甚至完全腐败的管理做法，它们默许了对个人的恶意侵犯。

新的职业组织

精神压力的环境

所有调查结果都明确指出，精神骚扰更可能出现在特别容易产生精神压力的环境中。

精神压力机制已在许多著作中大量描述过，我不再对此展开论述，因为，即使精神压力是一种真正的精神损伤和一种真正的痛苦，它本身却不构成精神骚扰，而仅仅是有利于精神骚扰滋生的腐殖土而已。造成精神骚扰的，不是超负荷的工作，因为在人力资源未被充分利用的部门中也可能存在骚扰，而主要是一种对行为和方法都没有内部调控的工作氛围：一切似乎都被许可，领导的权力是无限的，正如他们对下属的要求一样。

克里斯托夫是一家职业协会的法律顾问。他的直接上级很清楚他的工作已经达到超负荷状态，每晚加班，有时甚至在周末把卷宗带回家处理。然而，上司却拒绝给他配备助理，他请求了一年也无济于事。

当他得知——而且所有人都知道——在隔壁的部门，某些同事上班迟到，假装约见客户，实际却在工作时间去做头发时，他更加忍受不了这种精神压力。

向35小时工作制[1]过渡自然会增加单位时间内的工作强度。老板们总是在每班工时缩短的情况下，要求员工们生产得更多。因此需要把一切做得更快，优化任务的时间安排。从今往后，人们将追逐时间直至生命最后一刻：工作节奏是固定的，休息时间被压缩了，沟通也严格控制在最低限度。新技术的飞速发展迫使员工们不停地适应，还要变成多面手。他们必须迅速记住毫无逻辑的程序变更、没完没了的重组和不间断的部门通知。重要的是，守住目标。跟不上的人会被视为不适应组织的发展。

老板们不断催促，员工们没有时间思考他们所做的事，也没有时间沟通。在一个紧急运转的职场中，人们没有时间倾听。当人们被施压、被催促、被虐待时，会忘记他人乃至任何人的存在，会没有时间让自己被他人打动，没有时间与他人进行真正意义上的“聚会”。当然，接触还是有的，但不再有交流，不再有分享的时刻。当人们到达否定自我和否定自己的身体需求的状态时，就很难去考虑别人了。人们看不到他周围的痛苦，或者即便是偶尔发现了什么，也绝不可以因此耽搁，因为这会导致跟丢目标。

当然，劳累过度的干部们参加了一些精神压力管理或时间管理的研讨会，但会上只教给他们如何把精神压力极限推得更

1 35小时工作制是法国社会党（左翼）总理若斯潘执政时于1998年6月通过的一项法律。此前，法国自1982年起一直推行每周39小时的工作制。这项计划的初衷是减少雇员的工作时间，使雇主不得不用多雇人的方法完成同样的工作量，从而达到增加就业的目的。——编者注

远，以便他们效率更高，动作更快。人们教他们自我修炼，以便更好地抵御因工作处境而产生的自恋者的侵犯，因为在职业能力之外，老板们还要求员工自己建设个人的基础，以抵御他们必将承受的不确定性或被抛弃、被剥夺。当一名员工失去了动力，领导们不会自问他灰心的原因，而是因为他不符合要求而抛弃他，理由是他不再有足够的战斗力了。然而，很显然，以提高人的绩效为目标的精神压力管理培训，首先受益的是那些想得到不可替代的员工的企业。另外，为了确保这一点，从招聘面试时起，人们就会通过设置陷阱动摇他们，来测试他们可能的脆弱性。在某一级别上，录用的标准不是他们的才能，而是他们（理论上）承受一切的能力。

这些工作方法把人们都变成了机器人。我接诊的某些干部选择在早晨上班前而不是傍晚来见我，因为下班后，他们需要一段解压的时间，才能谈论他们自己。他们来的时候身体僵硬，下颌紧绷，只陈述事实，不加评论。我需要取得他们的信任："没事，在这里您没有任何风险，您可以放松自己！"从而使他们全身放松下来。就是这样，为了自我防御，他们还会给自己穿上盔甲，而有时候，他们已经卸不下这副盔甲了。

老板们要求员工们出业绩、有动力、自我奉献，时刻准备做得比合同规定的义务更多，但是老板们是否回报了使员工们能够快乐的安全感和好的工作条件？

尽管经济开始复苏，但不安定性仍然存在。每个员工都知

道，无论他处于哪一级别，如果他业绩不够好，或者不再符合要求，都有可能随时失去一切并被解雇。领导们不想听到人们谈论他们的弱点或脆弱性："我们想要最好的，我们想要最出色的！"但那些不那么出色的其他人和方法会是什么结局？或者，简而言之，当最好的状态下降了会是什么结局？为了尽可能消灭与人类脆弱性相关的偶然性，企业获得了一些测量员工的工具。为了选择最"有效"的员工，人们发明了一些假定科学的测试，其中没给感情、直觉或主观留任何余地。这使每个人都时刻保持警惕：如果我的状态下降或一时失职，如果我不通过多项培训而保持在最佳员工的梯队中，下一个被开除的将是我。老板们认为，如果不施加这种永久的紧张气氛，不采用迅速变化的方法和目标，不增加合并和重组的频率，某些员工就会失去斗志，消极怠工。

奇怪的是，领导们在市场营销领域能够接受对心理因素（例如，考虑消费者的不合理性）的预估，却拒绝考虑员工的心理因素。他们希望员工出业绩、负责任、尽善尽美。"心理的"，在这种情况下，被视为一个问题。

但人们也因此出了故障，他们请了病假，而企业却极少对他们在发生"故障"前所做的工作表示感激，因为企业拒绝看到个人的软弱无力。在职场中，要么是超人，要么是病人，无间道。

然而，如果员工们的任务有意义，并且他们所做的工作得到了认可，那些被激励的员工并不讨厌承受精神压力。许多企

业所犯的错误是不知道如何激励员工，为他们提供人道的、具体的手段（包括报酬），使他们热爱本职工作。

如果不自我欺骗，精神压力就不会消失，但我们可以发出报警信号，避免它变成破坏性的，我们尤其需要设置一些护栏，避免它滑向邪恶的轨道。

不良沟通

虽然管理课程中最推崇的培训计划之一就是沟通的艺术，但人们似乎越来越少谈论它了。INSEE（法国统计局）的一项关于职场交流或邻里间社交的长期调查（1983—1997）显示，现实中的人际交往已趋于大幅度减少：

> 15年来，一周内与一位同事之间有一次工作外的交谈的职员数目减少了12%。[1]

无可否认，在企业中，沟通已经改变。它以不易察觉的方式改变着人际关系：一方面，在口头沟通及电子邮件中，人们语速很快，直奔主题，尽量少用客套话，不再花时间交流。人们会留部门通知，或发一份备忘录。另一方面，在新技术的影

1 此数据为1998年3月公布的研究结果，转引自《世界报》（*Le Monde*）1999年12月24日的相关报道。

响下，出现了一些与共同语言相去甚远的新形式。应该使用把外行排除在外的编码语言来谈论“技术”。这一伪学术语言涉及如部落般运行的新经济领域。管理领域也受到影响，在这里，不再讲人人能听懂的人类语言，而是引入了一些标尺，以便更好地给员工打分，还有一些参考标准，以便告诉员工应如何执行每项任务。人们自称这样做效率更高，但实际上，他们在掩盖所有这些方法在改善人际关系方面的无能为力。

当然，这些管理方法也试图通过开发一些沟通技巧来弥补人际关系的不足（例如，想调动您下属的积极性，您应这样做；想调解冲突，您应那样做……），但所有这些技巧都是非常程式化的。对于因文凭或技术能力而非个人价值被聘用的众多年轻干部而言，关系技巧和评估工具代替了人情。医学上也不例外，众多辅助检查有时使人忽略了临床检查和对病人症状的问诊，随着现代沟通技术的出现而消失的，是倾听、对话和对他人的尊重，是所有那些能使我们改变观点和自我质疑的事情。

如果职业组织过于刚性，特别是当运转过于集中和隔离时，消息就无法传递。因此，企业总部、最高领导层和生产工人之间就出现了鸿沟。

除此之外，负责人往往不知道如何提升员工的价值或鼓励员工。相反，在中间级别上，我们看到负面的或贬低人格的话语大行其道：“您以为自己是谁，竟想要……？”“您也不是太

傻，能不能……？”

某些干部没有勇气面对他们的下属，没有勇气当面和下属谈事情，而是将他们不敢要求的东西强加给下属。他们更愿意把既成事实摆在下属面前，或者通过内部通知与会议来传递信息，因为在会上，员工无法争辩。他们不是去解决问题，而是停留在不说或言下之意上，或者不经讨论就强迫执行一个方案。他们还通过限制信息下达来保护他们的后卫们。他们可以这样变换策略或同盟，而不会轻易被察觉。

许多雇主的错误在于想要不声不响地解决关系不和的问题，不惜一切代价避免冲突，然而，一次性刺破脓包，把事情说开，才是更健康的做法。什么都不说有可能导致误解或操纵。在一个压制性较强的传统组织中，我们看到更多的是直接冲突，而更内在的冲突和精神骚扰则以诱惑和参股的形式，更多地出现在参与式和自由主义的管理组织中。

除了会议和培训中的被迫交流之外，员工们通常会抱怨缺少对话。领导告诉他们，他们有说话和提问题的自由，但当他们鼓起勇气这样做时，却没有人听，没有人关心他们的诉求。他们要表达自己的看法，而所说的话又会被歪曲或利用来对付他们。许多人说他们不相信单方面的沟通：“我尽力避免惹上麻烦，避免被要求解释我所做的事！”

员工们不会轻易相信企业习惯性的双关语。正如让-皮埃尔·勒·高夫在他的著作《管理层的幻想》中所描述的，员工

们所看到的只是领导层的演讲和他们日常经历的现实之间的差距。[1]他们明白，企业领导的漂亮话通常是用来掩盖机会主义策略的谎言。有时领导们的演讲包含诸如“我们的财富是人”之类的口号，而实际上，领导们关心的只是员工的绩效和其所能带给企业的附加值。

在正式通告之外，到处都是一些暗示性的信息。例如，每个人都意识到，在正式工作时间之外，还存在一个非正式工作时间，它构成与企业的一种精神契约。这种超额工作的义务分裂了工会与员工。那些不遵守团体所接受的规则的人将被排挤在外，他们自责，最终离开。

某些跨国企业的领导的讲话没有任何意义，只是我在《骚扰，无法回避的痛》中揭露的自恋变态狂假装博学的演说。这不是为了沟通，相反，是为了妨碍理解，从而不泄露企业的真实策略。无论如何，领导们需要更深入地看穿员工们的愿望，以便诱导他们的行为和思维方式。因此，领导们需要通过这些空洞的演讲来催眠员工，使他们服从支配。员工们没有任何办法来理解讲话的内容，更无法核实它，他们只能服从。另外，如果员工反抗，这种讲话将会是强制性的和威胁性的，从而使他们畏惧和服从。即使这些行为不是特别针对一个人并想摧毁他的，它们也已接近精神骚扰，因为它们把个人控制在手心中，进而达到驯服的目的。

---

1 参见让-皮埃尔·勒·高夫（Le Goff J.-P.），《管理层的幻想》（*Les illusions du management*），La Découverte出版社，1996年。

因为，为了保护他们的策略，企业不告知实情，却传递似是而非的信息，其目的一方面是操纵员工，另一方面则是诱惑股东，这就迫使员工们猜测企业所发的所有通知的言下之意。要想在一个大型集团或行政机关中进步，必须要懂得辨认双关语，破解其中微妙的信号，预测企业或机关的变化。

在正式通告之外，还存在非正式沟通、流言蜚语以及“小道消息”。还能相信谁？参照物已被歪曲，尤其对那些相信实际说出的话的“天真的人”而言。然而，骚扰行为的受害者首先是那些天真的、过于诚实的人，他们固执地说他们想说的话，固执地想要做他们该做的事。

当人们被控制住并因此失去保护时，只要有一个心术不正的人，就可以实施骚扰了。

格式化

具有讽刺意味的是，当整个社会越来越信奉个人主义时，职场上的个人价值却被掩藏了起来。

进入一家企业，就等于接受它的文化，即它的价值观、标准和思维方式。从聘用那一刻起，企业所选择的就是符合标准的应聘者。但聘用企业宣称的条件和现实情况之间存在极大的差距。招聘启事上鼓吹被聘用的干部要有主动精神和创新思维，而现实中，现存的体制却不支持差异性。他们需要进入企业和职权岗位的模子中去。

随后，如果员工偏离理想轮廓太远，领导们会设法让他重新回到轨道上来。但是随着领导层的变更和重组，参考标准也会变。于是就要进行细微的调整，而这却需要人们有很强的适应能力，不能跟上变化的人即使没犯过错，也会被开除。

员工自治被限定了范围，不得超出标准界限。在鼓吹创造力的同时，传统企业害怕任何思维创新，更喜欢精神上的墨守成规或至少“形式上”的循规蹈矩。尽管专家们建议管理变革，但实际上我们看到的正相反，领导们害怕变革带来的不确定性和混乱，犹豫着是否要拿自己开刀。

我们的社会在颂扬差异性，但领导们却在寻找格式化的、能与不同部门不同任务相匹配的个人。他们应是多面手，能适应所有的岗位。以前对高层干部的要求，现在变成对所有级别员工的要求。一切都应是标准化的，员工都应是符合标准的。他们不应提太多的问题，不应有太多自己的想法。应将他们的一部分个性束缚起来，甚至连着装方式都是标准化的。领导们因一些客观的、可测量的要素而感到放心，因为他们对人缺乏信心。当然，他们有时会承认某些有远见的领导人的潜力，但对那些次要岗位上的员工，他们更愿意把那些人控制在条条框框中。

然而，格式化不是生活，它只是一种对生活的模拟。员工们上当受骗不会太久。一旦他们面临困境、痛苦或暂时的绩效下降，他们就会爆发。如果不能使员工在工作中找到快乐，那么领导们想要把一切标准化就是打错了算盘，后果将是导致员

工身心失调、出现工作事故或经常缺勤。所有这些对企业而言都是不可忽视的成本。

员工自身想要避免被团队排斥，就要准备好自我批评，以免制造“噪声”。他们明白，如果他们表达了这个团队内部可接受的意见，他们将有更多机会被别人接纳。这不只是为了保住饭碗，也是为了归属于某个团队。他们害怕被当场认定不符合这个职业所推崇的价值观，他们害怕以一己之力对抗所有人。

在进入一家企业时，员工学会了如何忍受所有批评，因为在艰难的应聘期过后，员工会因为重新找到某种安定而欣喜若狂。如果员工不能完全认同企业的精神，这个职位将令他难受，甚至焦虑，很快，他会自动边缘化。因此应在一种不属于自己的思维体系下运转。全身心投入工作的人们已经准备好否定自己，以便继续认同集体言论，留在这个团队中。于是就出现了被校准员工的自然选择。

领导们要求员工发挥主动性并负起责任，但员工越自主，就越威胁到他们的上司，上司害怕丢掉自己的权力，因此可能与员工对抗。在一个更接近金字塔形的权力体系中，隶属关系似乎更简单些。如何领导有自主精神的员工？为了对付这种两难处境，“创造奇迹”的管理方法接踵而至。只需要在火车站或机场的书报亭数一数讨论管理方法的书籍或刊物的数目，就可以看出干部们在其下属面前是如何的无能为力，而且他们又是多么害怕失败。他们等着被那些被动接受的诸多培训喂饱，这些培训教他们怀疑，却没有给予他们技巧和确定性。

为了在一家企业中晋升，一个人就要像变色龙一样，使自己的外表适应目标的变更和企业文化的变化。但是，职场以整体利益为名强加的标准不会取代价值观吗？个性的平均化，如果与不尊重他人相关，就会成为一种日常暗示的形式，导致个人变得消极。正是这种消极使人们遵从一个心术不正的领导的破坏性行为，至少是把这些行为视为宿命来接受，而不是揭露它们。

与这种永久格式化斗争的唯一方法是保持精神自由和批判精神。企业不应该不惜一切代价使员工们标准化，而是应把他们的差异性视为一种财富，甚至发挥差异性的作用，因为在拒绝员工特性的同时，企业也浪费了他们的创造力和潜力。

缺乏认可

职场在认同感建立过程中扮演了主角，人们在职场肯定自我的能力，实现自我的生活规划或梦想。

在这种意义上说，在职场中认可一个人的职业身份是非常重要的。一个在别人眼中不存在的人只能渐渐熄灭和消沉下去。另外，这也是精神骚扰通过使一个人象征性地消失而达到的目的。员工们如果感觉无论他们表现如何都不被认可，他们会失去动力，不再愿意全身心投入到工作中。

在这家私营企业中，随着35小时工作制的推行，总经理助理们发现他们的加班时间突然被取消了，这除了大大减少了他们的薪水之外，还导致了责任感的缺失和任务的分割。他们中的某些人失去了动力，退回到单纯的临时秘书的角色，在此之前一直忠心耿耿的他们开始拒绝一切不属于他们职权范围内的事务。于是气氛每况愈下，而他们被指责应对此负责。某些领导不明白他们为什么不像以前那样忠诚了，并试图找他们的错。

如果领导层只关心财务结果，忘记把员工当作人来考虑，而仅仅从技术性或效用的角度来看待他们的话，作为小卒子的员工会有一种不存在感，这会导致其顺从或反抗的行为。

同样的工具化出现在隶属关系中，而这其中的互利性越来越少。员工只是纯粹的“资源”，而不是人。下属在那儿就是为了给予，没有必要感激他或祝贺他，也没有必要关注他。除了实际效用之外，领导们看不到他们的员工：

玛丽就是如此，10年来她从未请过一天病假，也从未在出勤上做过手脚，她和她的上司在一起工作了7年，可当她通知上司自己在一家抗癌中心住院治疗时，她的上司甚至没给她打一个电话问候一下……

·

他们要求一名员工心系工作，要求他自我奉献，承诺付出一切，包括他自己，来解决某个问题或应对某种处境，但对他所做的工作却不予认可。他们否认工作中的困难：“您自己想办法吧，我不想知道！”同时，也否认工作本身。于是，他们可以从某个人那里抽回一个他投入了许多精力的项目，连句“感谢”都没有，就把它托付给另外一个人。上司也会将员工的工作成果据为己有，利用它为自己加分。

他们不但不邀请我参加与我执行的项目有关的工作会议，甚至都不通知我他们对这个项目的决定。

我所做的工作不属于我。它属于“公司”，而公司可以改造它。

人们不再知道自己为什么工作，不再知道这项工作有什么用，因为它从他们手中溜走了，他们丧失了做事的意义。人们自问所做的工作有什么用、自己有什么用……

不仅所做的工作得不到认可，就连员工自身也没有被当作人来看待。例如，当一个人通知上司他因近亲去世需要请一天假时，他很难从上司那里得到表示慰问的只言片语。在一个无视你、只把你当作一枚棋子或花名册上一个编号的系统内，你又怎么能被调动起积极性呢？一直以来，员工们忍受着伤害，而这伤害又使他们丧失自信。职场不是在抚慰，而是在攻击个

人的自尊。

对人的尊重因企业及其领导而不同。在一些企业中，领导们努力考虑员工，考虑家庭、社会或个人的困难，但考虑的方式可能太过干涉性，以至于员工们害怕暴露他们的私生活。

企业不能无视人，不能对员工的尊严置之不理。我的书所获得的反响是对领导们的一种警告，因为大部分因精神骚扰导致的罢工打出的第一个口号都是："我们想要得到尊重！"所有的罢工都要求尊重员工的尊严。

以下是我的一位读者的来信：

当"人力资源"一词出现时，我有一种深切的屈辱感，感觉自己被贬低至能源的行列，像煤、水库里的水或核能一样。在同一时期，人们开始把执行一项任务所需的时间表示为"人数—时数"或"人数—日数"。而这，我也视之为对人的一种贬低和轻视。

我也许是错的，但我认为在"人类"的概念之上，还有"个人"的概念，它承认了人的某些品质，而在此之上，还有"人"的概念，人有权获得尊重。

我认为，现在的形势可以总结为两个等式：人=尊重，资源=剥削。

然而，一个企业的效益是与领导层对员工福利的关心密不

可分的。在一些美国公司中进行的研究表明，对企业效益影响最大的是组织对人的关注，而不是真正意义上的工作条件。经济学家丹尼尔·科恩在其著作《我们的摩登时代》中为我们确认："一个企业的股票价值有一半来自构成它的人力资本，另一半（仅）来自短期资本，而正是人的因素一直被低估了。"[1]

在就业市场鼎盛时期，求职者对招聘条件变得苛刻，许多企业发现了这一点，并做出机会主义的努力，为他们提供更好的工作条件或为他们的生活安排提供便利，以便更好地吸引新员工，许多领导在管理上有极度功利甚至犬儒主义的看法。他们用华而不实的许诺吸引年轻的毕业生，以掩盖缺乏理性的本质。他们为新员工勾勒了一幅世界级公司典范、虚假福利和潜在幸福承诺的假象，但这却不妨碍他们在这些员工不再令他们满意时，不假思索地进行抛弃。为了吸引年轻的毕业生，他们不择手段：更舒适的办公室、更好的培训计划、自选工作时间。某些企业甚至提供一些额外的服务（熨衣服、买药、协助办理行政手续……），以免他们的干部浪费宝贵的时间。但是，我们不要上当，这不是为了使员工们更幸福，而是为了使他们利用率更高、业绩更好、依赖性更强。

作为回报，这些诱惑行为只针对资质最高的员工。其他

1 丹尼尔·科恩（Daniel Cohen），《我们的摩登时代》（*Nos temps modernes*），Flammarion出版社，1999年。

人，那些可以互换的员工，没必要诱惑他们，只需要压制他们，不掀起大的风波即可。很显然，这加重了有文凭的员工和无资质的员工之间的不平等，使后者感觉不被重视。

大家都明白，这些小恩小惠都是微不足道的：促使一名员工留在一家企业的，除了高薪外，还有一个激励人的、令人愉快的工作环境，身在其中，他可以进步，他的工作得到了认可。

在法国国立工艺学院举办的一次题为“企业中的员工管理、权力和忠诚度”的研讨会上，有一位工程师发言人是一家大审计事务所的顾问，他的演讲通篇未提到忠诚度。他对传统经济和新经济下的管理差异以及能够使员工们忠心耿耿的实物与财务福利（主要是职工优先认股权）侃侃而谈，而忠诚与对人的尊重去哪儿了？

轻视他人是走向骚扰和暴力的第一步。这是一种保持控制和贬低人的无意识的战术。

体制的厚颜无耻

正如个人会生病一样，集体也会生病。除了心术不正的个人和被迫采取恶意行为的个人以外，还存在一些自身可能有毒的组织形式（企业、机关等）。在企业层面，我们也发现了那

些与人的层面相同的特征。一些组织不去想如何保护它们雇用的员工，而是任由精神骚扰的氛围在企业中扎根而无动于衷。另一些企业的做法厚颜无耻，不吝于利用操纵和谎言，只要这有利于企业的发展。

普遍来看，越来越多的企业放任有害的氛围扎根，在这种氛围中，很难明确指出谁是侵犯者。人们可能只谈论某种气氛、某种令人不快的或有害的精神状态。

眼下相关的调查没有清楚地表明，某些组织形式与其他组织形式相比，本身是否更容易滋生精神骚扰。但我们知道，一个组织的等级越森严，员工的附属性越强，发生精神骚扰的风险就越大。同样，某些战略方向，如全面精简机构，也可能自身带有破坏性的基因。的确，管理层关于不惜一切盈利的讲话也构成一种组织专制，它比一个直接权威更具有强制性。相反，清楚的是，如果一位领导或领导层的某人心术不正，将会导致恶意行为出现在整个等级体系中。人际关系失控，所有的打击都被默许，于是体系本身变得邪恶，因为最高层的道德已完全沦丧了。

盈利目标本身不会导致精神骚扰，而是意欲达到这一目标的手段可能导致精神骚扰。对权力和眼前物质上的成功的欲望是骚扰行为不可或缺的动机。另外，我们已经说过，最大的恶意往往出现在非盈利的慈善协会中，而我们不能说他们的主要目标是追求利润。相反，一个明确宣布其盈利和利润目标的企业，如果尊重员工，则会采取预防精神骚扰的措施。

那些准备随时作弊以掩盖其颓势的企业，也往往是那些不善待员工而把他们视为达成目的的手段的企业，也正是这些企业在厚颜无耻地抱怨员工丧失了潜力和忠诚度。通过某种自然选择，我们往往会在领导岗位上发现一些特别爱报复的人，而员工们没有选择，如果想保住工作，必须忍气吞声地待在那里。

推卸责任

有一种公司范围内的整体不适，其间，没有人再愿意对任何事负责任，每个人都想着把责任推卸给别人，每个人就算未经历特别的苦难，也都自认为是受害者。在某一时期，企业中的金字塔式等级制度让位于网状等级制度，人们很容易丧失责任感——“那不是我，是别人！”或者“这是市场规律！”，正因如此，那些曾经对轰动一时的失败负有责任的领导们却从未承担失败的后果。也正因如此，那些骚扰同事或下属的领导们都倾向于指责别人或体制。

甚至在解雇员工时，他们也推卸责任。为了避免看上去像主观意愿，领导们委托审计事务所以最抽象的、最无情的方式来编制员工的经济数据。结果总是需要裁员。这样做肯定比因某个员工只是组织机构图中的一枚无关紧要的棋子而宣布他是冗员更简单！于是，领导们可以说他们也无能为力，他们的决定是根据数字做出的。

领导的狂妄自大

在借口抵抗竞争而公布目标的背后，某些领导有一种可怕的狂妄自大；追逐眼前可见的成功使他们忘记了企业的长远利益，而这本应通过保护员工来实现。只有股票行情能激发他们的能量。

十多年来，经济危机一直被用作减薪裁员措施的正当理由，让员工们张不开嘴提要求。现在，尽管经济在复苏，企业却继续以全球化和股票行情为借口压制员工。在厚颜无耻的嘴脸下，跨国公司的领导们以世界主宰者自居，甚至把自己置于政治权力之上，与底层小职员相隔十万八千里。他们的财产越来越多，权力越来越大。他们自我辩护道，如果不率先出击，他们将被竞争者们歼灭，将会消失。这是事实，还是他们的妄想狂和自大狂在作祟？

竞争者之间“你死我活”的斗争似乎是被所有领导接受的一种游戏规则。英特尔的创始人安迪·葛洛夫这样说道：“你越成功，就越感到自己被掠食者们包围着，他们企图蚕食你的业务，直至一无所剩。我认为一个老板的首要责任之一就是懂得如何时刻防御这些进攻，并将这一防御态度灌输给在他手下工作的所有人。”[1]他谈到的可能是一种健康的防御态度，但

1　安迪·葛洛夫（Andy Grove），《妄想狂是唯一幸存者》（*Seuls les paranoïaques survivent*），Village Mondial出版社，1997年。

在他的话背后，也应能听出一种消灭对手的进攻性。对于安迪·葛洛夫而言，在职场中，就是“各人自扫门前雪”。关于员工，他还说道：“谁能肯定这个员工还会有工作，而且非常坦率地说，除了他自己以外，谁还会为此操心？”这正是手握大权者们的厚颜无耻！

这些国际大集团的自恋狂领导们以主宰者自居，统治着整个世界。他们安排其他人的生活，通过广告和媒体打造他们的欲望和需求，他们知道对人们来说什么是好的，并有手段来使别人上当。正如让-玛丽·梅西耶所说：“企业往往比政治人物更清楚地知道什么对消费者是好的。”[1]

为了降低成本，他们就像处理库存一样摆脱员工。把被孤立的人逼得无能为力，最终牺牲掉他，似乎比挑战经济规律更容易些。在跨国企业中，领导们滥用职权的行为使个人申诉无门。领导们用公司利益和诸如股票行情、市场效益等短期目标来对抗员工。

这些行为甚至连企业外部的客户和消费者都能感受到，这也很好地证明了领导们什么也赚不到：

这家非常成功的国际企业拥有一个非常积极、非常热情的销售网络。奇怪的是，当公司宣传卓越的业绩时，当新产品投

1　让-玛丽·梅西耶（Jean-Marie Messier），*j6m.com*，Hachette出版社，2000年。

入市场时，他们的员工却突然给人一种沮丧的印象。他们丧失了冲劲儿、热情也降温了。他们甚至为从事这一行而感到自惭形秽。两年之后，企业的业绩一直不错，而这批销售员们又活过来了……

发生了什么事？仅仅是高管层换人了。两年前，因为政治和战略原因，一个既不关心产品也不关心人的掌权者“空降”到高管层。客户们对此一无所知，但他们看到了销售员们所受的影响。两年之后，一个人性化的总经理回来了，员工们又重新获得了存在感。

当然，这种有毒的管理类型在现实中很难与生产带来的精神压力区分开来，但员工们察觉到的基本差异是对人的尊重。从领导们放任企业中的不尊重氛围扎根那一刻起，员工们就很可能会面临精神骚扰的状况。

在一家健康的企业中，当出现可能导致精神骚扰的偏差时，可以通过直接质问等级体系中的某个人来投诉。在本书最后一章中，我们将看到应如何采取预防措施。

体制的邪恶

如果说邪恶是把个人引向恶的一面，促使他们做出邪恶的行为，那我们可以说，无可否认地存在邪恶的企业。这类

企业非但没有激励每个员工为了自己的利益和企业的利益表现出最好的自己，反而加剧了对抗，诱导员工们做出不忠诚的行为。这源于那个错误的观点，即如果人们把个人利益放在一边，就会只为了企业的利益而更好地表现。这也源于另一个观点，即与其承担因解雇带来的公司动荡的风险，不如逼迫员工自行离职。

于是，在兼并或重组过程中，领导会施行两人同岗，说是鼓励竞争，但他们同时到处散布一些谣言，然后等着两人中的一个败下阵来，遭遇工作困境，或者垮掉、病倒乃至提交辞呈。他们也会蓄意制造麻烦，想方设法以资历为借口，使某人听命于一个较低级别的同事，或者既不考虑能力也不考虑资历而提拔一名员工。由此在员工中引发的不安全感会促使某些人做出不忠诚的行为。

在一个有毒的企业中，存在一些“邪恶”的潜规则：对领导的权力没有任何限制，不尊重员工。领导们使用双关语和似是而非的话，以便更好地控制员工；领导们说谎，以便更好地掩盖非法行径。

在某些企业中，犬儒主义、谎言和不信守承诺的事情司空见惯。

弗朗西斯在一家企业工作了7年，获得了若干福利：年底双薪、企业委员会福利、互助会福利……他的工作有点儿停滞不前，当上级建议他调到一个分公司的管理岗位上时，他非常高

兴。他将保留已有的福利，还将获得加薪。当他在新的岗位上安顿下来以后，预期的加薪并没有到来。上级通知他，只有当他同意放弃与总公司的一切联系，也就等于放弃已有的福利后，才能实施加薪……

他反驳这不是上级之前向他承诺的。上级自欺欺人地答复他："我们从来没跟您这样说过！"

我们可以把这些无关痛痒的（对说谎者而言）谎言看作某些政客的习惯性谎言。说了什么并不重要。在谎言与套话之间，没有人再相信谁。

这类行为的平常化使人们接受了玩世不恭的嘲讽态度。既然大家都这么做，我为什么不呢？于是就有了一种预见其他人必定会渎职的方式："无论如何，他们会说谎，他们会操纵，反正已经有了第一次！"于是人们就会放弃遵守自己的道德准则。对于滥用职权、操纵、腐败和黑社会性质的偏离，人们起初认为这是不可避免的，后来就习以为常了。

当每个人都以个人利益而不是集体利益为中心时，就好像获得了默许一般同流合污了。看似无关紧要的小手段和破格优待会使员工们相信一切皆有可能。一方的敲诈会导致另一方的勒索。

2000年7月，为了使他们的请愿被听到，位于阿登省日韦市的Cellatex人造丝毛纺厂的被解雇工人们将5000升酸溶液倾倒

在汇入默兹河的一条溪流中。这是一种绝望和自残的举动，因为他们自己就住在工厂旁边，这一行为并不是偶然发生的。他们的举动顺应了工厂不遵守防污染标准，向空气和水中排放毒性很大的产品的做法。

在同一家企业中，人们可能遭遇腐败、精神骚扰和谎言，这也并不令人惊讶，因为它们都同样来自放纵主义和道德约束的缺失。

在一名员工检举了三菱集团之后，我们了解到，30多年来，该集团一直在掩盖几百甚至几千辆汽车的制造缺陷，其中某些已经造成了事故。他们甚至开发了一个电脑软件来掩盖缺陷汽车的存在。集团将要支付巨额罚金，因为这是违法行为。但这会给一家已经被性骚扰纠纷和腐败丑闻玷污了的企业的内部精神状态带来改变吗？[1]

在如此邪恶的环境中，集团向新员工施加压力，使他们屈从于共同准则，即使这些准则是完全违法的，这种事也并不罕见。要么这些新员工因为犬儒主义或恐惧而接受和采纳这种共同行为，要么他们拒绝，在后一种情况下，他们的反抗被比喻

1　参见《日本经济新闻》（*Nihon Keizai Shimbun*）的相关报道，转引自《国际邮报》（*Courrier International*）第514期，2000年9月7日。

成英雄主义，因为他们会因此冒着被排挤或被骚扰的风险。

然而，通过暴力和压力强加的准则，不会从根本上被接受。人们服从是因为没得选择，一旦出现机会，他们就会离开。如果领导收买了员工，使他们沉默或顺从，可以肯定，这一行为以后会转嫁到下一等级。操纵导致操纵。因为在这样的环境中，不可能存在任何信任，每一刻都会有背叛或破坏的风险。

人的毁灭

从某个层面来讲，人们在生意场中如同在鲨鱼群中游泳。人们寻求的不只是超过竞争者，而是摧毁他。另外，世界经济的词汇表也是一种极端的暴力，非常接近我在描述自恋狂的恶意侵犯时所使用的那份词汇表：我们谈论向对手发起“袭击”的“掠食者”、最终变成“猎物”的“目标”企业等。

当一个企业面临困境时，有时会从外部聘用一个“清洁工”，或者一个可称之为杀手的人。他来是为了毫不留情地做家务：关闭工厂、撤销岗位。

有时这是以粗暴的方式进行的，并以挑衅的口吻宣布，就像电影《不管愿意还是强迫》(*De gré ou de force*)中所展示的，一个“成本杀手”对被认为不具备足够盈利能力的员工们进行了“修枝”。

“成本杀手”的目的是要在最短的时间内，将一定数量的

员工清理出公司。他是公司以犬儒主义的方式聘用来做肮脏的工作的。这个人干扰现行的体制，解雇不符合新标准的员工，然后当这个地方清理干净之后，他就去别的地方发挥他那毁灭者的潜力去了。

如此这般清理干净了的企业于是请来一位被各个团队看好的领导者，为这个集团重新注入凝聚力和动力。用恐惧取代管理和用诱惑取代管理会使员工们顺服。

这也可以以更加不易察觉但也更加犬儒主义的方式进行。诺尔·古塔尔（Noël Goutard），法雷奥（Valeo）集团的前老板不就有一个"蒙鲁日的屠夫"的外号吗？应该说，他对企业持有一种达尔文主义和犬儒主义的观点："有些人从（企业）中找到了他们的价值，努力使他们的经历增值，还有一些人没有做到，他们被责任吓住了。绩效导致自然选择。有痰就要吐掉。"[1]

除了重组外，邀请一名"清洁工"介入可能是一个矛盾的管理层下意识的需求。他们需要在重建之前快刀斩乱麻，出发点是：有人活，就要有人死；摧毁是为了带来新鲜血液。

应该注意，任何不能自控的体系都会滑向邪恶。

导致精神骚扰的偏航并不是一种宿命，各个组织完全有能力在净化管理方法的同时赢得胜利。因此，如果他们自己没有这么做，应该迫使他们实施预防政策。

1《世界报》，2000年5月31日。

一个企业如果没有了组成它的男人和女人们，就什么也做不了。有一些企业将尊重员工和倾听员工的呼声放在首位，尽管面临市场的紧张和压力，仍然努力健康运转。它们也运转得不错。

一个自恋社会的推波助澜作用

这种行为之所以会出现在企业中，是因为社会的价值观已经改变了。或者恰恰相反，可能社会的价值观之所以改变，是因为被全球化合理化了的经济犬儒主义？无论如何，我们不能批判一些管理方法却无视它们的社会背景。

无可否认，我们正处于一个促使我们自我崇拜的自恋的社会。人要活得成功，要变得有钱有权，还要炫富。另外，跨国公司的领导们取代了国王和王后，登上了杂志的封面。在这个建立在形象基础上的社会中，人们对人的真正价值不屑一顾，重要的是外表。

媒体，尤其是电视，助长了这种做法。如果没有足够的媒体亲和力，在自己的领域中做得再好也无济于事，媒体亲和力是指以我们这个时代的标准来看，够漂亮、谈吐不俗、在摄像机前表现自如。例如，只做一个诚实的科学家或一个严肃的企业领导人是不够的，还应学会宣传，给自己打广告。

在一个越来越肤浅的社会中，要想登上巅峰，重要的是金钱、成功和一份好的个人简历。无论是在职业领域还是在私人领域，每个人都唯恐自己掉队。即使不是最好的，也要表现出或幻想自己是最好的，并沉浸在这种幻想中。应该“让人放心”。根据阿兰·艾伦贝格的说法，“我们都被一个重视绩效的社会束缚住了”[1]。那些做不到的人至少应该装装样子，做些改变，或者干脆作假。

我们已学会接受体制，即使这一体制把我们推向深渊。在一个谎言当道的社会中，每个人都学会如何适应这种日常的伪善。时间将它变成了一条神圣的规范。它不再叩问那些说一套做一套或出尔反尔的人的良心，因为身为年轻人典范的大人物们都懂得如何轻易地把事实变成谎言。

那些被骚扰的人们丧失了他们对职场和整个社会的幻想。所有这些个人的幻灭累加起来，就助长了精神面貌的真正改变：从今往后，不信任任何人实属正常。我们因此创造了这样一个社会，在这里，每个人都是可能取代你的位置的潜在对手。

为了铲除暴力，应该把邪恶的管理方法重新置于它的背景中。一个暴力的、蔑视人的社会会产生暴力的、蔑视人的个人。为了使社会改变，作为社会一分子的每个人都应该扪心自问，努力改变。

1　阿兰·艾伦贝格（Alain Ehrenberg），《精疲力竭的自我》（*La fatigue d'être soi*），Odile Jacob出版社，1998年。

第十二章

人与人之间发生了什么？

CE QUI SE PASSE ENTRE LES PERSONNES

互动的赞歌

当我们从当事人的角度来研究精神骚扰时，不要相信任何漫画；事实上没有一方是“坏人骚扰者”，另一方是“好人受害者”。我们在这里遇到的是微妙的关系，没有任何情节是事先设定的，一方的态度可能改变另一方的态度。同一个人在有利的环境中可能业绩非常好，而且非常有魅力，而在充满敌意的环境中则变得愚蠢和令人不快。每个人都有他的病症或脆弱性，但领导们的病症被容忍的时间要比员工们的更长。

认为私人关系中的暴力行为和职场中的暴力行为是不同的这个观点是错误的。任何暴力，从出现在我们的社会中那一刻起，就不只是个人问题了。只是在职场上，集体的成分更多，因为当事人处于一个体系和等级制度中，因此也出现了双重迫害，首先是来自骚扰者，随后是来自没有介入的旁

观者或上级。

无论如何，以战胜一个人然后摧毁他为目标的各个阶段在所有背景下都是一样的：暴力起初以顺势疗法的剂量渗透出来，通过控制行为来麻痹受害者，使他丧失自卫能力。随后，一个人或一群人行使他们对这个人的权力，而他却不能反抗。是强加的不对等性产生了暴力。在职场中，滥用职权很难与上级的特权和从属关系区别开来，因此导致混淆。在从属关系中，有一种不对等，但它是由合同规定的，只会涉及要做的工作。当然，上级有可能企图滥用他的职权。上级也可能企图不把他的下属看作一个与自己平等的人："他是下属，我不需要尊重他！"

骚扰是一个主观概念

分析精神骚扰状况并找到治疗方法之所以困难，是因为旁观者或干预者看得到的外部现实并不是每个当事人的心理现实。一种状况只有通过人的主观思维才能获得意义。被骚扰者视为受到欺辱的情形，以及施于他的这种侮辱的影响，可能与实际发生的事不成比例。我们的感觉取决于我们的经历、所受的教育和过去的伤痛。一个人的人格与其性格有关，也与其经历有关，这此因素都会影响到他的反应。一个人，通过他的行为，可能促使我们做出挑衅的反应，虽然我们有意识地抵抗

这种反应，但它却强加给我们："我受不了他了！"或者更糟："我不能闻到他的气味！"这不是想说我们应该因此止步不前；在一个关系中，永远都有可能的调解办法。当人们走到骚扰这一步时，那是因为这些调解的尝试失败了。

在任何冲突情形中，每个当事人都有他的观点和他要守护的利益。当他们回忆争端时，我们可能几乎要说，他们说的不是一件事。每个人都按成见给别人定型，往往一开始就对别人采取敌对行为，却很少尝试和解。人们通过把对方视为侵犯者来为自己辩护。

如果精神骚扰是由一个心术不正的人实施的，那么这个人总是认为他有理由这么做，因为这是他的目标对象应得的下场，但受害者，至少在第一时间里，不确定自己是否对自己的遭遇没有责任。

一次相遇是如何使我们改变的

我们只能从关系的角度或者只能从内心的角度来思考现实，因为外部世界和我们的内心世界之间永远都存在一种互动，而这种互动使我们改变。当某人令我们不愉快时，这会引起我们内心的变化。对方也能感觉到这一点，可以说他在他的身体中感觉到了，但并不总能破译它，或者更准确地说，他不知道如何用语言表达。这些感觉建立在空气中的某些真实的事物和不易察觉的事物上，它们也在变化。在两个人之间，发生

着持续的互动，但只需要一件微不足道的小事（比如蝴蝶振动了一下翅膀），这种互动就会停止，关系就会僵化。两个人之间的关系要想融洽，应该保持最低限度的灵活和互动。有时候是工作环境造成的冷酷和紧张气氛消灭了这种互动的可能性，使人与人之间的关系僵化。相反，我们可以认为，一个亲切的管理环境可以通过互动的介入使僵化的局面解冻。

一次相遇是围绕一些极细微的小事展开的，这些小事被莱布尼兹称为“小感觉”。有整体感觉和微小感觉。精神骚扰，至少在开始时，是围绕微小感觉实施的，因此很难从法律含义上证明这个词。这些迹象被受害者感觉到，但却没有被周围的人感觉到，他们因为没有看到，所以没有介入。

何塞·吉尔在一本名为《空想》的杂志上发表了一篇文章，非常清楚地表达了这一观点：“让我们拿一张脸举例，这张脸上挂着微笑。这个微笑想表现得友好，然而，我们从中体会到一种说不出来的感觉，它向我们揭示了完全相反的一面：它隐藏着一种深深的憎恶，甚至是一种敌意。但只有能洞悉一切的目光才能捕捉到这个微笑假装表达的情感和它实际表达的情感之间的差异。这个差异就是被小感觉感知到的：这是一个不易察觉的虚伪的微笑。”[1]

语言也是一样的：一些表面甜蜜的、善意的话语，可能带

1　何塞·吉尔（José Gil），《感性的赌注》（“Les enjeux du sensible”），《空想》（*Chimères*）第39期。

有挑衅性，而只有这些话语所针对的人才能感觉到，周围的人可能一无所知。这就是我在《骚扰，无法回避的痛》中谈到的似是而非的沟通，它是邪恶的沟通的要素之一。

不幸的是，过于紧张或太不健康的职场环境可能堵塞了这些小感觉，要么通过双重压制行为把人置于控制之下，从而达到麻痹他们的目的；要么通过刚性的制度来约束他们。无论如何，在职场中，人们的交集越来越少，对关系的微妙性置之不理。感觉的蒸发成为职业生命中的一个常数。

正是这些环境的改变，在改变对状况的感觉的同时，构成了大部分骚扰情形的先决条件。它们形成了一条裂缝，而心术不正的或善于操纵的人则坠入其中。

受害者有什么特征吗?

人们经常问我受害者是否有命中注定的心理特征。我确信任何人都有可能成为精神骚扰的受害者。然而，持怀疑态度的侵害者和旁观者一直在说，这种问题只是针对一些脆弱的或患有特殊病症的人，即某种意义上的天生的受害者。

如果说受骚扰的人没有特定的心理特征，那么无可否认，正如我们刚刚看到的，有一些职业环境更容易发生精神骚扰，也有一些情形更有可能使人成为精神骚扰目标。

易发生精神骚扰的情形

如果一个职员确实或似乎干扰了另一个人或他所在团体的平衡，他成为骚扰目标的风险就更大。

非典型的人

正如我们在前一章中看到的，精神骚扰的触发因素之一是不接受他人差异性的事实，无论一个人还是一个团体。这种拒绝接近于歧视，涉及看得见的差异，如性别或肤色，但更常涉及一些微妙的、很难被别人发现的差异。

妮可对一份兼具商业性和艺术性活动的工作非常投入。从零开始的她为了“成功”，牺牲了自己的私生活。她很幸运地遇到了一位尊重她、重视她的上司，她与这位上司相处融洽。但当领导层决定把重心放在市场营销上时，他们让安妮——一个为人苛刻但营销业绩出色的女人——取代了她的上司。

一上任，安妮就向妮可指出她的工作方式需要完全改变，并且中止了妮可的所有项目。

妮可意识到自己不符合上司对她的期望。她的说话方式与她的岗位不相称。她没有那种“风格”。她率真而且外向，而安妮更加内敛。她也知道她天生的美貌和优雅的气质使对自己的外表不自信的安妮不舒服。

从妮可这一方面考虑，她需要欣赏她的上司，并获得上司的赏识。但安妮却丝毫不为妮可考虑，也不通知她项目的进展情况。

渐渐地，妮可丧失了自信。她感到始终很压抑，而且很多次，早上去上班时她都感觉不舒服。自从安妮上任之后，她经常情绪不佳，她的孩子和丈夫也开始抱怨她与家人相处的时间不够。看到甚至连以往相处融洽的同事们也开始抱怨自己，妮可决定申请调职。

太能干或太重要的人

由于个性原因，某些人可能会抢了某位上司或同事的风头，因此后者可能会强烈地希望贬低他们或使他们离开。正如有人所说，无能是对自己的一种威胁，而能干是对别人的一种威胁。

对自己不太自信的负责人担心太自由或个性太强的人，害怕他们会指出自己的弱点。

玛丽塔是一个坦率、直接、开朗的人。她身上有一种可以说是言论自由的傲慢无礼，但她的上司们往往视此为侵犯。的确，她不怕老板们，常常是唯一一个敢在会上指出哪里不对的人。

当宣布了辞退计划后，玛丽塔的老板开始每天口头挑衅她。他想方设法排挤玛丽塔，让她独自一人在另一座楼上工作，当

着同事们的面贬低她，暗示她曾经没病装病。

后来这位老板解释说，因为知道玛丽塔很有说服力，所以担心她会带领同事们拒绝重新安排岗位……

抵抗格式化的人

这里指的是个性烦人、非典型的所有人，例如，一些过于诚实、过于谨慎或过于活跃的员工。他们经常遭到的指责是："您太理想主义了！"这就像是使他们的遭遇合理化了。

这些人身上缺乏对团体或组织的适应性。但这是一个缺点吗？

弗朗索瓦兹是一个企业主的女儿。在乱七八糟的学业结束之后，她有点儿偶然地进入了社会医疗行业。由于她很能干，领导们给予她更多的责任，这对于她这个级别是破格的。在她的部门中，她是唯一的中年女性；其他人要么是刚做了父母的年轻人，要么快要退休了。由于她喜欢高效地工作（"又快又好"），她觉得这个大团体有点儿迟钝。其他人也感觉到了这一点。某些人排斥她，另一些人害怕她；无论如何，她激起了人们的嫉妒。

当她的上司在一份重要文件中犯了多处严重的错误，而弗朗索瓦兹给上司指出来后，她自己却蒙上了污名，被视为挑起麻烦者。所有人都联合起来反对她。她被开除了。

我们看到，弗朗索瓦兹不够灵活，不懂见风使舵，不适合在一个大集团工作。她个性太强，结果害了自己。表面上，他们聘用她是为了带来改变，但并没有人真正想要改变什么。

像弗朗索瓦兹一样的人意识到了这一点，也非常清楚地认识到自己的优势也正是导致自己失败的原因。

以下是莉迪写给我的信：

我住在一个封闭的小城市中，被纳入行政或管理规划的所有人都互相认识。可能我有个个性很强（言下之意：性格很差）的名声，这已经体现在我之前的多次工作调动中了。

我应该考虑帮助科学院院士们重新为“性格差”定义：

◎ 捍卫自己的观点；

◎ 单纯自卫；

◎ 拒绝参与操纵和欺骗的游戏；

◎ 不接受谎言和他人的诽谤；

◎ 不接受不公正的事。

人们很难容忍那个“指出”问题的人，而这个人往往被认为应对他试图揭露的问题负责。

站错了队或没有良好关系网的人

人们更倾向于侵犯被孤立的员工，而对于有盟友的员工，

人们会想办法拆散他们。当我们结盟时，还得看准了人。一些人有时会以集团对抗的名义被“牺牲”。

贝尔纳是新技术领域的一名研究员。他被从前工作过的公共部门辞退了，随后被一家美国私营实验室的总裁聘用，负责推进在欧洲的研究。这位总裁同时还任命了两名欧洲总经理来领导贝尔纳。

工作进展顺利，贝尔纳赢得了总裁的信任，并定期与他通过电子邮件沟通。但几个月后，那两位欧洲总经理想要自立门户。知道贝尔纳与美国总裁关系亲近，他们害怕他泄露他们的计划。

于是他们“抵制”贝尔纳，不再同他讲话，甚至都不问候早安，不给他传递信息，不让他参加会议。他们甚至把他的名字从公司通讯录上抹掉了，而接线员也得到指示，不再为他转接任何电话。他们继续给他安排工作，因为他们仍需要他，但他们不给他提供做好工作所需的信息。虽然他原则上是自主的研究员，但他们一直监视他、批评他，并给他寄一些毫无意义的挂号信。

当贝尔纳明白了他被侵犯仅仅是因为他是妨碍那两人夺权的一枚棋子时已是枉然，他已深受打击。两名总经理不敢直接进攻美国总裁，而是对贝尔纳下手，这导致贝尔纳的健康状况恶化，使他丧失了自信。

受保护的员工

正如我们在调查中看到的，员工代表、50岁以上的员工和怀孕的妇女（人们担心她们不再可自由支配）比其他人更常沦为精神骚扰的受害者。这也是在某些公共部门的分支机构中发生的情况，在这里，除非有特别严重的过失，否则员工不能被辞退，而且岗位调动也很受限。

骚扰案例数目不断增加，而这有时又会使保护员工的法律程序跑偏。在员工不受保护或很少被保护的国家中，暴力更加直接。在那些没有足够充分的理由便无法解雇员工的行业里，一些老板通过先侵犯工作条件，再进行人身攻击的方式来使那些他们不想要的员工“泄气”。

洛丽塔在一家制衣企业工作了10年，可当她与三位女同事一起当选为法国总工会的工会代表，与企业进行35小时工作制谈判后，烦恼就来了。从那以后，领导层不停地骚扰这四名工会代表。除洛丽塔外，其他三人最终都被辞退了。

唯一留下的洛丽塔遭到了同事们的排斥，同事们在领导层的压力下，选择了对她漠不关心。洛丽塔一直受到监视，多次受到“被取消资格”的威胁，被指责工作出错，同时，她因严重过失而成了第三次解雇程序的对象（前两次都被劳动监察委员会驳回了）。

“绩效”不佳的人

当一名员工不够胜任、不够高效或适应得较慢时，他很容易因此遭到上司的批评。

被绩效达标的齿轮驱动的同事们也会孤立他，然后抛弃他，因为他影响了集体的绩效。正因如此，在重组和公司规划中，当压力越来越大时，我们有时会看到出现了来自同事们的暴力抛弃，因为他们不再能容忍绩效较差的人。

暂时变脆弱的人

当一名员工面临个人困境时，周围的同事可能会利用他的这种脆弱。需要“去脂”的欠考虑的领导们可能会想方设法使无法自卫的员工犯错误。一些平日里晋升无望的同事也会利用这个机会给自己加分，取代他的位置或超过他：

大卫在同一家公司担任商务主管已达10年之久。他以勤奋能干著称，而他的成功也引来了一些嫉妒。在一次公司合并中，来了一位新的商务主管。大卫和他的新同事被安排两人同岗，共用一个秘书室，使用一样的信息化工具，负责一样的客户。同一年，大卫的父亲去世，妻子患上乳腺癌并需要做化疗。

大卫可用于工作的时间明显减少了，他不再加班到很晚，还有多次临时缺勤。他的同事利用这一机会撬走了他的客户，架空了他。因为所谓的行政原因，这位同事占据了他的办公室，

而大卫被流放到走廊的尽头。当大卫提出抗议时，他们给他扣了顶“性格差”的帽子。他的同事还在一些客户的面前破坏大卫的名誉。而只想和最佳员工一起工作的领导层从未出面保护他，甚至还指责他工作中的失误。

职场有时就像一片真正的丛林，恐惧和焦虑是家常便饭。

无辜的受害者

许多骚扰的情形也会让人想起替罪羔羊的概念，一伙人把所有的错都推到与此无关的一个人或一个团体身上。这是受害者或受害团体无论怎么做都无法控制的事情。

勒内·吉拉尔认为，原始社会的基本法则是制定一个受害者（替罪羔羊），使他产生自己有罪的错觉。[1]这是一种真正的息事宁人的举动：通过一个人，使他周围的整个团体都反对他，从而制造一种模拟的平静，甚至一种和谐。替罪羔羊最初是一种献祭的圣物，最著名的例子是《利未记》中描述的场景。在赎罪节这一天，神父把手放在一只公山羊身上，以便将以色列人的所有罪孽都赋予它。然后，人们在沙漠里追逐这只公山羊，让它跑到恶魔阿撒泻勒那里，把族群的所有

1 参见勒内·吉拉尔（Ren Girard），《我看到撒旦如闪电般降临》（*Je vois satan tomber comme l'éclair*），Grasset出版社，1999年。

困难都带走。

在一些职业情形中，人们以个人或团体的方式体会到对某人无法表达出来的怒气。于是这股怒气就转嫁到表面看来随机抓到的受害者身上。例如，当两个集团对抗且利害冲突过于重大时，暴力可以转向大家都一致认为一无是处的某个人身上。

作为一家人道主义协会的法律顾问，约兰德被夹在两个有影响力的人物领头的集团之间：一方是总裁的人，另一方是秘书长的人。当两个集团的对抗加剧后，她成了双方互相要挟的目标。由于不敢正面对抗，每个集团都想通过约兰德传递挑衅信息。他们试图诱惑约兰德，利用她对抗另一方。

由于约兰德的反抗，她最终变成了两个阵营的攻击目标。他们都认为她不听话，并用刻薄的评论使她认识到这一点。他们批评她的工作，认为她不够尽职，每一方都拒绝考虑她并不只是为自己一方工作这一事实。约兰德被孤立了。无论她说什么、做什么，他们都会指责她。渐渐地，她的健康状况变差了，因为她每天早上都心怀恐惧地去上班。

两个集团最终达成一致，给她发了一封警告信，信中充斥着对她工作的指责和对她个人的批评（他们主要批评她的着装不符合她从事的岗位）。

在系统分析中，我们谈到“消极整合者”。这个人的作用是把集团的所有挑衅性都聚集到自己身上；如此“卸载”之

后，这个集团就可以更好地运转。

消极整合者的作用，原则上是由集团内的人轮流承担的。当一个人发现自己始终处于这个位置且这种情况不受集团控制时，我们就可以说这是精神骚扰。应该明确的是，这是一种集体无意识的现象，正所谓“旁观者清，当局者迷”。

不应该把无意识行为导致的情形与由某个心术不正的人一手策划的想要使另一个人为他们的错误或过失负责的情形混为一谈。

同样，某些人由于神经过敏而不断犯错或者总能让人挑出错来。他们因此把自己置于被抛弃的境地，这与他所在团体的善恶无关。

防卫不当的预见因素

面对精神骚扰的处境，我们的反应是不一样的。某些人由于他们的经历或个性，不太懂得如何保护自己，因此遭受的骚扰更多，更难自卫。

另外，一个心术不正的侵害者知道如何巧妙地利用某人的一种特性或性格特征来对抗他，同时，与受害者更加隐私的经历相关的任何弱点也会被发现。无论如何，需要瞄准让人难受的那个痛点，如果可能，便去攻击某人的认同感或自尊。

自卑心理

没有人喜欢被批评，但有自卑心理的人比别人对批评更敏感。[1]例如，怀疑某个有洁癖的人不干净或指责一个非常认真的人是个外行都是伤害他的有效手段。

如果一个人起初对自己缺乏信心，而后通过努力工作为自己赢得了良好的形象，那么毋庸置疑，想要动摇他，只需要贬低他的工作，不给他展示自己最好一面的机会，或者只是妨碍他的工作即可。那些并未把精力放在工作上的人不会因这种行为受到如此大的影响，一个心术不正的侵害者可以找到其他方式来动摇他。

在对外表要求越来越高的职场上，自卑心理越来越常见。在一个自恋的社会里，个人变得越来越脆弱，需要通过别人的目光来肯定自己。职场上渗出的不安全感与一种更深层的不安全感相呼应，可能使有自卑心理的人失去平衡。

对某人实施精神骚扰，就是瞄准他的弱点、他的错误和他的失职，直至他感到自己有罪，丧失自信。一个人越怀疑自己，这种破坏工作就越容易完成。

1　参见克里斯托夫·安德烈（Christophe André）、弗朗索瓦·勒洛尔（François Lelord），《自尊》（*L'estime de soi*），Odile Jacob出版社，1999年。（该书中文版于2015年由生活书店出版有限公司出版，书名为《恰如其分的自尊》。——编者注）

更强烈的被认可需求

我们已经看到，工作在一个人的认同感建立过程中扮演了一个主角。被赏识、被重视或被喜爱有助于建立良好的自我形象。相反，被抛弃、被批评和被侮辱则不可避免地导致怀疑。

职场中的许多误解是因为人们把那些针对他们工作的批评看作是针对他们个人的。然而，人们也可能在工作上与某人不和，而私下与他保持良好关系。

但是，如果一个人以自己的职务来定位自己的身份，认为自己只是工程师杜邦先生或者护士杜兰小姐，那他或她自然更容易因遭受工作上的批评而受伤。

当生活在一个越来越孤独的时代中，人们可能将被诱导着去过多地投入到职业生活中。如果他们成功了，则一切都好，如果他们有幸在一家重视他们的小单位中工作，也会一切顺利。但今天，企业已变成一个只要求结果的冷酷世界。“真正”的老板往往不再是一个人，而是一个集团。在这种情况下，又怎能期待任何一种“情感”回报和任何一种关怀呢?

勒内从一位秘书那里听说，他的老板想利用向35小时工作制过渡的机会来削减他的一部分福利，这对他来说实际等于一次减薪。暴怒之下，他没有尝试和老板谈判，而是计划立即提交辞呈。

在这些新环境中，员工们因没有得到认可而失望，有时甚至受伤，这可能导致他们带着怨恨，以挑衅的方式来反抗，就像勒内一样。

如果一个人在工作中投入巨大，他所受的创伤就更加严重。正因如此，人们往往在被解雇前就被晾在一边。他们感觉到被孤立了，领导批评他们，说他们的坏话，就像是为他们做出的决定辩护。

布里吉特，59岁，总经理秘书，被孤立、遭到批评和诽谤，后来通过离职谈判“得到了好处”，截至离职，她已在这家企业工作了23年。她是第三位遭遇相同不幸的秘书，其中一位不久前自杀了。

以下是她的来信：

在通知我被解雇之后，还有一些有针对性的谈话，很明显，是想在谈判前使我的内心动摇，从而能够更容易地伤害我。在我这方面，在艰难地接受了自己必须离开的事实之后，我完全相信了负责我离职的领导们。一开始我以为协议中的“意见分歧”仅仅是“纸面上的”，正如他们跟我讲的，于是我接受了。后来我明白了，实际上，为此捏造的理由等于让我自己被公司抛弃了，同时感谢我23年来“良好的、忠诚的服务”。

没有经过任何法律培训，被公司完全孤立（没有律师，没有劳资调解委员，没有劳动监察委员会，“这不是我们公司的风格！”），我不得不面对一大堆所有人都明白，就我不明白的概念。在没有经验的情况下，我怎么能自我辩护？尤其是在一个如此充满敌意、工作超负荷和完全有组织的精神压力的环境中，面对掌握了权力、知识和才干的等级体系。

这个签名将是我一生中最不自由的一个行为、一个重大的断裂点。它是在无法忍受的心理压力下得到的。我当时筋疲力尽、心碎、麻木，甚至想自杀。我好像在催眠状态下经历了这一切，失去了判断力。可以佐证的是，我很快就确信他们可能当场让我签了另一个人的死亡令，在我自己的死亡令之后，而我签了。这一信念铭刻在我心中，时不时地在我脑海中重现。

这种行为符合一家大公司的道德规范和它的领导们的品质吗？违背员工意愿而粗暴地让他们停止工作、失业、退休，难道不足以构成一种创伤吗？为什么还要为一些莫须有的错误而贬低秘书们并如此轻视她们的工作呢？

虽然我没有走向自杀，尽管我曾强烈地有过这个念头，并在近两年的时间中多次把我的生命置于危险之中，但是这次解雇的后果对我来说仍然非常沉重：我刚刚开始从长期严重的身心“震惊状态”和事情发生前后同样严重的抑郁状态中走出来。感谢您听我讲述这些状态造成的所有的痛苦、焦虑……我无法过正常的生活，无法在任何地方工作……这也因此耽误了我进

入我所希望的积极的、平静的退休生活。为了解决企业的内部组织问题，他们牺牲了接近退休年龄的女员工。我个人对这个企业很有感情，对我的工作非常投入。我在最近几年所承担的任务也很好地证明了这一点。他们有权如此伤害性地“处决”这些多年来已与企业建立起信任关系（至少她们自己是这样认为的）的人吗？

布里吉特的领导层认为：“谈判是根据规章进行的，已经留出了这类人事变动所需的时间和心理预警，它们是根据这类人事变动通常会引发的各种程度的面对新的现实的不适感而设定的。”

为什么领导层的话和被解雇员工感知的现实之间有这么大的差距呢？他们是否有蓄意“打击”布里吉特的意愿呢？可能没有。但他们主要是为了以最低的费用摆脱她，因为她已经工作了23年，薪水达到了一定水平。之后，他们可以以她多年来养成的工作习惯已不适应企业现阶段的发展需求为由，使解雇她的决定正当化。领导层可能觉得他们“恰当地”解决了这个“问题”，但没有任何人在任何时候问一问布里吉特的感受。他们有意识或无意识地想要操纵她，以便使她不制造麻烦：不起诉，不向劳资调解委员投诉。正是这种想使员工闭嘴的操纵给她留下了苦涩的滋味。

如果员工在工作中投入了过多的感情，当他被孤立或排斥时，就会出现在我们的术语中称之为自恋崩溃的状态。

使我极为震惊而且调查也证明了的是，前来咨询的骚扰受害者中，有许多对工作特别认真、非常（过于）投入的人。这些人完全以企业的神话为荣，全身心地融入其中，忘记了自我的存在。因此很容易控制他们，使他们自己越过自己的界限，因为他们的界限已模糊不清。

如果一个人是理想主义者，工作非常积极，则他被骚扰的风险较大；而如果一个人是实用主义者，最感兴趣的是薪水和实物福利，则他被骚扰的风险较小。后者把感情投入到了其他地方：私生活或相关的事物上。

许多员工对职场关系期望过高。现在的管理方法的确都在打感情牌，使员工和老板之间的关系越来越个性化……对于那些对工作投入过多感情的人，大家很容易把他们的工作与他们的人品混为一谈，对他们工作最轻微的批评也会被看作一种否认。而那些只满足于与企业有正式关系的人则较不容易受到影响。

我们发现，新进毕业生对企业投入的感情较少：他们会为工作条件和薪水讨价还价，如果企业令他们失望，他们会毫不犹豫地走人。他们会投入到工作中，但不会投入到企业中。

与某些领导们的讲话相反，员工们不仅仅需要工作中的安全感和舒适感，他们还渴望自我实现和感到自己有用……

过于严谨的人

骚扰的起点往往是一次价值观的冲突。只要一个过于严谨、职业操守很高、（相对于他所在的团体）过于诚实的人不认同这个团体的某些行为，这个团体的一些人就会想要除掉他。

在一个企业中，很难确切地定义人们从正常容忍（例如接受一个员工在工作时间打私人电话）向过度容忍（例如每个人都可以不受控制地给他们国外的朋友打电话）过渡的那个界限。随后人们可能过渡到一些更加可疑的小动作："我装作看不见你迟到，但你要对我的工作过失一字不提！"再往后就发展为被这个团体接受的习惯做法，如小到难以察觉的会计舞弊。

在一些行政机关中，这些小动作已经成为官方的"制度"……例如，没有人遵守工作时间，但这被视为对工作报酬低的一种补偿。揭露这一事实的人立刻会遭到污蔑，并被视为"前车之鉴"。

一个不接受这种妥协行为的人，即使他不公开揭露，也会自己远离团体的中心，借自己的态度来表明其他人的不诚实。于是，他的行为可能被解释为一种道德谴责或忠告。因为拒绝与员工们或企业的犬儒主义同流合污，这个人变成了妨碍习惯性运转的那粒沙子。人们会骚扰他，使他顺从于周围人的标准。这就是我在前半部分谈到的"检举者"的处境。

让－皮埃尔是一家大型公共服务机关的公务员。在调到一个新岗位后，他发现在任的公务员们在授予合同过程中与当地企业之间“有猫腻”。

他向同事们表明了他的反对意见，质询他的上司，并威胁要向媒体曝光。他立即就遭到了排斥，不光同事们不再同他讲话，他的上司也以纪律原因为借口要求把他调走。

对工作非常投入的人

被骚扰的职员往往还是对工作非常投入的人。他们对工作有一种理想化的幻想。他们不想只是高效地工作，还想赋予自己的工作一定的意义。

马克因为拒绝为解雇某人做假证，遭到他上司的骚扰和排斥。他忍气吞声，因为出于经济方面的考虑，他还不能离开。上司几乎每周都以毫无意义的借口寄一封挂号信投诉他。没有人为他辩护，因为他的同事们害怕因出头而轮到自己被骚扰。

最终，他的上司调到了别处，而马克逐渐在工作中找回了一点儿平静，但他始终对工作质量毫不让步。当一家承包商的工作质量被他评判为不合格时，即使他知道老板不会支持自己，因为这家承包商是“他惹不起的人”，他仍然照实做出了服务评价并抄送给主管。

后来，他又遭遇了同样的破坏行为，但这次是间接的。一

名年轻的同事因产假离岗，上司找了个更合适的人来替岗。就在那位新妈妈即将返岗之前，这个上司告诉他的跟班儿们，他会让她在15天内离开。新妈妈回来后，上司就没让她的日子好过：冒犯性的小意见、没完没了的批评……马克为这位女同事辩护。他直言不讳地指出所有的问题，并建议这位女同事通过电子邮件内部投诉，抗议这种待遇。他意识到自己之前的遭遇不单单与他上司的行为有关，还与他上司想让碍事的人离开的意愿有关。他明白了，要想改变，每个人都应该自己反抗，但如果没有集体行动，一切都是枉然。

不幸的是，马克被孤立了，也没能调动起他的同事们。

很明显，被骚扰的员工们不够有手腕。他们不懂得如何自保。某些人说他们不适应一个推崇“善于应付”的公司，在那里，人们容忍领导们和政客们的机会主义谎言。但是我们能把拒绝谎言或妥协，或者把保持一种批判精神视为一种适应障碍吗？难道我们不认为，在发生我们所谴责的行为时，某些人反抗和不盲从于团体反而令人安心吗？那些善于强加自己的价值观的人必定更容易遭到骚扰和反对，他们应该自我肯定。他们在这样一种环境中的确显得“不正常”。

神经质的人

那些敏感的人更容易受到精神骚扰的伤害。

“神经质的人”(20世纪初的精神科医生克莱斯莫给出的称呼)是一些害羞的、特别容易动感情的、敏感的和常常焦虑的人。他们很容易陷入良心的挣扎，并对别人的反应很敏感。他们有精神科医生所谓的社交“感觉过敏症”，也就是说他们对生活中的侵犯反应过度。他们往往很自卑。我想明确指出，这不是一种精神病，而是一种性格脆弱。

一个神经质的人对道德缺陷非常敏感。他不接受事物的不完美，更难接受关系的不完善，眼里不揉沙子。对他而言，别人说什么很重要。

他比别人更能感受到耻辱。具有神经质性格的人在遭受侵犯时，会从对事件的痛苦意识过渡到一种抑郁的感情或一种普通的抑郁神经官能症，最终可能发展为妄想症。

而且，他还表现出一种对骚扰和挫折过度敏感的特征。如果真被骚扰了，他们会患上精神病伴随的代谢失调症。正是这种原因导致了一部分人在遭受精神骚扰后的妄想狂症状中摇摆不定，正如我们在精神骚扰造成的健康后果一章中所看到的。

抵抗的手段

某些个人或社会因素有助于更好地“坚持”。海因茨·雷曼分辨出八种因素，但其中每一种因素单独拿出来，都不能预言一个职员的抵抗能力。某些表面看来身心健康的人却会很快

陷入严重的抑郁状态，而另一些给人印象更脆弱的人反而能抵抗更长时间。另一方面，面对严重侵犯，只具备这些抵抗因素中的一个是不够的。

如果说自信心——海因茨·雷曼所说的第二个抵抗因素——是一种帮助，它还必须是一种真实的自尊，而不是一种表面的态度。无论如何，如果人们垮掉，那是因为建立在恶意沟通基础上的精神骚扰行为的首要目的就是夺走被骚扰者的自信心，以便更好地驯服他。

而近亲的支持也被认为有助于抵抗，它自然很重要，但配偶或家人也必须随时了解事件的进程。被骚扰者通常过于不安，以至于不能恰当地向周围的人传递信息。而且即使开始时，配偶和朋友们能很好地安慰被骚扰者，但随着他接二连三地请病假，持续不安，没有任何好转的希望，他们也会气馁。

塞巴斯蒂安在一个新经济部门工作了两年。作为一名出色的信息工程师，他的技术能力得到了认可。但当企业扩大并与竞争者合并后，这些素质却反过来害了他。从那以后，他变得碍事，而且他们也让他感觉到了这一点。他们到处宣扬他无能、很难相处，随后还发来一些指责性的挂号信。

塞巴斯蒂安感到很受影响，在他的前一个岗位上，他一直非常受重视、受尊重。他刚结婚不久。他的妻子离开了自己的家乡和自己喜欢的工作，随他来到巴黎。当他试着跟她谈论自

己在工作中的遭遇时，她非但不支持他，还指责他。她不理解一个如此出色的男人怎么会任凭自己被一些尽管职位比他高但能力却远不及他的人碾压。

塞巴斯蒂安克制自己，为了避免与妻子争吵，他不再跟她谈论自己的困境。他在工作中和家里都变得非常易怒，完全失眠，只能在清晨迷糊几小时。他不再想出门，不再有做爱的欲望，不再有任何计划。他的妻子已经认不出她嫁的这个男人了，想要和他分居。塞巴斯蒂安现在完全消沉了。他怀疑自己，不但在工作方面，而且在个人方面："我什么也做不好，我把一切都搞砸了！"他感到呼吸困难、心悸，不停地恶心，去上班时就会感到肚子疼。尽管他的妻子反对他接受治疗，但他最终还是休了病假，并接受了抗抑郁治疗。他计划另找一份工作，但他怀疑自己，感觉自己不会被录用。

经过一个月的治疗，塞巴斯蒂安开始好转，可以参加一些招聘面试了。于是，他要求被解雇，但他的雇主们不同意，因为他没有任何可以被指责的地方。塞巴斯蒂安只好辞职了。对于新工作，他有好几个重要的机会，更重要的是，他找回了自信。

他的妻子这时终于说出了她有多么不安：她害怕她的丈夫会和她父亲一样长期失业。

理想状态下，当然应该在企业内部找到依靠，但同事们害

怕表现出他们的同情，因为恶意操纵使他们怀疑："无火不起烟！如果那些人这样对待他，一定是有原因的！"而他们自己也需要自保，因为承认受害者对自己的遭遇没有责任，就等于承认可以随机选择另一个目标。那么万一选中的就是他们呢？知道这事只发生在别人身上要令人放心得多。即使判断出他们的同事遭受了不公待遇，他们也宁可疏远他，以保住自己的工作。

然而，所有的患者都对我们说，一个同情的表示、一句鼓励的话，哪怕是最小的，对他们的帮助都很大，因为这些处境中最难熬的当然是被孤立。

珍妮弗是一家旅行社的项目经理。领导们希望她能开拓她自己国家的市场。她参与执行了多个项目，但当企业决定变换战略、瞄准其他地区时，她逐渐遭到了排挤。领导们只交给她一些无意义的任务，而无论她做什么都不能令他们满意。

一天早上，她的上司以办公室装修为借口，让她交出钥匙。从那以后，珍妮弗不得不等她的同事们来了以后才能进入办公室。从那天起，她被完全排斥了。不再有人同她讲话，即使是出于工作原因。指令通过便笺或电子邮件传达，更有甚者，她的办公桌周围被宣布为禁区。最令人尴尬的是，同事们回避她的视线。珍妮弗对于重新建立关系的所有尝试都是徒劳的。她讲话时，无人反应。她甚至因此怀疑自己的嗓子有发声问题。她想要喊叫："如果我喊叫，他们就不会装作听不见了！"

一天，一个女同事从她身边经过时，把一张便笺塞到她手里，便笺上写着“晚上7点在拐角咖啡馆见”。傍晚，这位同事向她解释道，她对珍妮弗没有任何意见，但她接到命令不能同她讲话。她解释说，她和其他同事都不同意这种做法，但他们得保住自己的职位，他们感觉如果有人与被排挤者接触，领导层会对他们有意见。领导让他们相信，竞争者付钱给珍妮弗，让她刺探情报。

尽管与女同事的这次接触没有使珍妮弗的处境发生任何改变，但她感到宽慰，因为她说：“即使我知道我早晚会丢掉工作，但上司反对我比起所有人——包括那些我很喜欢的同事们——反对我，对我的影响更小一些。当您感到所有人都讨厌您时，即使您确信自己是诚实的，没有任何可以指责的地方，您最终也会相信您自己有什么不对的地方，进而再也不敢同任何人讲话！”

在此类情况中，企业中的一个负责人——职业保健医生或职工代表——的支持自然是最积极的因素，他们的支持也会带来实际的改变，我们后面会谈到这一点。理论上，人们感觉自己能够独自反抗，因为他们确信自己的正当权益，但是要警惕那种放任精神骚扰横行的混乱状态，甚至连法学家们在遭到骚扰时也会不知所措，这时候集体的支持就显得尤为重要。

另外，我们不停地强调，诸如解雇这样的事件在客观上可

能不会表现得具有灾难性，但却会表现出一种严重的自尊心创伤，以至于当事人极难从中恢复过来。相反，对于另外一些人而言，什么都比活在一种难以忍受的职场处境中强，因此他会提出辞职，而全然不顾明天等待他的是什么。然而，那些被物质境况阻碍的（例如，需要抚养孩子的单身女性）和没有选择的人则比那些能够轻易离职的人受骚扰时间更长。

在我于蒙特利尔所做的一个报告会上，一个年轻女孩说道："昨天我在收音机里听了您的讲话，您所描述的状况与我在前一份工作中的经历完全吻合。我并不知道这叫精神骚扰，几天前我辞了职，并对他们说我和他们在一起工作不舒服，我宁愿离开也不愿意病倒。"

没有家庭负担时，更容易保持自己的尊严，拒绝被虐待。当配偶的状况允许对方失业一段时间时，也有这种可能性。在这种情况下，骚扰者较不容易控制目标，因为"目标"可以一走了之，没有太多顾虑。

问题的复杂性

这里我要更详细地分析一个临床案例，我觉得这个案例相当具有代表性。下面我们来分析埃米尔的案例：

埃米尔是一家涉足多个行业的工业企业的项目技术主管。他在工作中，包括与国外的联系中拥有一定的自主性。企业处于全面变革期，引入了越来越多的机器人。他在这里工作了6年，从未与同事或上司产生过任何摩擦。一年前，埃米尔当选为职工代表。

当前任总经理离开后，企业经历了重组，领导们给埃米尔换了部门，要求他听命于雷蒙，此人之前一直与埃米尔同级。对埃米尔来说，这没有问题，在哪个部门都没有影响，因为他喜爱他的工作。

很快，埃米尔与雷蒙的关系就恶化了。谨慎、认真的埃米尔总是在项目启动前对一些事情的可行性提出质疑。这很碍事，而领导们也不答复他。一起工作几周后，雷蒙对他说："你是个坏人，我们要撤了你！"他怀疑埃米尔的好意："你提出这么多的问题，是因为你不想与我们一起工作！"一天早上，埃米尔接到部门通知，从此以后，他在做任何决定前都要得到雷蒙的许可。于是，他感觉领导们在质疑他的工作能力，他把这份部门通知贴在办公桌上方，从此以后，不管干什么，他都公开要求确认。于是，雷蒙谴责他是个麻烦制造者，并提议到停车场去打一架。埃米尔以蔑视来回应，并找人力资源主管谈话。而人力资源主管反驳他说："您自己和他解决吧，你们都是成年人了！"于是，埃米尔给人力资源主管寄了一封挂号信，指出自己无法容忍这种行为，并要求最低限度的尊重和认可。人力资源主管也用挂号信回复道，他无法迅速裁决雷蒙的说辞和埃米尔

的说辞，建议召开一次正式会议，每个人都可以自己挑选一个人陪同，在会上把这件事挑明了。

会议始终没有召开，埃米尔不知道为什么。他继续在雷蒙手下工作，而雷蒙不再同他讲话，而且贬低他的所有工作。

在年度评估会议上，没有人对埃米尔的工作提出任何批评，但领导们把他的奖金减了一半："就是这样，你明白的！"

几个月后，埃米尔要求推迟一次部门会议，因为他要参加企业外部的一次35小时工作制的谈判。尽管雷蒙拒绝了，但埃米尔还是去谈判了，因此他出席部门会议时迟到了。他收到了一次警告。埃米尔觉得这太过分了，于是通知了劳动监察委员会，委员会在调查后，要求领导层撤销了这次警告。

埃米尔感到工作气氛变得无法忍受，他崩溃了，而他的内科医生建议他休病假。

我们可以从不同的角度来分析这个案例：

◎ 从职业组织的角度讲，这其实是在重组计划过程中，自动化导致工作量压缩，使得埃米尔到雷蒙手下工作；

◎ 从个人角度讲，我们可以认为雷蒙不喜欢埃米尔，因此想要打败他，但雷蒙也不是特别邪恶。

这样分析太简略了，还应该进一步探究细节。一种精神骚扰状况的分析不能只满足于单独观察个人，而应将他们置于不同的关系体系中。

应该更加详细地分析两个当事人。埃米尔不仅是职工代表，而且他还是黑人。另外，他严谨、无可指摘，可能还有点儿强迫症。他说话总是很平静，看上去非常理智。雷蒙是白人，多血质、易怒、更加冲动。

埃米尔出生在非洲。他的母亲在他11岁时去世了，他是由祖父母抚养成人的。他的祖父母是非常受人尊敬和爱戴的人，他们教会了他尊重、诚实和对工作认真负责。在他20岁时，他的父亲去世了，他来到了法国。

他离婚5年了，儿子16岁，要求与他一起生活。在孩子的教育问题上，他和他的新伴侣发生了冲突。

是否应考虑种族主义？令人惊讶的是，埃米尔并没有提及。然而，我们不能完全排除这一因素，无论是从埃米尔的角度还是从雷蒙的角度。如果假装文化归属性在这个案例中没有起到任何作用，那是相当虚伪的。在一些情况下，肤色、性别等因素构成的差异并非无关痛痒：弱势的一方为了使自己无可指摘，可能需要付出更多的努力；而这样的局面则可能导致其在面对辱骂和某些不怀好意的暗示时更加敏感。对于一名上司来说，受到一名下属的教训，尤其这位下属还是黑人，可能更令他难以忍受。在上一个岗位时，有人曾对埃米尔说过："无论如何也轮不到一个黑人来对我指手画脚！"埃米尔认为，大家都认为那个主管是个种族主义者（因为他曾经因侮辱一个黑

人而被打断了鼻梁），但没有人这样说，因为这是一个禁忌的话题，大家宁愿谈论组织问题或个人问题……

建议去“像男人一样”打一架是重新建立平等关系的一种方式，但埃米尔拒绝了，他甚至借此把自己放在更优越的位置上：“我不会像流氓那样打架！”埃米尔说，“如果他们是种族主义者，这对我没有影响，他们只是把这事挑明了而已！”令人受伤的是那些暗地里的辱骂，它们会从根本上影响人际关系。

埃米尔作为职工代表，是为了代表其他人并帮助他们。这给了他一种优越感和其他人可能嫉妒的好处。当他宁愿去参加35小时工作制的会议而不是部门会议时，某些人可能因此受到了刺激。这事也没有人明说，因为这是一种歧视。埃米尔说，在35小时工作制谈判过程中，领导层企图将法国劳工民主联盟的那位工会代表置于低等和弱势的地位，同时指责他的工作。有一天，此人遭到他的上司的严重侮辱，以至于感觉不适，被送往医院。

除此之外，埃米尔还是个完美主义者。他确保自己无可指摘。然而，雷蒙一直对他说，他一无是处，他很坏。埃米尔本不该受到影响，因为这些指责显然是没有根据的。但正因为埃米尔非常严谨，对工作非常投入，这些指责才对他影响很大。官方说辞是要求员工们具备职业素养，但当他们过于信奉完美

主义时，就会变得碍事。进一步约束埃米尔行动的部门通知更强化了他的警惕或疑心。因为害怕被抓住错处，他变得更加严谨，因此更加烦人。在这一行为中，从他这一方面可能存在一定程度的挑衅性："他们想让我负责，那好，让他们走着瞧！"因此，一个恶性循环开始了，没有人愿意退让。我们也可能自问，面对一名无可指责的、抢了他风头的下属，雷蒙难道没有感觉到被侵犯，没有担心自己的位置吗？

怎么看待人力资源主管的态度呢？他的第一反应是说这与他无关，因为这是一件私事，在人力资源主管那里司空见惯。随后，他建议在证人面前调解。这是一个好主意，而且埃米尔也非常赞成；这是一种解决问题的庄重的方式。人力资源主管对两位当事人的疑虑是合理的。的确，应该听听双方的说辞。为什么这个调解会没有召开呢？我不知道。是不是人力资源主管担心没有能力解决这一冲突？是不是这件事在他看来不重要？埃米尔始终感到自己被出卖了，于是向劳资纠纷调解委员会提起诉讼。

人力资源主管本应怎么做呢？他本应尽早介入，使两位当事人安心，尤其是要消除双方的疑虑。处罚埃米尔因工会事务缺席部门会议是雷蒙的错，这有损于他的上司身份。为了帮助埃米尔恢复自信并避免冲突加剧，人力资源主管本应以上级的身份安慰他。

侵犯者有什么特征吗？

在写《骚扰，无法回避的痛》时，我问自己是否有机会在一本面向大众的作品中使用“自恋变态”一词。这样会不会与性变态混淆？收到的许多来信向我表明，“变态”一词非常清楚地反映了一种拐弯抹角地操纵别人的沟通方式，目的是瞒着别人从他那里得到某样东西。然而，我已经说过，不应将世界一分为二，一边是变态的坏人，另一边是无辜的受害者。即使没有恶意，我们所有人都可能在某些背景下，面对某些有邪恶态度的人。而造成问题的，不是个人本身，而是应被揭露的某种行为。

而且，我有时也听说，如果人们在职场中遇到自恋变态狂，这也只是一种例外情况，而一般来讲，骚扰者们也只是一种驱使他们虐待他人的体制的受害者。在某种程度上，他们虐待他人，是因为他们曾经被这个体制虐待过。在我看来，现实更加复杂，不能仅从企业范围来研究。

在前一章中，我们已经看到，精神骚扰的特点是一种侵犯，而不是一种冲突。冲突是各种相反的因素或情感的汇聚，而在精神骚扰中，正如在一切侵犯中，体现的是伤害他人的意愿。骚扰的目的是控制和支配他人，同时侵犯他人的精神领地。这并非一个人在过大的精神压力或恶劣的工作条件下的好斗性的释放。这不是一种自控力的丧失，相反，这是一种控制

他人的意愿。

某些社会学家滥用了汉娜·阿伦特（Hannah Arendt）关于“平庸的恶”的论文，提出新的职业组织的心理压力可以将任何普通人转变成施虐者。我在这方面的经验使我不得不说，尽管某些环境可能令所有人不安，但不是任何人都会变成骚扰者。某些心理特征在这方面更加具有决定性。另一些人懂得如何抵抗，可能因为他们的精神价值观更加坚定。

我的读者中有一些人承认自己曾做出我所描述的行为，但不承认这是组织的邪恶所致。他们将自己的行为归咎于个人需要处理的困境。在这这种情况下，我们将看到，领导完全可以既处于严峻的管理对抗中，同时又能尊重、倾听员工，接受他们的批评并质疑自己。

为了避免滥用“骚扰”这一词语和将某些侵犯者妖魔化，我认为有必要区分与骚扰相似但却不是骚扰的情形（没有害人的意愿）和包含恶意的情形。在这两者之间，有不同的程度，我们可以逐个分析。

为了使事情更明确，我自行划分了等级，从最轻微的情形到最恶劣的情形：

◎ 不是骚扰的情形，即使表面上具有迷惑性；

◎ 破坏性的情形，但不一定是恶意的；

◎ 恶意的情形，但不一定是有意识的；

◎ 真正的骚扰情形。

当然，事情不是一成不变的，从一种情形到另一种情形之间可能会有一些过渡阶段。这些区别决定了应采取的惩罚和预防行动，我们会在后面看到。

看似骚扰却非骚扰的情形

管理上的误解与差错

我们可以把管理上的笨拙或差错归入这一类。这种情形的形成源自不懂得如何领导一个团队的人，无论其职业技能如何。某些人因其脆弱性或缺乏自信等弱点，需要使员工们顺服；另一些人不敢面对问题和指出错误。因此他们被迫说谎和操纵。当一个人在下属面前缺乏自信时，他会试图把自己掩藏在管理技术背后。但是这些被冠以“说服艺术”或“管理冲突”等美名的方法就算再好，如果在应用时缺乏情感和良知，都起不到任何效果。

领导他人不是一件简单的事：如果领导过于自信，则显得傲慢，但如果领导不够自信，则有可能因为过度防御而导致对他人的侵犯。某些人披着干部的外衣就像躲在盔甲中，他们在管理中毫无顾忌，从不自省。

还有一些负责人，在达到他们的能力极限时，试图通过专

制或操纵行为掩盖这一点。要想做好领导，还应该具备更多的东西（例如，一种附加的能力或一种更强的个性），从而获得尊重。那些既没有意志力又没有能力的人可能会企图通过威胁的方式来领导他人。

还有一些领导因其性格或教育背景而不懂得沟通。他们从未说过一句和蔼的话，也不懂任何处世之道。他们没有学会那些可以促进关系的礼仪，没有学会如何尊重别人，以及考虑他人可能的脆弱性或反应。这令人不快，但并非出于恶意，其他人也没有深受其害。然而，企业有责任介入，督促他们学习如何使自己的行为更温和，从而避免可能伤害比较脆弱的下属的行为。

此外，一些管理上的误解或差错也有可能逐渐转变为骚扰的情形。

当朱迪斯来到新的岗位后，她感觉她的主管并不赏识她。主管和她一起工作好像很不舒服，从不同她讲话，每次她向主管咨询她所执行的项目的信息时，主管都会溜走。一位资历较老的同事告诉她，很明显，主管不喜欢她。

那天，很偶然地，部门里只剩下他俩，他们终于有机会谈一谈了。朱迪斯发现，事实上，主管对她所执行的项目知之甚少。主管刚刚接替一个自认为不可替代的人来到这个部门，那个人临走前故意没有向他移交任何信息，还继续在他的旧下属

面前说继任者的坏话，使旧下属们在与新主管一起工作时处处有所顾忌。正因如此，他被公司中资历较老的下属们排除在有利的项目之外。刚刚被招进来的朱迪斯终于理解了主管的态度。

在这个例子中，感觉到被拒绝并来咨询的是朱迪斯，但实际上的操纵受害者却是她的主管。主管妨碍了前任，前任虽然不认识他，却想方设法诋毁他，一方面不向他传达他需要的信息，另一方面使他的团队不信任他。这也解释了朱迪斯同事们的态度。

不　和

是什么使我们无法忍受某人？或者是什么使我们无法再忍受曾经有一段时间相处不错的某人？

我觉得应把个人之间的不和与工作中的不和区分开来。毋庸置疑，与关系默契的人一起工作更令人愉快，但如果管理方式是健康的，如果大家就一个共同的目标达成一致，那么个人之间可能的亲密关系则可以放在一边。我们可以对某人无感，甚至不欣赏他，但能够与他一起工作。

工作中的不和往往是对完成一项任务的方式有分歧。在这种情况下，不和可能会危及目标。而且，企业完全有责任帮助员工解决他们的不和，使他们能够继续一起工作。工作上的任

何观点差异，尤其是价值观的冲突，或者任何从属关系范围内的不和，都应由上级来解决。

有时候，一起工作的人对他们的工作关系的期待也会不同，例如，一个人希望更亲近，而另一个人希望保持距离。这可能是个人之间不和的根源。

无论不和是个人之间的还是工作中的，如果它持续存在，则往往源于个人经历。如果当事人有机会谈一谈或正面交锋，或者有人帮助他们这样做，这些状况可能会得到改善。使事情回到原位是干部们的责任。但如果不和被一个操纵团体或一个心术不正的人利用，就很有可能变质为精神骚扰，因为当事人都在各自的立场上僵持不下。以下是吉莱纳写给我的信：

34岁时，我在一家保险事务所找到了一份秘书的工作。在试用期内，我的两位老板（一对夫妻）非常有魅力、平易近人，对我的工作没有任何指责。可是，试用期过后，他们要求我不要把水瓶放在抽屉里，也不要再带饼干；之后，他们又指责我不懂得如何接待客户。这种意见每隔两周发生一次，其间一切顺利。后来，我的男老板要求我戴眼镜，借口说我犯了错误。当我要求他拿出证据时，他对我说："戴上您的眼镜吧，我们不会在这件事上浪费生命！"而他不知道，我的眼镜只是一副平光镜。几周以后，他们又告诉我不该移动电脑键盘。因此我不得不伸着胳膊工作。我忍气吞声，心想我可以在周末松一口气。

但我的老板应该是觉得我不够顺从，因为接下来发生了最恶劣的事情。

一天，当办公室只剩下我俩时，他问我用了什么香水。我问他为什么这样问。他对我说："您的味道很难闻！"您可以想象他把我置于怎样的境地。

随后，大概每月两次，我被叫到他的办公室，他从心理上打击我。最后，我失眠了，去办公室时就会哭。

我丈夫敦促我去谈判解雇条件。我同意了脾性不和的理由，但寄来的信上却说是个人卫生问题。我提起了诉讼并打赢了官司，得到了6个月的薪水作为赔偿。从那以后，我没有再去上班。我不能忍受和一个我对其诚信有所质疑的人一起工作。劳资纠纷调解委员会的判决使我可以在我居住的小城里昂首挺胸地做人，但在我内心深处却始终留着一道深深的伤痕。

吉莱纳的老板因为一些"不可言明"的原因而无法忍受她，然而，难以启口的事往往会通过可憎的行为表现出来。所有人都有可能会无法忍受另一个人的某个性格特征或某种特性，但在最终嫌弃对方之前，应该学会了解他，试着让他明白问题的根源。

当一个老板不能忍受他所聘用的一名员工时，他往往无法埋怨自己并承受解雇的成本。这是一次招聘失误，而那个除了他的自身特点外没有任何地方可以指责的人应该得到赔偿。在

吉莱纳的案例中，因脾性不和而迅速解雇是最简单的解决方法。在这个过程中，如果使用了尊重性的字眼，双方就都保留了面子。但这位老板却想在争论中获胜，或许他也想找到吉莱纳的一个过错而少付些钱，而这样做则侮辱了吉莱纳。吉莱纳有理由去劳资纠纷调解委员会告老板，即使如她所说，创伤是难以愈合的。

在不和的情形中，很少能够公开说明理由。人们通过缄默不语、言下之意或斤斤计较来使对方明白自己不喜欢他。人们以行动代替语言。当我们询问一些人是什么使他们受不了某人时，回答往往是些鸡毛蒜皮的小事，我们能辨认出的导火线也只是某个小细节。

让-皮埃尔、托马斯和朱莉三人刚刚毕业于建筑专业，同时被一家大型事务所聘用。最初，他们三人都是朋友，但很快，让-皮埃尔和托马斯就受不了朱莉了。他们对她的所有行为感到恼火，但最主要的是她的手镯发出的叮当声。这种噪声变成了一种消极的条件反射：任何手镯的叮当声都让他们想起朱莉并感到恼火。然而，他们从未跟朱莉谈过这个问题。他们只是排斥她，并时不时给她使点儿坏。但更主要的是，她一离开，他们就批评她的所有行为和动作。

多年后，让-皮埃尔和托马斯是怎样谈论这个问题的呢？“应该承认我们当时对她挺无情的，因为除了她的手镯外，她是

一个非常讨人喜欢的女孩，而且她的工作能力不错！”这似乎是因为他们当时是快乐的夜店单身汉，而朱莉已经嫁给一个年纪较大的男人并计划要孩子。尽管他们是同事，却属于不同的世界。

在电影《玩偶》（*Le jouet*）中，皮埃尔·理查德突然被他的老板解雇了。老板给他的解释是：“我解雇您是因为您的手潮乎乎的……”

对方吸引我们的或将我们推向对方的总是完全主观的东西：一种能使我们想起自己经历过却想要忘记的某事的存在方式（如我们的母亲在想要惩罚我们时使用的语调），或者我们自身具有但不喜欢的一种性格特征。

恶劣的工作条件（如狭小办公室内的拥挤）会加剧这些细节，导致性格上的反应，例如，某人可能因为办公室里某个同事发出极小的清喉咙的声音而紧张，或者另一个人会在每次同事未征求他的意见而打开窗户时感受到侵犯。然而，这不是精神骚扰。

过渡性的精神障碍

某些精神障碍在危急时刻可能表现为一些与骚扰相似的行为。我在这里谈论的是过渡性破坏状态，如果职业保健医生辨别出了这些状态，就可以治疗它们。

例如，在狂躁型抑郁精神病中，患者交替出现各个抑郁阶段和狂躁症发作的表现。狂躁症发作时，患者自尊心增强，出现一种伴有欣快感或易怒性的激动状态，并伴有一种以某一目的（性、职业、社会等）为导向的想法的流露和活动性的提高。进入这种全能状态时，狂躁之人不再受任何控制，可能会无意识地虐待其他人。并不是所有的狂躁抑郁发作状态都如此富有戏剧性，也不一定会导致患者住进医院。抑郁者的情形只有通过健康状况下降才能发现。相反，轻度狂躁的情形（即缓和的狂躁状态）是作为一种最终恢复的健康状况被人们发现的。然而，在不了解这种情绪爆发的根源的周围人看来，这些人并不是特别难相处。

几年前，丹尼尔因重度抑郁状态而住院。在接受了医生规定的抗抑郁治疗后，他突然从抑郁转为狂躁。他现在担任干部的银行正在经历合并，50岁的丹尼尔为自己的工作担心。

然而，几个星期以来，他自我感觉比所有人更聪明、更勇敢，他甚至确信，如果大家愿意听从他的主意，他就有能力迅速解决本部门的所有问题。他每天早早来到办公室，提前完成大量工作，当他的下属跟不上他的节奏时，他会感到紧张。当他心情好时，一向与人疏远的他用亲密的方式称呼他的助理，亲切地叫她的小名；而当他对她不满时，他会粗鲁地辱骂她。他傲慢的态度激怒了同事们，他们认为受到了轻视。在企业的餐厅里，当一位女同事出现时，他会忍不住兴高采烈地讲一些

荤段子，直至她脸红或不快地离开餐桌。

丹尼尔的妻子为他的这种长期兴奋状态而担心，催促他去看精神科医生。丹尼尔似乎在用这种轻度狂躁状态来抵抗一种潜在的抑郁状态。他认为，领导层在宣布有20%的冗员后，会想方设法让那些年纪最大的、绩效最差的员工离开。基于这个信念，不再年轻的他更加努力地做好工作。接受了几天的抗抑郁和抗焦虑治疗后，丹尼尔平静了下来，不再纠缠他的助理和同事们了。

这一案例也不属于精神骚扰。这只是一种可以治疗的精神障碍，只需要有一位医生诊断出来即可。

破坏性的但不一定有恶意的情形

我们可以将我在第一部分简略谈到的粗暴管理的情形全部归入这一类别。一个人由于病态的性格，对他周围的人都不好。如果他处于掌权位置，可能因此压迫他的下属，而后者很难自卫。这是一种集体性的虐待，原则上，它对所有人都一视同仁。这是一些不加掩饰的、所有人都能察觉到的行为。

当然，应找出这一切的细微差别并逐个研究，因为粗暴管理有时会发展为精神骚扰。

精神压力的传递

一些小领导们仅仅是将他们所承受的压力转嫁给他们的下属。需要完成的任务之多使他们如此焦虑，以致他们惊慌失措，斥责其他人。他们自我辩护说他们力不从心，因为他们担心无法达到目标，因此，他们不能额外考虑每个人的精神状态。只要员工们只字不提，这种不是出于恶意但却是破坏性的行为就会悄悄地进行，因为上级只关心结果。压力因此自上而下逐级传递，每个人都把自己的精神压力传递给他的下属，也传递给他的同事。由于每个人都躲在自己所承受的压力背后，没有人感觉自己真正有责任。“这是体制的过错！我只是执行命令而已！”自然，这样一种环境，尤其当它含有敌意时，会使人对别人的错误或脆弱性反应更强烈，因此更难以容忍。

有时候，一名职员被他的上司虐待却不敢声张，又找不到其他摆脱困境的方法，只能将他所承受的压力转嫁到下一级职员身上。在暴力传递过程中，有些不受我们意志控制的东西固定在身体的记忆中，就像一种反射现象。因为我们曾经被侮辱，我们就会反过来去侮辱他人。发现我们在重复他人迫使我们承受的行为，或者在我们自己身上发现我们所厌恶的旁人的缺点，并不是一件容易的事。

但应该注意不要使暴力常态化。不能因为我们曾经历过困

境，就有正当理由使别人受苦。这相当于自然而然地接受那种受虐者虐人的连锁反应。

的确，我干了一些很可怕的事，但我一点儿也不后悔。事实上，我还没说出我想说的第十句坏话！人有一种傲慢，认为他们不需要为别人努力，好吧，我会像他们那样做！没有人信守承诺，人们说一套做一套。我只是会做大部分人在做的事。从我童年时起，他们就指责我好斗，但我只是对成年人施加给我的暴力进行自卫。现在，我在继续自卫。就这样。我不会改变！

工作压力或恶劣的氛围不是借口，每个员工，无论他处于哪个级别，都应该反抗，从这种恶性循环中走出来。

我仍然认为有必要把精神压力与冷酷无情的邪恶暴力的反应性侵犯区分开来，即使这种邪恶行为的根源是从前遭受的一次暴力。

神经过敏性的焦虑

应该看到，人类的反应并不总是符合逻辑的。如果一个人的行为与他的工作不一致，不能总是从企业一方寻找原因，这可能是他的情感作用导致的。

焦虑或神经过敏症可能导致一些令其他人难以忍受的行

为。一个神经过敏者往往情绪不稳定、气量小、爱反驳别人；他可能像人们所说的那样“性格差”。如果他害怕自己的暴力和欲望，他的情感纠葛可能使他做出复杂的、虚伪的攻击行为。

那些神经过敏者经常在他们与别人的关系中重复扮演他们儿时未完成的角色。一位“难相处”的同事可能只是一个曾受过伤的人，他在将自己儿时经历过的恐惧和羞辱传递出去。

神经过敏者的攻击性往往是无意识的，自动表现在讽刺、挖苦、戏弄、拒绝等间接行为，或者弗洛伊德式错误（动作倒错）、无动于衷、软弱无力、无所事事、优柔寡断等行为中。没有焦虑就没有攻击性。这种神经过敏者的攻击性，其起点来自主体的个人经历，之后可能转移，并在职场中表现出来。例如，针对母亲的攻击性可能投射到所有女性身上，这也解释了某些马赫主义或性别歧视的行为。

同样的攻击性也可能倒置，感觉像恐惧，这解释了为什么当一个人侵犯他人时，自己会感觉受到了侵犯。一般说来，通过投射现象，我们倾向于将我们拒绝承认自己拥有的感情归咎于别人，因为我们讨厌在同类人身上看到我们拒绝在自己身上看到的缺点。是自我憎恨导致了憎恨他人。

当然，一个人应该自爱，才能好好与他人相处，当你没有自信心时，你可能会一直以防守的方式与人相处。你怀疑别人，认为他们判断你，并随时准备批评你。你变得暴力，因为你感到自己危机重重。另外，如果一个人不能承受自己的暴

力，他可能会采取邪恶的行为来掩盖它。这是一个恶性循环：为了保护自己，就要一直不停地攻击，“不停地确认这一普遍规则，即曾经求助于暴力的人应继续使用暴力”[1]。

性格有缺陷的领导

有比我们想象中更多的领导表现得像个暴君。他们谩骂员工、嘲笑员工、羞辱员工，就像他们有这个权力，可以不受惩罚地这么做。这些令人难以忍受的性格有缺陷的领导，在别的环境中，对权力不如他们的人，也会做同样的事。这是些小主管们，他们侮辱所有人，尤其是女性，而且完全是有意识的。

骚扰行为是隐蔽的，而这些性格有缺陷的暴君却是他们周围所有人所公认的，但人们只能忍受，不敢反抗。

这家广告公司的总裁被他的全体员工称为“上帝”。这是一个专横的变态狂，他以公开斥责经理们为乐，而他们不能反抗，因为担心被下属们轻视。他的口头禅是：“那些螃蟹，我不用开水煮，我会先把他们压碎！”他的员工感觉踩在鸡蛋上，因为他会毫无理由地在某一天赞美某个人，而在第二天把他摧毁。当

1　斯蒂芬·茨威格（Stefan Zweig），《良知对抗暴力：卡斯特里奥对抗加尔文》（*Science contre conscience, ou Castellin contre Calvin*），Castor Astral出版社，1997年。（该书中文版于2012年由生活·读书·新知三联书店出版。——编者注）

有人反对他时，他会绕圈子或说谎。他知道，无论如何，不管谎说得多大，都不会有人对他说："您说谎了！"有时，他开起会来没完没了。员工们于是不得不听他们的"主子老爷"谈天说地，却不涉及会议的主题。如果他不得不缺席会议，当他回来时，即使过了一小时，他仍会要求大家从头开始。

他对经理们宣扬一些暴力的管理方法，鼓励他们采取镇压和寄挂号信等行为。他告诉干部们可以自己做主，但却介入否决他们刚刚与客户或供应商谈好的条件。于是，为了避免麻烦，人们推卸责任，用公函来掩护自己。尽管如此，他还坚持一种家长作风的讲话："我的办公室是敞开的！我在那里为你们提供帮助！"而且，他一边以卖弄的方式炫耀他的财富，一边却坚持训诫他的员工关于金钱的危害。

战略岗位上的人员流动很频繁，因为干部们都坚持不了一年。当最近一次有一个被公开诽谤的人斗胆反驳时，那些曾经逃过了侵犯的人开始在他们的纸上乱涂乱画或者盯着天花板看。这一次，游戏持续的时间比以往要长，但像每一次一样，最终仍然以解雇收场。当然，被解雇的人可以向劳资纠纷调解委员会提起诉讼并可能打赢官司；但如有必要，这位总裁也会上诉，直至撤销原判为止。企业支付解雇赔偿金显然比较简单，花费也较少，但对于这位总裁而言，重要的是在争论中获胜，是能够说："他反抗了我，我打垮了他！"

在这个企业中，目前不可能发生员工的群体行动，因为人

们害怕，而且有几位老员工受到操纵，反对新员工。

这个人的病症是如此明显，以至于他的员工们对他的那些令人难以容忍的行为袖手旁观，并私下互相安慰。以下是他们中的一位干部所说的话：

他的行为并没有使我不安，因为我知道他是个疯子，而且所有人都知道。这没有那么严重，因为我喜欢我的工作，我喜欢同我一起工作的人们。如果我决定离开，那是因为跟着这样一位老板，我们早晚会失败。营业额已经开始下降，我的奖金也是。

这位总裁并没能破坏员工之间私下的团结，这已经不错了，但还应该更进一步，使员工们能够公开地把这种团结用作武器，来反抗暴君领导。

然而，单独一个人对老板什么也做不了，只有全体员工的共同行动才能成事。整个团体应以集体的方式行动起来，让他知道这种行为是不被允许的。这就是在蒙托邦发生的事，宝雅公司的员工们经过一场艰苦的罢工，逼走了他们的总经理，所有人长期以来都了解他那些性格有缺陷的行为。

这些所有人都看得见的行为，往往更多地出现在雇主身上，而不是在下属身上。当一个人与一位性格有缺陷的员工之

间出现问题时，应该由上级介入，因为上级应该对此负责并应惩罚过错方。

妄想狂领导

这类人的特点是他们自认为掌握了不可辩驳的事实。他们永远比所有人知道得多，而且从不质疑自己。他们想占有一切需求，使自己在权力职位上心花怒放。他们要掌控一切，统治一切。

当我们谈到精神骚扰时，为什么我们只提出了关于受害者妄想狂的问题，而没有探询侵犯者的妄想狂问题呢？当然，我们有时会看到，被下属们控告实施精神骚扰的某位领导表现出一种难以相处的性格，如果精神科医生有机会见到他们，会把他们定义为妄想狂。但在最常见的情况下，我们只在抱怨者身上辨认出妄想狂的症状。

然而，两者中受迫害最深的不总是受害者。有一些多疑的经理，他们看谁都像间谍，不信任任何人，除了自己认定的真相外看不到其他真相。也有一些同事，他们操纵一切，带着别人一定有什么可以指责之处的观点侵犯其他人。妄想狂个性的特点之一就是多疑。在精神骚扰初期，往往出现准妄想恐惧，担心别人（将要被骚扰的人）伤害他。这些妄想狂领导可能满

脑子都是一些基于假定损害的烦扰想法，而事实本身却与这一感觉相反。例如，他们可能害怕一名员工怀有恶意，于是，无论这名员工做什么，都会被怀疑：如果他天赋过高，他可能会抢风头；如果他过于诚实，这也令人担心，等等。

泽维尔是一个专横的老板，所有员工都害怕他。他不信任任何人，甚至会偷看放在员工办公桌上的文件，偷听下属们的电话语音留言。

每次当他遇到糟糕的处境或没有如自己所愿签订一份合同时，他都相信这是因为某人在他的外部合作伙伴面前说了他的坏话。

一次展会结束后，全体员工自发写了一封信，要求支付加班工资。结果，他非常暴力地攻击了他的副手，指责是他挑起了这次反叛。

在这种环境中，每个人都会不由自主地怀疑所有人。适应得最好的则是那些懂得唯唯诺诺和伪善的人。

由于妄想狂往往也是专横的，其他人，包括同事和上下级，有时不能将他们与性格有缺陷的人区分开来，只有职业保健医生能做出诊断。但就算某人真是妄想狂，如果他不愿意治疗，除非采取司法措施，否则我们不能强迫他接受治疗。

强迫症人格

谈到骚扰，我就不得不说说执念和强迫症。执念是一种固定不变的念头，它以纠缠的、令人痛苦的方式强加于一个主体，使他不能借助自己的意志来消除它。如果说在一次恶意侵犯后，被骚扰者的脑海中充满被侵犯者的形象和所遭受的暴力的记忆，那么不容置疑，侵犯者在侵犯过程中以及之后，头脑中也会充斥着被他所侵犯的人的形象。

从词源学上看，“烦扰”和“骚扰”这两个词非常接近。在旧的释义中，“烦扰”的引申义是指“不停纠缠的某些念头”(《利特雷法语词典》)。直到1799年才出现如今心理学上的“烦扰”的定义，即以反复的、抑制不住的方式强加于精神的念头或形象。这些强加的思想构成了一种让烦扰者很想摆脱的内心干扰。

除了执念外，强迫症人格还表现为一种特别的抑郁基础，被20世纪初的精神病专家让内称为“神经衰弱”。[1]这就使它与其他人的忧虑拉开了距离，退回到了抽象概念或伟大的理论中。由于这些人的举止或谈话中表现出某种冷漠，而且缺乏感情，同事们或合作伙伴们可能感到自己被拒绝了。让内谈到他

1　参见皮埃尔·让内(Pierre Janet),《癔症的心理状态》(*Les obsessions et la psychasthénie*),Flammarion出版社，1903年。

们时，用了“不完整的感觉”这一措辞，这种感觉使强迫症患者们处于始终不满意的状态，对自己、对别人永远都不满意。

具有强迫症性格的人有很强的控制欲，因为他们害怕一切流动的、移动的或自发的东西。他们想要把生活凝固住，以便控制它。他们需要整理、组织、支配和控制。他们过分注重细节，常常因此损害了最终结果。他们希望所有事情都按照某一种而不是其他的方式发展，只要一切没有完全符合他们的期望，他们就不会放过对方。他们往往有一种固执的、顽固的性格和一种刻板的专制，这会刺激同事或下属。他们认为自己在以善的名义行事，不能忍受别人的失职。别人的失误、迟到和意外就如同对他们的真正侵犯，这种想法进而转化为执念和反复思考。

人们越催促他们，他们就变得越僵化。强迫症患者不放过他人，他们不停地出现在他人的面前，不停地打电话，从而阻止他人的进展。他们的性生活充满了侵略性，他们反抗，同时又想努力表现得有礼貌、令人愉快和舒服，因为他们喜欢被欣赏。

在企事业单位中，这些强迫症患者们在二把手和第二负责人的职位上做得很好，只要他们上面是一位他们钦佩的并信任他们的领导。他们因此能够行使专权，但要经过授权，也就是说可以不用对他们的行为负责。

他们因为能够在服从的同时指挥一切而感到放心，因为他

们可以因此在他们的服从需求与他们的侵犯性之间找到一种恰当的平衡。

职场——以及漫画中的行政机关——就是以一种强迫症的方式在运转。其程序非常严格，人们制定标准并进行考评，以便得到数字、统计数据和数字化的方案。职员们必须严格遵守礼仪。在一个如此校准过的世界中，没有强迫症的人会感到自己受到限制，因不能创造、即兴发挥而痛苦，感觉像被关进了笼子。但是，从另一方面来看，过于强迫症的人也很难适应组织变化和时间压力，容易把自己的不适应性导致的约束转嫁给别人。

妄想狂和强迫症人格障碍都是一些结构僵化的精神组织。如果他们被理想化和当作楷模的那个人抛弃了的话，这两种病的症状就会加重。于是，那个人就会被妄想狂或强迫症患者看作一个迫害者。他们会盯住他不放，直到他败下阵来为止。

任何感觉被执念烦扰的人都会有一种找不到自己的表达方式的想法或一种满脑子充斥着另一个人的想法，但这不是一种病。因此，我们每个人都有必要学会在这些心理活动变质为真正的骚扰之前发现它们。在以下皮埃尔的例子中我们会看到，强迫症个性完全有能力自我质疑。

在一家大型集团工作多年后，身为普通职员的皮埃尔被提升为一个小部门的部门主管，这个部门中包括正处于试用期的

年轻人和一些长期合同职员。作为该部门唯一的专业人士，他是无可争议的头儿。

一段时间过后，皮埃尔意识到自己无法再忍受阿梅莉。她做什么、说什么都会激怒他，尤其是当她要求早退时。皮埃尔感觉阿梅莉对自己的工作（或者对他！）失去了兴趣。他开始窥探她的来去时间，监视她，以便在她尾巴翘起来时给她安排额外的工作。只要她一犯错，他就会对她大吼大叫。他想让她难受。皮埃尔意识到，从严格的工作意义上，骚扰她并不是最有效的方法，但他已经被潜意识中的恶性循环控制住了：这个女人让他烦扰。就像是一种颠倒的因爱生妒，她占据了他全部的思想。他相信她也想离开。

这种境况一下子让皮埃尔回想起他在别的环境中作为侵犯者或被侵犯者所经历过的所有类似的事情。他以为自己已经忘记了那些痛苦，但它们再次汹涌而至。他知道，每次当他选择以暴力来解决问题时，他就已经输了。他回忆起自己有意识地表现出轻视或存心使坏的所有情形，反复考虑这种憎恨……

在心理治疗过程中长时间讨论这一问题后，他决定与阿梅莉共进午餐，将自己对她的不满和盘托出。阿梅莉承认她的确对工作心不在焉，因为她认为这个岗位不能让自己进步。她更希望做具有自主性并能体现她的责任担当的工作。皮埃尔听了她的倾诉，承认她的合同不是很令人满意，同时和她一起分析了利弊。然而，皮埃尔决定保持自己关于责任分配

的立场，但他明确解释了这样做的原因。会谈结束后，阿梅莉很满意。

后来，皮埃尔又有了斥责阿梅莉的欲望，但他每次都控制住了自己。阿梅莉也不再是他的执念对象了。

对于强迫症患者来说，被另一个人侵占头脑是他们极力想摆脱的症状。他们不是想把自己的快乐建立在别人的痛苦之上，如果他们能够求得帮助，他们就会改变自己的行为。但有时这种行为也会发展为施虐癖和以折磨他人为乐。

贝尔纳是一个明智的年轻人，外表无可指摘：熨烫平整的长裤、海蓝色的套头衫、锃亮的皮鞋。他刚刚通过竞争得到一个会计主管的岗位，负责一个全是女性员工的部门。这使他很高兴，因为他感觉女性不会挑战他的权威。他说他是因为强迫症的性格才选择了这个职业，因为他非常喜欢做账。他的业余时间基本都用于创建一个电气列车网站了。列车井井有条的特点令他安心。他小时候腼腆、容易冲动，曾好几次虐待动物。现在有时候，当一个流浪汉挡了他的路或当工作中某人指出了他的错误时，他还会有一些暴力冲动。贝尔纳承认自己只有在支配关系中才感到舒服，无论是工作上还是个人生活中，但奇怪的是，他完全受控于他的妻子，妻子是一个强势的女人，公开欺骗他。

后来来了一位新同事，与他同级，但更加出色，关键是更讨

女性喜欢，贝尔纳感觉自己被抛弃了。他感觉他的上级们更喜欢这位新同事，而他的下属们也不再像以前那样关注他。于是他决定不让这个新同事好过。为此，贝尔纳不给同事提供他所需的信息，故意弄丢要传递给他的文件，更有甚者，贝尔纳还向上级汇报这位同事的极小的错误。他从不直接侵犯，但如果他偶尔有机会使这位同事犯错，他绝对会毫不犹豫地采取行动。

与许多强迫症患者一样，贝尔纳有强烈的控制他人的欲望。这在一个垂直等级体系中并不太难办到，只需顺从上级和控制下属即可。相反，控制一位同级的同事更难，尤其当此人似乎很出色或者平易近人时。

即使他们往往很难相处，但不是所有的强迫症患者都像贝尔纳这么夸张，还表现出一些邪恶的特征。对命令的担忧或某种专制，一般说来，都不是出于恶意。因此，在与他们相处时，重要的是使他们放心，同时尽可能地尊重他们的刻板。

恶意的但不一定是有意的情形

入侵式骚扰

被妄想狂患者骚扰的一种特殊情况是被一个被爱妄想症患者骚扰。被爱妄想症是一个人因妄想而确信自己被另一个人所

爱，这个人一般是较高一级的。被爱妄想症患者被视为一些具有潜在危险的人，因为当此人明白了对方并不爱他时，爱情的希望破灭之后，往往会由爱生恨。

即使被爱妄想症被公认为是一种严重的心理障碍，但还有一些更具潜伏性的“被爱妄想反应”的形式极少被考虑到。我们可以将此定义为入侵式骚扰，与美国的“跟踪骚扰”相对应。

在美国和其他盎格鲁－撒克逊国家，已经通过了一些保护“跟踪骚扰”的受害者的法律。“跟踪骚扰”是指一种“以引发恐惧为意图，明示的或暗示的实施死亡威胁的行为”，目标人会合理地担心自己的生命安全或至少担心发生人身伤害。

在法国，只要没有证据或违法行为，警察就不能干预，这就是说目标对象生活在恐惧中，却无法求助于任何人。

这种特殊行为往往来自前恋爱伙伴。当一个人希望与某人建立更亲密的关系而带着怨恨入侵时，也会发生这种行为。

埃里克与让娜在一个信息部门一起工作了一年。他们时不时地共进午餐，因为他们对爵士乐有共同的兴趣。当让娜被调到郊区的一家子公司时，她还会时不时地回一趟旧部门，这种情况下，她还会和埃里克共进午餐。

当让娜告诉埃里克她爱上了他时，埃里克把话挑明了，说他已经结婚了。

一个月后，埃里克在他的办公室接到了让娜打来的一通电话。让娜在电话里指责他，认为他们在同一个部门工作时他利

用了她。她向埃里克解释说，从此以后，他会成为她的仇恨对象，因为她不想忘记这个耻辱。

从那天起，匿名电话就没停过；当他拿起听筒后，只听到沉重的呼吸声。他还收到了一些令人担忧的信件，信中充满了言外之意和威胁："所有这一切都会以悲剧收场！"但这些都不够明确，使他无法提起诉讼。今年年初，让娜突然闯入他的办公室，面带微笑地祝福他新年交厄运。当埃里克发现自己车子的轮胎瘪了时，他无法将此想象为一个简单的巧合。

埃里克犹豫是否跟上司谈谈这个问题，因为他感觉自己害怕一个女人很可笑。然而，当他的部门主管收到一封举报埃里克猥亵他的女性同事们的匿名信时，埃里克试着解释这一处境，但主管什么也不愿意听，因为对他而言，这只是一件私事。

埃里克曾多次尝试自卫，但都徒劳无功。当他决定起诉时，他不得不自我辩护，因为他们曾经是关系不错的同事，法官质疑他自身也可能表现出了诱惑的态度。法院给出的解释概括为这是一种关系风险，埃里克的反应过度了。

遵从集团恶行的人

当人进入一个大集团时，也同时进入了一个已经定型的思想体系。遵从企业的命令、管理方法和思想体系可以避免他面对自己的脆弱性，同时避免思考和怀疑。当然，企业要求干部们全身心为企业奉献，但作为交换，企业也给了他们一种可增

值的社会形象。当这个企业的价值观不符合个人的理想时，例如，当它采取了干部所谴责的不义之举时，事情就变得复杂了。

当一个人不得不违心加入某个邪恶的体系时，该怎么办呢?

在这种情况下，我们会遇到三类人对应的三种情况：纯洁的坚强者在受苦和反抗，因此会被排挤或骚扰；胆怯者因为害怕而顺从；同流合污者被召集参与集团的恶行。

顺从的羔羊

在集团中，个人有时会表现得像个不成熟的主体，需要依靠另一个人。他们缺乏勇气，不能摆脱其他人的影响，不能独立思考。

因此我们看到他们盲目地遵从上级，服从所有指令，甚至是最荒谬的指令，而不问问自己这样做有何意义。他们寄希望于如果达到预期的标准，自己就会得到保护。

吉赛尔是一名忠于职守的总经理助理。所有人都喜欢她，因为除了工作认真外，她还乐于关心每个人。

在她因失宠而与老板发生了一次冲突后，她发现其他经理们也利用这次机会，令她不愉快。他们不再跟她打招呼，不再看她，不给她准备会议所需的文件。

表面上，什么也没有改变，但因为她遭到了领导的排斥，她在其他人那里也变得不受欢迎了。

集团的文化越强，不遵从它的人就越感到不舒服。一个人有可能被排挤，甚至被骚扰，因此他宁愿像别人一样思考，或者更准确地说，像他自以为别人所想的那样思考。正如亚里士多德在《尼各马可伦理学》中所言："没有任何意见，无论它多么荒谬，会得不到人们的迅速接受，如果有人能说服他们，它通常会被接受。"

集团倾向于选择一个被推到前台以被动的方式顺从它的领导人，像羔羊一样，没有任何批判精神。"我们所谓的共同意见，如果仔细考虑，其实就是两三个人的意见。"叔本华告诉我们。这种羔羊综合征在所有级别上都能看到。企业领导们也不能幸免，他们也需要专家、顾问或古鲁[1]的建议。

恶行的传递

当一个员工团体看到自己被上级强加了难以实现的目标时，他们会试图赶走团体中那些表现最差的人。

1　古鲁，指印度教等宗教的宗师或领袖。——译者注

当一个领导层想要摆脱某个员工时，他们有时会暗示这个团体此人不受欢迎。出于服从精神或恐惧心理，同事们会纷纷疏远他、孤立他并骚扰他。

通过米尔格拉姆实验（Milgram experiment），我们了解到，当一个人进入一个等级体系结构中，如果他信任领导层，他就不会把自己看作自己行为的实施者而为它负责，而是把自己看作这个等级体系意愿的执行者，也因此推卸掉了一切责任。

斯坦利·米尔格拉姆曾经深受国防体系的打击，代表这一体系的纳粹官员们在纽伦堡诉讼中，援引职责的意义和服从命令来解释他们为何参与了野蛮行径。

于是，他在1960—1963年在耶鲁大学进行了一些实验，研究服从的动机。

他通过公告招募了一批大学生参加关于记忆的一些实验。在假装抽签后，每个人都做了一次班长，他的任务是把一张清单上的几对词告诉一名学生（此人实际上是实验员的托儿，而班长不知道）。这名同谋的学生坐在一张电椅上。为了研究惩罚对教学的效果，班长需要在这位学生每次说错时，对他实施电击，强度逐渐增大（从15伏到450伏）。班长们并不知道这位学生实际上没有遭到任何电击，尽管他从某个电压开始就假装忍受痛苦。

米尔格拉姆本以为，面对这位学生遭受的痛苦，班长们会相当迅速地停止这种“拷问”。然而，他们中65%的人一直把实验坚持到底，实施了最高等级的电击。

如果不是在享有盛誉的耶鲁大学的校园里，而是在一所破旧的房子里进行这个实验，服从率将降至48%。

米尔格拉姆认为，这种无条件服从权威命令的不正常嗜好始于儿童必须服从家长的命令，否则就无法生存，或被剥夺了爱。它在学校里继续发展，之后每当一个人进入一个权威结构中时，它都会被激发出来，而人事利益关系越重要，它就越强烈。

传递恶行的干部们并不是把自己的快乐建立在别人的痛苦之上，他们自己有时候也会因折磨别人而痛苦，但出于害怕或怯懦，他们闭口不言。就好像他们缺了一个器官，他们的道德观念不存在，他们既没有记忆也没有感情一样。他们在沉默中因不得不犯下自己所谴责的恶行而痛苦。他们于是建立了防守战略中的“男性犬儒主义”。[1]为了不被团体排斥在外，不被同事们视为懦夫，他们做了痛苦与不公的帮凶。

但是，在团体中，往往是邪恶的个人自荐为领导。无论在

1　参见克里斯托夫·德茹尔（Christophe Dejours），《法国之痛》（*Souffrance en France*），Seuil出版社，1998年。

哪一级别上，他们都会通过指定一个需要与之斗争的共同敌人来巩固自己的权力。犹豫不决的员工们，因为墨守成规或害怕看到团体转头攻击他们，于是便遵从破坏者并把自己也变成了破坏者。自恋变态狂非常享受操纵他人，并促使他人也去操纵别人。因此他们常常通过授权的方式实施精神骚扰：通过他们的意见和暗示，促使他人采取行动，然后他们会从这一状况中消失。

不要相信邪恶的人的劝诱。他们非常懂得如何诱惑、控制和促使他人丢掉自己的准则并颠覆自己的价值观。一个团体中只要有一个邪恶的人，整个团体就会丧失它的道德准则。但只要有一个人不服从并揭露不可接受的行为，这个团体就能睁开眼睛起来反抗。这就给了我们一些预防的线索。

自恋型人格

我们很难将自恋型人格与上一个类别区分开来，因为这些人为了取悦别人和符合要求，也会被迫顺从集团的恶行。

这是一些过分关注自我的人，他们必须不惜一切代价取得成功和受人赞赏，因为他们一直在意着自己在他人眼中的形象。为此，他们努力地掩饰自己所有的失败。事实上，这是一些脆弱的人，一旦他们不够健康、不够出色、不够能干时，他们就感觉自己不能达到他人的期望（更确切地说，过去不能达到父母对他们的期望，现在不能达到上司对他们的期望），不

能达到要求的水平，因为是他们自己的理想形象在支撑着他们。因此，他们必须追逐成功和成就，他们嫉妒（或憎恨）那些平和的人，因为他们无须证明什么，能够平静地接受自己的弱点和可能的失败。

当看到他们在职场中如鱼得水时，我们可能会想，这些人得益于他们的自视甚高，但这只是表面现象。精神分析家们把他们这种情况称为“假我”，即虚假人格。这是一些始终在意别人目光的非常脆弱的人。对他们来说，重要的是制造错觉。事实上，他们并不爱自己：“如果没有我的业绩和成功，我一无是处。”为了与别人融洽相处，应该足够自爱。当一个人没有自信时，他会被迫一直处于防卫状态，因为他认为其他人都在评判他，并随时准备批评他。因为害怕被攻击，他会先出手侵犯。

这些人无止境地追求权力，因为对他们而言，看清世界的虚荣，等于冒抑郁的风险。为了避免遭遇这些不安的感情，他们焦躁不安，傲慢自负：他们有许多约会，耳朵不离手机，收几百封邮件，整夜上网……为了在竞争环境中脱颖而出，他们努力掩盖自己的弱点，把自己内心的活力和自发性放在一边。我们的社会想要的是没有棱角、没有缺陷的人吗？他们将会是那种人：无动于衷，愿意把自己的脆弱性和在建立可持续关系中的无能藏在傲慢和超强适应性的盔甲后面。对情感置之不理的他们有一种实用的、理性的、可操作的功能，这完全符合管理层目前的要求。

在一种自恋行为中，个人丧失了自由，剩下的只是他的业绩、他的职业或社会成就和他的权力属性：他所管辖的人数，他拥有私人秘书、职务用车、高背椅等的事实。如果失业或被辞退，这种虚假的认同感会随之倒塌。这些人会丧失自己的坐标，变得一无是处，立刻深陷抑郁。

起初，这些自恋者并不常有邪恶的行为，但他们如此在乎自我，以至于他们可能在环境合适时偏离轨道。如果他们感觉自己有危险，他们会变得暴力，但由于他们无法承受这一事实，他们必须以邪恶的行为来掩盖他们的暴力。这就会发展为自恋变态。

因为他们对自我价值有一种不安全感，他们可能通过摧毁他人来抬高自己（他们就是这样报复他们所没有的东西）或者自卫。因为对自己不满意并确信在自己身上找不到好的解决办法，他们利用别人来做替身，首先是借口“用一用”来夺取别人的想法，然后贬低别人，以便独占有利位置。

由于他们的脆弱性，他们很难承受批评，更难承受失败，他们必须始终处于上风。

克劳汀，50岁，在一家小型企业担任商务干部15年了。一天，她的老板决定只用同克劳汀的女儿年龄相仿的年轻人——刚从商业学校毕业的新手们。很快，老板就开始刁难克劳汀，使她最终崩溃了。老板拒绝解雇她：“如果您不高兴，您只要离

开就好了！”她请了一位律师。于是律师们开始铁腕介入，诉讼将持续一年多。对于企业，从经济角度来看，谈判更加明智，但仅仅是为了在争执中获胜，为了显示自己有权力，即使以撤销原判的诉讼为代价，老板也要赢。

始终要保护自己形象的自恋者们避免与别人对抗并指出问题，因为他们害怕在一次公开的冲突中失败。于是，他们又采用了邪恶的行为来阻止他人思考和反抗。为了掩盖他们的不安全感，他们将自己的沮丧投射到另一个人身上，控制、贬低或压制他。为此，只需要找一个别无选择、只能接受的下属，一个脆弱的同事或一个过于谨慎或过于听话的人即可。

作为操纵者的企业正是通过这种自恋来控制员工的。自恋者们毫无批判精神地接受体系的逻辑，并变成企业想让他们变成的样子。只要领导要求，他时刻准备赴汤蹈火。这种“超强可塑性”使他们丧失了批判的眼光，而不服从那些违背他们个人道德观的命令，对他们来说是不可能的。他们自愿被权力的外表愚弄，过分适应企业的运转，即使它是邪恶的。

当然，为了在这个以欺诈为赌注的世界上存活，必须武装自己、使自己冷酷无情。因此，如果没有自信，也必须表现出一些确定性，给人以自信的错觉。当然，现实中存在许多具有自恋型人格的领导者，而且我们很可能看到他们发展为实施恶行的人。

恶意侵犯者：自恋变态狂

下面，我简要地重申一下自恋变态狂的心理特征，我在《骚扰，无法回避的痛》中已经对此做了详尽的描述。

自恋变态狂是一些与别人建立起以强迫、怀疑和操纵关系为基础关系的个人。他们不可能把别人视为一个来丰富他们差异性的人。相反，他们会先入为主地把别人视为需要抗击的对手。因此他们需要控制或摧毁所有可能威胁到他们权力的人。他们把他们内在的全部暴力投射到可能揭穿或指出他们弱点的任何人身上。这个“别人”就变成了坏人，对一切错误负责，并因此应被整垮。无疑，自恋变态狂以瞄准那个能最确定地摧毁受害者认同感的点为乐。

塞尔维，50岁，离异，独自抚养3个孩子。曾在工业领域工作的她因家庭原因被迫搬家，并决定进入咨询和职业介绍行业。她找到了第一份长期合同工作，这使她尝到了工作的滋味，后来，失业了一段时间后，她被在上一份工作中认识的泽维尔聘用。泽维尔创建了自己的企业，需要一个特别空闲的人。他承诺说，一旦企业投入生产而且塞维尔熟悉了业务后，她会成为股东。在上班的头几天，塞尔维就因为一个他们共用的秘书辩护而与泽维尔发生了冲突。这件事后来转而对她不利了，因为泽维尔想方设法在那个女秘书面前贬低塞尔维。

塞尔维辛勤工作，从不吝惜自己的时间。她利用自己在上一份工作中建立起的关系，很快就带来了新的客户，但泽维尔从来不祝贺她，而且由于她是新手，都是泽维尔用自己的名字签合同。塞尔维很快就发现自己要负责客户们的所有调查和评估谈话，每天晚上都要加班。就连周末，泽维尔也会给她打电话，甚至要求她回办公室解决一个问题，因为当时说好的，她要随叫随到。

当塞尔维抱怨工作超负荷时，泽维尔告诉她这是在学习业务，在她这个年纪，有一份如此令人满意的工作，她应该高兴。一旦塞尔维有一点儿反抗或者不同意他的观点，泽维尔就会大吼，并忘恩负义地对待她。她最终让步了，为了息事宁人，但也因为她钦佩他的智慧，并告诉自己他是对的。他监控她的邮件和电话，注意她是否没有直接答复重要客户。在塞尔维组织的一次会谈中，当最后时刻，她该发言时，泽维尔却代替她发了言，并重复了她的观点。

塞尔维工作了8个月，没休过一天假，当她要求在学校放假期间休假时，泽维尔拒绝了，并对她说，如果她有一天放下她负责的文件不管，他就视为这是放弃岗位。

当塞尔维在担心她状况的好友的建议下来见我时，她的体重又跌了好几斤。她睡不着，甚至吃安眠药也不行，并重新开始吸烟，当她感到过于焦虑时，会在白天喝一些开胃酒。她疲惫、困惑，对什么都丧失了兴趣。

即使是一种病态的行为方式，邪恶行为也不是一种精神疾病，只要治好了就可以解决精神骚扰的问题。我们生来就有邪恶的基因，如果一方面，我们所受的教育没有教给我们足够的道德价值观，而另一方面，社会或职业环境又对它有利，它就会不断地发展。一个自恋变态狂是一个被儿时经历过早引入歧途的人。他可能会复制他学会的不道德的关系体系，也可能会复制他自己曾遭受的精神暴力，从而防御他自己的痛苦，因为大部分自恋变态狂都曾在儿时遭受过暴力。有时候，他们曾是某一个家长的“坏东西”并曾被抛弃、贬低或虐待。有时候正相反，他们曾是一个具有操纵性的家长的利用或崇拜对象。为了在这些有侵犯性的家长面前保护自己，他们必须让理智战胜情感，变得冷漠、麻木、薄情。但这并不能为他们辩白。

他们是否意识到自己制造的痛苦？当我们询问他们时，他们总是予以否认。他们用别人的无能为自己的行为辩解，说别人只配得到这种对待。他们最多能承认自己的策略性错误。因为，如果他们的行为被发现了，他们认为那是因为自己不够精明，没有掩盖住。因此，他们需要改进自己的方法。

当一个自恋变态狂被揭穿时，他会狡猾地扮演受害者，哭诉这种阴谋，他会通过说服其他人他只是一场迫害运动的傀儡来翻转局面，可能的介入者应对此提高警惕。

即使他们非常清楚不能跨越界限，否则会惹麻烦，他们心

中仍然存在无意识的恶意。当然，我们在治疗室里看不到他们，因为对他们来说，这种行为是“正常”的。另外，当他们咨询一位心理治疗师时，有时是毫不掩饰地要求“改进”他们的邪恶行为：“因为您更了解操纵，请告诉我，我该怎么做才能让某某人顺从我！”

在一个职场变得越来越冷酷无情的时代，会产生一种自然选择，即把自恋变态狂放在战略性的岗位上。正因为他们冷漠、算计、没有灵魂，他们才懂得优先考虑理性因素，而不会被人类的感情所动摇。通常，这是一些非常懂得如何在企业和行政机关中出人头地的人，因为他们精明而又有诱惑力。他们懂得利用从属关系来奴役他人，以牟取个人利益。企业，正如所有权力之地一样，倾向于吸引那些自恋变态狂，并给他们留出很大的施展空间。他们的危险性不仅仅在于他们的行为，还在于他们的诱惑力：他们懂得如何使企业变得邪恶。

第五部分

该做什么？

精神骚扰的状况或我们必须学会区分的与之相似的状况是多种多样的。我们需要用不同的方式来对待它们。因为，定义一种治疗策略的难处在于，员工之间可以互相支持的粗暴管理和更具潜伏性的个别骚扰（尽管有时两种行为有重叠）完全不是一回事。治疗方法将是不一样的，介入者也是如此。

面对一个主观请求："我感到被骚扰了！"我们该做什么呢？

很明显，一个人不能独自一人摆脱困境。他需要迅速找到一个对话者，正是因为缺少第三方，才导致诉诸法律。他还应该知道该向谁求助。

在第一时间，我们应建议他在不同的对话者之中进行选择，以便讨论他的痛苦。这个人会听他倾诉，然后帮他分析现状，最后评估这是否真的是精神骚扰。

如果是粗暴管理，即由一位性格有缺陷的领导对整个团体施加虐待，正如宝雅公司事件中的情况，企业从外部聘请了一名“清洁工”来迫使多余的员工们提出辞职时，除了集体行动外，别无他法。员工们应团结起来，阻止这种病态的行为，请求劳动监察委员会和工会的介入。在这种情况下，集体有责任采取行动，以避免这些个人继续受到伤害。

在现实状况下，如果是精神骚扰，被骚扰的一个或几个人事先被孤立了，那么，他们应自己寻求各种专家的帮助。

领导层换人和企业重组后，奥利维发现自己的工作动不动就受到妨碍。领导们不再通知他参加与他有关的会议，他的信件被擅自打开了，他的预算被削减了，他们未提前通知他就调走了他的下属，他们还散播谣言，说他无能，说他是通过与原先的经理是朋友才得到的这个职位。

当他要求得到关于这一切的解释时，他的上司说他是在胡思乱想，大家都对他很满意。

但是，暴力一点一点地变得更加直接，他的上司甚至不再听他讲话，并朝他摔门。当上司最终粗鲁地辱骂他时，奥利维感觉不适，被迫回家了。

于是他决定反抗并联系了一位律师。律师建议他向特派员提起诉讼并向雇主寄一封挂号信来揭发这些事实。从那以后，奥利维记下了一切并保留了所有书面证据，包括他打印下来的

电子邮件。

与此同时，他的妻子鼓励他去咨询精神科医生，医生给他开了抗抑郁治疗的处方，并建议他跟踪进行心理治疗，以帮助他“挺住”。

但骚扰行为愈演愈烈。奥利维再也不能欺骗自己了：很明显，他的上司不能再忍受他，试图逼他辞职。但是，尽管他发现几乎所有旧团队的成员都被排挤了，这仍然不能阻止他自寻烦恼：“为什么是我？”“我做了什么错事？”他筋疲力尽，胃疼、肌肉痛，并想要放弃。

当奥利维谈到想辞职时，他的律师建议他坚持下去，并通过挂号信指出所有错误和侵犯行为。于是他给劳动监察委员会写了信，他们很重视他的情况，在和他长时间谈话并审核了他的卷宗后，他们给他的领导层寄了一封信。在这封信中，劳动监察员揭露了所有的辱骂、威胁、歧视，以及拒绝答复工作上的要求，使该员工无法在正常条件下履行其劳动合同的情况，并提醒雇主履行其义务。

于是，总经理召见了奥利维和骚扰他的上司。奥利维发现上司并没有把信息上传，总经理根本不知道卷宗的内容。尽管他的“骚扰者”否认了事实，但奥利维仍然希望事情得到解决，让这个上司受到处罚。但他收到一封信，信中通知他出席解雇前的面谈。他的领导层不想处理这个问题，而宁愿摆脱他。

然而，奥利维却因解雇而松了一口气。他在精神上已经筋

疲力尽，感觉不能继续在这样一种氛围中工作了，他看不到其他的出路，只能提交辞呈。现在他可以拿到解雇赔偿金。奥利维承认，没有专家的帮助和他妻子的支持，他当时可能会做出傻事，比如反过来辱骂他的侵犯者或直接辞职。

当奥利维意识到他遭受了上司的精神骚扰时，他知道自己寻求帮助。但我们可以说，他很幸运地遇到了一位可以在他需要建议时随时打电话咨询的律师，以及一位能理解他的遭遇并化解问题的心理治疗师。这位心理治疗师还教他不要以极端的方式对抗——那样对他不利。更幸运的是，他还遇到了一位敢于向他的领导层揭露一名员工所遭受的不公待遇的劳动监察员。

但实际上并不是所有的被骚扰者都能找到这种依靠。

第十三章

介入者

LES INTERVENANTS

内 部

在我对自认为被骚扰的人进行调查的过程中，有一个问题涉及他们所寻求的帮助和他们实际得到的帮助。通过问卷调查结果，我很震惊地看到，这些职员很少在企业内部找到他们拼命寻求的帮助。

以下是对答复了问卷的人寻求帮助情况的调查（一个人可能向多个人寻求过帮助，这也解释了总数超过100%的原因）：

* 40%的人向工会代表寻求过帮助，但他们中只有10%得到了帮助；

* 39%的人向职业保健医生寻求过帮助，其中13%得到了帮助；

* 30%的人向同事寻求过帮助，其中20%得到了帮助；

* 37%的人向上级寻求过帮助，但他们中只有5%得到了帮助；

* 19%的人向人力资源主管寻求过帮助，但只有1%的人得到了帮助。

只有从多学科的角度才能给出一个精神骚扰问题的解决方案，而每位介入者都应发挥自己的作用：

* 工会和劳动监察委员会应介入明显的滥用职权和一切集体行为；

* 职业保健医生或社会医疗团队应介入员工的健康和保护问题。

学科间的合作是一件好事，条件是每个人都倾听他人的意见，随时准备自我质疑，并懂得如何交接棒。目前，人力资源主管与职业保健医生之间或者人力资源主管与工会之间的沟通有时不太顺畅。负责治疗的医生，无论是内科医生或是精神科医生，在向职业保健医生求助时往往过分犹豫。

为了能够彼此信任，被骚扰的员工应选择公司中的一个人作为内部调解员。这个人应得到他的信任，但他也应被假定“骚扰者”接受。当然，我们也可以合理地质疑在企业内部（即“体系内”）选定的调解员可能发挥的作用，但如果此人受人尊敬并了解他的介入权限，就不会有太大问题。

工 会

令人吃惊的是，社会合作方始终未能发现精神骚扰问题。在公共集体追索方面更擅长的他们对这一现象的心理层面感到为难，而且直到现在，他们中的某些人还只是从双筒望远镜的一头，即社会层面研究这一问题。然而，工会开始意识到精神骚扰的现状，并试图行动起来。法国劳工民主联盟因此在2000年3月30日组织了一次主题日活动，而法国总工会也在2001年就此主题组织了一次讨论会。但只有65%的企业有工会，而且有时还得不到员工们的信任。这些员工有时会担心他们所遭受的侵犯只是个例，不会引起足够的重视，而集体总是优先于个人。年轻员工们不相信工会，往往选择关系的个人化。至于干部们，他们则犹豫是否应寻求工会的帮助，因为他们担心自己的处境被利用来以更普遍的方式与资方算账。尽管如此，除非一个人想要离开，否则精神骚扰背景下的任何状况，如果没有集体行动和团结的关系网，都无法找到任何解决方案。

如果工会代表们想重新投入这一阵地，他们应接受培训，学会不否认心理因素，因为即使他们没有受过调解方面的培训，他们也往往会在组织内部被请求帮助解决个人冲突。他们应学会不要以集体利益优先的名义否定个人。然而，某些工会干部在被请求解决一个精神骚扰问题时，一上来就把它看作一

次组织冲突。

工会的作用是发现可能发展为骚扰的精神压力管理的情况。他们可以通过企业委员会与领导层讨论生产力目标的问题。但更主要的是，他们应在粗暴管理和“野蛮”管理的情况下首先起来反抗。他们应质问领导层并迫使他们改变方法。

当一名员工代表了解到侵犯一名员工的尊严和自由的一些行为时，他可以质问雇主，紧急召开劳资纠纷调解会议。

在工会部门介入时，应注意不要过早地将骚扰状况“官方化”。首先，工会的行动应秘密进行，以尊重受害者，因为他可能不想让自己的处境曝光在其他人的眼中，同时也为了遵守对侵犯者的无罪推定。只有在第二步，如果领导层没有采取措施改变这一状况，才可以筹划公开措施，例如罢工或诉诸媒体。

警惕性高的知名工会代表的日常工作应该可以避免偏差的发生。应该由他们来“说话”。不要忘记，在员工权利或个人自由受到侵犯时，他们原则上拥有警告权。

CHSCT（卫生、安全与劳动条件委员会）

CHSCT由领导层成员与员工代表组成，其使命是为保护用人单位的员工的健康和安全做出贡献。他们应对员工可能遭受的职业风险进行分析，确保改善劳动条件，使这一领域的法律法规得到遵守。

在员工处于严重而紧迫的危险中时，他们拥有警告权，也可以在他们的议事日程中优先记录某种职业风险，比如有精神骚扰的情况，敦促用人单位采取措施。

不幸的是，CHSCT只存在于一些较大的（超过50名员工的）用人单位中，而原则上应设立CHSCT的用人单位却有超过30%没有设立。

职业保健医生

除了每年一次的员工体检外，职业保健医生还担负着预防的责任。他们的使命是采取措施，以防员工的健康状况因工作而变糟。他们可以向雇主预告职业卫生风险。正因如此，几年来，职业保健医生见证了与工作相关的精神痛苦的加剧，并且致力于揭露这一状况。在某些大区监察医生的倡议下，一些调查得以开展，以便更好地了解精神骚扰。[1]

职业保健科是企业中极少的可以说话的地方之一。不幸的是，跨企业医生们（即介入多家小企业的医生们）往往既无权力也无能力，因为他们用于每个员工的时间极少，有时不很了

1　参见卢瓦雷（Loiret）博士于1999年在普瓦图-夏朗德（Poitou-Charente）大区进行的Harmor研究和夏洛尼（Chiaroni）博士在PACA大区进行的研究，载J. 夏洛尼、P. 夏洛尼，《根据对PACA大区劳动保健医生进行的调查得到的“围攻”状况的流行病学数据——被骚扰职员的典型画像？》。

解他们所负责的企业，有时会遭遇巨大的压力，被迫不在他们的年度报告中揭发骚扰的事实。

足够深入企事业单位并得到员工信任的那些医生可以扮演内部调解员的角色。他们可以以非正式的形式来解决问题，包括与“骚扰者”谈话。这使他们有时需要应对本应属于领导层职责范围内的局面，因为他们在自己的位置上能比别人更早地发现员工内心不安的小迹象。

克劳迪在同一个部门工作了多年。她是一位坚强的女性，从不掩饰自己的同性恋取向。自从新技术出现后，工作变得复杂得多，一位“专家”，实际上是部门主管的朋友，被叫来增援。几个月来，克劳迪感觉自己被排斥和边缘化了。她的同性恋取向一直以来没有对她造成任何困扰，现在倒成了所有闲话的中心。人们嘲笑她的举止和说话方式，而部门主管却拒绝承认存在问题。克劳迪感到不安。她睡不好觉，患了大面积湿疹和消化障碍。因此，她咨询了职业保健医生。

取得了克劳迪的同意后，职业保健医生与她的部门领导和同事们讨论了她的情况。职业保健医生了解到，克劳迪的真正问题在于她不会使用某些软件和她较差的英语能力。她的上司没有同她谈过这个问题，因为上司自己的英语水平也很低。于是，职业保健医生要求这位上司向克劳迪清楚地解释存在的问题，并与她一起讨论哪些培训可以弥补她的缺点。克劳迪感到

宽慰，因为批评重新聚焦于工作问题。几个月后，她的身心失调障碍消失了。然而，她还是想换个岗位。

职业保健医生如果能够跳出他们严格的职责范围，也可以与领导层谈一谈，告诉一个干部他虐待下属的方式对所有人都是有害的。他们有时可以告诉一个变态的负责人，他的破坏性行为已经被发现了。有时候，一个自恋变态狂发现自己被揭穿后，会收敛他的行为。

在巴黎的一家大型企业中，所有人都很清楚，在罗伯特领导的部门中，员工们很难反抗。罗伯特不停地监视员工，给他们的工间休息计时，责骂他们，用恶意的评论攻击他们，为了鸡毛蒜皮的小错冲他们大吼。他有自己的宠臣，但也有嘲笑对象，他以可憎的方式对待他们。尽管收到了多次投诉，上级仍然没有介入。职业保健医生经常看到员工们到他的办公室来哭诉，并发现有人经常缺勤，于是决定跟罗伯特谈谈："很奇怪，在您的部门里，有很多人生病，员工们情绪沮丧。您怎么看这个问题？您是不是采取了一些措施？如果这种情况继续下去，我将不得不向领导层汇报。"

罗伯特没有真正改变，但他的行为有所收敛，员工们也表示痛苦减轻了。

适合或不适合工作

职业保健医生遇到的最主要的困难是如何撰写适合性意见。的确，如果一名员工的健康因精神骚扰状况而处于危机中，那么该怎么做呢？判定他不适合工作来保护他，这同时又会把他排除在职场之外，有时会使他陷入严重的经济困境。因为，如果因不适合工作而被解雇，这个人就只能领到法定赔偿金，而且不需要被提前告知。之后，这个人也很难向劳资纠纷调解委员会解释这一不适合性是与某种非常特殊的背景相关。然而，职业保健医生们有时不得不宣布这一不适合的意见属实，以便使被骚扰的员工重新调整自己。在这种情况下，他们可以宣称这名员工“因现实骚扰环境的原因而不适合这个岗位”，同时说明这个员工适合于其他部门的任何其他岗位。无论如何，在一名员工遭遇精神骚扰后，宣布他不适合工作，其实是承认了失败，因为这意味着企业中没有人足够早地介入。

职业保健医生自己有时候也会被利用和被操纵，进而判定一名碍事的员工有精神病。这可能是由领导层直接指示的，他们提醒这位医生，他也是企业的员工，而他的职业前途也面临挑战。而对于跨企业医生，这种行为是间接实施的。实际上，由于他们属于一家雇用了多名医生的诊所，如果其中一名医生太碍事，企业主就会到诊所进行干预，从而换掉这名医生。尽管职业保健医生的独立性原则上得到保障，但他们经常会遭到恐吓。

DRH（人力资源主管）

即使人力资源主管们意识到了问题所在，他们也会在否认、普遍化和困惑之间摇摆不定。应该说处于菜刀与砧板之间的他们，立场是模棱两可的。

原则上，人力资源主管应是最适合劝诫“骚扰者”悬崖勒马的人，因为他们是员工与管理层的中间人。但在现实中，他们却只会以中立的方式传达领导层的指令，在应该介入时犹豫不决。

当他们试图充当调解人时，他们承认自己理解不了正在发生的行为的利害关系。一方面，受害者们犹豫是否要吐露心声（通过调查我们看到，只有19%自认为被骚扰的员工求助于人力资源主管）；另一方面，侵犯者们否认事实。

人力资源主管们经常说：“我倾听，我做记录，但当我分析这一状况时，没有任何具体的内容。如果我询问周围的相关人员，他要么知道但什么也不说，要么什么也不知道！”

当他们感觉到一种状况不正常，但没有任何人肯说话时，该做什么呢？如果一个人没有对您提出任何要求，您又怎能闯入他的生活呢？一个企业在一名员工的私生活方面提供帮助时该如何掌握分寸呢？如何区分工作引起的不良状况和与个人困境相关的不良状况呢？是不是一名员工的所有困难或痛苦都与企业相关呢？很难回答所有这些问题，但人力资源主管不能不作为。

从时间角度，当一名员工直接或间接抱怨他受到骚扰时，人力资源主管能做些什么呢？

◎ 首先观察这一状况，注意不要过早表态。

◎ 然后试着辨认出利益关系：是不是其中一名员工妨碍了另一名员工，为什么？是不是一个人嫉妒另一个人，为什么？

◎ 还应试着理解每一方当事人的感受，注意不要把主观印象掺杂其中。

◎ 在这一分析中，应考虑每一方的脆弱性。

◎ 之后，应寻找一种缓解局面的方法，同时保护每一方的敏感性。

◎ 不应成为过度的保护者，但应考虑被骚扰者的脆弱性。

◎ 当然还有处罚的问题。当侵犯或缺乏尊重的行为很明显时，应毫不犹豫地进行处罚。问题是很少有证据。人力资源主管应开展调查，想法确定责任。即使不能确定事件的起因，这也不是浪费时间，因为这对他们而言，是通过向员工们表明他们的确在倾听员工们的心声而重新获得员工们信任的一种方法。

◎ 处在人力资源主管的位置上，的确很难评价这些状况。因此，一旦状况没有好转，应把接力棒迅速传递给另一个介入者。

◎ 为了保护受害者，应毫不犹豫地通过调离其中一方来把对抗双方分开，即使精神骚扰的起因尚不明确。

一般来说，应对可能导致骚扰的管理事件和事故进行集体分析：应召集当事人、企业领导和同事一起开会讨论这个问题。

人力资源主管应学会发现紧张关系，应能感觉到有人越界或有人遭到打击，应学会发现各种预警指标：

◎ 这可能是特殊的缺勤——

一个干部发现，在一个夜班小组里，当帕斯卡与另一个同事被安排在一个班次时，他总是请假。在询问了帕斯卡更详细的原因后，干部了解到这个同事粗暴地对待全组人，而对帕斯卡更甚，经常贬低和侮辱他。其他人则因为自己也并不好过，都害怕他，不敢声张。

◎ 这也可能是一个部门解释不清的不良运转，一种整个集团面临危机却没有任何错误被指出来的趋势。

◎ 这可能是同一部门内部的一种迅速的人事变动，要么是员工们纷纷病倒或病假增多，要么是多人同时要求调动。

临时顾问

我特意将临时顾问归入内部介入者类别中，因为他们是被雇主请来并支付报酬的。企业可以说这是它的顾问，因为是企业倡议并启动了这一方法。

一个企业可以请人从内部对某些员工的投诉进行社会审计，尽管如此，“这些旨在了解行为以便采取行动的社会审计并不是调解，更准确地说，是企业发展部门的一些管理工具，为了发展，企业需要考虑人的因素”[1]。某些领导开始理解精神骚扰的状况有害于企业的良好运转和形象，更愿意迅速解决他们发现的冲突局面。当我们求助于一家私人事务所时，应特别确保它的能力，核实它在这个领域的经验。因为，基于强烈的市场需求，许多顾问打着精神骚扰领域专家的旗号，实则企图进入这一能带来收益的市场空隙中为自己牟利。为了使一个顾问能起到调解者的作用，他应是自主的，不受企业控制，或者有足够的操作空间。

一名临时顾问的介入也可能是应CHSCT的要求进行外部审计。

在公共部门中

在公共部门中，由于缺少日常预防手段，只有公开的冲突可以带来一些改变。然而，在某些行政机关中，内部设置了一种调解机制来帮助解决员工之间的分歧和机构内的日常困难。我通过患者的讲述而获得的经验是，这个调解人是很难发挥作用的。当他介入时，自认为是受害者的员工已经蒙上了污名，

1　让－弗朗索瓦·希克斯，《调解的动力》。

甚至往往已经休了病假。

我们希望所有行政机关可以为非正式求助提供便利。为此，可以指定一些志愿的且不属于等级体系的“信任人”充当员工投诉的中继站。我会在后面谈到这一点。

外 部

在调查中，我还想知道受害者在外部曾经求助过谁，又得到过谁的帮助：

* 35%的人曾求助过律师，而其中只有18%的人得到了帮助；

* 32%的人曾求助过劳动监察委员会，而其中只有10%的人得到了帮助；

* 65%的人曾与内科医生谈过，其中42%的人得到了帮助；

* 52%的人曾咨询过精神科医生，其中42%的人得到了帮助。

咨询精神科医生的人的比例之高清楚地表明精神骚扰在心理上造成的影响。当一个与工作相关的问题没有被企业解决时，它就会转移到一个被放弃和“牺牲”的员工身上。这个问题于是变成了医疗方面的问题，有时甚至转给精神科医生。一个社会问题就是这样被精神病化了。直到现在，正如米歇尔·福柯为我们描述的，社会通过把带来问题的人变成精神病

患者来摆脱他们。[1]

无论他们是什么人，外部介入者都应非常谨慎，守住受害者的一边。经验告诉我，一个受害者可能会因那些被认为是来帮助他们的人——律师、医生、协会，受到第二次伤害。

当让-米歇尔在工作中忍无可忍，感觉自己不能再回到岗位上去时，他咨询了一位律师，希望律师为自己建议一个解决方案，以便自己既能辞职，又能保住相应的利益。让-米歇尔所咨询的这位律师不仅没给他任何建议，还对他的焦虑和提问表现得很恼火。让-米歇尔于是咨询了另一位律师，这位律师一上来就说没法帮助他。第三位律师也说他无能为力，但仍然建议让-米歇尔出席员工代表选举。

当卡罗琳娜被她的上司公开骚扰时，她咨询了她所居住的小城里唯一的一位精神科医生，而这位医生却说她胡思乱想，并说这是一种歇斯底里，她想要借此解决儿时的神经官能症。

所有介入者都必须在倾听人们倾诉时尊重他们，而不是不惜一切代价给他们强加任何他们不愿接受的解决方案。

1　参见米歇尔·福柯（Michel Foucault），《古典时代疯狂史》（*Histoire de la folie à l'âge classique*），Gallimard出版社，1976年。（该书中文版于2005年由生活·读书·新知三联书店出版。——编者注）

内科医生

在现实中，由于没有预防工具和适用的司法保护，精神骚扰的受害者们往往被判定为病人。保护他们本应是企业的责任，结果也由社会借助医生和社会保障部门来实施保护措施，我们在前一章中已经看到，精神骚扰对受害者的健康有多么严重的影响。在症状治疗无效后，内科医生们被迫通过暂停工作的建议从社会层面介入。当然，如果他们要求被骚扰的员工暂停工作，员工的状态会明显好转，但只要一提起重回岗位，他们又会旧病复发。

在《与医生职业道德相关的病假的处方与控制》报告中，医师公会委员会重申，医生应控制他们的处方和证明，不要忽视他们的精神协助职责。公会的报告员认为："不应把没生病的人说成病人。"而且，"如果一名员工没有任何病症，因医疗以外的原因（如精神骚扰或性骚扰）不想去上班，精神协助职责在于一方面要在患者同意后联系职业保健医生，另一方面要向患者解释他应把遇到的困境向其他人倾诉（员工代表组织、劳动监察委员会等）。"[1]

在现实中，事情要复杂得多，因为要求暂停工作的被骚扰

[1] 参见《与医生职业道德相关的病假的处方与控制》（"Prescription et contrôle des arrêts de travail pour cause de maladie au regard de la déontologie médicale"），《医生日报》（*Le Quotidien du Médecin*）第6730期，2000年6月20日。

者实际上已经濒临绝望。暂停工作可以使他们重新获得力量，而如果工作并不是这些麻烦的真正根源，这则可以使他们重新回去工作。很明显，在这样一种背景下，重回岗位会导致旧病复发，而主治医生不得不保护此人的健康。

这可能会导致与咨询医生之间的意见不合，因为当主治医生或职业保健医生判定员工适合重回岗位时，咨询医生原则上只考虑员工是否适合重新工作，而不考虑岗位的具体情况。幸运的是，很多咨询医生会分析状况并决定保护受害员工。为了避免与社保局发生麻烦，我建议我的同行们，既然他们从今往后需要证明其病假处方的合理性，就明确指出精神骚扰引起的抑郁状态（或慢性焦虑状态，或恐惧症症状……）。这可以使CNAM（法国国立工艺学院）开展一些统计研究，从而在更大范围内得出精神骚扰成本的数据，这对于迫使企业采取更好的预防措施非常有益。

精神科医生和心理治疗师

尽管律师和内科医生很快就意识到了精神骚扰问题的严重性，但极少有精神科医生、精神分析师或心理治疗师行动起来。

是我们的患者促使我们行动起来。他们要求我们帮助他们：回答我问卷的人中有52%自认被骚扰的人都曾咨询过精神

科医生。这是一个惊人的数字，远远超过普通大众接受心理咨询的常规比例。在现实中，只要精神骚扰还没有在司法和社会层面得到承认，寻求心理治疗就是打破禁锢被骚扰员工的沉默的唯一方法。

他们该做些什么？

◎ 他们首先应倾听。了解痛苦，即使他们感觉这不是真正意义上的骚扰，而是另一种职场痛苦的形式。

◎ 他们应鼓励患者向劳动监察委员会或律师寻求司法意见。

◎ 他们应毫不犹豫地给患者提一些自我保护的建议，教患者面对侮辱时要冷静，什么也不说，但要记录下伤害性的评论、侮辱和对工作权利的侵犯行为。

◎ 如有必要——例如，当此人表现出明显的焦虑或抑郁状态时，可能需要抗抑郁或抗焦虑治疗。药物不应用于掩盖困境，相反，应使人有足够的能量来清醒地斗争。

◎ 当此人的健康状况过于明显地处于危险中时，则需要休病假。我们已经看到目前内科医生开出这一处方的难度。

正确使用医疗证明

在自己的诊室接待一位自认为受到精神骚扰的员工的精神科医生们的职责不是判断骚扰是否属实，而是倾听此人的倾诉，分析他的感觉。当然，如果病人同意，他们可以联系职业保健医生，但无论如何，他们不会得到所有的信息。（我重申，

所有医生都必须保守职业秘密。）即使精神科医生不了解职业背景，他们也可以测量骚扰对员工健康的影响。因此他们可以开出一份详细的医疗证明，明确指出此人的身体状况和他们看到的问题。他们也可以根据病人的陈述，在证明上明确指出，这些问题可能归因于他的职业状况。

他们不应满足于开抗抑郁药和抗焦虑药，他们还应表态，因为他们有需要承担的社会责任。当人们向他们讲述自己在职场所遭受的暴力时，他们有义务做出反应，正如当他们了解到一个脆弱的人所遭受的暴力后有义务做出反应一样。他们可以与职业保健医生共同采取行动，但他们也可以多关注一下职场的整体情况。目前，精神科医生很少了解企业界，而职场痛苦是某些专家的专属领域；然而，它经由患者与每个治疗师相关。

如果精神科医生不行动起来，他们的沉默可能类似于对我在本书中揭露的行为的一种包庇。不指出外部侵犯会使这些员工独自面对自己的无能为力，这也加强了他们的负罪感。因为，许多受害者感觉自己有罪，并不知道如何自卫。

当然，这也提出了治疗师的职业道德问题。一名治疗师是否应允许一个人更好地适应某种具有限制性的环境或者他是否应调动起病人的反抗能力？这也许只能逐案判断。

在我刚刚接触这个问题时，当遭受精神骚扰的患者拒绝顺从并想要斗争，以恢复自己的名誉和尊严时，我都会鼓励他们。

然而，多年之后，这些曾经获胜的人重新回到他们的部门，却在精神上被“打垮”时，我却产生了怀疑。有时候是不是鼓励他们默不作声以保护他们的精神平衡更好一些呢？

一般来说，我们应向患者们建议一些解决方案，提醒他们，让他们自己选择。无论如何，我们的职责是告知他们。

心理治疗师有一个基本的作用，就是个别帮助和陪伴受害者。我们已经说过，受害者处于一种极度混乱状态，常常感到自己对所受的侵犯负有责任。因此，治疗师应帮助他们摆脱负罪感。他应辨认外部侵犯，并帮助患者分析邪恶的策略。他看到的当然是一个处于痛苦中的个人，但他不应忘记使这个人不安的背景。太多的心理治疗师或心理分析师仍坚持只看到内心和性的方面，始终禁锢在他们的理论参考系内。然而，他们遇到的精神骚扰案例已超出了日常咨询的范围，应促使他们质疑自己的习惯性思维体系。面对一个新问题，他们应自学并创造一些新的工作方式。

劳动监察委员会

自1998年以来，劳动监察委员会收到的关于精神骚扰的投诉日益增多。应该说，自从我的书《精神骚扰》（*Le harcèlement moral*）出版之后，医生们揭露了一些此前一直不为人所知的精神骚扰的情况。不幸的是，由于缺乏法律条文，劳

动监察员们至今仍无法可依。因为，他们负责“监督《劳动法》的规定和与劳动制度相关的法律法规以及集体劳动协定和协议的实施”。

即使大部分情况下骚扰事实都是主观性的、难以证明的，他们仍然可以聚焦于工作条件方面，分析可能允许骚扰发生的背景。

劳动监察员们越来越多地在给雇主的信中重申《劳动法》第L.230–2款[1]，迫使雇主采取必要措施，以确保员工的安全，保护他们的健康。如果雇主本身不是骚扰的来源，这些简单的警告信可以鼓励雇主采取预防措施。

员工顾问

员工顾问是一些志愿者，通常是企业外部的工会干部或退休的活动分子，我们可以在市政府或省政府得到他们的名单。他们的作用是保护没有员工代表的小企事业单位的员工们。

目前，他们的介入仅限于陪伴员工参加解雇前面谈。但既然他们通常被视为空闲的而且令人放心的人，为什么不培训他们，并扩大他们的权力，从而使他们能陪伴小单位里感觉自己被骚扰的员工采取行动呢？

1 该条款规定雇主有确保劳动者的健康和安全、预防职业风险、进行风险评估，以及实施预防行动的义务。——译者注

律 师

精神骚扰的概念出现后，社会权利律师是第一个行动起来的人。他们已经受理过不少认为自己在职场被轻视或被虐待的员工投诉，但由于没有描述他们所受痛苦的词语，所以无法从刑法上来界定它。目前，很少有律师仍在关注这一问题，但是，我们可以假设，这种状况将随着这一概念纳入工作权利中而有所改变。

大多数时候，律师介入得太晚，即在劳动合同中断后，当被骚扰者试图从所遭受的损失中得到补偿时才介入。然而，他们可以起到一个预防的作用，从员工们第一次反击时就引导他们，从而尝试制止精神骚扰。他们需要花一些时间来倾听并提供建议，以便解释如何通过一封邮件揭发一次不被允许的行为或一次对劳动合同的侵犯，如何搜集证据或如何准备卷宗，促使雇主担心，从而采取一些措施。

只要仍身处企业中，员工就会犹豫是否咨询一位律师，因为他们担心直接进攻可能会加速他们的离职，并犹豫是否值得投入一些花费大又不确定的诉讼中。

员工们常说，他们从律师那里得不到可以帮助他们不犯错误并阻止他们名誉受损更严重的日常建议。正因如此，协会担负起了首要的职能。

协 会

有两种类型的协会。

◎ 专业人士协会：其成员由职业保健医生、社会心理学家、心理治疗师和法官组成。他们自愿接待那些在职场中感到痛苦的人，以便告知他们、支持他们。

◎ 受害者或前受害者的协会：其成员因为自身经历过精神骚扰，因此了解被骚扰者所受的痛苦，并知道他们很难走出阴影。他们努力支持受害者，在受害者的求助过程中引导他们。

协会的角色是最重要的，因为精神骚扰的受害者需要在平日得到帮助，而这类流程的专家，无论是精神科医生还是律师，却为数不多，很快就不够用了。我们已经说过，精神骚扰是一种孤独病，协会可以使受害者表达自己、得到倾听，并在法律程序中引导他们，因此对他们是一个很大的帮助。

ARACT（国家改善工作条件总署）和ARACTs（大区改善工作条件署）

他们根据企业各方的要求进行诊断和介入。他们的目标是同时改进组织效率和完成工作的条件。提交给他们的申请大部分是与其目标相关的方面（工作空间的布置、工作时间的组

织、风险预防等），但他们越来越多地面对一些与员工痛苦相关的主观因素。

要想使他们介入，应由企业领导层与员工代表联合提出申请。

借助他们的日常预防职责，ARACTs处于有利的地位，可以对精神骚扰背景进行功能分析。他们能帮助理解为什么在某个部门中，没有任何人看到一个同事受到了侵犯。他们能分析一个企业在管控每个人的缺点方面的特点。

他们的背景分析可能是对相关员工的更偏向于精神方面的个别倾听的补充。

第十四章

预防

LA PRÉVENTION

社会已经开始意识到精神骚扰引发的问题，两年来，一些受害者鼓起勇气把这些纠纷告上了法庭。现在，应更进一步。即使需要一项法律来提醒人们哪些行为是被禁止的，并使每个人为自己对待他人的行为负责，但法律并不能解决所有问题，总有一些人有一种邪恶的乐趣来歪曲法律或知道如何利用法律为自己牟利。因此应从上游入手，迫使企业和公共权力机关实施有效的预防政策。

我们不应该等到受害者为数众多时才开始行动。当我们意识到一个案例时，对这个受害者来说已经太晚了，他已经首先需要接受治疗了。我们应该在出现迹象时介入，从这种情况可能被掩盖或可能存在的原则出发。

当一个人成为精神骚扰的受害者，而这种状况持续性地影响他的健康时，医生往往别无选择，只能缓解他的这种病症。

使受害者远离侵犯者是一种保护他的方式，但同时这也是一种失败，因为这表明我们不知道如何及时行动，这也不会避免精神骚扰在同一背景下重新发生。大多数时候，受害者别无选择，只能离开侵犯者所在的地方。

精神骚扰行为会损害人的身心健康。为了避免走到这一步，应该在我们谈到的只是一个“问题”而不是一次“侵犯”时尽早介入。因此，预防和管理比解决问题更重要。

正如我们所见，只有当我们对精神骚扰这个概念的定义以及它与其他形式的职场痛苦之间的区别非常留意时，才能有效地预防。

这是一些难以解决的处境，因为我们总是从个人过渡到集体。一次有效的预防将作用于不同的因素，既包括人的层面，也包括管理方法和有利于骚扰滋生的环境。没有唯一的解决方案；有效的预防应该作用于这一体系的所有关键因素。

精神骚扰的预防通常应归入职业风险预防的范畴，因为维护职业健康，包括心理健康，是员工的基本权利。

企业层面

通过采取预防措施，我们丝毫不能改变自恋变态狂伤害他人的意愿，但我们至少可以阻止他，并限制他的破坏性。至于

倾向于顺从集团的员工，如果集团健康运转，他们出偏差的风险会更小。

思考企业或行政机关中可能的预防措施意味着应理解这一现象的社会心理含义、制度含义，甚至社会含义。

当我们在一种职业背景下研究一种精神骚扰行为的起因时，我们会发现员工们的全部问题和偏差，但组织始终应承担一部分责任。

企业的责任

今后，领导们不能再压制这一问题了。他们应表现出在企业各个层级上实施预防计划的意愿，因为当我们发现骚扰时，无论是水平骚扰（同事之间），还是垂直骚扰（来自上级），企业都对此负有责任，因为他们任其发展或者没有采取措施来避免骚扰的发生。他们应停止对某些干部或小主管以企业的良好运转为借口而实施的破坏性行为视而不见。他们还应质疑自己，并重新审视自己的管理方法，清除其中可见的或隐藏的暴力。当然，领导们被多种逻辑（行政的、管理的、财务的）所左右，但他们仍然应与各种形式的暴力做斗争，对其采取惩罚措施。

不幸的是，当我们就一个精神骚扰问题警示领导层时，他们首先会否认。在一所商业名校组织的一次研讨会上，被公

开提问的领导们给了我这样含糊其词的回答："是的，精神骚扰是存在的，但我们企业没有！您知道的，我们有一套公司政策，我们尊重员工。"同样是这些领导们，随后却私下里找到我，咨询与他们直接相关的骚扰问题。如果承认自己在解决内部公认的问题时无能为力，又如何能保住自己的面子呢？采取否认的态度似乎是最简单的解决办法，但它却妨碍了我们去解决遇到的问题，并妨碍我们找到预防的方案。

就像人们可以通过个人分析来寻找他们无意识的动机一样，企业领导或机关负责人也可以分析他们的无意识行为。

上级领导们应停止出于团队精神而一味地维护被指控精神骚扰的高级干部们。实际上，有时候无论侵犯的严重程度如何，所有人都会合伙拒绝承认他们中的一人或多人所做的不公正的事，这只是因为他们认为，如果他们承认了，这也会波及他们自身，最后甚至殃及企业本身。这样一来，他们就被驱使着延续并加剧了这些侵犯行为。

我们已经看到，新型职业组织中的一些因素能够助长骚扰行为，因此应注意纠正它们。预防措施首先是给员工们提供良好的工作条件，同时注意预防精神压力。我们在前一章中看到，精神压力会引起一些促使骚扰状况滋生的条件。例如，在推行35小时工作制过程中加剧的时间压力，是感到不安的受害者们经常提到的一个因素。瑞典的一项研究表明，如果我们改进了工作条件，我们就会减轻员工们的失望，避免他们把这

种失望转嫁到一个替罪羔羊身上。[1]从那以后，德国和一些北欧国家实施了一些预防计划。[2]

当然，一些企业领导开始对预防精神压力和冲突管理感兴趣，但他们往往是加重了员工们的负担，而丝毫没有重新审视一下自己的管理方法。而只有所有人都质疑自己，包括领导们，我们才能有效地预防精神骚扰。

然而，毋庸置疑，企业都想要身体健康的、有积极性的员工。在一个组织中，管理目标是使员工们好好工作，尤其是及时调解可能变质的纠纷或关系不和。原则上，这一角色应由干部们承担，因为他们的职责就是帮助员工，但我们已经看到他们自己是如何被组织所控制，只为了自己的存活而斗争。

精神骚扰的实施与普通冲突不同，因为无论是骚扰者还是被骚扰者都不容易察觉到它，一切都未言明。因此，有必要及早发现一个人被孤立的过程，注意频繁发生的“无关紧要”的小恶行，不再保持沉默，寻求重新建立对话，从而凝聚和调动团队的积极性。

大部分毕业于名校的年轻人实际上都是后来在工作中通过一些管理研修班或冲突管理实践，才学会了如何管理人。在此期间，他们尽自己所能设法应付。为了帮助他们，采取

---

1 参见马尔瑟利桑（Marcelissen）、温纳布斯特（Winnubst）、邦克（Buunck）、德·沃尔夫（De Wolff），《社会支持与职业精神压力：因果分析》（“Social support and occupational stress: a causal analysis”），《社会科学与医学》（*Social Science and Medecine*）第26期，1988年。

2 参见斯塔尔·艾纳森、安德斯·斯高斯达，《公共与私营组织中的职场霸凌流行病学调查结果》。

了一些“教练”方法。教练是一个干部的个人导师，帮助他思考他的目标，使他在人际关系中采用更加个性化的方法，但这只是为领导和高级干部们准备的。较低级别的人则一无所有，他们至多可以寻求社会帮助或职业保健医生的帮助，但这往往为时已晚。

心怀尊重地去领导员工可以避免企业中的不少不良问题，从而也可以提高生产力。与其增加使员工们绩效更高的培训，为什么不敢重新引入人性化管理，考虑每个人的性格特征和脆弱性，并将员工的感情或情感成分考虑在内呢？应加强职业关系中的对话与倾听。这种倾听应该是富有同情心的，无论对方是哪个级别的。如果我们懂得倾听，对方总有一些值得我们了解的东西。应该关注员工们的阻挠或沉默态度，猜测导致他们反对的困难所在。应该在员工被迫进入恶性循环前，辨明他们是处于困难，还是失败了。

与某些厚颜无耻的领导企图让人相信的相反，关注员工福利的企业比那些用精神压力和恐惧来管理人的企业获得了更好的效益。他们的人员流动率更低，员工积极性更高，生产力也不断提高。一个企业的良好运转，不仅在于经济效益，还在于它的氛围。当企业只考虑他们能从员工身上榨取多少利润时，他们必定会遭遇困境，并眼看着员工们忠诚度下降和人才流失。相反，那些正确对待员工的公司收到了巨大的红利：高效的生产力和较低的人员流动率。

杰克·韦尔奇（Jack Welch），通用电气的总裁，因其创新的管理方法而闻名，这些方法使一家百年老店转变成一个组织典范。以下是2000年6月20日《世界报》上刊登的对他的采访中他说的一段话："在我们公司，每个人都有机会表达自己的意见。我们给员工尊严和话语权。这是我们的价值观。我们实行坦诚反馈：您可以直接、清楚地告诉员工他们工作得如何……我认识的人中没有不想要话语权和尊严的。我建议经理们不要太自以为是，不要把自己看作掌握权力的人。在所有级别上，企业都应保持非正式的气氛，信息应自由流通。……如果您的上司对您不好，那就挑战他或者迫使他辞职。"他认为，官僚主义始终是企业效率的主要敌人，应在平日与之斗争："我们为什么会有这么多的官僚主义？每个人都认为自己的要求是合理的，而别人的要求是荒谬的。"

通用电气寻求优化个性管理。干部们要接受360度的评估：与他们一起工作的所有人（上下级）都会被问到对这些干部工作的看法。每位极具潜力的年轻干部都会由一位较年长的导师跟踪，帮助他在集团中前进。当发现问题时，所有相关人员会被召集开会，由一位与此问题无关的受过此类任务培训的员工来主持会议。为了使发言更自由，上级不会出席这一会议。

所有的管理研究都证明：每个员工都是他所供职的企业的潜在财富，如果他的个性得到尊重的话。在一个工作团体中，不仅有能力共存，还有差异和特性共存。为什么不利用员工们

的差异性呢?

在一个健康平衡的环境中，人们不必担心评估。所有人都以这种或那种、明的或暗的方式被评估，因此这最好是有组织的评估。这可能是一次确定某位员工的岗位和表达他对某些问题的看法的机会。

避免骚扰的策略

在管理层面，有哪些可以避免精神骚扰滋生的策略呢?

在“有利于精神骚扰滋生的环境”一章中，我们已经看到了良好沟通的重要性。然而，在建议一些沟通平台的同时，企业却不让言论传播。如何使员工们真实地表达自己的观点呢?即使对于外部介入者，这种谈话也非易事。大多数为了使企业更高效而介入的顾问，只是使现有体制更确定而已。当一个人暂时处于脆弱状态时，心怀尊重的倾听对他来说尤为重要。

说出实情，这可能仅仅是说出一些使员工们彼此走近的话语而已。

当斯特凡来到这个女性占多数的部门时，朱莉对他非常冷淡，因为她不能忍受一个男人侵入自己的领地。她对他表现得非常高傲，并为自己留下了所有能出成绩的工作。而斯特凡害怕她，不知道如何接近她。斯特凡退缩的态度更加刺激了朱莉，

她越来越不能忍受斯特凡，并时刻让他感受到这一点。他们最终妨碍了彼此的工作。斯特凡变得压抑，失去了主动性；朱莉则停滞不前，认为一切不顺的事都是斯特凡的错。

上级介入了两位当事人的不和，帮助他们沟通。只需几句话，斯特凡就与朱莉和好了，而朱莉实际上非常缺乏自信，斯特凡努力使她放心，朱莉也不再把他看作一个竞争对手了。

不幸的是，这些非常简单的话语却很少有人说出口，因为许多负责人认为这并不重要。然而，他们有责任重新建立起同事之间的对话，而不只是让他们在咖啡机旁闲聊。

说出实情，也意味着不害怕冲突。这是解决正面对抗、可能的冲突和矛盾的有效方法。当局面受阻、不可能有任何进展时，冲突就有利于为过于静止的环境带来一丝灵活性。当然，面对问题并尝试解决问题需要勇气，因为每一个决定都会给某些人带来积极的影响，也会给另一些人带来消极的后果。一位以人为本的领导通常会重视调解员的角色，并为了集体的利益担此重任。

精神骚扰的问题首先是限制和规则的问题。负责的干部，如有必要，应通过辨认和惩罚不尊重人的行为来确认并恢复秩序。他们有责任指明什么是允许的、什么是禁止的，但是，他们需要领导层的支持。领导层应像关注数字那样关注人，不能对那些性格有缺陷的或患有妄想狂的病态负责人的恶行放任自

流，应采取措施迫使他们控制自己的行为。如果一位干部的业绩不错，领导们往往不愿对其行为做出裁决。

为了实施预防政策，企业领导们应做出明确的选择。他们应在企业内部规章中指明，他们不接受精神骚扰，并且会惩罚这种行为。然后他们应督促高级干部负起责任，以便上行下效。之后，他们还应教育员工，从而使各种形式的骚扰预防工作不只是几位专家的研究领域，也不只是一些虔诚的愿望，而是每个人的责任。这一切应在内部规章中明确指出。

预防的首要举措是教育人们正确地对待他们的工作伙伴。为此，企业应向员工反复灌输正确的行为准则，确定什么是企业接受的，什么是企业不接受的。企业不应将一种道德观强加给员工，而只应设置一些限制。企业尤其应使每个人预见到自己的行为对他人可能产生的后果。

因此应重新审视从属关系的概念，以便明确在上下级关系中什么是允许的、什么是禁止的。实际上，纪律惩戒权使企业领导们可以惩戒不服从他们指挥权的员工。如果是由雇主自己来确定过错和惩罚措施，人们总是会担心这种纪律惩戒权被滥用。

企业的伦理

当然，企业通过其管理方法给出明确的行为模式范例，使每个人能够健康地行使职能，这也很重要。在稳固而健康的组

织中，精神骚扰“无立足之地”。如果一个企业真正尊重员工，这对企业中的个人行为将会产生一种积极的作用。然而，即使越来越多的领导在谈论伦理，但在职场中，员工却越来越少地得到尊重。不要上当，虽然某些领导在谈到他们的道德价值观或伦理观时是真诚的，而对于另一些领导来说，这只是使他们表现得有良知或保全良好形象的一些说辞而已。当他们同时宣布利益和解雇时，从经济上讲，两者可能是一致的，但从伦理上讲，两者却不那么一致。然而，企业负有决定性的社会责任。

要促使领导们采取预防措施，以避免某些员工的痛苦和毁灭，仅谈论伦理就够了吗？我对此不抱有太多的幻想。如果从社会和伦理责任的角度向他们提出问题，未必行之有效。为了说服实用主义的企业领导们，应该优先采用理性的数字论据，淡化人文和伦理因素，并应向他们证明精神骚扰的代价是高昂的，而采取预防措施是一种明智的投资。精神骚扰对一个企业来说代价高昂，是由员工经常缺勤或企业有时应支付给被解雇员工的赔偿金直接引起的，也是由员工丧失了信任和动力而导致重要的人员流失间接造成的。在美国进行的一项研究表明，85%的职员说，如果他们的企业是人性化的，他们便不想离开它。尊重员工的企业会吸引最好的员工并赢得他们的忠心，生产力也由此提高。

对精神骚扰和各种形式的关系偏差的有效预防可以产生附加值和效益。当领导刁难一名员工时，也就浪费了他的潜力。

一方面，他们摧毁了一个人的健康；另一方面，他们使经济效益下降。借口一名员工不够能干而逼迫他辞职，对企业来说，短期内可能是算了一笔好账，但从长远来看也是如此吗？

此外，对精神骚扰采取预防措施还能塑造良好的企业形象，或至少可以避免负面形象在媒体上的曝光引起的股东们的负面情绪。受害者协会、职业协会和工会的压力可能会促使政府和企业主们做出反应。必须有一本指出问题的书引起巨大反响，才能使受害者们吐露心声；而不幸的是，必须通过一些严重的案例，如职场自杀，才能使这一现象得到重视。

社会和人的层面

精神骚扰事实的增多应促使我们自问，我们的社会出了什么问题？如果我们不改变那些允许侵犯者那样做的精神状态，我们就没有任何方法来惩罚那些侵犯者。应该从整个社会层面行动起来，而不是躲在企业责任的背后。

我们有一个在政府保护下运作的国家伦理委员会，但它主要聚焦于生物伦理，而不涉及经济和社会问题，也不涉及人际关系。为什么不利用这个协会呢？

独自行动是无法对抗暴力的，让我们团结起来一起行动。解决问题的不是法律或条文，而是男人们和女人们。

团结起来，这是人们正在通过创建协会和智囊团开始做的事。为了迫使公共权力部门和企业领导层行动起来，应该有一些压力集团：公共舆论、工会、社会服务部门等。媒体也应发挥重要的作用。他们可以通过一些描述受害者状况的报道来教育读者或观众，使他们更好地辨别这种状况，并及早反抗。他们也可以传递专家的意见，指出应该采取的反抗行动。

但是，无论在什么背景下，我们都对自己的行为和态度负有责任。我们不能只依靠集体责任。每个人都应时刻扪心自问，不要一味地服从统治体系。我们应该意识到自己的矛盾情绪，接受自己的差异性和别人的差异性，反抗社会强加的格式化，从而使自己进步。要想预见到邪恶的暴力，我们应该从扪心自问和尝试了解他人开始：他是谁？他是怎么做的？我们的人际关系困境并非都归咎于他人的病态。但是，要尊重他人的差异性，应该首先尊重自己并足够自爱。

预防工作应从学校开始。“孩子们学习榜样。当我们打他们、侮辱他们时，我们正是在教会他们我们不想教给他们的东西。我们教给他们暴力、愚昧和虚伪。我们借口教给他们如何在生活中自卫，而实际上只是在为他们打造一副防护盔甲。当他们成年后，我们宁可压制他人，也不愿信任他们、帮助他们改变，这是因为我们没有把他们看作一个负责任的、值得尊重的成年人，而是看作一个需要矫正的小孩子。然而，当一个人害怕或受到压制时，他不可能学会任何东西。”[1]如果您尊重他

人，他也完全可能反过来尊重您。

邪恶的个人从来不质疑自己，遭受他们侵犯的受害者和目击者揭露他们的破坏性行为是很重要的。受害者应该证明，专业人士应该解释，从而使整个社会，而不仅仅是企业，能够改变。

我们首先应该学会说“不”。不要接受一切，这也是尊重自己。辨别什么对自己是好的，对违背自己道德价值观的事情说“不”，这十分重要。良心是人类最宝贵的财富，它构成了人类的道德健康。道德健康的人会反抗被认为不尊重别人的状况，敢于揭露它们，这样就可以降低对暴力的容忍限度。

预防计划

即使现在许多咨询师自称为“精神骚扰方面的专家”，但实际上很少有介入者能够建议一些具体的预防措施。与其让他们像消防员一样介入，我觉得更明智的做法是要求他们在企业内部培养一些能够进行日常预防的专家，而这些专家又可以成为企业内部其他人的培训师。只有在处境艰难、无法从内部解决问题的情况下，才应求助于外部专家。当然，自认为是受害

1 A. 米勒（A. Miller），《给政治负责人们的公开信》（*Lettre ouverte aux responsables politiques*），作者口述。

者的人还是可以随时要求外部调解。在企业内部培训一些人，是要就地创造一种避免受害者被孤立的方法。这一方法已经成功地用于解决法国邮政的外部暴力（来自客户的侵犯或持械攻击）。[1]一些外部咨询师来培训了职业保健医生和预防医生，而这些医生随后又组织了对所有可能受侵害的员工的培训。

谈论在某一组织内部预防精神骚扰可能被某些人解释为对人事管理的一种质疑，然而，没有各方合作者的参与，就不可能实施任何预防措施。当企业设有CHSCT（卫生、安全与劳动条件委员会）时，最简单的方法是由CHSCT组织对这些预防行动进行投票表决。无论如何，应该准备好这个阵地，同时找到好的项目代言人。例如，我们可以创建一个包含领导层成员、社会医疗机构人员和员工代表的监察机构。这一机构的结构应该足够稳固，才能承受住反攻和层出不穷的进攻。

我们看到，骚扰会引起受害者内心的混乱、怀疑和耻辱。他们没有能力自卫，不能采取正确的行动，甚至也不敢说出来。因此他们需要一个在等级体系之外、企业之内的代言人。为了确保揭发问题不会反过来有损于受害者，也不会加重受害状况，作为受害者倾诉对象的人必须要保密。社会医疗机构人员应保守职业机密，这样才有资格帮助受害者。我们可以给受

1 根据法国邮政的预防医生布里吉塔·邦赛尔-加比亚克（Brigitte Bancel-Cabiac）博士的口述。

害者配备“信任人”，正如比利时在倾听性骚扰受害者倾诉方面所做的。

作为比利时的劳动和机会平等部部长，米耶·斯迈女士促使通过了两项关于性骚扰的皇家法令，一项针对公共部门，一项针对私营部门。通过这些法令，他们实施了一种比司法更简单的方法，在绝对保密的状态下帮助性骚扰受害者。比利时的所有企业和所有行政机关，都指定了一名信任人。他们是一些不属于等级体系的独立的人，受过培训，负责倾听和帮助精神骚扰的受害者。在任何企业的内部规章制度中，都应列上他们的联系方式。同时，法令还规定了一个能够在投诉情况下全面保障受害者的程序。

信任人是根据人品从各个职级选出的一些志愿者。他们的作用是为寻求帮助的员工提供支持，告知他们可用的程序，并陪他们采取行动。

以下介绍了如何在一个企业中进行干预：

第一阶段

通过一场大型讲座告知所有员工精神骚扰的现状，并引起他们的关注。开展一次说明活动，教给员工辨认一个人如何发展为精神骚扰受害者，告知他们的权利和可能的求助途径。强

制性张贴海报，概括员工在企业内的权利。如果员工愿意，可以为他们提供更详细的宣传册。

第二阶段

培训内部专家，培训对象包括社会医疗小组、工会代表或想要成为“信任人”的志愿者。这一培训可持续几天，应配有教材，教材内容包括当前对骚扰状况的研究，以便使受训者能够自己或分组进行讨论和思考。

与他们一起创建一个常设讨论小组，可以有介入者参加，也可以没有。小组的目标可以是在等级体系之外创建一些绝对保密的员工倾诉室。

第三阶段

培训人力资源主管，并形成预防和辨别精神骚扰或解决已经存在状况的环境。这一培训可以进行一整天，有理论学习，还有角色扮演的游戏，使他们能够在员工投诉自己被骚扰时有分寸地应对。其目标是改善企业面对非典型状况时的倾听水平。

这一培训将通过与外部培训师的面谈定期深入，培训师会分析负责人遇到的状况。

第四阶段

编制“公司宪章”。某些行政机关和某些国际企业，在美

国管理制度的影响下，已经制定了关于性骚扰和歧视（种族、肤色、宗教、性别、年龄、社会地位、残疾等）的某种宪章。我觉得将有关精神骚扰、性骚扰和歧视的规定合并到同一份文件中是有益的。这份文件将分发给每一名员工并让他们签字确认。

这对企业来说是一次机会，以唤醒它所坚持的基本价值观，明确指出对违反者的处罚。

为了使事情更清楚，应给出精神骚扰（以及性骚扰和歧视）的定义。

该文件还应明确指出当员工自认为受害时可以联系哪些人。求助步骤应该是简单的、保密的，并提供多种替代方案。

建议一些分两个阶段的求助行动是比较合理的。首先是非正式的、保密的行动，使投诉者得到社会医疗机构人员或信任人的帮助；随后，如果问题没有解决，再采取更加正式的、牵涉等级体系的行动。

当然还应明确指出，谎称被骚扰将受到严厉处罚。

对于小企业，可以由职业保健医生组织一次类似的培训，用一天时间把各个企业的员工集中起来进行宣讲。

举个例子，以下是斯伦贝谢公司建议的针对性骚扰情况的程序范例。

任何自认为遭到上司、经理、同事、客户或供应商性骚扰的员工均可遵照以下程序执行:

1. 礼貌并坚决地联系实施骚扰的人。让他知道您对他的态度的感觉。礼貌地要求他停止这种侵犯您、使您不舒服或使您害怕的行为。如有必要，邀请一个证人协助您进行这一谈判。

2. 做记录。写下发生的事，写明日期，并概括您与骚扰您的人的谈话。明确指出他对你们谈话的反应。保留这些记录。

3. 如果骚扰持续，或者如果您害怕与此人对质，请与您的上司或经理联系。口头或书面向他说明这个问题。

4. 如果您无法联系到这些人，或者如果您的投诉涉及他们，请向更高一级领导或其他负责人投诉。

5. 如果问题始终没有解决，或者如果您害怕遭到报复，请与人事主管联系。

6. 所有投诉均应做保密处理。我们将会开展适当的调查，斯伦贝谢公司不会将任何信息提供给第三方或调查组成员以外的任何人。

7. 如果调查显示投诉成立，我们将会采取一些纪律惩戒措施，使这种骚扰行为立即停止，并避免它再次发生。

8. 您将被告知这一调查的结果。

这家企业承认很难区分什么是骚扰、什么是无歧视目的的关系，但它担负起了对员工的责任，从而维持了一种令人愉快的工作环境。

我们看到只需要改变这一关于性骚扰文件的题目，就可以使其同时适用于精神骚扰。

欧洲委员会也进行了类似的培训，并最终制定了一份有关保护员工尊严的指令。在这一指令中，秘书长首先介绍了旨在消除本机关精神骚扰和性骚扰的政策；随后，在定义了精神骚扰和性骚扰后，介绍了一项分三步走的预防计划（告知、引起关注、培训）；之后，告知了员工可能的求助程序和决策机关。

如何处理一种精神骚扰状况？

在处理一种精神骚扰状况前，重要的是区分什么是与人及其可能的病症或失职相关的，什么是与关系不和及职业组织相关的。应与领导团队一起分析与管理相关的一切因素，职业保健医生应分析能表现一方当事人病症的因素，他最终可能建议当事人去咨询一位专家。

显而易见，并非所有情况都需要个别对待，也并非所有人都应该被送去看心理治疗师。

应区分倾听与调解。应首先接待受害者，并倾听他的倾诉；接下来，如果确认受害者遭受的是精神骚扰，应建议他申请调解。

澄清每位介入者的工作是很有必要的：

◎ 劳动监察员可以处理组织滥用职权的问题；

◎ 调解员负责介入员工之间的问题。

行动前，应明确骚扰处于哪个阶段。我们不能以同样的方式来处理刚刚发生的精神骚扰状况和几年前就存在的精神骚扰状况。

当骚扰是水平方向的，那么首先需要倾听与对话的工作。当骚扰来自一位上司时，应该分析这位上司本身受到权力体系的影响程度有多大。如果是这种情况，应由上级介入。如果这是作为操纵者和破坏者的管理层本身的行为，则更适合采取集体行动。

然后，应尝试尽可能追溯问题的源头，以理解问题。我认为重要的是不要过早地给一种状况贴标签。至少在开始时，从关系的角度来陈述事实，同时考虑各方当事人表现出来的痛苦，这样做要明智得多。

还应考虑整个企业层面的互动。如果人们对受害者漠不关心，不把团体内的事情拉回正轨，整个团体的平衡可能被颠覆。为了不使角色翻转，应注意不要把侵犯者限定在一个陷入有组织的阴谋中的受害者角色中。

被骚扰的员工能够做什么?

一个被孤立的人想自卫并不容易，因为一种被控制的状态会妨碍人的理解并因此阻止他自卫。当一个人意识到他所遭受的攻击的恶意时，他会根据环境，尤其是根据自己的性格，做出反应，也就是说，他不一定会选择最合适的反应。正因如

此，外部的帮助才十分重要。

在第一时间，他应提高警惕，以避免自己出错，因为这只会令“骚扰者”高兴。

他首先应尽可能地在企业中寻找一个对话者，此人因其所处职位，可能会在一定程度上改变他的处境。这个人可以是领导层的某个人或人力资源主管。通常，被骚扰者不敢说出他们的遭遇，因为他们害怕会加剧这一状况或者遭到报复。然而有时候（我们希望这种情况越来越多），如果受害者能清楚地解释事实，并注意区分客观因素和自己的感觉，人力资源主管就会了解并缓和这一局面。

一名遭受精神骚扰的员工应首先努力维护健康的自尊。为了不使别人蔑视和贬低他，他应向同事们说出他的遭遇，以增强团结，并尝试建立互助和同盟关系。如果他感觉不知所措和抑郁，他应毫不犹豫地咨询医生或心理治疗师。如果他不能使人力资源主管或上级听到他的意见，他应进入防御或反击阶段。为此，他应搜集证据。

由于搜集精神骚扰的证据并不容易，他们可以等待更易受到惩处的侵犯工作权利的行为出现。如果没有确实的证据，最好是保留一个日记本，如有可能，编上页码，每天、每小时记录下发生的骚扰事件，内容具体到话语和行为，以及目击者的名字。假设进入诉讼程序，这可以为法庭提供一系列线索。这些记录也可以使受害者意识到侵犯的现状或严重程度。

直到利娅为劳资纠纷调解委员会准备她的卷宗时，她才意识到她曾经遭遇的敌意。她重新阅读了她在事件过程中所做的记录，试图理解她的遭遇并为此找到一个理由。正是在这个时候，痛苦真切地出现了："无法想象你是怎么熬过这一切的！"她意识到自己当时有多么难过。尽管她性格坚强，但她那时已不再反抗。她只是窥伺着人们看她的眼神、和她打招呼的方式。她转过身去，等待着下一次恶毒的言行或侮辱。

但在走向法庭之前，应该先尝试调解。

第十五章

调　解

LES MÉDIATIONS

什么时候应把接力棒递给外部？

我们已经看到，在精神骚扰状况中，时间越长，被骚扰人背负的污名越重，处境越难过，他们的抱怨也越大。如果问题解决得太迟，这一状态就会凝固，人也会变得僵化。过了某个阶段之后，他们会与雇主发生公开的战争，有时会固守受害者的立场；而雇主则不想再放过这个员工，因为他想挽回自己的形象，希望打赢这场战争。漫长的程序过后，谈判的不平等性加剧，员工越来越受伤，最终变得抑郁，而对企业来说，这个冲突只是一个细节，只是浪费时间而已。

为了避免这种情况发生，企业外部的专家们应该来指出企业内部听不到的事实。

每次诉讼都可能存在风险，最终可能以怨恨和失望收场。

我们也不应该忘记，一次诉讼意味着要支付一笔可观的法律费用，这对已经处境艰难的员工而言是雪上加霜。对于企业，诉讼往往是一次负面广告，可能因此丧失客户甚至股东的信任。

因此我们应考虑调解，如果受害者得到承认和尊重，谈判得到的解决方案要比司法解决方案更可取。

调解是解决冲突的一种替代方式，它可以重新引入对话，使处于主观或感情问题中的人头脑更清醒。有一个中立的、独立的、除了当事人承认的授权外无其他任何权力的第三方在场，将有助于谈判的进行。当然，这只能是一种自愿的行动，需要各方当事人自愿接受。

此外，在公众的思想中，对谈判、协定、仲裁和调停存在某种混淆。

◎ 谈判是寻求一种妥协的解决方案，不一定有中立的第三方的介入。谈判可能直接在员工和雇主之间进行，或者通过律师或任何其他代表进行。

◎ 协定是一种陈述争端和应对它的协议条款的书面文件。协定中必然包含每一方做出的让步。

◎ 在仲裁中，双方求助于第三方，由第三方来裁决争端，指出谁对谁错。

◎ 调停是由劳资纠纷调解委员会建议的，但这绝不是调解，因为双方会面对面，并且要在不到10分钟内完成这一手续。

近几年来，人们经常谈到调解，但主要是指离婚案中的家庭调解或为了解决僵持的冲突的社会调解。

格勒诺布尔上诉法院大法官碧雅翠丝·布劳豪恩–布勒讷尔有长期调解经验，她说："调解主要是在有某个情感问题需要解决时才发挥作用。"[1]据她透露，12%的劳资纠纷诉讼采用了这种措施，调解成功率为67%。

司法调解可以在诉讼程序的任何时刻安排，甚至可以根据双方或其代理的要求进行庭前调解。外部调解可以委托给一家双方同意的调解协会，该协会由专业调解员组成，可以是公立的（人权委员会），也可以是私立的，还可以委托给双方信任的某个部门或某个人。

调解更多地需要妥协，而不是强制，它迫使双方走出一种一方将自己的意愿强加给另一方的恶意过程。正因如此，对于那些看似精神骚扰，但实际只是焦虑的人或被团体驱使的人做出的笨拙或错误的行为的情形，调解给了侵犯者一个解释他的态度，甚至为此道歉的可能性。这对于每一方当事人来说，都意味着把自己的经历摆到桌面上，消除误解，并最终承认自己的错误。尽管这个方法绝不是心理治疗，但它迫使双方走出他们僵持的局面。一次调解可以使当事人说出自己的感受和对另

1 碧雅翠丝·布劳豪恩–布勒讷尔（Béatrice Blohorn-Brenneur），《职场个人冲突中的司法调解》（*La médiation judiciaire dans les conflits individuels du travail*），格勒诺布尔上诉法院研讨会议事录，1999年2月5日。

一方的不满，它与精神骚扰行为恰恰相反，在精神骚扰中，人们不告诉被骚扰者他们对他哪里不满。

精神骚扰受害者们首先要求得到倾听和承认，并想让别人理解他们的遭遇。如果另一方当事人愿意质疑自己，一次调解就可以使他们避免漫长的令人不安的司法诉讼过程。当他们要求赔偿时，赔偿金额是重要的但不是必须的，他们主要想通过这种象征性的举动使人们承认他们受到了不公对待。在一份和解协定中，赔偿是对侵犯行为的默认。

外部介入者无论是谁，都应保持谦逊。他不应显得过于强加于人，想尽一切办法证明自己有理。他可能了解不到问题的隐情，尤其是心理方面的因果关系。我们只有在辨别出各种合法性之后，才能着手解决冲突。

介入者应只是给予当事人自我调整的方法，教会他们灵活处事。为此，应该通过更好的倾听和谈话分享来重新建立起信任。

当雇主不是恶意侵犯的实施方时，调解就特别可贵。在这种情况下，雇主只了解官方版本的事实。侵犯者可能企图把责任推到受害者身上来开脱自己的罪责，而受害者可能也“控诉”了那个他认为对自己的痛苦负有责任的人。雇主最好能够在中立的背景下给出意见，从而使当事人的反应不那么强烈，也因此可以保密。这可能促使雇主以后采取一些预防措施。

当员工与其雇主之间存在一种从属关系以外的人际关系时，也会用到调解。例如，当员工是雇主的配偶或家庭成员之一时，或者当他们相识多年时。在这种情况下，私人经历和工作经历会掺杂在一起，每个人都可能感觉对方背叛了自己。

但是，如果被认为是侵害者的一方不承认他的行为给对方当事人造成了问题，那绝对不能考虑调解了，这正是从不承认事实的自恋变态狂的情况。他们丝毫不想质疑自己。他们通常拒绝一切调解，或者即使他们接受了，也是企图利用它，通过诱惑和操纵调解员来为自己牟利。通常，如果认为自己面对的是一个自恋变态狂，调解员应十分谨慎。他应该避免表态，避免被一方当事人拉入其同盟中，这样可能会使另一方当事人感觉自己重新被孤立和操纵了。

有时候，之前过于不安的受害者因害怕遇到侵犯者，会拒绝调解。我们应该尊重他的决定。

虽然调解因简单和保密而成为一种有益的方法，但是只有当双方接受会谈并能够脱离他们各自的角色和等级地位时，才可能进行调解。双方当事人还应诚心诚意地准备接受妥协，但这不包括与变态狂的任何和解安排。通常，除非侵犯者表现得像一个自恋变态狂，否则即使调解失败了，它也是有用的，因为至少曾经尝试过对话，而双方也由此确定了他们无法达成和解方案。

复职带来的问题

不要以为我们找到了一种和解的或司法的解决方案，所有问题就会迎刃而解。

经过行政法庭三年的诉讼程序，法庭裁决赛丽娅胜诉，指出她的遭遇是不正常的、令人恼火的。他们建议她到原部门复职。她不知所措，因为她已经三年没有工作，没有见过同事们，他们中有些人曾经还做证反对她。

在她离职期间，同事中形成了新的帮派，也实施了新的工作程序。另外，赛丽娅还对自己受排挤的遭遇心有余悸，包括非常严重的恐惧症。

她宁愿拒绝复职，即使这会使她面临一次随机调动。

安妮的这封来信很好地揭示了复职过程中遇到的困难：

我在复职过程中遭受的精神骚扰比我此前的遭遇还要恶劣。复职的第一天，我求一个同事帮我证明我没有办公桌。而我等了三天（在人力资源主管的命令下）才要回一张办公桌，这张桌子被一个休假的同事占用，自然，这个同事休假回来后对我心生怨恨。

帮我证明的那个同事也目击了人力资源主管在我领导的团

队面前放了一句狠话："X女士将重新接受纪律委员会的调查！"一个新的纪律委员会意味着，这个曾在领导层的要求下做证反对我的团队必须确认他们的证词。

自从他说了这句狠话之后，我就请病假了。我的心碎了。我总是害怕一切，不再出门，逃避外面的世界。我满心焦虑。我感觉自己变成了一个装满痛苦的球。

我申请长期病假的文件提交到了委员会。给我咨询的心理专家给出了不赞成的意见："申请无正当理由。"他评价我不适合工作，因此应该停薪留职。预防医学医生说他支持我的申请。我不知道如果我的申请被拒绝，我的生活费该从何而来，因为我是单身母亲，还要抚养两个孩子。

我不想再回到这样一种暴力环境中去工作。

第十六章

为什么需要一条法律?

POURQUOI FAUT-IL UNE LOI ?

两年来，公共舆论和媒体时常谈论精神骚扰，许多专业人士（律师、劳动监察员等）也抱怨无论在新刑法还是在劳动法中都没有一个条款来定义这个词。事情从2001年1月11日起有了转机，因为在修订社会现代化法草案时，在劳动法中引入了精神骚扰的概念，这一修订首次审议即被通过了。在第二次审议时，在总理要求下，由经济社会理事会提交了一份关于这一主题的报告，进一步补充了这一条款。

即使许多男性和女性政治家们同意有必要将精神骚扰的概念引入劳动法，但我们已经看到，还很难找到一个贴切的定义，既不过于宽泛，也不会导致滥用。

我们看到，目前，国民议会坚持将尊严和工作条件受到侮辱和贬低的概念纳入精神骚扰的定义，同时指出精神骚扰和精神压力的区别，正如我在本书中自始至终力图论证的。

如果我们从受害员工的痛苦，即行为的后果出发，为了使侵犯行为具有一种法律意义，一个法官应能比照一个标准将其辨认出来。碧雅翠丝·拉贝鲁建议将这些侵犯行为定义如下："被揭露的压力，要定性为精神骚扰，应被一个具有正常感性的人感到它是无法忍受或至少是令人痛苦的。"[1]这就排除了神经过敏症和被迫害妄想症。在这种情况下，只能由法官来斟酌裁定。

如果我们通过已经采用的方法和研究过的影响来定义精神骚扰，无论这些影响是否已产生，我们都会把受害员工的感觉和仅凭主观判断的情景放在一边。

欧洲其他国家已对这一问题立法，如葡萄牙于2001年1月通过了一项法律。别的国家正计划这样做。在比利时，最近提交的一项法律提案对精神骚扰采用了以下定义："企业外部人员或企业员工做出的针对一名或多名劳动者的有意破坏的行为。"长远来看，我们可以想象，所有欧洲国家通用的一些法律规定将会制止精神骚扰。

某些法学家认为，劳动法中没有必要给出精神骚扰的确切定义。巴黎律师公会律师、社会法专家保尔·布瓦兹认为，尽管刑法中的定义是必不可少的，因为不严格定义一项指控，就无法进行任何量刑，但劳动法中的定义是有用的却不是必要

1　碧雅翠丝·拉贝鲁，《工作关系中的精神骚扰的概念》。

的。[1]同样，严重过错的概念也没有定义，但这没有引起司法问题。另外，他还提出了一种与员工严重过错平行的理论：雇主的过错使员工无法维持劳动合同。这相当于一种归咎于雇主的无真实性、无正当理由的解雇，或者把辞职重新认定为无真实性、无正当理由的解雇。

大部分法学家提出，在法国司法体系内，已经存在一定数量的工具用于帮助理解这类行为。我不是法学家，我将只列出这些保护性的标准：

◎ 首先是诚信地履行劳动合同的义务："雇主在行使其权力时，应履行忠诚和正直的义务。……他应尊重劳动者的道德和尊严。"[2]

◎ 雇主有保护员工健康的义务。让我们明确一下，世界卫生组织将健康定义为一种身体、精神和社会安康的完整状态，不只是没有疾病。

◎ 尊重人的尊严，这是宪法规定的通用的基本原则。由于尊严是人类固有的，所以应该在所有情形下，尤其是在工作关系范围内确保它得到保护。自1948年12月10日《世界人权宣言》发表后，人的尊严成为所有决策机关的主要关注点，直至1996年5月3日在斯特拉斯堡通过了《欧洲社会宪章》，

1 参见保尔·布瓦兹（Paul Bouaziz），《工作关系中的精神骚扰》（"Harcèlement moral dans les relations de travail"），《工人权利》第621期，2000年5月。
2 《民法》第1134款第3行，转引自保尔·布瓦兹，《工作关系中的精神骚扰》。

指出："（应）促进对在工作场所或与工作有关的场所重复性地针对任一员工的应谴责的或具有明显敌意或侵犯性的行为方面的宣传、告知和预防，采取一切合适的措施保护劳动者不受这些行为的侵害。"

引起受害者内心严重不安，甚至身体受损的精神骚扰，无可否认地构成一种应承担"骚扰"责任性质的过错。根据《民法》第1382款规定，任何过错，即使是无意的，过错方都应承担责任。因此，还应该证明骚扰的存在及其造成的损害！

另外，法官可以重新认定事实。例如，如果能够证明员工因其所受的来自雇主的精神骚扰而提出辞职，则这一辞职可以认定为无真实性、无正当理由的解雇。

判　例

在立法之前，司法界已经开始考虑到在工作场所重复性地针对某一员工的敌意或侵犯性行为。碧雅翠丝·拉贝鲁在一篇分析接近职场精神骚扰行为的法国判例的文章中，研究了采用"精神骚扰"一词的最近的判决，同时也研究了比较老的判例，从而发现司法机关已经向这一新词迈出了接纳性的第一步。[1]

1　参见碧雅翠丝·拉贝鲁，《工作关系中的精神骚扰的概念》。

虽然精神骚扰可能存在于不同层面，如客户与用户之间、同事之间、下级与上级之间，但作为法学研究对象的最常见的压力是由雇主施加给下属的。很明显，权力关系提供了便于施加压力的场所。“被研究的争议的利害关系往往表现在赔偿方面。实际上，大多数时候，当司法机关受理了精神骚扰状况的起诉时，这种骚扰行为已结束，也就是说被骚扰者已辞职、已被解雇或更有甚者，已经抑郁或自杀。”

目前，大部分判例都是关于受害员工与侵犯他的雇主之间的纠纷。（需要注意的是，判例有时采用“精神骚扰”一词，但往往指的是雇主的“过错”或“滥用职权”行为。）

精神骚扰被认定为工伤

一些司法判决将由精神骚扰状况导致的自杀或自杀企图认定为工伤。当一名员工在其工作场所发生一起事故，该事故即被推定为工伤，除非有证据表明，这是一次自愿行为，因此属于受害者的有意过错。原则上，在工作场所的自杀或自杀企图不属于工伤，除非能够证明这一绝望行为是企业过错行为的后果。

1996年8月，尚达尔·卢梭，孚日省埃皮纳勒一所学校的保洁女工，因自认遭到其部门主管的精神骚扰而企图自杀，结果导致截瘫。

因为有许多同事、常住学校的职业保健医生和签字确认受害者遭到精神骚扰的主治医生所做的证词，FNATH（国家工伤与残疾人联合会）于2000年2月从埃皮纳勒社会保障事务法庭获得了认定尚达尔·卢梭的自杀企图为工伤的结果，这使得受害者得到了社会保险的保障。

现在，FNATH希望埃皮纳勒社会保障事务法庭判决该雇主犯有不可原谅的过错，因为他们认为有证据表明，“该校校长知悉这一骚扰状况，并了解这一部门主管的行为，但没有采取任何行动来制止这一行为”。通常，不可原谅的过错是指，例如，不符合安全标准的运转不良的机器所导致的事故。

水平骚扰

当精神骚扰行为来自受害者的一名同事或与其同一级别的其他人时，如果事实严重，则有必要直接控告实施者，并控告雇主。

目前，即使雇主的纪律惩戒权使他能够惩戒骚扰实施者，但没有任何一条法律规定强制他介入。因此应该把雇主纳入其中，使其有义务制止他下属员工的伤害行为，并采取措施阻止同样的行为再次发生。雇主应从他得知或应该知悉但未采取必要措施制止这种行为时起承担责任。企业应对他们的员工负责，因此当他们的一名员工做出了不可接受的行为时，企业接受法律审判是完全正常的。

刑事处罚的效用

刑法上是否需要立法呢？首先应该注意，议员们通过的法律条款只涉及劳动法，因此并不涉及公务员，所以有必要为公共职务规定一个不同的管辖范围。

既然精神骚扰不只涉及企业界，那么，当我们谈到刑法立法时，是应只涉及职场，还是应扩大范围？

从心理学角度来看，承认侵犯事实的有利判决是受害者治愈过程的一个基本阶段。在象征意义上，重要的是承认和赔偿，哪怕是最低限度的，它也意味着造成了损害，即使任何物质赔偿都无法抹去损害的阴影。受害者常说："我得到了钱，但没得到道歉！"

我们看到，侵犯的意图性加重了其影响。对于受害者而言，提起诉讼并看到侵犯者受到惩罚的事实是一种宽慰。

通常，必须有一条法律来表明，我们的社会在关注它的公民不受虐待，从而使雇主们承担责任。桑迪·利卡里说："规定新的刑事罪行并非灵丹妙药，镇压也不总是根除某些行为的最好方案。……然而，刑事处罚仍然具有无可争议的威慑效果，把某种行为视为刑事犯罪的事实最终表明，这种行为是世人眼中不可容忍的。"[1]

1　桑迪·利卡里（Sandy Licari），《关于为职场精神骚扰专门立法的必要性》（"De la nécessité d'une législation spécifique au harcèlement moral au travail"），《社会权利》（*Revue de droit social*）第5期，2000年5月。

尽管目前法国刑法还不存在任何预防和防止精神骚扰的专门条文，但已经考虑到其他近似的罪行：整蛊、性骚扰、敲诈、电话骚扰或邮政骚扰、教唆自杀，这些都是违法行为。对于整蛊，国会议员们将其定义为“一个人引导他人，无论是否出于本意，忍受或实施侮辱性或贬低性的行为”[1]。

在性骚扰方面，立法者采用了局限性的概念，只在从属关系和解雇要挟的范围内考虑它。对精神骚扰的同样局限性的概念可能会严重降低罪行的分量。

在英国，1997年3月21日颁布的一条法律（第40号骚扰法）把所有与骚扰类似的行为视为轻罪。尽管这条法律不是特别针对职场精神骚扰的，但它的适用范围足够广泛，可以覆盖职场和其他场所的骚扰罪行。[2]

证据的问题

由于精神骚扰的性质非常微妙和隐秘，提供证据并非易事。员工意识到自己的处境时往往已经太晚，此时他已深受其害，并暂停了工作。于是必须重现骚扰过程，事后搜集证据。因此，有必要及早寻求司法协助，以便准备卷宗，至少要保留与雇主的往来信函。

1　1998年6月17日颁布的关于预防和制止性犯罪及保护未成年人的第98-468号法令。
2　参见邓肯·夏贝尔、维多利奥·迪·马蒂诺，《职场暴力》。

保护证人

当然，要想获得证据，应该使证人能够没有风险地做证。议员们对此已做出规定，明确指出任何职员不得因做证而被处罚或解雇（应该再加上：或被骚扰）。

法律不能解决一切

过于确切地定义什么是允许的、什么是禁止的，可能会给一些心术不正的人一种许可，“允许”他们去做没有严格禁止的任何事情，并给一些善于操纵的企业一些规避法律的钥匙。过度立法可能使人错误地放心，因为无论法律如何规定，总有一些人会歪曲它们。即使通过了一条法律，每个人还是应提高警惕，保持个人的道德判断。另外，如果需要一些司法措施，不应该忘记它们也可能导致过度和虚假的控告。例如，一个心术不正的人可能控告他想污蔑的某人的莫须有的行为。即使此人随后被平反了，但他可能因此丧失了名誉，甚至可能丢掉了工作。必须遵守无罪推定，从而不会仅凭一个人的单方面指控而摧毁另一个人。

然而，法律是一个栅栏，它告诉人们这些态度存在，而且是不可接受的。它可以设置双重禁止：对于侵犯者，禁止其逍遥法外；对于受害者，禁止其私自报复。惩罚侵犯者是以一种

方式指出人们的遭遇是根本不公正的，即使永远不可能完全纠正或完全补偿一种不公正。在任何情况下，这都不是一种廉价的宽恕。

无论如何，法律永远无法弥补受害者的痛苦。因此重要的是不要局限于规则和法律条文，从而落入司法权的窠臼之中；应强调预防。

结 论

概 要

应强调预防，这包括：

◎ 职业组织应承担责任。政府应颁布一些指令，要求制定专门针对精神骚扰的规章制度。

◎ 干部们应接受培训。

◎ 员工们应通过其代表参与其中。

应考虑人的个性特点，因为精神骚扰是一个主观概念。

当精神骚扰现象初露端倪时，一经发现，应尽可能采取调解方案。

如果精神骚扰对健康的负面影响足够严重，应被认定为工伤。在这种情况下，应采取倾听和医疗方案。

立法应提醒每个人这是一种不可接受的暴力。

要制止精神骚扰，企业方面必须有的确想改变的意愿，每个员工也是如此，无论他们在企业中的职位如何。我们应睁开眼睛，揭露各种形式的滥用权力、歧视和骚扰。员工们行动起来，这对企业来说是一件好事，因为这给了企业改变管理方法、改善内部人际沟通的机会。

尤其应该使政府部门意识到这一问题，从而超越针对个人的医疗方法，甚至是精神病治疗方法（如果人们对精神骚扰放任自流——这是不可避免的），采取集体预防方案。政府应强制性地要求实施有效的预防措施，但这也是所有人的责任。对于来自上级或有时来自下级的精神骚扰，我们所有人都既是潜在的“骚扰者”，也可能是未来的受害者。

我想用安妮的这封信作为结尾，奏出一个希望的音符：

我只想对您说，今天我在精神方面已经完全恢复了，因为没有什么比人的尊严更重要，它超越了经济方面或者公众对事实的承认。我很快就意识到，在不健康的职场环境之外，我重新找到了自己的平衡、人格和一种安逸状态。重要的不是我们在工作单位中所承担的职位，而是我们是什么样的人。而且，我把这件事理解为使我在另一个领域绽放的途径。最近我重新开始了学业。

書知心
第四辑

《窥视职场中的冷暴力》

《醒醒吧，老好人！》

[法]托马斯·德·昂桑布尔 著　祝华 译

与其做一个终日和颜悦色、唯唯诺诺的老好人，不如深入自己的内心，找到说真话的方式。你将获得找回自我的喜悦和向他人敞开心扉的乐趣。

《超越自恋》

[法]让—夏尔·布舒 著　梅涛 译

神话中的美少年那耳喀索斯因过分眷恋自身倒影而溺亡，而现实中的我们若能理性地感知自我，或许能以更加平和自爱的方式，过好自己的生活。

《非暴力沟通的觉醒》

[法]托马斯·德·昂桑布尔 著　曹淑娟 译　郑园园 审读

我们与快乐失之交臂，有时或许是因为落入了思维和行为习惯的陷阱。不如让非暴力沟通来解围，开启一场觉醒之旅！